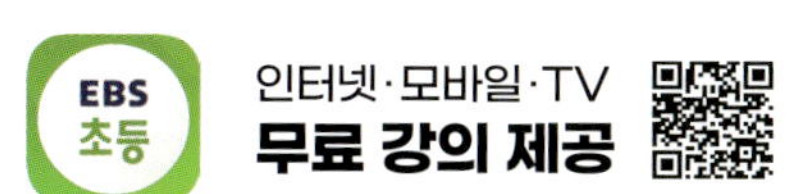

초 | 등 | 부 | 터 EBS

새 교육과정 반영

KB269327

만점왕 수학 플러스

교과서 기본과 응용 문제를 한 번에 잡는 교과서 기본＋응용

BOOK 1
본책

3-1

만점왕 수학 플러스

교과서 기본과 응용 문제를 한 번에 잡는 **교과서 기본 + 응용**

BOOK 1
본책

3-1

이 책의 구성과 특징

BOOK 1 본책

단원 도입

단원을 시작할 때 주어진 그림과 글을 읽으면,
공부할 내용에 대해 흥미를 갖게 됩니다.

교과서 개념 다지기

주제별로 교과서 개념을
공부하는 단계입니다.
다양한 예와 그림을 통해 핵심
개념을 쉽게 익힙니다.

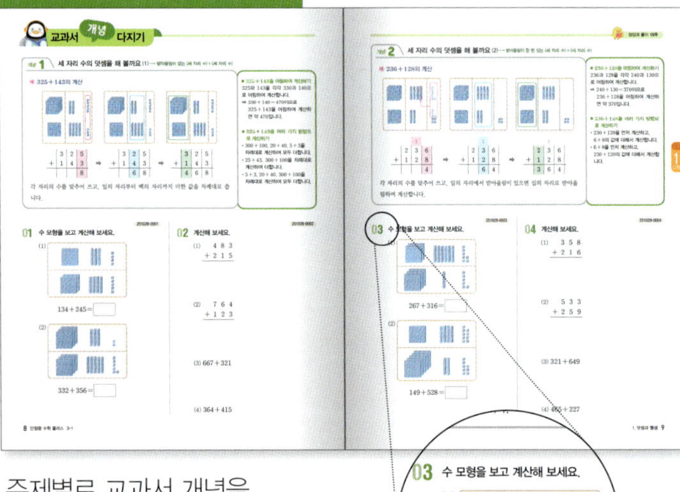

주제별로 기본 수준의 쉬운
문제를 풀면서 개념을 확실히
이해합니다.

교과서 넘어 보기

교과서와 익힘책의 기본 + 응용
문제를 풀면서 수학의 기본기를
다지고 문제해결력을 키웁니다.

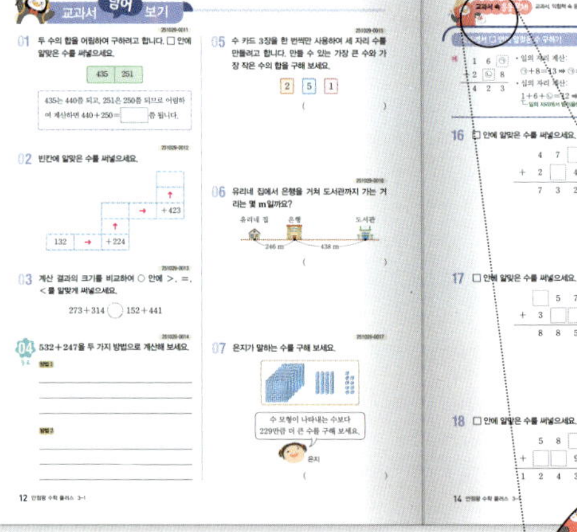

★교과서 속 응용 문제
교과서와 익힘책 속 응용 수준의
문제를 유형별로 정리하여 풀어
봅니다.

응용력 높이기

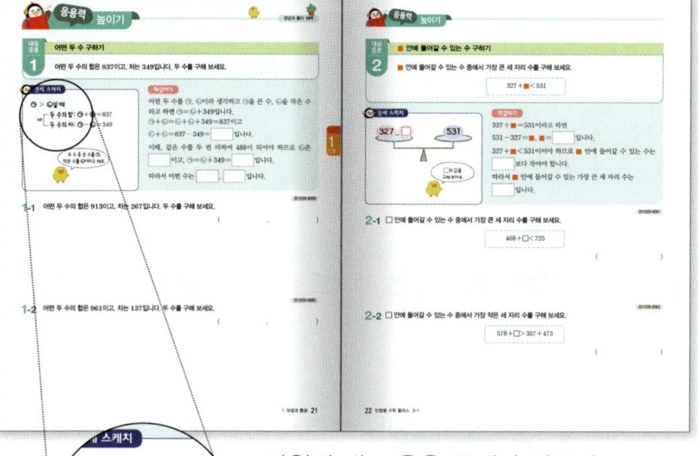

단원별 대표 응용 문제와 쌍둥이
문제를 풀어 보며 실력을 완성합니다.

★문제 스케치
문제를 이해하고 해결하기 위한
키포인트를 한눈에 확인할 수 있습니다.

단원 평가 LEVEL1, LEVEL2

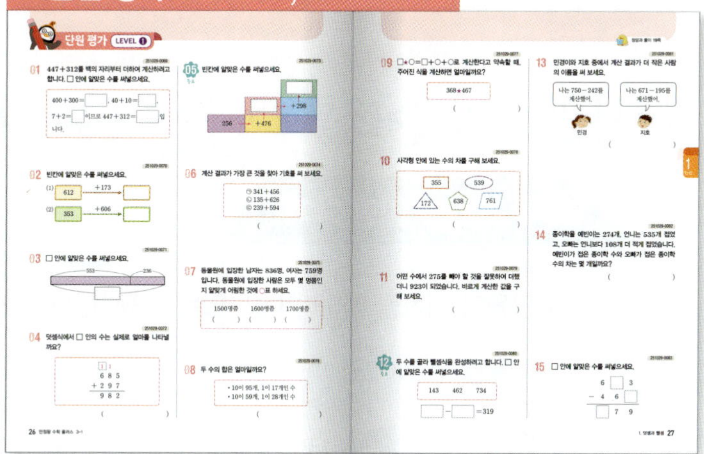

학교 단원 평가에 대비하여 단원에서 공부한 내용을 마무리하는
문제를 풀어 봅니다. 틀린 문제, 실수했던 문제는 반드시 개념을
다시 확인합니다.

BOOK 2 복습책

기본 문제 복습

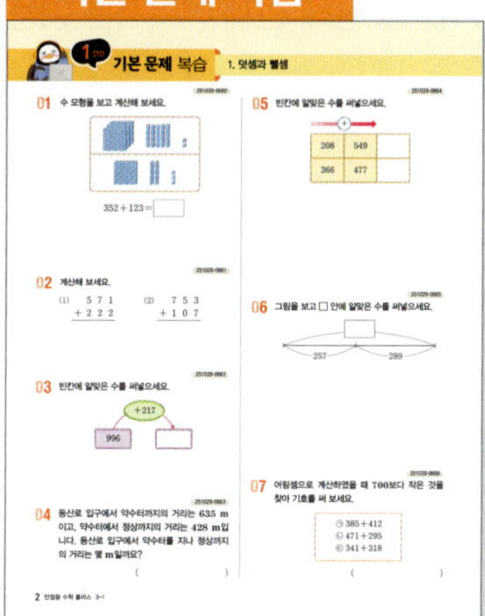

기본 문제를 통해 학습한 내용을
복습하고, 자신의 학습 상태를
확인해 봅니다.

응용 문제 복습

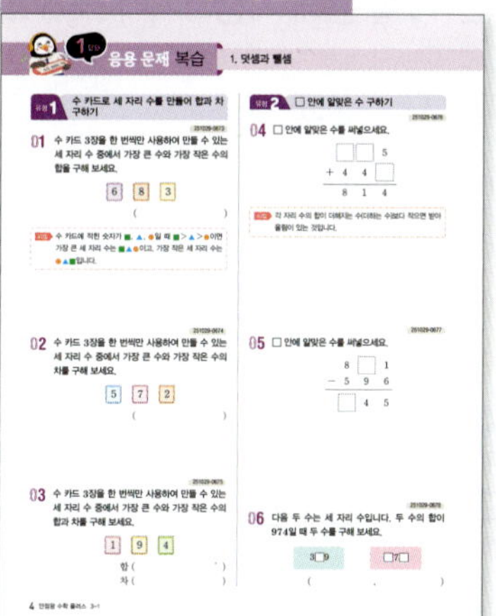

응용 문제를 통해 다양한 유형을
연습함으로써 문제해결력을
기릅니다.

단원 평가

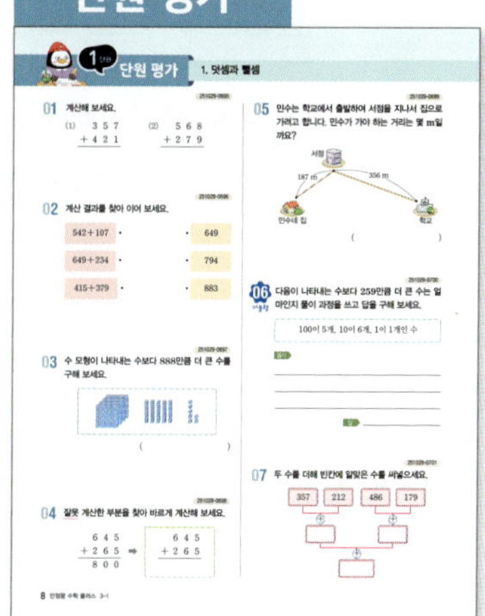

시험 직전에 단원 평가를 풀어
보면서 학교 시험에 철저히
대비합니다.

만점왕 수학 플러스로
기본과 응용을 모두 잡는 공부 비법

만점왕 수학 플러스를 효과적으로 공부하려면?

교재 200% 활용하기

각 단원이 시작될 때마다 나와 있는 **단원 진도 체크**를 참고하여 공부하면 보다 효과적으로 수학 실력을 쑥쑥 올릴 수 있어요!

응용력 높이기 에서 단원별 난이도 높은 5개 대표 응용 문제를 **문제 스케치**를 보면서 문제 해결의 포인트를 찾아보세요. 어려운 문제에 이미지를 활용하면 문제를 훨씬 쉽게 해결할 수 있을 거예요!

교재로 혼자 공부했는데, 잘 모르는 부분이 있나요?
만점왕 수학 플러스 강의가 있으니 걱정 마세요!

인터넷(TV) 강의로 공부하기

만점왕 수학 플러스 강의는 TV를 통해 시청하거나 EBS 초등사이트를 통해 언제 어디서든 이용할 수 있습니다.

- 방송 시간 : EBS 홈페이지 편성표 참조
- EBS 초등사이트 : primary.ebs.co.kr

차 례

1 덧셈과 뺄셈

단원 학습 목표

1. 받아올림이 없는 (세 자리 수)＋(세 자리 수)의 계산 원리를 이해하고 계산할 수 있습니다.
2. 받아올림이 있는 (세 자리 수)＋(세 자리 수)의 계산 원리를 이해하고 계산할 수 있습니다.
3. 받아내림이 없는 (세 자리 수)－(세 자리 수)의 계산 원리를 이해하고 계산할 수 있습니다.
4. 받아내림이 있는 (세 자리 수)－(세 자리 수)의 계산 원리를 이해하고 계산할 수 있습니다.
5. 자연수의 덧셈, 뺄셈과 관련한 여러 가지 상황에서 어림셈을 할 수 있습니다.

단원 진도 체크

학습일		학습 내용	진도 체크
1일째	월 일	**개념 1** 세 자리 수의 덧셈을 해 볼까요 (1) **개념 2** 세 자리 수의 덧셈을 해 볼까요 (2) **개념 3** 세 자리 수의 덧셈을 해 볼까요 (3)	✓
2일째	월 일	교과서 넘어 보기 ＋ 교과서 속 응용 문제	✓
3일째	월 일	**개념 4** 세 자리 수의 뺄셈을 해 볼까요 (1) **개념 5** 세 자리 수의 뺄셈을 해 볼까요 (2) **개념 6** 세 자리 수의 뺄셈을 해 볼까요 (3)	✓
4일째	월 일	교과서 넘어 보기 ＋ 교과서 속 응용 문제	✓
5일째	월 일	**응용 1** 어떤 두 수 구하기 **응용 2** ■ 안에 들어갈 수 있는 수 구하기 **응용 3** 약속한 기호대로 계산하기	✓
6일째	월 일	**응용 4** 수 카드로 만든 세 자리 수의 합, 차 구하기 **응용 5** 실생활에서 □의 값 구하기	✓
7일째	월 일	단원 평가 LEVEL ❶	✓
8일째	월 일	단원 평가 LEVEL ❷	✓

이 단원을 진도 체크에 맞춰 8일 동안 학습해 보세요.
해당 부분을 공부하고 나서 ✓표를 하세요.

　예빈이네 학교의 여학생 467명과 남학생 456명이 모두 모여 운동회를 하였습니다.
　백군과 청군으로 나누어 학년별로 단체 경기도 하였고, 신나는 이어달리기 경기도
하였습니다.
　운동회에 참여한 예빈이네 학교의 학생은 모두 몇 명일까요?
　백군과 청군의 점수 차는 몇 점일까요?
　이번 1단원에서는 세 자리 수의 덧셈과 뺄셈의 계산 원리를 이해하고 계산하는 방
법에 대해 배울 거예요.

개념 1 세 자리 수의 덧셈을 해 볼까요 (1) ⟶ 받아올림이 없는 (세 자리 수)+(세 자리 수)

◉ 예 325+143의 계산

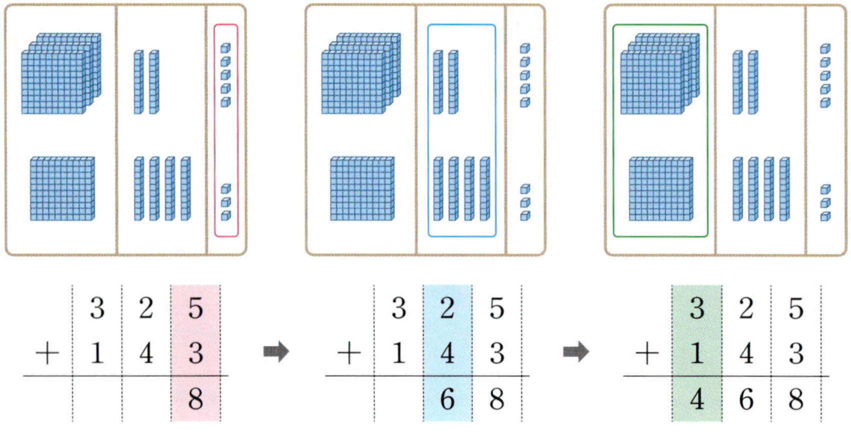

	3	2	5
+	1	4	3
			8

➡

	3	2	5
+	1	4	3
		6	8

➡

	3	2	5
+	1	4	3
	4	6	8

각 자리의 수를 맞추어 쓰고, 일의 자리부터 백의 자리까지 더한 값을 차례대로 씁니다.

● **325+143을 어림하여 계산하기**
325와 143을 각각 330과 140으로 어림하여 계산합니다.
➡ 330+140=470이므로 325+143을 어림하여 계산하면 약 470입니다.

● **325+143을 여러 가지 방법으로 계산하기**
· 300+100, 20+40, 5+3을 차례대로 계산하여 모두 더합니다.
· 25+43, 300+100을 차례대로 계산하여 더합니다.
· 5+3, 20+40, 300+100을 차례대로 계산하여 모두 더합니다.

251029-0001

01 수 모형을 보고 계산해 보세요.

(1)

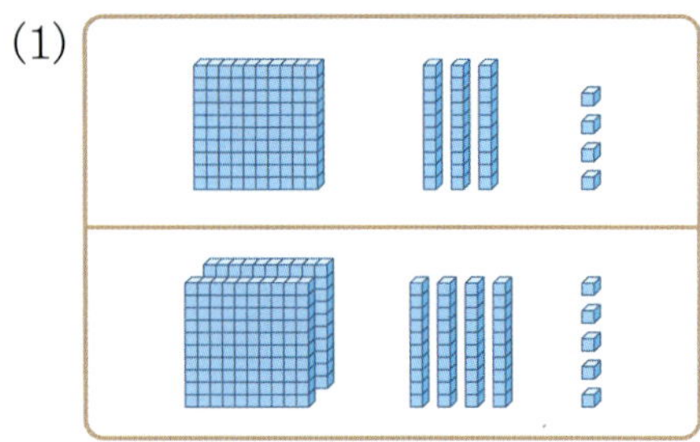

$$134+245=\boxed{}$$

(2)

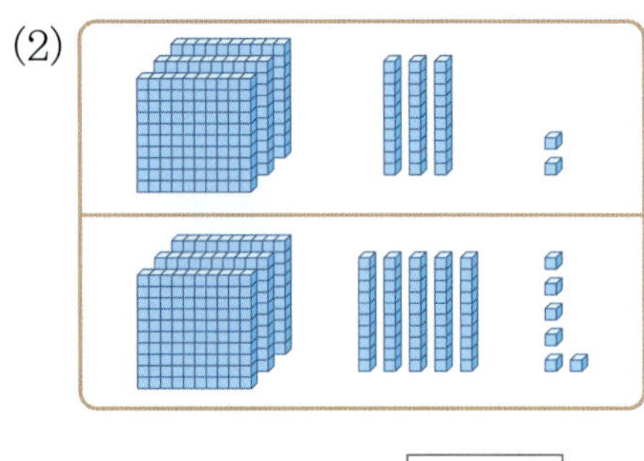

$$332+356=\boxed{}$$

251029-0002

02 계산해 보세요.

(1)
	4	8	3
+	2	1	5

(2)
	7	6	4
+	1	2	3

(3) 667+321

(4) 364+415

개념 2 세 자리 수의 덧셈을 해 볼까요 (2) —→ 받아올림이 한 번 있는 (세 자리 수)+(세 자리 수)

예 236+128의 계산

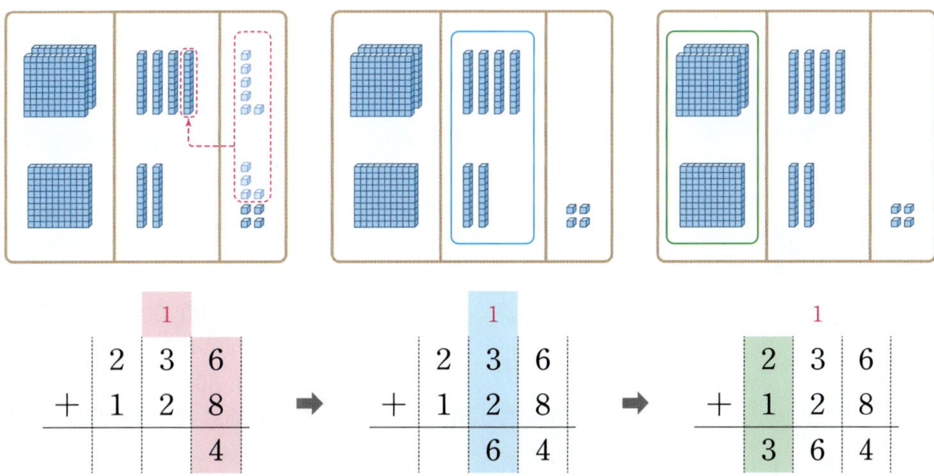

각 자리의 수를 맞추어 쓰고, 일의 자리에서 받아올림이 있으면 십의 자리로 받아올림하여 계산합니다.

● **236+128을 어림하여 계산하기**
236과 128을 각각 240과 130으로 어림하여 계산합니다.
➡ 240+130=370이므로 236+128을 어림하여 계산하면 약 370입니다.

● **236+128을 여러 가지 방법으로 계산하기**
· 230+120을 먼저 계산하고, 6+8의 값에 더해서 계산합니다.
· 6+8을 먼저 계산하고, 230+120의 값에 더해서 계산합니다.

1 단원

251029-0003

03 수 모형을 보고 계산해 보세요.

(1)

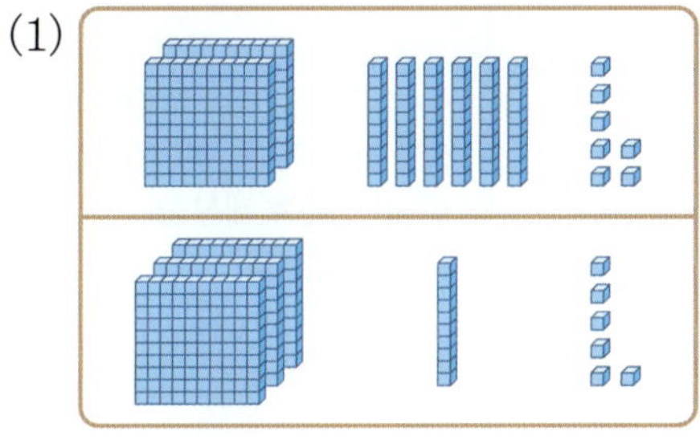

$$267+316=\boxed{}$$

(2)

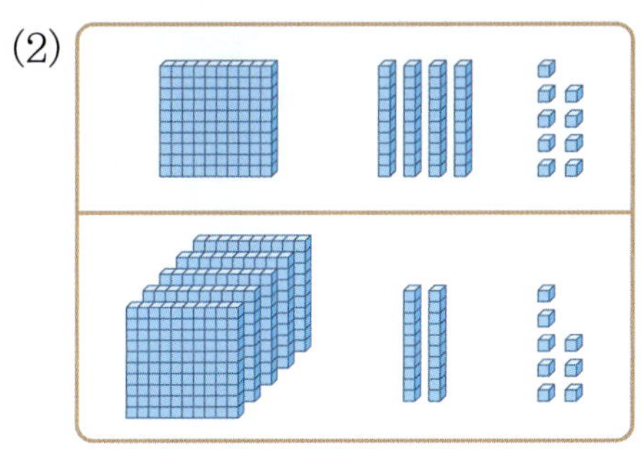

$$149+528=\boxed{}$$

251029-0004

04 계산해 보세요.

(1)
$$\begin{array}{r} 3\ 5\ 8 \\ +\ 2\ 1\ 6 \\ \hline \end{array}$$

(2)
$$\begin{array}{r} 5\ 3\ 3 \\ +\ 2\ 5\ 9 \\ \hline \end{array}$$

(3) 321+649

(4) 465+227

개념 3 세 자리 수의 덧셈을 해 볼까요 (3) → 받아올림이 두 번, 세 번 있는 (세 자리 수)+(세 자리 수)

예 358+164의 계산

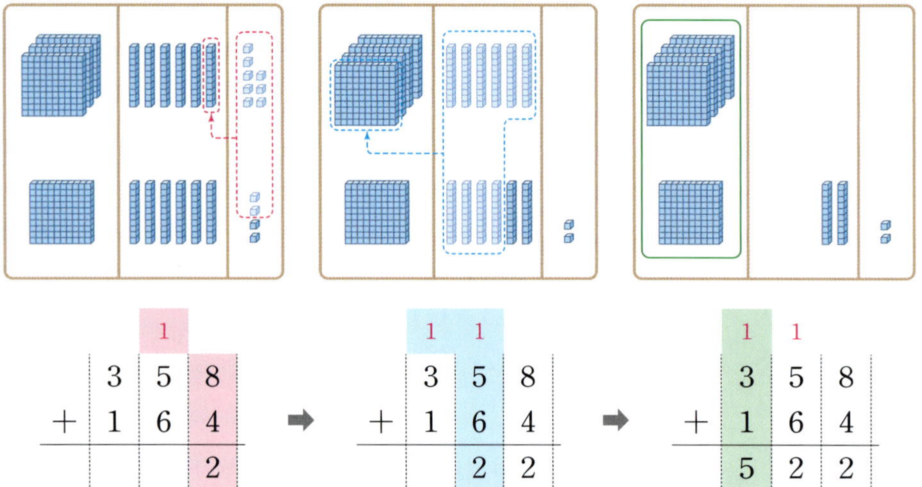

각 자리의 수를 맞추어 쓰고, 일의 자리에서 받아올림이 있으면 십의 자리로 받아올림하여 계산하고, 십의 자리에서 받아올림이 있으면 백의 자리로 받아올림하여 계산합니다.

예 657+576의 계산

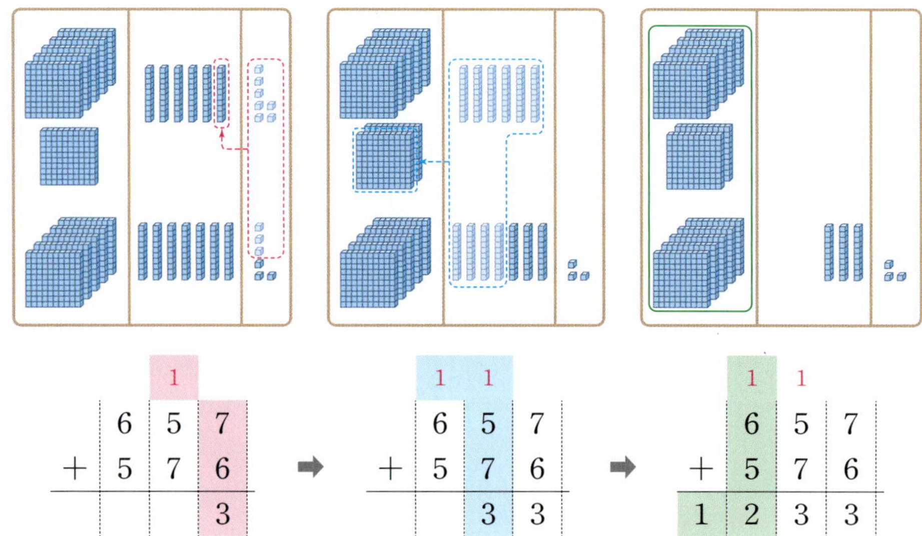

각 자리의 수를 맞추어 쓰고, 일의 자리에서 받아올림이 있으면 십의 자리로 받아올림하여 계산하고, 십의 자리에서 받아올림이 있으면 백의 자리로 받아올림하여 계산하고, 백의 자리에서 받아올림이 있으면 천의 자리에 씁니다.

- **358+164를 어림하여 계산하기**
358과 164를 각각 360과 160으로 어림하여 계산합니다.
➡ 360+160=520이므로 358+164를 어림하여 계산하면 약 520입니다.

- **358+164를 여러 가지 방법으로 계산하기**
  - 300+100, 50+60, 8+4를 차례대로 계산하여 모두 더합니다.
  - 8+4, 50+60, 300+100을 차례대로 계산하여 모두 더합니다.

- **657+576을 어림하여 계산하기**
657과 576을 각각 660과 580으로 어림하여 계산합니다.
➡ 660+580=1240이므로 657+576을 어림하여 계산하면 약 1240입니다.

- **657+576을 여러 가지 방법으로 계산하기**
  - 600+500, 50+70, 7+6을 차례대로 계산하여 모두 더합니다.
  - 7+6, 50+70, 600+500을 차례대로 계산하여 모두 더합니다.

05 수 모형을 보고 계산해 보세요.

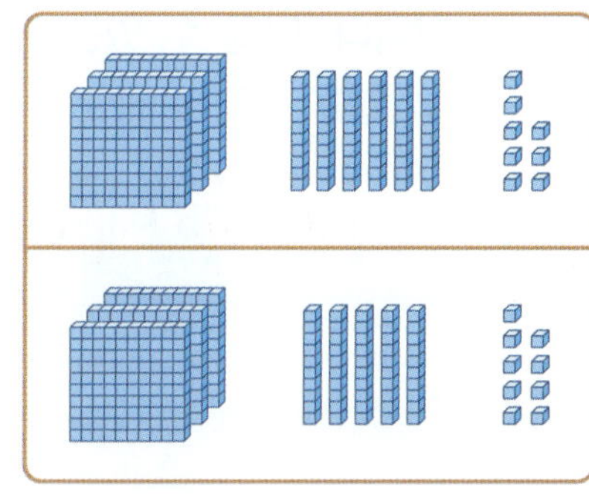

$$368+359=\boxed{}$$

06 계산해 보세요.

(1)
$$\begin{array}{r} 4\ 8\ 7 \\ +\ 2\ 4\ 5 \\ \hline \end{array}$$

(2)
$$\begin{array}{r} 7\ 6\ 4 \\ +\ 8\ 6\ 9 \\ \hline \end{array}$$

07 $334+279$를 다음과 같이 계산하려고 합니다.
□ 안에 알맞은 수를 써넣으세요.

백의 자리부터 차례대로 계산합니다.

$$300+200=\boxed{}$$

$$30+70=\boxed{}$$

$$4+9=\boxed{}$$

$$\Rightarrow 334+279=\boxed{}$$

08 수 모형을 보고 계산해 보세요.

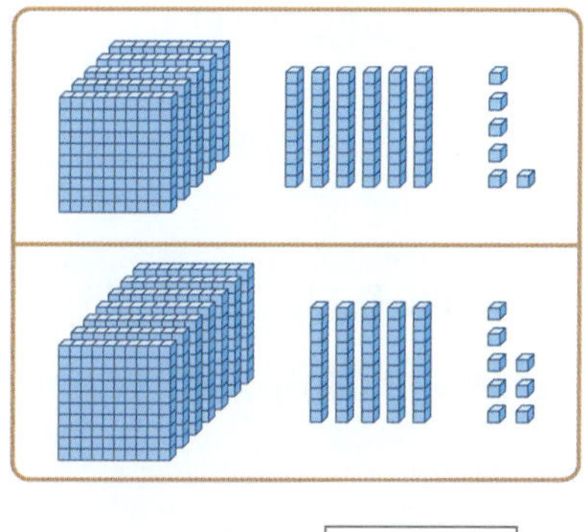

$$566+758=\boxed{}$$

09 □ 안에 알맞은 수를 써넣으세요.

(1)
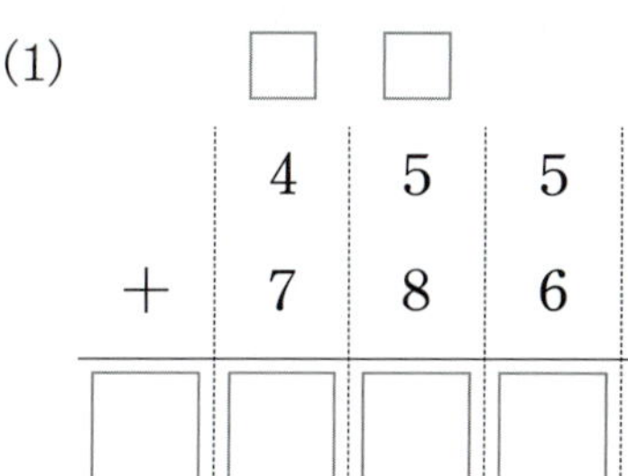

$$\begin{array}{r} 4\ \ 5\ \ 5 \\ +\ 7\ \ 8\ \ 6 \\ \hline \end{array}$$

(2)
$$\begin{array}{r} 3\ \ 7\ \ 9 \\ +\ 6\ \ 3\ \ 4 \\ \hline \end{array}$$

10 $496+848$을 다음과 같이 계산하려고 합니다.
□ 안에 알맞은 수를 써넣으세요.

$400+800,\ 96+48$을 차례대로 계산합니다.

$$400+800=\boxed{}$$

$$96+48=\boxed{}$$

$$\Rightarrow 496+848=\boxed{}$$

01 두 수의 합을 어림하여 구하려고 합니다. □ 안에 알맞은 수를 써넣으세요.

251029-0011

| 435 | 251 |

> 435는 440쯤 되고, 251은 250쯤 되므로 어림하여 계산하면 440+250= □ 쯤 됩니다.

02 빈칸에 알맞은 수를 써넣으세요.

251029-0012

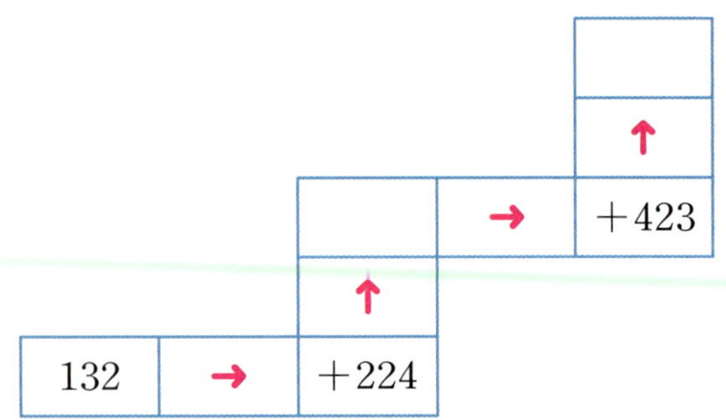

03 계산 결과의 크기를 비교하여 ○ 안에 >, =, <를 알맞게 써넣으세요.

251029-0013

$$273+314 \bigcirc 152+441$$

**04** **532+247**을 두 가지 방법으로 계산해 보세요.

251029-0014

중요

방법 1

____

____

____

방법 2

____

____

____

05 수 카드 3장을 한 번씩만 사용하여 세 자리 수를 만들려고 합니다. 만들 수 있는 가장 큰 수와 가장 작은 수의 합을 구해 보세요.

251029-0015

| 2 | 5 | 1 |

(   )

06 유리네 집에서 은행을 거쳐 도서관까지 가는 거리는 몇 **m**일까요?

251029-0016

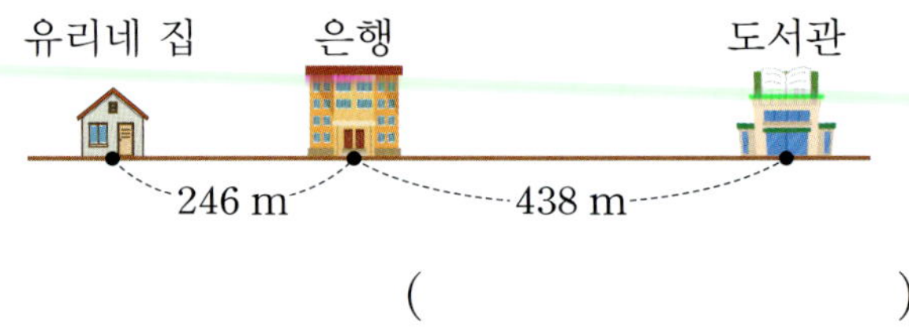

(   )

07 은지가 말하는 수를 구해 보세요.

251029-0017

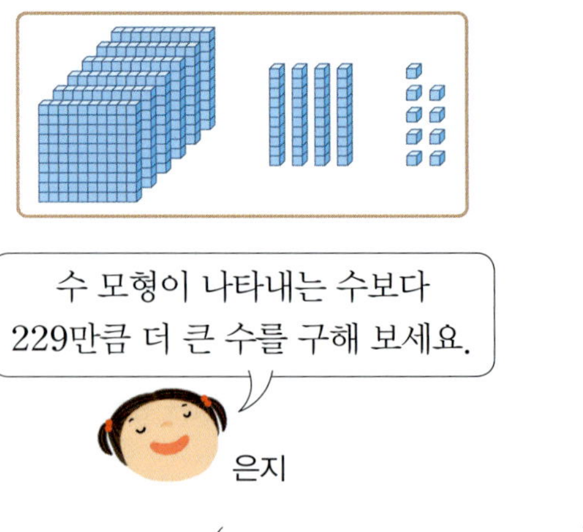

(   )

08 잘못 계산한 곳을 찾아 바르게 계산해 보세요.

$$
\begin{array}{r}
4\ 4\ 1 \\
+\ 3\ 6\ 8 \\
\hline
7\ 0\ 9
\end{array}
\quad\Rightarrow\quad
\begin{array}{r}
4\ 4\ 1 \\
+\ 3\ 6\ 8 \\
\hline

\end{array}
$$

251029-0019

09 계산 결과가 가장 큰 것을 찾아 기호를 써 보세요.

ㄱ 127＋546
ㄴ 355＋308
ㄷ 414＋269

(   )

251029-0020

10 어제 미술관에 온 사람은 **546**명이었고, 오늘 미술관에 온 사람은 **447**명이었습니다. 어제와 오늘 미술관에 온 사람은 모두 몇 명일까요?

(   )

251029-0021

11 □ 안에 알맞은 수를 써넣으세요.

(1)

$$
\begin{array}{r}
3\ \ 6\ \ 7 \\
+\ \ 4\ \ 5\ \ 9 \\
\hline

\end{array}
$$

(2)

$$
\begin{array}{r}
7\ \ 8\ \ 9 \\
+\ \ 6\ \ 6\ \ 4 \\
\hline

\end{array}
$$

251029-0022

12 계산 결과가 같은 것끼리 이어 보세요.

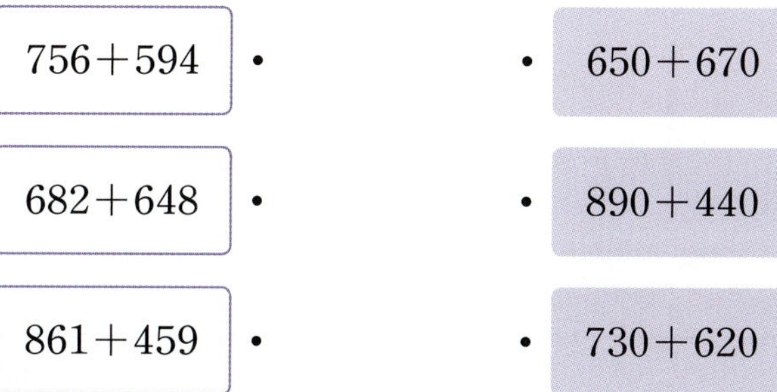

756＋594	•		•	650＋670
682＋648	•		•	890＋440
861＋459	•		•	730＋620

251029-0023

13 삼각형 안에 있는 수의 합을 구해 보세요.

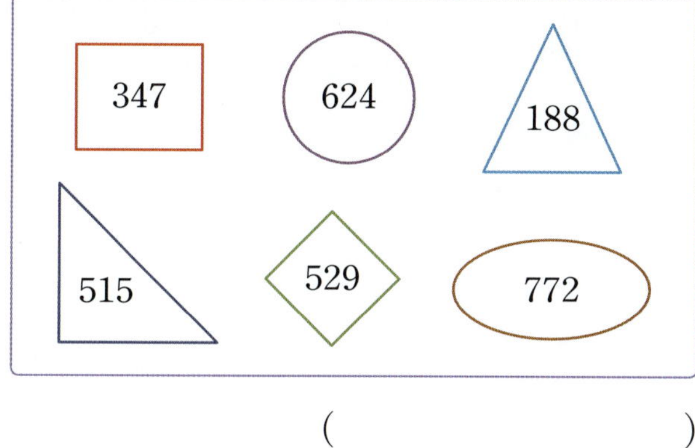

(   )

251029-0024

14 두 수를 더해 빈칸에 알맞은 수를 써넣으세요.

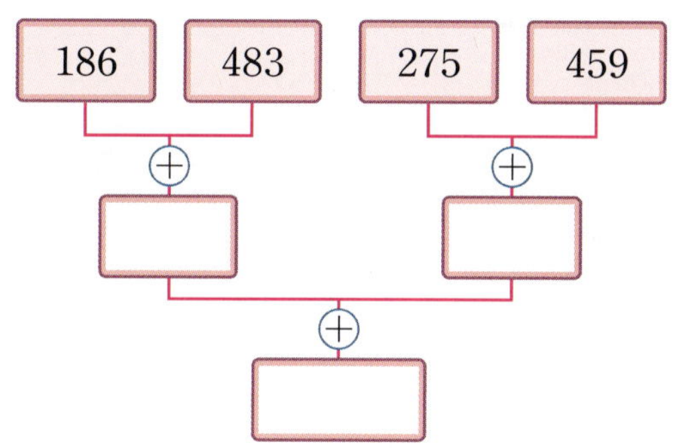

251029-0025

15 두 수를 골라 두 수의 합이 가장 큰 식을 만들려고 합니다. □ 안에 알맞은 수를 써넣으세요.

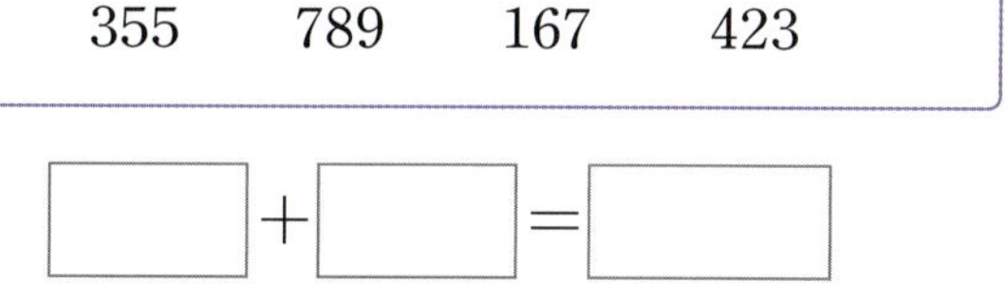

$$
\boxed{}＋\boxed{}=\boxed{}
$$

덧셈에서 □ 안에 알맞은 수 구하기

예
$$\begin{array}{r} 1\ 6\ ⓐ \\ +\ 2\ ⓑ\ 8 \\ \hline 4\ 2\ 3 \end{array}$$

- 일의 자리 계산:
  ⓐ$+8=13 \Rightarrow$ ⓐ$=5$
- 십의 자리 계산:
  $1+6+$ⓑ$=12 \Rightarrow$ ⓑ$=5$
  └ 일의 자리에서 받아올림한 수

251029-0026

16 □ 안에 알맞은 수를 써넣으세요.

$$\begin{array}{r} 4\ 7\ \square \\ +\ 2\ \square\ 4 \\ \hline 7\ 3\ 2 \end{array}$$

251029-0027

17 □ 안에 알맞은 수를 써넣으세요.

$$\begin{array}{r} \square\ 5\ 7 \\ +\ 3\ \square\ \square \\ \hline 8\ 8\ 5 \end{array}$$

251029-0028

18 □ 안에 알맞은 수를 써넣으세요.

$$\begin{array}{r} 5\ 8\ \square \\ +\ \square\ \square\ 9 \\ \hline 1\ 2\ 4\ 3 \end{array}$$

어떤 수 구하기

예 어떤 수와 347의 차는 422입니다. 어떤 수를 구해 보세요. 

➡ 어떤 수를 □라고 하여 뺄셈식을 만들면

□$-347=422$입니다.

덧셈식으로 나타내면 $422+347=$□이므로

□$=769$입니다.

251029-0029

19 152와 어떤 수의 차는 543입니다. 어떤 수를 □라고 하여 식을 만들고 어떤 수를 구해 보세요.

식 ➤ _______________

답 ➤ _______________

251029-0030

20 어떤 수에서 584를 뺐더니 187이 되었습니다. 어떤 수를 구해 보세요.

(   )

251029-0031

21 어떤 수에서 466을 뺐더니 487이 되었습니다. 어떤 수에 798을 더한 값을 구해 보세요.

(   )

개념 **4** 세 자리 수의 뺄셈을 해 볼까요 (1) — 받아내림이 없는 (세 자리 수)−(세 자리 수)

예 565−234의 계산

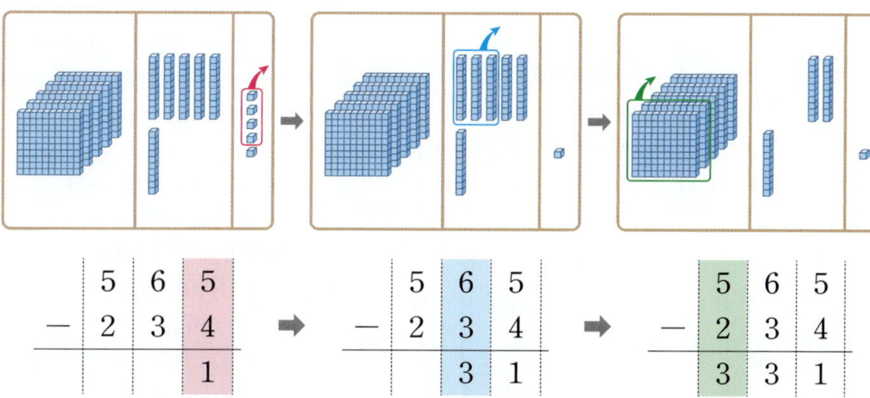

각 자리의 수를 맞추어 쓰고, 일의 자리부터 뺀 값을 차례대로 씁니다.

● **565−234를 어림하여 계산하기**
565와 234를 각각 570과 230으로 어림하여 계산합니다.
➡ 570−230=340이므로 565−234를 어림하여 계산하면 약 340입니다.

● **565−234를 여러 가지 방법으로 계산하기**
· 500−200, 60−30, 5−4를 차례대로 계산하여 모두 더합니다.
· 65−34를 먼저 계산하고, 500−200의 값에 더해서 계산합니다.

1 단원

251029-0032

01 수 모형을 보고 계산해 보세요.

(1)

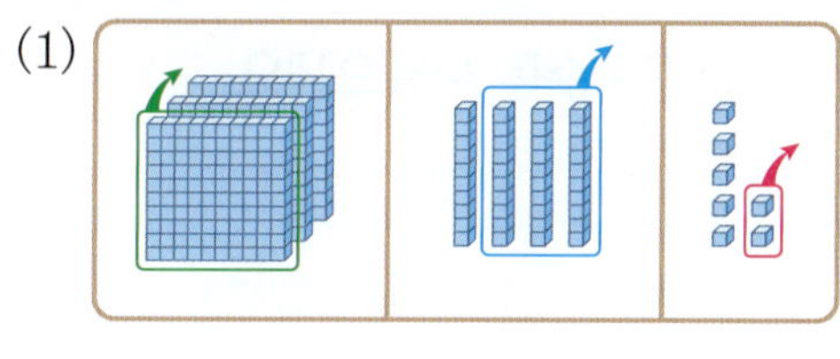

$$347-132=\boxed{}$$

(2)

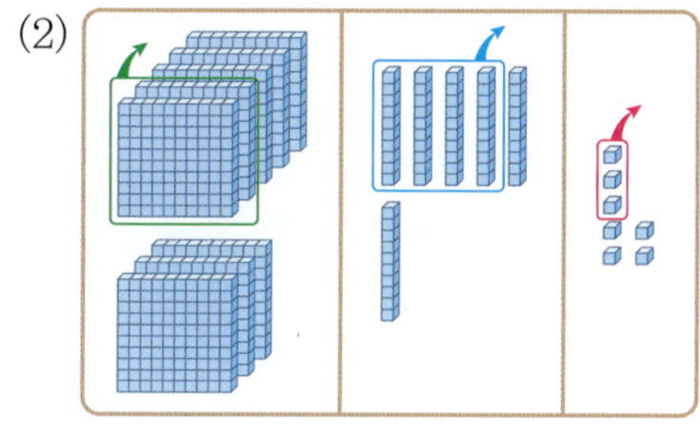

$$867-243=\boxed{}$$

251029-0033

02 계산해 보세요.

(1)
$$\begin{array}{r} 7\ 6\ 8 \\ -\ 1\ 5\ 4 \\ \hline \end{array}$$

(2)
$$\begin{array}{r} 4\ 3\ 9 \\ -\ 2\ 0\ 3 \\ \hline \end{array}$$

(3) 367−246

(4) 946−625

개념 **5** 세 자리 수의 뺄셈을 해 볼까요 (2) — 받아내림이 한 번 있는 (세 자리 수)−(세 자리 수)

예 **354−137의 계산**

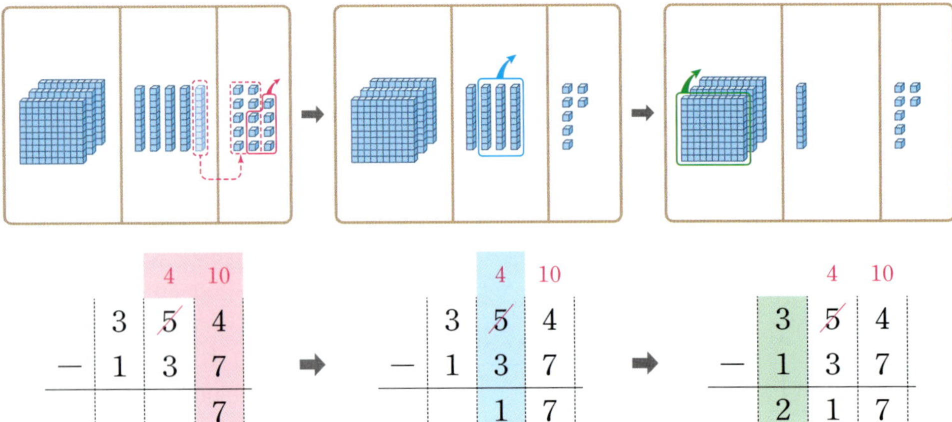

각 자리의 수를 맞추어 쓰고, 십의 자리에서 받아내림이 있으면 일의 자리로 받아내림하여 계산합니다.

● **354−137을 어림하여 계산하기**
354와 137을 각각 350과 140으로 어림하여 계산합니다.
➡ 350−140=210이므로
354−137을 어림하여 계산하면 약 210입니다.

● **354−137을 여러 가지 방법으로 계산하기**
· 300−100, 54−37을 차례대로 계산하여 더합니다.
· 54−37을 먼저 계산하고, 300−100의 값에 더해서 계산합니다.

251029-0034

03 수 모형을 보고 계산해 보세요.

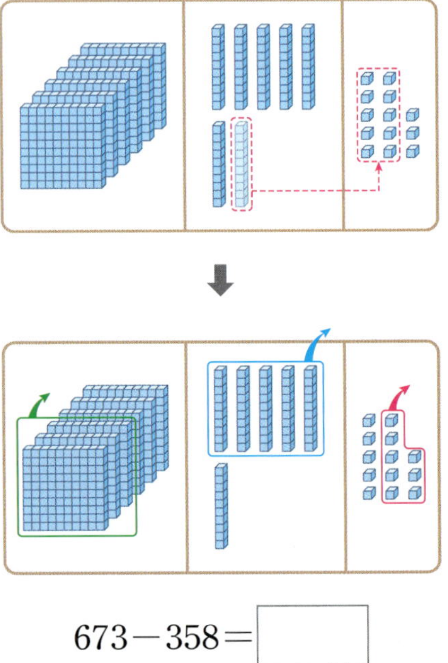

$$673-358=\boxed{}$$

251029-0035

04 □ 안에 알맞은 수를 써넣으세요.

(1)
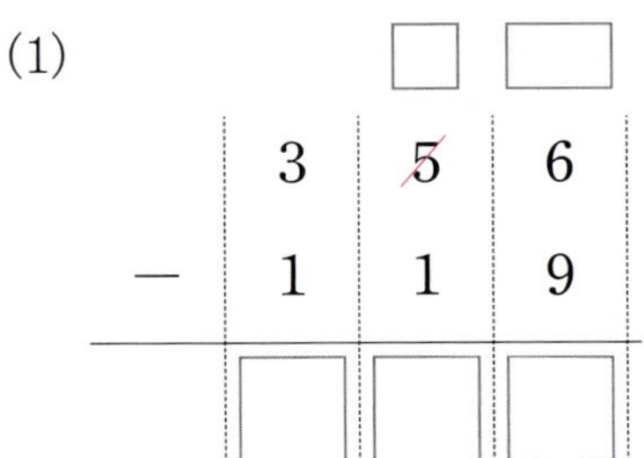

(2)
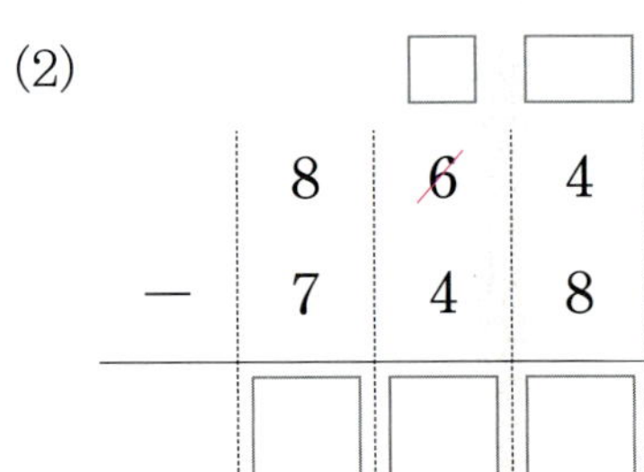

(3)
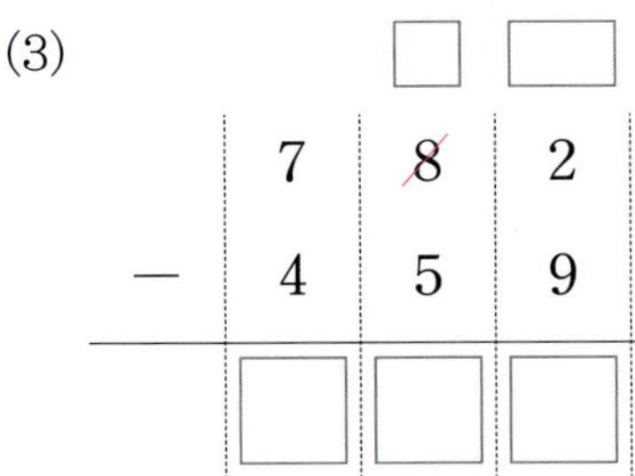

개념 **6** 세 자리 수의 뺄셈을 해 볼까요 (3) — 받아내림이 두 번 있는 (세 자리 수) − (세 자리 수)

예 **345 − 189**의 계산

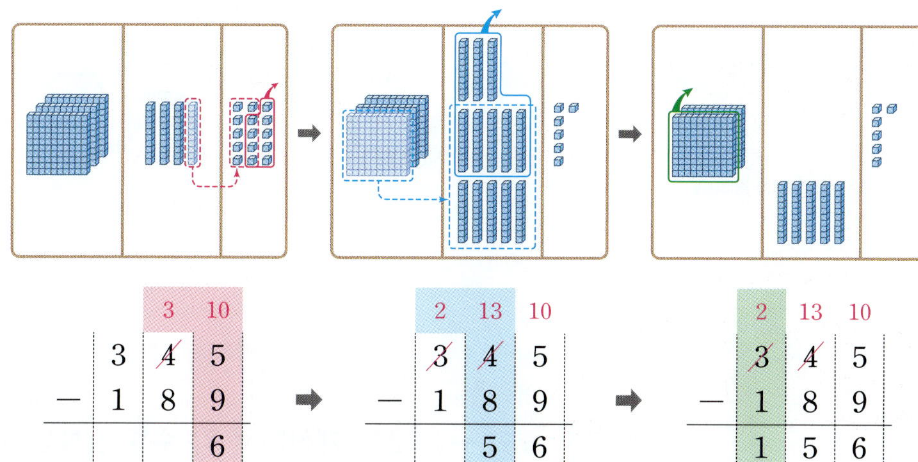

각 자리의 수를 맞추어 쓰고, 십의 자리에서 받아내림이 있으면 일의 자리로 받아내림하여 계산하고, 백의 자리에서 받아내림이 있으면 십의 자리로 받아내림하여 계산합니다.

- **345 − 189**를 어림하여 계산하기
345와 189를 각각 350과 190으로 어림하여 계산합니다.
➡ 350 − 190 = 160이므로 345 − 189를 어림하여 계산하면 약 160입니다.

- **345 − 189**를 여러 가지 방법으로 계산하기
- 200 − 100, 145 − 89를 차례대로 계산하여 더합니다.
- 15 − 9, 130 − 80, 200 − 100을 차례대로 계산하여 모두 더합니다.

1 단원

251029-0036

05 수 모형을 보고 계산해 보세요.

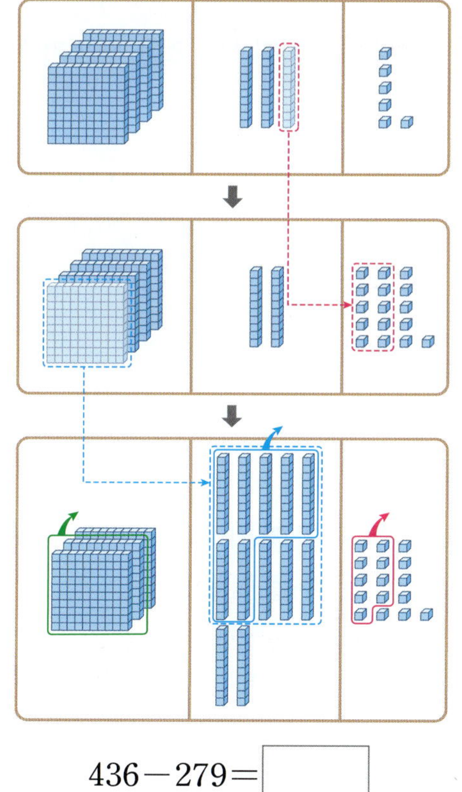

$$436 - 279 = \boxed{}$$

251029-0037

06 □ 안에 알맞은 수를 써넣으세요.

(1)

$$\begin{array}{ccc} \Box & \Box & \Box \\ \cancel{4} & \cancel{7} & 6 \\ - \quad 2 & 7 & 9 \\ \hline \Box & \Box & \Box \end{array}$$

(2)

$$\begin{array}{ccc} \Box & \Box & \Box \\ \cancel{7} & \cancel{5} & 2 \\ - \quad 1 & 9 & 6 \\ \hline \Box & \Box & \Box \end{array}$$

(3)

$$\begin{array}{ccc} \Box & \Box & \Box \\ \cancel{9} & \cancel{2} & 5 \\ - \quad 6 & 7 & 8 \\ \hline \Box & \Box & \Box \end{array}$$

251029-0038

01 계산 결과를 찾아 이어 보세요.

| $975-513$ | • | | • | 442 |
| $768-326$ | • | | • | 462 |

251029-0039

02 빈칸에 알맞은 수를 써넣으세요.

899 ↓
-234 → □ ↓
-452 → □

251029-0040

03 $467-352$를 두 가지 방법으로 계산해 보세요.

중요

방법 1

____

____

____

방법 2

____

____

____

251029-0041

04 ㉠과 ㉡의 차를 구해 보세요.

> ㉠ 100이 7개, 10이 6개, 1이 8개인 수
> ㉡ 100이 3개, 10이 4개, 1이 7개인 수

(   )

251029-0042

05 영진이는 성준이보다 줄넘기를 몇 회 더 많이 했는지 구해 보세요.

(   )

251029-0043

06 $651-372$의 계산에서 각 수를 몇백몇십으로 어림하여 계산하면 얼마일까요? (   )

① 220   ② 280   ③ 300
④ 320   ⑤ 380

251029-0044

07 계산 결과가 가장 작은 것을 찾아 기호를 써 보세요.

중요

> ㉠ $558-249$
> ㉡ $453-161$
> ㉢ $797-459$

(   )

251029-0045

08 두 수를 골라 뺄셈식을 완성하려고 합니다. □ 안에 알맞은 수를 써넣으세요.

| 115 | 523 | 118 |

□ $-$ □ $=405$

251029-0046

09 잘못 계산한 곳에 ◯표 하고, 바르게 계산해 보세요.

$$\begin{array}{r} 6\ 5\ 1 \\ -\ 2\ 9\ 8 \\ \hline 4\ 5\ 3 \end{array}$$ ➡ $$\begin{array}{r} 6\ 5\ 1 \\ -\ 2\ 9\ 8 \\ \hline \end{array}$$

251029-0047

10 계산해 보세요.

(1) $$\begin{array}{r} 7\ 1\ 3 \\ -\ 5\ 2\ 4 \\ \hline \end{array}$$

(2) $$\begin{array}{r} 6\ 0\ 1 \\ -\ 2\ 4\ 6 \\ \hline \end{array}$$

251029-0048

11 □ 안에 알맞은 수를 써넣으세요.

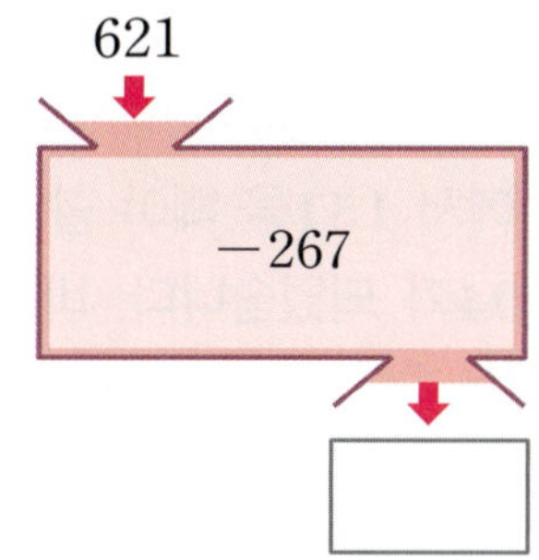

251029-0049

12 계산 결과를 찾아 이어 보세요.

735−386 •		• 377
576−199 •		• 349
913−598 •		• 315

251029-0050

13 두 수의 차를 구하여 빈칸에 알맞은 수를 써넣으세요.

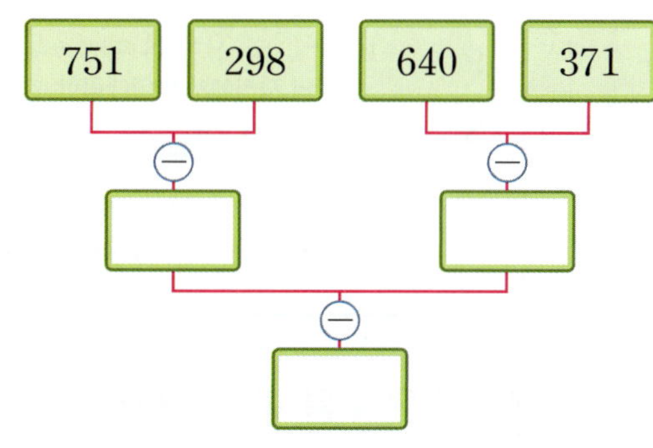

251029-0051

14 수 카드 3장을 한 번씩만 사용하여 세 자리 수를 만들려고 합니다. 만들 수 있는 가장 큰 수와 가장 작은 수의 차를 구해 보세요.

8 3 9

(   )

251029-0052

15  세 나무의 높이를 보고, 높이의 차가 **300 cm**에 가장 가까운 두 나무를 찾아 써 보세요.

나무	소나무	전나무	단풍나무
높이(cm)	604	325	149

(,   )

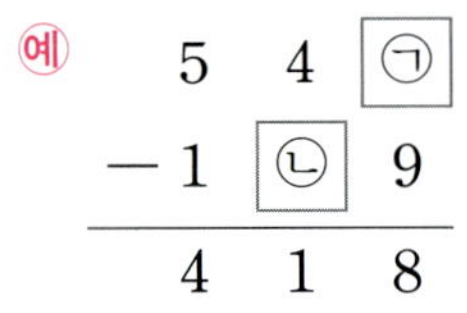

뺄셈에서 □ 안에 알맞은 수 구하기

예
$$
\begin{array}{r}
5\ \ 4\ \ \boxed{㉠} \\
-\ 1\ \ \boxed{㉡}\ \ 9 \\
\hline
4\ \ 1\ \ 8
\end{array}
$$

- 일의 자리 계산:

$$10+㉠-9=8 \Rightarrow ㉠=7$$
└ 십의 자리에서 받아내림한 수

- 십의 자리 계산:

$$4-1-㉡=1 \Rightarrow ㉡=2$$
└ 일의 자리로 받아내림한 수

251029-0053

16 □ 안에 알맞은 수를 써넣으세요.

$$
\begin{array}{r}
7\ \ 5\ \ 2 \\
-\ 6\ \ 2\ \ \boxed{} \\
\hline
1\ \ \boxed{}\ \ 5
\end{array}
$$

251029-0054

17 □ 안에 알맞은 수를 써넣으세요.

$$
\begin{array}{r}
\boxed{}\ \ 3\ \ 1 \\
-\ 2\ \ 8\ \ 4 \\
\hline
4\ \ \boxed{}\ \ 7
\end{array}
$$

251029-0055

18 □ 안에 알맞은 수를 써넣으세요.

$$
\begin{array}{r}
8\ \ 1\ \ 6 \\
-\ 5\ \ \boxed{}\ \ \boxed{} \\
\hline
\boxed{}\ \ 5\ \ 9
\end{array}
$$

바르게 계산한 값 구하기

예 어떤 수에서 332를 빼야 할 것을 잘못하여 더했더니 889가 되었습니다. 바르게 계산하면 얼마일까요?

➡ 어떤 수를 □로 하여 잘못된 계산식을 쓰면

□$+332=889$이고 $889-332=557$이므로 어떤 수는 557입니다.

따라서 바르게 계산하면 $557-332=225$입니다.

251029-0056

19 어떤 수에서 202를 빼야 할 것을 잘못하여 더했더니 639가 되었습니다. 바르게 계산하면 얼마일까요?

( )

251029-0057

20 어떤 수에서 151을 빼야 할 것을 잘못하여 더했더니 904가 되었습니다. 바르게 계산하면 얼마일까요?

( )

251029-0058

21 어떤 수에서 288을 빼야 할 것을 잘못하여 더했더니 712가 되었습니다. 바르게 계산하면 얼마일까요?

( )

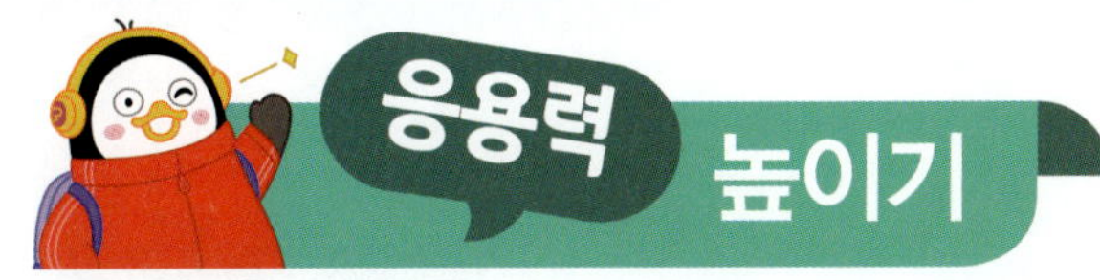

응용력 높이기

대표응용 1 어떤 두 수 구하기

어떤 두 수의 합은 837이고, 차는 349입니다. 두 수를 구해 보세요.

문제 스케치

㉠ > ㉡일 때

→ ┌ 두 수의 합: ㉠＋㉡＝837
  └ 두 수의 차: ㉠－㉡＝349

해결하기

어떤 두 수를 ㉠, ㉡이라 생각하고 ㉠을 큰 수, ㉡을 작은 수라고 하면 ㉠＝㉡＋349입니다.

㉠＋㉡＝㉡＋㉡＋349＝837이고

㉡＋㉡＝837－349＝□ 입니다.

이때, 같은 수를 두 번 더하여 488이 되어야 하므로 ㉡은 □ 이고, ㉠＝㉡＋349＝□ 입니다.

따라서 어떤 수는 □ , □ 입니다.

251029-0059

1-1 어떤 두 수의 합은 913이고, 차는 267입니다. 두 수를 구해 보세요.

(,   )

251029-0060

1-2 어떤 두 수의 합은 961이고, 차는 137입니다. 두 수를 구해 보세요.

(,   )

대표응용 2

■ 안에 들어갈 수 있는 수 구하기

■ 안에 들어갈 수 있는 수 중에서 가장 큰 세 자리 수를 구해 보세요.

$$327 + ■ < 531$$

문제 스케치

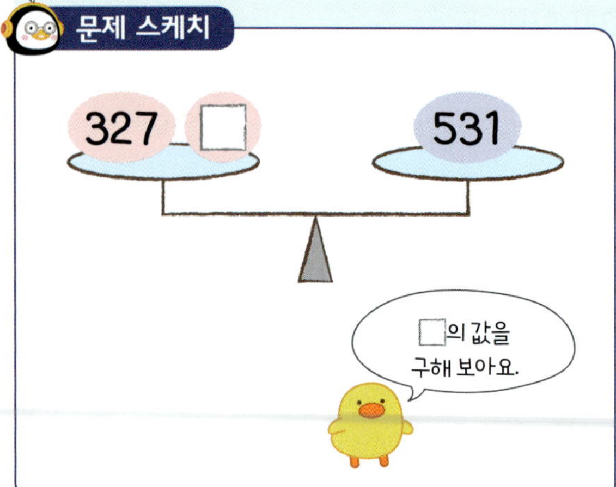

해결하기

$327 + ■ = 531$이라고 하면

$531 - 327 = ■$, $■ = \boxed{}$ 입니다.

$327 + ■ < 531$이어야 하므로 ■ 안에 들어갈 수 있는 수는

$\boxed{}$ 보다 작아야 합니다.

따라서 ■ 안에 들어갈 수 있는 가장 큰 세 자리 수는

$\boxed{}$ 입니다.

251029-0061

2-1 □ 안에 들어갈 수 있는 수 중에서 가장 큰 세 자리 수를 구해 보세요.

$$468 + □ < 725$$

(   )

251029-0062

2-2 □ 안에 들어갈 수 있는 수 중에서 가장 작은 세 자리 수를 구해 보세요.

$$578 + □ > 357 + 473$$

(   )

대표 응용 3 약속한 기호대로 계산하기

기호 ◆에 대하여 ㉮◆㉯＝㉮＋㉯＋**159**라고 약속할 때, 다음을 계산해 보세요.

$$546 ◆ 265$$

  문제 스케치

㉮ ◆ ㉯＝㉮＋㉯＋159
↑   ↑   ↑   ↑
546   265   546   265
➡ 546 ◆ 265＝546＋265＋159

해결하기

$$546 ◆ 265 = 546 + \boxed{} + 159$$

$$= \boxed{} + 159$$

$$= \boxed{}$$

251029-0063

3-1 기호 ■에 대하여 ㉮■㉯＝㉮－㉯－**241**이라고 약속할 때, 다음을 계산해 보세요.

$$932 ■ 135$$

(   )

251029-0064

3-2 기호 ◎에 대하여 ㉮◎㉯＝㉮－㉯－㉯라고 약속할 때, 다음을 계산해 보세요.

$$692 ◎ 214$$

(   )

대표 응용 **4**	**수 카드로 만든 세 자리 수의 합, 차 구하기**

수 카드 4장 중 3장을 골라 한 번씩만 사용하여 만들 수 있는 세 자리 수 중에서 가장 큰 수와 가장 작은 수의 합을 구해 보세요.

| 0 | 7 | 3 | 4 |

문제 스케치

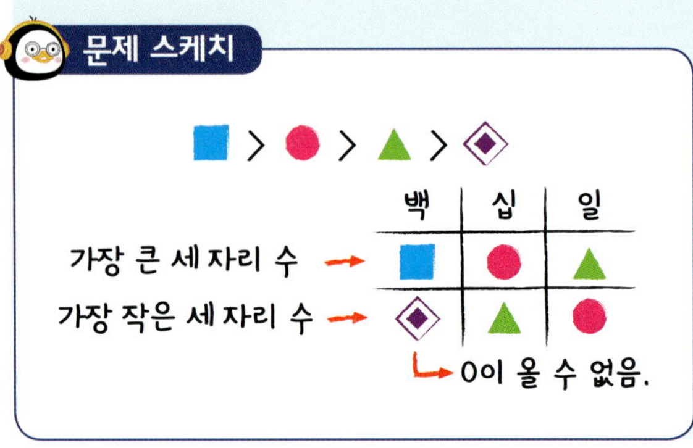

해결하기

$7>4>3>0$이므로 만들 수 있는 세 자리 수 중에서 가장 큰 수는 ☐이고, 가장 작은 수는 ☐입니다.

따라서 두 수의 합은 ☐ + ☐ = ☐입니다.

251029-0065

4-1 수 카드 4장 중 3장을 골라 한 번씩만 사용하여 만들 수 있는 세 자리 수 중에서 가장 큰 수와 가장 작은 수의 합을 구해 보세요.

| 7 | 4 | 0 | 8 |

(   )

251029-0066

4-2 수 카드 5장 중 3장을 골라 한 번씩만 사용하여 만들 수 있는 세 자리 수 중에서 두 번째로 큰 수와 두 번째로 작은 수의 합과 차를 각각 구해 보세요.

| 0 | 2 | 9 | 7 | 5 |

합 (   )

차 (   )

대표 응용 5 · 실생활에서 □의 값 구하기

3학년 남학생과 여학생을 청군과 백군으로 나누어 체육대회를 하였습니다. 청군이 얻은 점수와 백군이 얻은 점수가 같았다면 백군 여학생이 얻은 점수는 몇 점인지 구해 보세요.

얻은 점수

	청군	백군
남학생	455점	395점
여학생	465점	

문제 스케치

백군 여학생이 얻은 점수: □

청군이 얻은 점수	=	백군이 얻은 점수
$455+465$	=	$395+□$

해결하기

청군이 얻은 점수는 $455+465=$ ☐ (점)이므로 백군이

얻은 점수도 ☐ 점입니다.

백군 여학생이 얻은 점수를 □라고 하면

$395+□=$ ☐ 입니다.

☐ $-395=□$, $□=$ ☐ 입니다.

따라서 백군 여학생이 얻은 점수는 ☐ 점입니다.

251029-0067

5-1 미주네 반에서는 색종이를 사용하여 종이접기를 하였습니다. 사용한 빨간색 색종이와 파란색 색종이의 수가 같다면 종이학을 접는 데 사용한 빨간색 색종이는 몇 장인지 구해 보세요.

사용한 색종이 수

	빨간색	파란색
종이학		285장
장미꽃	394장	367장

(   )

251029-0068

5-2 도서관에 있는 3학년과 4학년의 권장 도서 수를 조사하였습니다. 3학년과 4학년의 권장 동화책의 수의 합은 역사책의 수의 합보다 165권이 더 적었다면 4학년의 권장 동화책은 몇 권인지 구해 보세요.

도서관에 있는 학년별 권장 도서 수

	동화책	역사책
3학년	395권	460권
4학년		470권

(   )

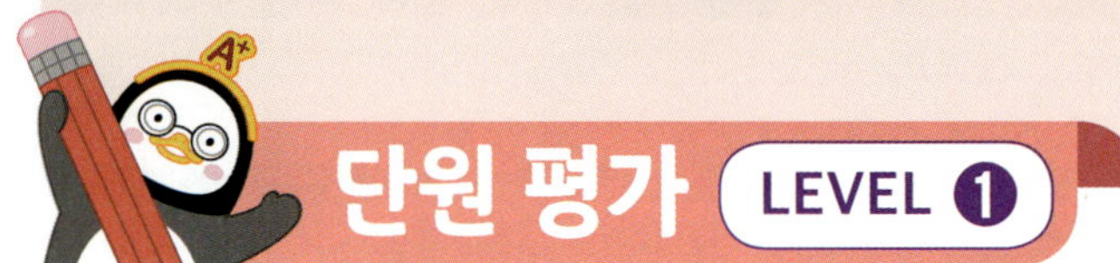

01 251029-0069

$447+312$를 백의 자리부터 더하여 계산하려고 합니다. □ 안에 알맞은 수를 써넣으세요.

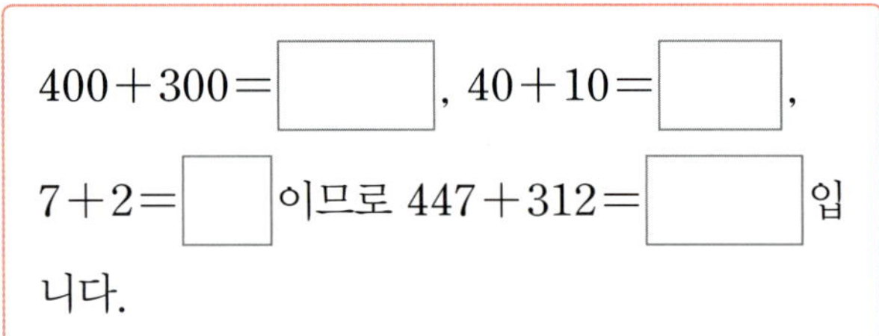

$400+300=$ ☐ , $40+10=$ ☐ , $7+2=$ ☐ 이므로 $447+312=$ ☐ 입니다.

02 251029-0070

빈칸에 알맞은 수를 써넣으세요.

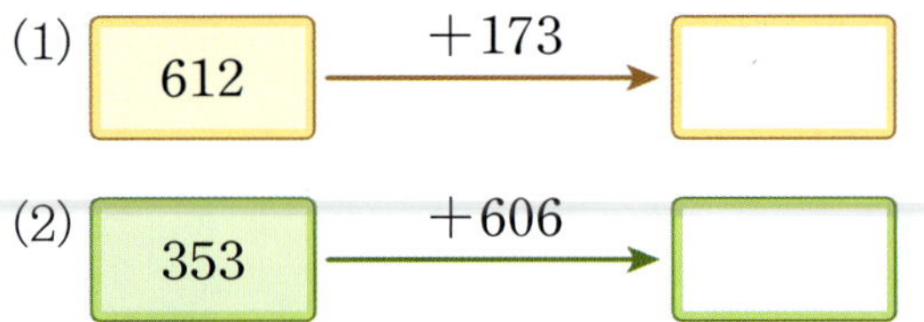

(1) 612 $+173$ →

(2) 353 $+606$ →

03 251029-0071

□ 안에 알맞은 수를 써넣으세요.

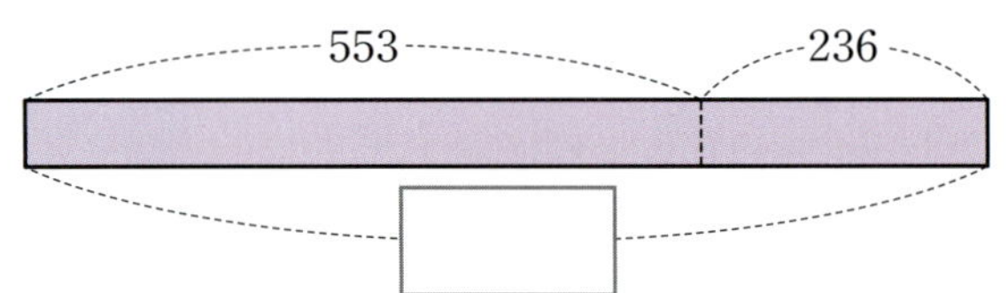

553   236

04 251029-0072

덧셈식에서 □ 안의 수는 실제로 얼마를 나타낼까요?

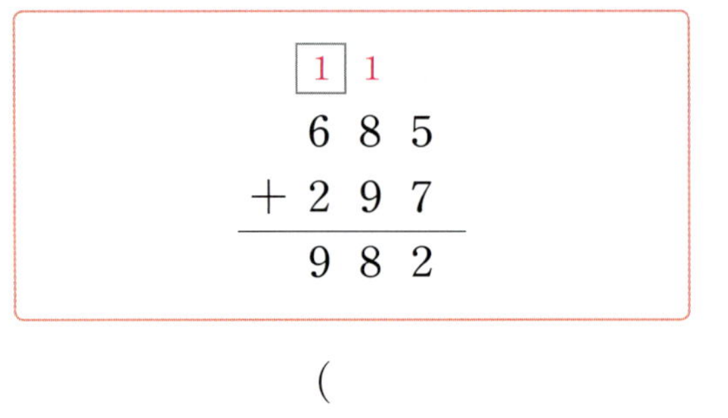

$$\begin{array}{r} 1\ 1 \\ 6\ 8\ 5 \\ +\ 2\ 9\ 7 \\ \hline 9\ 8\ 2 \end{array}$$

(   )

05 251029-0073

빈칸에 알맞은 수를 써넣으세요.

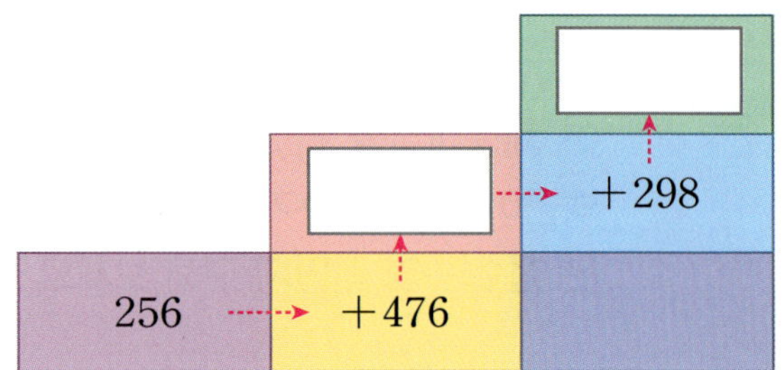

06 251029-0074

계산 결과가 가장 큰 것을 찾아 기호를 써 보세요.

㉠ $341+456$
㉡ $135+626$
㉢ $239+594$

(   )

07 251029-0075

동물원에 입장한 남자는 836명, 여자는 759명입니다. 동물원에 입장한 사람은 모두 몇 명쯤인지 알맞게 어림한 것에 ○표 하세요.

1500명쯤	1600명쯤	1700명쯤
( )	( )	( )

08 251029-0076

두 수의 합은 얼마일까요?

· 10이 95개, 1이 17개인 수
· 10이 59개, 1이 28개인 수

(   )

251029-0077

09 □★○=□+○+○로 계산한다고 약속할 때, 주어진 식을 계산하면 얼마일까요?

$$368 ★ 467$$

( )

251029-0078

10 사각형 안에 있는 수의 차를 구해 보세요.

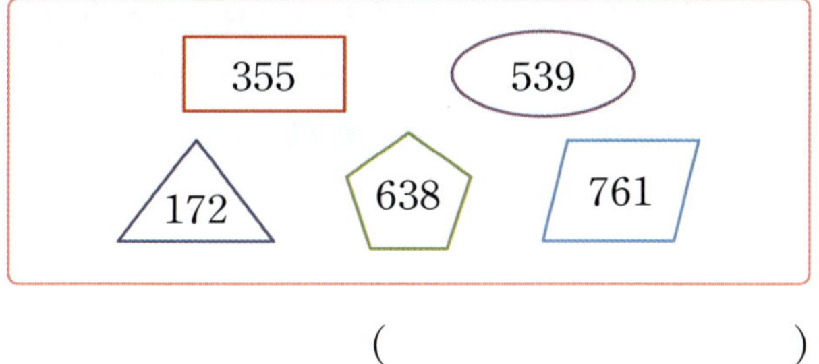

( )

251029-0079

11 어떤 수에서 275를 빼야 할 것을 잘못하여 더했더니 923이 되었습니다. 바르게 계산한 값을 구해 보세요.

( )

251029-0080

12 두 수를 골라 뺄셈식을 완성하려고 합니다. □ 안에 알맞은 수를 써넣으세요.

| 143 | 462 | 734 |

□ □ − □ □ =319

251029-0081

13 민경이와 지호 중에서 계산 결과가 더 작은 사람의 이름을 써 보세요.

( )

251029-0082

14 종이학을 예빈이는 274개, 언니는 535개 접었고, 오빠는 언니보다 108개 더 적게 접었습니다. 예빈이가 접은 종이학 수와 오빠가 접은 종이학 수의 차는 몇 개일까요?

( )

251029-0083

15 □ 안에 알맞은 수를 써넣으세요.

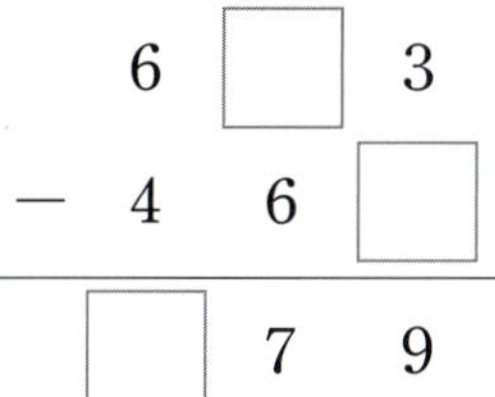

16 계산 결과의 크기를 비교하여 ○ 안에 >, =, < 를 알맞게 써넣으세요.

251029-0084

$$758 - 269 \bigcirc 964 - 487$$

17 향미네 집에서 학교로 가는 ㉮ 길의 거리는 약국을 지나 학교로 가는 ㉯ 길의 거리보다 몇 **m** 더 가까울까요?

251029-0085

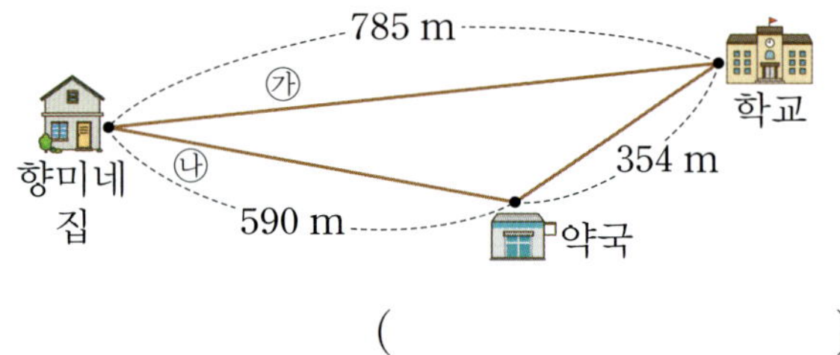

( )

 **18** 수 카드 4장 중 2장을 골라 두 수의 차가 **500**에 가장 가까운 뺄셈식을 만들어 계산해 보세요.

도전

251029-0086

| 462 | 953 | 841 | 299 |

$$\boxed{} - \boxed{} = \boxed{}$$

서술형 문제

19 삼각형의 세 변 중에서 가장 긴 변의 길이와 가장 짧은 변의 길이의 합은 몇 **cm**인지 풀이 과정을 쓰고 답을 구해 보세요.

251029-0087

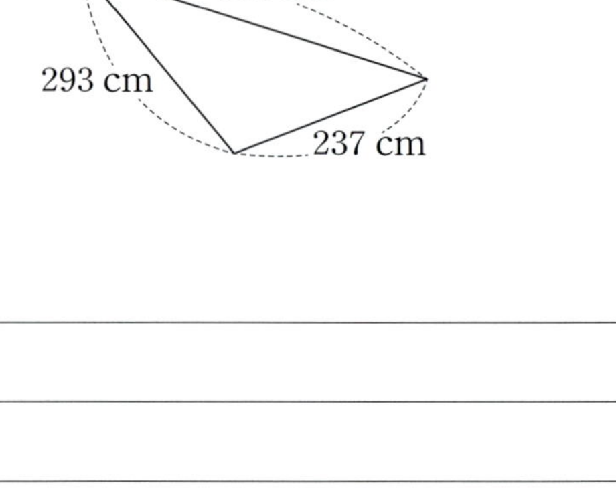

풀이 ▶

답 ▶

20 세윤이네 학교 학생들이 좋아하는 간식을 조사하였습니다. 라면을 좋아하는 학생 수와 떡볶이를 좋아하는 학생 수가 같았다면 떡볶이를 좋아하는 남학생 수는 몇 명인지 풀이 과정을 쓰고 답을 구해 보세요.

251029-0088

좋아하는 간식

	떡볶이	라면
여학생	285명	475명
남학생		385명

풀이 ▶

답 ▶

단원 평가 LEVEL ❷

01 251029-0089

□ 안에 알맞은 수를 써넣으세요.

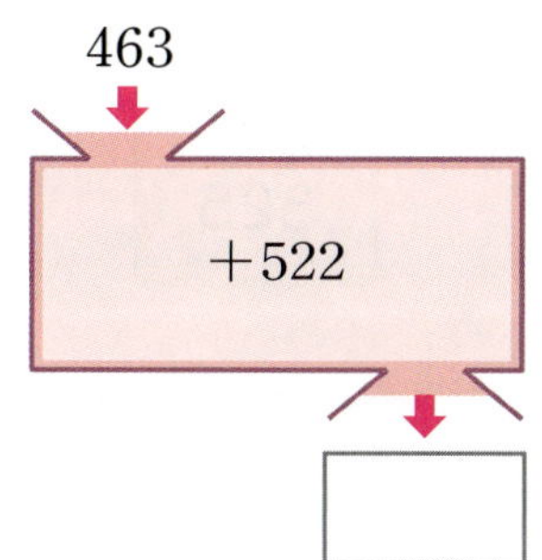

02 251029-0090

□ 안에 알맞은 수를 써넣으세요.

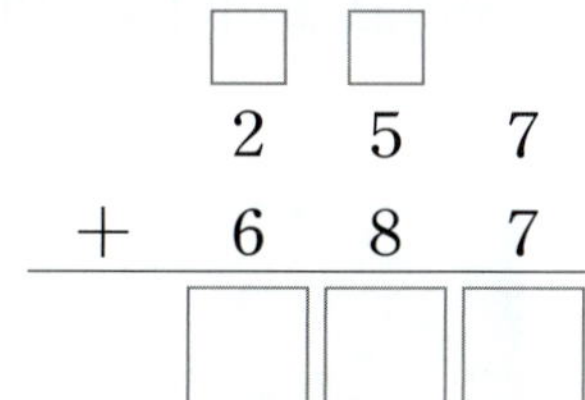

03 251029-0091

영진이가 들고 있는 수보다 594만큼 더 큰 수를 써 보세요.

(   )

04 251029-0092

성준이는 줄넘기를 오전에 359회 넘었고, 오후에는 오전보다 165회 더 많이 넘었습니다. 성준이가 오늘 넘은 줄넘기는 모두 몇 회일까요?

(   )

05 251029-0093

빈칸에 알맞은 수를 써넣으세요.

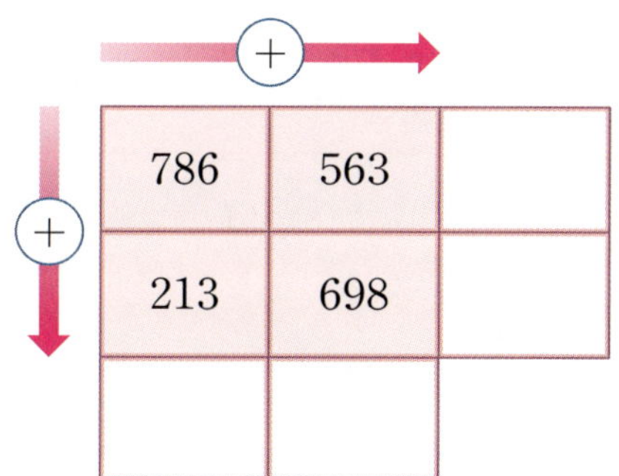

06 251029-0094

네 수 중에서 합이 1236이 되는 두 수를 찾아 써 보세요.

| 788 | 749 | 548 | 487 |

(,   )

07 251029-0095

중요

계산 결과가 큰 것부터 순서대로 기호를 써 보세요.

| ㉠ 566+577 | ㉡ 376+725 |
| ㉢ 884+298 | ㉣ 479+639 |

(   )

08 251029-0096

성민이가 풀고 있던 덧셈식에 얼룩이 져서 일부가 보이지 않습니다. 성민이가 덧셈을 한 두 수를 구해 보세요.

(,   )

09 251029-0097

□ 안에 들어갈 수 있는 수 중에서 가장 큰 세 자리 수를 구해 보세요.

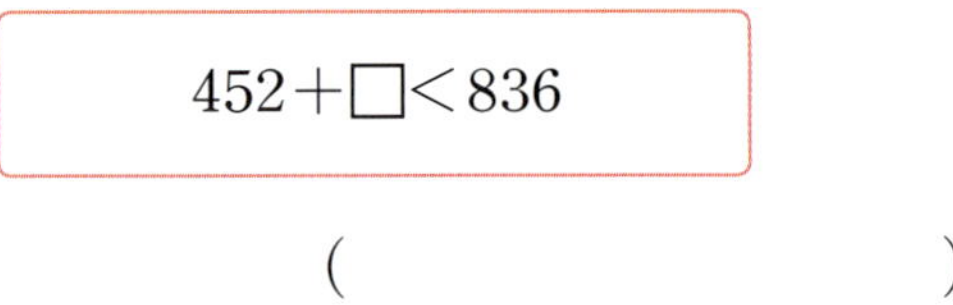

( )

10 251029-0098

놀이터에서 정우네 집까지의 거리와 보예네 집까지의 거리는 다음과 같습니다. 놀이터에서 누구네 집이 몇 m 더 멀까요?

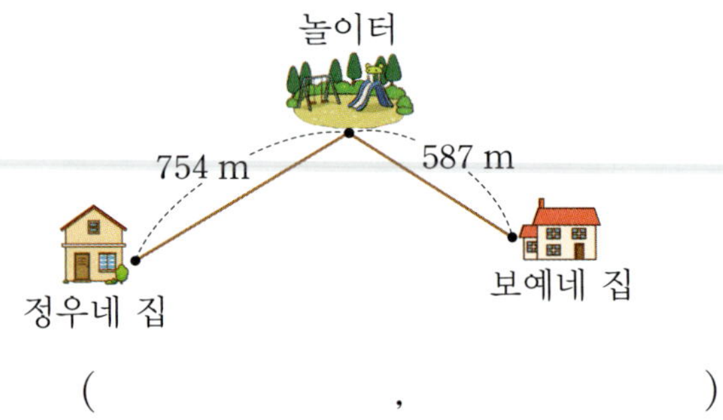

(,)

11 251029-0099

명수네 학교 전체 학생 856명이 가고 싶은 체험 학습 장소로 놀이공원과 체험관 중에서 한 곳을 골랐습니다. 놀이공원을 고른 학생이 547명이라면 체험관을 고른 학생은 몇 명일까요?

( )

12 251029-0100

그림을 보고 □ 안에 알맞은 수를 써넣으세요.

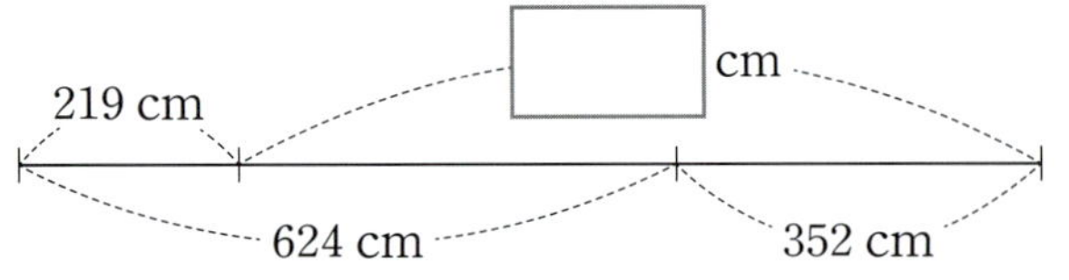

13 251029-0101

종이 2장에 세 자리 수를 각각 써 놓았는데 그중 한 장이 찢어져서 백의 자리 숫자만 보입니다. 두 수의 합이 943일 때 두 수의 차는 얼마일까요?

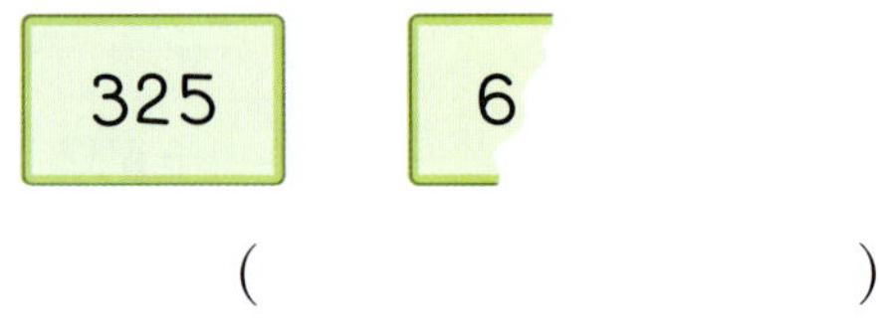

( )

14 251029-0102

화단의 긴 쪽의 길이와 짧은 쪽의 길이의 차를 어림하여 구하려고 합니다. □ 안에 알맞은 수를 써넣으세요.

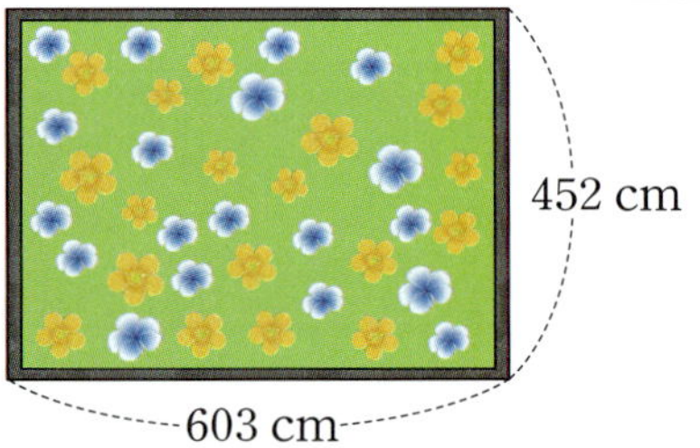

603은 600쯤 되고, 452는 450쯤 되므로 어림하여 계산하면 $600-450=\boxed{}$ (cm)쯤 됩니다.

15 중요 251029-0103

계산 결과가 다른 하나를 찾아 기호를 써 보세요.

㉠ $634-257$	㉡ $945-568$
㉢ $792-415$	㉣ $532-123$

( )

16 251029-0104

은호와 단후가 지난주와 이번 주에 읽은 책의 쪽수입니다. 2주 동안 단후는 은호보다 책을 몇 쪽 더 많이 읽었을까요?

	은호	단후
지난주	251쪽	195쪽
이번 주	346쪽	429쪽

( )

17 251029-0105

□ 안에 알맞은 수를 구해 보세요.

> • 589−134=▲
> • ▲+□=754

( )

18 도전 251029-0106

하린, 지우, 수진이가 줄넘기를 넘은 횟수를 모두 더하면 940회입니다. 하린이는 258회 넘었고, 지우는 하린이보다 108회 더 많이 넘었습니다. 하린, 지우, 수진이 중에서 줄넘기를 가장 많이 넘은 사람은 누구일까요?

( )

19 251029-0107

잘못 계산한 곳을 찾아 이유를 쓰고, 바르게 계산해 보세요.

$$\begin{array}{r} 7\ 8\ 5 \\ +\ 2\ 4\ 9 \\ \hline 9\ 3\ 4 \end{array} \Rightarrow \begin{array}{r} 7\ 8\ 5 \\ +\ 2\ 4\ 9 \\ \hline \end{array}$$

이유

____

____

20 251029-0108

수 카드 4장 중 3장을 골라 한 번씩만 사용하여 만들 수 있는 세 자리 수 중에서 가장 큰 수와 십의 자리 숫자가 3인 가장 작은 수의 차는 얼마인지 풀이 과정을 쓰고 답을 구해 보세요.

4 7 3 6

풀이

____

____

____

답 _______________________________

2 평면도형

단원 학습 목표

1. 선분, 반직선, 직선을 알고 구별할 수 있습니다.
2. 각의 구성 요소를 알고 여러 가지 각을 그릴 수 있습니다.
3. 직각을 이해하고 직각을 찾을 수 있습니다.
4. 직각삼각형을 이해하고 여러 가지 직각삼각형을 그릴 수 있습니다.
5. 직사각형을 이해하고 여러 가지 직사각형을 그릴 수 있습니다.
6. 정사각형을 이해하고 여러 가지 정사각형을 그릴 수 있습니다.

단원 진도 체크

학습일			학습 내용	진도 체크
1일째	월	일	**개념 1** 선분, 반직선, 직선을 알아볼까요 **개념 2** 각을 알아볼까요	✓
2일째	월	일	교과서 넘어 보기 + 교과서 속 응용 문제	✓
3일째	월	일	**개념 3** 직각을 알아볼까요 **개념 4** 직각삼각형을 알아볼까요 **개념 5** 직사각형을 알아볼까요 **개념 6** 정사각형을 알아볼까요	✓
4일째	월	일	교과서 넘어 보기 + 교과서 속 응용 문제	✓
5일째	월	일	**응용 1** 그을 수 있는 선분, 반직선, 직선의 수 구하기 **응용 2** 만들 수 있는 정사각형의 개수 구하기	✓
6일째	월	일	**응용 3** 크고 작은 사각형의 수 구하기 **응용 4** 필요한 직각삼각형의 개수 구하기	✓
7일째	월	일	단원 평가 LEVEL ❶	✓
8일째	월	일	단원 평가 LEVEL ❷	✓

이 단원을 진도 체크에 맞춰 8일 동안 학습해 보세요.
해당 부분을 공부하고 나서 ✓표를 하세요.

성준이네 반 학생들이 선생님과 함께 놀이마당에서 전통놀이 활동을 하고 있어요.

놀이마당에는 여러 가지 전통놀이 그림이 그려져 있네요.

전통놀이 그림에서 굽은 선과 곧은 선을 찾아봅시다.

또, 삼각형과 사각형 모양이 있는 부분을 찾아봅시다.

여러 가지 곧은 선과 삼각형, 사각형에 새로운 이름을 붙여 볼까요?

이번 2단원에서는 선분, 반직선, 직선을 구별해 보고 각, 직각, 직각삼각형, 직사각형, 정사각형에 대해 배울 거예요.

개념 1 선분, 반직선, 직선을 알아볼까요

(1) 선분 알아보기

> 두 점을 곧게 이은 선을 선분이라고 합니다.

점 ㄱ과 점 ㄴ을 이은 선분을 선분 ㄱㄴ 또는 선분 ㄴㄱ 이라고 합니다.

(2) 반직선 알아보기

> 한 점에서 시작하여 한쪽으로 끝없이 늘인 곧은 선을 반직선이라고 합니다.

- 점 ㄱ에서 시작하여 점 ㄴ을 지나는 반직선을 반직선 ㄱㄴ이라고 합니다.
- 점 ㄴ에서 시작하여 점 ㄱ을 지나는 반직선을 반직선 ㄴㄱ이라고 합니다.

(3) 직선 알아보기

> 선분을 양쪽으로 끝없이 늘인 곧은 선을 직선이라고 합니다.

점 ㄱ과 점 ㄴ을 지나는 직선을 직선 ㄱㄴ 또는 직선 ㄴㄱ이라고 합니다.

● **곧은 선과 굽은 선 알아보기**

곧은 선
구부러지거나 휘어지지 않고 반듯하게 쭉 뻗은 선

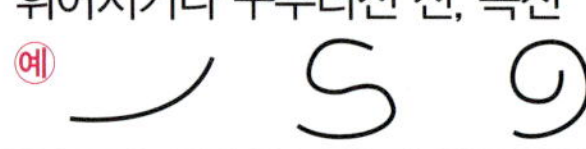

굽은 선
휘어지거나 구부러진 선, 곡선

● **선분과 직선의 다른 점**
선분은 끝이 있지만 직선은 끝이 없습니다.

● **반직선과 직선의 다른 점**
반직선은 한쪽 방향으로만 늘어나지만 직선은 양쪽 방향으로 늘어납니다.

---

01 곧은 선에 ○표, 굽은 선에 △표 하세요. 251029-0109

( )　　　( )

( )　　　( )

02 관계있는 것끼리 이어 보세요. 251029-0110

선분 ●

반직선 ●

직선 ●

개념 2 | 각을 알아볼까요

(1) 각 알아보기

> 한 점에서 그은 두 반직선으로 이루어진 도형을 **각**이라고 합니다.

- 그림의 각을 **각 ㄱㄴㄷ** 또는 **각 ㄷㄴㄱ**이라 하고, 이때 점 ㄴ을 각의 **꼭짓점**이라고 합니다.
- 반직선 ㄴㄱ과 반직선 ㄴㄷ을 각의 **변**이라 하고, 이 변을 **변 ㄴㄱ**과 **변 ㄴㄷ**이라고 합니다.

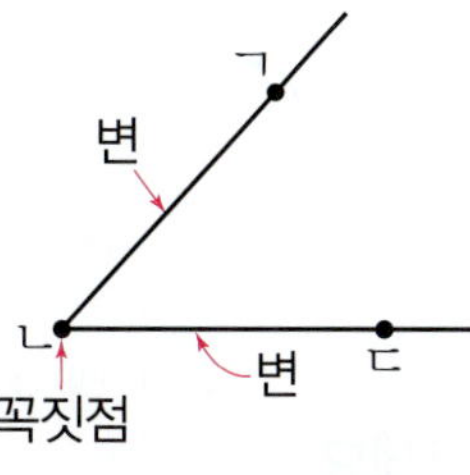

(2) 각 그리기

- 세 점을 이용하여 각 ㄱㄴㄷ 그리기

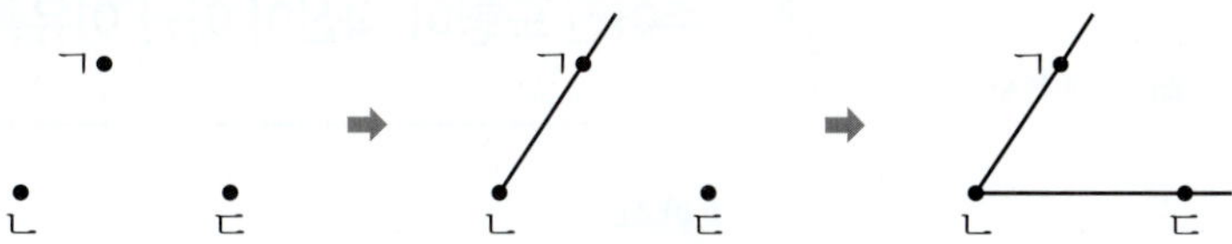

| 각 ㄱㄴㄷ이므로 점 ㄴ이 꼭짓점이 됩니다. | 꼭짓점 ㄴ에서 시작하여 점 ㄱ을 지나는 반직선을 긋습니다. | 꼭짓점 ㄴ에서 시작하여 점 ㄷ을 지나는 반직선을 긋습니다. |

● **각의 꼭짓점**

각의 꼭짓점은 반직선이 시작되는 점입니다.

● **각 읽기**

각을 읽을 때에는 꼭짓점이 가운데 오도록 읽습니다.

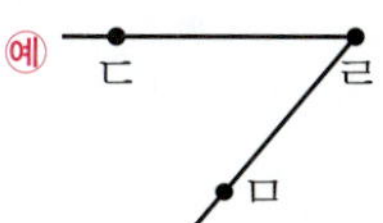

각 ㄷㄹㅁ 또는 각 ㅁㄹㄷ

---

03 각을 모두 찾아 ○표 하세요.

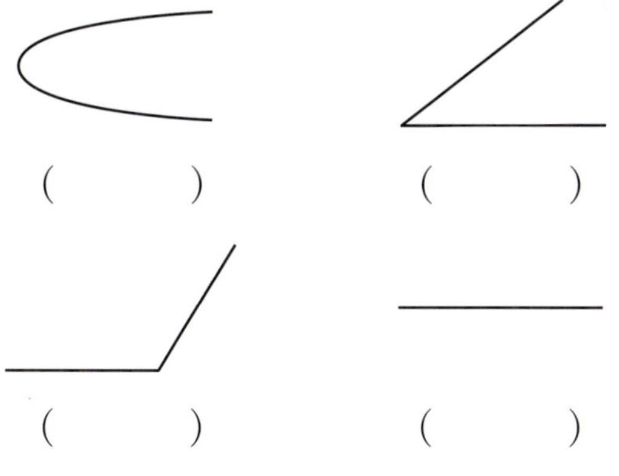

(   )   (   )

(   )   (   )

04 그림을 보고 물음에 답하세요.

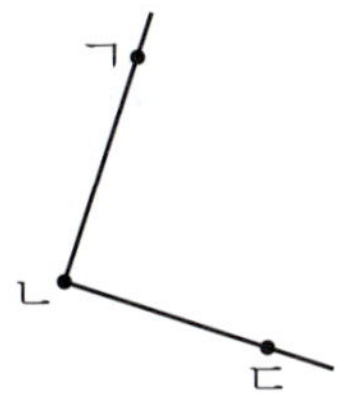

(1) 각의 꼭짓점을 써 보세요.

(   )

(2) 각의 이름을 써 보세요.

(   )

(3) 각의 변을 모두 써 보세요.

(   )

[01~02] 도형을 보고 물음에 답하세요.

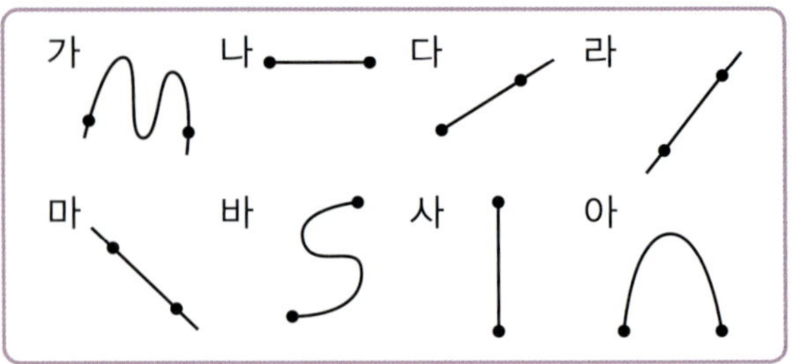

251029-0113

01 선분을 모두 찾아 기호를 써 보세요.

( )

251029-0114

02 직선을 모두 찾아 기호를 써 보세요.

( )

251029-0115

03 □ 안에 선분, 반직선, 직선 중에서 알맞은 말을 써넣으세요.

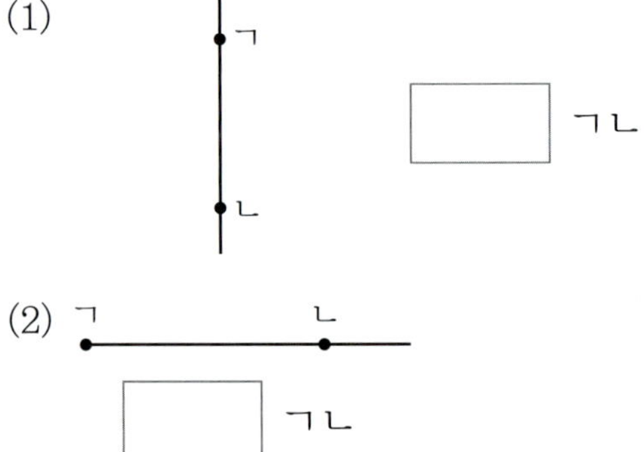

(1) ㄱㄴ

(2) ㄱㄴ

251029-0116

04 옳게 설명한 것을 모두 찾아 기호를 써 보세요.

> ㉠ 선분은 두 점을 곧게 이은 선입니다.
> ㉡ 반직선 ㄱㄴ은 반직선 ㄴㄱ이라고 할 수 있습니다.
> ㉢ 직선은 선분을 양쪽으로 끝없이 늘인 곧은 선입니다.

( )

251029-0117

05 도형에서 찾을 수 있는 선분은 모두 몇 개일까요?

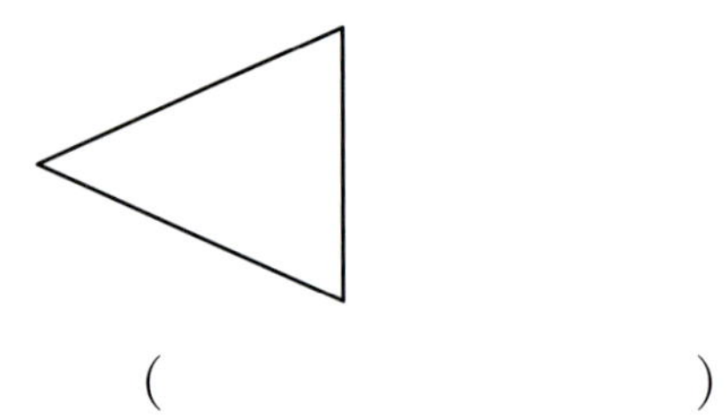

( )

251029-0118

06 주어진 도형이 직선이 아닌 이유를 써 보세요.

이유

____

____

251029-0119

07 반직선 ㄹㄷ을 찾아 ○표 하세요.

중요

ㄷ ㄹ ( )

ㄷ ㄹ ( )

ㄷ ㄹ ( )

251029-0120

08 선분과 반직선의 설명으로 옳으면 ○표, 틀리면 ×표 하세요.

(1) 선분은 곧은 선이지만 반직선은 굽은 선입니다. ( )

(2) 선분은 양쪽으로 끝이 있지만 반직선은 한쪽만 끝이 있습니다. ( )

[09~11] 점을 이용하여 선을 그으려고 합니다. 물음에 답하세요.

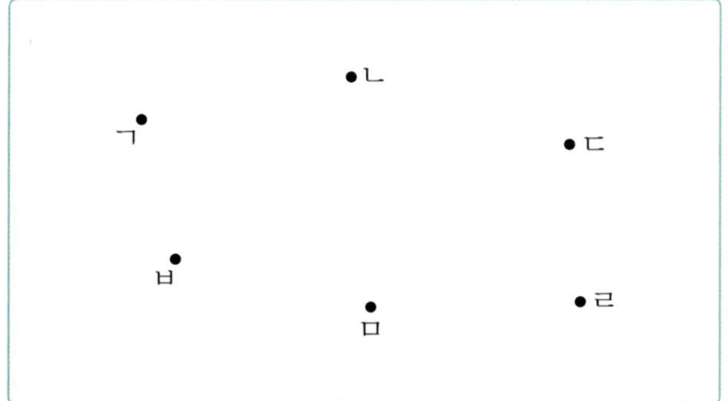

251029-0121

09 선분 ㄱㄴ을 그어 보세요.

251029-0122

10 반직선 ㄷㄹ을 그어 보세요.

251029-0123

11 직선 ㅁㅂ을 그어 보세요.

251029-0124

12 ㉠, ㉡, ㉢의 선분의 개수를 모두 더하면 몇 개일까요?

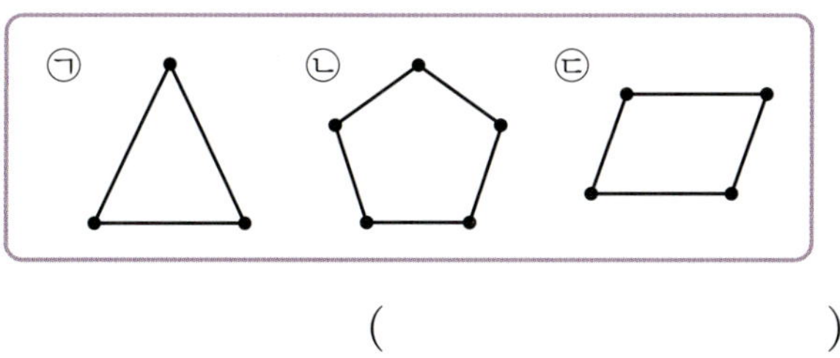

( )

251029-0125

13 다음 도형에 대한 설명으로 옳은 것을 찾아 기호를 써 보세요.

> ㉠ 양쪽 끝이 정해진 곧은 선입니다.
> ㉡ 직선 ㄱㄴ과 직선 ㄴㄱ은 다릅니다.
> ㉢ 점 ㄱ과 점 ㄴ을 지나는 직선은 오직 하나뿐입니다.

( )

251029-0126

14 각을 모두 찾아 기호를 써 보세요.

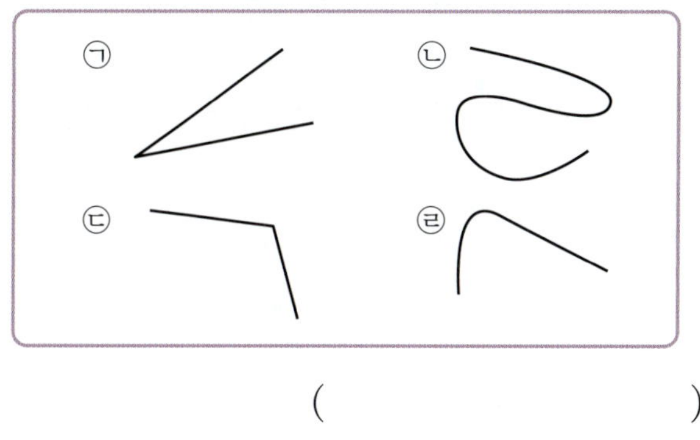

( )

251029-0127

15 각의 이름과 변, 꼭짓점을 써 보세요.

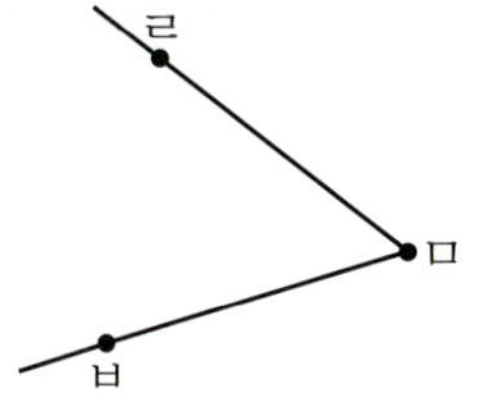

각	
각의 변	
각의 꼭짓점	

정답과 풀이 21쪽

16 251029-0128
3개의 도형에서 찾을 수 있는 각의 개수를 모두 더하면 몇 개일까요?

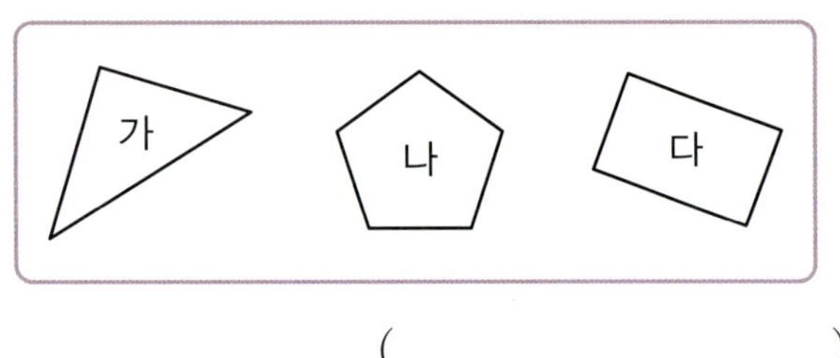

(   )

크고 작은 각의 수 구하기

예 오른쪽 그림에서 찾을 수 있는 크고 작은 각은 모두 몇 개인지 구해 보세요.

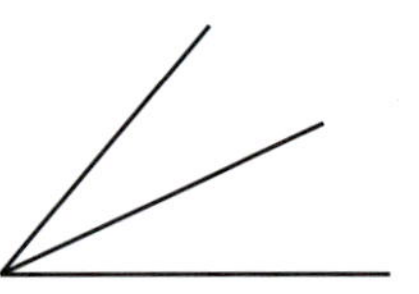

- 각 1개로 이루어진 각: 2개
- 각 2개로 이루어진 각: 1개

따라서 찾을 수 있는 각은 모두 $2+1=3$(개)입니다.

17 251029-0129
각 ㅂㅅㅇ을 그려 보세요.

19 251029-0131
오른쪽 그림에서 찾을 수 있는 크고 작은 각은 모두 몇 개인지 구해 보세요.

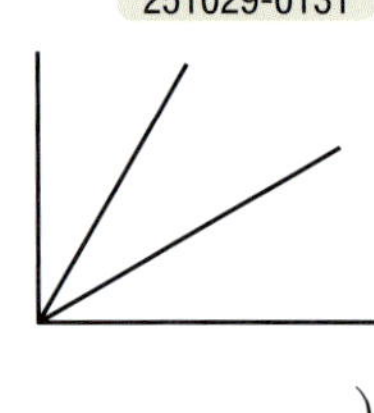

(   )

20 251029-0132
오른쪽 그림에서 찾을 수 있는 크고 작은 각은 모두 몇 개인지 구해 보세요.

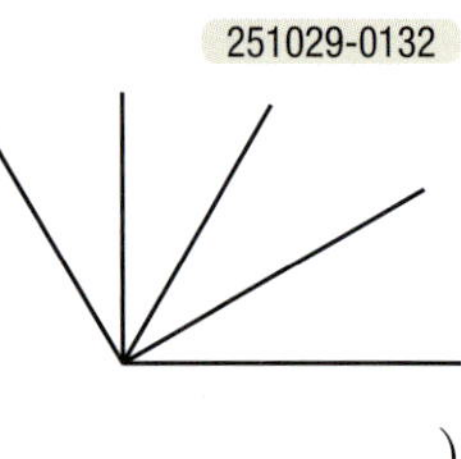

(   )

18 도전 251029-0130
점 ㄴ을 각의 꼭짓점으로 하는 각을 모두 찾아 써 보세요.

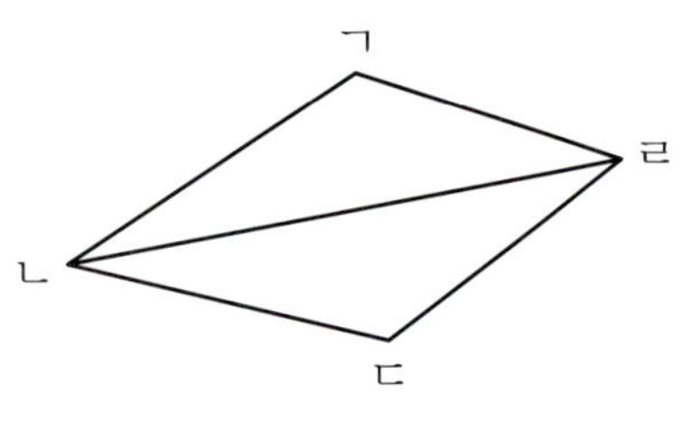

(   )

21 251029-0133
오른쪽 그림에서 찾을 수 있는 크고 작은 각은 모두 몇 개인지 구해 보세요.

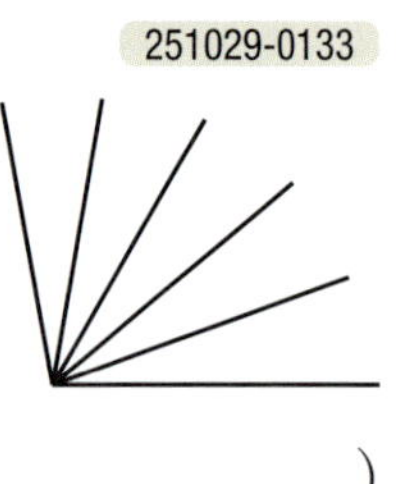

(   )

개념 3 | 직각을 알아볼까요

(1) 직각 알아보기

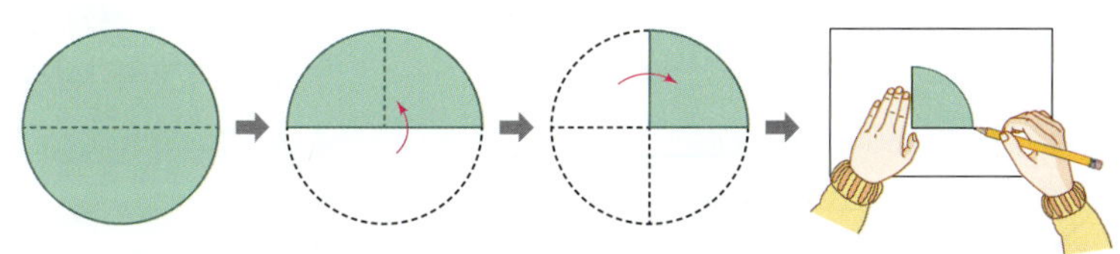

그림과 같이 종이를 반듯하게 두 번 접었을 때 생기는 각을 직각이라고 합니다.

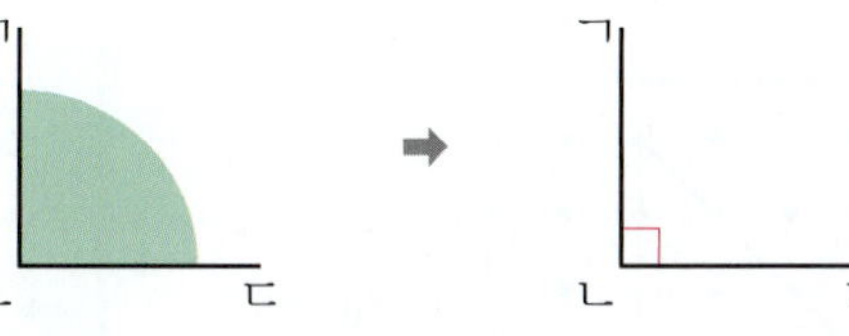

직각 ㄱㄴㄷ을 나타낼 때에는 꼭짓점 ㄴ에 ∟ 표시를 합니다.

● **삼각자에서 직각 찾아보기**

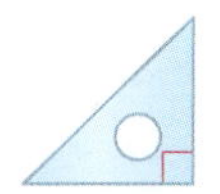 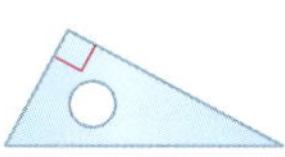

➡ 삼각자에는 직각이 1개 있습니다.

2 단원

251029-0134

01 그림과 같이 종이를 반듯하게 두 번 접었습니다. □ 안에 알맞은 말을 써넣으세요.

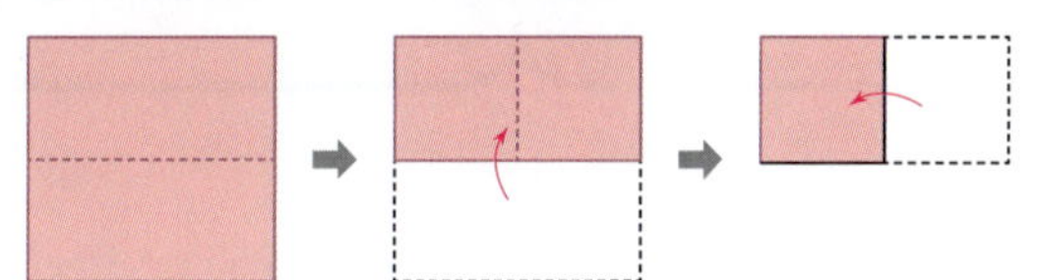

위의 그림과 같이 종이를 반듯하게 두 번 접었을 때 생기는 각을 ☐ (이)라고 합니다.

251029-0135

02 직각이 있는 모양을 찾아 ○표 하세요.

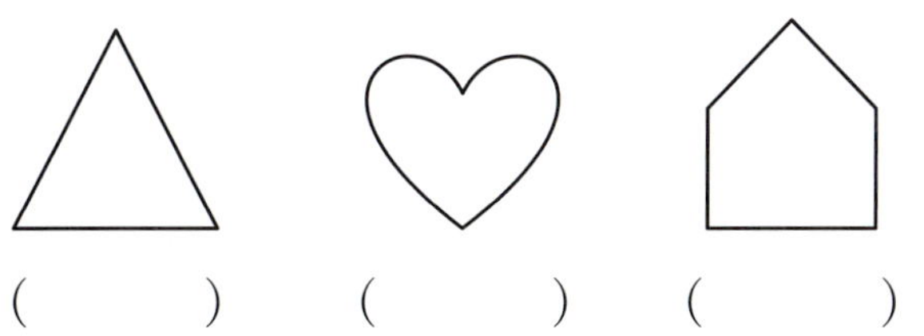

( )　　( )　　( )

251029-0136

03 보기와 같이 직각을 모두 찾아 ∟로 표시해 보세요.

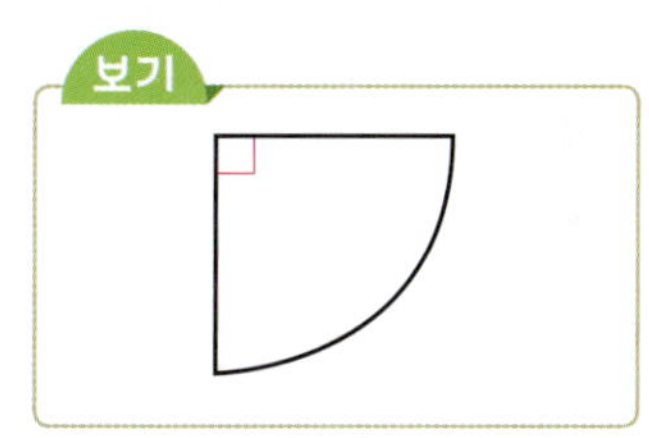

(1)

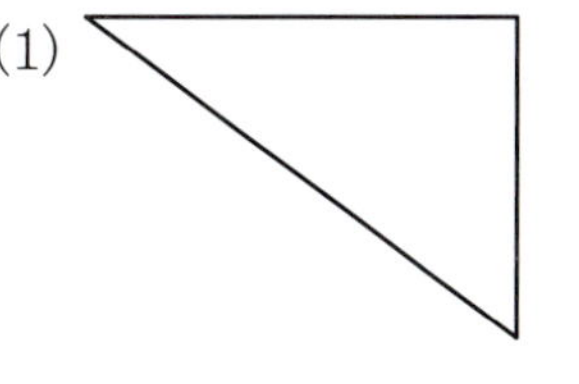

(2)

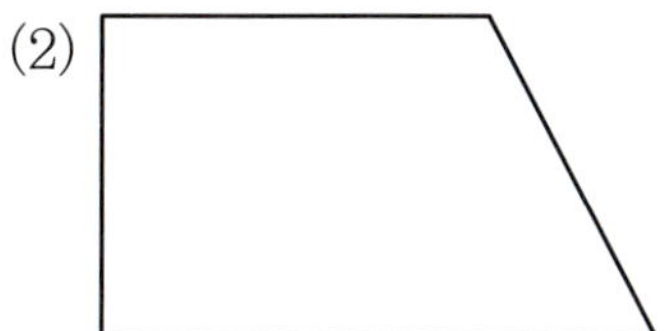

개념 **4** 직각삼각형을 알아볼까요

(1) 직각삼각형 알아보기

> 한 각이 직각인 삼각형을 **직각삼각형**이라고 합니다.

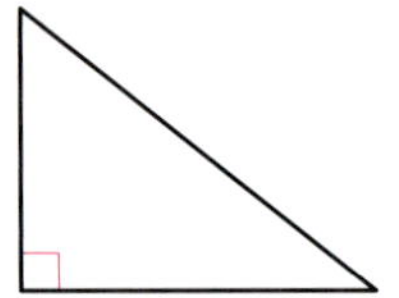 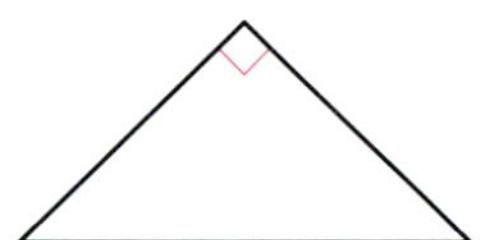 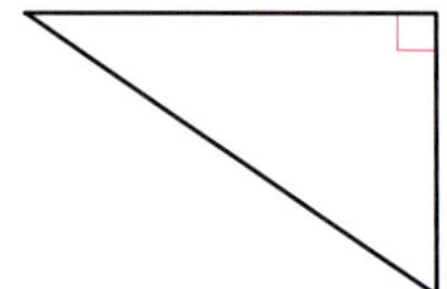

(2) 직각삼각형 그리기

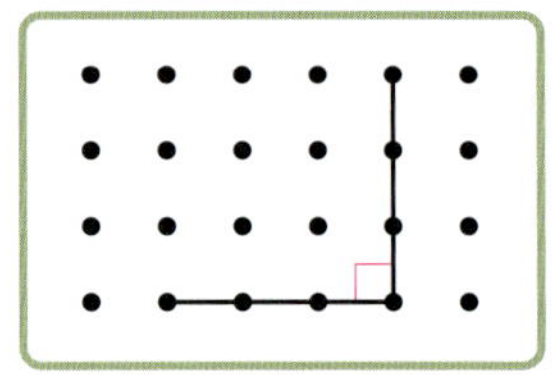 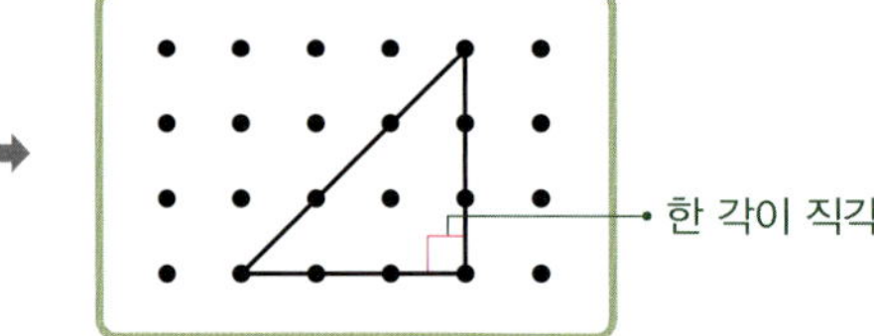

한 각이 직각

① 직각인 두 변을 그립니다.　② 두 변의 양 끝점을 잇습니다.

➡ 직각삼각형을 그릴 때에는 한 각이 직각이 되도록 그립니다.

(3) 직각삼각형의 특징

- 변, 꼭짓점, 각이 각각 3개씩 있습니다.
- 세 각 중 한 각이 직각입니다.

● **직각삼각형 찾기**

삼각형의 세 각에 삼각자의 직각 부분을 각각 겹쳐 보았을 때 한 각이 겹쳐지면 직각삼각형입니다.

● **칠교판에서 직각삼각형 찾아보기**

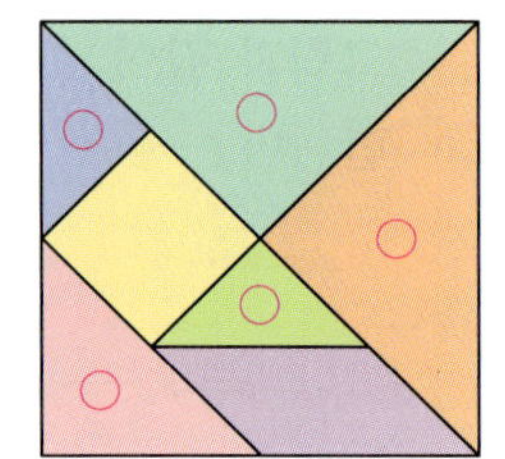

➡ 칠교판에는 직각삼각형이 5개 있습니다.

251029-0137

04 도형을 보고 □ 안에 알맞은 말이나 수를 써넣으세요.

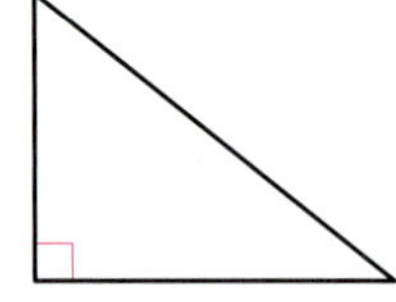

(1) 세 각 중에서 한 각이 ☐ 입니다.

(2) 변과 꼭짓점이 각각 ☐ 개씩 있습니다.

(3) 위와 같은 삼각형을 ☐ (이)라고 합니다.

251029-0138

05 직각삼각형을 찾아 ○표 하세요.

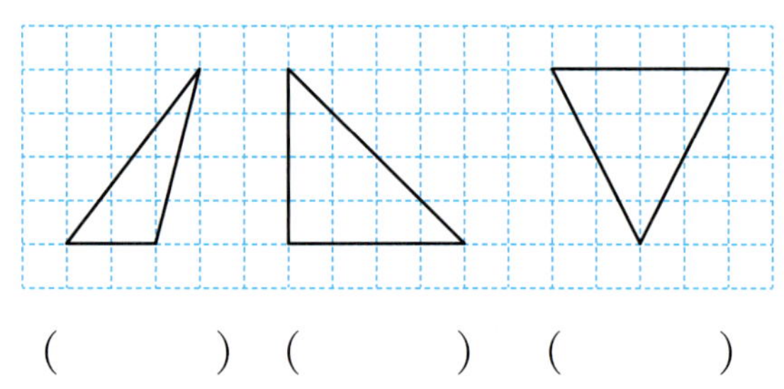

(　) (　) (　)

개념 5 직사각형을 알아볼까요

(1) 직사각형 알아보기

> 네 각이 모두 직각인 사각형을 **직사각형**이라고 합니다.

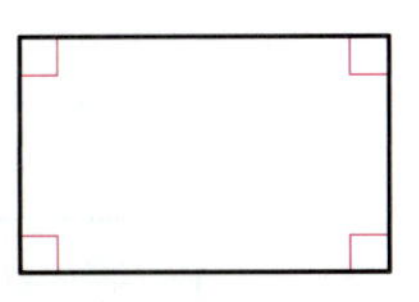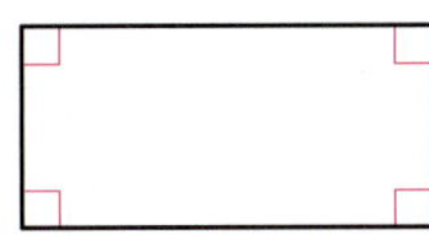

(2) 직사각형 그리기

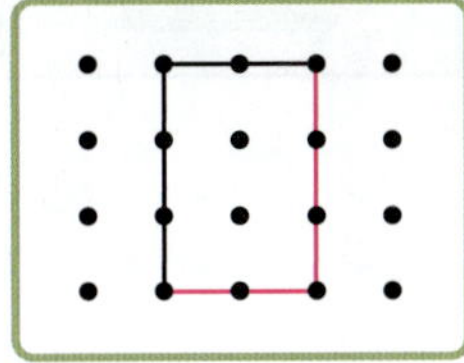 ➡ 직각인 두 변을 그린 후 네 각이 모두 직각이 되도록 선분을 긋습니다.

(3) 직사각형의 특징

• 변, 꼭짓점, 각이 각각 4개씩 있습니다.

• 네 각이 모두 직각입니다.

• 마주 보는 두 변의 길이가 같습니다.

● 모양과 크기가 달라도 네 각이 모두 직각이면 직사각형입니다.

● 직사각형은 마주 보는 두 변의 길이가 같습니다.

예
- 5 cm
- 3 cm   3 cm
- 5 cm

251029-0139

06 도형을 보고 빈칸에 알맞게 써넣으세요.

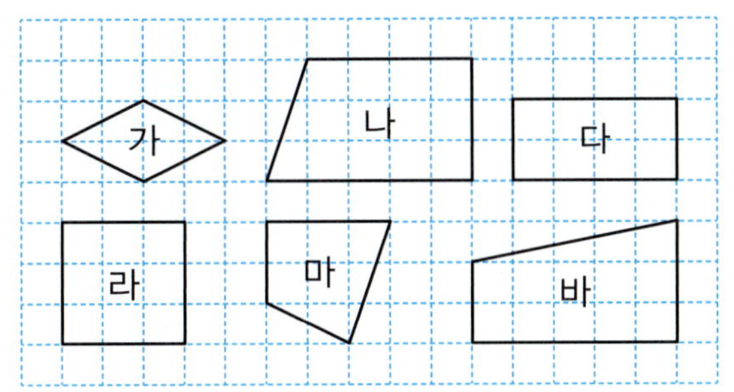

(1)

직각의 수	0개	1개	2개	4개
기호				

(2) 네 각이 모두 직각인 사각형을 [   ]

(이)라고 합니다.

251029-0140

07 모눈종이에 그어진 선분을 이용하여 직사각형을 각각 완성해 보세요.

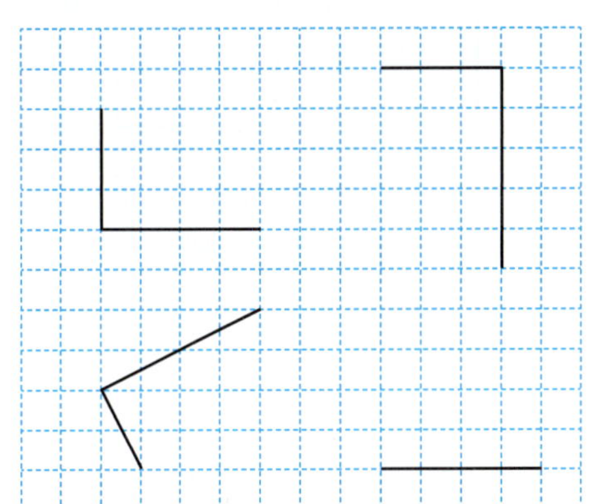

개념 **6** 정사각형을 알아볼까요

(1) 정사각형 알아보기

> 네 각이 모두 직각이고 네 변의 길이가 모두 같은 사각형을 정사각형이라고 합니다.

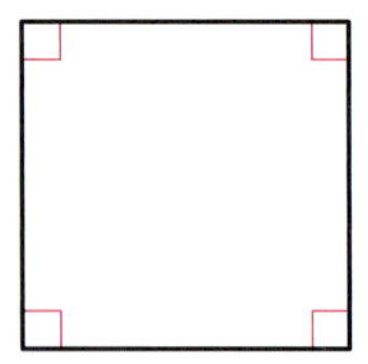 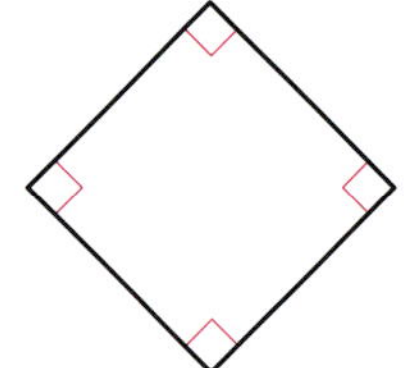 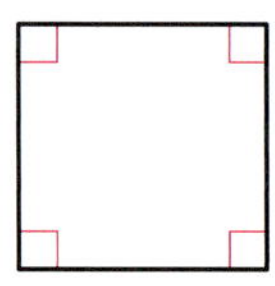

(2) 정사각형 그리기

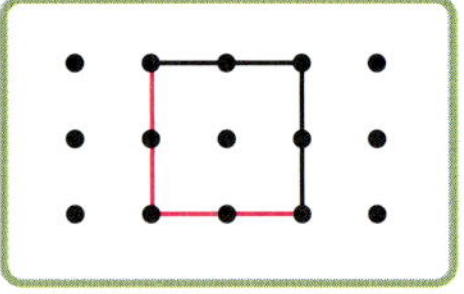 직각인 두 변을 길이가 같게 그린 후 네 각이 모두 직각이 되도록 선분을 긋습니다.

(3) 정사각형의 특징

- 변, 꼭짓점, 각이 각각 4개씩 있습니다.
- 네 각이 모두 직각이고, 네 변의 길이가 모두 같습니다.

● **직사각형과 정사각형의 관계**
- 정사각형은 네 각이 모두 직각이므로 직사각형이라고 할 수 있습니다.
- 직사각형은 네 각이 모두 직각이지만 네 변의 길이가 모두 같지 않은 것도 있으므로 정사각형이라고 할 수 없습니다.

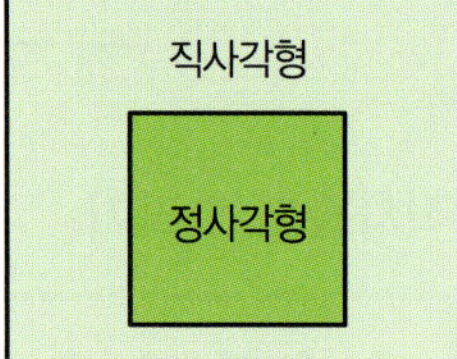

251029-0141

08 도형을 보고 □ 안에 알맞게 써넣으세요.

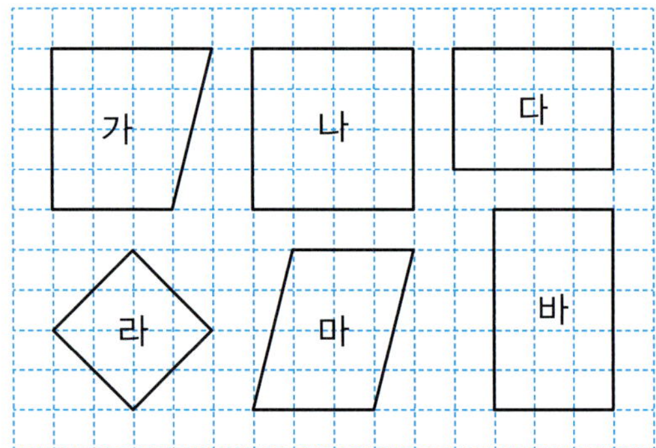

(1) 네 각이 모두 직각이고 네 변의 길이가 모두 같은 사각형을 모두 찾아 기호를 쓰면 ☐ , ☐ 입니다.

(2) 네 각이 모두 직각이고 네 변의 길이가 모두 같은 사각형을 ☐ (이)라고 합니다.

251029-0142

09 모눈종이에 그어진 선분을 이용하여 정사각형을 각각 완성해 보세요.

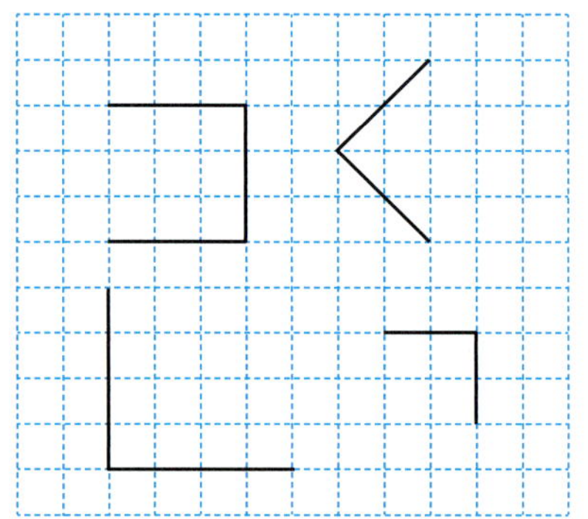

01 251029-0143

□ 안에 알맞은 말을 써넣으세요.

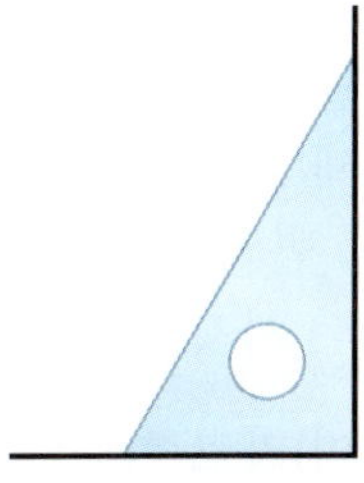

왼쪽과 같이 삼각자를 대었을 때 삼각자의 모서리와 꼭 맞게 겹쳐지는 각을 □ 이라고 합니다.

02 251029-0144

직각은 모두 몇 개인지 구해 보세요.

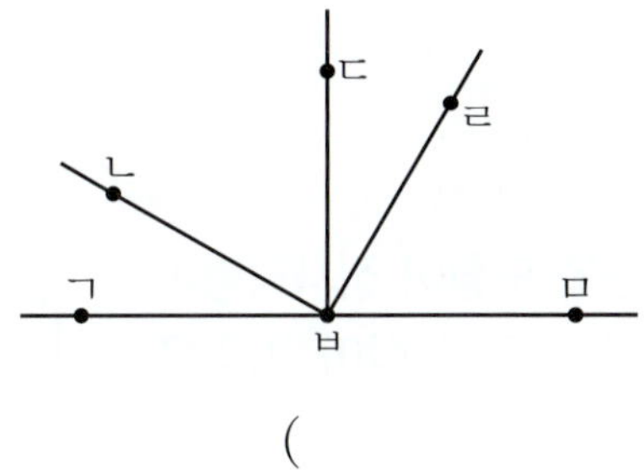

(   )

03 251029-0145

점 종이에 주어진 선분을 이용하여 직각을 그려 보세요.

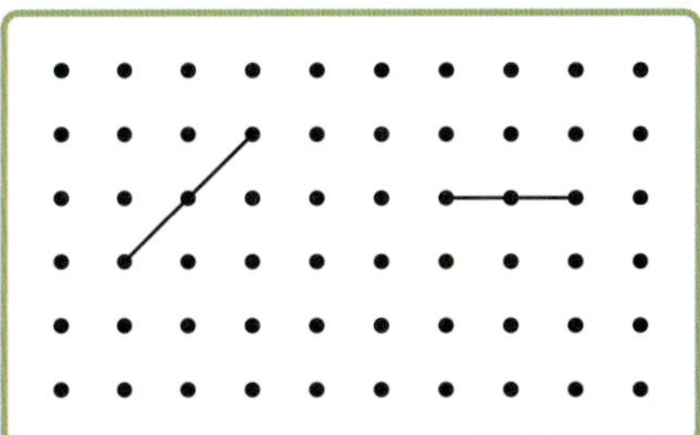

04 251029-0146

다음에서 설명하는 시각을 구해 보세요.

- 2시와 8시 사이의 시각입니다.
- 긴바늘이 12를 가리킵니다.
- 긴바늘과 짧은바늘이 이루는 각은 직각입니다.

(   )

05 251029-0147

□ 안에 알맞은 말이나 수를 써넣으세요.

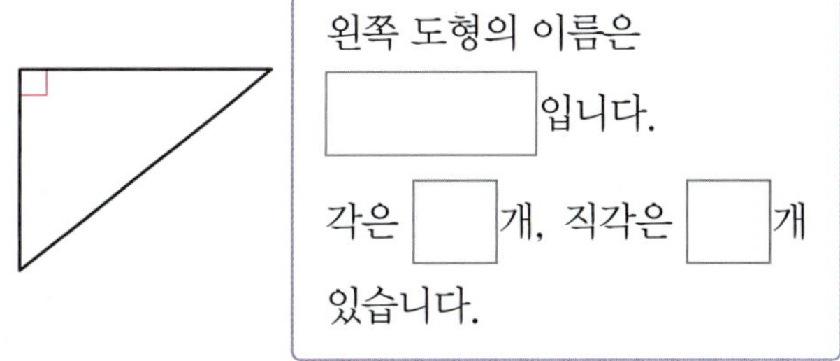

왼쪽 도형의 이름은 □ 입니다.

각은 □ 개, 직각은 □ 개 있습니다.

06 251029-0148

모눈종이에 주어진 선분을 이용하여 직각삼각형을 그려 보세요.

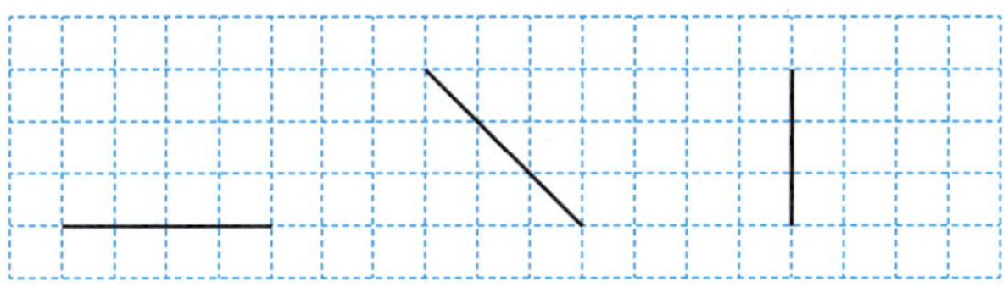

07 251029-0149

중요 오른쪽 도형이 직각삼각형이 아닌 이유를 찾아 기호를 써 보세요.

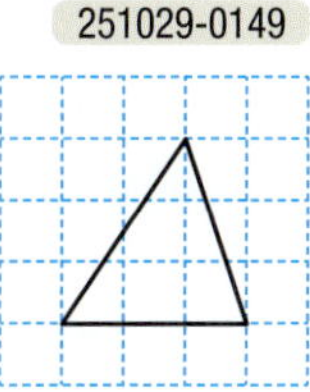

㉠ 한 각이 직각이어야 하는데 그렇지 않습니다.
㉡ 세 각이 직각이어야 하는데 그렇지 않습니다.

(   )

08 251029-0150

직사각형 모양의 종이를 점선을 따라 자르면 직각삼각형이 모두 몇 개 생길까요?

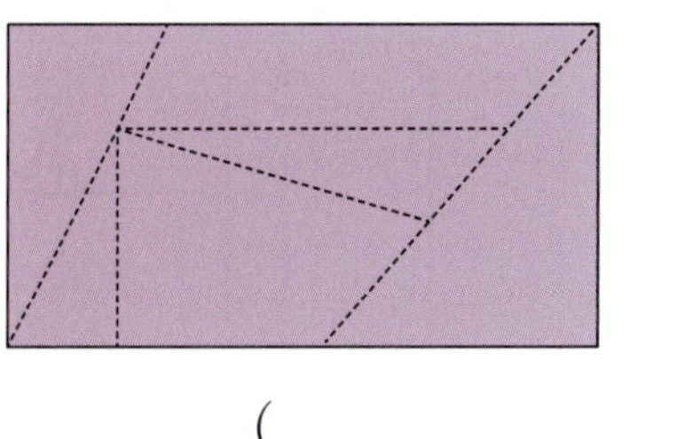

(   )

09 직사각형을 모두 찾아 기호를 써 보세요.

251029-0151

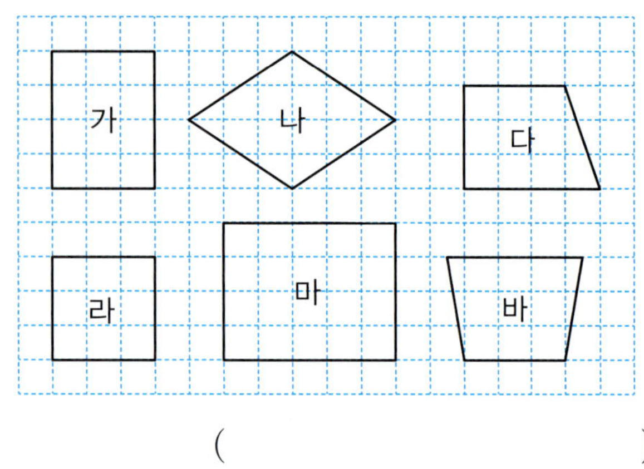

(   )

10 오른쪽 도형이 직사각형이 아닌 이유를 찾아 기호를 써 보세요.

251029-0152

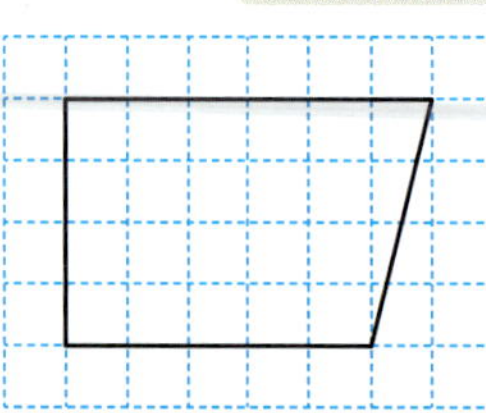

㉠ 한 각이 직각이어야 하는데 그렇지 않습니다.
㉡ 네 각이 모두 직각이어야 하는데 그렇지 않습니다.

(   )

11 그림에서 찾을 수 있는 크고 작은 직사각형은 모두 몇 개인지 구해 보세요.

251029-0153

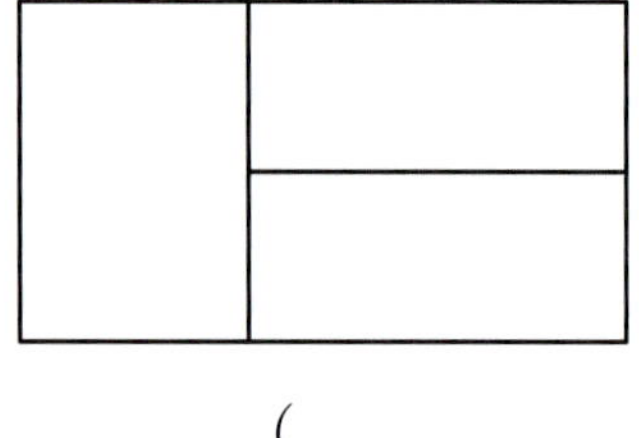

(   )

12 알맞은 말에 ◯표 하고 ☐ 안에 알맞은 말을 써 넣으세요.

251029-0154

(한 , 두 , 세 , 네) 각이 모두 직각이고 네 변의 길이가 모두 (같은 , 다른) 사각형을

☐ (이)라고 합니다.

13 오른쪽 도형이 정사각형이 아닌 이유를 찾아 기호를 써 보세요.

251029-0155

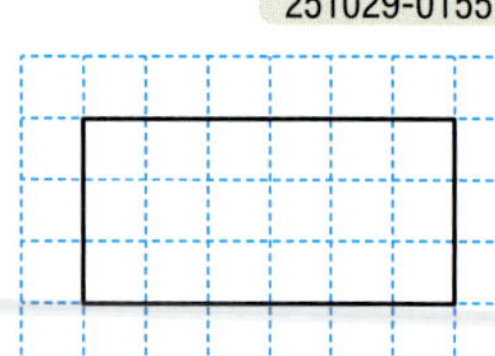

㉠ 네 변의 길이가 모두 같아야 하는데 그렇지 않습니다.
㉡ 네 각이 모두 직각이어야 하는데 그렇지 않습니다.

(   )

14 다음은 크기가 같은 정사각형을 겹치지 않게 이어 붙여 만든 도형입니다. 도형에서 찾을 수 있는 크고 작은 정사각형은 모두 몇 개인지 구해 보세요.

251029-0156

(   )

모르는 길이 구하기

예 네 변의 길이의 합이 20 cm인 정사각형의 한 변의 길이 구하기

➡ 정사각형의 한 변의 길이를 □ cm라 하면 네 변의 길이가 모두 같으므로 □+□+□+□=20입니다. 5+5+5+5=20이므로 주어진 정사각형의 한 변의 길이는 5 cm입니다.

251029-0157

15 길이가 80 cm인 철사를 겹치지 않게 모두 사용하여 가장 큰 정사각형을 한 개 만들었습니다. 만든 정사각형의 한 변의 길이는 몇 cm인지 구해 보세요.

(   )

251029-0158

16 다음 직사각형과 정사각형의 네 변의 길이의 합은 같습니다. 정사각형에서 □ 안에 알맞은 수를 써넣으세요.

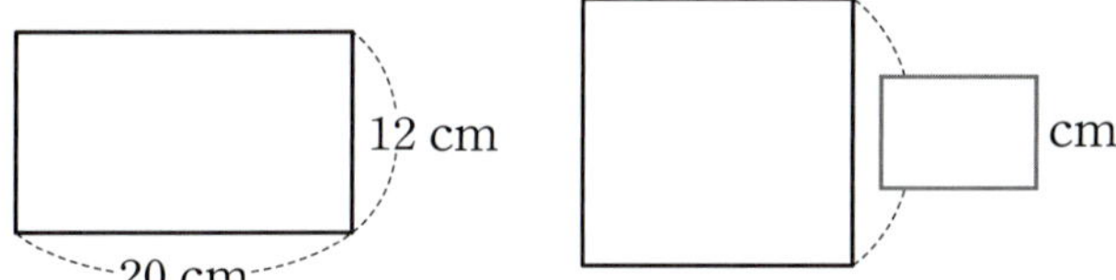

251029-0159

17 다음 그림과 같이 정사각형 3개와 직사각형 1개를 겹치는 부분 없이 나란히 이어 붙여 큰 직사각형을 만들었습니다. ㉠의 길이는 몇 cm인지 구해 보세요.

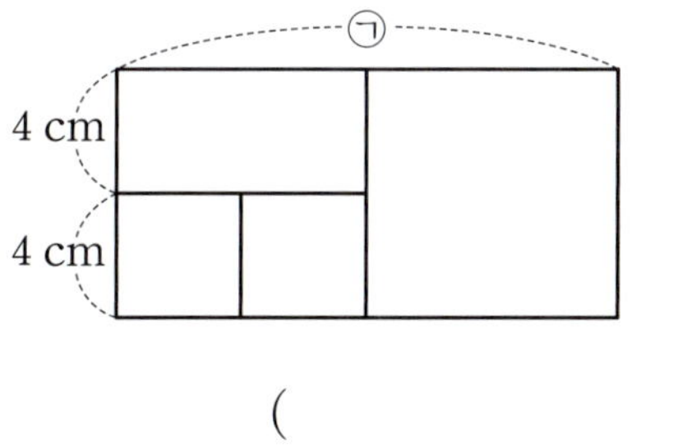

(   )

사용한 조각의 수 구하기

예 보기의 직각삼각형 모양 조각을 사용한 개수 구하기

 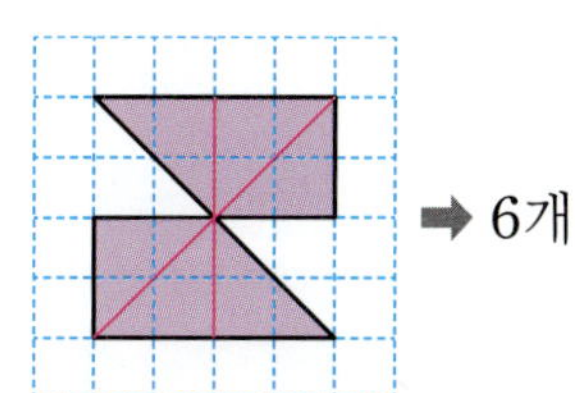

➡ 6개

251029-0160

18 보기의 직사각형 모양 조각을 사용하여 만든 모양입니다. 이 모양을 만드는 데 직사각형 모양 조각을 몇 개 사용했는지 구해 보세요.

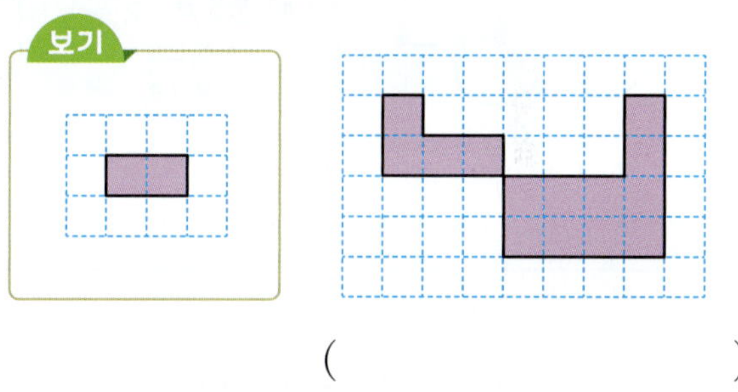

(   )

251029-0161

19 보기의 정사각형과 직각삼각형 모양 조각을 사용하여 만든 모양입니다. 이 모양을 만드는 데 정사각형과 직각삼각형 모양 조각을 각각 몇 개씩 사용했는지 구해 보세요. (단, 각 조각을 될 수 있는 대로 적게 사용했습니다.)

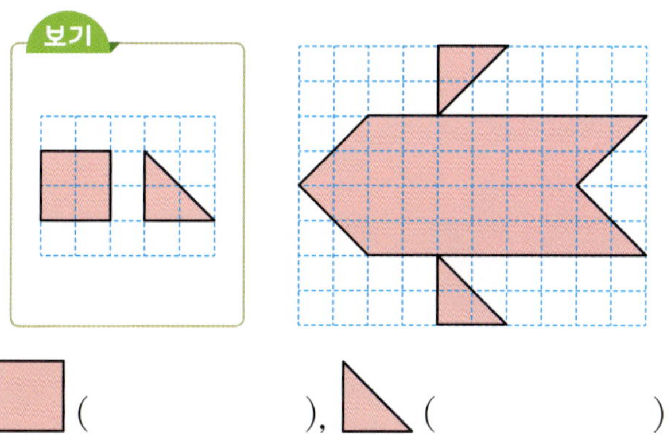

(   ), (   )

대표 응용 1 — 그을 수 있는 선분, 반직선, 직선의 수 구하기

3개의 점 중에서 2개의 점을 이어 그을 수 있는 서로 다른 선분은 모두 몇 개인지 구해 보세요.

ㄱ •　　　　• ㄷ

• ㄴ

문제 스케치

해결하기

3개의 점 중에서 2개의 점을 이어 그을 수 있는 선분은

선분 ☐ , 선분 ☐ , 선분 ☐ 입니다.

따라서 그을 수 있는 서로 다른 선분은 모두 ☐ 개입니다.

251029-0162

1-1 3개의 점 중에서 2개의 점을 이어 그을 수 있는 서로 다른 반직선은 모두 몇 개인지 구해 보세요.

• ㄱ

ㄴ •　　　　• ㄷ

(　　　　　　　　)

251029-0163

1-2 4개의 점 중에서 2개의 점을 이어 그을 수 있는 서로 다른 직선은 모두 몇 개인지 구해 보세요.

• ㄱ

ㄴ •　　　　• ㄹ

• ㄷ

(　　　　　　　　)

대표 응용 2

만들 수 있는 정사각형의 개수 구하기

한 변의 길이가 24 cm인 정사각형 모양의 종이를 잘라서 한 변의 길이가 4 cm인 정사각형을 최대한 많이 만들려고 합니다. 정사각형을 모두 몇 개까지 만들 수 있는지 구해 보세요.

문제 스케치

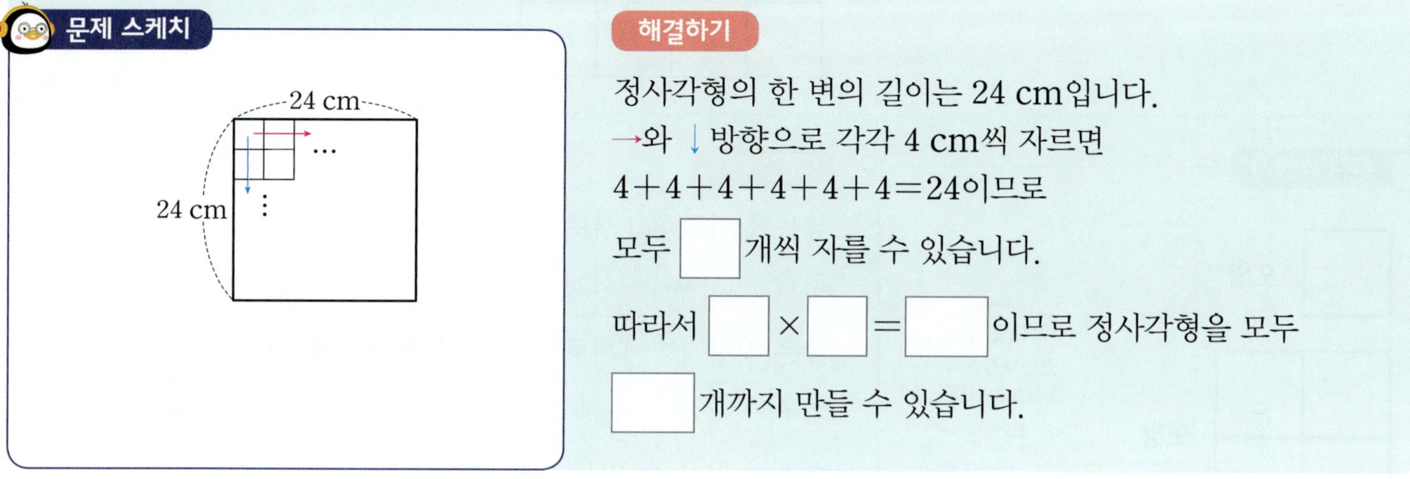

해결하기

정사각형의 한 변의 길이는 24 cm입니다.

→와 ↓ 방향으로 각각 4 cm씩 자르면

$4+4+4+4+4+4=24$이므로

모두 ☐ 개씩 자를 수 있습니다.

따라서 ☐ × ☐ = ☐ 이므로 정사각형을 모두

☐ 개까지 만들 수 있습니다.

251029-0164

2-1 한 변의 길이가 56 cm인 정사각형 모양의 종이를 잘라서 한 변의 길이가 8 cm인 정사각형을 최대한 많이 만들려고 합니다. 정사각형을 모두 몇 개까지 만들 수 있는지 구해 보세요.

(   )

251029-0165

2-2 다음과 같은 직사각형 모양의 도화지를 잘라서 한 변의 길이가 5 cm인 정사각형을 최대한 많이 만들려고 합니다. 정사각형을 모두 몇 개까지 만들 수 있는지 구해 보세요.

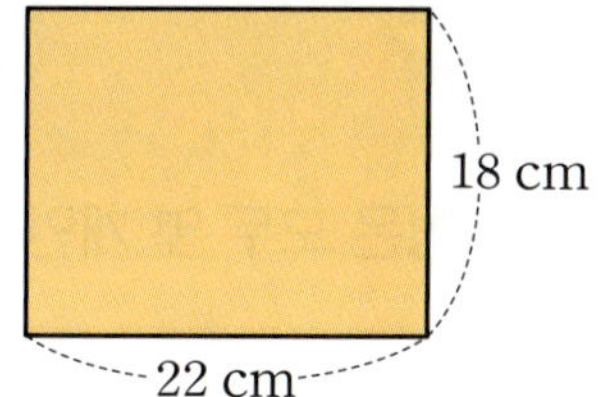

(   )

대표응용 3 크고 작은 사각형의 수 구하기

그림에서 찾을 수 있는 크고 작은 정사각형은 모두 몇 개인지 구해 보세요.

①	②	③	④
⑤	⑥	⑦	⑧

문제 스케치

□ 모양

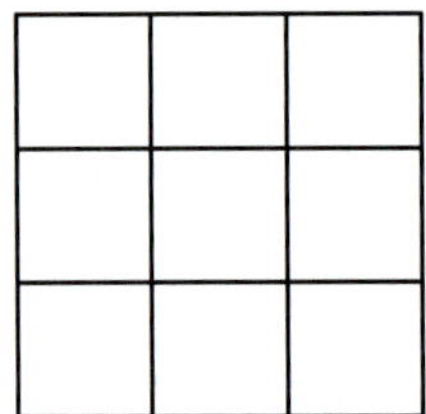

모양

해결하기

작은 정사각형 1개로 이루어진 정사각형: ①, ②, ③, ④, ⑤, ⑥, ⑦, ⑧ ➡ □ 개

작은 정사각형 4개로 이루어진 정사각형: ①+②+⑤+⑥, ②+□+□+□, ③+□+□+□ ➡ □ 개

따라서 찾을 수 있는 크고 작은 정사각형은 모두

□ + □ = □ (개)입니다.

251029-0166

3-1 그림에서 찾을 수 있는 크고 작은 정사각형은 모두 몇 개인지 구해 보세요.

(   )

251029-0167

3-2 그림에서 찾을 수 있는 크고 작은 직사각형은 모두 몇 개인지 구해 보세요.

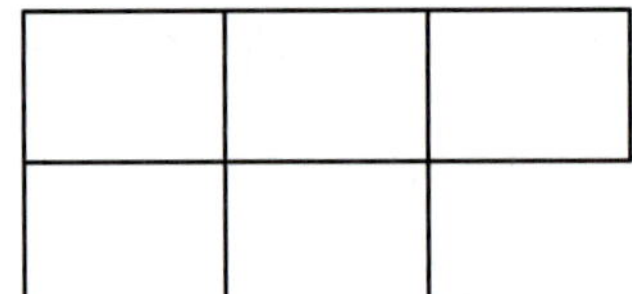

(   )

대표 응용 4 · 필요한 직각삼각형의 개수 구하기

오른쪽과 같이 직각을 이루는 두 변의 길이가 각각 **4 cm**인 직각삼각형이 있습니다. 이 직각삼각형을 옆으로 이어 붙여 네 변의 길이의 합이 **32 cm**인 직사각형을 만들려면 직각삼각형은 몇 개 필요한지 구해 보세요.

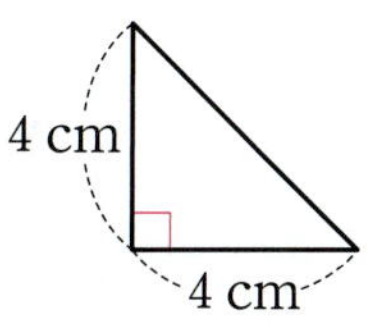

문제 스케치

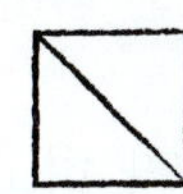

➡ **직각삼각형** 2개로 만든 직사각형의 네 변의 길이의 합: $4 \times 4 = 16$(cm)

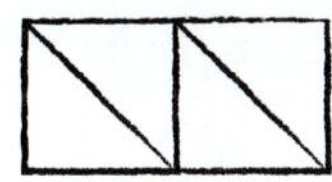

➡ **직각삼각형** 4개로 만든 직사각형의 네 변의 길이의 합: $4 \times 6 = 24$(cm)

해결하기

직각삼각형 2개로 만든 직사각형의 네 변의 길이의 합:
$4 \times 4 = 16$(cm)

직각삼각형 4개로 만든 직사각형의 네 변의 길이의 합:
$4 \times 6 = 24$(cm)

직각삼각형 $\boxed{}$ 개로 만든 직사각형의 네 변의 길이의 합:

$4 \times \boxed{} = 32$(cm)

따라서 네 변의 길이의 합이 32 cm인 직사각형을 만들려면 직각삼각형은 $\boxed{}$ 개 필요합니다.

4-1 오른쪽과 같이 직각을 이루는 두 변의 길이가 각각 **6 cm**인 직각삼각형이 있습니다. 이 직각삼각형을 옆으로 이어 붙여 네 변의 길이의 합이 **48 cm**인 직사각형을 만들려면 직각삼각형은 몇 개 필요한지 구해 보세요.

251029-0168

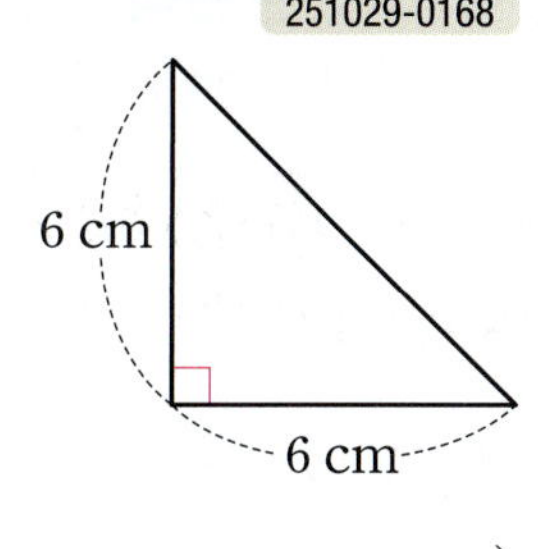

(   )

4-2 오른쪽과 같이 직각을 이루는 두 변의 길이가 각각 **3 cm, 5 cm**인 직각삼각형이 있습니다. 이 직각삼각형을 옆으로 이어 붙여 네 변의 길이의 합이 **66 cm**인 직사각형을 만들려면 직각삼각형은 몇 개 필요한지 구해 보세요.

251029-0169

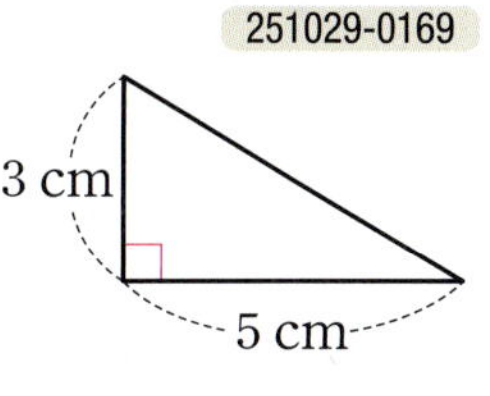

(   )

01 선분을 찾아 기호를 써 보세요.

251029-0170

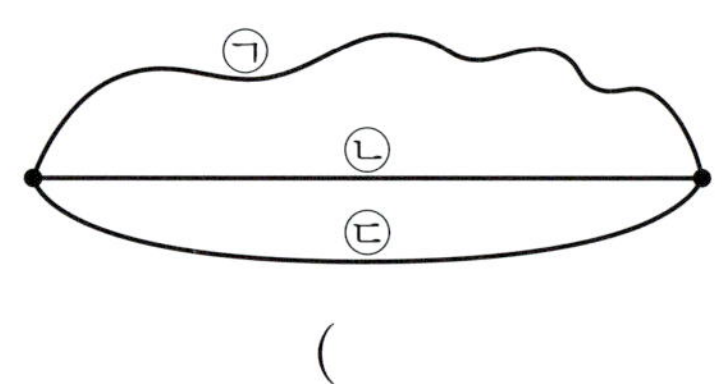

( )

02 도형을 보고 □ 안에 알맞은 말을 써넣으세요.

251029-0171

선분을 양쪽으로 끝없이 늘인 곧은 선을 □ (이)라고 합니다.

03 4개의 점 중에서 2개의 점을 이용하여 그을 수 있는 반직선은 모두 몇 개인지 구해 보세요.

251029-0172

ㄱ•　　　•ㄹ

ㄴ•　　•ㄷ

( )

04 선분, 반직선, 직선에 대한 설명으로 <u>틀린</u> 것을 찾아 기호를 써 보세요.

251029-0173

㉠ 선분 ㄱㄴ은 선분 ㄴㄱ이라고 할 수 있습니다.
㉡ 반직선 ㄱㄴ은 반직선 ㄴㄱ이라고 할 수 있습니다.
㉢ 직선 ㄱㄴ은 직선 ㄴㄱ이라고 할 수 있습니다.

( )

05 도형을 보고 □ 안에 알맞은 말을 써넣으세요.

251029-0174

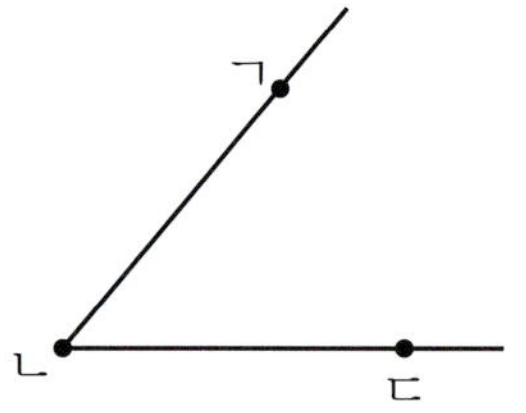

(1) 한 점에서 그은 두 반직선으로 이루어진 도형을 □ (이)라고 합니다.

(2) 각에서 점 ㄴ을 각의 □ (이)라 하고, 반직선 ㄴㄱ과 반직선 ㄴㄷ을 각의 □ (이)라고 합니다.

06 가, 나, 다 3개의 도형에 있는 각의 개수를 모두 더하면 몇 개일까요?

251029-0175

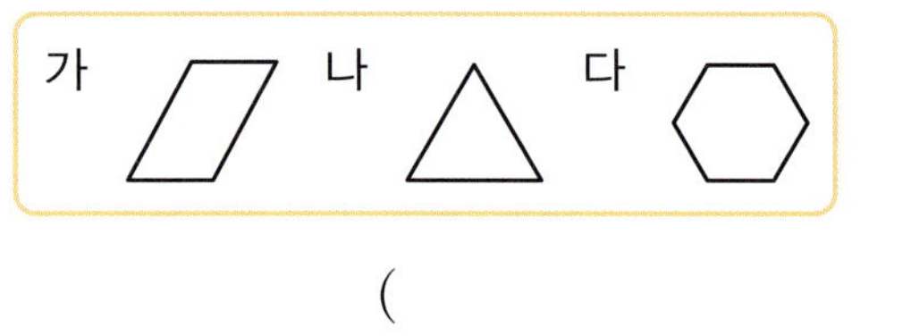

( )

07 직각이 가장 많은 도형을 찾아 기호를 써 보세요.

251029-0176

중요

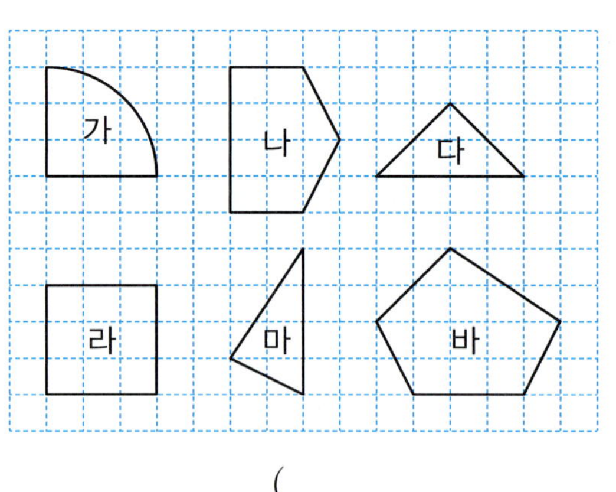

( )

08 251029-0177

직각을 그리기 위해 점 ㄱ과 어느 점을 이어야 할까요? (   )

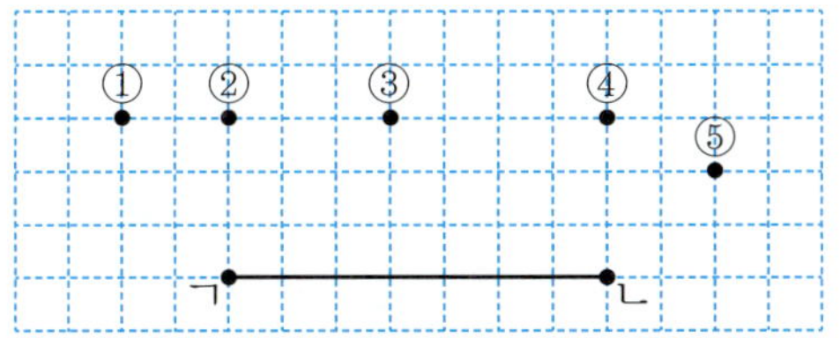

09 251029-0178

직각삼각형을 모두 찾아 기호를 써 보세요.

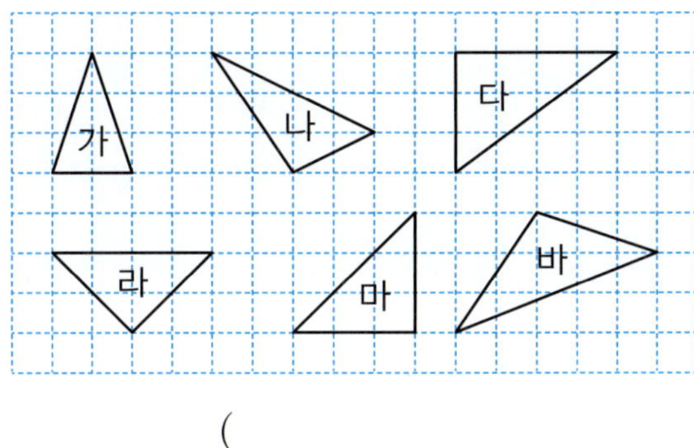

(   )

10 251029-0179

그림에서 찾을 수 있는 크고 작은 직각삼각형은 모두 몇 개인지 구해 보세요.

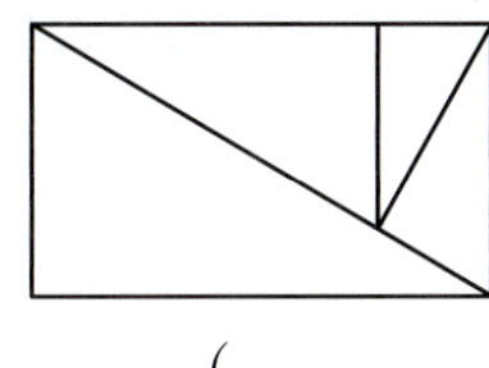

(   )

11 251029-0180

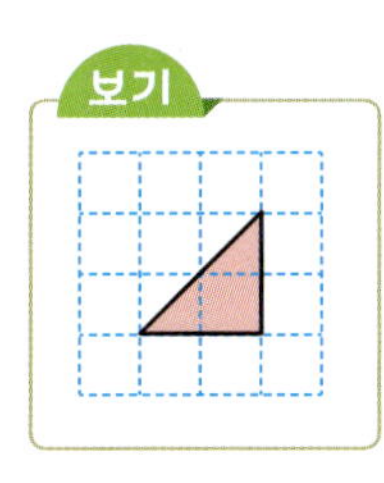 의 직각삼각형 모양 조각을 사용하여 배 모양을 만들었습니다. 직각삼각형 모양 조각을 몇 개 사용했는지 구해 보세요.

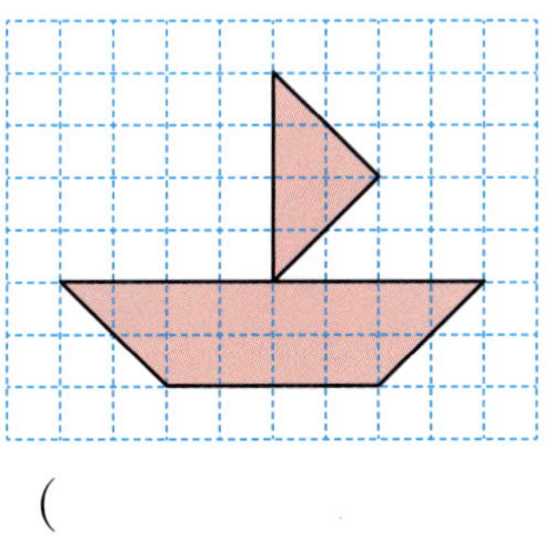

(   )

12 251029-0181

♥, ♣, ◆에 알맞은 수를 모두 더하면 얼마인지 구해 보세요.

- 직각삼각형에서 직각은 ♥개입니다.
- 직사각형에서 변은 ♣개입니다.
- 정사각형에서 직각은 ◆개입니다.

(   )

13 251029-0182

직사각형에 대한 설명으로 <u>잘못된</u> 것을 찾아 기호를 써 보세요.

- ㉠ 꼭짓점은 모두 4개입니다.
- ㉡ 마주 보는 두 변의 길이가 같습니다.
- ㉢ 네 각이 모두 직각입니다.
- ㉣ 정사각형이라고 할 수 있습니다.

(   )

14 251029-0183

직사각형 모양의 종이를 점선을 따라 자르면 직사각형이 모두 몇 개 생길까요?

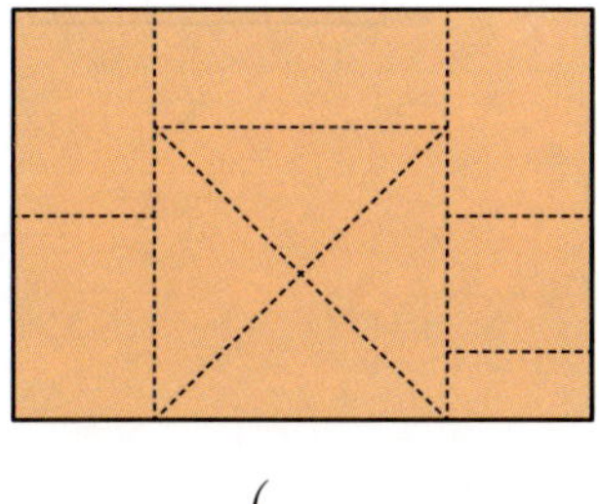

(   )

15 251029-0184 도전

긴 변의 길이가 6 cm, 짧은 변의 길이가 3 cm인 직사각형 3개를 겹치지 않게 이어 붙인 도형입니다. 초록색 선의 길이는 몇 cm일까요?

(   )

16 251029-0185
정사각형을 그리려고 합니다. 나머지 한 꼭짓점이 될 수 있는 점을 찾아 기호를 써 보세요.
중요

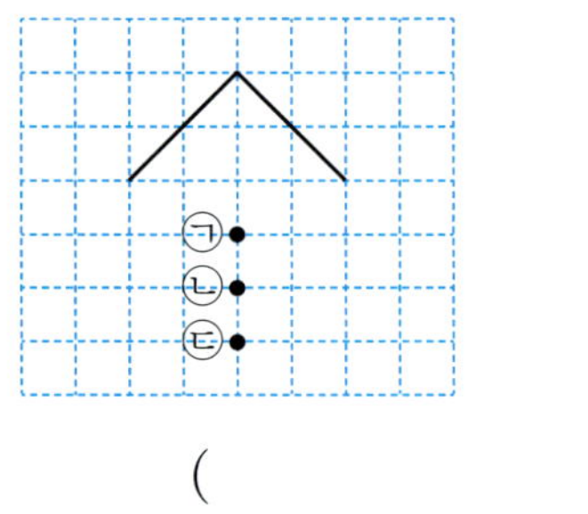

(   )

17 251029-0186
그림에서 찾을 수 있는 크고 작은 정사각형은 모두 몇 개인지 구해 보세요.

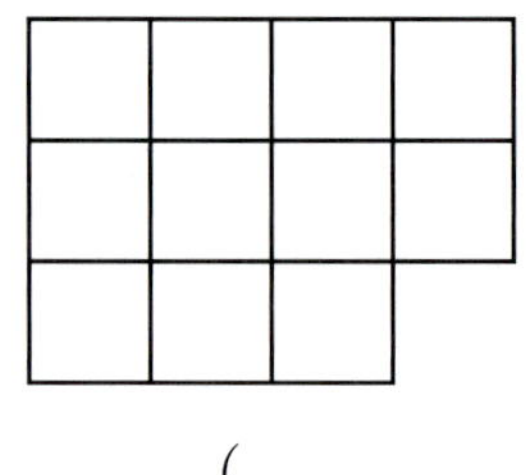

(   )

18 251029-0187
한 변의 길이가 48 cm인 정사각형 모양의 종이를 잘라서 한 변의 길이가 6 cm인 정사각형을 최대한 많이 만들려고 합니다. 정사각형을 모두 몇 개까지 만들 수 있는지 구해 보세요.

(   )

서술형 문제

19 251029-0188
수하가 각을 다음과 같이 잘못 그렸습니다. 잘못 그린 이유를 써 보세요.

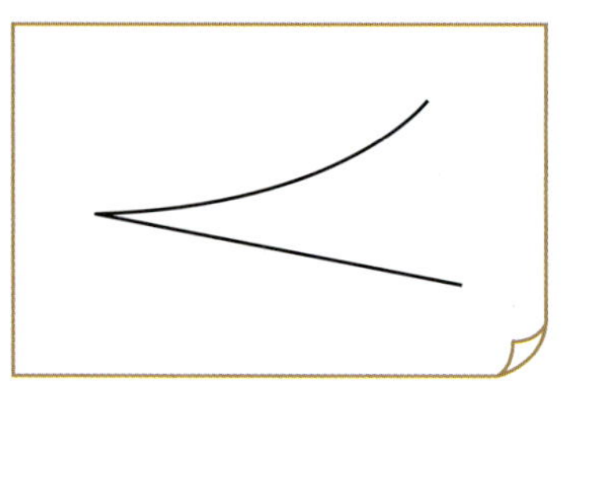

이유

____

____

20 251029-0189
정사각형의 네 변의 길이의 합은 몇 cm인지 풀이 과정을 쓰고 답을 구해 보세요.

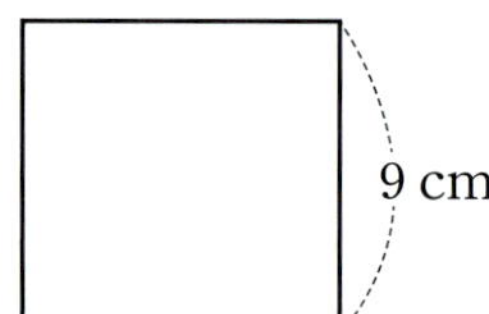

풀이

____

____

____

답 __________________________

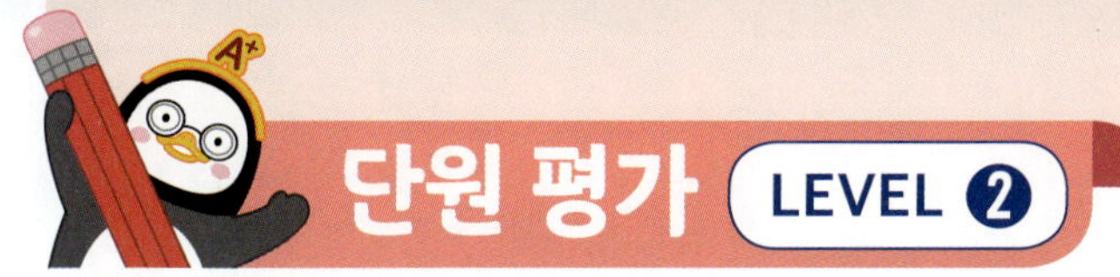

01 반직선을 모두 찾아 기호를 써 보세요.　251029-0190

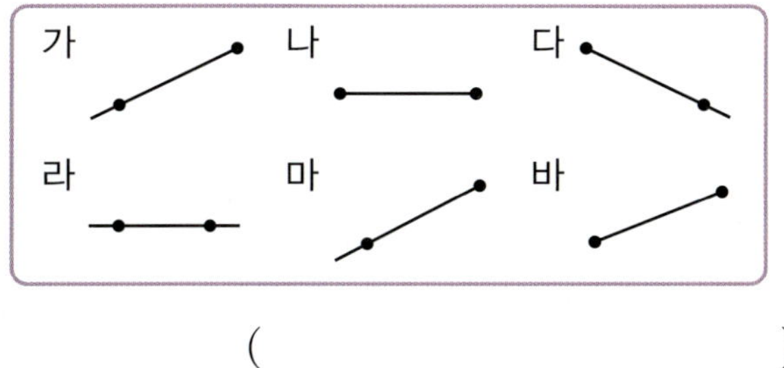

(　　　　　　　　　　)

02 5개의 점 중에서 2개의 점을 이어 그을 수 있는 서로 다른 선분은 모두 몇 개인지 구해 보세요.　251029-0191

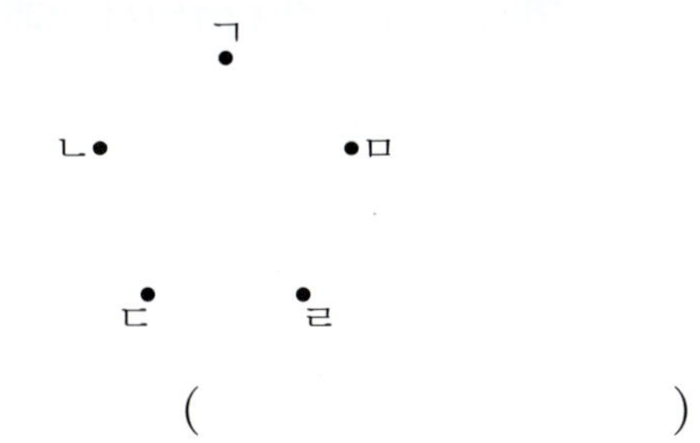

(　　　　　　　　　　)

03 옳게 이야기한 친구의 이름을 써 보세요.　251029-0192
중요

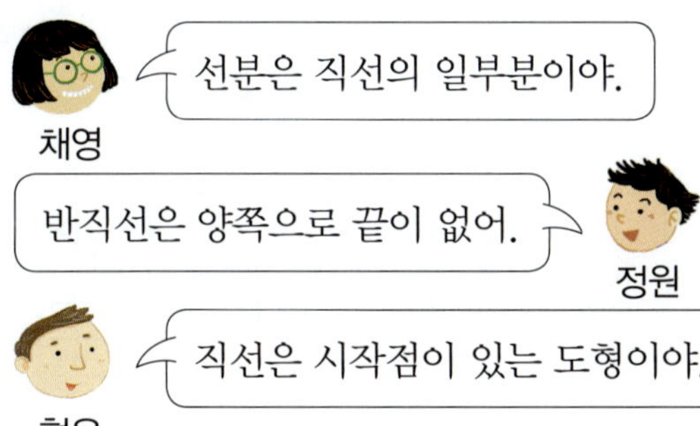

(　　　　　　　　　　)

04 각 ㄴㄹㄷ을 그려 보세요.　251029-0193

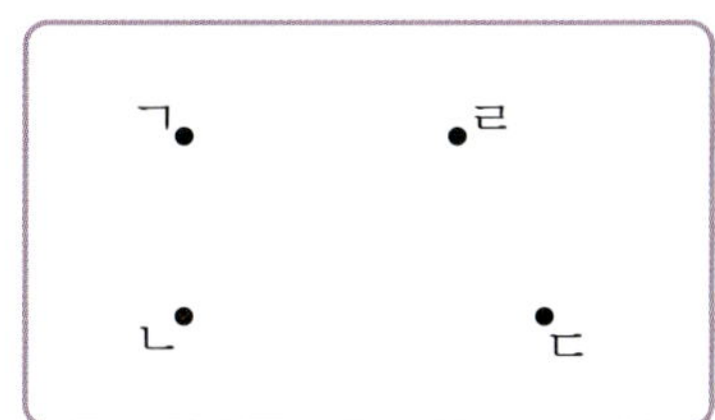

05 오른쪽 도형에 대한 설명으로 옳은 것을 모두 찾아 기호를 써 보세요.　251029-0194

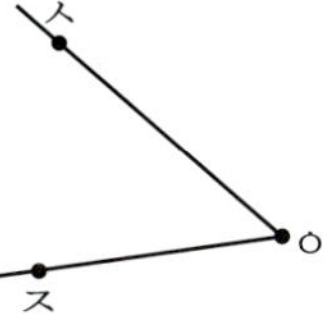

ㄱ 꼭짓점은 1개, 변은 2개입니다.
ㄴ 두 반직선으로 이루어져 있는 도형입니다.
ㄷ 각 ㅇㅅㅈ이라고 읽습니다.
ㄹ 꼭짓점이 3개인 도형입니다.

(　　　　　　　　　　)

06 직각을 찾아 써 보세요.　251029-0195

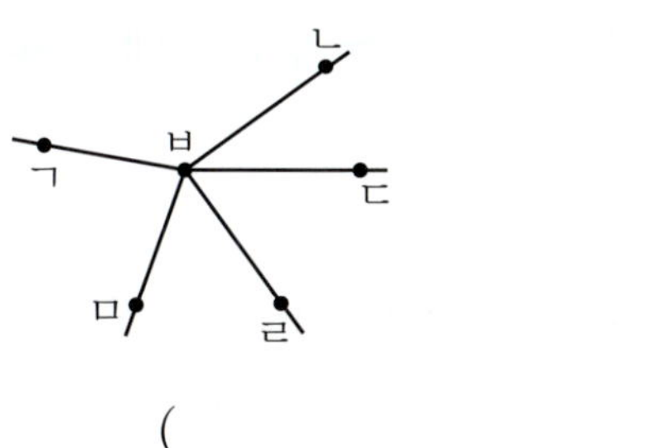

(　　　　　　　　　　)

07 시계의 긴바늘과 짧은바늘이 이루는 작은 쪽의 각이 직각인 시각에 모두 ○표 하세요.　251029-0196

1시	3시
(　　)	(　　)
6시	9시
(　　)	(　　)

08 그림에서 찾을 수 있는 직각은 모두 몇 개일까요?　251029-0197
중요

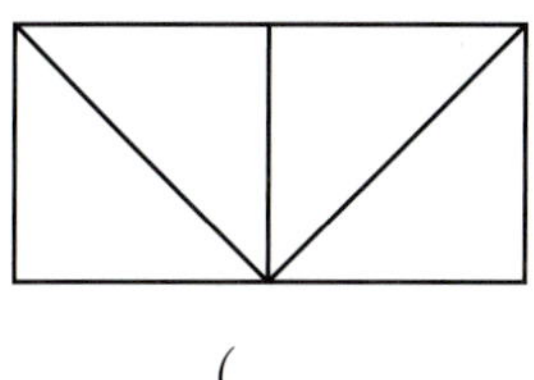

(　　　　　　　　　　)

251029-0198

09 꼭짓점 한 개를 옮겨서 직각삼각형을 만들어 보세요.

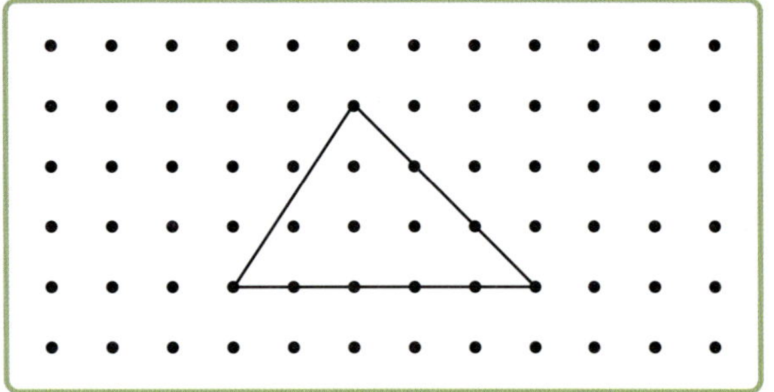

251029-0199

10 직사각형 모양의 종이를 점선을 따라 잘랐을 때 만들어지는 도형 중에서 직각삼각형을 모두 찾아 기호를 써 보세요.

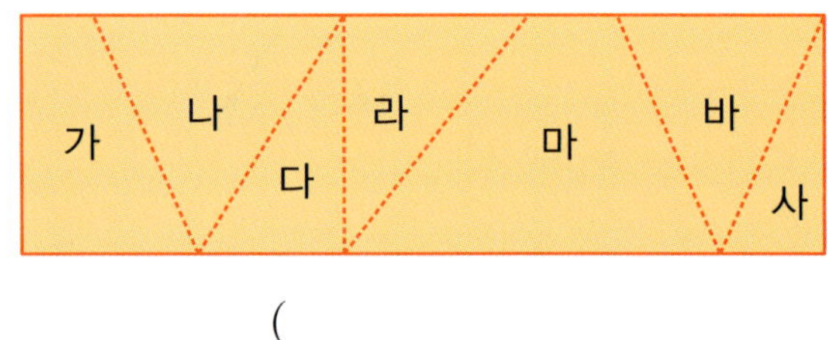

( )

251029-0200

11 칠교판으로 나무 모양을 만들었습니다. 나무 모양에서 찾을 수 있는 크고 작은 직각삼각형은 모두 몇 개인지 구해 보세요.

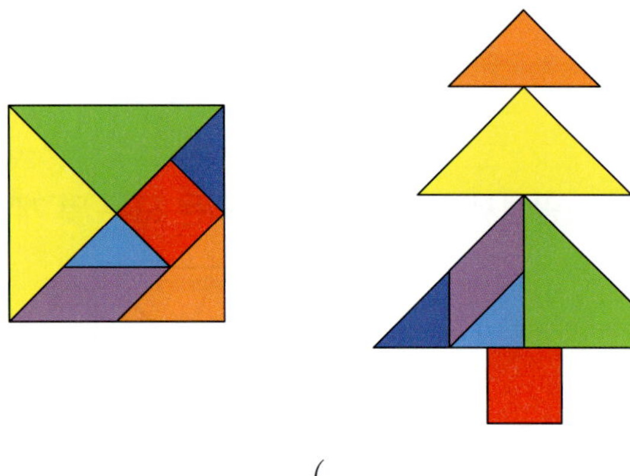

( )

251029-0201

12 다음 중 직사각형에 대한 설명으로 <u>틀린</u> 것은 어느 것일까요? ( )

① 각이 4개 있습니다.
② 모든 각이 직각입니다.
③ 꼭짓점이 4개 있습니다.
④ 변이 4개 있습니다.
⑤ 네 변의 길이가 같습니다.

251029-0202

13 네 변의 길이의 합이 28 cm인 직사각형에서 긴 변의 길이는 몇 cm인지 구해 보세요.

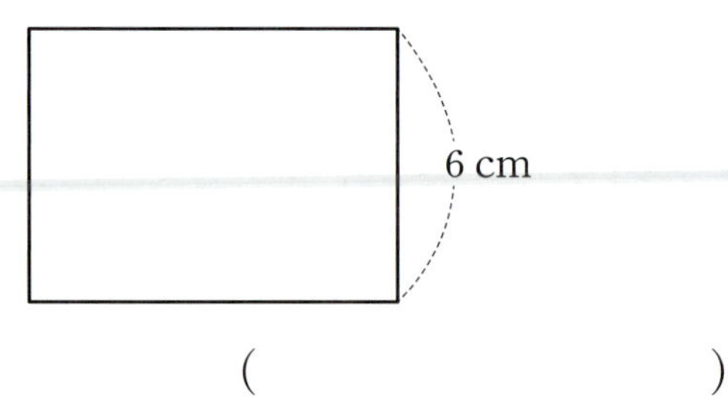

( )

251029-0203

14 정사각형을 찾아 기호를 써 보세요.

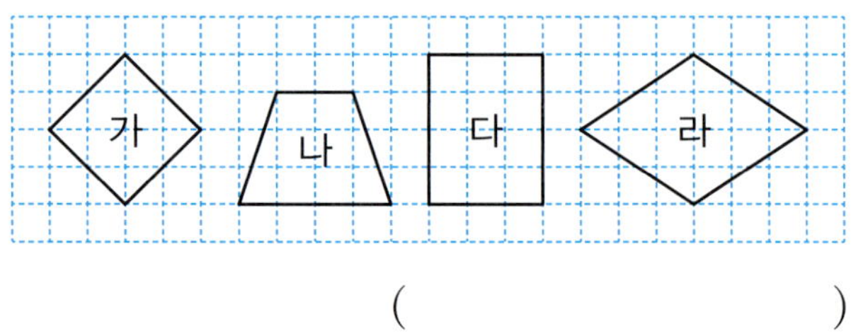

( )

251029-0204

15 짧은 변의 길이는 8 cm, 긴 변의 길이는 10 cm인 직사각형이 있습니다. 이 직사각형과 네 변의 길이의 합이 같은 정사각형의 한 변의 길이는 몇 cm인지 구해 보세요.

( )

16 직사각형 모양의 종이를 다음과 같이 잘랐을 때 만들어지는 도형의 이름을 써 보세요.

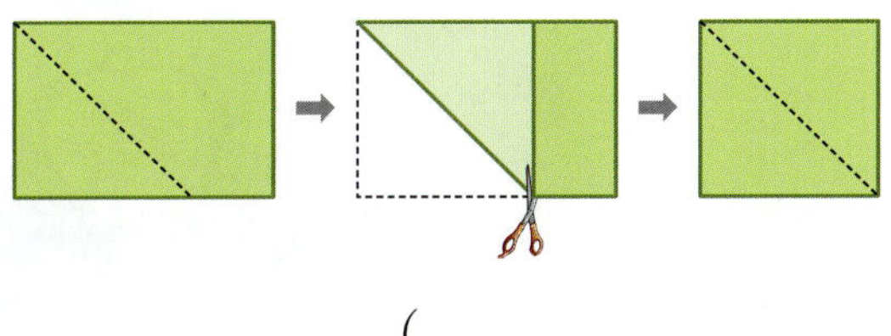

( )

17 그림과 같은 직사각형 모양의 종이를 잘라서 한 변의 길이가 **3 cm**인 정사각형을 몇 개까지 만들 수 있는지 구해 보세요.

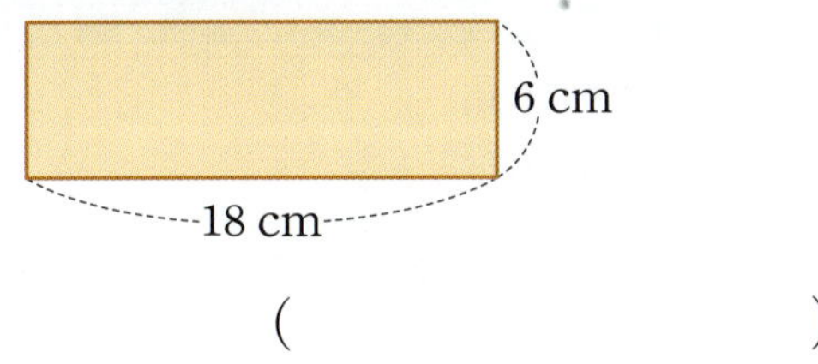

( )

18 네 변의 길이의 합이 **32 cm**인 정사각형 3개를 겹치지 않게 이어 붙여 만든 직사각형입니다. 직사각형의 네 변의 길이의 합은 몇 **cm**인지 구해 보세요.

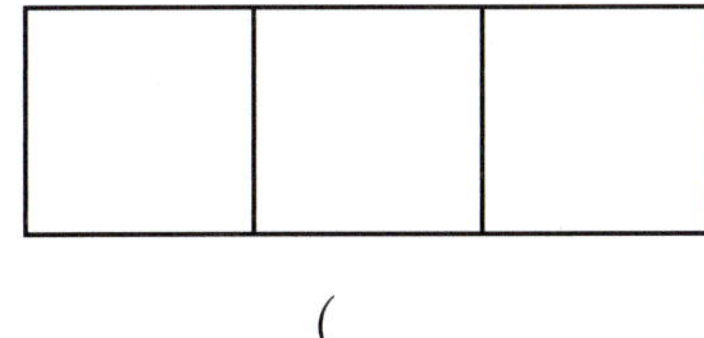

( )

서술형 문제

19 직각삼각형이 <u>아닌</u> 도형을 찾아 기호를 쓰고 그 이유를 써 보세요.

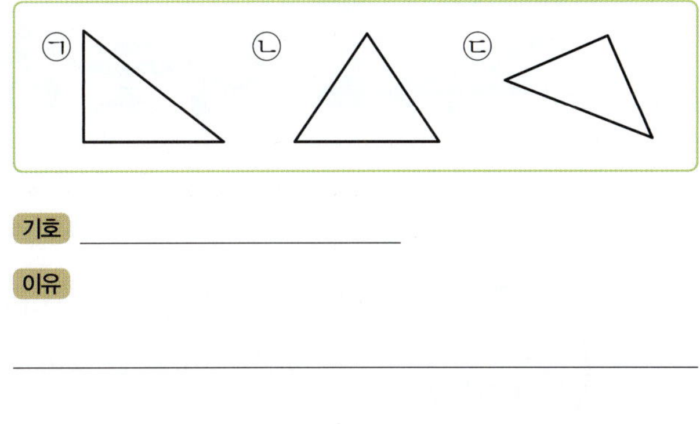

기호 _______________________

이유

____

____

20 그림에서 찾을 수 있는 크고 작은 정사각형은 모두 몇 개인지 풀이 과정을 쓰고 답을 구해 보세요.

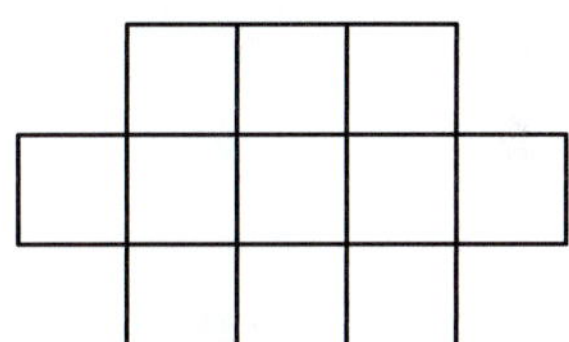

풀이

____

____

____

답 _______________________

3 나눗셈

단원 진도 체크

이 단원을 진도 체크에 맞춰 8일 동안 학습해 보세요.
해당 부분을 공부하고 나서 ✓표를 하세요.

　은서, 서현, 지수, 한결이는 텃밭에서 오이 20개, 고추 28개, 토마토 32개를 땄습니다. 텃밭에서 딴 오이, 고추, 토마토를 네 명의 친구들이 똑같이 나누어 가지려면 몇 개씩 나누면 될까요?

　이번 3단원에서는 똑같이 나누기, 곱셈과 나눗셈의 관계, 나눗셈의 몫을 곱셈식과 곱셈구구로 구하는 방법에 대해 배울 거예요.

개념 1 똑같이 나누어 볼까요 (1) —▸ 똑같이 나누어 주는 나눗셈

예) **딸기 8개를 2명에게 똑같이 나누어 주기**

(1) **2묶음으로 똑같이 나누었을 때 한 묶음의 수 구하기**

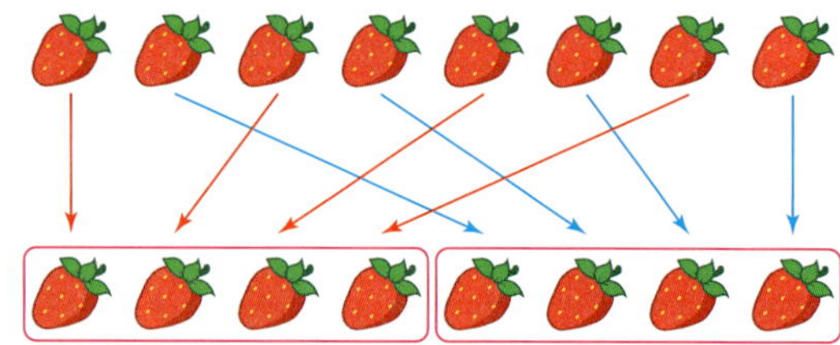

딸기 8개를 2명에게 똑같이 나누어 주면 한 명이 4개씩 가지게 됩니다.

➡ $8 \div 2 = 4$ —▸ 한 명이 가지게 되는 딸기의 수
  └▸ 사람 수
  └▸ 전체 딸기의 수

(2) **나눗셈식과 몫 알아보기**

8을 2로 나누면 4가 됩니다.

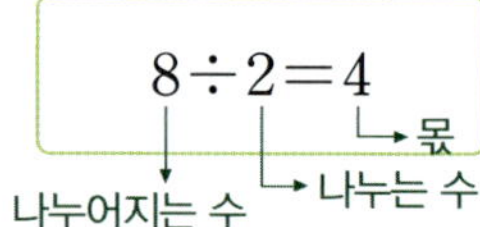

$$8 \div 2 = 4$$
나누어지는 수 └▸ 나누는 수 └▸ 몫

$8 \div 2 = 4$와 같은 식을 **나눗셈식**이라 하고 **8 나누기 2는 4와 같습니다**라고 읽습니다. 이때 4는 8을 2로 나눈 **몫**, 8은 **나누어지는 수**, 2는 **나누는 수**라고 합니다.

● **바둑돌 8개를 접시 2개에 똑같이 나누기**

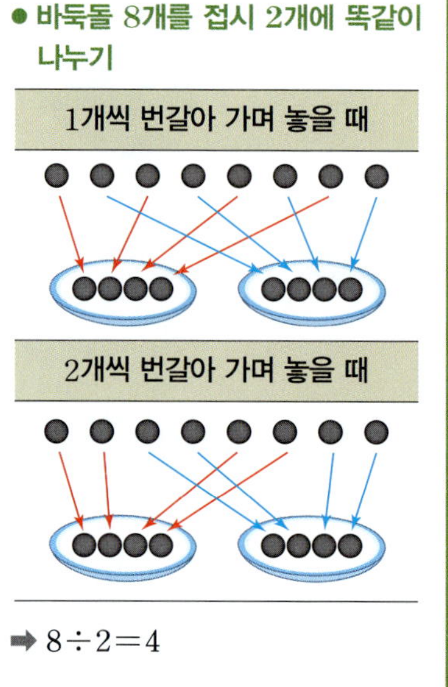

➡ $8 \div 2 = 4$

[01~03] 체리 10개를 접시 2개에 똑같이 나누어 담으려면 접시 한 개에 체리를 몇 개씩 담을 수 있는지 알아보려 합니다. 물음에 답하세요.

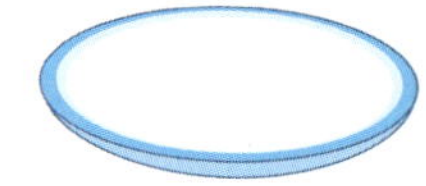
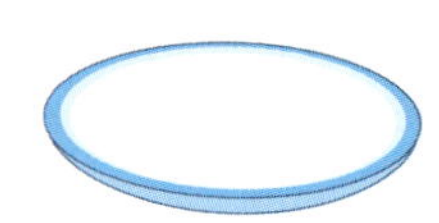

251029-0210

01 접시 한 개에 체리를 몇 개씩 담을 수 있는지 접시에 ○를 그려 보세요.

251029-0211

02 접시 한 개에 체리를 몇 개씩 담을 수 있을까요?

(   )

251029-0212

03 접시 한 개에 체리를 몇 개씩 담을 수 있는지 나눗셈식으로 나타내 보세요.

$$10 \div \boxed{} = \boxed{}$$

개념 2 똑같이 나누어 볼까요 (2) → 같은 양이 몇 번 들어 있는 나눗셈

예) 딸기 8개를 한 명에게 2개씩 나누어 주기

(1) 2개씩 묶어서 나누었을 때 묶음의 수 구하기

딸기 8개를 2개씩 묶으면 4묶음이 됩니다.

따라서 딸기 8개를 한 명에게 2개씩 나누어 주면 4명에게 나누어 줄 수 있습니다.

➡ $8 \div 2 = 4$ → 사람 수
→ 한 명에게 나누어 줄 딸기의 수
→ 전체 딸기의 수

(2) 뺄셈을 이용하여 나눗셈식으로 나타내기

딸기 8개를 2개씩 덜어 내면 4번 덜어 낼 수 있습니다.

$8 - 2 - 2 - 2 - 2 = 0$이므로 2개씩 4번 덜어 낼 수 있습니다.

> 8에서 2씩 4번 빼면 0이 됩니다. 이것을 나눗셈식으로 나타내면 $8 \div 2 = 4$입니다.
> $$8 - 2 - 2 - 2 - 2 = 0 \Rightarrow 8 \div 2 = 4$$
> 4번

● **묶음을 이용하여 나눗셈식으로 나타내기**

- 10개를 2개씩 묶으면 5묶음이 됩니다.
- $10 - 2 - 2 - 2 - 2 - 2 = 0$이므로 2개씩 5번 덜어 낼 수 있습니다.
- 10에서 2씩 5번 빼면 0이 됩니다.
- ➡ $10 \div 2 = 5$

[04~06] 연필 15자루를 한 명에게 5자루씩 나누어 주려고 합니다. 물음에 답하세요.

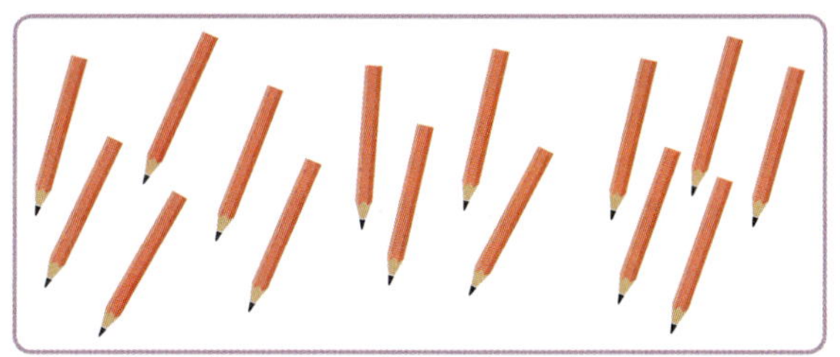

04 연필을 5자루씩 묶어 보세요.

05 15에서 5를 몇 번 빼면 0이 되는지 뺄셈식으로 나타내 보세요.

$$15 - \boxed{} - \boxed{} - \boxed{} = \boxed{}$$

06 연필을 몇 명에게 나누어 줄 수 있는지 나눗셈식으로 나타내 보세요.

$$15 \div \boxed{} = \boxed{}$$

01 나눗셈식을 보고 □ 안에 알맞은 수를 써넣으세요. 251029-0216

$$24 \div 6 = 4$$

(1) 24 나누기 □ 은/는 □ 와/과 같습니다.

(2) □ 은/는 24를 □ (으)로 나눈 몫입니다.

02 감자 12개를 바구니 4개에 똑같이 나누어 담으려고 합니다. 바구니 한 개에 감자를 몇 개씩 담아야 할지 ○를 그리고, □ 안에 알맞은 수를 써넣으세요. 251029-0217

바구니 한 개에 감자를 □ 개씩 담아야 합니다.

03 중요 사과 12개를 봉지에 똑같이 나누어 담으려고 합니다. 봉지의 수에 따라 한 봉지에 담을 수 있는 사과의 수를 구해 보세요. 251029-0218

• 봉지 3개에 담을 때: 한 봉지에 □ 개

• 봉지 4개에 담을 때: 한 봉지에 □ 개

04 남김없이 똑같이 나누어 가질 수 있는 경우를 말한 친구의 이름을 써 보세요. 251029-0219

> 선호: 색종이 10장을 3명이 똑같이 나눌 거야.
> 정현: 사탕 12개를 5명이 똑같이 나눌 거야.
> 우진: 귤 16개를 4명이 똑같이 나눌 거야.

( )

05 공책 42권을 7명에게 똑같이 나누어 주려고 합니다. 한 명에게 몇 권씩 나누어 줄 수 있을까요? 251029-0220

식 ________________________________

답 ________________________________

06 성민이와 지혜의 대화를 읽고 물음에 답하세요. 251029-0221

(1) 24에서 4를 몇 번 빼면 0이 될까요?

식 ________________________________

답 ________________________________

(2) 나눗셈식으로 나타내 보세요.

식 ________________________________

 **07** 중요 **20−5−5−5−5=0**을 나눗셈식으로 바르게 나타낸 것을 찾아 ○표 하세요.

251029-0222

$20 \div 5 = 4$	$20 \div 4 = 5$
( )	( )

빼셈식 또는 나눗셈식으로 나타내기

■에서 ●를 ▲번 빼면 0이 됩니다.

빼셈식 ■ − ● − ● − ● − …… − ● = 0
     ▲번

나눗셈식 ■ ÷ ● = ▲
     몫

08 48쪽짜리 책을 하루에 6쪽씩 읽으려고 합니다. 이 책을 모두 읽으려면 며칠이 걸릴까요?

251029-0223

식 ▷ ________________________

답 ▷ ________________________

[10~11] 다음을 빼셈식과 나눗셈식으로 나타내 보고, 나눗셈의 몫을 구해 보세요.

10 251029-0225

12에서 3을 4번 빼면 0이 됩니다.

빼셈식 ________________________

나눗셈식 ________________________

몫 ________________________

11 251029-0226

48에서 8을 6번 빼면 0이 됩니다.

빼셈식 ________________________

나눗셈식 ________________________

몫 ________________________

 **09** 도전 클립 32개를 한 명에게 4개씩 나누어 주려고 합니다. 몇 명에게 나누어 줄 수 있는지 두 가지 방법으로 해결해 보세요.

251029-0224

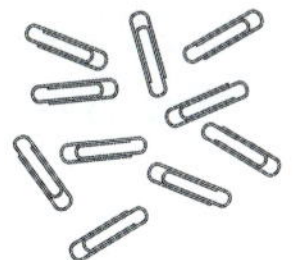 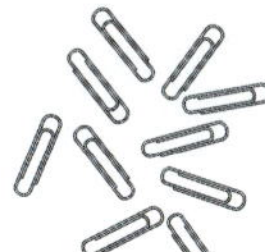 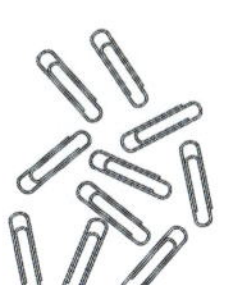 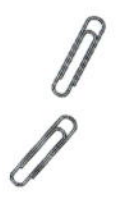

빼셈식으로 해결하기

식 ▷ ________________________

나눗셈식으로 해결하기

식 ▷ ________________________

답 ▷ ________________________

12 나눗셈식으로 나타내었을 때 몫이 가장 큰 것을 찾아 기호를 써 보세요.

251029-0227

㉠ 42에서 7을 6번 빼면 0이 됩니다.
㉡ 45에서 9를 5번 빼면 0이 됩니다.
㉢ 48에서 6을 8번 빼면 0이 됩니다.

( )

개념 **3** 곱셈과 나눗셈의 관계를 알아볼까요

예 참외 **15개**를 이용하여 곱셈과 나눗셈의 관계 알아보기

(1) 참외 **15개**를 5개씩 묶기

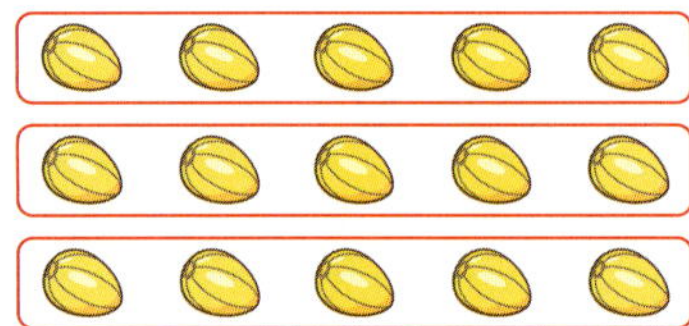

참외는 5개씩 3묶음이므로 15개입니다. ➡ $5 \times 3 = 15$

참외 15개를 5개씩 묶으면 3묶음입니다. ➡ $15 \div 5 = 3$

(2) 참외 **15개**를 3개씩 묶기

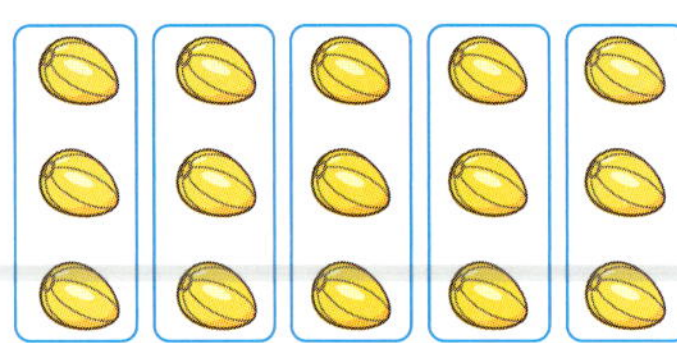

참외는 3개씩 5묶음이므로 15개입니다. ➡ $3 \times 5 = 15$

참외 15개를 3개씩 묶으면 5묶음입니다. ➡ $15 \div 3 = 5$

● 곱셈식을 나눗셈식으로 나타내기

$$■ \times ▲ = ★ \begin{cases} ★ \div ■ = ▲ \\ ★ \div ▲ = ■ \end{cases}$$

● 나눗셈식을 곱셈식으로 나타내기

$$★ \div ■ = ▲ \begin{cases} ▲ \times ■ = ★ \\ ■ \times ▲ = ★ \end{cases}$$

---

01 원숭이에게 바나나 **20개**를 똑같이 나누어 주면 한 마리는 몇 개씩 가지게 되는지 알아보세요.

251029-0228

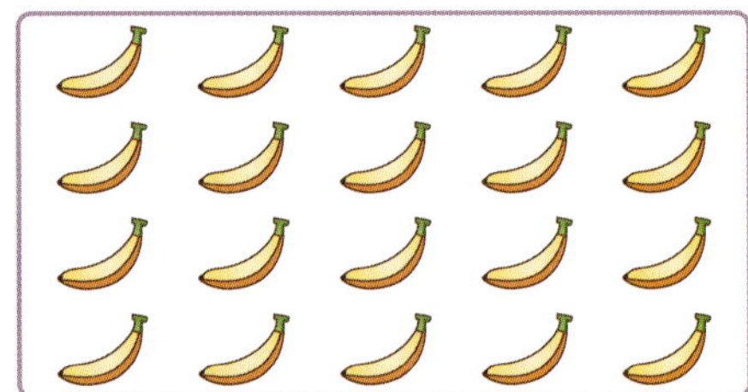

(1) 바나나의 수를 곱셈식으로 나타내 보세요.

$$4 \times \boxed{} = \boxed{}$$

(2) 원숭이 4마리에게 똑같이 나누어 준다면 한 마리는 바나나를 몇 개씩 가지게 될까요?

$$\boxed{} \div 4 = \boxed{}$$

(3) 원숭이 5마리에게 똑같이 나누어 준다면 한 마리는 바나나를 몇 개씩 가지게 될까요?

$$\boxed{} \div 5 = \boxed{}$$

251029-0229

02 곱셈식을 나눗셈식으로 나타내 보세요.

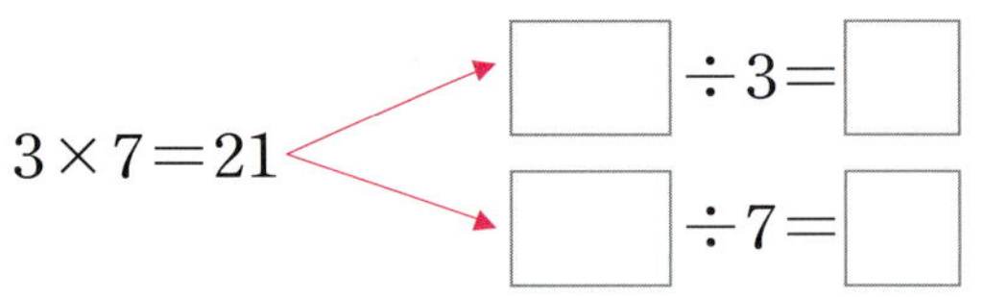

$$3 \times 7 = 21 \begin{cases} \boxed{} \div 3 = \boxed{} \\ \boxed{} \div 7 = \boxed{} \end{cases}$$

251029-0230

03 나눗셈식을 곱셈식으로 나타내 보세요.

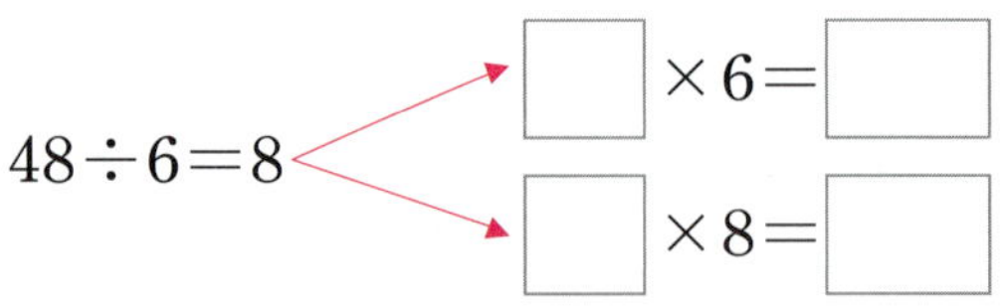

$$48 \div 6 = 8 \begin{cases} \boxed{} \times 6 = \boxed{} \\ \boxed{} \times 8 = \boxed{} \end{cases}$$

개념 **4** 나눗셈의 몫을 곱셈식으로 구해 볼까요

예 $12 \div 2$의 몫을 곱셈식으로 구하기

① 빵 12개를 2개씩 똑같이 묶으면 몇 묶음이 되는지 나눗셈식으로 나타내기

빵 12개를 2개씩 똑같이 묶으면 6묶음이 됩니다. ➡ $12 \div 2 = 6$

② 전체 빵의 개수를 곱셈식으로 나타내기 ➡ $2 \times 6 = 12$

③ 나눗셈의 몫을 곱셈식으로 구하기

$2 \times 6 = 12$이므로 $12 \div 2$의 몫은 6입니다.

> $12 \div 2 = \square$의 몫 $\square$는 $2 \times 6 = 12$를 이용해 구할 수 있습니다.
> $$2 \times 6 = 12$$
> $$12 \div 2 = \square \ \Rightarrow \ \square = 6$$

● **나눗셈의 몫을 곱셈식으로 구하기**

과자 15개를 5개씩 똑같이 묶으면 몇 묶음이 되는지 구하기

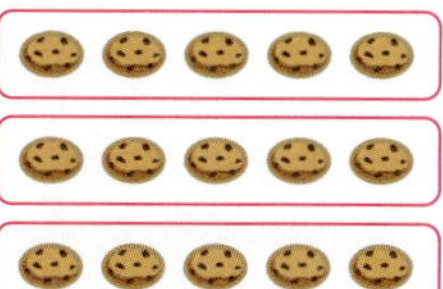

나눗셈식으로 나타내면
$15 \div 5 = \square$입니다.
나눗셈의 몫을 구하면
$$5 \times 3 = 15$$
$$15 \div 5 = \square$$
따라서 $15 \div 5 = \square$의 몫 $\square$는 3입니다.

[04~07] 그림을 보고 $\square$ 안에 알맞은 수를 써넣으세요.

04　251029-0231

$7 \times 4 = 28$

$28 \div 7 = \square$

05　251029-0232

$3 \times 9 = 27$

$27 \div 3 = \square$

06　251029-0233

$5 \times 4 = 20$

$20 \div 5 = \square$

07　251029-0234

$6 \times 3 = 18$

$18 \div 6 = \square$

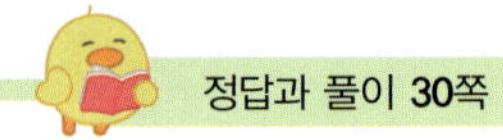

개념 **5** 나눗셈의 몫을 곱셈구구로 구해 볼까요

예 $28 \div 4$의 몫을 곱셈구구로 구하기

×	1	2	3	4	5	6	7	8	9
1	1	2	3	4	5	6	7	8	9
2	2	4	6	8	10	12	14	16	18
3	3	6	9	12	15	18	21	24	27
4	4	8	12	16	20	24	28	32	36
5	5	10	15	20	25	30	35	40	45
6	6	12	18	24	30	36	42	48	54
7	7	14	21	28	35	42	49	56	63
8	8	16	24	32	40	48	56	64	72
9	9	18	27	36	45	54	63	72	81

① 4단 곱셈구구를 이용합니다.

② 4단 곱셈구구에서 곱이 28이 되는 곱셈식을 찾습니다. ➡ $4 \times 7 = 28$

③ $4 \times 7 = 28$이므로 $28 \div 4$의 몫은 7입니다.

● **나누는 수의 단 곱셈구구로 나눗셈의 몫을 구하기**

■÷●의 몫을 구할 때에는 ●단 곱셈구구에서 곱이 ■인 곱셈식을 찾습니다.

[08~09] 곱셈표를 이용하여 $56 \div 7$의 몫을 구하려고 합니다. 물음에 답하세요.

×	6	7	8	9
6	36	42	48	54
7	42	49	56	63
8	48	56	64	72
9	54	63	72	81

251029-0235

08 7단 곱셈구구에서 곱이 56인 곱셈식을 찾아 써 보세요.

곱셈식 ___________________________

251029-0236

09 $56 \div 7$의 몫을 구해 보세요.

(   )

251029-0237

10 수 카드를 한 번씩만 사용하여 곱셈식과 나눗셈식을 각각 2개씩 만들어 보세요.

| 3 | 8 | 24 |

곱셈식
☐ × ☐ = ☐
☐ × ☐ = ☐

나눗셈식
☐ ÷ ☐ = ☐
☐ ÷ ☐ = ☐

[01~03] 그림을 보고 물음에 답하세요.

251029-0238

01 인형이 8개씩 5줄로 놓여 있습니다. 인형은 모두 몇 개일까요?

곱셈식 ______________________

답 ______________________

251029-0239

02 인형 40개를 5상자에 똑같이 나누어 담으려고 합니다. 한 상자에 인형을 몇 개씩 담을 수 있을까요?

나눗셈식 ______________________

답 ______________________

251029-0240

03 인형 40개를 한 상자에 8개씩 담으려고 합니다. 상자는 몇 상자 필요할까요?

나눗셈식 ______________________

답 ______________________

[04~06] 곱셈식을 나눗셈식으로 나타내려고 합니다. 물음에 답하세요.

251029-0241

04 자두의 수를 곱셈식으로 써 보세요.

$\square \times \square = \square$, $\square \times \square = \square$

251029-0242

05 자두 27개를 9명이 똑같이 나누어 먹으면 한 명이 몇 개씩 먹을 수 있을까요?

$\square \div \square = \square$

251029-0243

06 자두 27개를 한 명이 3개씩 먹으면 몇 명이 먹을 수 있을까요?

$\square \div \square = \square$

251029-0244

07 그림을 보고 곱셈식과 나눗셈식으로 나타내 보세요.

곱셈식 ______________________

나눗셈식 ______________________

08 그림을 보고 □ 안에 알맞은 수를 써넣으세요.

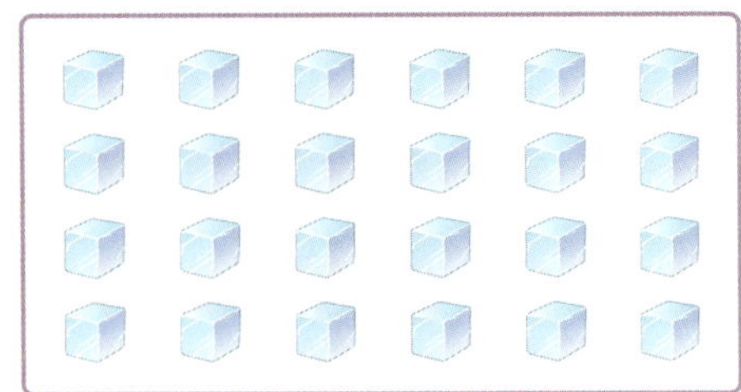

(1) 얼음 24개를 6컵에 똑같이 나누어 담으면 한 컵에 ☐ 개씩 담을 수 있습니다.

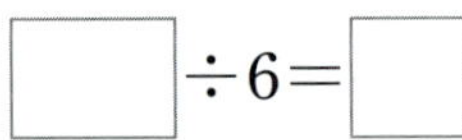

$$\boxed{} \div 6 = \boxed{}$$

(2) 얼음 24개를 한 컵에 ☐ 개씩 담으면 6컵 에 나누어 담을 수 있습니다.

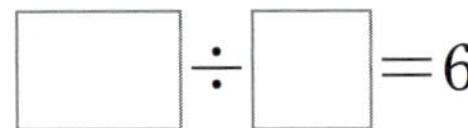

$$\boxed{} \div \boxed{} = 6$$

09  관계있는 것끼리 이어 보세요.

중요

나눗셈식	곱셈식	몫
$35 \div 5 = \boxed{}$	$9 \times 4 = 36$	7
$32 \div 4 = \boxed{}$	$5 \times 7 = 35$	4
$36 \div 9 = \boxed{}$	$4 \times 8 = 32$	8

10 막대사탕 21개를 한 명에게 3개씩 나누어 주면 몇 명에게 나누어 줄 수 있을까요?

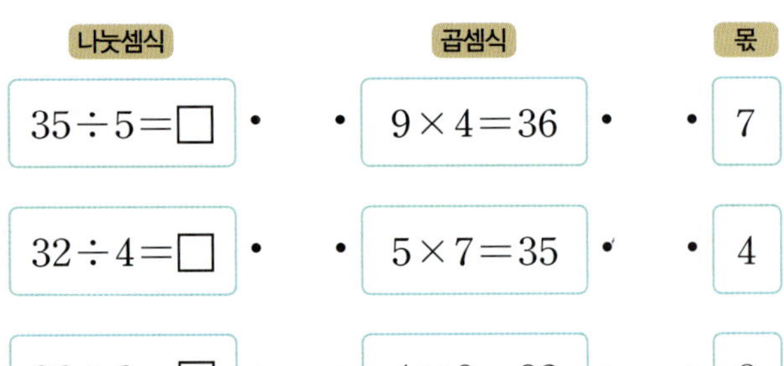

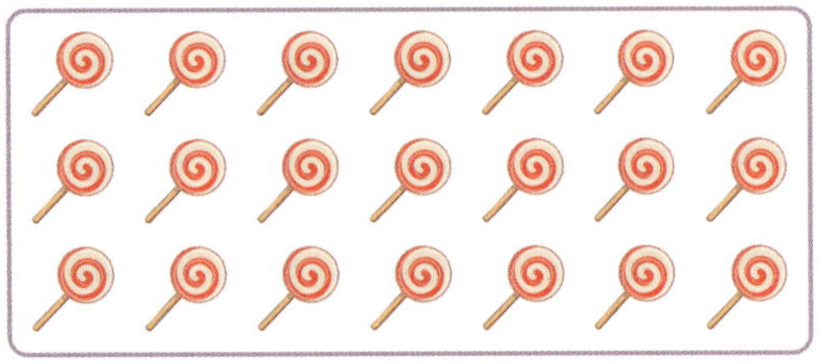

식 ________________________

답 ________________________

11  귤 24개를 4명에게 똑같이 나누어 주면 한 명에 게 몇 개씩 줄 수 있을까요?

중요

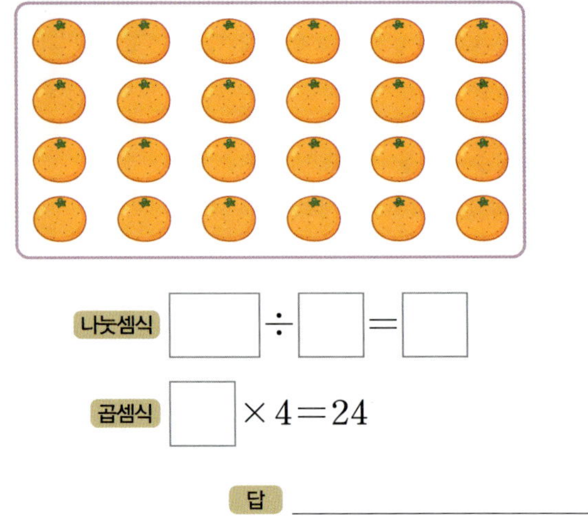

나눗셈식 $\boxed{} \div \boxed{} = \boxed{}$

곱셈식 $\boxed{} \times 4 = 24$

답 ________________________

12  사과 12개를 봉지 3개에 똑같이 나누어 넣으려 고 합니다. 물음에 답하세요.

도전

(1) 봉지 1개에 사과를 몇 개씩 넣을 수 있는 지 봉지에 ◯를 그려서 그림에 나타내 보세요.

(2) 나눗셈식으로 나타내고, 곱셈식으로 바꿔 보세요.

나눗셈식 $12 \div \boxed{} = \boxed{}$

곱셈식 $\boxed{} \times \boxed{} = \boxed{}$

$\boxed{} \times \boxed{} = \boxed{}$

(3) 봉지 1개에 사과를 몇 개씩 넣어야 할까요?

답 ________________________

251029-0250

13 $72 \div 9$의 몫을 9×8을 이용하여 구하는 방법을 설명해 보세요.

설명

____

____

[14~17] 곱셈표를 이용하여 나눗셈의 몫을 구해 보세요.

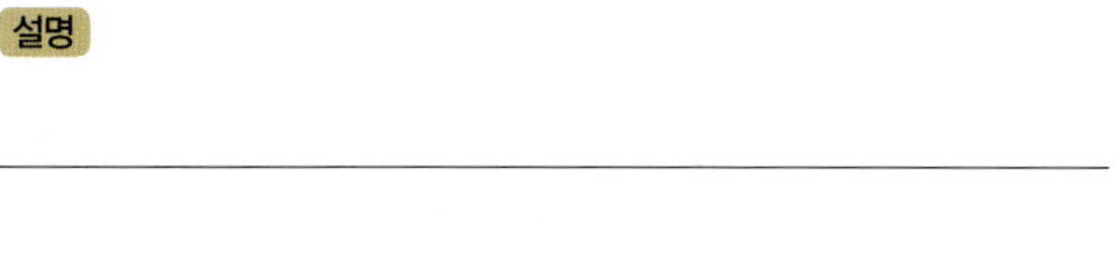

×	1	2	3	4	5	6	7	8	9
1	1	2	3	4	5	6	7	8	9
2	2	4	6	8	10	12	14	16	18
3	3	6	9	12	15	18	21	24	27
4	4	8	12	16	20	24	28	32	36
5	5	10	15	20	25	30	35	40	45
6	6	12	18	24	30	36	42	48	54
7	7	14	21	28	35	42	49	56	63
8	8	16	24	32	40	48	56	64	72
9	9	18	27	36	45	54	63	72	81

251029-0251

14 색종이 한 장으로 종이별 4개를 만들 수 있습니다. 종이별 20개를 만들려면 색종이 몇 장이 필요할까요?

나눗셈식 $\boxed{} \div 4 = \boxed{}$

답 ______________

251029-0252

15 몫의 크기를 비교하여 ○ 안에 >, =, <를 알맞게 써넣으세요.

$\boxed{18 \div 6}$ ○ $\boxed{8 \div 2}$

251029-0253

16 의자 40개가 한 줄에 8개씩 놓여 있습니다. 의자는 8개씩 몇 줄 놓여 있는지 구해 보세요.

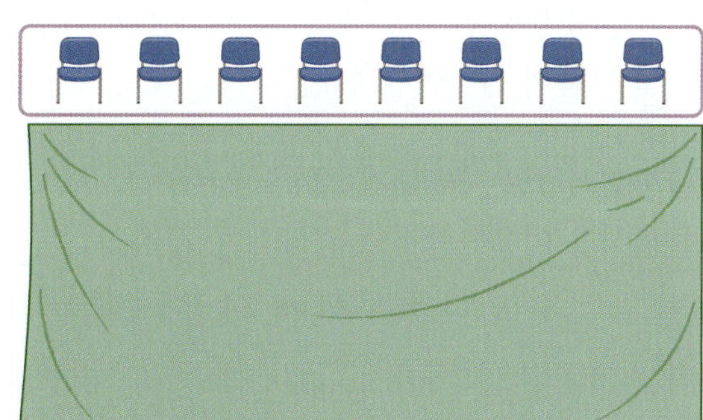

(1) 8개씩 몇 줄이 있는지 곱셈표를 이용하여 구해 보세요.

$$8 \times \boxed{} = 40$$

(2) 8개씩 몇 줄이 있는지 나눗셈식으로 구해 보세요.

식 ______________

답 ______________

251029-0254

17 쌓기나무 36개를 친구들에게 똑같이 나누어 주려고 합니다. 한 명에게 몇 개씩 나누어 주어야 하는지 구해 보세요.

(1) 친구 4명에게 똑같이 나누어 주려면 한 명에게 쌓기나무를 몇 개씩 나누어 주어야 할까요?

식 ______________

답 ______________

(2) 친구 6명에게 똑같이 나누어 주려면 한 명에게 쌓기나무를 몇 개씩 나누어 주어야 할까요?

식 ______________

답 ______________

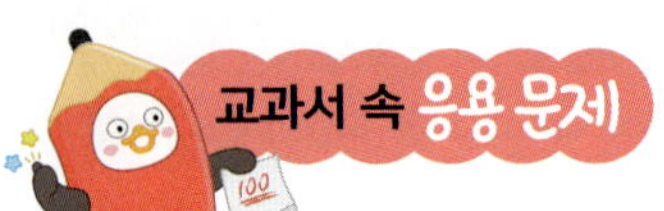

교과서 속 응용 문제 교과서, 익힘책 속 응용 문제를 유형별로 풀어 보세요.

나눗셈의 활용

> **예** 학생 4명씩 한 모둠을 만들 때, 전체 24명은 모두 몇 모둠이 만들어질까요?

① 나눗셈식으로 나타내기: $24 \div 4 = 6$
② 곱셈식을 이용하여 나눗셈식의 몫 구하기

$$4 \times 6 = 24 \ \Rightarrow \ 24 \div 4 = 6$$

③ 답 구하기
  몫이 6이므로 6모둠이 만들어집니다.

251029-0255

18 공책 12권을 3명에게 똑같이 나누어 주었습니다. 한 명에게 몇 권씩 주었을까요?

나눗셈식 ___________________________

곱셈식 ___________________________

답 ___________________________

251029-0256

19 학생 24명이 긴 의자 한 개에 8명씩 앉으려면 긴 의자는 몇 개 필요할까요?

나눗셈식 ___________________________

곱셈식 ___________________________

답 ___________________________

251029-0257

20 동화책 36권이 있습니다. 4상자에 똑같이 나누어 동화책을 포장하려고 합니다. 한 상자에 몇 권씩 동화책을 넣을 수 있을까요?

나눗셈식 ___________________________

곱셈식 ___________________________

답 ___________________________

□ 안에 알맞은 수 구하기

> **예** □ 안에 알맞은 수 구하기
> $$56 \div \square = 8$$

$56 \div \square = 8$을 곱셈식으로 나타내면 $8 \times \square = 56$이고, $8 \times 7 = 56$이므로 $\square = 7$입니다.

251029-0258

21 두 나눗셈의 몫이 같을 때 □ 안에 알맞은 수를 구해 보세요.

| $16 \div 2$ | $40 \div \square$ |

( )

251029-0259

22 두 나눗셈의 몫이 같을 때 □ 안에 알맞은 수를 구해 보세요.

| $28 \div 4$ | $42 \div \square$ |

( )

251029-0260

23 ㉠과 ㉡에 알맞은 수의 곱을 구해 보세요.

$$45 \div ㉠ = 9 \qquad ㉡ \div 3 = 2$$

( )

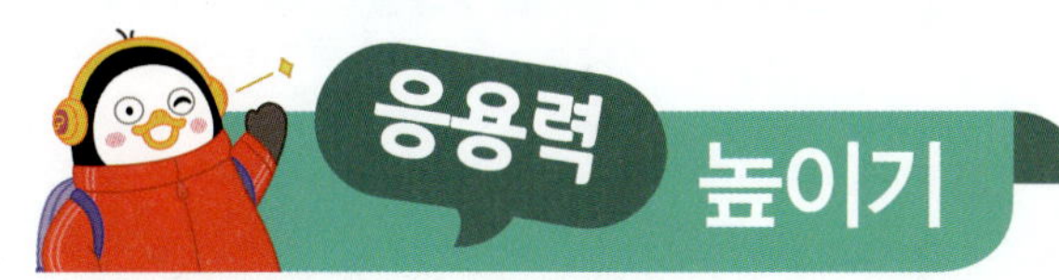

대표 응용 1

수 카드로 나눗셈식 만들기

수 카드를 한 번씩만 사용하여 나눗셈식을 만들어 보세요.

$$\boxed{6} \quad \boxed{42} \quad \boxed{7}$$

$$\boxed{} \div \boxed{} = \boxed{}$$

문제 스케치

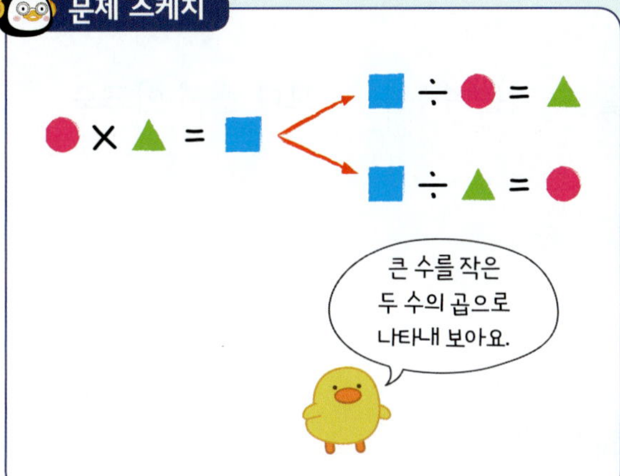

해결하기

가장 큰 수인 42는 두 수 6과 7의 곱이므로 곱셈식으로 나타
내면 $\boxed{} \times \boxed{} = \boxed{}$ 또는 $\boxed{} \times \boxed{} = \boxed{}$ 입니

다. 곱셈식을 나눗셈식으로 나타내면 $\boxed{} \div \boxed{} = \boxed{}$

또는 $\boxed{} \div \boxed{} = \boxed{}$ 입니다.

251029-0261

1-1 수 카드를 한 번씩만 사용하여 나눗셈식을 만들어 보세요.

$$\boxed{5} \quad \boxed{45} \quad \boxed{9}$$

$$\boxed{} \div \boxed{} = \boxed{} \quad \text{또는} \quad \boxed{} \div \boxed{} = \boxed{}$$

251029-0262

1-2 수 카드 중 2장을 골라 한 번씩만 사용하여 만들 수 있는 가장 작은 두 자리 수를 나머지 수로 나눈 몫을 구해 보세요.

$$\boxed{7} \quad \boxed{3} \quad \boxed{5}$$

(   )

대표 응용 2 ■ 안에 들어갈 수 있는 수 구하기

1부터 9까지의 수 중에서 ■ 안에 들어갈 수 있는 수를 모두 구해 보세요.

$$42 \div 6 < \blacksquare$$

문제 스케치

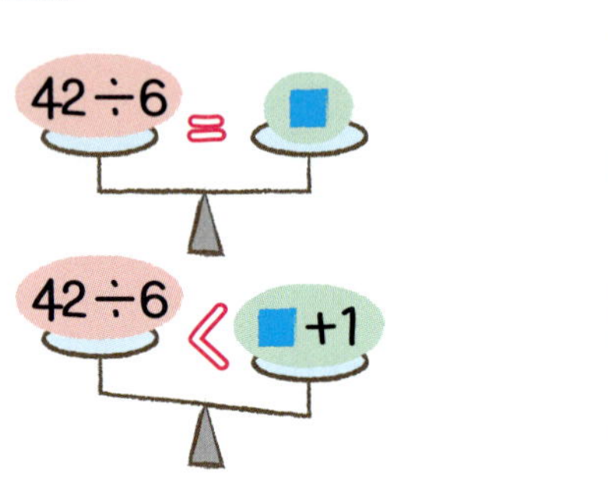

해결하기

$42 \div 6 = \boxed{}$ 입니다.

따라서 ■ 안에 들어갈 수 있는 수는 $\boxed{}$ 보다 큰 수이므로

$\boxed{}$, $\boxed{}$ 입니다.

251029-0263

2-1 1부터 9까지의 수 중에서 □ 안에 들어갈 수 있는 수를 모두 구해 보세요.

$$35 \div 7 > \square$$

(   )

251029-0264

2-2 1부터 9까지의 수 중에서 □ 안에 공통으로 들어갈 수 있는 수 중 가장 큰 수를 구해 보세요.

$$㉠ \ 40 \div 8 < \square$$
$$㉡ \ 72 \div 9 > \square$$

(   )

대표 응용 3 규칙을 찾아 나눗셈하기

규칙을 찾아 ㉠과 ㉡에 알맞은 수를 구해 보세요.

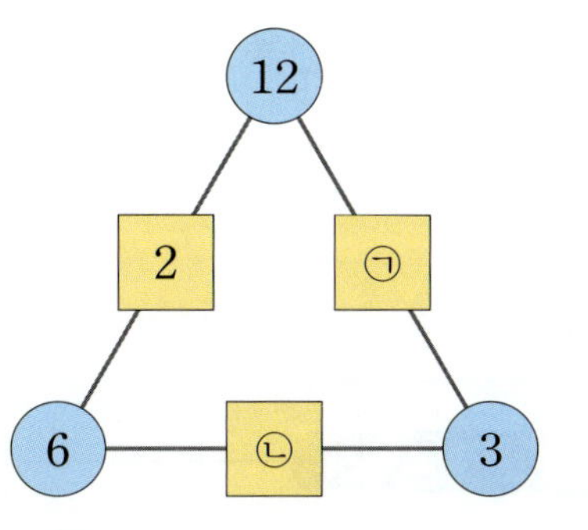

문제 스케치

$$12 ÷ \text{어떤 수} = 6$$
$$\text{어떤 수} = 12 ÷ 6$$

해결하기

㉠, ㉡에 알맞은 수를 구하기 위해서 ○—□—○ 사이의 규칙을 찾아야 합니다.

선 위에 있는 세 수인 12—2—6 사이의 규칙을 찾으면 $12÷2=6$, $12÷6=2$입니다.

따라서 ㉠$=12÷3=\boxed{}$이고, ㉡$=6÷3=\boxed{}$입니다.

251029-0265

3-1 규칙을 찾아 ㉠과 ㉡에 알맞은 수를 구해 보세요.

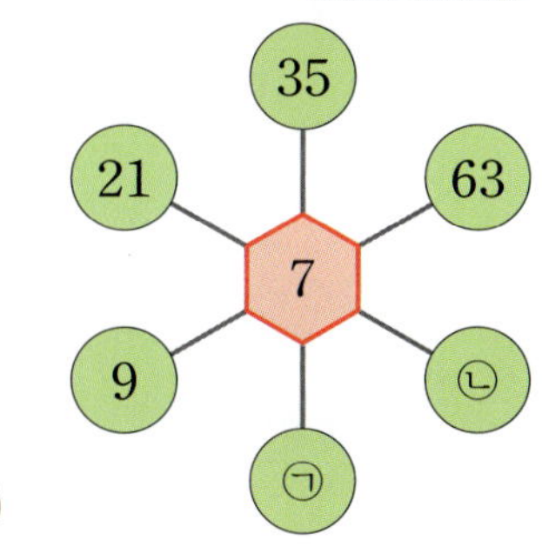

㉠ (   ), ㉡ (   )

251029-0266

3-2 규칙을 찾아 빈칸에 알맞은 수를 써넣으세요.

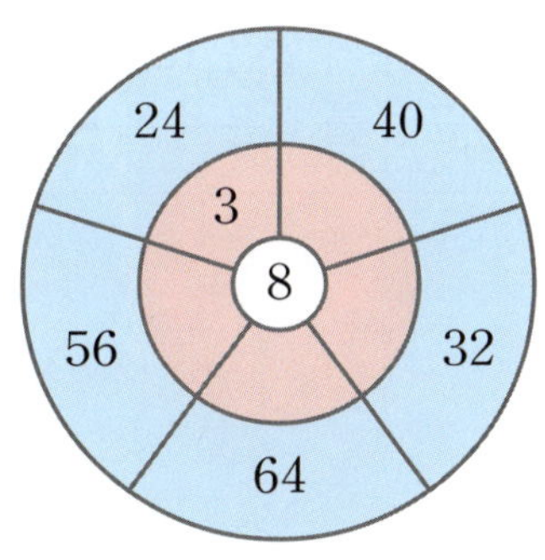

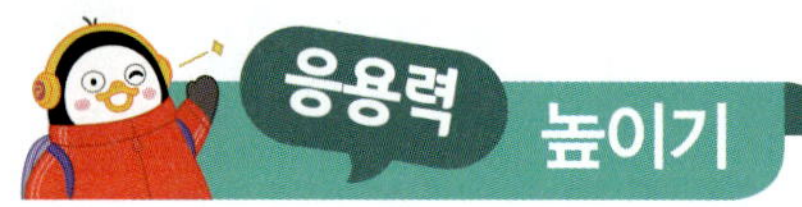

조건을 만족하는 두 수 구하기

조건을 만족하는 두 수를 구해 보세요.

> • 두 수의 합은 18입니다.
> • 큰 수를 작은 수로 나눈 몫은 8입니다.

문제 스케치

해결하기

합이 18인 두 수를 짝 지으면 (1, 17), (2, ⬚),

(3, ⬚), (4, ⬚), …, (17, ⬚)입니다.

이 중에서 ⬚ ÷ ⬚ =8이므로

큰 수를 작은 수로 나누었을 때 몫이 8인 두 수는

⬚ 와/과 ⬚ 입니다.

251029-0267

4-1 조건을 만족하는 두 수를 구해 보세요.

> • 두 수의 합은 16입니다.
> • 큰 수를 작은 수로 나눈 몫은 3입니다.

큰 수 (   ), 작은 수 (   )

251029-0268

4-2 조건을 만족하는 두 수의 차를 구해 보세요.

> • 두 수의 합은 18입니다.
> • 큰 수를 작은 수로 나눈 몫은 5입니다.

(   )

다리의 수를 이용하여 동물의 수 구하기

농장에 있는 오리의 다리 수를 세어 보았더니 16개였습니다. 농장에 있는 오리는 몇 마리인지 구해 보세요.

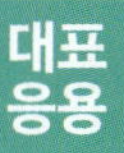

문제 스케치

다리의 수: (2×1)개

다리의 수: (2×2)개

다리의 수: (2×3)개

⋮ ⋮

해결하기

오리 한 마리의 다리는 2개입니다. $2 \times \boxed{} = 16$이므로

$16 \div 2 = \boxed{}$입니다.

따라서 농장에 있는 오리는 $\boxed{}$마리입니다.

251029-0269

5-1 어느 자전거 공장에서 세발자전거를 만드는 데 사용한 바퀴의 수는 27개였습니다. 이 공장에서 만든 세발자전거의 수는 몇 대인지 구해 보세요.

(   )

251029-0270

5-2 동물원에 있는 기린과 타조의 다리 수를 세어 보았더니 40개였습니다. 동물원에 타조가 6마리 있다면 기린은 몇 마리인지 구해 보세요.

(   )

[01~02] 도넛 12개를 3상자에 똑같이 나누어 담으면 한 상자에 도넛을 몇 개씩 담을 수 있는지 구하려고 합니다. 물음에 답하세요.

01　251029-0271
한 상자에 도넛을 몇 개씩 담을 수 있는지 빈칸에 ◯를 그려 넣고, □ 안에 알맞은 수를 써넣으세요.

한 상자에 도넛을 □ 개씩 담을 수 있습니다.

02　251029-0272
나눗셈식으로 나타내 보세요.

$$\boxed{} \div \boxed{} = \boxed{}$$

03　251029-0273
규칙을 찾아 ㉠과 ㉡에 알맞은 수를 구해 보세요.

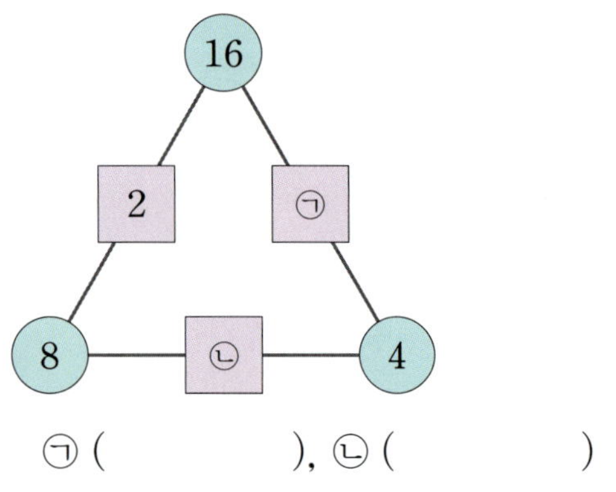

㉠ (　　　　　), ㉡ (　　　　　)

04　251029-0274
남김없이 똑같이 나누어 가지는 경우를 찾아 기호를 써 보세요.

> ㉠ 색종이 36장을 6명이 똑같이 나눕니다.
> ㉡ 도화지 18장을 4명이 똑같이 나눕니다.

(　　　　　　　)

05　251029-0275
4단 곱셈구구를 이용하여 몫을 구할 수 있는 나눗셈에 ◯표 하세요.

$32 \div 4$	$42 \div 6$
(　　　)	(　　　)

06　251029-0276
뺄셈식을 이용하여 나눗셈식으로 나타내려고 합니다. □ 안에 알맞은 수를 써넣으세요.

$$32 - 8 - 8 - 8 - 8 = 0$$
$$\rightarrow 32 \div \boxed{} = \boxed{}$$

07 중요　251029-0277
그림을 보고 □ 안에 알맞은 수를 써넣으세요.

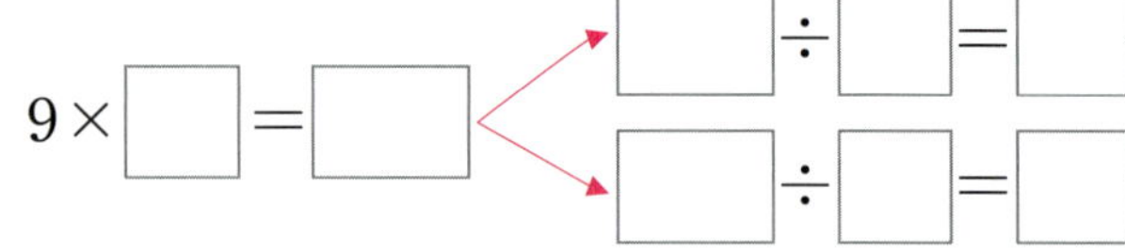

$$9 \times \boxed{} = \boxed{}$$

$$\boxed{} \div \boxed{} = \boxed{}$$
$$\boxed{} \div \boxed{} = \boxed{}$$

08 251029-0278

15÷5의 몫을 구할 수 있는 곱셈식은 어느 것일까요? (   )

① $5 \times 2 = 10$ ② $5 \times 3 = 15$
③ $5 \times 4 = 20$ ④ $5 \times 5 = 25$
⑤ $5 \times 6 = 30$

09 251029-0279

배구공 28개를 한 바구니에 7개씩 나누어 담으려고 합니다. 바구니는 몇 개 필요할까요?

식 ________________________

답 ________________________

10 251029-0280

그림을 보고 □ 안에 알맞은 수를 써넣으세요.

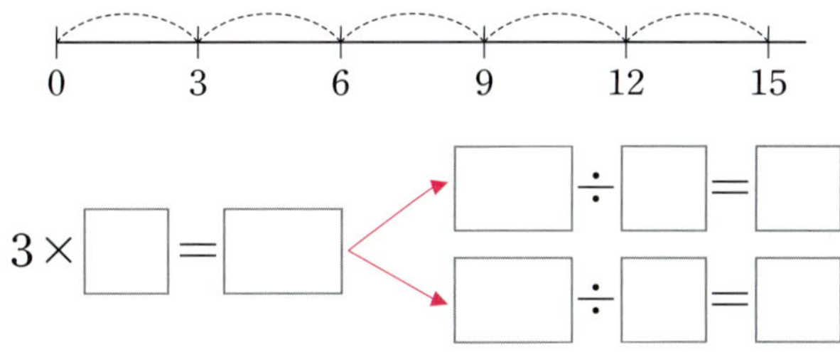

$3 \times \boxed{} = \boxed{}$

$\boxed{} \div \boxed{} = \boxed{}$

$\boxed{} \div \boxed{} = \boxed{}$

11 251029-0281

나눗셈의 몫이 나머지와 다른 하나를 찾아 ○표 하세요.

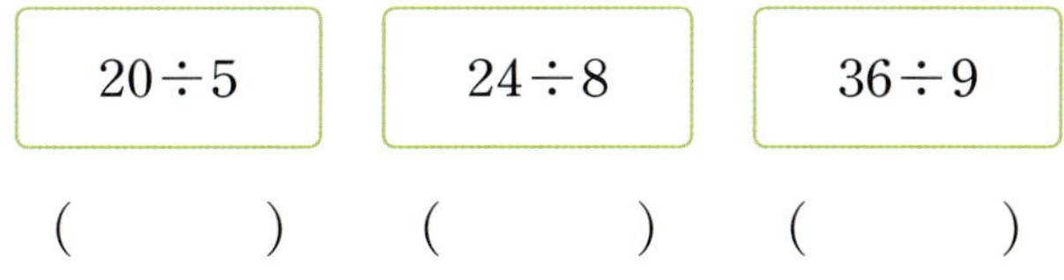

| $20 \div 5$ | $24 \div 8$ | $36 \div 9$ |

(   ) (   ) (   )

[12~15] 곱셈표를 이용하여 물음에 답하세요.

×	5	6	7	8	9
5	25	30	35	40	45
6	30	36	42	48	54
7	35	42	49	56	63
8	40	48	56	64	72
9	45	54	63	72	81

12 251029-0282

나눗셈의 몫을 구해 보세요.

$56 \div 7 = \boxed{}$

13 251029-0283

□ 안에 알맞은 수를 써넣으세요.

$54 \div \boxed{} = 9$

14 중요 251029-0284

사과 48개가 한 줄에 6개씩 놓여 있습니다. 6개씩 몇 묶음이 있는지 나눗셈식으로 구해 보세요.

식 ________________________

답 ________________________

15 251029-0285

몫의 크기를 비교하여 ○ 안에 >, =, <를 알맞게 써넣으세요.

| $63 \div 9$ | 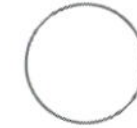 ○ | $32 \div 4$ |

16 수 카드를 한 번씩만 사용하여 곱셈식과 나눗셈식을 각각 2개씩 만들어 보세요.

251029-0286

$$4 \quad 28 \quad 7$$

곱셈식 ________________ , ________________

나눗셈식 ________________ , ________________

17 1부터 9까지의 수 중에서 □ 안에 들어갈 수 있는 수를 모두 구해 보세요.

251029-0287

$$30 \div 6 > \square$$

( )

18 어떤 수를 4로 나누었더니 몫이 6이 되었습니다. 어떤 수를 3으로 나눈 몫과 8로 나눈 몫의 합은 얼마인지 구해 보세요.

251029-0288

( )

19 □ 안에 알맞은 수는 얼마인지 풀이 과정을 쓰고 답을 구해 보세요.

251029-0289

$$21 \div 3 = \square \div 8$$

풀이 ▶

____

____

____

답 ▶ ________________

20 다음 조건을 읽고 두 수의 차는 얼마인지 풀이 과정을 쓰고 답을 구해 보세요.

251029-0290

- 두 수의 합은 20입니다.
- 큰 수를 작은 수로 나눈 몫은 4입니다.

풀이 ▶

____

____

____

답 ▶ ________________

01 251029-0291

지우개 **18**개를 **9**명에게 똑같이 나누어 주려고 합니다. 한 명에게 지우개를 몇 개씩 줄 수 있는지 나눗셈식으로 나타내고 구해 보세요.

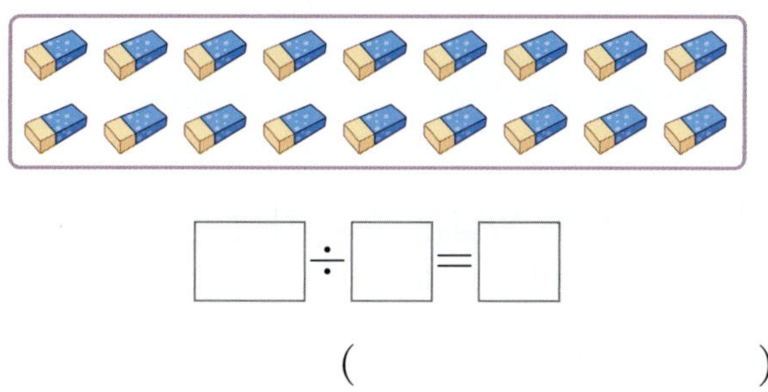

$$\boxed{} \div \boxed{} = \boxed{}$$

(   )

02 251029-0292

나눗셈식을 보고 □ 안에 알맞은 수나 말을 써넣으세요.

$$30 \div 5 = 6$$

(1) 30 나누기 $\boxed{}$ 은/는 $\boxed{}$ 와/과 같습니다.

(2) 6은 30을 $\boxed{}$ (으)로 나눈 $\boxed{}$ 입니다.

03 251029-0293

복숭아 **27**개를 접시 **3**개에 똑같이 나누어 담으려고 합니다. 접시 한 개에 담는 복숭아는 몇 개인지 식과 답을 써 보세요.

식 ▶ _______________________

답 ▶ _______________________

04 251029-0294

나눗셈식을 보고 뺄셈식으로 나타내 보세요.

(1) $$15 \div 3 = 5$$

____

(2) $$42 \div 7 = 6$$

____

05 251029-0295

규칙을 찾아 빈 곳에 알맞은 수를 써넣으세요.

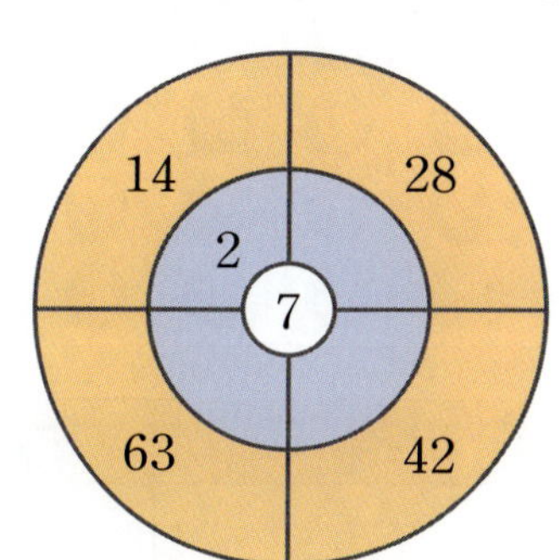

06 중요 251029-0296

붕어빵 **24**개를 봉지에 똑같이 나누어 담으려고 합니다. 한 봉지에 담는 붕어빵의 수에 따라 필요한 봉지는 몇 봉지인지 구해 보세요.

(1) 한 봉지에 붕어빵을 **3**개씩 담을 때
(   )

(2) 한 봉지에 붕어빵을 **4**개씩 담을 때
(   )

07 251029-0297

63쪽짜리 동화책을 하루에 **9**쪽씩 매일 읽으려고 합니다. 이 책을 모두 읽으려면 며칠이 걸리겠는지 식과 답을 써 보세요.

식 ▶ _______________________

답 ▶ _______________________

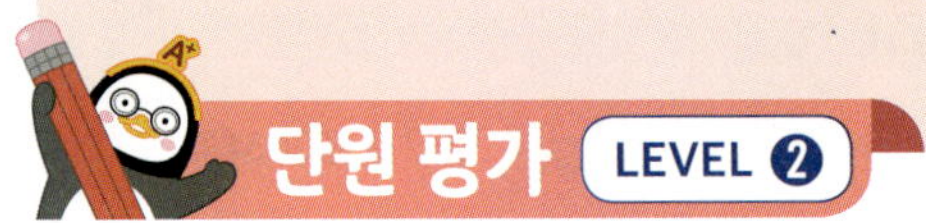

08 그림을 보고 곱셈식과 나눗셈식으로 나타내 보세요.
중요

251029-0298

곱셈식	나눗셈식

09 몫이 큰 것부터 순서대로 기호를 써 보세요.

251029-0299

> ㉠ $36 \div 4$ ㉡ $42 \div 7$ ㉢ $56 \div 8$

(   )

10 그림을 보고 □ 안에 알맞은 수를 써넣고, 나눗셈의 몫을 구해 보세요.

251029-0300

$18 \div 3 = \boxed{}$, $\boxed{} \times 6 = \boxed{}$

몫 ________________

11 $42 \div 6$의 몫을 구하려고 합니다. 이때 필요한 곱셈식을 쓰고, 몫을 구해 보세요.

251029-0301

곱셈식 ________________________________

몫 ________________________

12 □ 안에 알맞은 수가 가장 큰 것을 찾아 기호를 써 보세요.

251029-0302

> ㉠ $18 \div \square = 6$ ㉡ $\square \div 3 = 5$
> ㉢ $\square \div 4 = 7$ ㉢ $8 \div \square = 2$

(   )

13 밤 54개를 똑같이 나누어 담으려고 합니다. 다음 상황에서 몫과 그 몫이 나타내는 것을 각각 구해 보세요.

251029-0303

(1)
> 한 봉지에 9개씩 담을 때

몫 (   )
몫이 나타내는 것 (   )

(2)
> 9봉지에 똑같이 나누어 담을 때

몫 (   )
몫이 나타내는 것 (   )

14 ㉠+㉡의 값은 얼마인지 구해 보세요.

251029-0304

> $48 \div ㉠ = 6$
> $㉡ \div 7 = 9$

(   )

15 251029-0305

공원에 있는 개와 비둘기의 다리를 세어 보니 모두 **42**개였습니다. 이 중 비둘기가 **7**마리일 때, 개는 몇 마리일까요?

(   )

16 251029-0306
도전

1부터 **9**까지의 수 중에서 □ 안에 공통으로 들어갈 수 있는 수는 모두 몇 개인지 구해 보세요.

$$\bigcirc\ 48 \div 6 > \square$$
$$\bigcirc\!\!\!\!\!\!\!\!\!\!\!\!\!\!\!\!\!\text{ⓛ}\ 32 \div 8 < \square$$

(   )

17 251029-0307

수 카드 중 **2**장을 골라 한 번씩만 사용하여 만들 수 있는 가장 작은 두 자리 수를 나머지 수로 나눈 몫을 구해 보세요.

| 2 | 6 | 4 |

(   )

18 251029-0308

길이가 **48 m**인 길의 양쪽에 **6 m** 간격으로 나무를 심으려고 합니다. 그림과 같이 길의 처음과 끝에도 나무를 심는다면 필요한 나무는 모두 몇 그루일까요? (단, 나무의 두께는 생각하지 않습니다.)

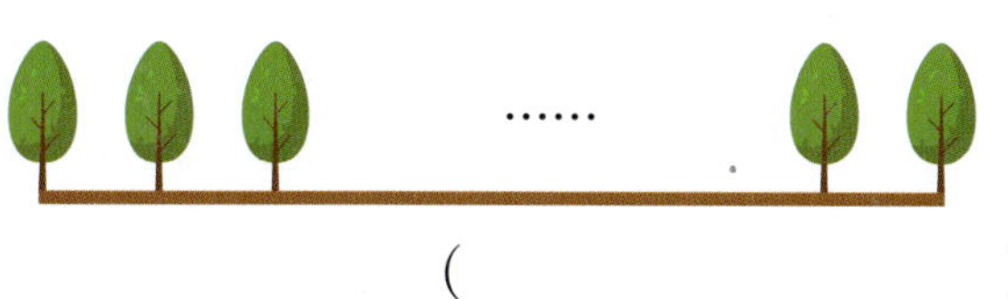

(   )

---

19 251029-0309

한 상자에 **8**개씩 들어 있는 초콜릿 **6**상자와 낱개로 초콜릿 **6**개가 있습니다. 이 초콜릿을 **9**명에게 똑같이 나누어 줄 때 한 사람에게 몇 개씩 나누어 줄 수 있을지 풀이 과정을 쓰고 답을 구해 보세요.

풀이

____

____

답 ____________________

3
단원

20 251029-0310

어느 가게에서 피자를 **5**판 만드는 데 **40**분 걸렸습니다. 같은 빠르기로 쉬지 않고 피자를 **8**판 만드는 데 걸리는 시간은 몇 시간 몇 분인지 풀이 과정을 쓰고 답을 구해 보세요.

풀이

____

____

답 ____________________

4 곱셈

단원 학습 목표

1. (몇십)×(몇)을 계산할 수 있습니다.
2. 올림이 없는 (몇십몇)×(몇)을 계산할 수 있습니다.
3. 십의 자리에서 올림이 있는 (몇십몇)×(몇)을 계산할 수 있습니다.
4. 일의 자리에서 올림이 있는 (몇십몇)×(몇)을 계산할 수 있습니다.
5. 십의 자리와 일의 자리에서 올림이 있는 (몇십몇)×(몇)을 계산할 수 있습니다.
6. 자연수의 곱셈과 관련한 여러 가지 상황에서 어림셈을 할 수 있습니다.

단원 진도 체크

학습일		학습 내용	진도 체크
1일째	월 일	개념 1 (몇십)×(몇)을 구해 볼까요 개념 2 (몇십몇)×(몇)을 구해 볼까요 (1)	✓
2일째	월 일	교과서 넘어 보기 + 교과서 속 응용 문제	✓
3일째	월 일	개념 3 (몇십몇)×(몇)을 구해 볼까요 (2) 개념 4 (몇십몇)×(몇)을 구해 볼까요 (3) 개념 5 (몇십몇)×(몇)을 구해 볼까요 (4)	✓
4일째	월 일	교과서 넘어 보기 + 교과서 속 응용 문제	✓
5일째	월 일	응용 1 이어 붙인 종이테이프 전체의 길이 구하기 응용 2 곱셈식에서 ■에 알맞은 수 구하기 응용 3 도로의 길이 구하기	✓
6일째	월 일	응용 4 수 카드로 곱셈식 만들기 응용 5 연속한 자연수의 합 구하기	✓
7일째	월 일	단원 평가 LEVEL ❶	✓
8일째	월 일	단원 평가 LEVEL ❷	✓

이 단원을 진도 체크에 맞춰 8일 동안 학습해 보세요.
해당 부분을 공부하고 나서 ✓표를 하세요.

　지수네 가족은 장을 보러 마트에 갔습니다. 엄마는 달걀 2판을 골랐고, 아빠는 자두 2상자를 골랐습니다. 달걀이 한 판에 30개씩 들어 있을 때, 두 판에 들어 있는 달걀은 모두 몇 개일까요? 그리고 자두가 한 상자에 14개씩 들어 있을 때, 두 상자에 들어 있는 자두는 모두 몇 개일까요?

　이번 4단원에서는 (몇십)×(몇)과 (몇십몇)×(몇)을 계산하는 원리와 방법을 배울 거예요.

개념 1 (몇십)×(몇)을 구해 볼까요

예 **20×3의 계산**

(1) 수 모형으로 알아보기

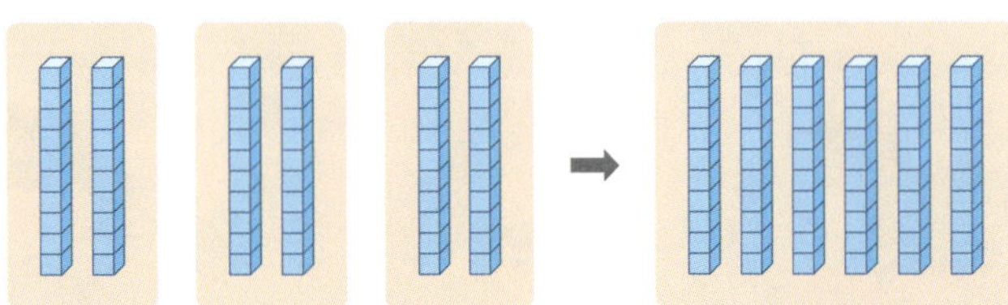

십 모형이 $2\times3=6$(개)이므로 수 모형이 나타내는 수는 60입니다.

따라서 $20\times3=60$입니다.

(2) 계산 방법 알아보기

$$2\times3=6$$
$$\downarrow$$
$$20\times3=60$$

$$\begin{array}{r} 2\ 0 \\ \times\quad 3 \\ \hline 6\ 0 \end{array}$$
→ (몇)×(몇)의 뒤에 0을 1개 붙입니다.

$2\times3=6$이고, 계산 결과 6에 0을 붙이면 $20\times3=60$이 됩니다.

● **곱셈식으로 나타내기**

20의 3묶음, 20의 3배
↓
$20+20+20=60$
↓
$20\times3=60$

● **(몇십)×(몇)의 계산**
(몇)×(몇)의 계산 결과를 십의 자리에 쓰고, 일의 자리에 0을 씁니다.

---

01 수 모형을 보고 □ 안에 알맞은 수를 써넣으세요. 251029-0311

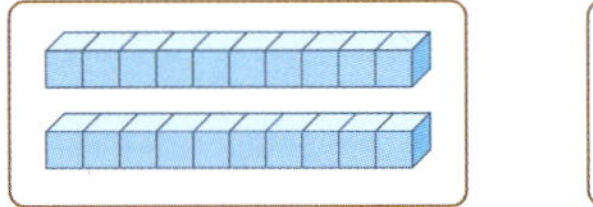

십 모형은 모두 □×2=□(개)이고

이것은 일 모형 □개와 같습니다.

➡ $20\times2=$□

02 □ 안에 알맞은 수를 써넣으세요. 251029-0312

(1) $10\times3=$□0   (2) $40\times2=$□0

03 달걀이 30개씩 2묶음 있습니다. 달걀의 수를 구하려고 합니다. □ 안에 알맞은 수를 써넣으세요. 251029-0313

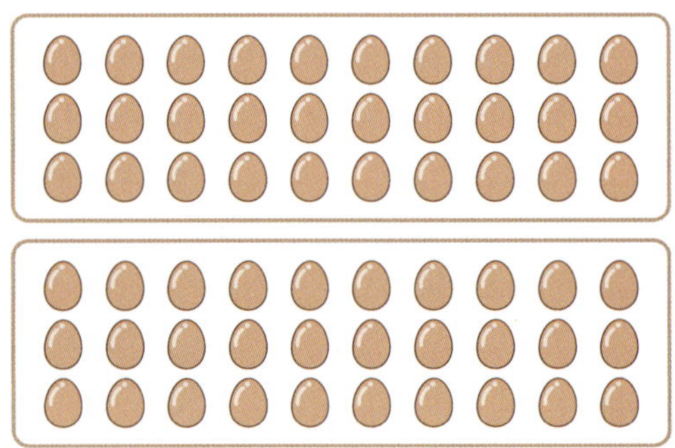

(1) $30+30=$□(개)입니다.

(2) 30개씩 2묶음이므로 □개입니다.

(3) $30\times2=$□(개)입니다.

개념 **2** (몇십몇)×(몇)을 구해 볼까요 (1) → 올림이 없는 경우

ⓔ **14×2의 계산**

(1) **수 모형으로 알아보기**

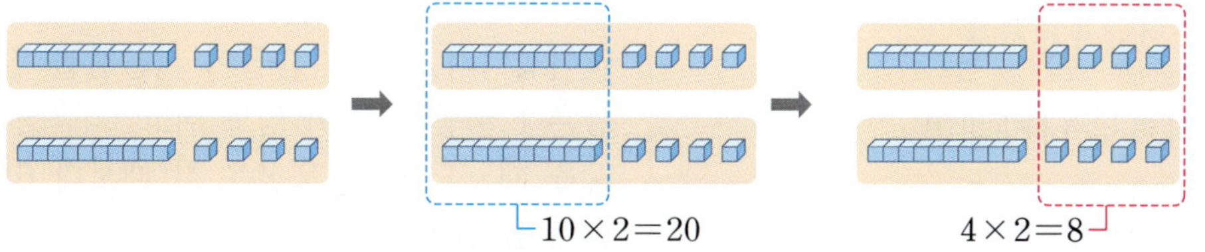

$10 \times 2 = 20$ $4 \times 2 = 8$

십 모형은 $1 \times 2 = 2$(개)이므로 20이고, 일 모형은 $4 \times 2 = 8$(개)입니다.

따라서 $20 + 8 = 28$입니다. ➡ $14 \times 2 = 28$

(2) **계산 방법 알아보기**

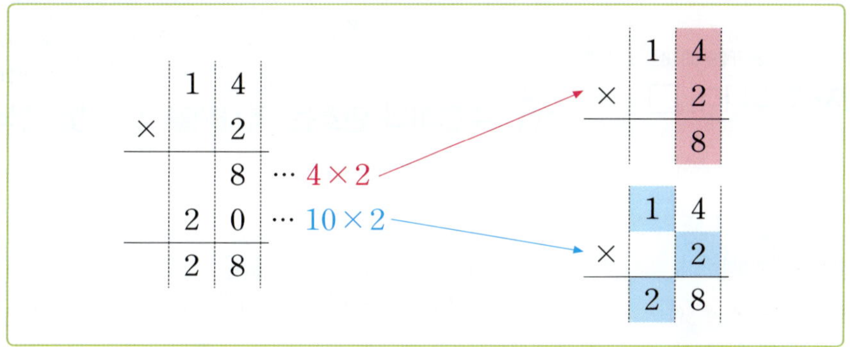

① 일의 자리 수 4와 2의 곱 8을 일의 자리에 씁니다.

② 십의 자리 수 1과 2의 곱 2를 십의 자리에 씁니다.

● **14×2의 계산 원리**

14는 10과 4의 합이고 14가 2개인 것은 10이 2개이고 4가 2개인 것과 같습니다. 따라서 20과 8을 더하면 28입니다.

● **가로셈으로 알아보기**

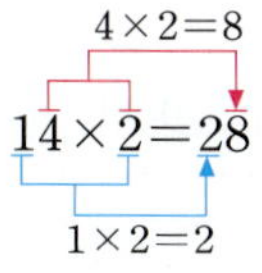

$4 \times 2 = 8$

$14 \times 2 = 28$

$1 \times 2 = 2$

● **14×2를 어림하여 계산하기**

14를 10으로 어림하여 계산하면 약 $10 \times 2 = 20$입니다.

---

04 □ 안에 알맞은 수를 써넣으세요.

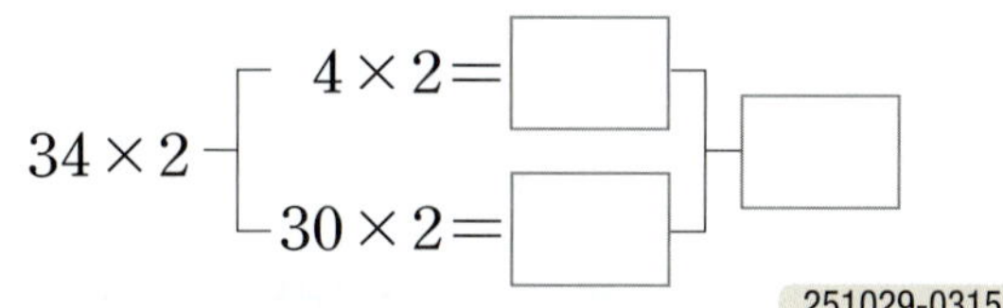

34×2 ⎧ $4 \times 2 =$ ☐
⎩ $30 \times 2 =$ ☐

05 □ 안에 알맞은 수를 써넣으세요.

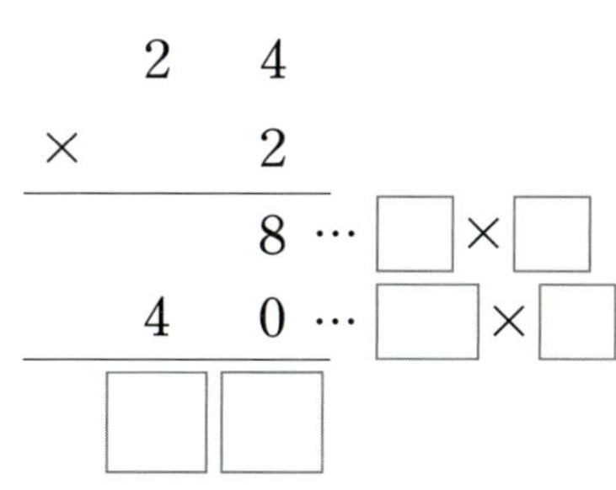

06 23×3을 두 가지 방법으로 계산해 보세요.

(1) **일의 자리부터 계산** (2) **십의 자리부터 계산**

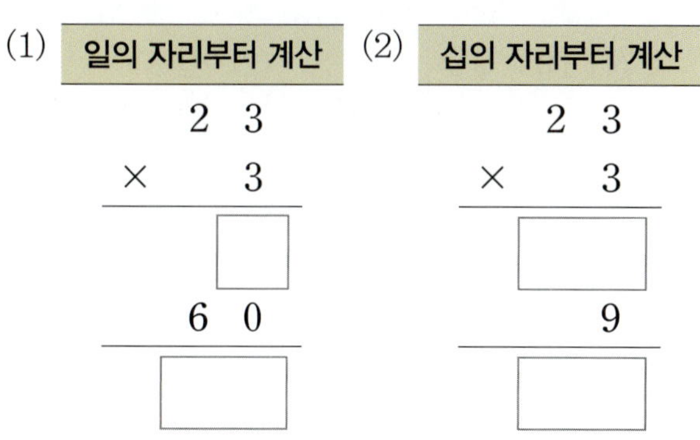

01 251029-0317

수 모형을 보고 □ 안에 알맞은 수를 써넣으세요.

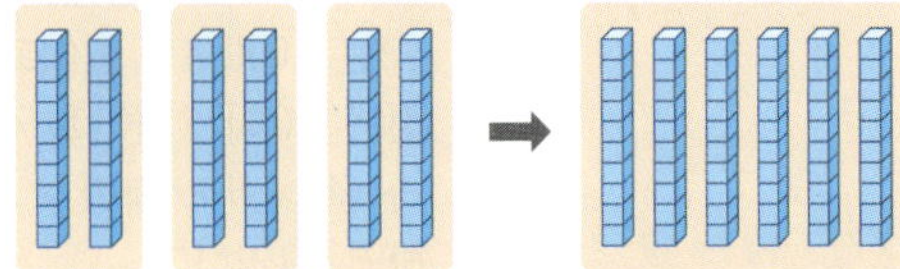

(1) 십 모형의 개수를 곱셈식으로 나타내면

2 × □ = □ (개)입니다.

(2) 십 모형 6개는 일 모형 □ 개와 같습니다.

(3) 따라서 20 × □ = □ 입니다.

02 251029-0318

지우개가 한 상자에 **10개**씩 **6상자** 있습니다. □ 안에 알맞은 수를 써넣으세요.

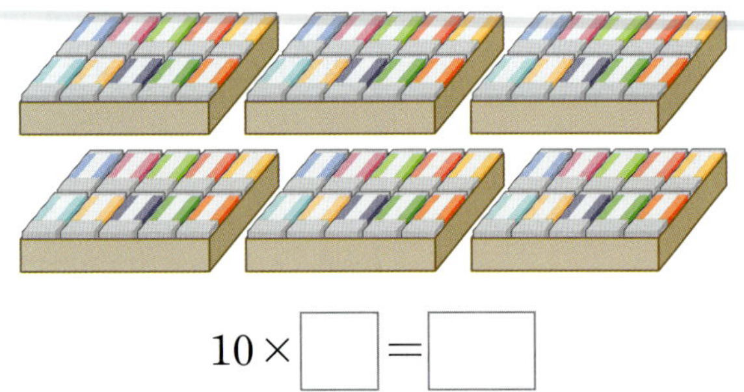

10 × □ = □

03 251029-0319

□ 안에 알맞은 수를 써넣으세요.

(1) 10 × 7 = □ 　　(2) 20 × 4 = □

04 251029-0320

계산 결과가 같은 것끼리 이어 보세요.

20 × 4 •	• 10 × 9
10 × 6 •	• 30 × 2
30 × 3 •	• 40 × 2

05 251029-0321

다음을 읽고 반달가슴곰이 겨울잠을 자지 않을 때 심장은 1분 동안 몇 번 정도 뛰는지 구해 보세요.

포유류들은 겨울잠을 자는 동안 심장박동수가 떨어집니다. 반달가슴곰이 겨울잠을 잘 때 심장은 1분 동안 10번 정도 뛰고, 겨울잠을 자지 않을 때 심장은 겨울잠을 잘 때보다 6배 정도 빨리 뜁니다.

(　　　　　　　　　　)

06 251029-0322

수현이와 민호는 역사책을 각각 몇 쪽씩 읽었는지 구해 보세요.

수현 (　　　　　　　　)

민호 (　　　　　　　　)

07 251029-0323

중요

30 × 3을 계산하는 방법을 설명한 것입니다. 잘못 설명한 친구를 찾아 이름을 써 보세요.

정호: 30을 3번 더해.
도영: 3과 3을 곱한 값 뒤에 0을 붙여.
승환: 십 모형 3개가 3묶음 있다고 생각하면 돼.
제니: 십 모형 3개와 일 모형 3개를 더해.

(　　　　　　　　　　)

08 251029-0324

21 × 4의 계산 과정을 수 모형으로 나타낸 그림입니다. □ 안에 알맞은 수를 써넣으세요.

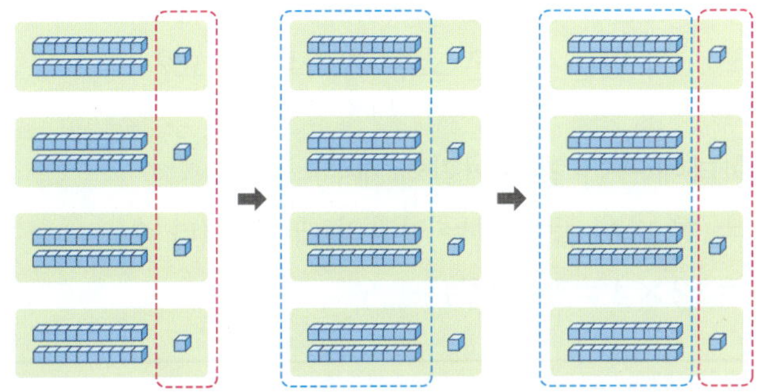

(1) 일 모형의 개수를 곱셈식으로 나타내면

$1 \times \boxed{} = \boxed{}$ (개)입니다.

(2) 십 모형의 개수를 곱셈식으로 나타내면

$2 \times \boxed{} = \boxed{}$ (개)입니다.

(3) 따라서 $21 \times \boxed{} = \boxed{}$ 입니다.

09 251029-0325

12 × 4를 어림한 값과 계산한 값을 구해 보세요.

어림한 값 약 (　　　　　　　　　)

계산한 값 　(　　　　　　　　　)

10 251029-0326

계산해 보세요.

(1)
$$\begin{array}{r} 1\ 4 \\ \times\ \ 2 \\ \hline \end{array}$$

(2)
$$\begin{array}{r} 3\ 2 \\ \times\ \ 3 \\ \hline \end{array}$$

11  중요 251029-0327

계산 결과의 크기를 비교하여 ○ 안에 >, =, <를 알맞게 써넣으세요.

(1) 11×7 ○ 22×4

(2) 32×2 ○ 21×3

12 251029-0328

정민이와 친구들이 가지고 있는 딱지의 수입니다. 정민이가 가지고 있는 딱지 수의 2배만큼 딱지를 가지고 있는 사람은 누구인지 써 보세요.

이름	딱지 수(개)	이름	딱지 수(개)
정민	21	나연	42
효원	32	지혜	28
지용	54	동빈	15

(　　　　　　　　　　　　)

13 251029-0329

아버지와 어머니의 연세는 각각 몇 살인지 구해 보세요.

> 준명: 나는 11살이에요.
> 누나: 나는 준명이보다 2살이 더 많아요.
> 아버지: 준명이 나이에 4를 곱한 수가 내 나이입니다.
> 어머니: 내 나이는 준명이 누나 나이의 3배랍니다.

아버지 (　　　　　　　　　　)

어머니 (　　　　　　　　　　)

14 □ 안에 알맞은 수를 써넣으세요.

251029-0330

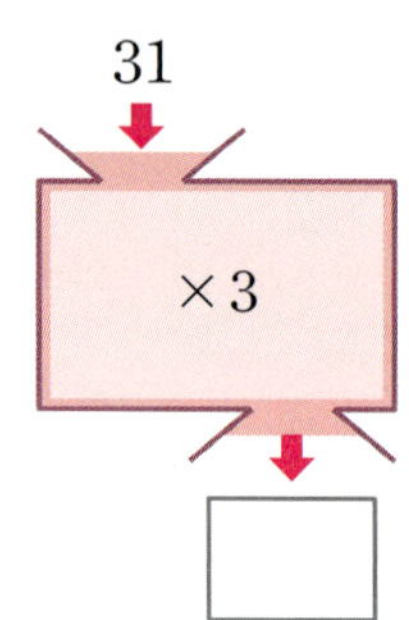

31

×3

전체 수 구하기

예) 연필이 한 타에 12자루씩 들어 있습니다. 4타에 들어 있는 연필은 모두 몇 자루일까요?

(4타에 들어 있는 연필의 개수)
=(한 타에 들어 있는 연필의 개수)×(타 수)
=12×4=48(자루)

251029-0333

17 진아는 하루에 줄넘기를 23회씩 했습니다. 진아가 3일 동안 한 줄넘기는 모두 몇 회일까요?

( )

15 도전 곱셈이 <u>틀린</u> 것을 찾아 기호를 쓰고, 바르게 고쳐 보세요.

251029-0331

㉠ 24×2=48
㉡ 11×6=66
㉢ 43×2=84

( )

바르게 고치기 ( )

251029-0334

18 정연이는 한 봉지에 13개씩 들어 있는 기념품을 3봉지 샀습니다. 정연이가 산 기념품의 개수는 몇 개일까요?

( )

251029-0335

19 철이는 상추 모종을 한 줄에 12포기씩 3줄 심었습니다. 철이가 심은 상추 모종은 모두 몇 포기일까요?

( )

251029-0332

16 다음 계산에서 빨간색 숫자 8이 실제로 나타내는 값은 얼마일까요?

$$\begin{array}{r} 2\ 1 \\ \times\quad 4 \\ \hline 8\ 4 \end{array}$$

( )

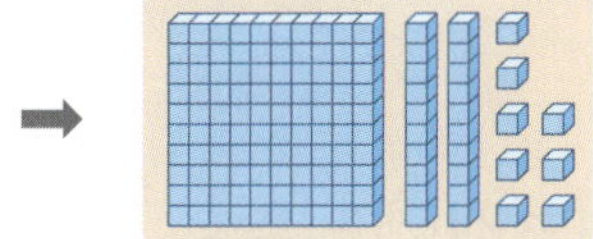 개념 **3** (몇십몇)×(몇)을 구해 볼까요 (2) ── 십의 자리에서 올림이 있는 경우

예 **32×4의 계산**

(1) **수 모형으로 알아보기**

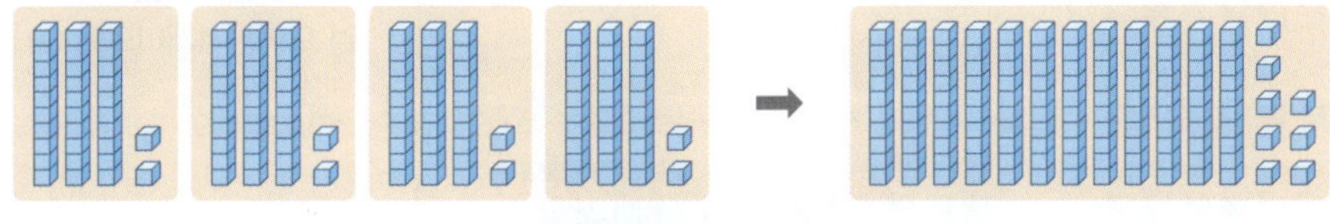

십 모형은 $3×4=12$(개)이므로 백 모형 1개와 십 모형 2개와 같고,

일 모형은 $2×4=8$(개)입니다. 따라서 $32×4=128$입니다.

(2) **계산 방법 알아보기**

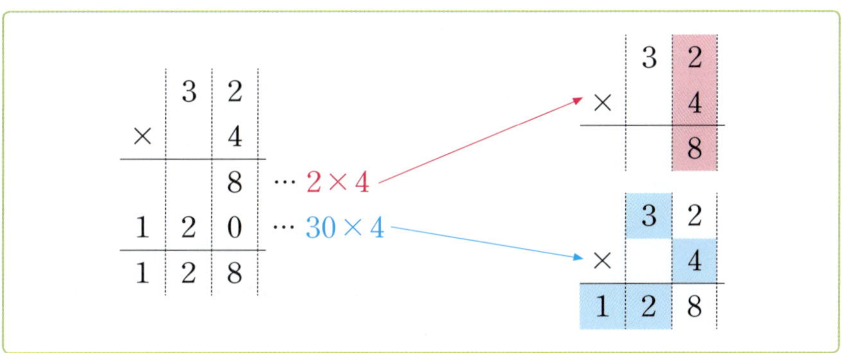

① 일의 자리 수 2와 4의 곱 8을 일의 자리에 씁니다.

② 십의 자리 수 3과 4의 곱 12에서 1은 백의 자리에, 2는 십의 자리에 씁니다.

• 십 모형은 $3×4=12$(개)이므로 120이고, 일 모형은 $2×4=8$(개)이므로 $120+8=128$입니다.

● **가로셈으로 알아보기**

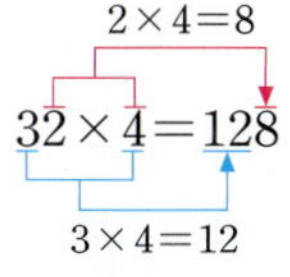

● **32×4를 어림하여 계산하기**
32를 30으로 어림하여 계산하면 약 $30×4=120$입니다.

---

01 □ 안에 알맞은 수를 써넣으세요.　251029-0336

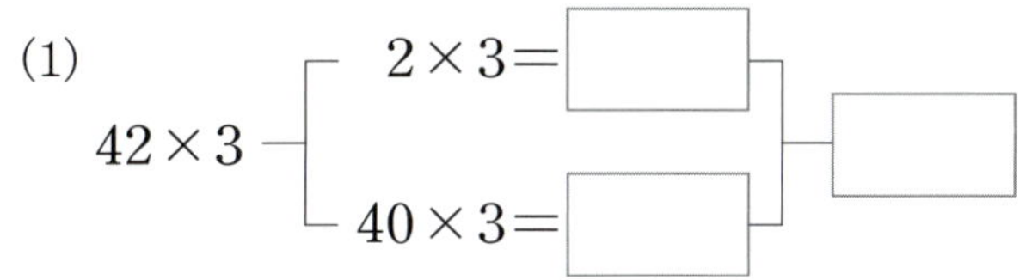

(1) $42×3$ ─ $2×3=\boxed{}$, $40×3=\boxed{}$ → $\boxed{}$

(2) $74×2$ ─ $4×2=\boxed{}$, $70×2=\boxed{}$ → $\boxed{}$

02 □ 안에 알맞은 수를 써넣으세요.　251029-0337

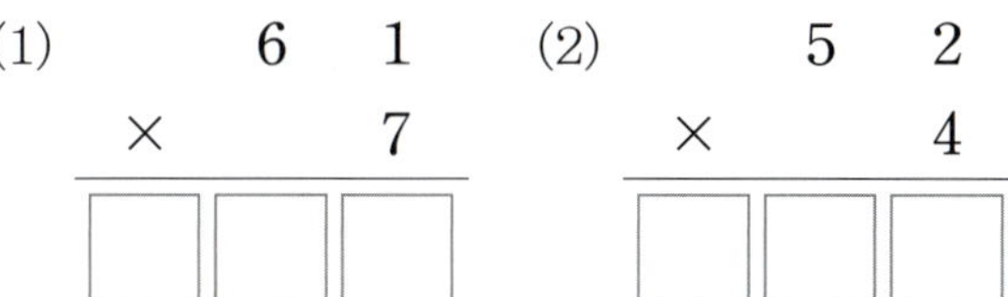

(1)
$$\begin{array}{r} 6\ \ 1 \\ \times\ \ \ \ 7 \\ \hline \end{array}$$

(2)
$$\begin{array}{r} 5\ \ 2 \\ \times\ \ \ \ 4 \\ \hline \end{array}$$

개념 4 (몇십몇) × (몇)을 구해 볼까요 (3) → 일의 자리에서 올림이 있는 경우

예) 16 × 4의 계산

(1) 수 모형으로 알아보기

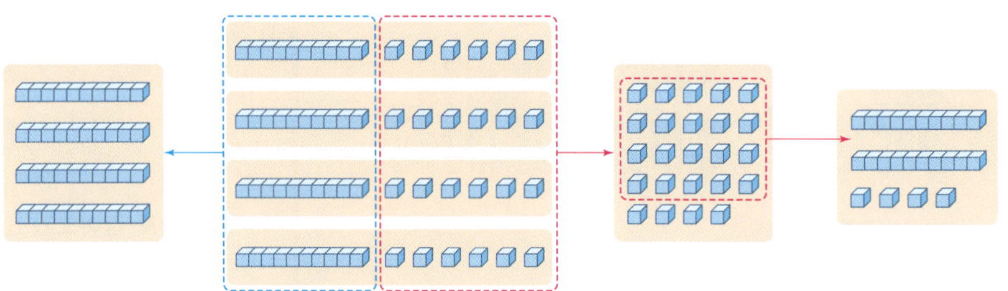

십 모형은 $1 \times 4 = 4$(개)이므로 40이고, 일 모형은 $6 \times 4 = 24$(개)이므로 $40 + 24 = 64$입니다. 따라서 $16 \times 4 = 64$입니다.

(2) 계산 방법 알아보기

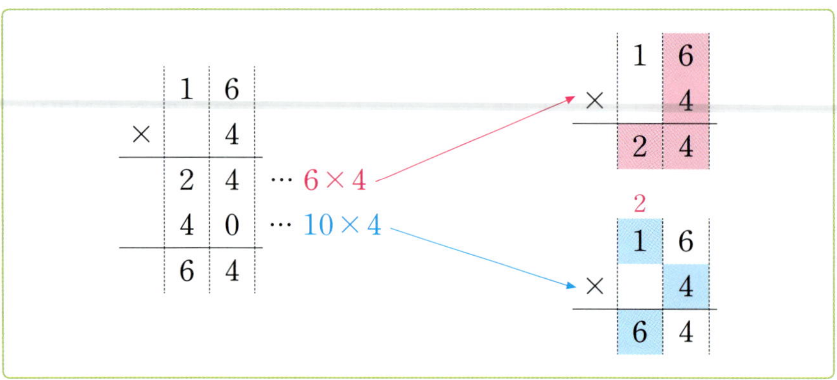

① 일의 자리 수의 곱 $6 \times 4 = 24$에서 일의 자리에 4를 쓰고 십의 자리 숫자 2를 올림하여 씁니다.

② 십의 자리 수의 곱 $1 \times 4 = 4$와 올림한 수 2를 더하여 십의 자리에 6을 씁니다.

• 십 모형은 $1 \times 4 = 4$(개)입니다. 일 모형 $6 \times 4 = 24$(개)는 십 모형 2개와 일 모형 4개와 같습니다. 따라서 십 모형은 $4 + 2 = 6$(개)이고 일 모형은 4개이므로 $60 + 4 = 64$입니다.

● **한번에 계산하기**

$$\begin{array}{r} \overset{2}{} \\ 1\ 6 \\ \times 4 \\ \hline 6\ 4 \end{array}$$

$1 \times 4 = 4,\ 4 + 2 = 6$

● **16 × 4를 어림하여 계산하기**
16을 20으로 어림하여 계산하면 약 $20 \times 4 = 80$입니다.

251029-0338

03 □ 안에 알맞은 수를 써넣으세요.

$$26 \times 3 \begin{cases} 6 \times 3 = \boxed{} \\ 20 \times 3 = \boxed{} \end{cases} \boxed{}$$

251029-0339

04 □ 안에 알맞은 수를 써넣으세요.

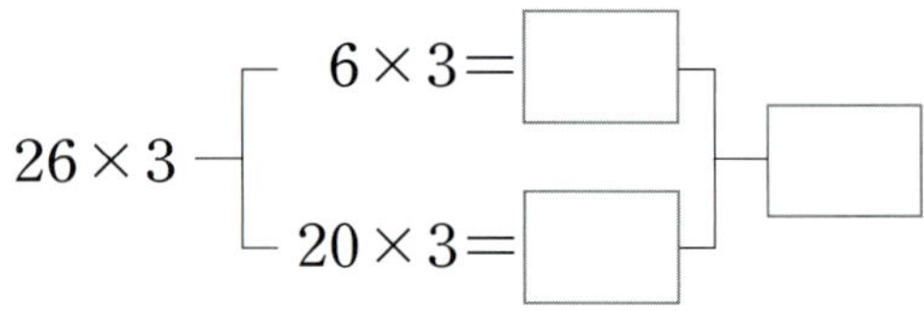

(1)
$$\begin{array}{r} \boxed{} \\ 1\ 7 \\ \times 4 \\ \hline \boxed{}\ \boxed{} \end{array}$$

(2)
$$\begin{array}{r} \boxed{} \\ 2\ 4 \\ \times 3 \\ \hline \boxed{}\ \boxed{} \end{array}$$

개념 5 (몇십몇)×(몇)을 구해 볼까요 (4) ── 십의 자리와 일의 자리에서 올림이 있는 경우

예 46×3의 계산

(1) 수 모형으로 알아보기

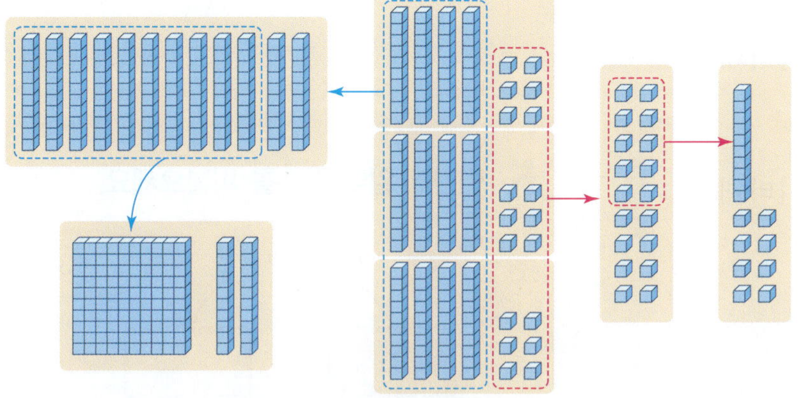

십 모형은 $4×3=12$(개)이므로 120이고, 일 모형은 $6×3=18$(개)이므로 $120+18=138$입니다. 따라서 $46×3=138$입니다.

(2) 계산 방법 알아보기

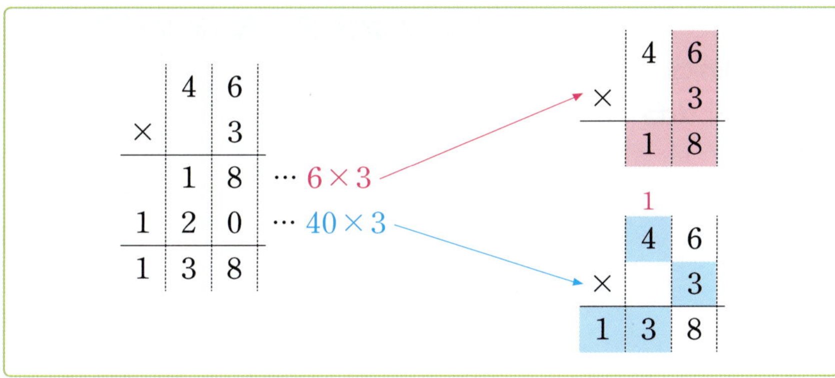

① 일의 자리 수의 곱 $6×3=18$에서 일의 자리에 8을 쓰고 십의 자리 숫자 1을 올림하여 씁니다.

② 십의 자리 수의 곱 $4×3=12$와 올림한 수 1을 더하면 13이므로 백의 자리에 1을 쓰고 십의 자리에 3을 씁니다.

- 십 모형은 $4×3=12$(개)이므로 백 모형 1개와 십 모형 2개와 같습니다.
  일 모형은 $6×3=18$(개)이므로 십 모형 1개와 일 모형 8개와 같습니다.
  따라서 백 모형은 1개, 십 모형은 $2+1=3$(개), 일 모형은 8개이므로 $100+30+8=138$입니다.

- **한번에 계산하기**

$$
\begin{array}{r}
1\ \ \ \\
4\ 6 \\
\times\ \ \ 3 \\
\hline
1\ 3\ 8
\end{array}
$$

$4×3=12,\ 12+1=13$

- **$46×3$을 어림하여 계산하기**
  46을 50으로 어림하여 계산하면 약 $50×3=150$입니다.

4
단원

[05~06] □ 안에 알맞은 수를 써넣으세요.

05

251029-0340

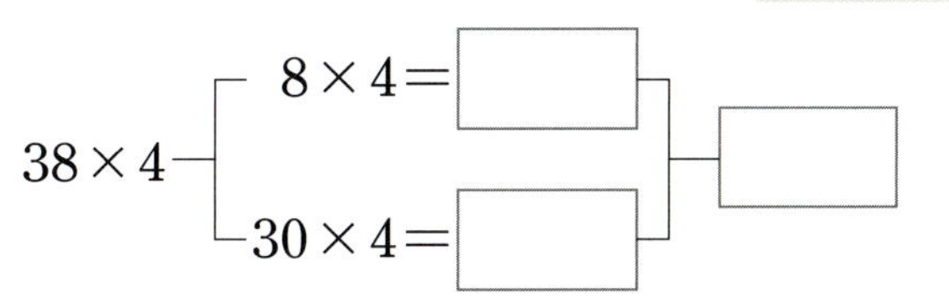

06

251029-0341

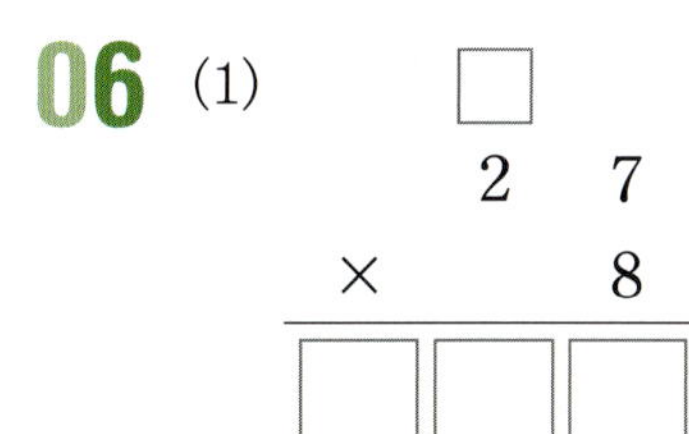

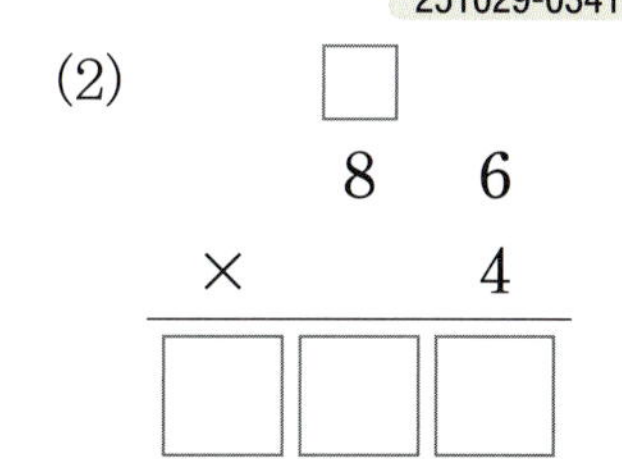

01 251029-0342

수 모형을 보고 □ 안에 알맞은 수를 써넣으세요.

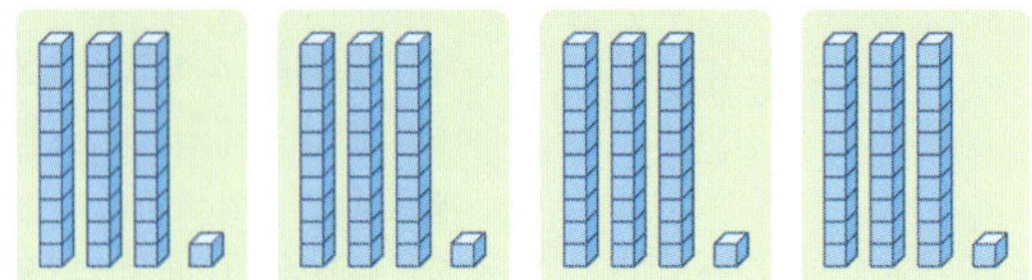

(1) 일 모형의 개수를 곱셈식으로 나타내면

$1 \times \boxed{} = \boxed{}$ (개)입니다.

(2) 십 모형의 개수를 곱셈식으로 나타내면

$3 \times \boxed{} = \boxed{}$ (개)입니다.

(3) $31 \times 4 = \boxed{}$

02 251029-0343

한 상자에 32개씩 들어 있는 찰떡이 4상자 있습니다. □ 안에 알맞은 수를 써넣으세요.

$$32 \times \boxed{} = \boxed{}$$

03 251029-0344

□ 안에 알맞은 수를 써넣으세요.

(1) 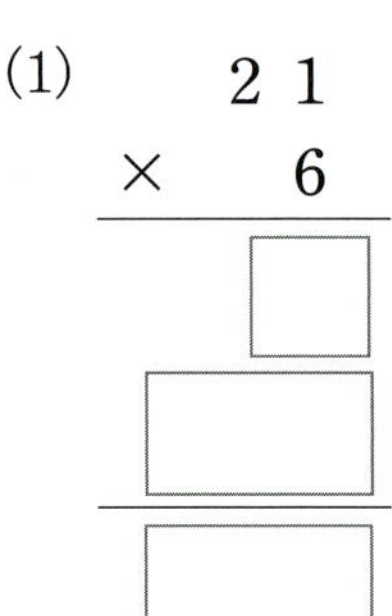
$$\begin{array}{r} 2\ 1 \\ \times\ \ \ 6 \\ \hline \boxed{} \\ \boxed{} \\ \hline \boxed{} \end{array}$$

(2) 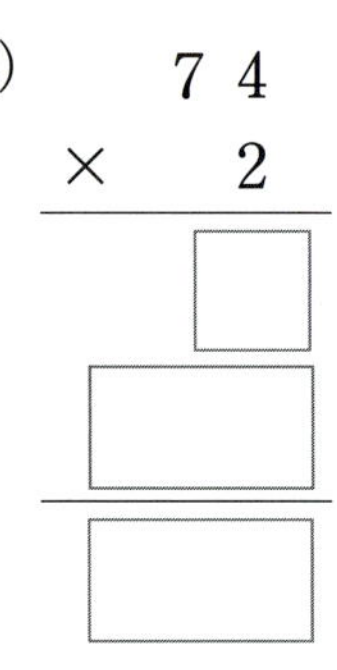
$$\begin{array}{r} 7\ 4 \\ \times\ \ \ 2 \\ \hline \boxed{} \\ \boxed{} \\ \hline \boxed{} \end{array}$$

04 중요 251029-0345

곱이 가장 큰 것을 찾아 기호를 써 보세요.

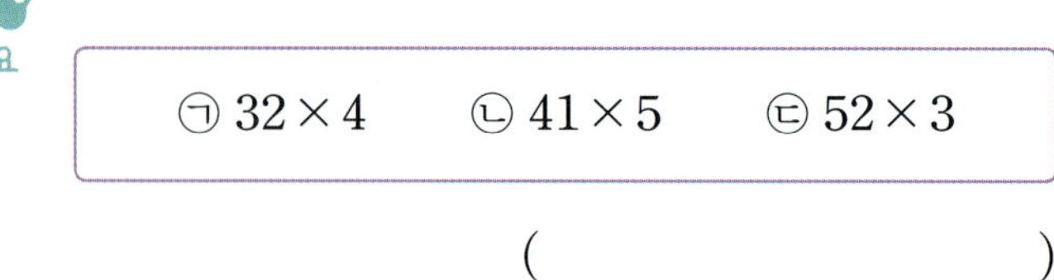

( )

05 251029-0346

빈칸에 알맞은 수를 써넣으세요.

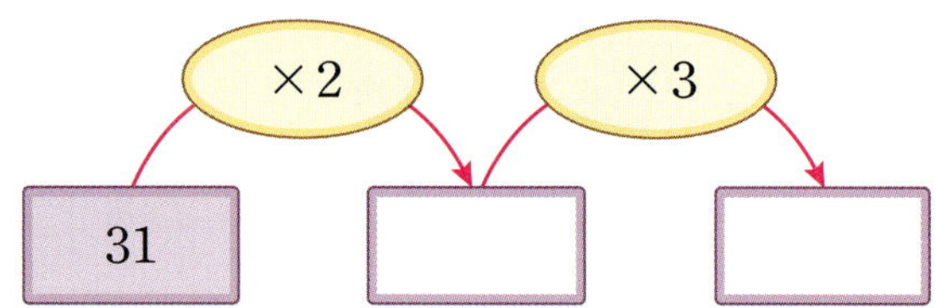

06 251029-0347

한 봉지에 21개씩 들어 있는 사탕을 6봉지 샀습니다. 사탕은 모두 몇 개일까요?

( )

07 251029-0348

18×2의 계산 과정을 수 모형으로 나타낸 그림입니다. □ 안에 알맞은 수를 써넣으세요.

• 일 모형의 개수: $8 \times \boxed{} = \boxed{}$ (개)

• 십 모형의 개수: $1 \times \boxed{} = \boxed{}$ (개)

➡ $18 \times 2 = \boxed{}$

08 251029-0349
□ 안에 알맞은 수를 써넣으세요.

(1)
```
      □
    1 4
  ×   6
  □ □
```

(2)
```
      □
    3 9
  ×   2
  □ □
```

09 251029-0350
빈칸에 알맞은 수를 써넣으세요.

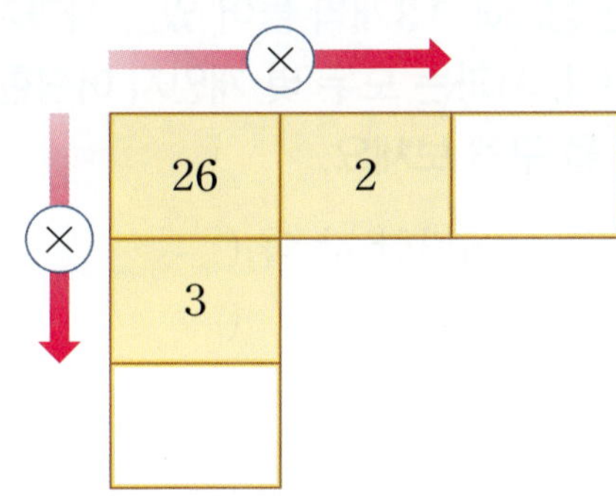

10 251029-0351
곱이 같은 것끼리 이어 보세요.

23×4	•		•	12×7
14×6	•		•	46×2
49×2	•		•	14×7

11 251029-0352

중요
동화책을 지우는 매일 12쪽씩 읽었고, 언니는 매일 24쪽씩 읽었습니다. 일주일 동안 언니는 지우보다 몇 쪽을 더 많이 읽었을까요?

(   )

12 251029-0353
두 수의 곱셈을 계산해 보세요.

(1)

21	8

(2)

57	6

13 251029-0354
계산이 <u>잘못된</u> 곳을 찾아 바르게 계산해 보세요.

```
    4 9
  ×   3
    2 7
    1 2
    3 9
```
➡

14 251029-0355
대화를 읽고 물음에 답하세요.

(1) 운동장에 서 있는 남학생은 몇 명인지 곱셈식을 쓰고 답을 구해 보세요.

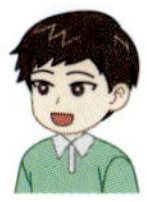

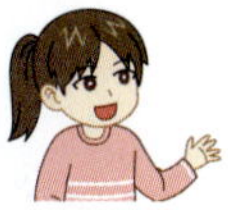

식 ▶ _______________

답 ▶ _______________

(2) 운동장에 서 있는 여학생은 몇 명인지 곱셈식을 쓰고 답을 구해 보세요.

식 ▶ _______________

답 ▶ _______________

15 수 카드를 한 번씩 사용하여 만든 곱셈식입니다. 곱이 가장 큰 것을 찾아 기호를 써 보세요.

251029-0356

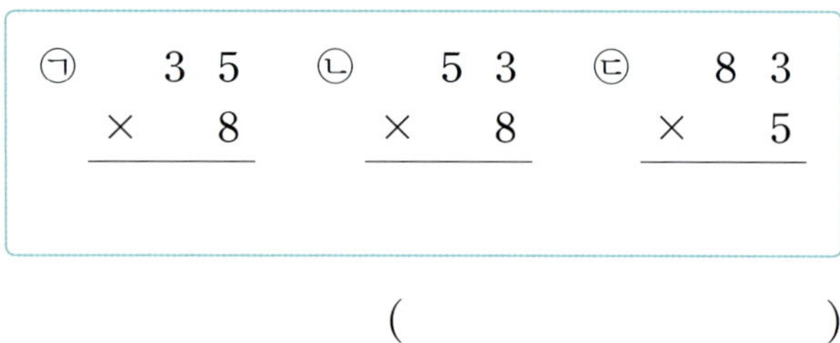

㉠   3 5   ㉡   5 3   ㉢   8 3
   ×   8   ×   8   ×   5

(   )

바르게 계산한 값 구하기

예) 클립이 한 통에 28개씩 들어 있습니다. 7통에 들어 있는 클립의 개수를 어림하여 계산하면 약 몇 개일까요?

(7통에 들어 있는 클립의 개수를 어림한 값)
= (한 통에 들어 있는 클립의 개수를 어림한 값) × (통 수)
➡ 약 $30 \times 7 = 210$(개)

---

18 한 상자에 13개씩 들어 있는 사과가 8상자 있습니다. 사과는 모두 몇 개인지 어림한 값과 계산한 값을 구해 보세요.

251029-0359

어림한 값 약 (   )
계산한 값   (   )

---

16 
도전

1부터 9까지의 수 중에서 □ 안에 들어갈 수 있는 수를 모두 구해 보세요.

251029-0357

38×9 < $52 \times \square$

(   )

---

19 과자가 한 봉지에 21개씩 들어 있습니다. 6봉지에 들어 있는 과자의 개수를 어림한 값과 계산한 값을 구해 보세요.

251029-0360

어림한 값 약 (   )
계산한 값   (   )

---

17 곱셈을 어림한 결과가 100보다 작은 것은 어느 것일까요? (   )

251029-0358

① 21×5　　② 19×9
③ 12×8　　④ 28×4
⑤ 32×6

---

20 배드민턴 공이 한 바구니에 68개씩 들어 있습니다. 4개의 바구니에 들어 있는 배드민턴 공의 개수를 어림한 값과 계산한 값을 구해 보세요.

251029-0361

어림한 값 약 (   )
계산한 값   (   )

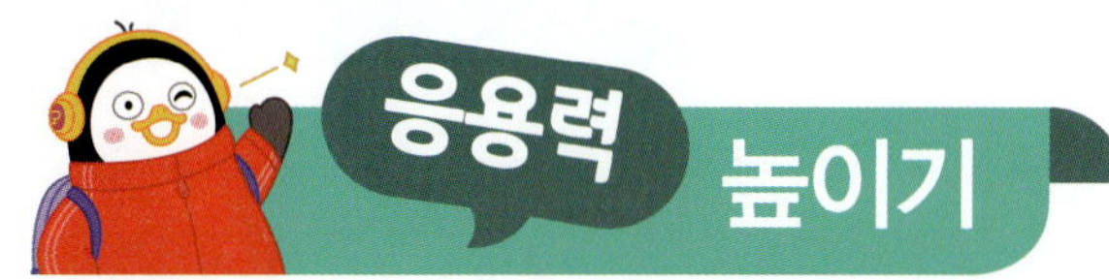

응용력 높이기

이어 붙인 종이테이프 전체의 길이 구하기

한 장의 길이가 80 cm인 종이테이프 3장을 12 cm씩 겹쳐서 이어 붙였습니다. 이어 붙인 종이테이프 전체의 길이는 몇 cm인지 구해 보세요.

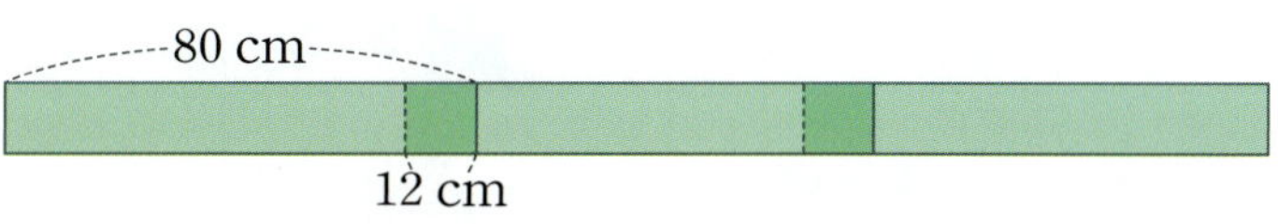

문제 스케치

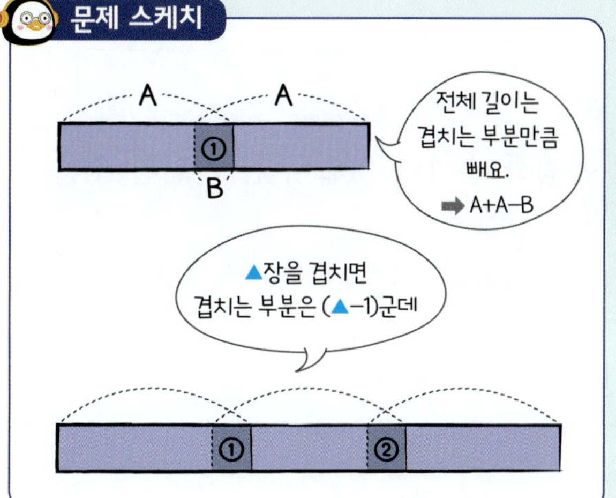

해결하기

종이테이프 3장의 길이의 합: 80 × ☐ = ☐ (cm)

겹쳐진 부분은 ☐ 군데이므로 겹쳐진 부분의 길이의 합은

12 × ☐ = ☐ (cm)입니다.

➡ (이어 붙인 종이테이프 전체의 길이)

= ☐ − ☐ = ☐ (cm)

251029-0362

1-1 한 장의 길이가 50 cm인 종이테이프 6장을 12 cm씩 겹쳐서 이어 붙였습니다. 이어 붙인 종이테이프 전체의 길이는 몇 cm인지 구해 보세요.

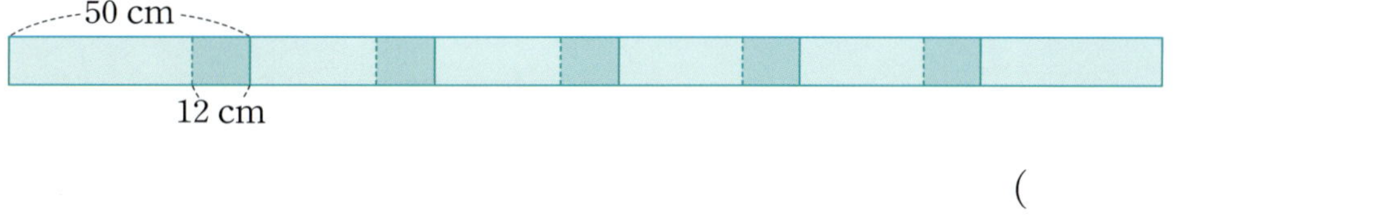

(   )

251029-0363

1-2 한 장의 길이가 45 cm인 종이테이프 5장을 10 cm씩 겹쳐서 이어 붙였습니다. 이어 붙인 종이테이프 전체의 길이는 몇 cm인지 구해 보세요.

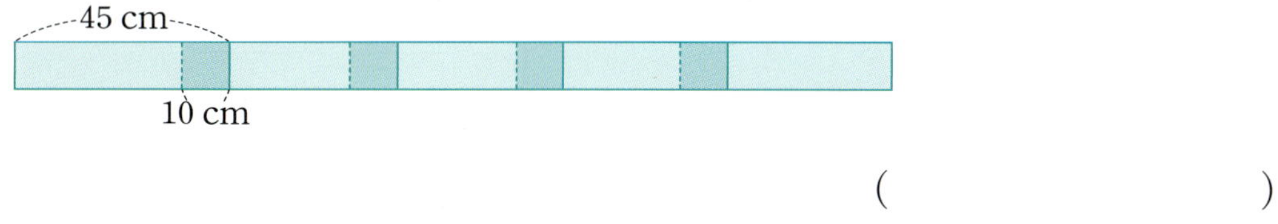

(   )

대표 응용 2 · 곱셈식에서 ■에 알맞은 수 구하기

곱셈식이 적힌 종이의 일부에 물감이 묻어 수가 지워졌습니다. 지워진 수를 구해 보세요.

문제 스케치

$$
\begin{array}{r}
㉠\ 2 \\
\times\quad 7 \\
\hline
1\ 4 \cdots 2\times 7 \\
2\ 8\ 0 \cdots ㉠\times 7 \\
\hline
2\ 9\ 4
\end{array}
$$

해결하기

일의 자리 계산에서 올림한 수 1이 있습니다. 지워진 수를 ■라고 하면 십의 자리 계산에서

■$\times 7 = 29 - 1 =$ ☐ 입니다.

따라서 지워진 수인 ■ $=$ ☐ 입니다.

251029-0364

2-1 ㉠과 ㉡에 알맞은 수를 구해 보세요.

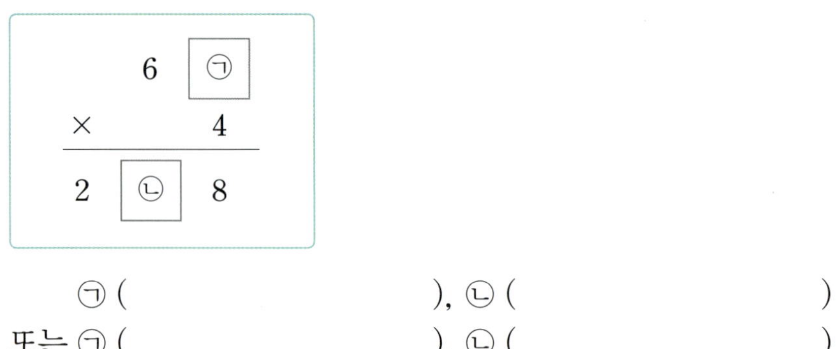

㉠ (   ), ㉡ (   )

251029-0365

2-2 ㉠과 ㉡에 알맞은 수를 모두 구해 보세요.

$$
\begin{array}{r}
6\ ㉠ \\
\times\quad 4 \\
\hline
2\ ㉡\ 8
\end{array}
$$

㉠ (   ), ㉡ (   )

또는 ㉠ (   ), ㉡ (   )

정답과 풀이 38쪽

대표응용 3 도로의 길이 구하기

도로의 양쪽에 처음부터 끝까지 22 m의 간격으로 가로등을 16개 세웠습니다. 도로의 길이는 몇 m인지 구해 보세요. (단, 가로등의 두께는 생각하지 않습니다.)

문제 스케치

(간격 수) = (가로등 수) − 1

해결하기

도로의 한쪽에 세운 가로등은 16÷☐=☐(개)입니다.

가로등 사이의 간격의 수는 ☐−1=☐(군데)입니다.

따라서 도로의 길이는 ☐×☐=☐(m)입니다.

251029-0366

3-1 도로의 양쪽에 처음부터 끝까지 12 m의 간격으로 나무를 14그루 심었습니다. 도로의 길이는 몇 m인지 구해 보세요. (단, 나무의 두께는 생각하지 않습니다.)

( )

251029-0367

3-2 연못의 둘레에 24 m 간격으로 나무를 9그루 심었습니다. 연못의 둘레의 길이는 몇 m인지 구해 보세요. (단, 나무의 두께는 생각하지 않습니다.)

( )

대표 응용 4

수 카드로 곱셈식 만들기

수 카드 ③, ⑤, ⑥ 을 한 번씩만 모두 사용하여 곱이 가장 큰 (몇십몇)×(몇)의 곱셈식을 만들고 그때의 곱을 구해 보세요.

$$\boxed{}\boxed{} \times \boxed{} = \boxed{}$$

문제 스케치

해결하기

수 카드에 적힌 수의 크기를 비교하면 $3 < \boxed{} < 6$입니다.

두 번 곱해지는 한 자리 수에 가장 큰 수인 $\boxed{}$을/를 놓고 나머지 수로 가장 큰 두 자리 수를 만들면 $\boxed{}\boxed{}$입니다.

따라서 곱이 가장 큰 곱셈식은 $\boxed{}\boxed{} \times \boxed{} = \boxed{}$ 입니다.

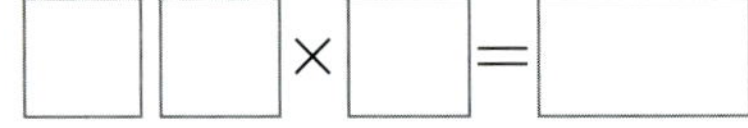

251029-0368

4-1 수 카드 ④, ⑧, ⑨ 를 한 번씩만 모두 사용하여 곱이 가장 큰 (몇십몇)×(몇)의 곱셈식을 만들고 그때의 곱을 구해 보세요.

$$\boxed{}\boxed{} \times \boxed{} = \boxed{}$$

251029-0369

4-2 수 카드 ②, ④, ⑦, ⑨ 중 3장의 카드를 한 번씩만 모두 사용하여 곱이 가장 작은 (몇십몇)×(몇)의 곱셈식을 만들고 그때의 곱을 구해 보세요.

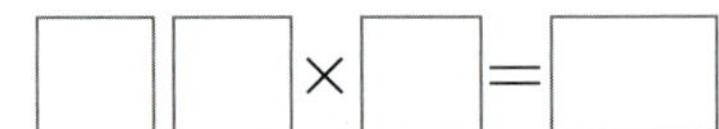

$$\boxed{}\boxed{} \times \boxed{} = \boxed{}$$

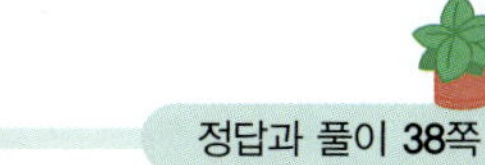

대표 응용 5 연속한 자연수의 합 구하기

1부터 10까지의 수의 합을 구하는 곱셈식을 만들어 계산해 보세요.

$$1+2+3+4+5+6+7+8+9+10 \quad \Rightarrow \quad \boxed{} \times \boxed{} = \boxed{}$$

문제 스케치

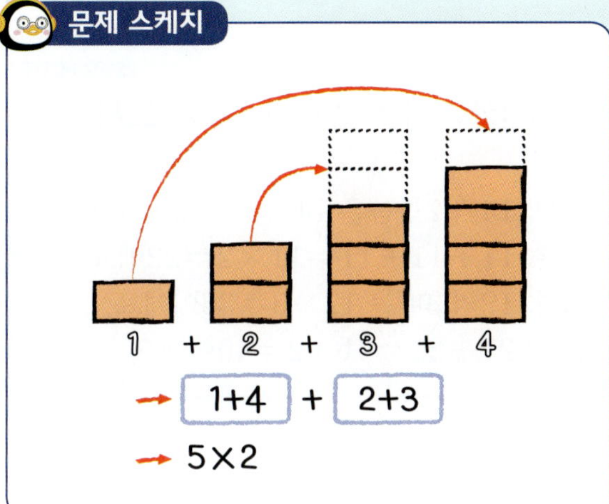

해결하기

합이 같도록 두 수씩 짝을 지으면

$1+10=\boxed{}$, $2+9=\boxed{}$, $3+8=\boxed{}$,

$4+7=\boxed{}$, $5+6=\boxed{}$

짝 지은 수는 $\boxed{}$ 쌍이므로 1부터 10까지의 수의 합을 곱셈

식으로 구하면 $\boxed{} \times \boxed{} = \boxed{}$ 입니다.

251029-0370

5-1 1부터 18까지의 수의 합을 구하는 곱셈식을 만들어 계산해 보세요.

$$1+2+3+4+5+\cdots\cdots+18 \quad \Rightarrow \quad \boxed{} \times \boxed{} = \boxed{}$$

251029-0371

5-2 21부터 30까지의 수의 합을 구하는 곱셈식을 만들어 계산해 보세요.

$$21+22+23+24+25+26+27+28+29+30 \quad \Rightarrow \quad \boxed{} \times \boxed{} = \boxed{}$$

01 251029-0372

달걀이 한 판에 **30**개씩 들어 있습니다. 달걀은 모두 몇 개인지 □ 안에 알맞은 수를 써넣으세요.

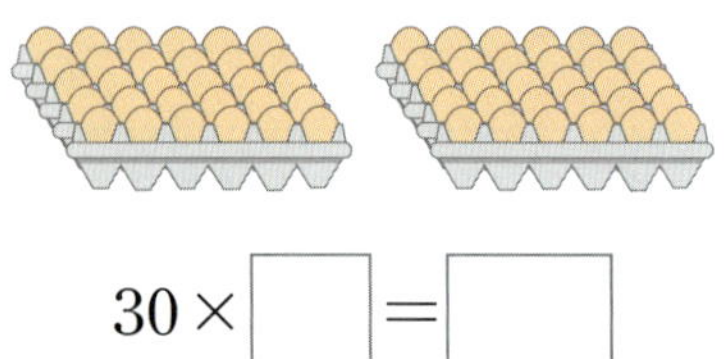

$$30 \times \boxed{} = \boxed{}$$

02 251029-0373

계산 결과가 같은 것끼리 이어 보세요.

30×3 •	• 10×9
20×2 •	• 10×8
40×2 •	• 10×4

03 251029-0374

□ 안에 알맞은 수를 써넣으세요.

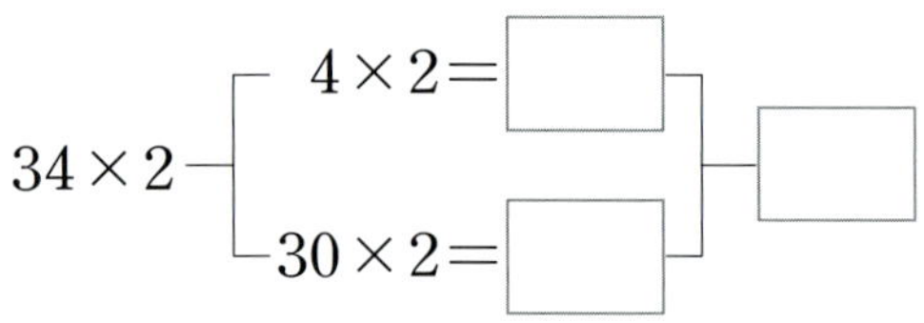

04 251029-0375

수 모형을 보고 알맞은 덧셈식과 곱셈식을 써 보세요.

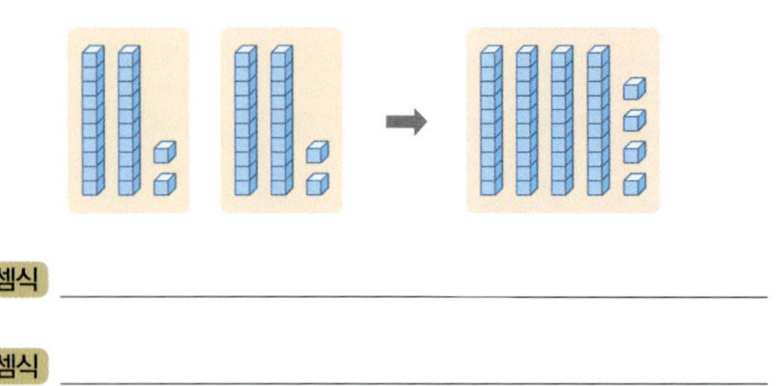

덧셈식 _______________________

곱셈식 _______________________

05 251029-0376

곱셈의 계산 결과를 어림한 값이 **60**보다 큰 것을 모두 찾아 ◯표 하세요.

$$11 \times 5 \quad 32 \times 3 \quad 41 \times 2 \quad 19 \times 3$$

06 251029-0377

바르게 계산한 사람을 찾아 이름을 써 보세요.

영진: 14씩 2묶음은 $14 \times 2 = 26$이에요.
지훈: $11 + 11 + 11 = 11 \times 2 = 22$예요.
정섭: 12의 3배는 $12 \times 3 = 36$이에요.
유민: $21 + 21 = 21 \times 2 = 40$이에요.

(   )

07 251029-0378

슬기는 가지고 있던 붙임 딱지를 **14**장씩 **2**명에게 나누어 주고 **5**장이 남았습니다. 슬기가 가지고 있던 붙임 딱지는 모두 몇 장일까요?

(   )

08 251029-0379

□ 안에 알맞은 수를 써넣으세요.

$$\begin{array}{r} 6 \quad 2 \\ \times \quad\quad 4 \\ \hline 8 \cdots \boxed{} \times \boxed{} \\ 2\ 4\ 0 \cdots \boxed{} \times \boxed{} \\ \hline \boxed{}\ \boxed{}\ \boxed{} \end{array}$$

251029-0380

09 11부터 20까지의 수의 합은 얼마일까요?

(   )

251029-0381

10 곱셈식에서 지워진 수를 구해 보세요.
중요

(   )

251029-0382

11 수직선을 보고 곱셈식으로 나타내 보세요.

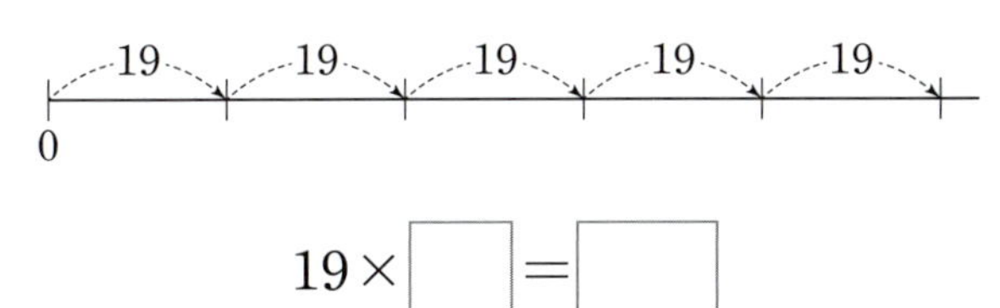

$19 \times \boxed{} = \boxed{}$

251029-0383

12 □ 안에 알맞은 수를 써넣으세요.

$14 \times 3 = \boxed{}$

2배   2배

$14 \times 6 = \boxed{}$

251029-0384

13 빈칸에 알맞은 수를 써넣으세요.

×	28	42	67
3			

251029-0385

14 □ 안의 4가 실제로 나타내는 수가 다른 하나를
중요   찾아 기호를 써 보세요.

㉠ 4	㉡ 2	㉢ 2
2 6	2 ④	5 5
× 7	× 5	× ④
1 8 2	1 2 0	2 2 0

(   )

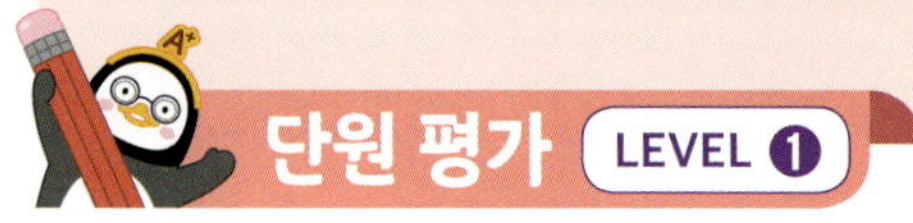

[15~16] 지민이는 아빠와 함께 딸기잼을 만들려고 합니다. 딸기잼 한 병을 만드는 데 필요한 재료를 보고 물음에 답하세요.

재료 딸기잼 1병 기준

딸기 28개　　설탕 12숟가락　　레몬 2숟가락

251029-0386

15 딸기잼 6병을 만들기 위해 필요한 설탕은 몇 숟가락일까요?

(　　　　　　)

251029-0387

16 딸기잼 7병을 만들기 위해 필요한 딸기는 모두 몇 개일까요?

(　　　　　　)

251029-0388

17 한 변의 길이가 78 cm인 정사각형의 네 변의 길이의 합은 몇 cm인지 구해 보세요.

(　　　　　　)

251029-0389

18 일주일은 몇 시간인지 구해 보세요.

식 ________________________

답 ________________________

251029-0390

19 음료수는 한 상자에 24개씩 4상자가 있고, 빵은 16개씩 7봉지가 있습니다. 음료수와 빵 중 어느 것이 몇 개 더 많은지 풀이 과정을 쓰고 답을 구해 보세요.

풀이 ▶

____

____

____

답 ▶ ____________ , ____________

251029-0391

20 계산이 <u>잘못된</u> 곳을 찾아 이유를 쓰고, 바르게 계산해 보세요.

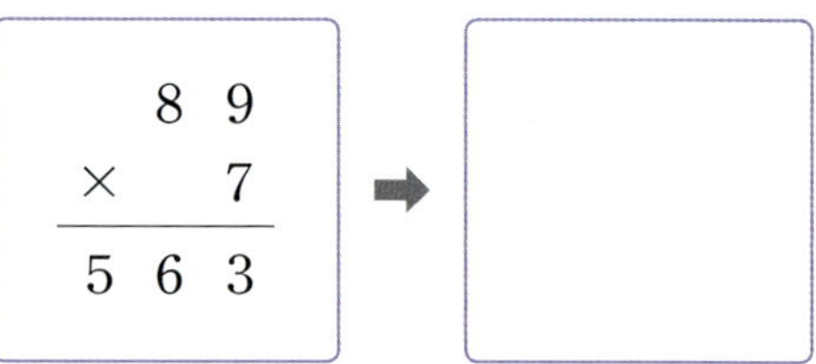

이유

____

____

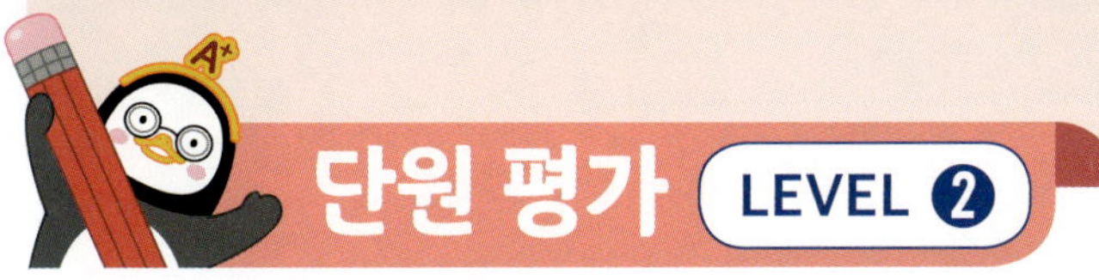

정답과 풀이 **40**쪽

01 251029-0392

수 모형을 보고 □ 안에 알맞은 수를 써넣으세요.

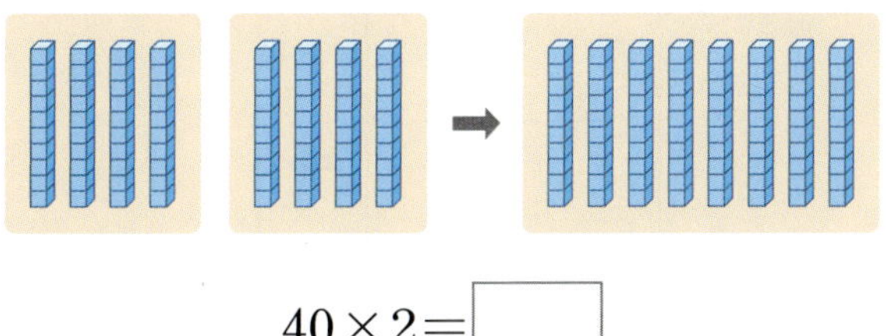

$$40 \times 2 = \boxed{}$$

02 251029-0393

참외가 한 상자에 **20**개씩 **3**상자 있습니다. 참외는 모두 몇 개인지 □ 안에 알맞은 수를 써넣으세요.

$$\boxed{} \times \boxed{} = \boxed{}$$

03 251029-0394

빈칸에 알맞은 수를 써넣으세요.

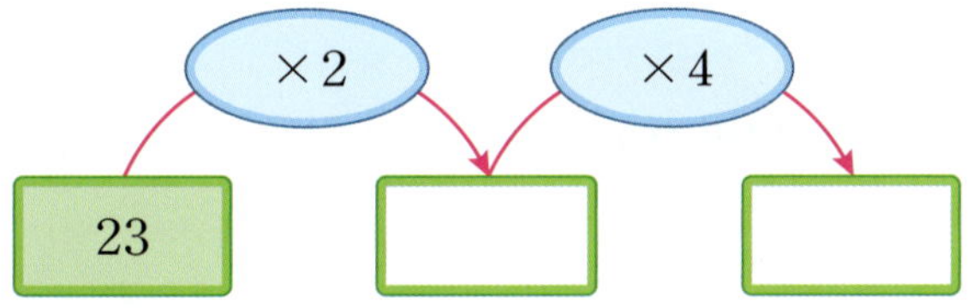

04 251029-0395

계산 결과가 같은 것끼리 이어 보세요.

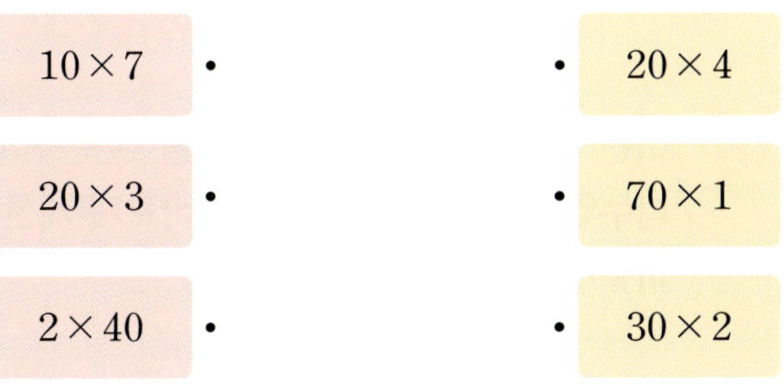

05 251029-0396

수 모형을 보고 곱셈식으로 나타낸 것입니다. 잘못 설명한 사람은 누구일까요?

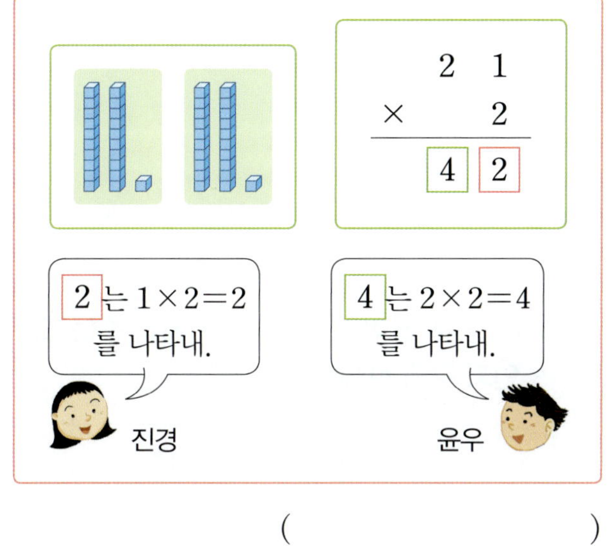

( )

06 251029-0397

수직선에 **13**씩 **3**번 뛰어 세기를 ⌒로 표시하고, □ 안에 알맞은 수를 써넣으세요.

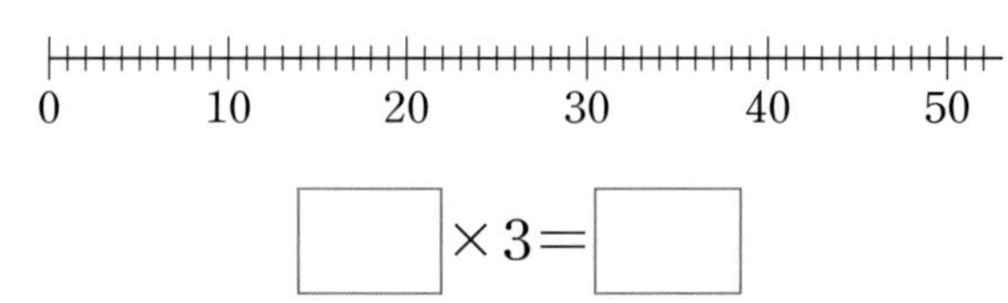

$$\boxed{} \times 3 = \boxed{}$$

07 251029-0398

규칙을 찾아 □ 안에 알맞은 수를 구해 보세요.

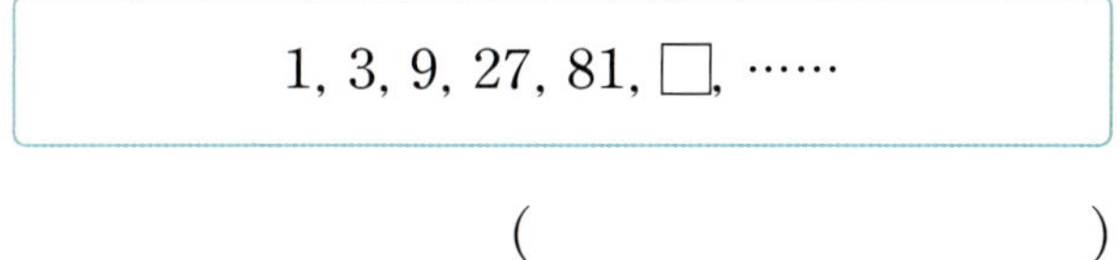

( )

08 251029-0399

계산 결과의 크기를 비교하여 ○ 안에 >, =, <를 알맞게 써넣으세요.

$$51 \times 8 \bigcirc 82 \times 4$$

09 251029-0400

□ 안에 들어갈 수 있는 두 자리 수는 모두 몇 개인지 구해 보세요.

$$13 \times 4 < \square < 15 \times 4$$

(   )

10 251029-0401

곱셈의 계산 결과를 어림한 값이 200보다 큰 것을 찾아 기호를 써 보세요.

$$\bigcirc\ 38 \times 5 \qquad \bigcirc\ 42 \times 4 \qquad \bigcirc\ 31 \times 7$$

(   )

11 중요 251029-0402

가장 큰 수와 가장 작은 수의 곱을 구해 보세요.

| 28 | 7 | 9 | 53 |

(   )

**12** 중요 251029-0403

계산이 <u>잘못된</u> 곳을 찾아 바르게 계산해 보세요.

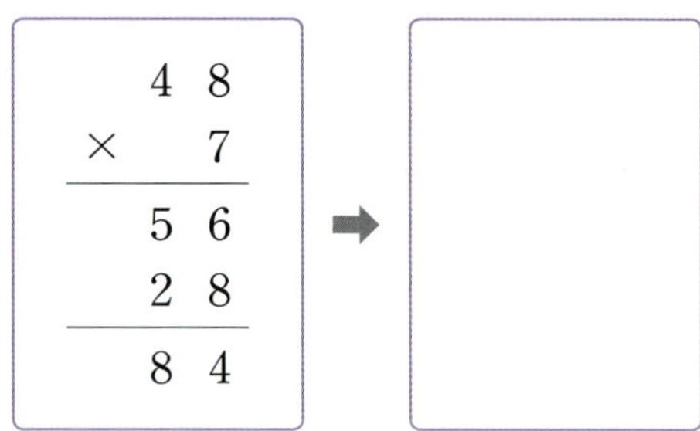

13 251029-0404

호수 둘레에 58 m의 간격으로 나무를 7그루 심었습니다. 호수 둘레는 몇 m일까요? (단, 나무의 두께는 생각하지 않습니다.)

(   )

14 251029-0405

20부터 29까지의 수의 합은 얼마일까요?

(   )

15 251029-0406

어떤 수에 6을 곱해야 할 것을 잘못하여 6으로 나누었더니 8이 되었습니다. 바르게 계산하면 얼마일까요?

(   )

16 251029-0407

㉠에 어떤 수를 넣어 그 계산 결과가 **300**에 가장 가깝게 되도록 만들려고 합니다. ㉠에 어떤 수를 넣어야 하는지 구해 보세요.

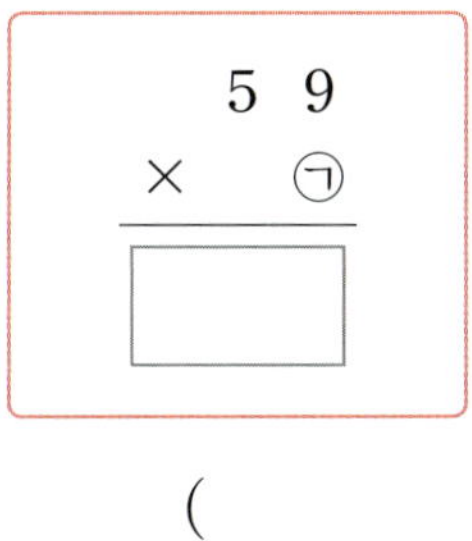

( )

17 251029-0408

한 변의 길이가 **15 cm**인 정사각형 **3**개를 그림과 같이 겹치지 않게 이어 붙였습니다. 파란색 선의 길이는 몇 **cm**일까요?

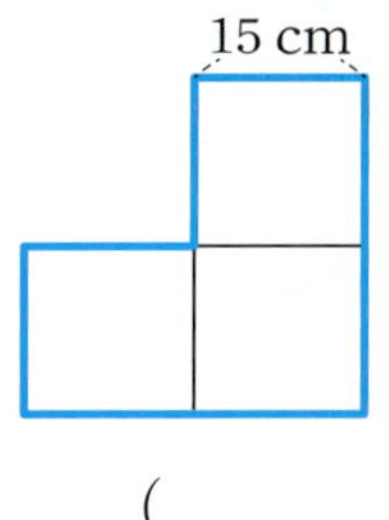

( )

18 251029-0409

곱셈식에서 일부분이 지워져서 보이지 않습니다. ㉠에 알맞은 수를 구해 보세요.

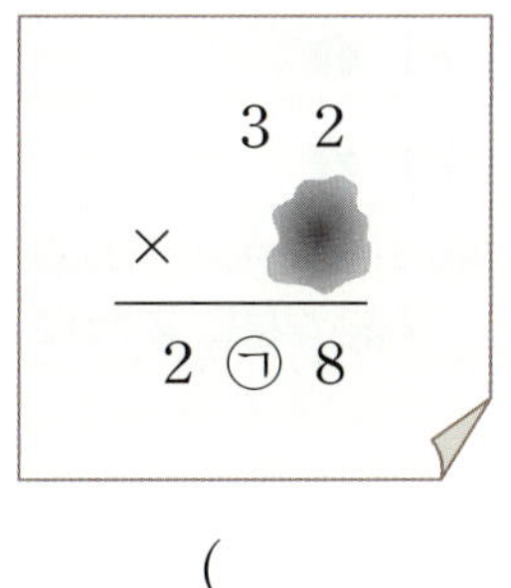

( )

19 251029-0410

길이가 **50 cm**인 종이테이프 **3**장을 **2 cm**만큼 겹쳐서 이어 붙였습니다. 이어 붙인 종이테이프 전체의 길이는 몇 **cm**인지 풀이 과정을 쓰고 답을 구해 보세요.

풀이

답

20 251029-0411

수 카드 3 , 7 , 8 을 한 번씩만 모두 사용하여 곱이 가장 큰 (몇십몇)×(몇)의 곱셈식을 만들 때 그 곱은 얼마인지 풀이 과정을 쓰고 답을 구해 보세요.

풀이

답

4 단원

5 길이와 시간

단원 학습 목표

1. 1 mm의 단위를 알고 길이를 나타낼 수 있습니다.
2. 1 km의 단위를 알고 길이를 나타낼 수 있습니다.
3. 길이와 거리를 어림하고 재어 볼 수 있습니다.
4. 1분＝60초임을 알고, 초 단위까지 시각을 읽을 수 있습니다.
5. 시, 분, 초 단위의 시간의 덧셈과 뺄셈을 계산할 수 있습니다.

단원 진도 체크

학습일			학습 내용	진도 체크
1일째	월	일	개념 1 cm보다 작은 단위를 알아볼까요 개념 2 m보다 큰 단위를 알아볼까요 개념 3 길이와 거리를 어림하고 재어 볼까요	✓
2일째	월	일	교과서 넘어 보기 ＋ 교과서 속 응용 문제	✓
3일째	월	일	개념 4 분보다 작은 단위를 알아볼까요 개념 5 시간의 덧셈을 해 볼까요 개념 6 시간의 뺄셈을 해 볼까요	✓
4일째	월	일	교과서 넘어 보기 ＋ 교과서 속 응용 문제	✓
5일째	월	일	응용 1 단위가 다른 길이 비교하기 응용 2 거리의 합과 차 구하기 응용 3 걸리는 시간 구하기	✓
6일째	월	일	응용 4 표를 보고 시간의 덧셈과 뺄셈하기 응용 5 느리거나 빠르게 가는 시계의 시각 구하기	✓
7일째	월	일	단원 평가 LEVEL ❶	✓
8일째	월	일	단원 평가 LEVEL ❷	✓

이 단원을 진도 체크에 맞춰 8일 동안 학습해 보세요.
해당 부분을 공부하고 나서 ✓표를 하세요.

	거리	생태 체험 활동
둘레길 1	900 m	
둘레길 2	2 km 300 m	
둘레길 3	5 km 400 m	

연수는 이번 주말에 가족과 함께 '우리 동네 둘레길 걷기' 행사에 참여하기로 했어요. 어느 둘레길이 가장 길까요? 둘레길 3개를 모두 걸으면 모두 몇 m를 걷는 것일까요? 생태 체험관에서는 곤충의 한살이도 관찰하면서 여러 가지 길이도 재어 볼 거예요. 작은 곤충은 길이가 얼마인지 궁금해요. 둘레길을 걷고 생태 체험도 하려면 시간은 얼마나 걸릴까요?

이번 5단원에서는 1 mm와 1 cm, 1 km와 1 m에 대해 알아보고, 초 단위까지의 시각과 시간의 덧셈과 뺄셈을 배울 거예요.

개념 1 cm보다 작은 단위를 알아볼까요

(1) cm보다 작은 단위 알아보기

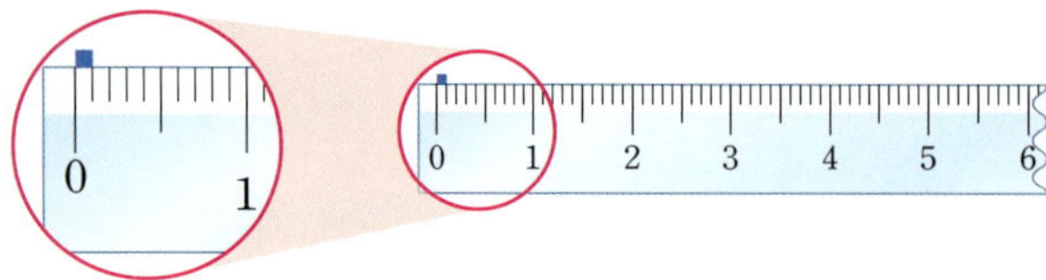

1 cm를 10칸으로 똑같이 나누었을 때 작은 눈금 한 칸의 길이를 1 mm라 쓰고 1 밀리미터라고 읽습니다.

$$1 \text{ cm} = 10 \text{ mm}$$

(2) 몇 cm 몇 mm와 몇 mm로 나타내기

1 cm보다 2 mm 더 긴 것을 1 cm 2 mm라 쓰고 1 센티미터 2 밀리미터라고 읽습니다. 1 cm 2 mm는 12 mm입니다.

$$1 \text{ cm } 2 \text{ mm} = 12 \text{ mm}$$

● **cm와 mm의 관계**

1 cm = 10 mm이므로

$$2 \text{ cm} = 20 \text{ mm}$$
$$3 \text{ cm} = 30 \text{ mm}$$
$$4 \text{ cm} = 40 \text{ mm}$$
$$5 \text{ cm} = 50 \text{ mm}$$
$$\vdots$$

$$1 \text{ cm } 2 \text{ mm}$$
$$= 1 \text{ cm} + 2 \text{ mm}$$
$$= 10 \text{ mm} + 2 \text{ mm}$$
$$= 12 \text{ mm}$$

251029-0412

01 그림을 보고 □ 안에 알맞은 수를 써넣으세요.

(1)

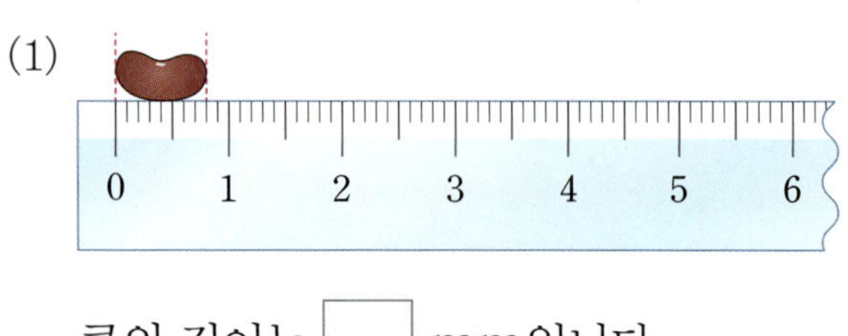

콩의 길이는 □ mm입니다.

(2)

지우개의 길이는 □ cm □ mm입니다.

251029-0413

02 길이를 읽어 보세요.

(1) | 5 mm |

읽기 ______________

(2) | 6 cm 3 mm |

읽기 ______________

251029-0414

03 □ 안에 알맞은 수를 써넣으세요.

(1) 65 mm = □ cm □ mm

(2) 4 cm 6 mm = □ mm

개념 **2** m보다 큰 단위를 알아볼까요

(1) **m보다 큰 단위 알아보기**

1000 m를 1 km라 쓰고 1 킬로미터라고 읽습니다.

$$1000 \text{ m} = 1 \text{ km}$$

(2) **몇 km 몇 m와 몇 m로 나타내기**

1 km보다 200 m 더 긴 것을 1 km 200 m라 쓰고 1 킬로미터 200 미터라고 읽습니다. 1 km 200 m는 1200 m입니다.

$$1 \text{ km } 200 \text{ m} = 1200 \text{ m}$$

● **km와 m의 관계**

1 km＝1000 m이므로

2 km＝2000 m
3 km＝3000 m
4 km＝4000 m
5 km＝5000 m
⋮

1 km 200 m
＝1 km＋200 m
＝1000 m＋200 m
＝1200 m

---

04 251029-0415

수직선을 보고 □ 안에 알맞은 수를 써넣으세요.

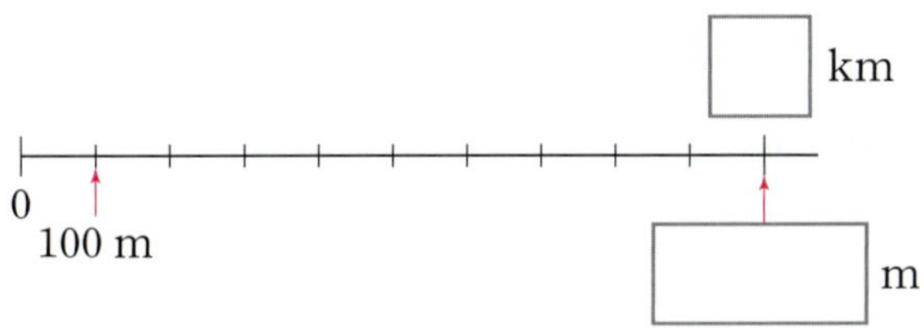

---

05 251029-0416

길이를 읽어 보세요.

(1) | 5 km |

읽기 ______________________

(2) | 2 km 400 m |

읽기 ______________________

---

06 251029-0417

□ 안에 알맞은 수를 써넣으세요.

(1) 3000 m ＝ □ km

(2) 5 km ＝ □ m

(3) 2 km 900 m ＝ □ m

(4) 6400 m ＝ □ km □ m

---

07 251029-0418

↑ 표시된 곳의 길이를 바르게 나타낸 것을 모두 찾아 ○표 하세요.

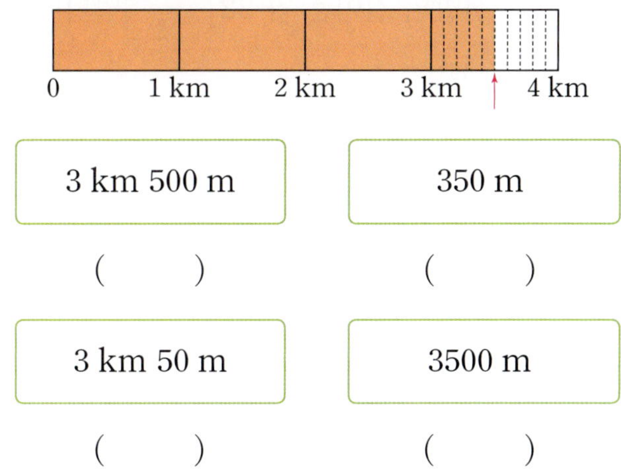

| 3 km 500 m | 350 m |
| ( ) | ( ) |

| 3 km 50 m | 3500 m |
| ( ) | ( ) |

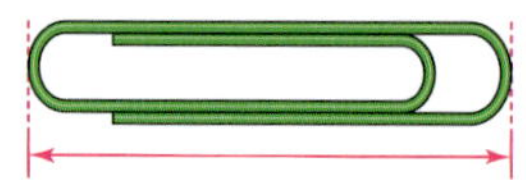

개념 3 길이와 거리를 어림하고 재어 볼까요

(1) 길이를 어림하고 자로 재어 확인하기

어림한 길이를 말할 때는 약 몇 cm 몇 mm 또는 약 몇 mm라고 나타냅니다.

| 어림한 길이 | 약 3 cm | 잰 길이 | 3 cm 2 mm |

(2) 알맞은 단위 선택하기

| 한라산의 높이는 약 2 km입니다. | 농구 선수의 키는 약 2 m입니다. |
| 연필의 길이는 약 15 cm입니다. | 연필심의 길이는 약 8 mm입니다. |

(3) 거리 어림하기

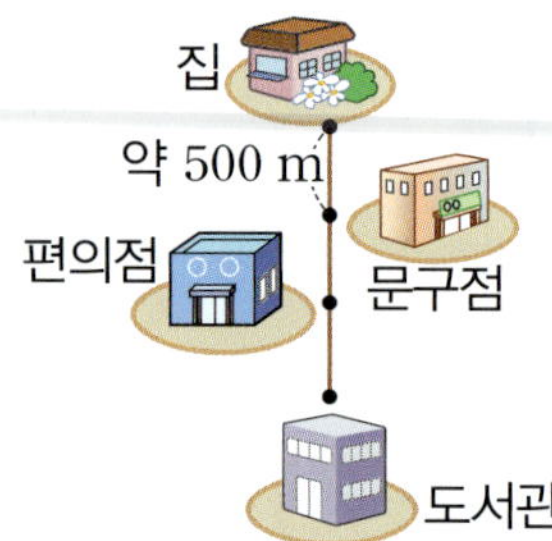

집에서 문구점까지의 거리가 약 500 m일 때
집에서 편의점까지의 거리는 약 1 km,
집에서 도서관까지의 거리는 약 1 km 500 m
라고 어림할 수 있습니다.

• 1 mm, 1 cm, 1 m, 1 km 등의 길이를 기준으로 하여 생활 주변의 길이나 거리를 알맞은 수와 단위로 어림할 수 있습니다.

● 길이 단위 사이의 관계

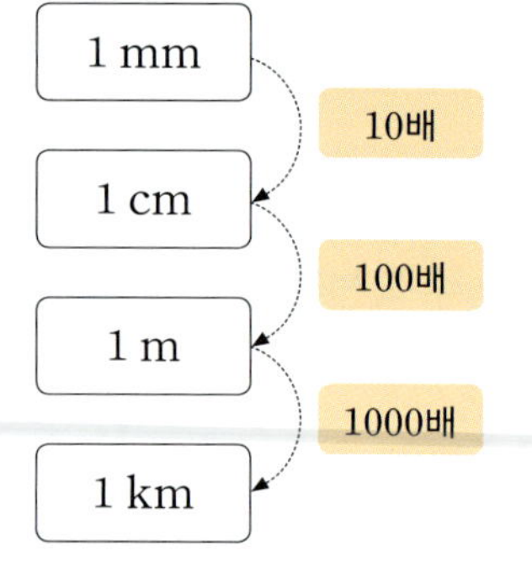

---

08 □ 안에 cm와 mm 중 알맞은 단위를 써넣으세요.

251029-0419

(1) 문제집의 두께는 약 9 ☐ 입니다.

(2) 신발의 길이는 약 22 ☐ 입니다.

09 □ 안에 m와 km 중 알맞은 단위를 써넣으세요.

251029-0420

(1) 버스의 길이는 약 12 ☐ 입니다.

(2) 서울에서 부산까지의 거리는
약 400 ☐ 입니다.

10 크레파스의 길이를 어림한 것으로 알맞은 것을 **보기** 에서 찾아 ○표 하세요.

251029-0421

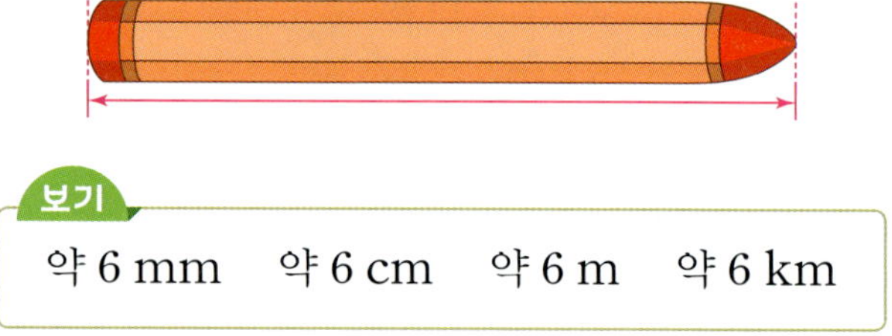

보기

| 약 6 mm | 약 6 cm | 약 6 m | 약 6 km |

11 길이가 1 m보다 긴 것을 찾아 기호를 써 보세요.

251029-0422

| ㉠ 지우개의 길이 | ㉡ 수학책의 길이 |
| ㉢ 교실의 높이 | ㉣ 엄지손가락의 길이 |

(   )

251029-0423

01 □ 안에 알맞은 수를 써넣으세요.

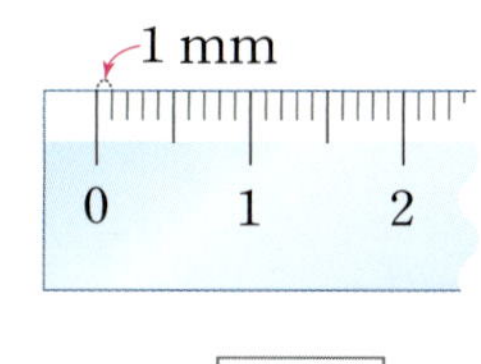

1 cm = □ mm

251029-0424

02 알맞은 곳을 찾아 이어 보세요.

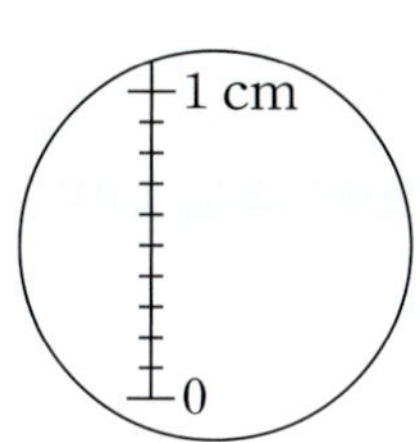

• 3 mm

• 5 mm

• 8 mm

251029-0425

03 지수와 수빈이가 말하는 길이는 얼마인지 □ 안에 알맞은 수를 써넣으세요.

지수: 6 cm보다 3 mm 더 길어.

➡ 6 cm □ mm

수빈: 4 cm보다 2 mm 더 길어.

➡ □ cm □ mm

251029-0426

04 주어진 길이를 읽고 자로 그어 보세요.

3 cm 5 mm

읽기 (   )

251029-0427

05 □ 안에 알맞은 수를 써넣으세요.

(1) 7 cm = □ mm

(2) 2 cm 3 mm = □ mm

(3) 150 mm = □ cm

(4) 86 mm = □ cm □ mm

251029-0428

06 중요 화살표가 가리키는 곳의 길이를 써 보세요.

□ cm □ mm

251029-0429

07 책갈피의 길이는 몇 **cm** 몇 **mm**일까요?

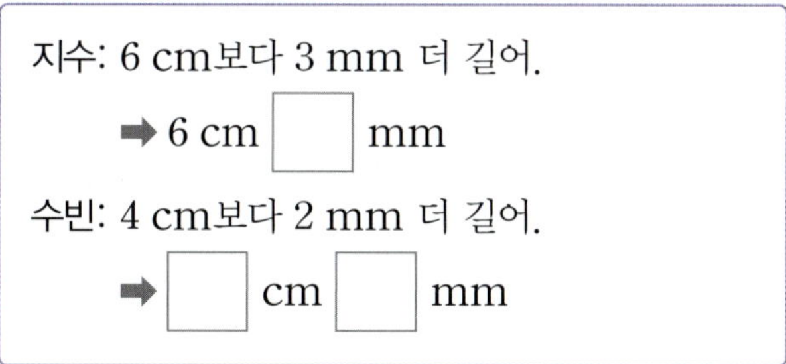

(   )

08 수직선을 보고 □ 안에 알맞은 수를 써넣으세요.

251029-0430

09 □ 안에 알맞은 수를 써넣으세요.

(1) 6 km보다 30 m 더 먼 거리

➡ ☐ km ☐ m

(2) 9 km보다 400 m 더 먼 거리

➡ ☐ km ☐ m

251029-0431

10 □ 안에 알맞은 수를 써넣으세요.

(1) 2 km = ☐ m

(2) 3 km 500 m = ☐ m

(3) 8600 m = ☐ km ☐ m

(4) 4070 m = ☐ km ☐ m

251029-0432

11 연우네 집에서 전시장까지의 거리는 **1540 m**이고, 서점까지의 거리는 **1 km 76 m**입니다. 연우네 집에서 전시장과 서점 중 더 가까운 곳은 어디인지 써 보세요.

251029-0433

( )

12 중요 같은 길이끼리 이어 보세요.

251029-0434

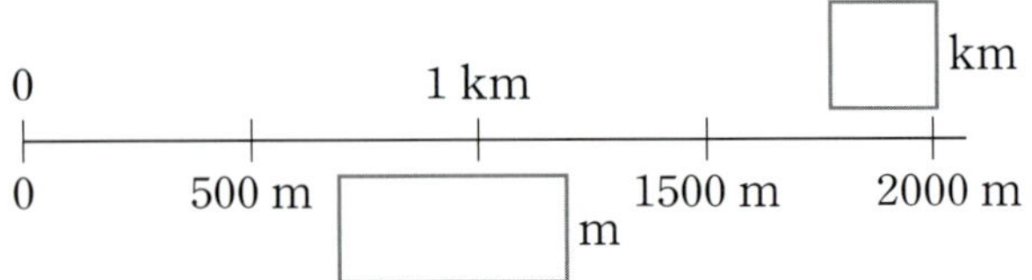

13 수직선을 보고 □ 안에 알맞은 수를 써넣으세요.

251029-0435

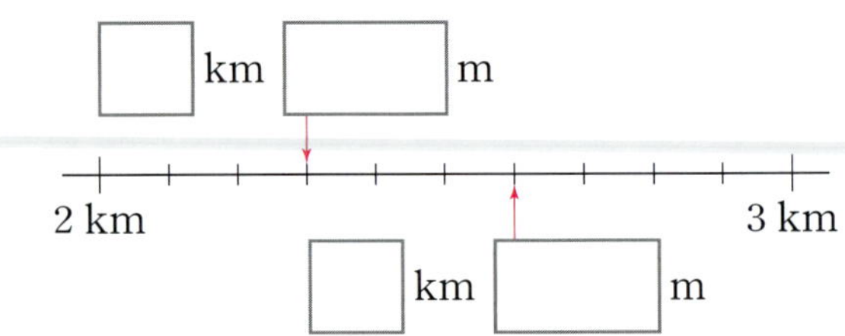

14 보기 에서 알맞은 단위를 골라 □ 안에 써넣으세요.

251029-0436

보기

| mm | cm | m | km |

(1) 칠판 긴 쪽의 길이는 약 2 ☐ 입니다.

(2) 개미의 길이는 약 6 ☐ 입니다.

(3) 아버지의 키는 약 178 ☐ 입니다.

(4) 터널의 길이는 약 1 ☐ 입니다.

15 251029-0437

단위를 <u>잘못</u> 쓴 문장을 찾아 기호를 쓰고 바르게 고쳐 보세요.

> ㉠ 휴대전화 짧은 쪽의 길이는 약 7 cm입니다.
> ㉡ 식탁의 긴 쪽의 길이는 약 120 cm입니다.
> ㉢ 학교 운동장 한 바퀴의 길이는 약 250 km입니다.

답 ＿＿＿＿＿＿＿＿＿＿＿

바르게 고치기 ＿＿＿＿＿＿＿＿＿＿＿

16 251029-0438

학교에서 도서관까지의 거리만큼 떨어진 곳에는 어떤 장소가 있는지 모두 써 보세요.

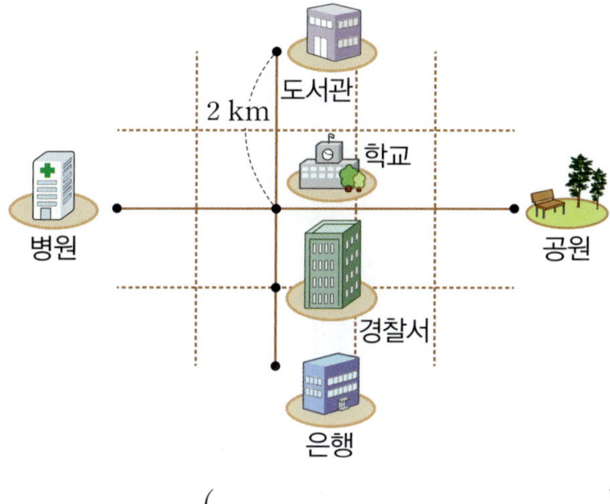

( )

17 251029-0439

민주네 학교에서 약 **1 km** 떨어진 곳에는 어떤 장소가 있는지 써 보세요.

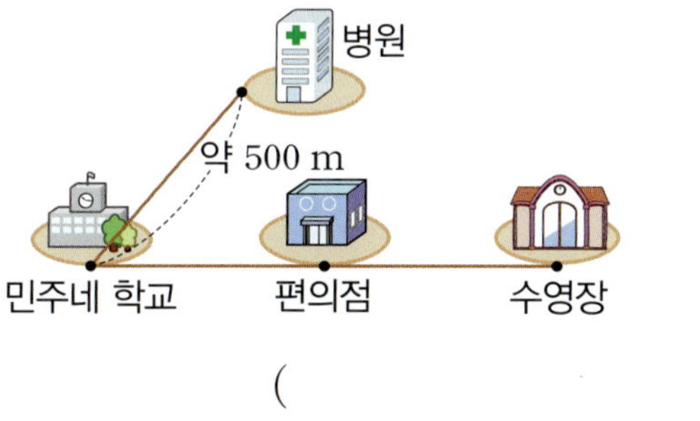

( )

길이의 합과 차 구하기

(예)
```
    1
   5 cm   7 mm
 + 1 cm   6 mm
 ─────────────
   7 cm   3 mm
```
10 mm를 1 cm로 받아올림하여 계산합니다.

```
      1
   2 km   900 m
 + 3 km   500 m
 ──────────────
   6 km   400 m
```
1000 m를 1 km로 받아올림하여 계산합니다.

(예)
```
   3    10
   4̸ cm   5 mm
 − 1 cm   7 mm
 ─────────────
   2 cm   8 mm
```
1 cm를 10 mm로 받아내림하여 계산합니다.

```
   4    1000
   5̸ km   200 m
 − 3 km   300 m
 ──────────────
   1 km   900 m
```
1 km를 1000 m로 받아내림하여 계산합니다.

18 251029-0440

계산해 보세요.

(1)
```
    6 cm   9 mm
 + 3 cm   5 mm
```

(2)
```
    2 km   300 m
 + 1 km   800 m
```

19 251029-0441

계산해 보세요.

(1)
```
    4 cm   3 mm
 − 1 cm   5 mm
```

(2)
```
    5 km   200 m
 − 2 km   600 m
```

20 251029-0442

색 테이프 2장을 겹치지 않게 이어 붙였습니다. 이어 붙인 색 테이프의 전체 길이는 몇 **cm**인지 구해 보세요.

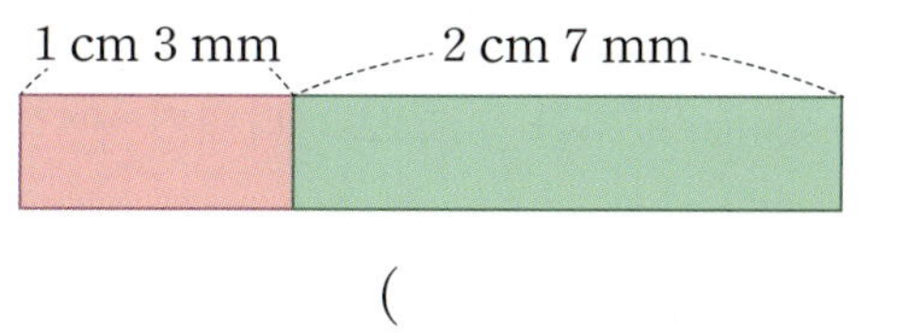

( )

개념 **4** 분보다 작은 단위를 알아볼까요

(1) 분보다 작은 단위 알아보기

초바늘이 작은 눈금 한 칸을 가는 동안 걸리는 시간을 1초라고 합니다.

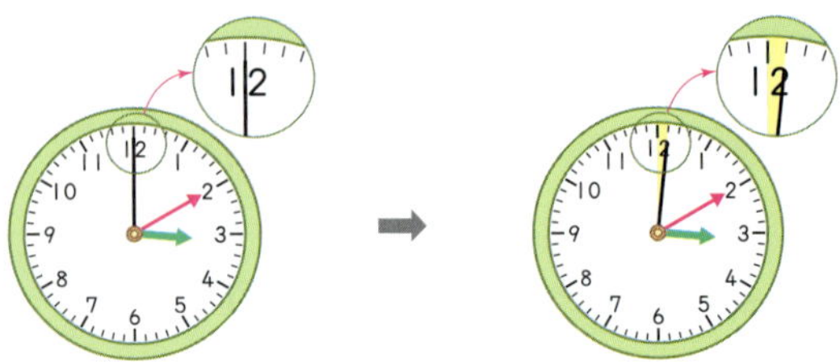

(2) 초바늘이 시계를 한 바퀴 도는 데 걸리는 시간 알아보기

초바늘이 시계를 한 바퀴 도는 데 걸리는 시간은 60초입니다.

60초 동안 긴바늘은 작은 눈금 한 칸을 움직입니다.

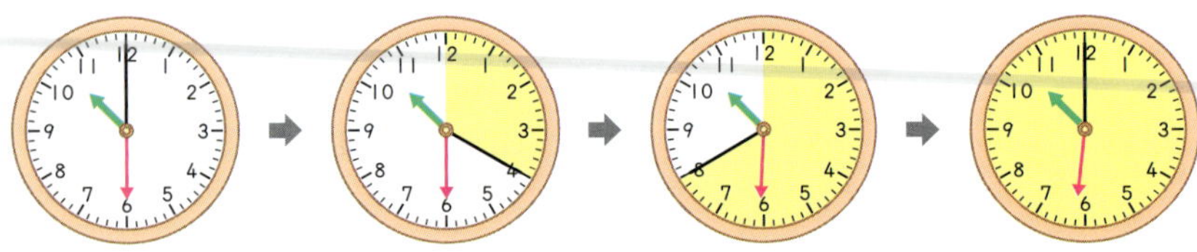

60초＝1분

(3) 초 단위 시각 읽기

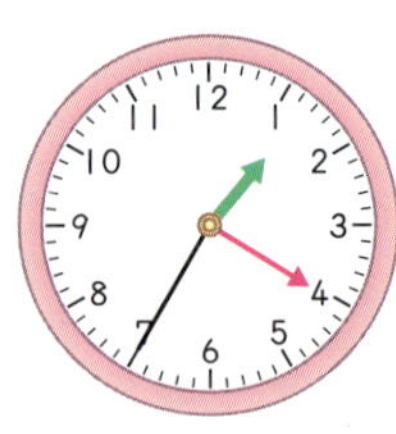

짧은바늘이 1과 2 사이에 있으므로 1시,

긴바늘이 4를 지났으므로 20분,

초바늘이 7을 가리키므로 35초입니다.

➡ 1시 20분 35초

(4) 시간을 분과 초로 나타내기

- 몇 초를 몇 분 몇 초로 나타내기 ── 60초＝1분, 120초＝2분……

  (예) 100초＝60초＋40초＝1분 40초

- 몇 분 몇 초를 몇 초로 나타내기 ── 1분＝60초, 2분＝120초……

  (예) 2분 30초＝120초＋30초＝150초

● **시계의 바늘 알아보기**

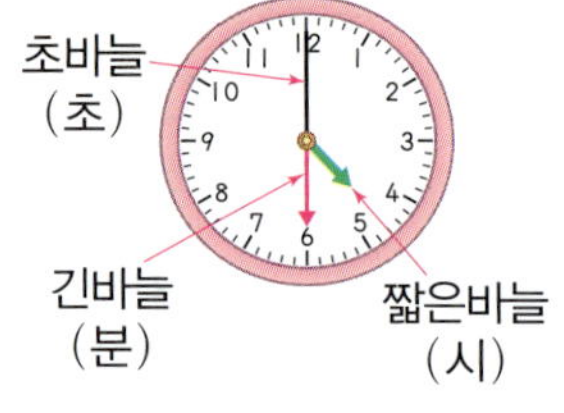

● **초바늘이 가리키는 숫자와 시간**

숫자	시간
1	5초
2	10초
3	15초
⋮	⋮
11	55초
12	60초

➡ 초바늘이 숫자 한 칸을 지날 때마다 5초씩 늘어납니다.

● **시계 관찰하기**

- 시계가 나타내는 시각은 7시 5분 10초입니다.
- 초바늘, 긴바늘, 짧은바늘 순서대로 빠르게 움직입니다.

01 251029-0443

□ 안에 알맞은 수를 써넣으세요.

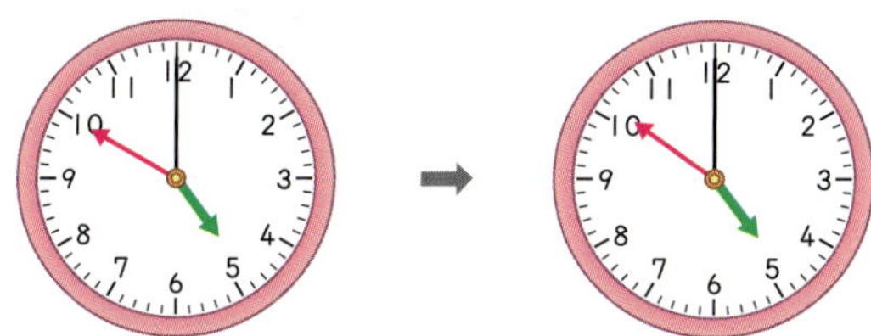

(1) 초바늘이 시계를 한 바퀴 도는 데 걸리는 시간은 □초입니다.

(2) 1분은 긴바늘이 작은 눈금 □칸을 지나고 □초와 같습니다.

02 251029-0444

시계에서 초바늘이 각 숫자를 가리키면 몇 초를 나타내는지 □ 안에 알맞은 수를 써넣으세요.

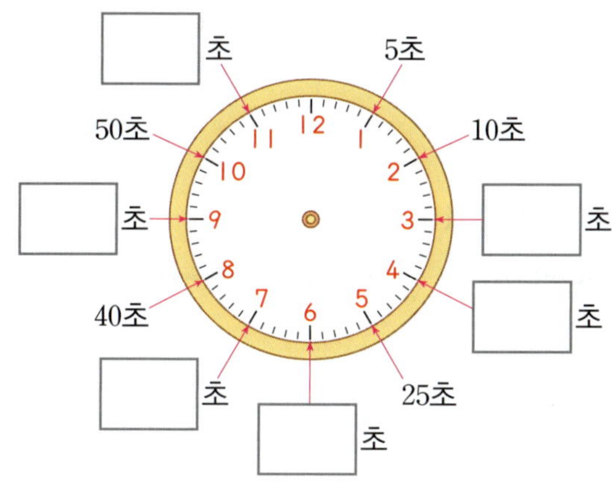

03 251029-0445

1초 동안 할 수 있는 일을 모두 찾아 ◯표 하세요.

04 251029-0446

시계를 보고 □ 안에 알맞은 수를 써넣으세요.

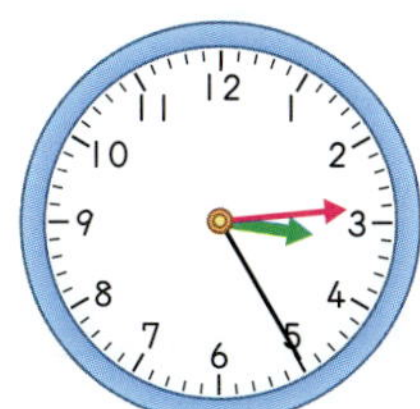

(1) 짧은바늘은 □와/과 □ 사이에 있으므로 □시입니다.

(2) 긴바늘은 2에서 작은 눈금 □칸 더 간 곳을 지났으므로 □분입니다.

(3) 초바늘은 5를 가리키므로 □초입니다.

(4) 시각은 □시 □분 □초입니다.

05 251029-0447

시각에 맞게 초바늘을 그려 보세요.

12시 22분 50초

06 251029-0448

시간띠를 보고 □ 안에 알맞은 수를 써넣으세요.

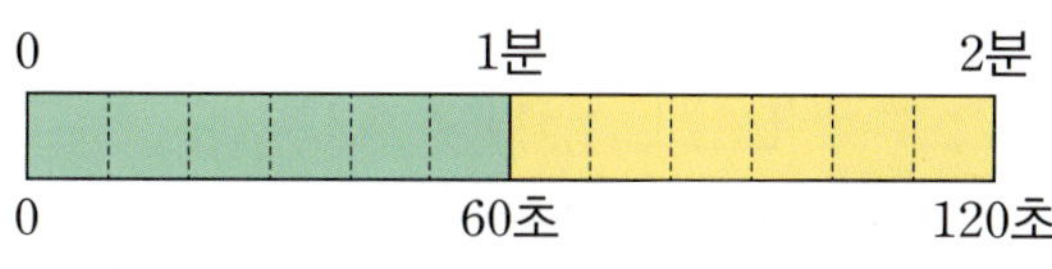

(1) 1분 30초＝60초＋30초＝□초

(2) 110초＝60초＋50초＝□분 □초

개념 5 시간의 덧셈을 해 볼까요

(1) 시간의 덧셈 알아보기

시는 시끼리, 분은 분끼리, 초는 초끼리 더합니다.

例 **11시 20분 10초＋2분 20초 계산하기**

 → 2분 20초 후 → 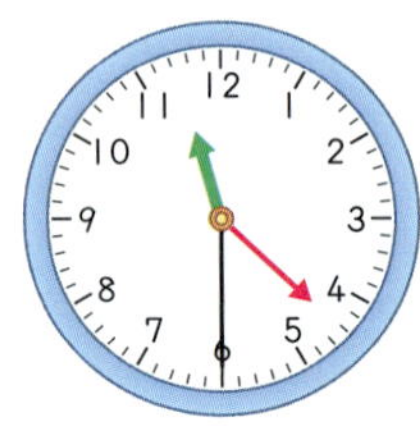

	11시	20분	10초
+		2분	20초
	11시	22분	30초

例 **6시 30분 55초에서 15초 후의 시각 구하기**

방법 1

$$\begin{array}{cccc} & 6시 & \overset{1}{30}분 & 55초 \\ + & & & 15초 \\ \hline & 6시 & 31분 & 10초 \end{array}$$

방법 2 6시 30분 55초 —5초 후→ 6시 31분 —10초 후→ 6시 31분 10초

● **시간의 덧셈**
(시각)＋(시간)＝(시각)
(시간)＋(시간)＝(시간)

● **받아올림이 있는 시간의 덧셈**
초는 초끼리, 분은 분끼리의 합이 60이거나 60보다 크면 60초를 1분으로, 60분을 1시간으로 받아올림 합니다.

● **시간과 시각 구분하기**

| | 시각 | 시각 | 시각 |

---

07 □ 안에 알맞은 수를 써넣으세요.

(1)

	12 분	43 초
+	7 분	10 초
	□ 분	□ 초

(2)

	5 시	15 분	20 초
+	1 시간	30 분	19 초
	□ 시	□ 분	□ 초

(3)

	3 시간	20 분	45 초
+	2 시간	5 분	35 초
	□ 시간	□ 분	□ 초

08 6시 15분 55초에서 25초가 지난 시각을 구하려고 합니다. 긴바늘과 초바늘을 그리고 □ 안에 알맞은 수를 써넣으세요.

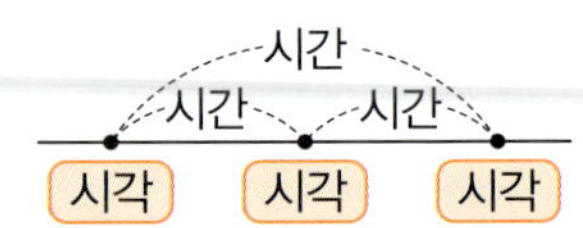

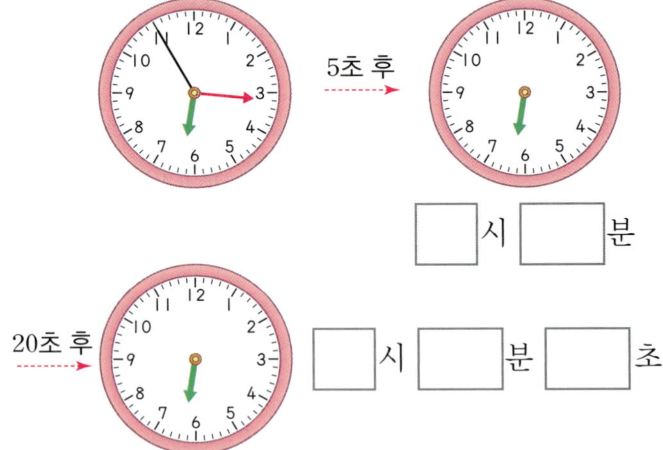

□ 시 □ 분

□ 시 □ 분 □ 초

개념 **6** 시간의 뺄셈을 해 볼까요

(1) 시간의 뺄셈 알아보기

시는 시끼리, 분은 분끼리, 초는 초끼리 뺍니다.

예 **3시 40분 50초－1시간 10분 30초 계산하기**

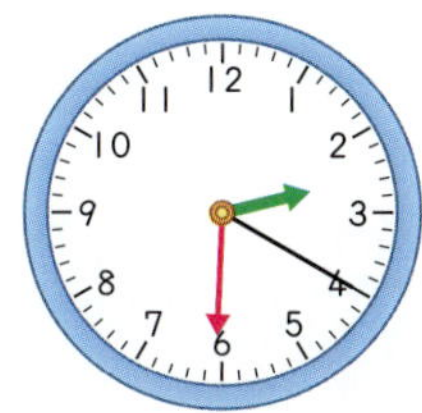

1시간 10분 30초 전

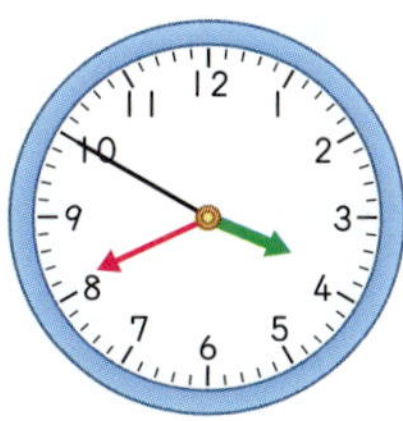

	시	분	초
	3 시	40분	50초
－	1 시간	10분	30초
	2 시	30분	20초

예 **3시 10분에서 15분 전의 시각 구하기**

방법 1

$$\overset{2}{\cancel{3}}시 \quad \overset{60}{10}분$$

－   15분

2시   55분

방법 2 3시 10분 $\xrightarrow{\text{10분 전}}$ 3시 $\xrightarrow{\text{5분 전}}$ 2시 55분

● **시간의 뺄셈**
(시각)－(시간)＝(시각)
(시각)－(시각)＝(시간)
(시간)－(시간)＝(시간)

● **받아내림이 있는 시간의 뺄셈**
초는 초끼리, 분은 분끼리 뺄 수 없으면 1분을 60초로, 1시간을 60분으로 받아내림합니다.

251029-0451

09 □ 안에 알맞은 수를 써넣으세요.

(1)

	분	초
	15 분	30 초
－	6 분	10 초
	□ 분	□ 초

(2)

	시	분
	9 시	55 분
－	4 시	25 분
	□ 시간	□ 분

(3)

	시	분	초
	7 시	40 분	20 초
－	3 시간	25 분	15 초
	□ 시	□ 분	□ 초

251029-0452

10 4시 15분에서 25분 전의 시각을 구하려고 합니다. 긴바늘을 그리고 □ 안에 알맞은 수를 써넣으세요.

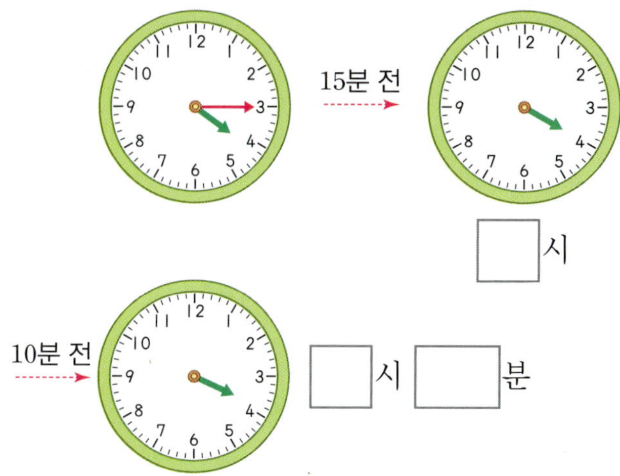

01 251029-0453

□ 안에 알맞은 수를 써넣으세요.

(1)
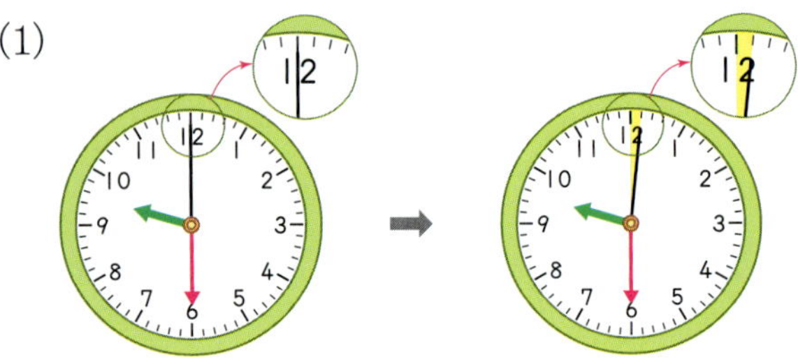

초바늘이 작은 눈금 한 칸을 지나는 데 걸리는 시간은 □초입니다.

(2)
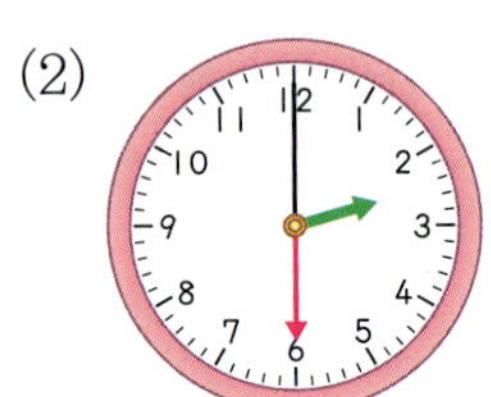

초바늘이 시계를 한 바퀴 도는 데 걸리는 시간은 □초입니다.

02 251029-0454

□ 안에 알맞은 수를 써넣으세요.

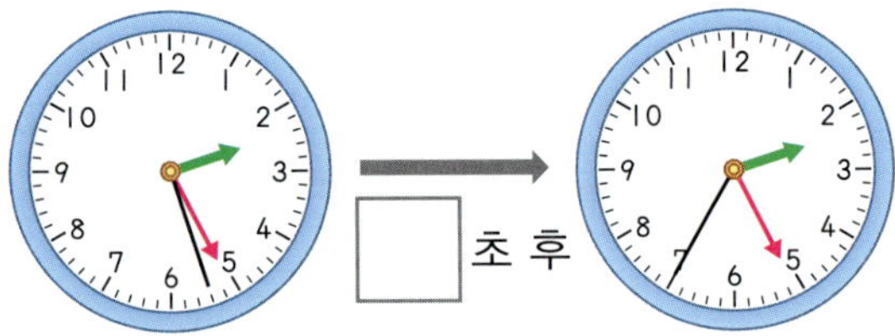

□ 초 후

03 251029-0455

시각에 맞게 초바늘을 그려 보세요.

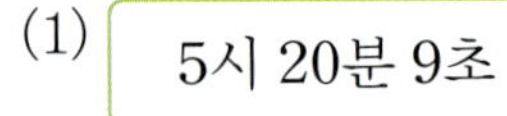

(1) | 5시 20분 9초 | (2) | 10시 37분 52초 |

04 251029-0456

시각을 읽어 보세요.

(1)
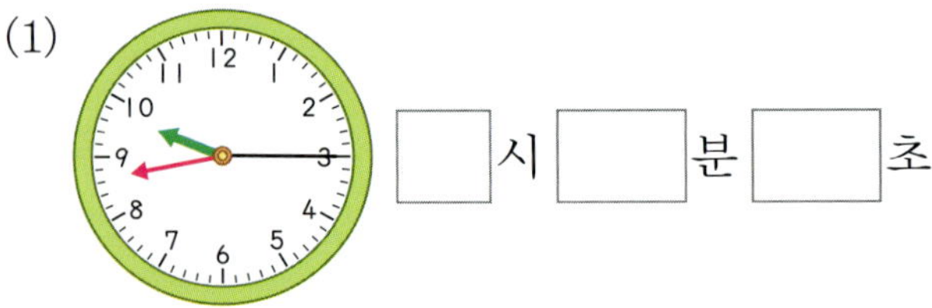

□ 시 □ 분 □ 초

(2)
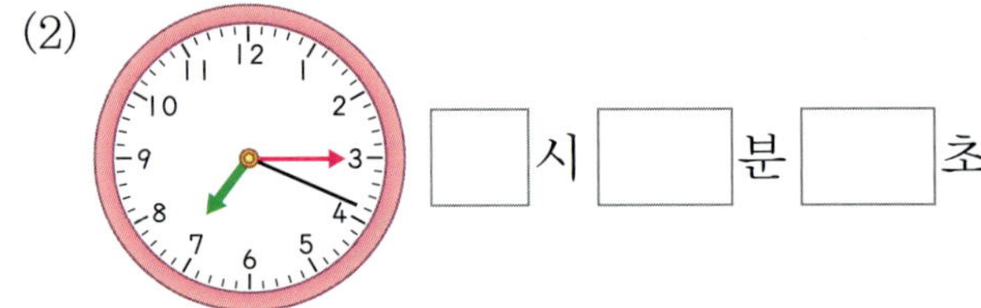

□ 시 □ 분 □ 초

05 251029-0457

같은 시각끼리 이어 보세요.

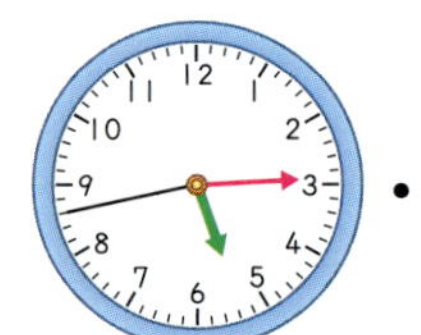 • •  8:28:03

 • • 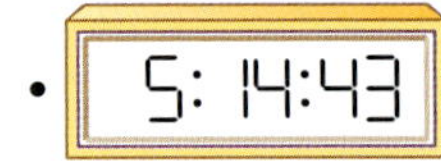 2:45:20

• • 5:14:43

06 251029-0458
중요

□ 안에 알맞은 수를 써넣으세요.

(1) 1분 20초 = □ 초 + 20초 = □ 초

(2) 3분 40초 = □ 초 + 40초 = □ 초

(3) 90초 = □ 초 + 30초 = □ 분 □ 초

(4) 250초 = □ 초 + 10초
= □ 분 □ 초

07 251029-0459

초, 분, 시간 중에서 □ 안에 알맞은 시간의 단위를 써넣으세요.

(1) 1교시 수업 시간: 40 □

(2) 신발을 신는 시간: 10 □

(3) 고속열차를 타고 서울에서 강릉까지 가는 데 걸리는 시간: 2 □

08 251029-0460

책상 위를 정리하는 데 윤우는 7분 35초 걸렸고, 우진이는 445초 걸렸습니다. 책상 위를 더 오랫동안 정리한 사람은 누구일까요?

( )

09 251029-0461

□ 안에 알맞은 수를 써넣으세요.

(1)
2	시	17	분	20	초
+		2	분	50	초
□	시	□	분	□	초

(2)
1	시	30	분	40	초
−		14	분	20	초
□	시	□	분	□	초

10 251029-0462

지우는 동화책을 15분 25초 동안 읽었습니다. 동화책을 4시 2분 10초에 읽기 시작했다면 동화책 읽기를 끝낸 시각을 구해 보세요.

4	시	2	분	10	초
+		15	분	25	초
□	시	□	분	□	초

11 251029-0463

계산해 보세요.

(1) 4시 11분 15초＋1시간 25분 20초

(2) 7시 42분 34초－2시 30분 20초

12 251029-0464

계산이 잘못된 곳을 찾아 바르게 계산해 보세요.

	2시	10분	
+	3분	30초	
	5시	40분	

➡

13 251029-0465

뮤지컬 공연이 2시 30분 10초에 시작하여 4시 50분 30초에 끝났습니다. 뮤지컬 공연 시간을 구해 보세요.

( )시간 ( )분 ( )초

14 251029-0466

8시 45분 30초에서 30초가 지난 시각을 시계에 그려 넣고 □ 안에 알맞은 수를 써넣으세요.

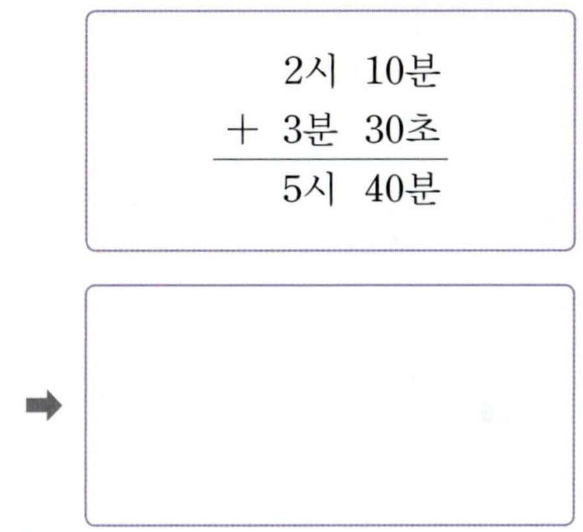

➡ 8시 45분 30초에서 30초가 지난 시각은 □시 □분입니다.

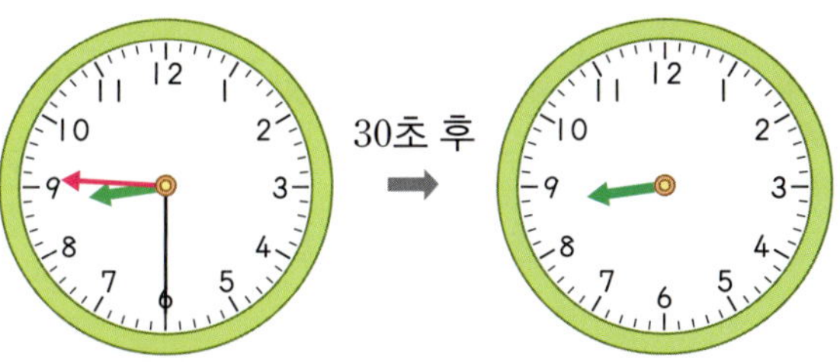

15 5시 10분에서 20분 전의 시각을 시계에 그려 넣고 □ 안에 알맞은 수를 써넣으세요.

251029-0467

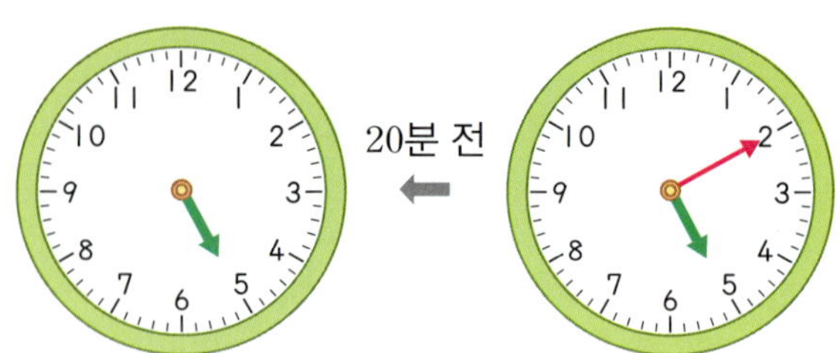

➡ 5시 10분에서 20분 전의 시각은 □시 □분입니다.

16 고속버스가 부산에서 출발한 시각과 대전에 도착한 시각을 나타낸 것입니다. 고속버스가 부산에서 대전까지 가는 데 걸린 시간을 구해 보세요.

251029-0468

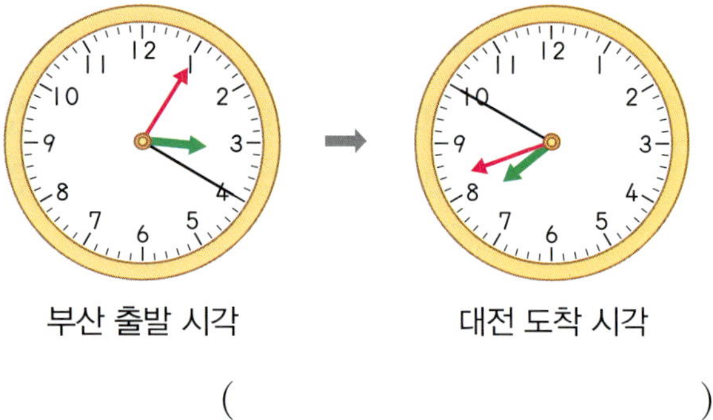

(　　　　　　)

17 지현이는 종이 공예 축제에서 1시간 동안 체험 활동을 하려고 합니다. 1시간이 넘지 않도록 할 수 있는 활동 3가지를 골라 써 보세요.

251029-0469

모자 만들기	상자 만들기	가방 만들기	꽃 만들기
22분	18분 30초	36분	15분 20초

(　　　, 　　　, 　　　)

시간의 합과 차 구하기

> **예** 연극이 5시 50분에 시작하여 30분 후에 끝났습니다. 연극이 끝난 시각은 몇 시 몇 분일까요?

(연극이 끝난 시각)
=(연극이 시작한 시각)+(걸린 시간)
=5시 50분+30분 ⟶
=6시 20분

$$\begin{array}{r} 1\\ 5시\ 50분\\ +\ \ \ 30분\\ \hline 6시\ 20분 \end{array}$$

251029-0470

18 준희는 10시 55분에 집에서 출발하여 25분 후에 지유네 집에 도착했습니다. 준희가 지유네 집에 도착한 시각은 몇 시 몇 분일까요?

(　　　　　　)

251029-0471

19 승욱이는 오른쪽 시각에 수영을 시작하여 1시간 40분 동안 수영을 하였습니다. 수영을 마친 시각은 몇 시 몇 분일까요?

(　　　　　　)

251029-0472

20 야구 경기가 210분 동안 진행되어 오른쪽 시각에 끝났습니다. 야구 경기가 시작된 시각은 몇 시 몇 분일까요?

(　　　　　　)

응용력 높이기

대표 응용 1

단위가 다른 길이 비교하기

막대의 길이가 긴 것부터 순서대로 기호를 써 보세요.

> ㉮ 막대: 150 cm ㉯ 막대: 2 m
> ㉰ 막대: 1 m 70 cm ㉱ 막대: 1 m 15 cm

문제 스케치

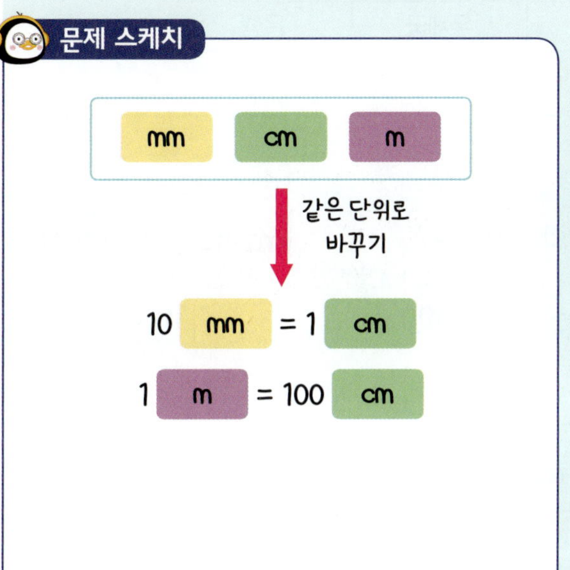

해결하기

같은 단위로 바꿔서 비교하기

㉮ 막대의 길이는 ☐ cm

㉯ 막대의 길이는 2 m = ☐ cm

㉰ 막대의 길이는 1 m 70 cm = ☐ cm

㉱ 막대의 길이는 1 m 15 cm = ☐ cm

따라서 길이가 긴 막대부터 순서대로 기호를 써 보면 ☐,

☐, ☐, ☐ 입니다.

251029-0473

1-1 학생 4명의 키입니다. 키가 큰 순서대로 학생의 이름을 써 보세요.

지민	현수	유나	윤서
1 m 15 cm	1100 mm	1 m 20 cm	132 cm

(   )

251029-0474

1-2 희민이네 집에서 여러 장소까지의 거리입니다. 희민이네 집에서 가까운 순서대로 장소를 써 보세요.

서점	학교	놀이터	수영장
1 km 60 m	570 m	1950 m	2 km 100 m

(   )

거리의 합과 차 구하기

그림 지도에서 사용하는 기호를 보고 학교에서 더 가까운 곳은 어디이고, 몇 m 더 가까운지 구해 보세요.

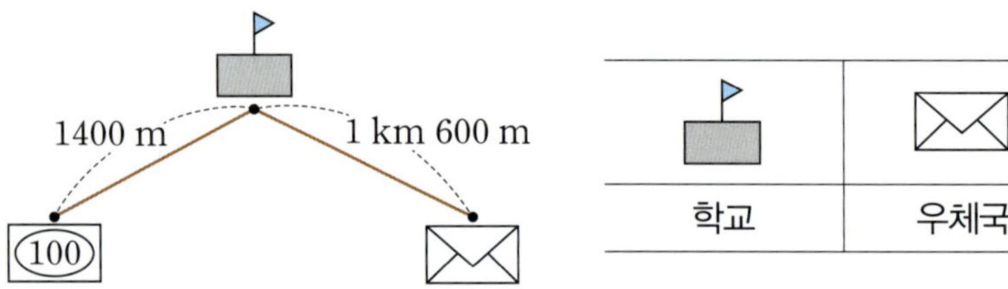

문제 스케치

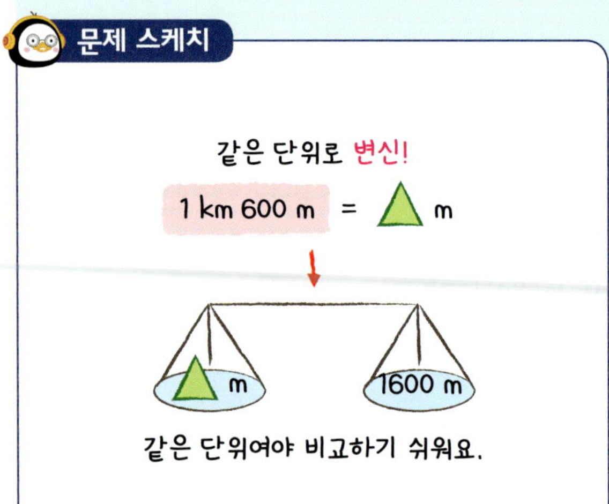

해결하기

학교에서 은행까지의 거리는 ☐ m이고, 학교에서 우체국까지의 거리는 1 km 600 m = ☐ m입니다.

☐ < ☐ 이므로 학교에서 더 가까운 곳은

☐ 이고 1600 m − 1400 m = ☐ m 더 가깝습니다.

2-1 해나네 집에서 야구장과 축구장 중 더 가까운 곳은 어디이고, 몇 m 더 가까운지 구해 보세요.

251029-0475

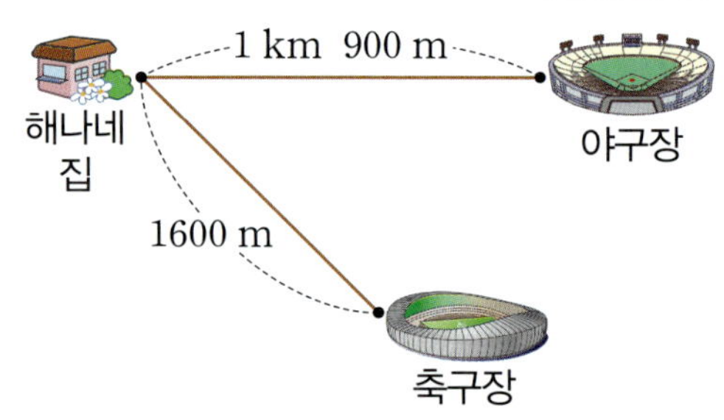

(   ), (   )

2-2 집에서 학교까지 가는데 서점과 문구점 중 어느 곳을 지나서 가는 것이 몇 m 더 가까운지 구해 보세요.

251029-0476

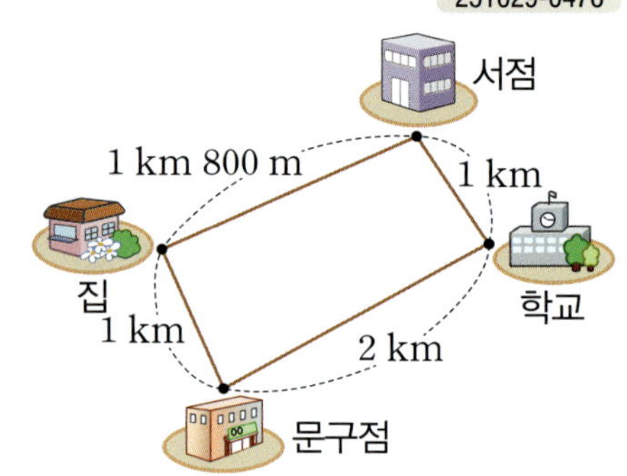

(   ), (   )

대표 응용 3 — 걸리는 시간 구하기

식빵을 만드는 데 가 회사에서 만든 재료를 사용하면 2시간 45분이 걸리고 나 회사에서 만든 재료를 사용하면 가 회사보다 20분 30초가 더 걸린다고 합니다. 나 회사에서 만든 재료를 사용하여 식빵을 만드는 데 걸리는 시간은 몇 분 몇 초가 될지 구해 보세요.

문제 스케치

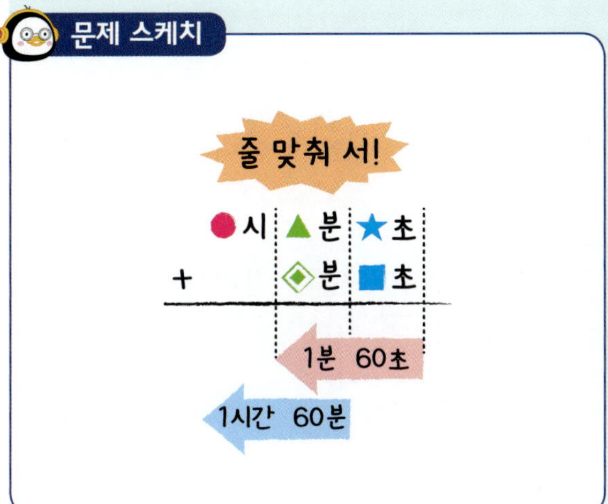

해결하기

2시간 45분에 20분 30초를 (더합니다 , 뺍니다).

분끼리의 합이 60이거나 60보다 크면 60분을 ☐ 시간으로 받아올림합니다.

```
       1
    2  시간   45  분
  +         20  분   30  초
    ☐ 시간   ☐ 분   ☐ 초
```

251029-0477

3-1 가 지역에서 다 지역까지 가는 데 30분 15초가 걸립니다. 중간에 나 지역을 거쳐 가면 15분 50초가 더 걸립니다. 가 지역에서 나 지역을 거쳐 다 지역까지 가는 데 몇 분 몇 초가 걸릴지 구해 보세요.

(   )

251029-0478

3-2 수진이네 집에서 과수원까지 가는 데 ㉮ 길로 가면 3시간 10분 30초가 걸리고, ㉯ 길로 가면 50분이 줄어든다고 합니다. 수진이네 집에서 과수원까지 가는 데 ㉯ 길로 가면 몇 시간 몇 분 몇 초가 걸릴지 구해 보세요.

(   )

대표 응용 4 · 표를 보고 시간의 덧셈과 뺄셈하기

현정이네 마을에서 으뜸 마을과 가락 마을로 각각 가는 첫 버스의 출발 시각과 도착 시각을 나타낸 표입니다. 어느 마을로 가는 버스가 얼마나 더 오래 걸리는지 구해 보세요.

	출발 시각	도착 시각
으뜸 마을	07 : 15	08 : 00
가락 마을	07 : 30	08 : 25

문제 스케치

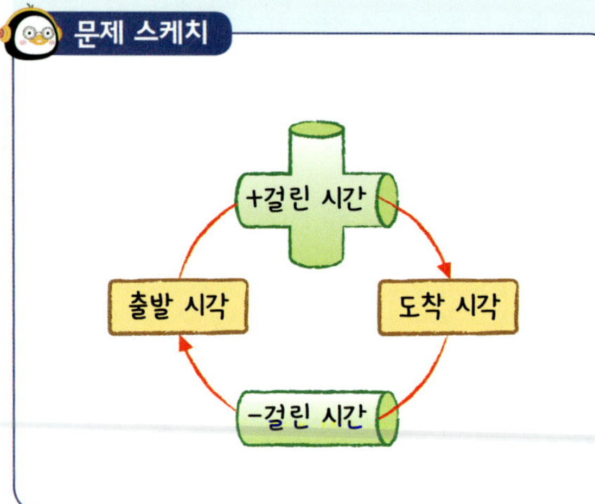

해결하기

- 현정이네 마을에서 으뜸 마을까지 가는 데 걸리는 시간:

  8시 − ☐시 ☐분 = ☐분

- 현정이네 마을에서 가락 마을까지 가는 데 걸리는 시간:

  8시 25분 − ☐시 ☐분 = ☐분

따라서 (으뜸 , 가락) 마을로 가는 버스가 ☐분 더 오래 걸립니다.

251029-0479

4-1 현지네 집 근처 역에서 할머니 댁으로 가는 두 열차의 출발 시각과 도착 시각을 나타낸 표입니다. 어느 열차가 더 오래 걸리는지 구해 보세요.

	출발 시각	도착 시각
가 열차	08 : 45	11 : 55
나 열차	09 : 20	12 : 15

(   )

251029-0480

4-2 오른쪽 체험활동을 쉬는 시간 없이 차례대로 진행했습니다. 수족관 관람을 시작한 시각이 2시 14분일 때 전망대 관람을 마친 시각을 구해 보세요.

체험활동	체험시간
수족관 관람	1시간 20분
승마 체험	2시간 12분
전망대 관람	37분

(   )

대표 응용 5

느리거나 빠르게 가는 시계의 시각 구하기

현진이의 시계는 정확한 시계보다 2분 45초 느립니다. 현재 정확한 시각이 10시 20분 50초라면 현진이의 시계가 가리키는 시각을 구해 보세요.

 **문제 스케치**

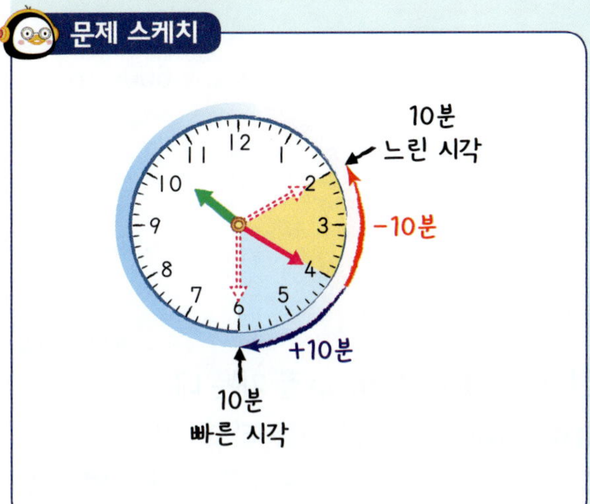

해결하기

현진이의 시계가 현재 시각보다 느리므로 현재 시각에서 느린 시간을 (더합니다 , 뺍니다).

	10 시	20 분	50 초
□		2 분	45 초
	□ 시	□ 분	□ 초

따라서 현진이의 시계가 가리키는 시각은 □ 시 □ 분 □ 초입니다.

251029-0481

5-1 윤서의 시계는 정확한 시계보다 5분 15초 느립니다. 현재 시각이 오른쪽과 같을 때 윤서의 시계가 가리키는 시각을 구해 보세요.

(   )

251029-0482

5-2 혜민이의 시계는 한 시간에 1분 15초씩 빠르게 갑니다. 혜민이의 시계를 오전 10시에 시각을 정확히 맞추었다면 같은 날 오후 3시에 시계가 가리키는 시각을 구해 보세요.

오후 (   )

5 단원

01 251029-0483

☐ 안에 알맞은 수를 써넣으세요.

(1) 31 mm = ☐ cm ☐ mm

(2) 7 cm 2 mm = ☐ mm

(3) 150 mm = ☐ cm

02 251029-0484

수진이가 볼펜의 길이를 재어 보았더니 **17 cm** 보다 **5 mm** 더 길었습니다. 볼펜의 길이는 몇 **mm**인지 구해 보세요.

( )

03 251029-0485

○ 안에 >, =, <를 알맞게 써넣으세요.

(1) 95 mm ○ 9 cm

(2) 2 cm 7 mm ○ 207 mm

04 251029-0486

조건 을 모두 만족하는 길이를 말한 사람의 이름 을 써 보세요.

조건
• 10 cm와 15 cm 사이의 길이입니다.
• 12 cm보다 깁니다.

수지: 10 cm 5 mm
도연: 136 mm
성희: 120 mm

( )

05 중요 251029-0487

길이가 같은 것끼리 이어 보세요.

6060 m	6600 m
6 km 600 m	6 km 60 m
6 km	6000 m

06 251029-0488

성현이는 **6 km 700 m**를 가는 데 **5 km 200 m**는 자전거를 타고 나머지는 모두 걸어서 갔습니다. 성현이가 걸은 거리는 몇 **m**인 지 구해 보세요.

( )

07 251029-0489

우리나라 산의 높이를 나타낸 것입니다. 다음 중 가장 높은 산과 가장 낮은 산의 높이의 차는 몇 **m**인지 구해 보세요.

( )

08 251029-0490

알맞은 단위에 ◯표 하세요.

책상의 긴 쪽의 길이는
약 60 (mm , cm , m , km)입니다.

09 251029-0491

집에서 학교까지의 거리는 약 몇 **m**일까요?

( )

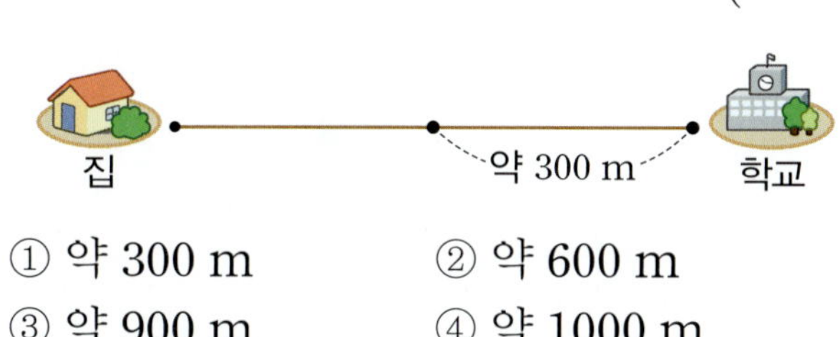

① 약 300 m ② 약 600 m
③ 약 900 m ④ 약 1000 m
⑤ 약 1200 m

10 251029-0492

단위를 잘못 쓴 문장을 찾아 기호를 쓰고 바르게 고쳐 보세요.

㉠ 트럭 긴 쪽의 길이는 약 5 m입니다.
㉡ 교실 앞문의 높이는 약 2 km입니다.

답 ▶ ______________

바르게 고치기 ▶ ______________

11 251029-0493

□ 안에 알맞은 수를 써넣으세요.

• 초바늘이 작은 눈금 한 칸을 가는 동안 걸리는 시간은 □초입니다.

• 초바늘이 시계를 한 바퀴 도는 데 걸리는 시간은 □분=□초입니다.

12 251029-0494

시각을 읽어 보세요.

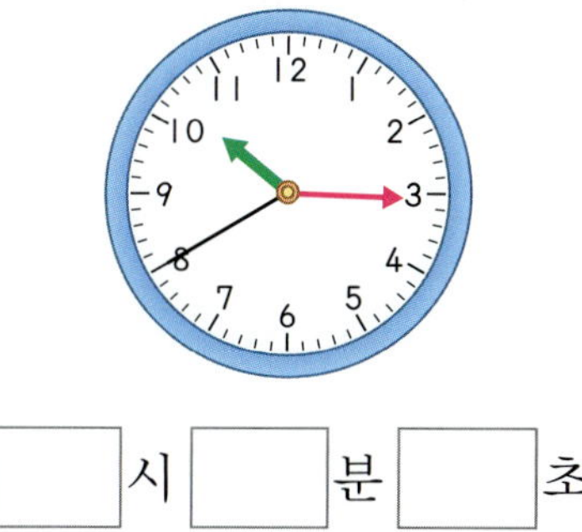

□시 □분 □초

13 251029-0495

□ 안에 알맞은 수를 써넣으세요.

(1) 2분 40초= □ 초+40초
= □ 초

(2) 340초=300초+ □ 초
= □ 분 □ 초

14 251029-0496

시각에 맞게 초바늘을 그려 넣으세요.

12시 20분 53초

15 251029-0497

계산해 보세요.

$$\begin{array}{r} 5\ \text{시} \quad 10\ \text{분} \quad 40\ \text{초} \\ -\ 3\ \text{시} \quad 30\ \text{분} \quad 10\ \text{초} \\ \hline \square\ \text{시간} \quad \square\ \text{분} \quad \square\ \text{초} \end{array}$$

16 현석이는 피아노 연습을 6시 55분부터 시작하여 1시간 30분 동안 하였습니다. 현석이가 피아노 연습을 마친 시각은 몇 시 몇 분일까요?

251029-0498

(   )

17 어느 마라톤 대회에 참가한 선수가 출발선에서 반환점까지 가는 데 1시간 35분 22초가 걸렸고, 돌아올 때는 1시간 17분 42초가 걸렸습니다. 이 선수의 기록은 몇 시간 몇 분 몇 초인지 구해 보세요.

 중요

251029-0499

(   )

18 어느 날의 해가 뜬 시각과 해가 진 시각입니다. 이날 낮의 길이는 몇 시간 몇 분 몇 초일까요?

도전

251029-0500

해가 뜬 시각	해가 진 시각
5시 38분 30초	19시 25분 45초

(   )

19 지희네 집에서 은행까지의 거리는 2 km 600 m이고, 우체국까지의 거리는 3580 m입니다. 지희네 집에서 은행과 우체국 중 어느 곳이 더 가까운지 풀이 과정을 쓰고 답을 구해 보세요.

251029-0501

풀이 ▶

____

____

답 ▶ _______________________

20 네 사람이 줄넘기를 한 시간입니다. 줄넘기를 가장 오래 한 사람은 누구이고, 몇 분 몇 초 동안 했는지 풀이 과정을 쓰고 답을 구해 보세요.

251029-0502

서우	경민	지현	현우
5분 26초	329초	4분 55초	297초

풀이 ▶

____

____

답 ▶ ____________ , ____________

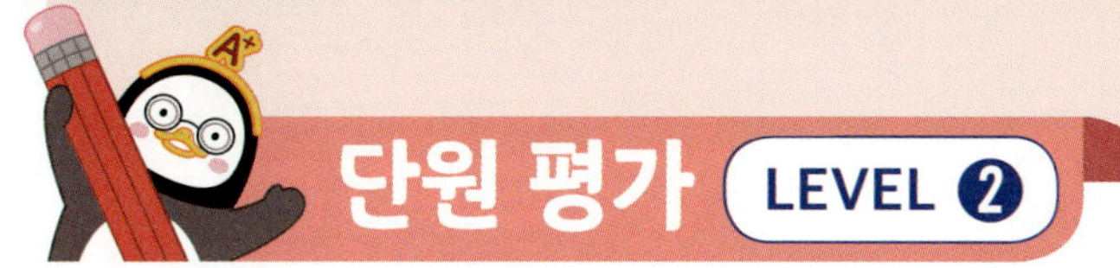

01

251029-0503

나뭇잎의 길이를 쓰고 읽어 보세요.

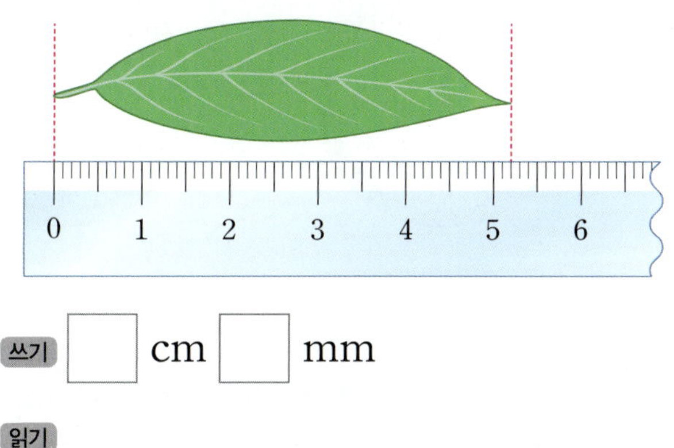

쓰기 ☐ cm ☐ mm

읽기 ________________________

02

251029-0504

<u>잘못</u> 나타낸 것을 찾아 기호를 써 보세요.

> ㉠ 61 mm=6 cm 1 mm
> ㉡ 7 cm 4 mm=74 mm
> ㉢ 830 mm=83 cm
> ㉣ 90 cm=9 mm

(   )

03

251029-0505

정현이의 발 길이를 설명한 것입니다. 정현이의 발 길이는 몇 **cm** 몇 **mm**인지 구해 보세요.

> • 자로 재면 20 cm보다 깁니다.
> • 자로 재면 21 cm보다 짧습니다.
> • 자로 재면 20 cm보다 작은 눈금 3칸만큼 더 깁니다.

(   )

04

251029-0506

단위를 <u>잘못</u> 사용한 것을 찾아 기호를 써 보세요.

> ㉠ 연필심의 길이는 7 mm입니다.
> ㉡ 젓가락의 길이는 25 cm입니다.
> ㉢ 수학책의 두께는 8 cm입니다.

(   )

05

251029-0507

그림을 보고 ☐ 안에 알맞은 수를 써넣으세요.

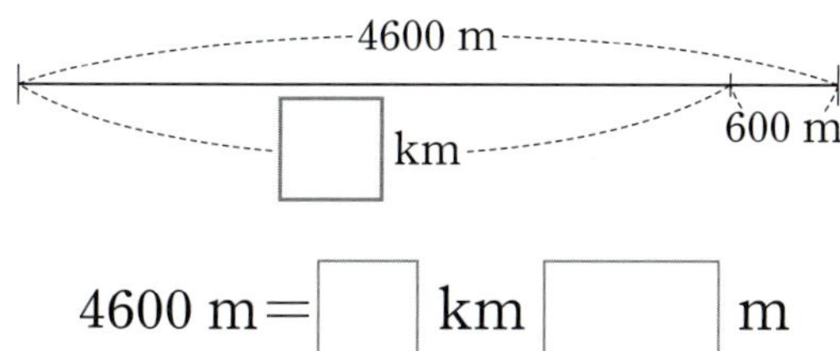

4600 m= ☐ km ☐ m

06

251029-0508

수직선을 보고 ☐ 안에 알맞은 수를 써넣으세요.

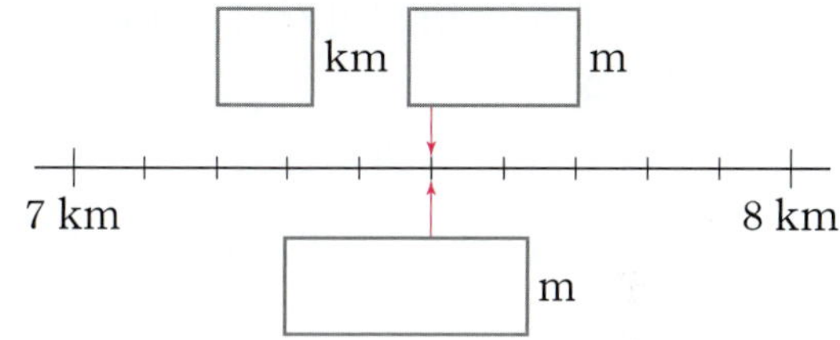

07

251029-0509

☐ 안에 알맞은 수가 큰 것부터 순서대로 기호를 써 보세요.

> • 5000 m=㉠ km
> • 1500 m=1 km ㉡ m
> • 5050 m=5 km ㉢ m

(   )

08

251029-0510

중요

어느 지하철역에서부터 각 장소까지의 거리입니다. 지하철역에서 먼 순서대로 장소를 써 보세요.

도서관	공원
1 km 80 m	1800 m
영화관	문구점
1040 m	1 km 420 m

(   )

09 251029-0511

학교에서 놀이터까지의 거리는 약 **1 km**입니다. 물음에 답하세요.

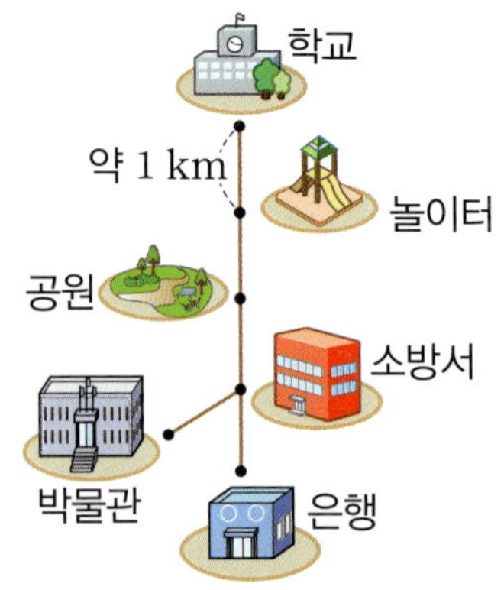

(1) 학교에서 소방서까지의 거리는 약 몇 km 일까요?

약 (   )

(2) 공원에서 길을 따라 이동할 때 약 **2 km** 떨어진 곳에 있는 장소를 모두 써 보세요.

(   )

10 251029-0512

철사를 이용하여 긴 변의 길이가 **10 cm 5 mm**이고, 짧은 변의 길이가 **63 mm**인 직사각형 모양을 만들려고 합니다. 직사각형 모양을 만드는 데 필요한 철사의 길이는 몇 **cm** 몇 **mm**인지 구해 보세요.

(   )

11 251029-0513

□ 안에 알맞은 수를 써넣으세요.

(1) 2분 50초 = [   ] 초

(2) 95초 = [   ] 분 [   ] 초

12 251029-0514

오른쪽 시계에 시곗바늘을 그려 넣으세요.

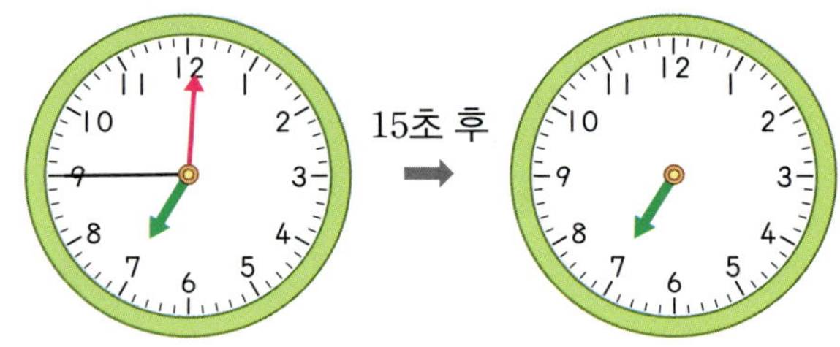

13 251029-0515

시계를 거울에 비춰 보았더니 현재 시각이 다음과 같았습니다. 약속 시각이 **3시**라면 지금부터 약속 시각까지 몇 분 몇 초가 남았는지 구해 보세요.

(   )

14 251029-0516

□ 안에 알맞은 수를 써넣으세요.

	7 시	20 분	12 초
−		40 분	5 초
	[ ] 시	[ ] 분	[ ] 초

15 중요 251029-0517

탑승권을 보고 서울에서 제주도까지 가는 데 걸리는 시간은 몇 시간 몇 분인지 구해 보세요.

[   ] 시간 [   ] 분

16 251029-0518

윤서네 가족은 집에서 오후 1시 34분에 출발하여 3시간 40분이 걸려서 할머니 댁에 도착하였습니다. 윤서네 가족이 할머니 댁에 도착한 시각은 오후 몇 시 몇 분인지 구해 보세요.

( )

17 251029-0519

정현이네 집에서 편의점까지는 15분이 걸립니다. 정현이가 집에서 3시 35분에 출발하여 편의점에 가서 5분 동안 물건을 사고 다시 집으로 돌아왔습니다. 집에 돌아온 시각은 몇 시 몇 분일까요?

( )

18  251029-0520

윤민이네 모둠은 1시간 동안 여러 가지 민속놀이를 하려고 합니다. 합해서 1시간이 넘지 않도록 하는 민속놀이 3가지를 골라 써 보세요.

민속놀이	시간
윷놀이	30분
팽이치기	900초
널뛰기	600초
딱지치기	25분

( )

19 251029-0521

길이가 긴 것부터 순서대로 기호를 쓰려고 합니다. 풀이 과정을 쓰고 답을 구해 보세요.

> ㉠ 2 km
> ㉡ 1830 m
> ㉢ 1 km 90 m
> ㉣ 2021 m

풀이

————————————————

————————————————

————————————————

답 ————————————————

20 251029-0522

상민이의 시계는 매일 10초씩 느려집니다. 상민이는 시계를 2일 전에 정확한 시계와 똑같이 맞추었습니다. 오늘 정확한 시계가 9시 17분 30초일 때 상민이의 시계는 몇 시 몇 분 몇 초를 가리키는지 풀이 과정을 쓰고 답을 구해 보세요.

풀이

————————————————

————————————————

답 ————————————————

6 분수와 소수

단원 학습 목표

1. 전체에 대한 부분의 크기로서의 분수를 이해하고, 쓰고 읽을 수 있습니다.
2. 주어진 분수만큼 도형에 나타내고, 부분을 보고 전체를 알 수 있습니다.
3. 분모가 같은 분수의 크기를 비교할 수 있습니다.
4. 단위분수의 크기를 비교할 수 있습니다.
5. 소수 한 자리 수를 이해하고, 쓰고 읽을 수 있습니다.
6. 소수의 크기를 비교할 수 있습니다.

단원 진도 체크

학습일		학습 내용	진도 체크
1일째	월 일	개념 1 똑같이 나누어 볼까요 개념 2 분수를 알아볼까요 (1) 개념 3 분수를 알아볼까요 (2)	✓
2일째	월 일	교과서 넘어 보기 + 교과서 속 응용 문제	✓
3일째	월 일	개념 4 분모가 같은 분수의 크기를 비교해 볼까요 개념 5 단위분수의 크기를 비교해 볼까요	✓
4일째	월 일	교과서 넘어 보기 + 교과서 속 응용 문제	✓
5일째	월 일	개념 6 소수를 알아볼까요 (1) 개념 7 소수를 알아볼까요 (2) 개념 8 소수의 크기를 비교해 볼까요	✓
6일째	월 일	교과서 넘어 보기 + 교과서 속 응용 문제	✓
7일째	월 일	응용 1 수 카드로 분수와 소수 만들기 응용 2 조건을 만족하는 분수의 개수 구하기 응용 3 □ 안에 공통으로 들어갈 수 구하기	✓
8일째	월 일	단원 평가 LEVEL ❶	✓
9일째	월 일	단원 평가 LEVEL ❷	✓

이 단원을 진도 체크에 맞춰 9일 동안 학습해 보세요.
해당 부분을 공부하고 나서 ✓표를 하세요.

수연이는 이번 여름 방학에 계획을 잘 세워서 독서도 하고 운동도 꾸준히 할 생각이 에요.

수연이는 계획표를 몇 칸으로 똑같이 나누었나요? 그중에서 색칠하지 않은 칸은 전체의 얼마일까요?

방학 동안 수연이의 키는 얼마나 크게 될까요? 키를 잴 때 두 수 사이에 있는 눈금은 얼마로 읽어야 할까요?

이번 6단원에서는 크기나 양을 분수와 소수로 나타내고 크기를 비교하는 방법을 배울 거예요.

개념 **1** 똑같이 나누어 볼까요

(1) 똑같이 둘로 나누기

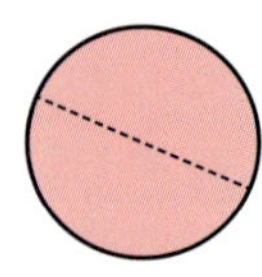 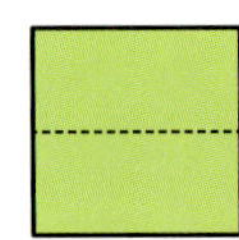 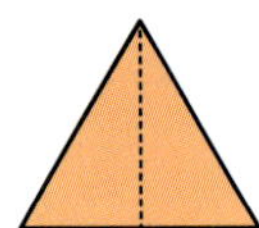 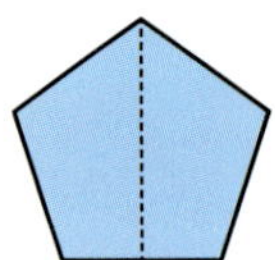

(2) 똑같이 넷으로 나누기

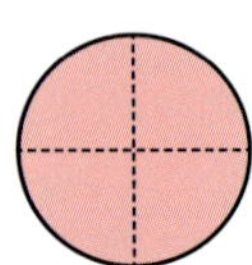 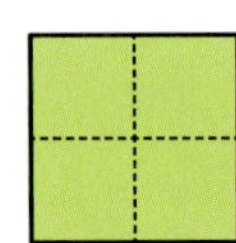 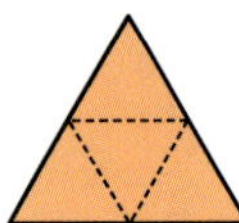 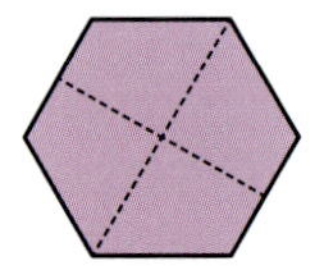

똑같이 나누면 나누어진 조각의 크기와 모양이 모두 같습니다.

● **색종이를 똑같이 넷으로 나누기**

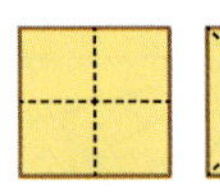 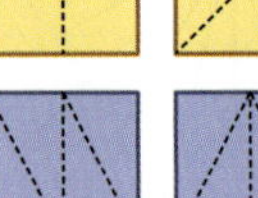 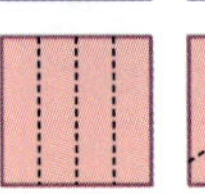  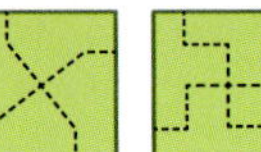

---

01 똑같이 넷으로 나눈 것을 찾아 ○표 하세요.

251029-0523

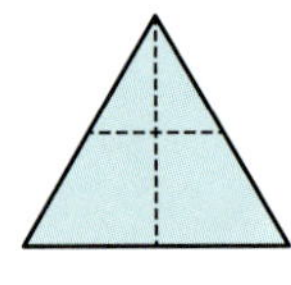 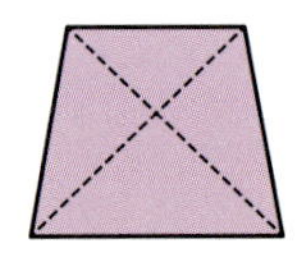 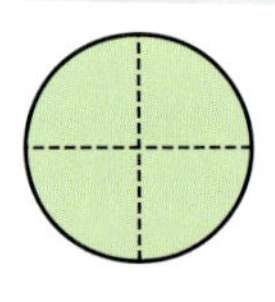

(   )   (   )   (   )

02 주어진 점을 이용하여 똑같이 셋으로 나누어 보세요.

251029-0524

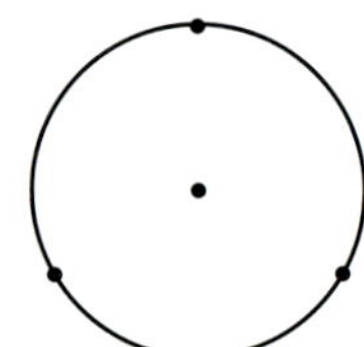

03 똑같이 나누어진 도형에 ○표, 똑같이 나누어지지 **않은** 도형에 ×표 하세요.

251029-0525

(1) 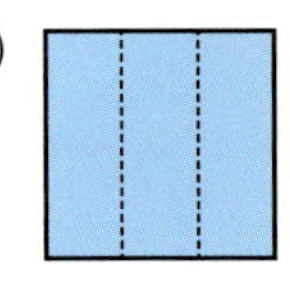 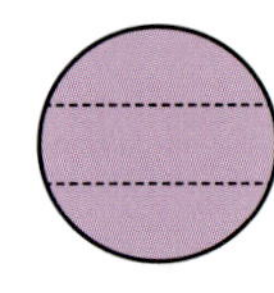 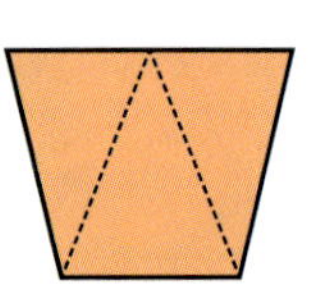

(   )   (   )   (   )

(2) 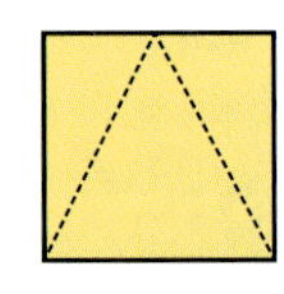 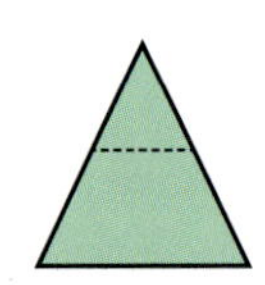

(   )   (   )   (   )

(3) 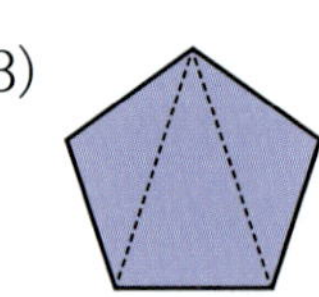 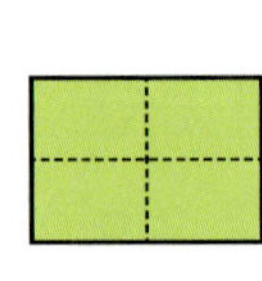 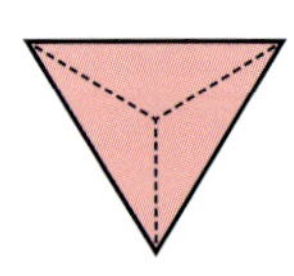

(   )   (   )   (   )

개념 **2** 분수를 알아볼까요 (1)

(1) 부분과 전체 알아보기

부분 □ 은 전체 □ 를 똑같이 2로 나눈 것 중의 1입니다.

예 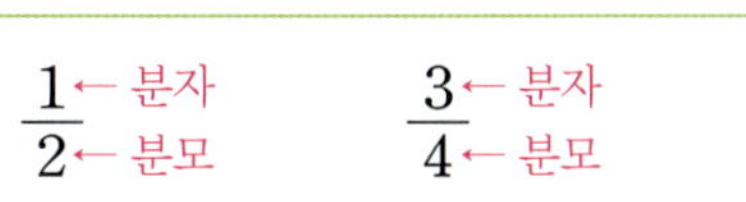

부분 □ 은 전체 □ 를 똑같이 3으로 나눈 것 중의 1입니다.

(2) 분수 알아보기

전체를 똑같이 2로 나눈 것 중의 1을 $\frac{1}{2}$이라 쓰고 2분의 1이라고 읽습니다.

전체를 똑같이 4로 나눈 것 중의 3을 $\frac{3}{4}$이라 쓰고 4분의 3이라고 읽습니다.

$\frac{1}{2}$, $\frac{3}{4}$과 같은 수를 분수라고 합니다.

$$\frac{1}{2} \begin{matrix}\leftarrow 분자\\ \leftarrow 분모\end{matrix} \qquad \frac{3}{4} \begin{matrix}\leftarrow 분자\\ \leftarrow 분모\end{matrix}$$

● 분수 $\frac{3}{4}$ 이해하기

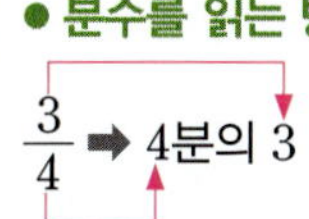

부분  은 전체를 똑같이 4로 나눈 것 중의 3입니다.

$$\frac{3}{4} \begin{matrix}\leftarrow 부분의 수\\ \leftarrow 전체를 똑같이 나눈 수\end{matrix}$$

● **분수를 읽는 방법**

$$\frac{3}{4} \Rightarrow 4분의 3$$

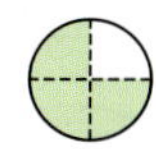

251029-0526

04 그림을 보고 □ 안에 알맞은 수를 써넣으세요.

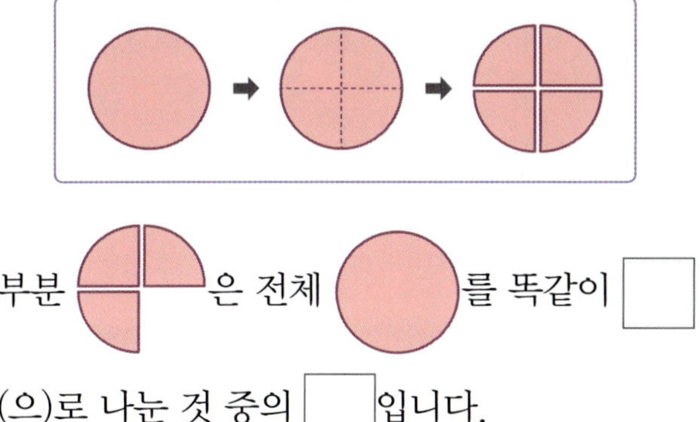

부분 □ 은 전체 ○ 를 똑같이 □

(으)로 나눈 것 중의 □ 입니다.

251029-0527

05 □ 안에 알맞은 수를 써넣으세요.

색칠한 부분은 전체를 똑같이 7로 나눈 것 중의 3입니다. 색칠한 부분을 분수로 나타내면

$\dfrac{\square}{\square}$ (이)라 쓰고 □ 분의 □ (이)라고 읽

습니다.

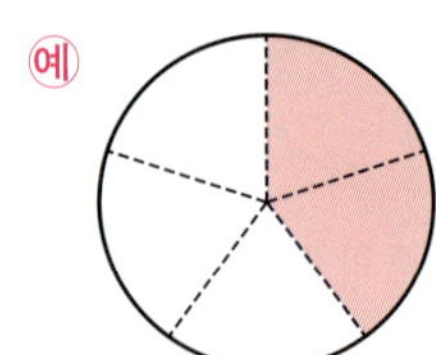 **개념 3** 분수를 알아볼까요 (2)

(1) 색칠한 부분과 색칠하지 않은 부분을 분수로 나타내기

예

- 색칠한 부분

  전체를 똑같이 5로 나눈 것 중의 2입니다.

  ➡ 색칠한 부분은 전체의 $\dfrac{2}{5}$입니다.

- 색칠하지 않은 부분

  전체를 똑같이 5로 나눈 것 중의 3입니다.

  ➡ 색칠하지 않은 부분은 전체의 $\dfrac{3}{5}$입니다.

(2) 분수만큼 색칠하여 나타내기

예 $\dfrac{5}{8}$만큼 색칠하기

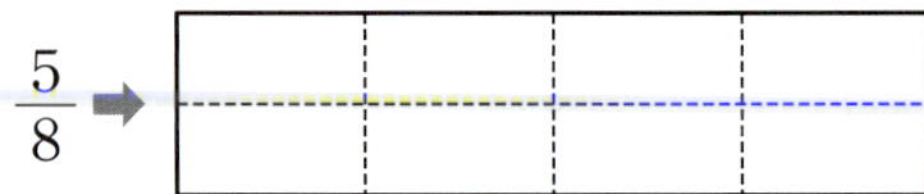

전체를 똑같이 8로 나누고 그중 5만큼 색칠합니다.

(3) 부분을 보고 전체 알아보기

예 **와플과 초콜릿의 전체 알아보기**

- 남은 와플이 전체의 $\dfrac{1}{2}$이므로 전체 와플은 똑같이 $\dfrac{1}{2}$만큼을 더 그립니다.

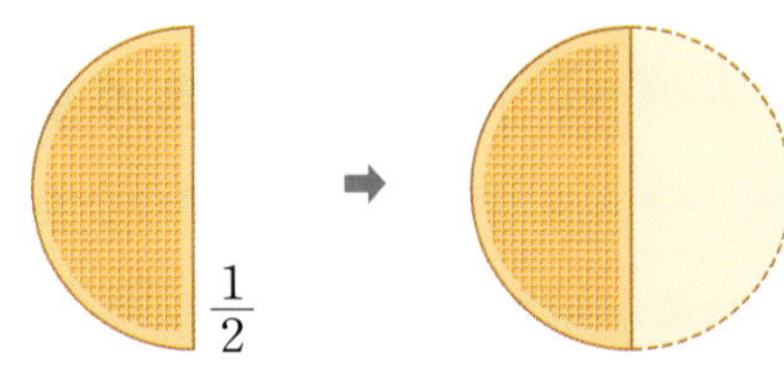

- 남은 초콜릿이 전체의 $\dfrac{1}{4}$이므로 전체 초콜릿은 똑같이 $\dfrac{3}{4}$만큼을 더 그립니다.

부분 ■은 전체를 똑같이 4로 나눈 것 중의 1이므로 전체가 되려면 나머지 3이 더 있어야 합니다.

● **남은 부분과 먹은 부분을 분수로 나타내기**

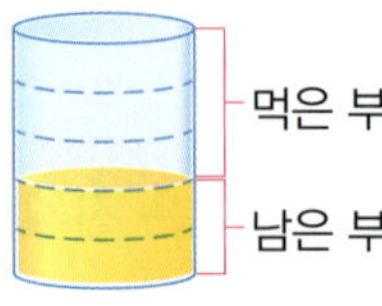

- 남은 부분은 전체의 $\dfrac{2}{5}$입니다.
- 먹은 부분은 전체의 $\dfrac{3}{5}$입니다.

● **색칠한 부분과 색칠하지 않은 부분**

전체에서 색칠한 부분을 알면 색칠하지 않는 부분을 알 수 있습니다.

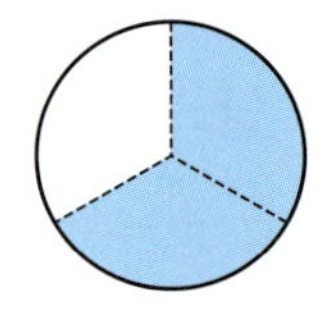

전체	색칠한 부분	색칠하지 않은 부분
3	2	1
$1=\dfrac{3}{3}$	$\dfrac{2}{3}$	$\dfrac{1}{3}$

● **전체와 1의 관계**

- 와플 $\dfrac{1}{2}$조각이 2개 있어야 전체가 됩니다. 즉, 전체는 $\dfrac{2}{2}=1$과 같습니다.
- 초콜릿 $\dfrac{1}{4}$조각이 4개 있어야 전체가 됩니다. 즉, 전체는 $\dfrac{4}{4}=1$과 같습니다.

[06~09] 상현이가 먹은 간식입니다. 남은 부분과 먹은 부분을 분수로 나타내 보세요.

06 251029-0528

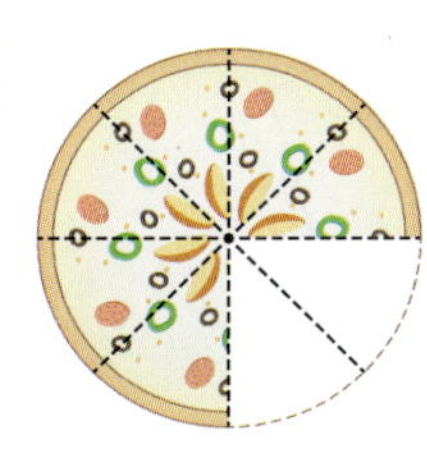

남은 부분: 전체의 $\dfrac{6}{8}$

먹은 부분: 전체의 $\dfrac{\square}{8}$

07 251029-0529

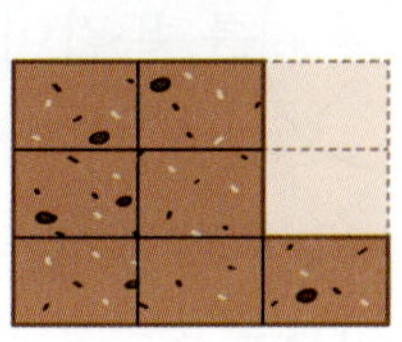

남은 부분: 전체의 $\dfrac{\square}{9}$

먹은 부분: 전체의 $\dfrac{\square}{9}$

08 251029-0530

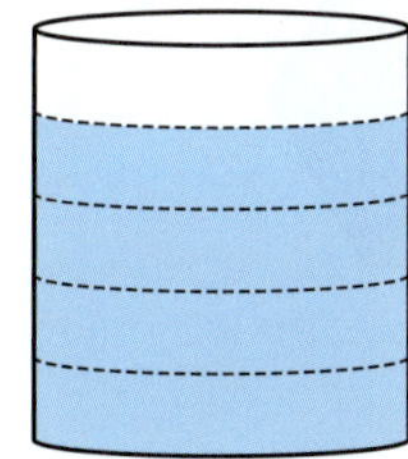

남은 부분: 전체의 $\dfrac{\square}{5}$

먹은 부분: 전체의 $\dfrac{\square}{5}$

09 251029-0531

남은 부분: 전체의 $\dfrac{\square}{6}$

먹은 부분: 전체의 $\dfrac{\square}{6}$

[10~11] 색칠한 부분과 색칠하지 않은 부분은 전체의 얼마인지 분수로 나타내 보세요.

10 251029-0532

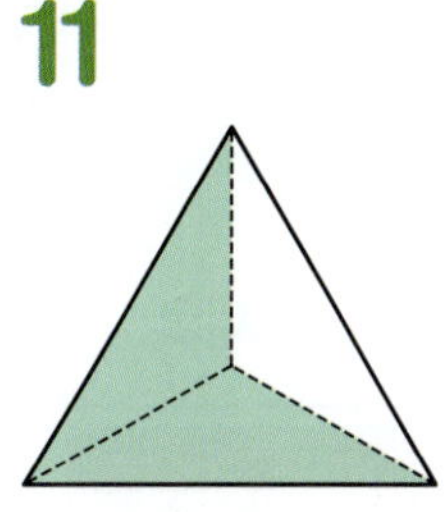

색칠한 부분: 전체의 $\dfrac{\square}{\square}$

색칠하지 않은 부분: 전체의 $\dfrac{\square}{\square}$

11 251029-0533

색칠한 부분: 전체의 $\dfrac{\square}{\square}$

색칠하지 않은 부분: 전체의 $\dfrac{\square}{\square}$

[12~13] 주어진 분수만큼 색칠해 보세요.

12 251029-0534

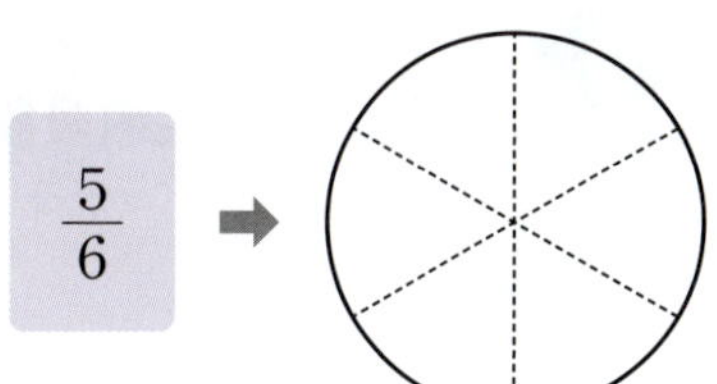

$\dfrac{5}{6}$ ➡

13 251029-0535

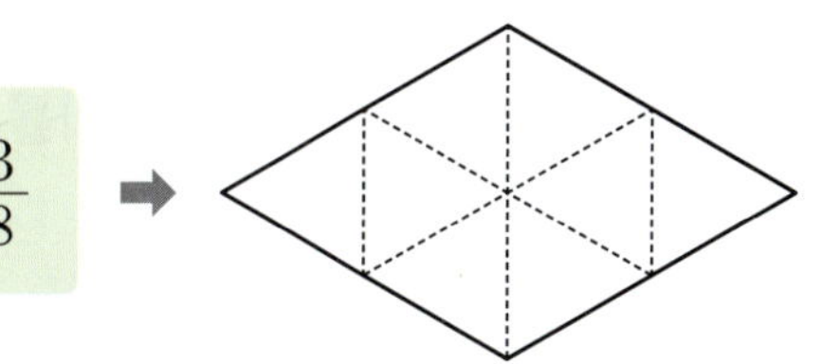

$\dfrac{3}{8}$ ➡

01 똑같이 나누어진 도형을 찾아 ○표 하세요.

251029-0536

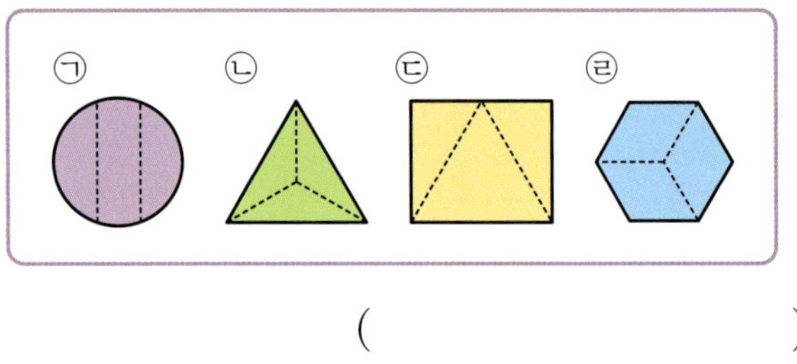

(   ) (   ) (   )

02 똑같이 셋으로 나눈 도형을 모두 찾아 기호를 써 보세요.

251029-0537

(   )

[03~04] 여러 나라의 국기를 보고 물음에 답하세요.

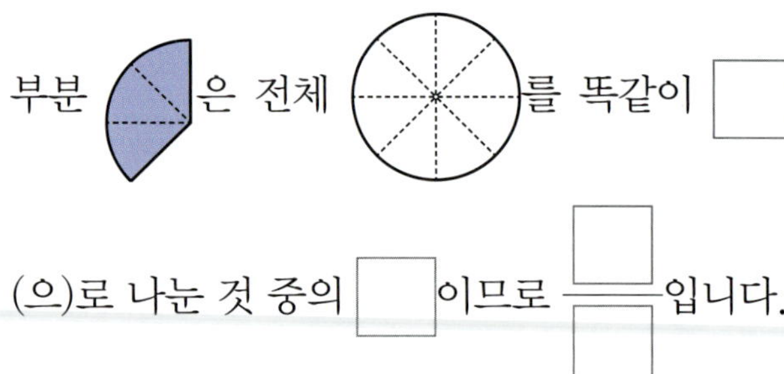

03 국기가 똑같이 둘로 나누어진 나라를 모두 찾아 써 보세요.

251029-0538

(   )

04 국기가 똑같이 셋으로 나누어진 나라를 모두 찾아 써 보세요.

251029-0539

(   )

05 도형을 똑같이 다섯으로 나누어 보세요.

251029-0540

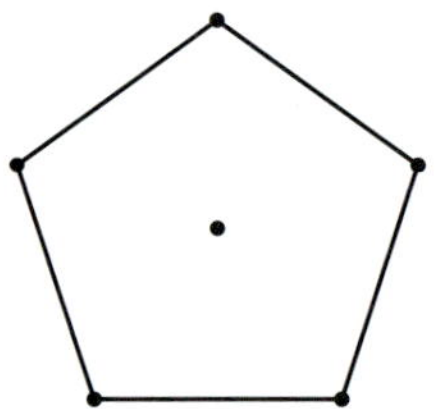

06 ☐ 안에 알맞은 수를 써넣으세요.

251029-0541

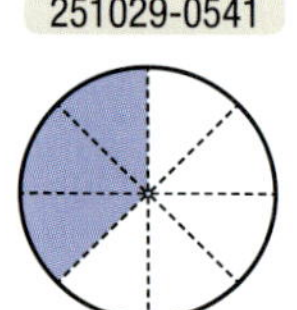

부분 은 전체 를 똑같이 ☐

(으)로 나눈 것 중의 ☐ 이므로 $\dfrac{\square}{\square}$ 입니다.

07 ☐ 안에 알맞은 수를 써넣으세요.

251029-0542

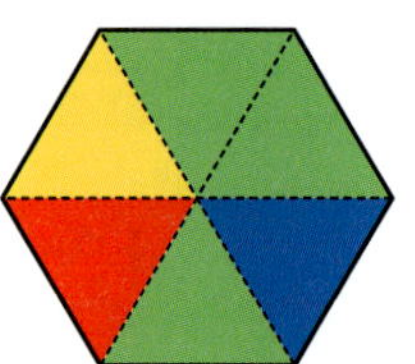

빨간색 부분은 전체의 $\dfrac{\square}{\square}$ 입니다.

08 $\dfrac{4}{5}$ 만큼 색칠한 것을 모두 찾아 ○표 하세요.

251029-0543

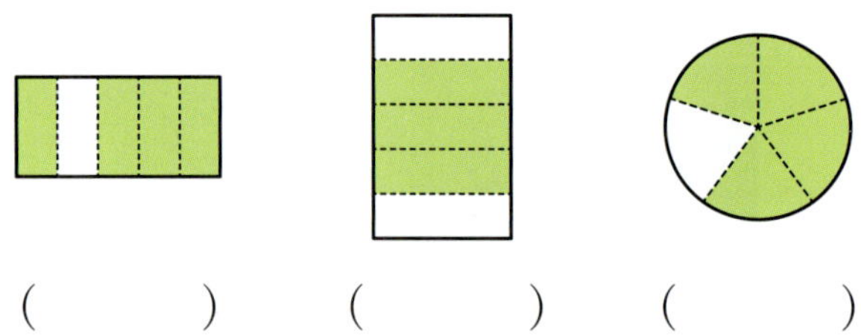

(   ) (   ) (   )

251029-0544

09 색칠한 부분을 분수로 쓰고 읽어 보세요.

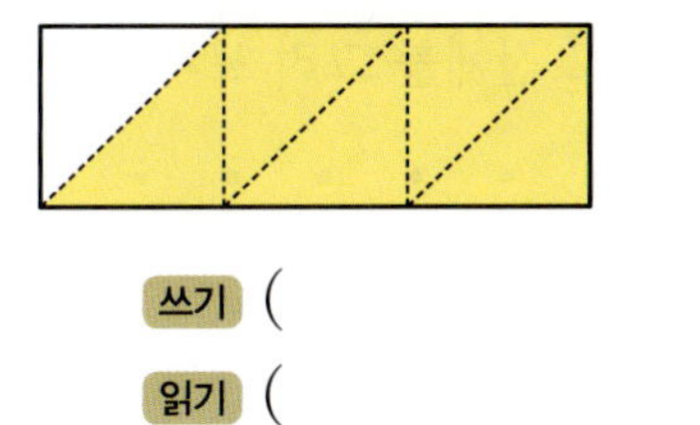

쓰기 (   )

읽기 (   )

251029-0545

10 관계있는 것끼리 이어 보세요.

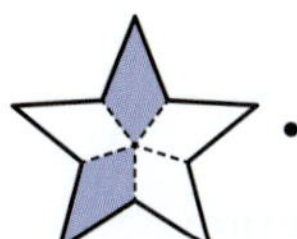 •

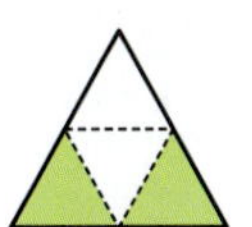 •

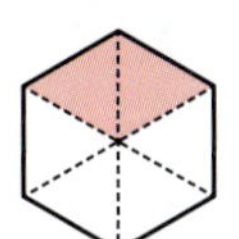 •

• $\dfrac{2}{6}$

• $\dfrac{2}{4}$

• $\dfrac{2}{5}$

251029-0546

11 $\dfrac{5}{8}$ 만큼 색칠해 보세요.

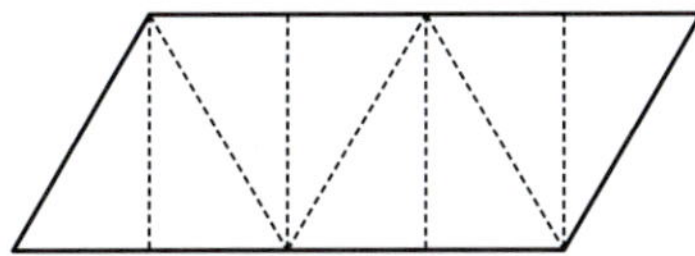

251029-0547

12 텃밭에 오이를 심고 남은 부분은 모두 토마토를 심었습니다. 토마토를 심은 부분을 분수로 나타 내 보세요.

오이	오이	오이
오이		

(   )

[13~14] 색칠한 부분과 색칠하지 않은 부분을 분수로 나타내 보세요.

251029-0548

13 중요

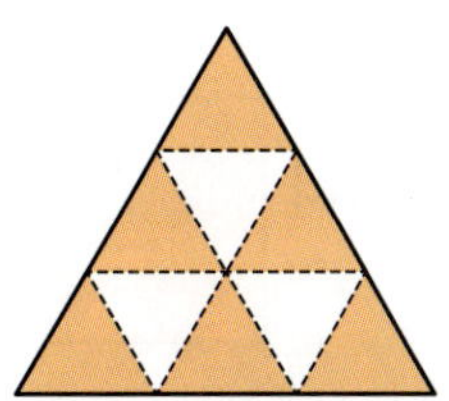

• 색칠한 부분: ☐

• 색칠하지 않은 부분: ☐

251029-0549

14

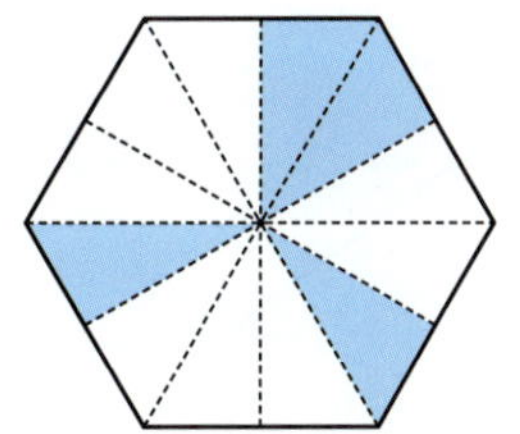

• 색칠한 부분: ☐

• 색칠하지 않은 부분: ☐

251029-0550

15 부분을 보고 전체를 그려 보세요.

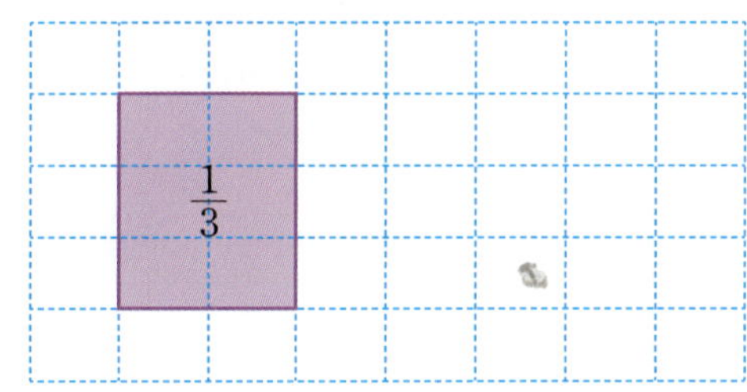

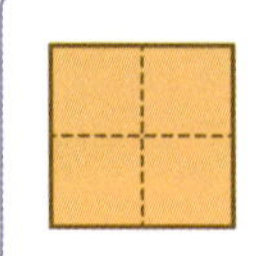

16 전체에 알맞은 도형을 모두 찾아 기호를 써 보세요.

중요

> 전체를 똑같이 6으로 나눈 것 중의 4입니다.

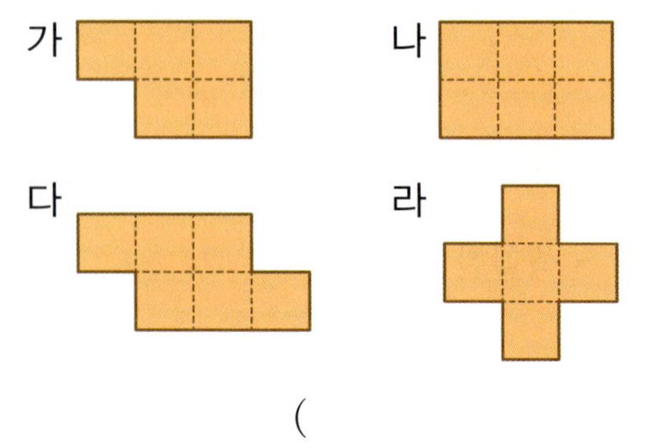

(   )

17 $\frac{3}{5}$만큼 색칠하려고 합니다. 몇 칸을 더 색칠해야 할까요?

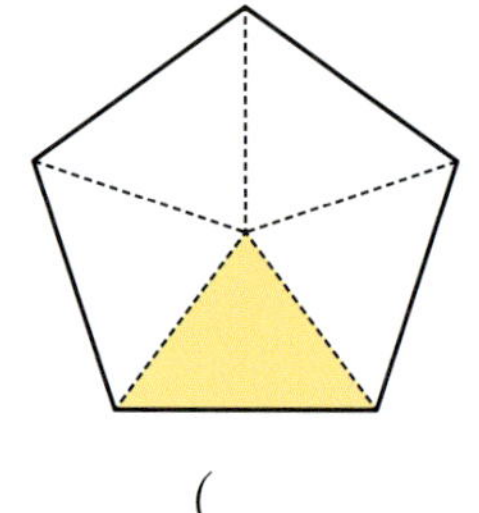

(   )

18 7개의 조각으로 만든 정사각형을 전체로 할 때 조각 가는 전체의 얼마인지 분수로 나타내 보세요.

도전

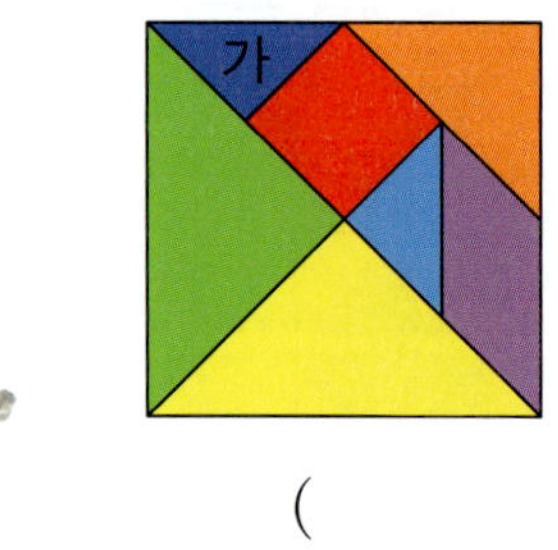

(   )

부분을 보고 전체 그리기

예 부분을 보고 전체를 그려 보세요.

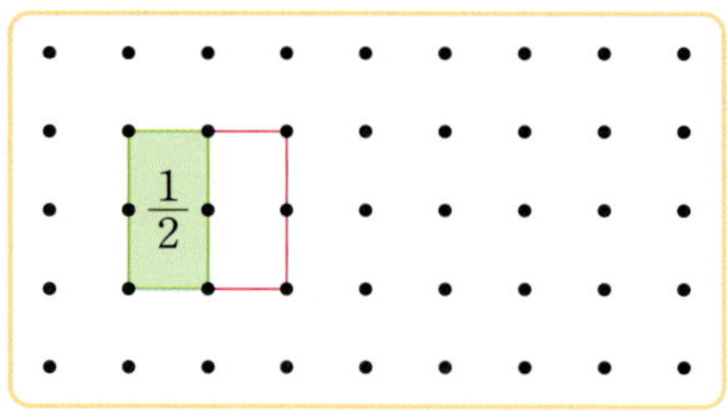

전체 2조각 중에 1조각 이므로 전체는 같은 크기의 조각을 1개 더 그립니다.

---

19 부분을 보고 전체를 그려 보세요.

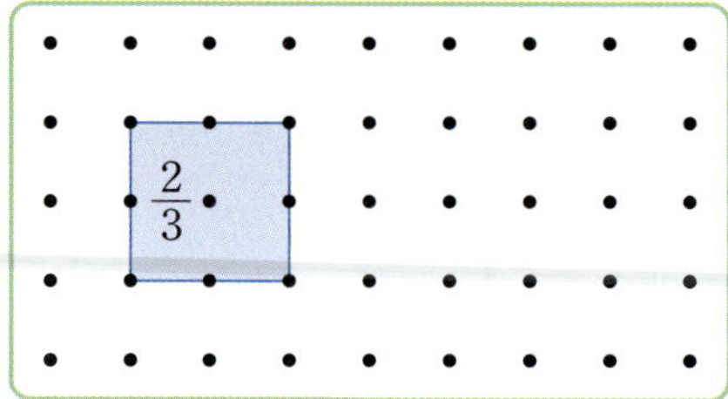

20 부분을 보고 전체를 그려 보세요.

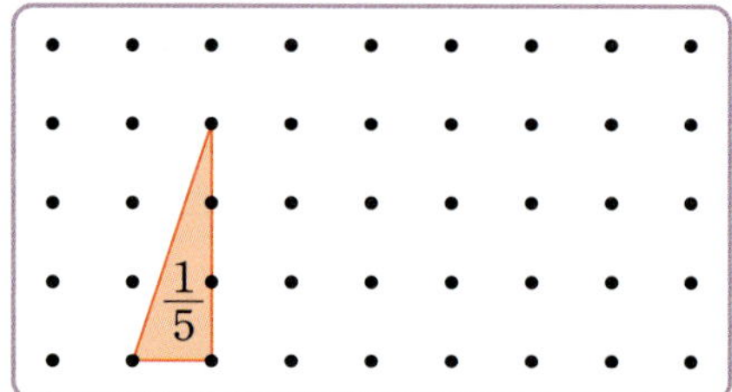

21 부분을 보고 전체를 그려 보세요.

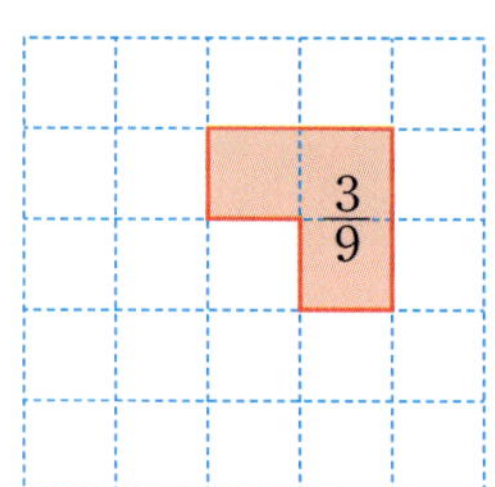

개념 4 분모가 같은 분수의 크기를 비교해 볼까요

㉖ $\dfrac{3}{6}$과 $\dfrac{5}{6}$의 크기 비교

(1) 분수만큼 색칠하여 비교하기

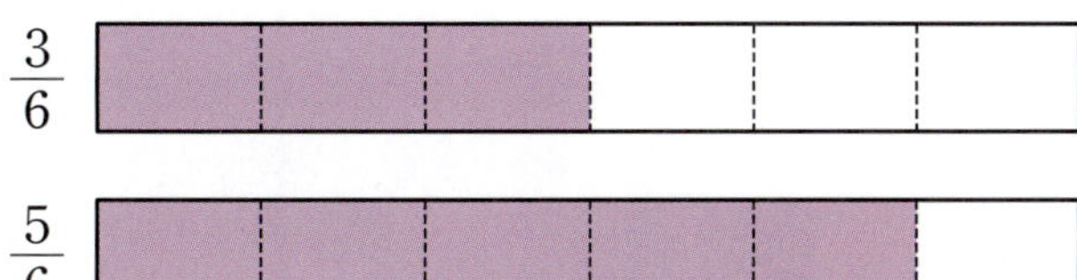

$\dfrac{3}{6}$은 전체를 똑같이 6으로 나눈 것 중의 3만큼, $\dfrac{5}{6}$는 전체를 똑같이 6으로 나눈 것 중의 5만큼 색칠합니다.

➡ 색칠한 부분을 비교하면 $\dfrac{3}{6}$이 $\dfrac{5}{6}$보다 더 작습니다. ➡ $\dfrac{3}{6} < \dfrac{5}{6}$

(2) $\dfrac{1}{6}$이 몇 개인지 세어 비교하기

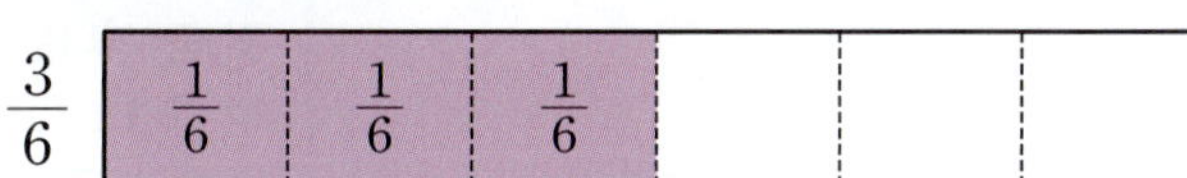

$\dfrac{3}{6}$은 $\dfrac{1}{6}$이 3개, $\dfrac{5}{6}$는 $\dfrac{1}{6}$이 5개입니다.

➡ $\dfrac{1}{6}$의 개수를 비교하면 3<5이므로 $\dfrac{3}{6}$이 $\dfrac{5}{6}$보다 더 작습니다. ➡ $\dfrac{3}{6} < \dfrac{5}{6}$

> 분모가 같은 분수는 분자가 클수록 더 큽니다.
>
> 

- $\dfrac{\blacktriangle}{\blacksquare}$ 는 $\dfrac{1}{\blacksquare}$ 이 ▲개입니다.

- $\dfrac{7}{9}$과 $\dfrac{2}{9}$의 크기 비교

- $\dfrac{7}{9}$은 $\dfrac{1}{9}$이 7개, $\dfrac{2}{9}$는 $\dfrac{1}{9}$이 2개입니다.

➡ $\dfrac{7}{9} > \dfrac{2}{9}$

- 분모가 같으므로 분자를 비교하면 7>2입니다.

➡ $\dfrac{7}{9} > \dfrac{2}{9}$

251029-0557

01 두 분수의 크기를 비교하여 ○ 안에 >, =, <를 알맞게 써넣으세요.

(1) $\dfrac{4}{5} \bigcirc \dfrac{3}{5}$

(2) $\dfrac{7}{12} \bigcirc \dfrac{10}{12}$

251029-0558

02 주어진 분수만큼 색칠하고 ○ 안에 >, =, <를 알맞게 써넣으세요.

$\dfrac{3}{4}$

$\dfrac{2}{4}$

$\dfrac{3}{4} \bigcirc \dfrac{2}{4}$

개념 **5** 단위분수의 크기를 비교해 볼까요

(1) 단위분수 알아보기

분수 중에서 $\frac{1}{2}$, $\frac{1}{3}$, $\frac{1}{4}$, $\frac{1}{5}$, $\frac{1}{6}$, …과 같이 분자가 1인 분수를 단위분수라고 합니다.

(2) 단위분수의 크기 비교하기

• $\frac{1}{2}$과 $\frac{1}{3}$의 크기 비교

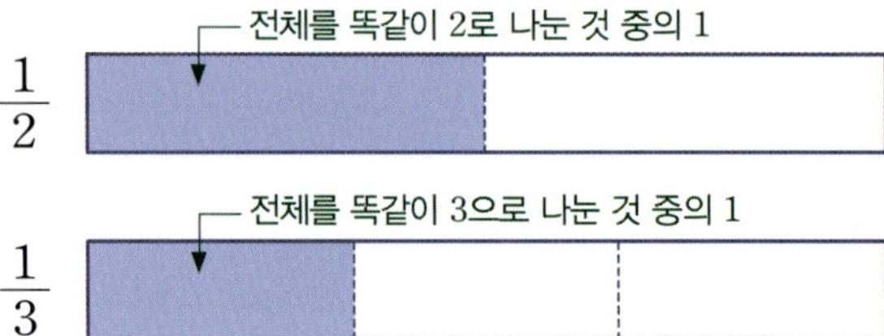

분수만큼 색칠한 부분을 비교하면 $\frac{1}{2}$이 $\frac{1}{3}$보다 더 큽니다. ➡ $\frac{1}{2} > \frac{1}{3}$

• $\frac{1}{3}$과 $\frac{1}{4}$의 크기 비교

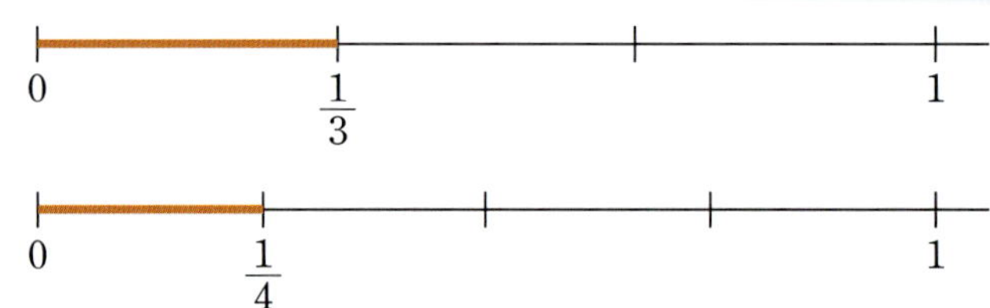

수직선에 나타낸 길이를 비교하면 $\frac{1}{3}$이 $\frac{1}{4}$보다 더 큽니다. ➡ $\frac{1}{3} > \frac{1}{4}$

> 단위분수는 분모가 작을수록 더 큽니다.
>
>  ■ < ▲ ➡ $\frac{1}{■} > \frac{1}{▲}$

(3) 여러 가지 단위분수의 크기 비교하기

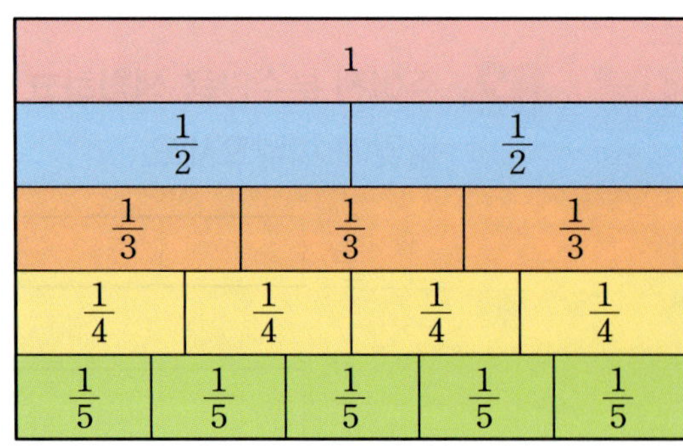

● **단위분수의 크기**
분모가 클수록 전체를 똑같이 나눈 것 중 하나는 작아지므로 단위분수의 크기는 분모가 클수록 작습니다.

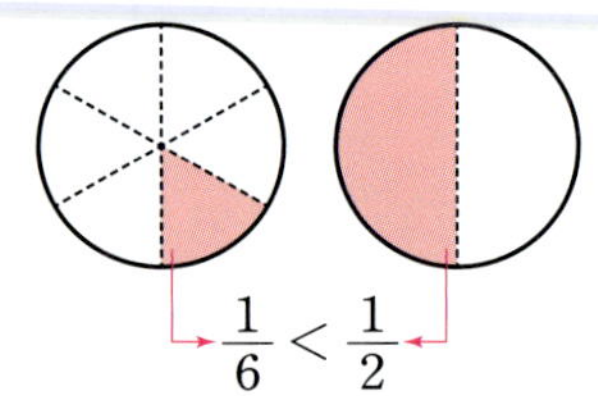

03 251029-0559

□ 안에 알맞은 수나 말을 써넣으세요.

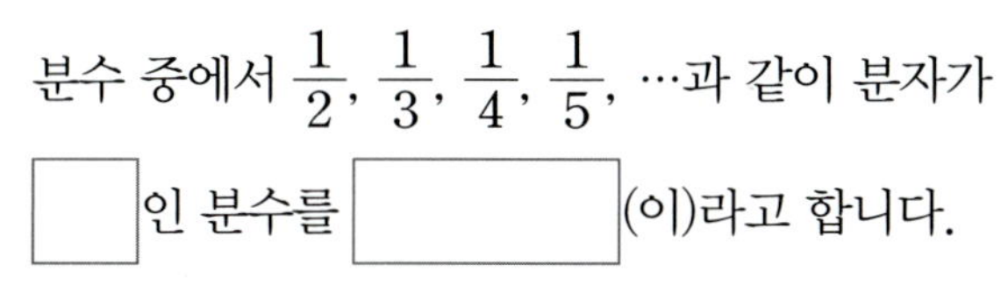

분수 중에서 $\frac{1}{2}$, $\frac{1}{3}$, $\frac{1}{4}$, $\frac{1}{5}$, …과 같이 분자가 □ 인 분수를 [　　　　] (이)라고 합니다.

04 251029-0560

단위분수가 있는 칸을 모두 색칠해 보세요.

$\frac{1}{4}$	$\frac{3}{5}$	$\frac{1}{12}$
$\frac{5}{6}$	$\frac{1}{9}$	$\frac{2}{7}$

05 251029-0561

$\frac{1}{5}$과 $\frac{1}{8}$의 크기를 비교하려고 합니다. 물음에 답하세요.

(1) 주어진 분수만큼 색칠해 보세요.

$\frac{1}{5}$

$\frac{1}{8}$

(2) 알맞은 말에 ◯표 하세요.

색칠한 부분의 넓이를 비교하면 $\frac{1}{5}$이 $\frac{1}{8}$ 보다 더 (넓습니다 , 좁습니다).

(3) ◯ 안에 >, =, <를 알맞게 써넣으세요.

$\frac{1}{5}$ ◯ $\frac{1}{8}$

06 251029-0562

주어진 분수만큼 색칠하고 ◯ 안에 >, =, <를 알맞게 써넣으세요.

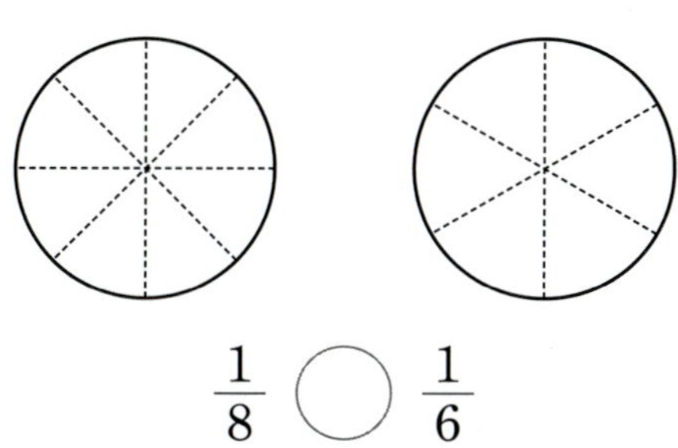

$\frac{1}{8}$ ◯ $\frac{1}{6}$

07 251029-0563

$\frac{1}{7}$과 $\frac{1}{4}$을 수직선에 ▬로 나타내고 ◯ 안에 >, =, <를 알맞게 써넣으세요.

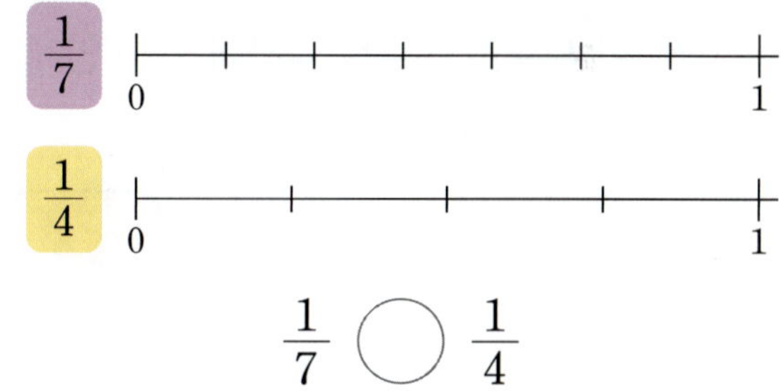

$\frac{1}{7}$ ◯ $\frac{1}{4}$

08 251029-0564

그림을 보고 □ 안에 알맞은 분수를 써넣고, 가장 작은 분수에 ◯표 하세요.

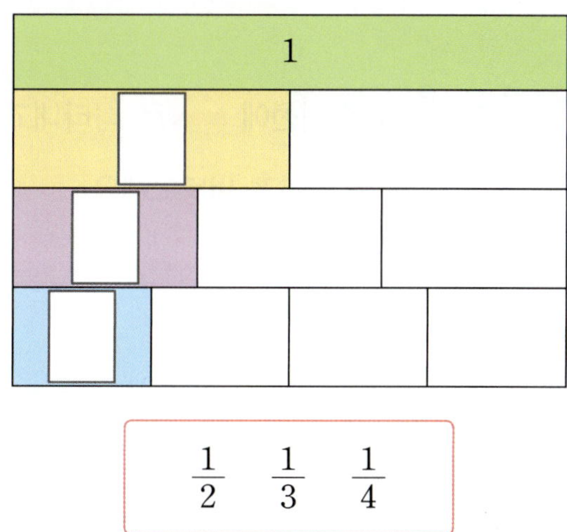

$\frac{1}{2}$　$\frac{1}{3}$　$\frac{1}{4}$

01 251029-0565

주어진 분수만큼 색칠하고, 두 분수의 크기를 비교해 보세요.

$\dfrac{3}{7}$

$\dfrac{5}{7}$

$\dfrac{3}{7}$은 $\dfrac{1}{7}$이 $\square$개, $\dfrac{5}{7}$는 $\dfrac{1}{7}$이 $\square$개이므로

$\dfrac{3}{7}$은 $\dfrac{5}{7}$보다 더 (큽니다 , 작습니다).

02 251029-0566

색칠한 부분을 분수로 나타내고 ○ 안에 >, =, <를 알맞게 써넣으세요.

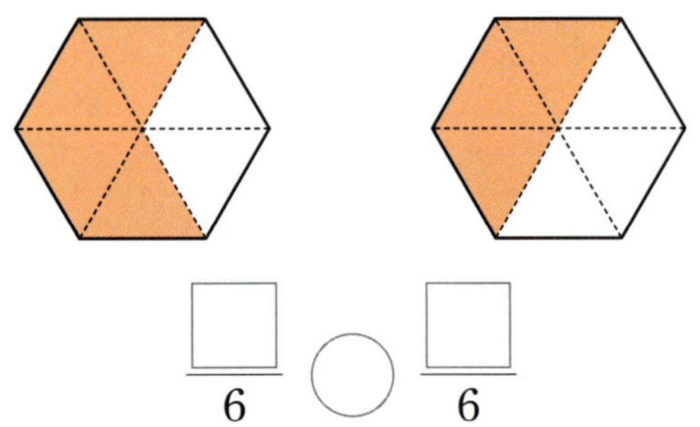

$\dfrac{\square}{6}$ ○ $\dfrac{\square}{6}$

03 251029-0567

$\dfrac{7}{9}$과 $\dfrac{3}{9}$을 수직선에 ▬로 나타내고 ○ 안에 >, =, <를 알맞게 써넣으세요.

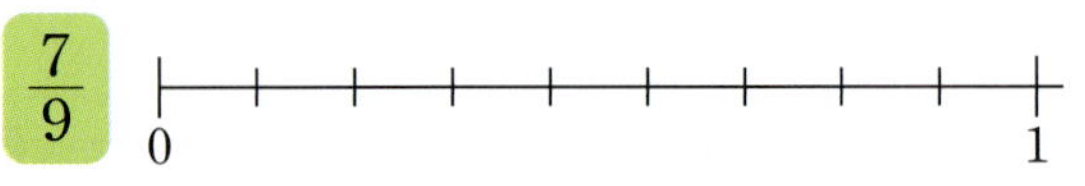

$\dfrac{7}{9}$

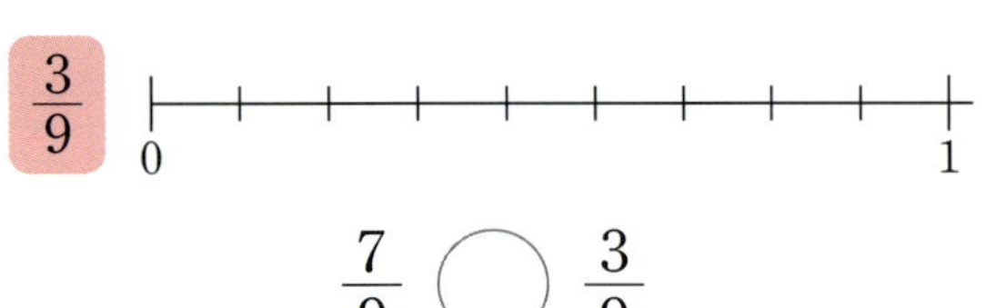

$\dfrac{3}{9}$

$\dfrac{7}{9}$ ○ $\dfrac{3}{9}$

04 251029-0568

가장 큰 분수를 말한 사람의 이름을 써 보세요.

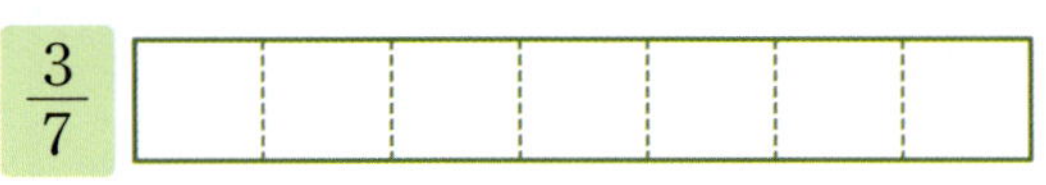

소민: $\dfrac{1}{15}$이 5개인 수

준하: $\dfrac{1}{15}$이 7개인 수

효준: $\dfrac{1}{15}$이 9개인 수

(   )

05 251029-0569 중요

두 분수의 크기를 비교하여 ○ 안에 >, =, <를 알맞게 써넣으세요.

(1) $\dfrac{3}{4}$ ○ $\dfrac{1}{4}$ (2) $\dfrac{5}{9}$ ○ $\dfrac{8}{9}$

06 251029-0570

아윤이와 정민이가 모양과 크기가 같은 컵에 주스를 가득 따라 마시고 남긴 것입니다. 마신 주스의 양을 분수로 나타내고 누가 더 많이 마셨는지 써 보세요.

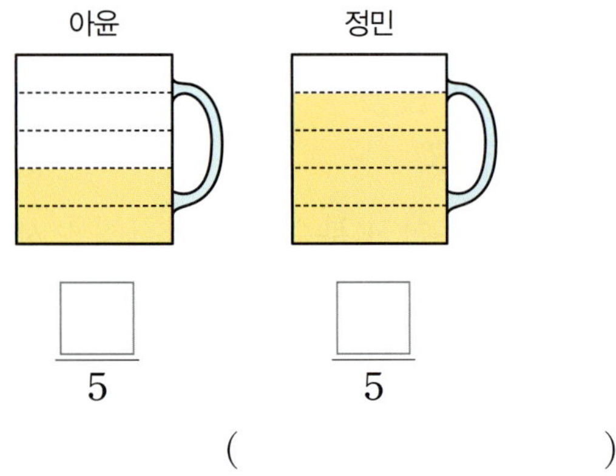

$\dfrac{\square}{5}$ $\dfrac{\square}{5}$

(   )

07 251029-0571

분모가 8인 분수 중에서 $\dfrac{3}{8}$보다 크고 $\dfrac{7}{8}$보다 작은 분수를 모두 찾아 ○표 하세요.

$\dfrac{4}{8}$ $\dfrac{3}{8}$ $\dfrac{1}{8}$ $\dfrac{6}{8}$ $\dfrac{2}{8}$

251029-0572

08 가장 큰 분수에 ○표, 가장 작은 분수에 △표 하세요.

$$\frac{5}{11} \qquad \frac{2}{11} \qquad \frac{9}{11} \qquad \frac{7}{11}$$

251029-0573

09 지연, 대호, 수정이가 같은 크기의 피자를 먹고 남은 부분입니다. 빈칸에 각 사람이 먹은 피자의 양을 분수로 나타내고, 많이 먹은 사람부터 순서대로 이름을 써 보세요.

지연	대호	수정

(   )

251029-0574

10 1부터 9까지의 수 중에서 □ 안에 들어갈 수 있는 수의 합을 구해 보세요.

$$\frac{1}{3} > \frac{1}{\square} > \frac{1}{7}$$

(   )

11 _{중요} 주어진 분수만큼 색칠하고, ○ 안에 >, =, < 를 알맞게 써넣으세요.

251029-0575

(1) 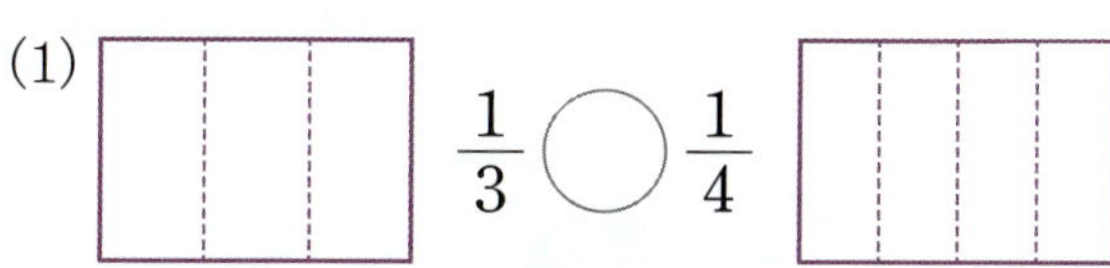

$$\frac{1}{3} \bigcirc \frac{1}{4}$$

(2) 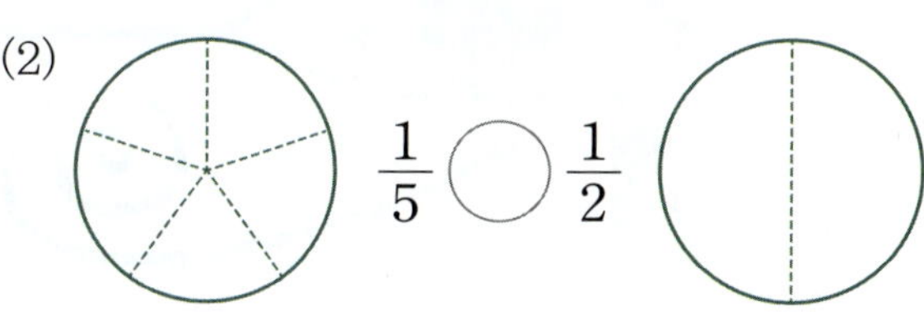

$$\frac{1}{5} \bigcirc \frac{1}{2}$$

251029-0576

12 $\frac{1}{12}$ 보다 작은 단위분수를 찾아 써 보세요.

$$\frac{1}{6} \qquad \frac{1}{9} \qquad \frac{1}{10} \qquad \frac{1}{13}$$

(   )

251029-0577

13 보경, 민경, 서윤이가 같은 크기의 색종이를 다음 과 같은 조각 수만큼 똑같이 나누어 오렸습니다. 오린 한 조각의 크기가 가장 큰 사람은 누구일까요?

	보경	민경	서윤
조각 수 (개)	8	6	4

(   )

14 그림은 고대 이집트 사람들이 왕권을 보호하는 상징으로 그렸던 호루스의 눈입니다. 각 부분에 있는 분수 중에서 가장 작은 분수를 찾아 써 보세요.

251029-0578

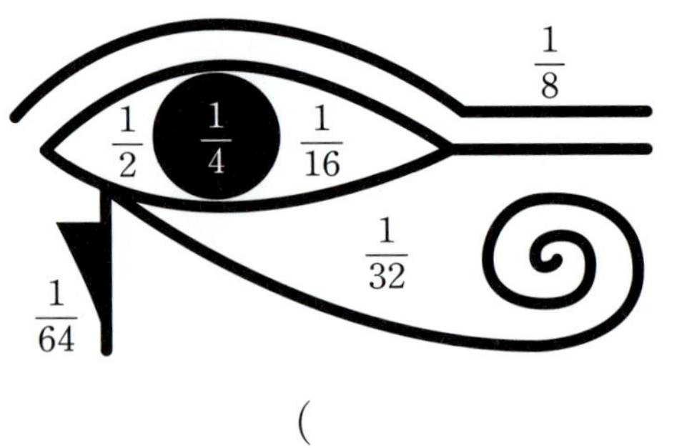

(　　　　　　　　)

분수의 크기 비교의 활용

(예) 같은 동화책을 민아는 전체의 $\frac{3}{12}$만큼 읽었고, 준서는 전체의 $\frac{8}{12}$만큼 읽었습니다. 누가 더 적게 읽었을까요?

$3<8$ ➡ $\frac{3}{12}<\frac{8}{12}$이므로 민아가 동화책을 더 적게 읽었습니다.

---

15 아래에서부터 두 분수의 크기를 비교하여 빈칸에 크기가 더 작은 분수를 써 보세요.

251029-0579

도전

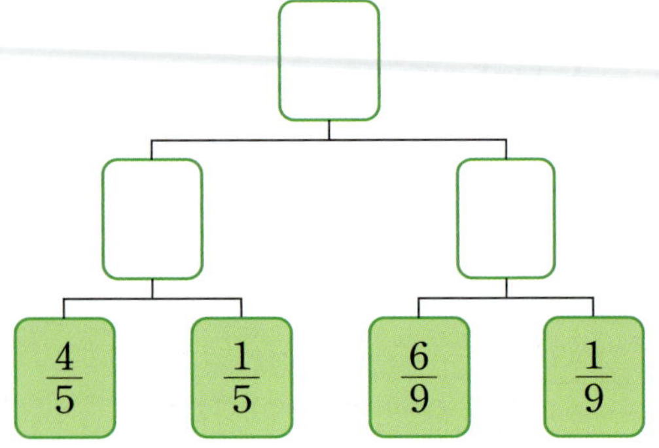

16 장난감 자동차 가, 나, 다, 라를 굴렸을 때 몇 **m**를 갔는지 □ 안에 분수로 나타내고, 나 자동차와 라 자동차가 간 거리를 비교해 보세요.

251029-0580

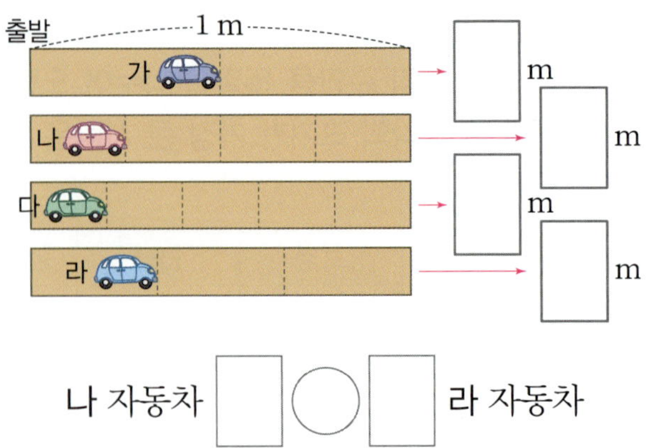

나 자동차 □ ○ □ 라 자동차

17 케이크 한 개를 서준이가 $\frac{1}{6}$만큼, 희찬이가 $\frac{1}{4}$만큼 먹었습니다. 케이크를 더 많이 먹은 사람은 누구일까요?

251029-0581

(　　　　　　　　)

18 초콜릿 한 개를 희정이와 소연이가 나누어 먹었습니다. 희정이는 전체의 $\frac{9}{16}$를 먹었고 나머지는 소연이가 먹었습니다. 누가 초콜릿을 더 많이 먹었을까요?

251029-0582

(　　　　　　　　)

19 미술 시간에 색 테이프를 민수는 $\frac{1}{9}$ m, 인혜는 $\frac{1}{8}$ m, 소라는 $\frac{1}{4}$ m 사용했습니다. 색 테이프를 가장 적게 사용한 사람은 누구일까요?

251029-0583

(　　　　　　　　)

개념 6 소수를 알아볼까요 (1)

(1) 0.1 알아보기

전체를 똑같이 10으로 나눈 것 중의 1을 분수로 나타내면 $\dfrac{1}{10}$ 입니다. 분수 $\dfrac{1}{10}$ 을 0.1이라 쓰고 영 점 일이라고 읽습니다.

$$\dfrac{1}{10}=0.1$$

(2) 소수 알아보기

$\dfrac{1}{10}$, $\dfrac{2}{10}$, $\dfrac{3}{10}$, … $\dfrac{9}{10}$ 를 0.1, 0.2, 0.3, … 0.9라 쓰고 영 점 일, 영 점 이, 영 점 삼, … 영 점 구라고 읽습니다.

0.1, 0.2, 0.3과 같은 수를 소수라 하고, '.'을 소수점이라고 합니다.

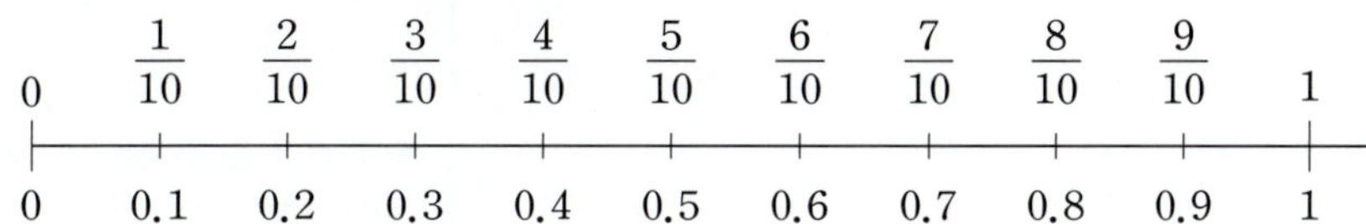

● **1 mm＝0.1 cm**

1 cm는 10 mm입니다.

1 mm는 1 cm를 똑같이 10으로 나눈 것 중의 1이므로

$1\,\text{mm}=\dfrac{1}{10}\,\text{cm}=0.1\,\text{cm}$입니다.

● **소수를 쓰고 읽기**

쓰기	읽기
0.4	영 점 사
0.5	영 점 오
0.6	영 점 육
0.7	영 점 칠
0.8	영 점 팔

251029-0584

01 **1 cm**를 똑같이 **10**으로 나누었을 때 ▬ 부분을 분수와 소수로 나타내려고 합니다. □ 안에 알맞은 수를 써넣으세요.

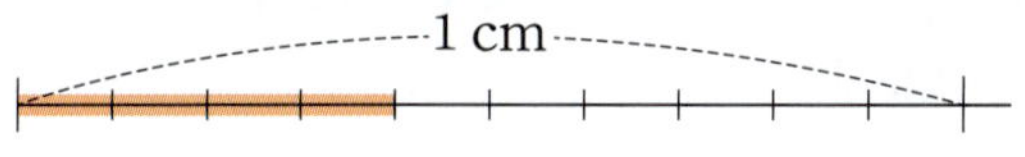

(1) 전체를 똑같이 10으로 나눈 것 중의 1은 $\dfrac{\square}{10}$ 이고, 소수로 □ (이)라 쓰고 영 점 일이라고 읽습니다.

(2) ▬ 부분은 $\dfrac{1}{10}$ 이 □ 개이므로 분수로 나타내면 $\dfrac{\square}{10}$ 입니다.

(3) ▬ 부분은 0.1이 □ 개이므로 소수로 나타내면 □ 입니다.

251029-0585

02 색칠한 부분을 보고 물음에 답하세요.

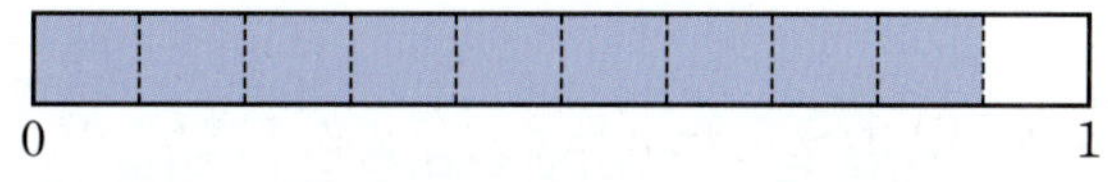

(1) □ 안에 알맞은 수를 써넣으세요.

색칠한 부분을 분수로 나타내면 $\dfrac{1}{10}$ 이 □ 개이므로 $\dfrac{\square}{10}$ 입니다.

(2) 색칠한 부분을 소수로 나타내고 읽어 보세요.

쓰기 (   )

읽기 (   )

6 단원

개념 **7** 소수를 알아볼까요 (2)

(1) 자연수와 소수로 이루어진 소수 알아보기

• 수직선으로 나타내어 알아보기

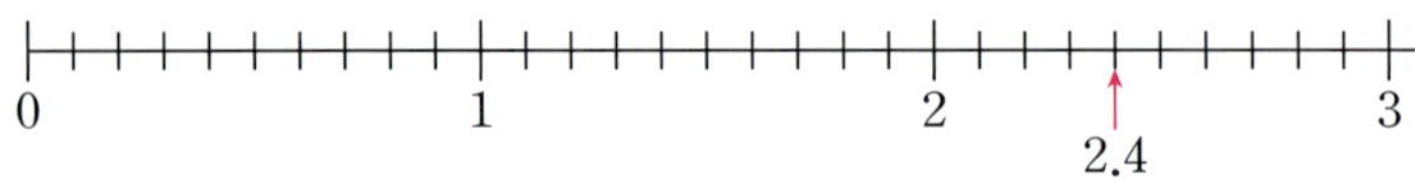

2와 0.4만큼을 2.4라 쓰고 이 점 사라고 읽습니다.

• 0.1의 개수로 알아보기

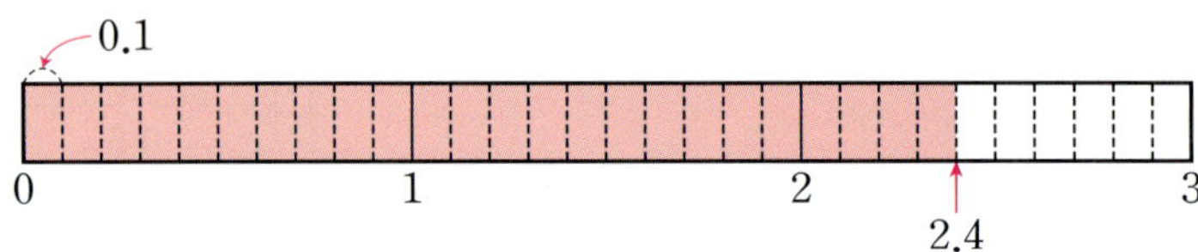

0.1이 24개이면 2.4입니다.

(2) 길이를 소수로 나타내기

• 3 cm 5 mm를 cm 단위로 나타내기

5 mm는 0.5 cm이므로

3 cm 5 mm ➡ 3 cm와 0.5 cm만큼 ➡ 3.5 cm입니다.

● **몇 mm를 몇 cm로 나타내기**

5 mm는 1 cm를 똑같이 10개로 나눈 것 중의 5개이므로

$5\,mm = \dfrac{5}{10}\,cm = 0.5\,cm$입니다.

---

03 그림을 보고 ☐ 안에 알맞은 수나 말을 써넣으세요.

251029-0586

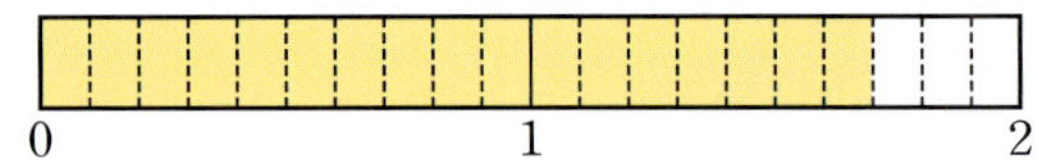

색칠한 부분을 소수로 나타내면 ☐ (이)라

쓰고 ☐ (이)라고 읽습니다.

04 색칠한 부분을 소수로 나타내 보세요.

251029-0587

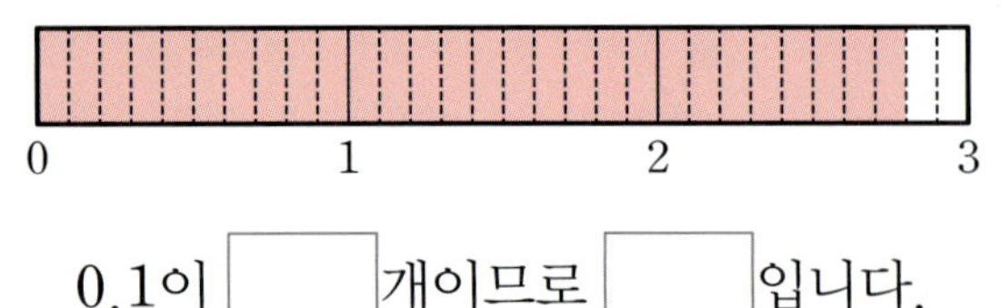

0.1이 ☐ 개이므로 ☐ 입니다.

05 나뭇잎의 길이는 몇 **cm**인지 소수로 나타내 보세요.

251029-0588

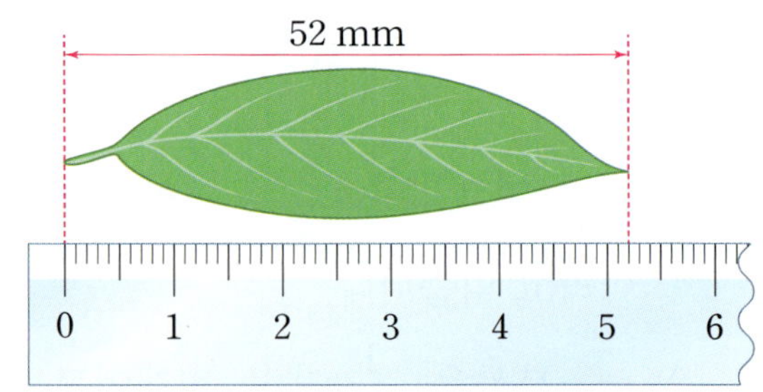

52 mm는 5 cm ☐ mm입니다.

1 cm는 10 mm이므로 1 mm는 ☐ cm

이고, 2 mm는 ☐ cm입니다.

따라서 52 mm는 ☐ cm입니다.

개념 8 소수의 크기를 비교해 볼까요

(1) 1보다 작은 소수의 크기 비교하기

• 0.2와 0.3의 크기 비교

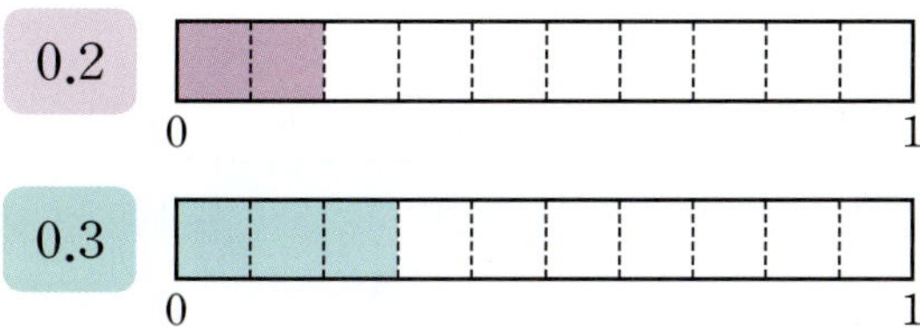

0.2는 0.1이 2개이고, 0.3은 0.1이 3개이므로

0.1이 1개 더 많은 0.3이 0.2보다 더 큽니다.

➡ 0.2 < 0.3

(2) 자연수와 소수로 이루어진 소수의 크기 비교하기

• 2.3과 1.6의 크기 비교

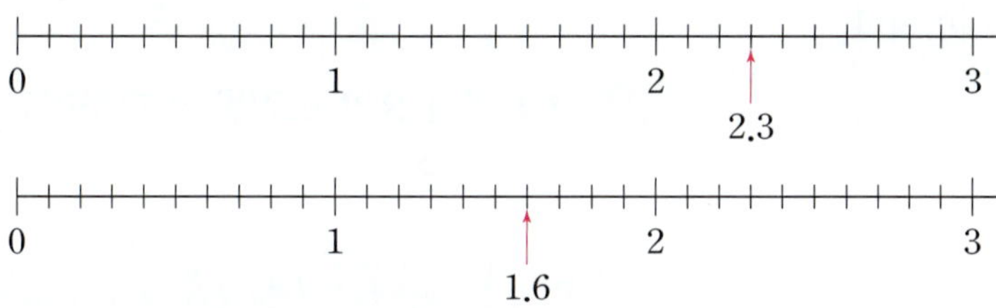

방법 1 자연수 부분과 소수 부분의 크기 비교하기

2.3은 2에서 0.3만큼 더 간 것이고 1.6은 1에서 0.6만큼 더 간 것입니다.

자연수 부분을 비교하면 2 > 1입니다.

따라서 2.3이 1.6보다 더 큽니다. ➡ 2.3 > 1.6

방법 2 0.1의 개수로 비교하기

2.3은 0.1이 23개이고, 1.6은 0.1이 16개이므로 0.1의 개수를 비교하면

23 > 16입니다.

따라서 2.3이 1.6보다 더 큽니다. ➡ 2.3 > 1.6

소수의 크기 비교 방법

① 자연수 부분의 크기를 먼저 비교합니다.

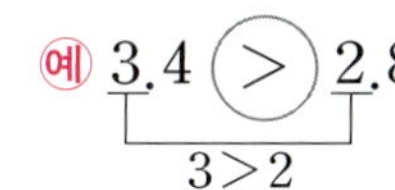

② 자연수 부분의 크기가 같으면 소수 부분의 크기를 비교합니다.

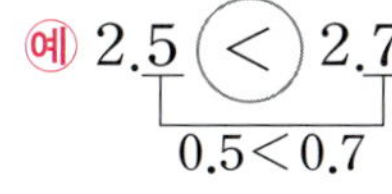

● **1.2와 1.8의 크기 비교**

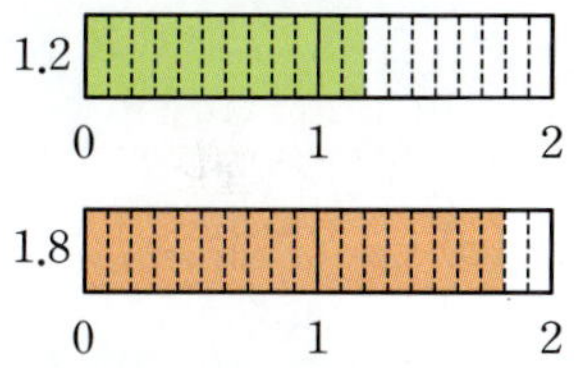

• 0.1의 개수를 비교합니다.

1.2 ➡ 0.1이 12개

1.8 ➡ 0.1이 18개

따라서 1.2 < 1.8입니다.

• 자연수 부분이 같으므로 소수 부분의 크기를 비교합니다.

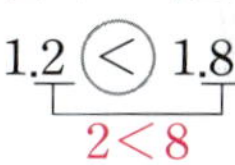

251029-0589

06 **0.7과 0.2의 크기를 비교하려고 합니다. 물음에 답하세요.**

(1) 소수만큼 색칠해 보세요.

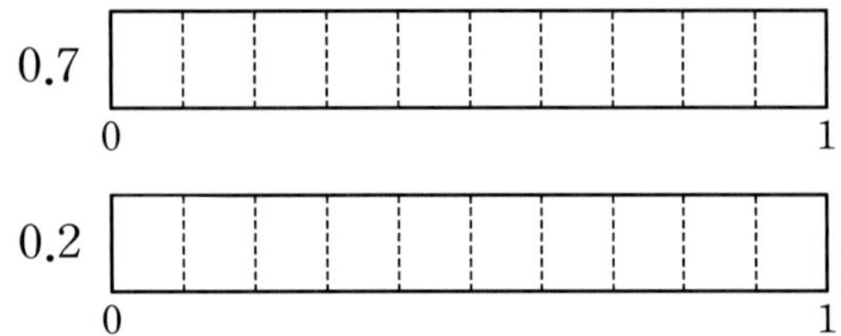

(2) □ 안에 알맞은 수를 써넣으세요.

- 0.7은 0.1이 □ 개입니다.

- 0.2는 0.1이 □ 개입니다.

- 0.7과 0.2 중 더 큰 수는 □ 입니다.

(3) ○ 안에 >, =, <를 알맞게 써넣으세요.

0.7 ○ 0.2

251029-0590

07 **주어진 소수만큼 색칠하고 두 수의 크기를 비교하여 ○ 안에 >, =, <를 알맞게 써넣으세요.**

(1)

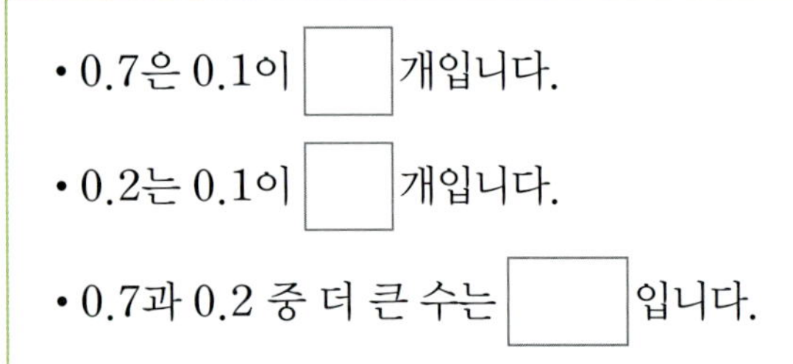

0.6 ○ 0.8

(2)

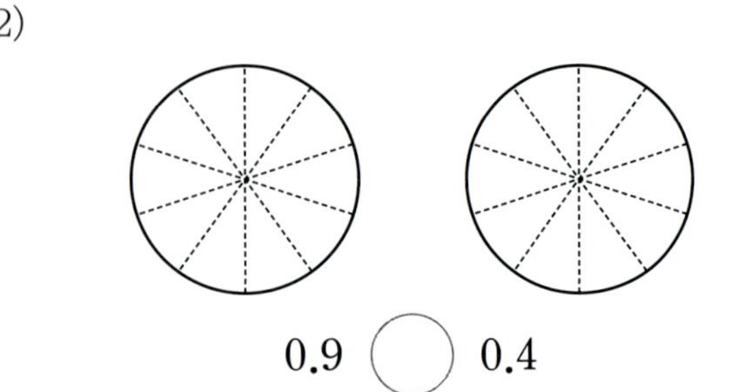

0.9 ○ 0.4

251029-0591

08 **수직선을 보고 ○ 안에 >, =, <를 알맞게 써 넣으세요.**

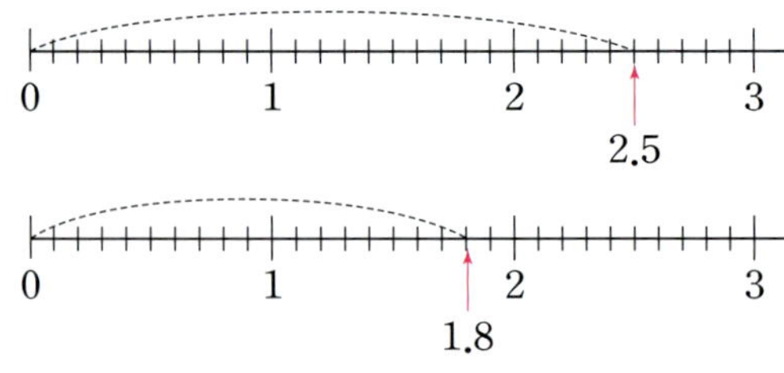

2.5와 1.8의 자연수 부분을 비교하면

2 ○ 1이므로 2.5 ○ 1.8입니다.

251029-0592

09 **1.6과 1.3의 크기를 비교하려고 합니다. 물음에 답하세요.**

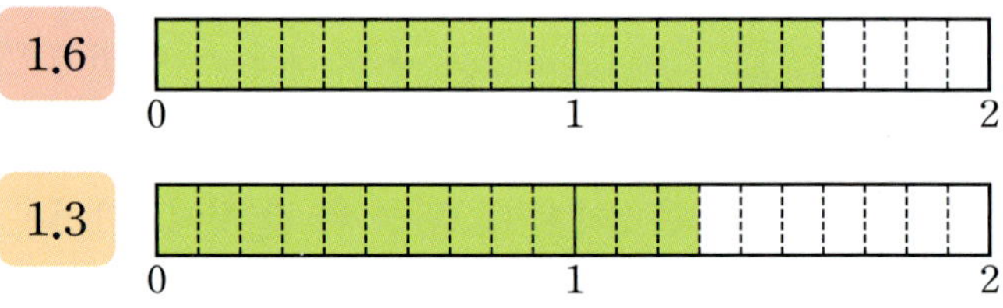

(1) □ 안에 알맞은 수를 써넣으세요.

- 1.6은 0.1이 □ 개이고, 1.3은 0.1이 □ 개입니다.

- 1.6과 1.3 중 더 큰 수는 □ 입니다.

(2) □ 안에 알맞은 수를 써넣고 알맞은 말에 ○표 하세요.

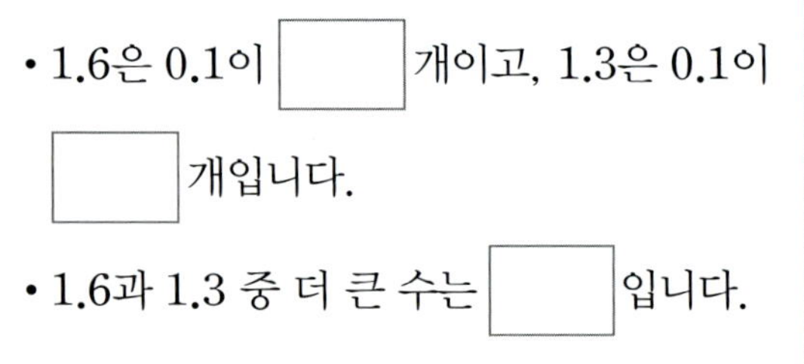

1.6과 1.3의 자연수 부분이 모두 □ 이 므로 소수 부분을 비교하면 6이 3보다 더 (작습니다 , 큽니다).

따라서 □ > □ 입니다.

01 251029-0593
색칠한 부분을 분수와 소수로 나타내고 소수를 읽어 보세요.

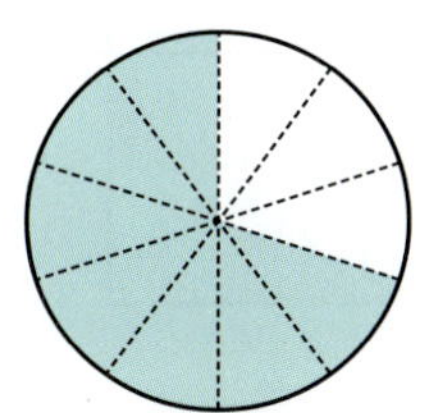

분수	소수
	쓰기
	읽기

02 251029-0594
□ 안에 알맞은 분수나 소수를 써넣으세요.

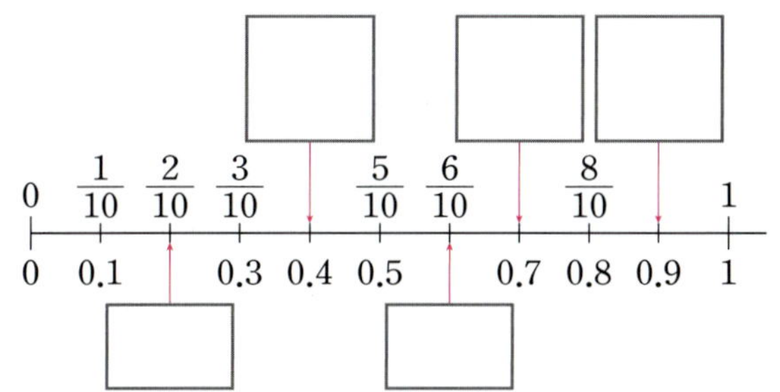

03 251029-0595
색칠한 부분을 분수와 소수로 나타내 보세요.

(1)
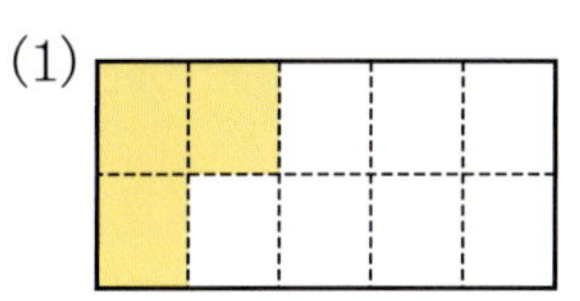

분수	소수

(2)
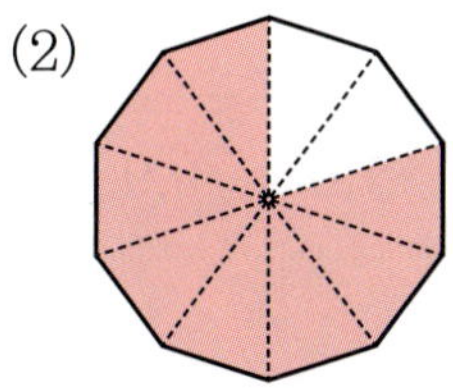

분수	소수

04 251029-0596
□ 안에 알맞은 수나 말을 써넣으세요.

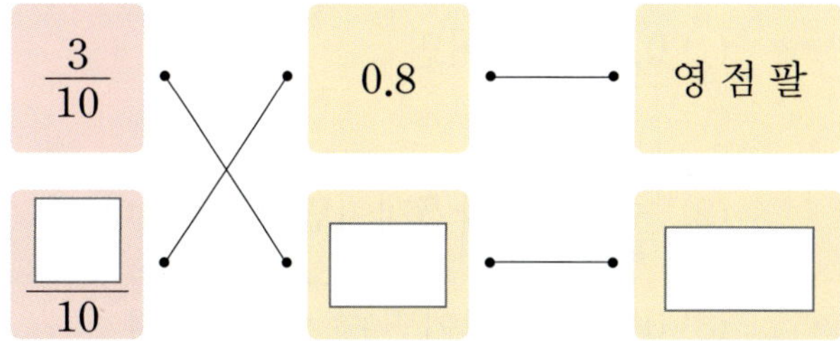

05 251029-0597 _{중요}
색 테이프 **1 m**를 똑같이 **10**조각으로 나누어 정연이가 **4**조각, 지섭이가 **6**조각을 사용했습니다. 정연이와 지섭이가 사용한 색 테이프의 길이는 각각 몇 **m**인지 소수로 나타내 보세요.

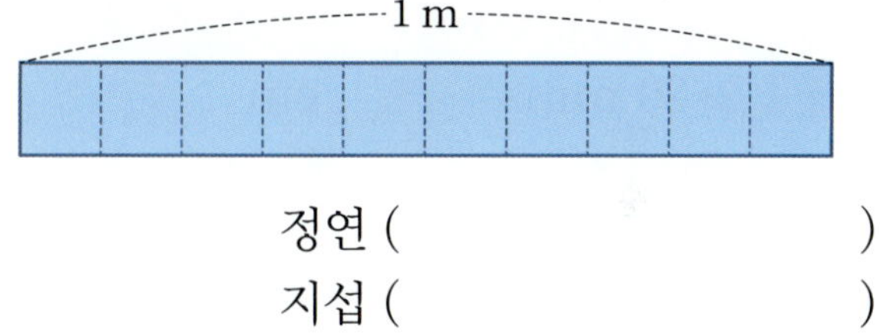

정연 (   )

지섭 (   )

06 251029-0598
파이를 똑같이 **10**조각으로 나누어 **2**조각은 도윤이가 먹고 **5**조각은 예린이가 먹었습니다. 남은 조각을 수민이가 먹었을 때 수민이가 먹은 파이는 전체의 얼마인지 소수로 나타내 보세요.

(   )

07 251029-0599
㉠이 나타내는 수를 소수로 쓰고 읽어 보세요.

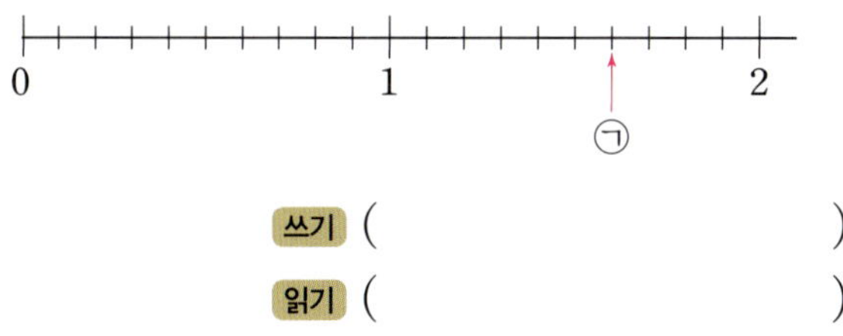

쓰기 (   )

읽기 (   )

08 □ 안에 알맞은 수를 써넣으세요. 251029-0600

(1) 0.1이 7개이면 [ ] 입니다.

(2) $\dfrac{[\ ]}{10}$ (이)가 5개이면 0.5입니다.

(3) 0.1이 16개이면 [ ] 입니다.

09 □ 안에 알맞은 소수를 써넣으세요. 251029-0601

(1) 1 cm 3 mm = [ ] cm

(2) 29 mm = [ ] cm

10 주스가 몇 컵인지 소수로 나타내 보세요. 251029-0602

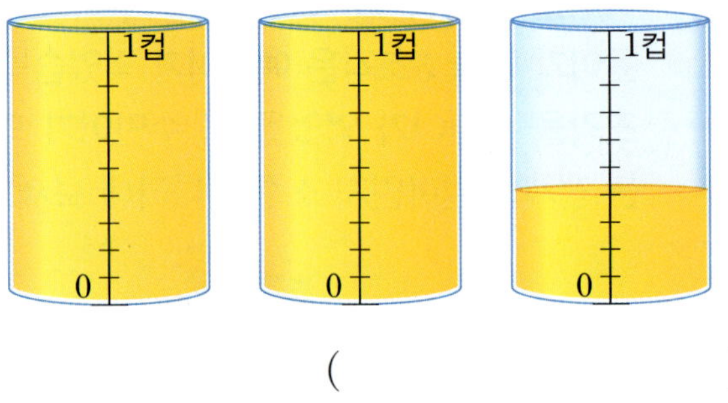

(   )

11 시현이는 2 km와 0.3 km만큼 달렸습니다. 시현이가 달린 거리를 찾아 기호를 쓰고 소수로 나타내 보세요. 251029-0603

중요

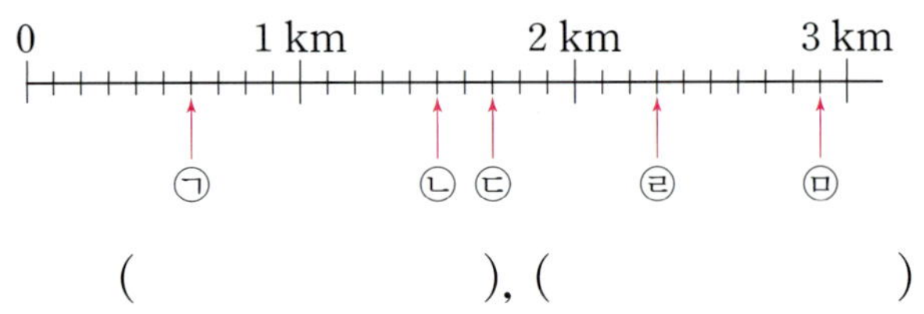

(   ), (   )

12 그림을 보고 ○ 안에 >, =, <를 알맞게 써넣으세요. 251029-0604

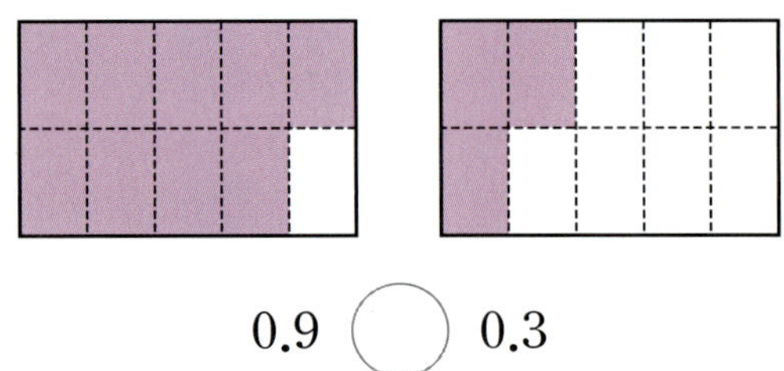

0.9 ◯ 0.3

13 주어진 소수를 수직선에 나타내고, ○ 안에 >, =, <를 알맞게 써넣으세요. 251029-0605

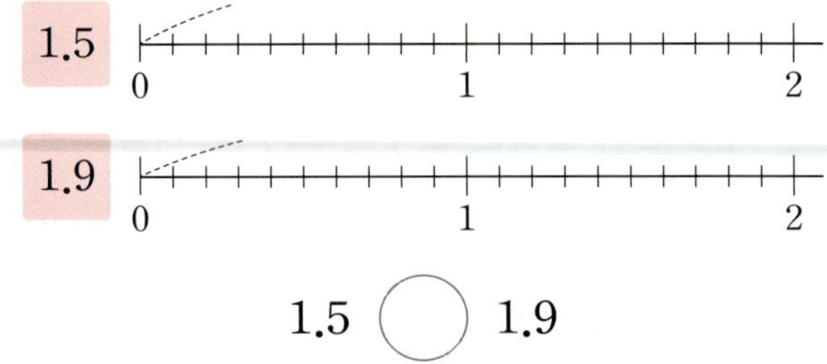

1.5 ◯ 1.9

14 가장 큰 수에 ○표, 가장 작은 수에 △표 하세요. 251029-0606

0.1이 39개인 수	0.1이 42개인 수
$\dfrac{1}{10}$이 11개인 수	$\dfrac{1}{10}$이 25개인 수

15 작은 수부터 순서대로 써 보세요. 251029-0607

0.5	2.1	1.6	0.9

(   )

16 251029-0608

□ 안에 들어갈 수 있는 가장 큰 수를 찾아 ○표 하세요.

$$6.8 > 6.\square$$

(1 , 2 , 3 , 4 , 5 , 6 , 7 , 8 , 9)

17 251029-0609

지하철역에서 체육공원까지의 거리는 **2.3 km**, 도서관까지의 거리는 **0.9 km**, 미술관까지의 거리는 **1.2 km**, 주민센터까지의 거리는 **3.4 km** 입니다. 지하철역에서 가까운 곳부터 순서대로 장소를 써 보세요.

(   )

 **18** 도전 251029-0610

어느 지역의 강수량을 나타낸 것입니다. 강수량이 가장 많은 달은 몇 월인지 쓰고, 그달의 강수량은 몇 **cm**인지 소수로 나타내 보세요.

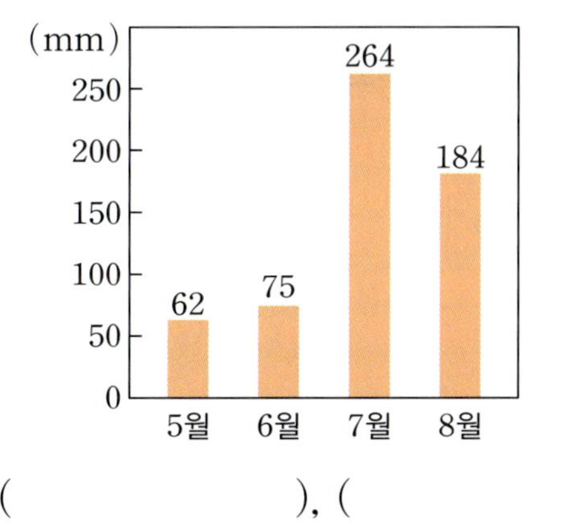

(   ), (   )

분수와 소수의 크기 비교

예 $\dfrac{3}{10}$ 과 0.6의 크기 비교

분수를 소수로

방법 1 $\dfrac{3}{10} = 0.3$이므로 $0.3 < 0.6$

➡ $\dfrac{3}{10} < 0.6$

방법 2 $0.6 = \dfrac{6}{10}$이므로 $\dfrac{3}{10} < \dfrac{6}{10}$

소수를 분수로

➡ $\dfrac{3}{10} < 0.6$

---

19 251029-0611

똑같은 컵에 우유를 지호는 $\dfrac{8}{10}$ 만큼 따라 마셨고 수지는 **1.2**컵만큼 따라 마셨습니다. 우유를 더 많이 마신 사람은 누구일까요?

(   )

20 251029-0612

유빈이가 학급문고에서 재미있게 읽은 책을 3권 골라 두께를 재었더니 ㉮ 책의 두께는 **2.5 cm**, ㉯ 책의 두께는 **33 mm**, ㉰ 책의 두께는 $\dfrac{8}{10}$ **cm** 였습니다. 두꺼운 책부터 순서대로 기호를 써 보세요.

(   )

21 251029-0613

똑같은 크기의 도화지를 각각 현서는 전체의 $\dfrac{4}{10}$ 만큼 사용했고 예준이는 전체의 **0.6**만큼 사용했습니다. 지우는 전체의 **0.3**만큼을 남기고 사용했습니다. 도화지를 가장 많이 사용한 사람은 누구일까요?

(   )

대표 응용 1 · 수 카드로 분수와 소수 만들기

3장의 수 카드 중 2장을 골라 한 번씩만 사용하여 분수를 만들려고 합니다. 분모가 8인 분수 중 만들 수 있는 가장 큰 분수를 써 보세요.

3　5　8

문제 스케치

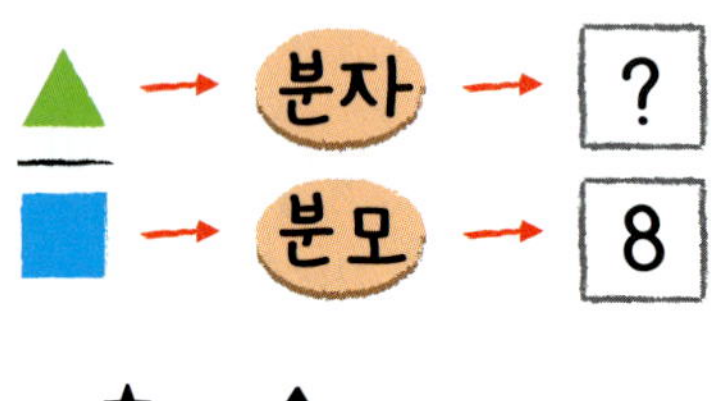

해결하기

수 카드 중에서 8을 제외하고 남은 수는 ☐, ☐이므로

분모가 8인 분수는 $\dfrac{☐}{8}$, $\dfrac{☐}{8}$입니다. 분모가 같을 때 분

자가 클수록 더 큰 분수이므로 $\dfrac{☐}{8} < \dfrac{☐}{8}$입니다.

따라서 만들 수 있는 가장 큰 분수는 $\dfrac{☐}{8}$입니다.

251029-0614

1-1 3장의 수 카드 중 2장을 골라 한 번씩만 사용하여 단위분수를 만들려고 합니다. 만들 수 있는 가장 큰 단위분수를 써 보세요.

1　4　9

(　　　　　　　　)

251029-0615

1-2 4장의 수 카드 중 2장을 골라 한 번씩만 사용하여 소수 ☐.☐를 만들려고 합니다. 만들 수 있는 소수 중 둘째로 큰 소수를 써 보세요.

8　3　2　7

(　　　　　　　　)

조건을 만족하는 분수의 개수 구하기

조건을 만족하는 분수는 모두 몇 개인지 구해 보세요.

> • 단위분수입니다.
>
> • $\dfrac{1}{7}$보다 큰 분수입니다.
>
> • 분모는 2보다 큰 자연수입니다.

문제 스케치

해결하기

단위분수는 분자가 1인 분수입니다.

$\dfrac{1}{7}$보다 큰 단위분수는 $\dfrac{1}{\square}$, $\dfrac{1}{\square}$, $\dfrac{1}{\square}$, $\dfrac{1}{\square}$, $\dfrac{1}{\square}$입니다.

이 중 분모가 2보다 큰 단위분수는

$\dfrac{1}{\square}$, $\dfrac{1}{\square}$, $\dfrac{1}{\square}$, $\dfrac{1}{\square}$입니다.

따라서 조건을 만족하는 분수는 모두 $\square$개입니다.

251029-0616

2-1 조건을 만족하는 단위분수는 모두 몇 개인지 구해 보세요.

> • 분모는 2보다 크고 9보다 작은 자연수입니다.
>
> • $\dfrac{1}{4}$보다 작은 분수입니다.

(   )

251029-0617

2-2 조건을 만족하는 분수를 모두 써 보세요.

> • 분모가 10인 분수입니다.
>
> • $\dfrac{3}{10}$보다 큰 수입니다.
>
> • 0.1이 7개인 수보다 작습니다.

(   )

6
단원

대표 응용 3

□ 안에 공통으로 들어갈 수 구하기

1부터 9까지의 자연수 중에서 □ 안에 공통으로 들어갈 수 있는 수를 모두 구해 보세요.

$$5.2 < 5.\square \qquad 3.7 > 3.\square$$

문제 스케치

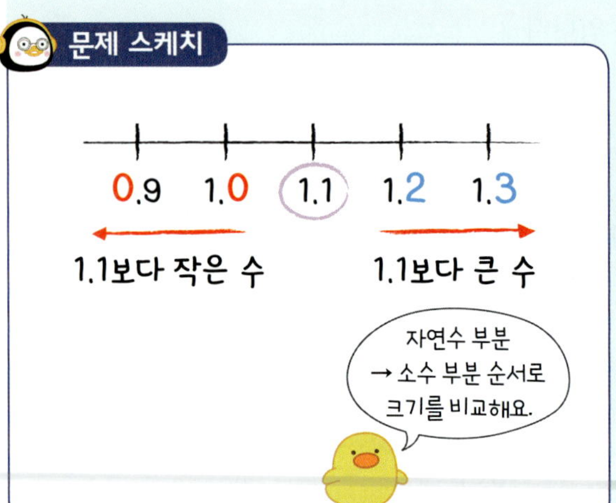

해결하기

$5.2 < 5.\square$ 에서 □ 안에 들어갈 수 있는 수는

□ , □ , □ , □ , □ , □ , □ 입니다.

$3.7 > 3.\square$ 에서 □ 안에 들어갈 수 있는 수는

□ , □ , □ , □ , □ , □ 입니다.

따라서 □ 안에 공통으로 들어갈 수 있는 수는

□ , □ , □ , □ 입니다.

251029-0618

3-1 2부터 9까지의 자연수 중에서 □ 안에 공통으로 들어갈 수 있는 수를 모두 구해 보세요.

$$\frac{1}{\square} > \frac{1}{6} \qquad \frac{2}{7} < \frac{\square}{7}$$

(   )

251029-0619

3-2 1부터 9까지의 자연수 중에서 □ 안에 공통으로 들어갈 수 있는 수를 모두 구해 보세요.

$$0.\square < 0.9 \qquad 0.\square > \frac{6}{10}$$

(   )

01 도형을 똑같이 몇 조각으로 나누었는지 □ 안에 알맞은 수를 써넣으세요.

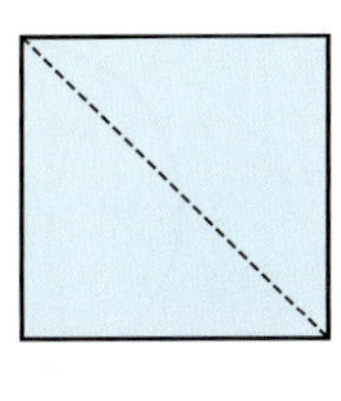

□ 조각   □ 조각

02 똑같이 넷으로 나눈 도형이 <u>아닌</u> 것에 ×표 하세요.

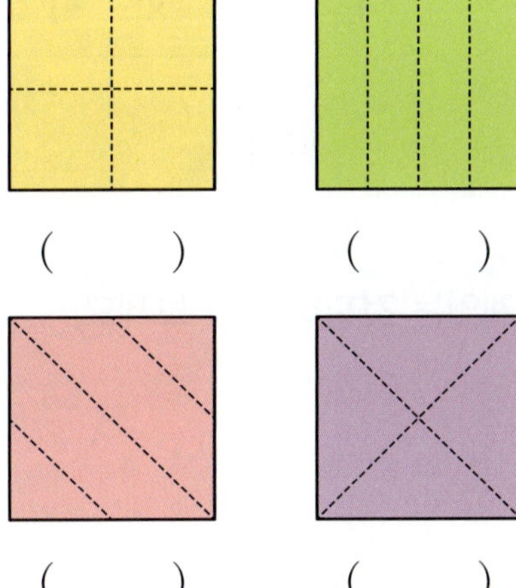

(   )   (   )

(   )   (   )

03 조각의 수만큼 색칠하고, 색칠한 부분을 분수로 나타내 보세요.

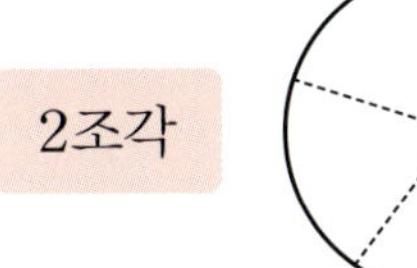 2조각

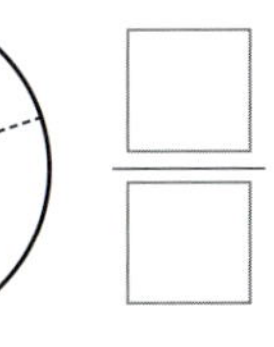

04 노란색 부분을 분수로 나타내 보세요.

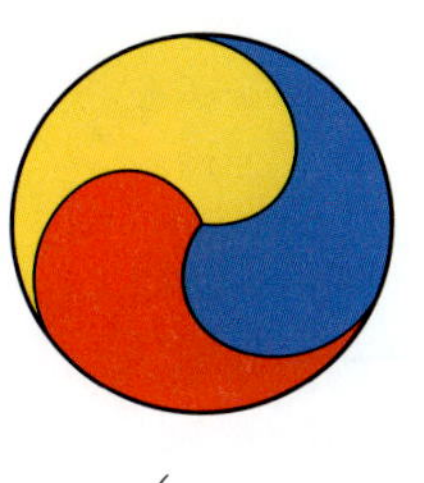

(   )

05 색칠한 부분이 나타내는 분수가 $\dfrac{4}{6}$인 도형을 찾아 기호를 써 보세요.

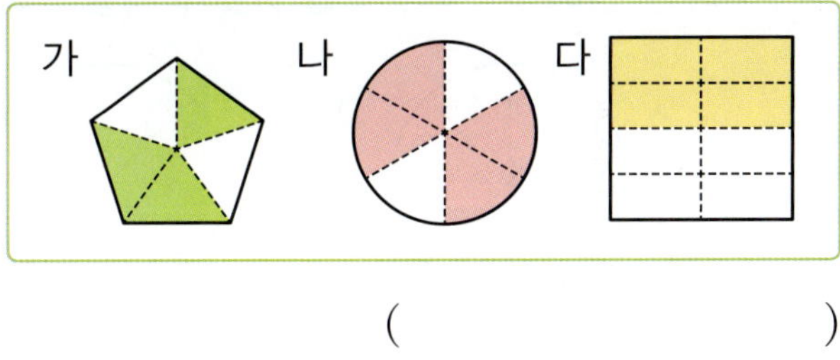

가   나   다

(   )

06 민수는 식빵을 똑같이 12조각으로 나누어 7조각을 먹었습니다. 남은 부분을 분수로 나타내 보세요.

(   )

07 색칠한 부분이 전체의 $\dfrac{5}{8}$가 되도록 하려고 합니다. 몇 칸을 더 색칠해야 할까요?

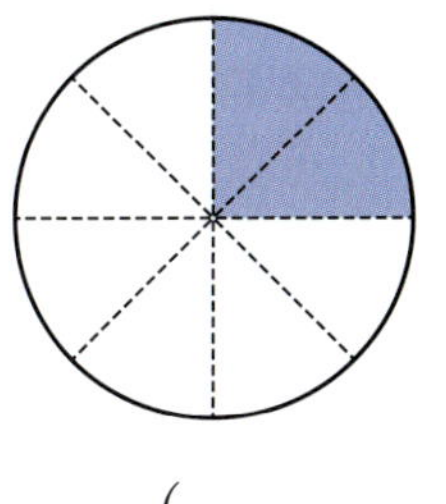

(   )

251029-0627

08 모양 조각 가는 모양 조각 나의 몇 분의 몇인지 분수로 나타내 보세요.

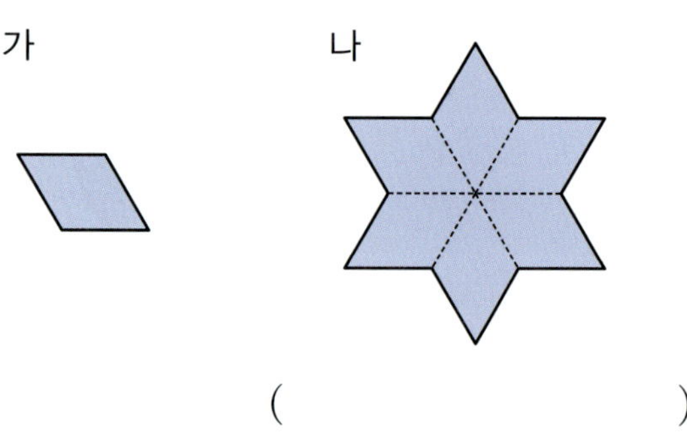

(   )

251029-0628

09 주어진 분수만큼 색칠하고 분수의 크기를 비교하여 ○ 안에 >, =, <를 알맞게 써넣으세요.

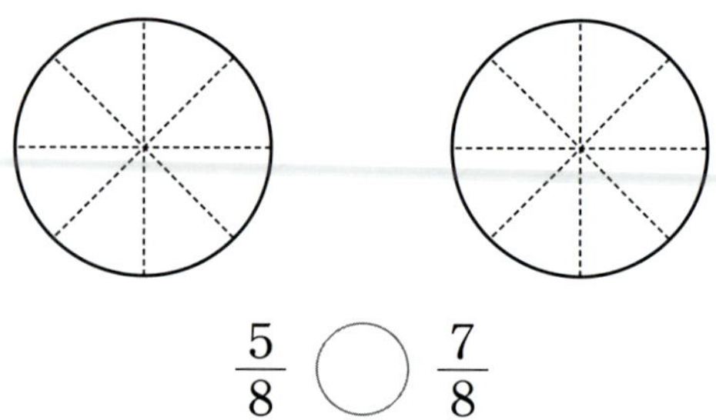

$$\frac{5}{8} \bigcirc \frac{7}{8}$$

251029-0629

10 공원 입구에서 식물원까지의 거리는 $\frac{3}{10}$ km, 놀이터까지의 거리는 $\frac{6}{10}$ km입니다. 공원 입구에서 더 가까운 곳은 어디일까요?

(   )

251029-0630

11 1부터 9까지의 자연수 중에서 □ 안에 들어갈 수 있는 수를 모두 구해 보세요.

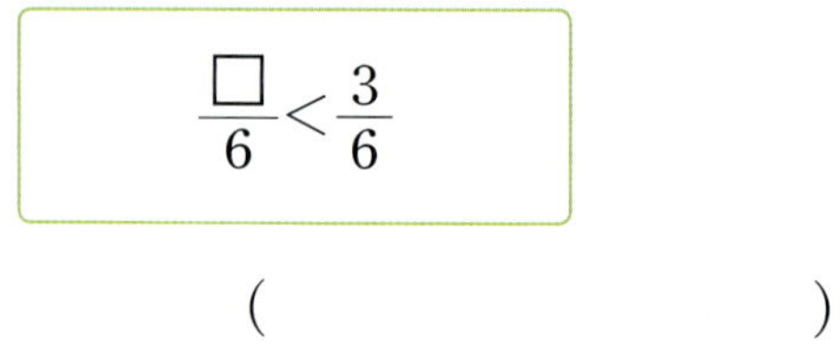

$$\frac{\square}{6} < \frac{3}{6}$$

(   )

251029-0631

12 색칠한 부분을 분수로 나타내고 분수의 크기를 비교하여 ○ 안에 >, =, <를 알맞게 써넣으세요.

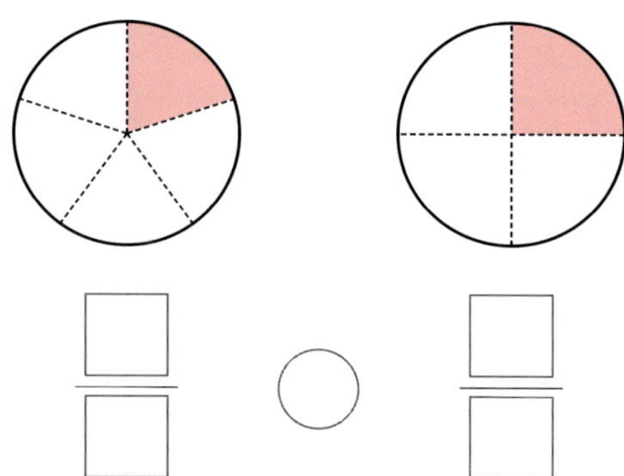

251029-0632

13 중요 $\frac{1}{5}$ 보다 작은 단위분수를 모두 찾아 써 보세요.

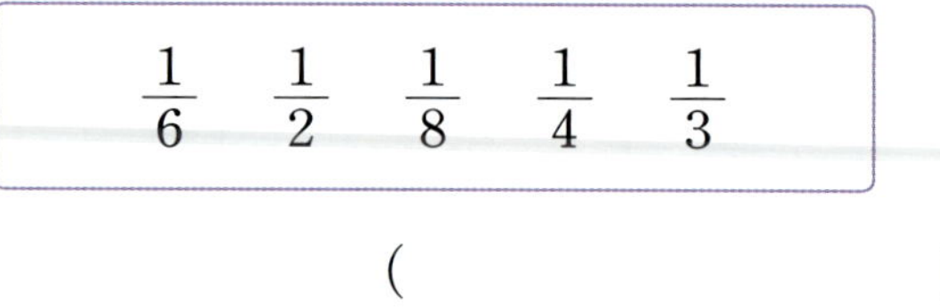

$$\frac{1}{6} \quad \frac{1}{2} \quad \frac{1}{8} \quad \frac{1}{4} \quad \frac{1}{3}$$

(   )

251029-0633

14 관계있는 것끼리 이어 보세요.

$\frac{4}{10}$	•	•	0.7	•	•	영 점 칠
$\frac{7}{10}$	•	•	0.8	•	•	영 점 사
$\frac{8}{10}$	•	•	0.4	•	•	영 점 팔

251029-0634

15 □ 안에 알맞은 소수를 써넣으세요.

(1) 7 mm = [   ] cm

(2) 3 cm 5 mm = [   ] cm

251029-0635

16 가장 큰 수를 찾아 기호를 써 보세요.

> ㉠ $\dfrac{1}{10}$이 16개인 수
> ㉡ 1.9
> ㉢ 0.1이 21개인 수

(   )

251029-0636

17 두 수의 크기 비교가 <u>잘못된</u> 것은 어느 것일까요? (   )

① 0.5<0.8 ② 7.1>5.8
③ 2.8>2.2 ④ 0.9<1.3
⑤ 4<3.2

251029-0637

 **18** 미진이가 매일 걷기 운동을 한 거리입니다. 미진이가 가장 많이 걸은 요일을 써 보세요.

> 월요일: 1.3 km
> 화요일: $\dfrac{9}{10}$ km
> 수요일: 2.1 km
> 목요일: $\dfrac{8}{10}$ km
> 금요일: 1.7 km

(   )

251029-0638

19 조건을 모두 만족하는 분수는 무엇인지 풀이 과정을 쓰고 답을 구해 보세요.

> • 분모가 10인 분수입니다.
> • $\dfrac{4}{10}$보다 큰 수입니다.
> • 0.1이 6개인 수보다 작습니다.

풀이 ▶

____

____

답 ▶ _______________________

251029-0639

20 길이가 1 m인 색 테이프를 똑같이 10조각으로 나누어 그중 승민이가 3조각, 정서가 4조각 사용했고 남은 조각은 연아가 모두 사용했습니다. 연아가 사용한 색 테이프의 길이는 몇 m인지 소수로 나타내려고 합니다. 풀이 과정을 쓰고 답을 구해 보세요.

풀이 ▶

____

____

답 ▶ _______________________

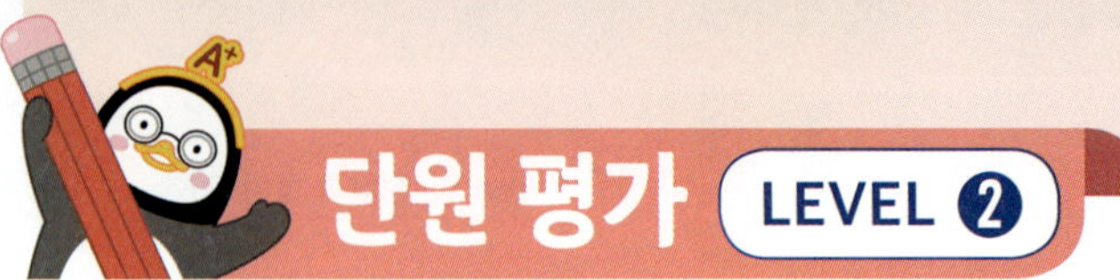

단원 평가 LEVEL 2

251029-0640

01 똑같이 나누어진 도형이 아닌 것은 어느 것일까요? (　　　　)

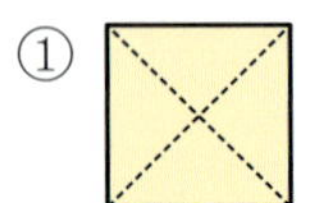

①
②
③
④
⑤

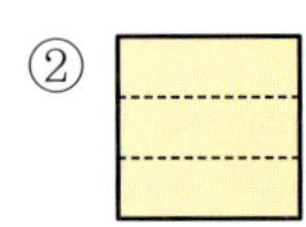

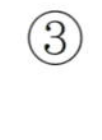

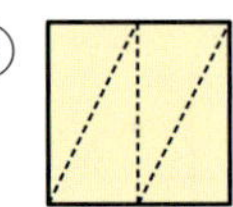

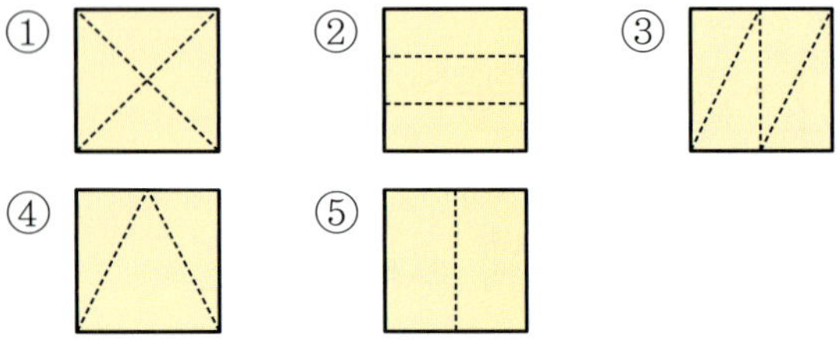

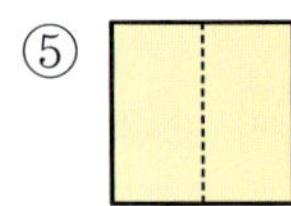

251029-0641

02 똑같이 넷으로 나누어진 국기를 찾아 어느 나라인지 써 보세요.

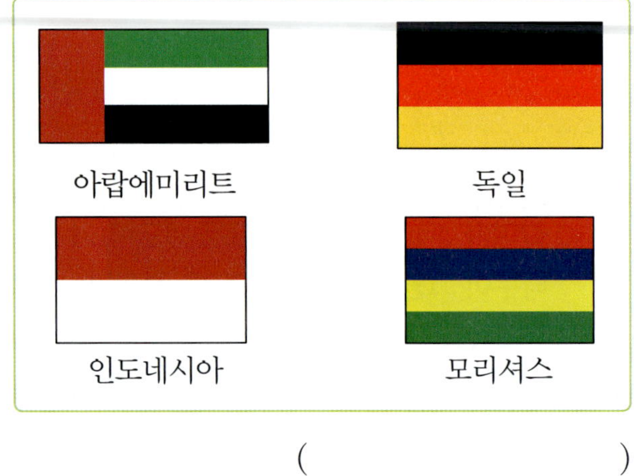

아랍에미리트
독일
인도네시아
모리셔스

(　　　　　　　　　　　　)

251029-0642

03 똑같이 8로 나누어 보세요.

251029-0643

04 □ 안에 알맞은 수를 써넣으세요.

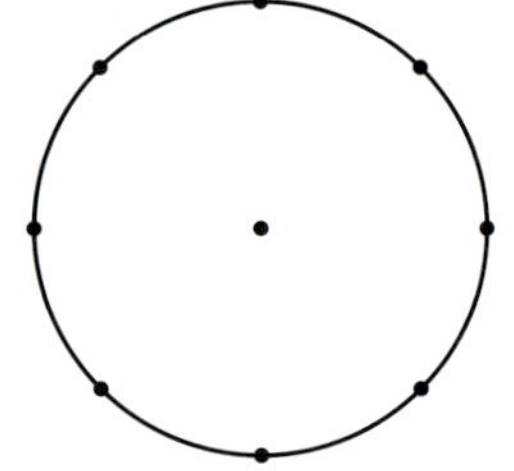

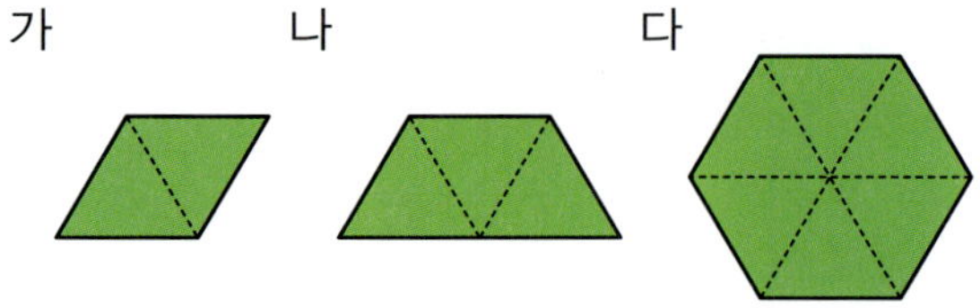

가
나
다

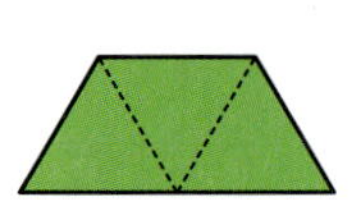

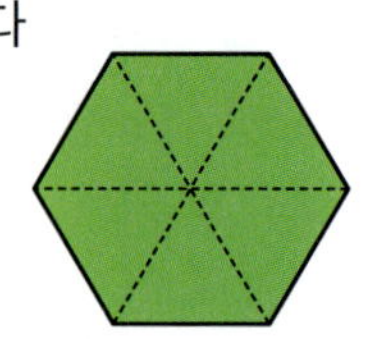

(1) 조각 가는 조각 나를 똑같이 □(으)로 나눈 것 중의 □이므로 조각 나의 $\frac{\square}{3}$입니다.

(2) 조각 나는 조각 다를 똑같이 □(으)로 나눈 것 중의 □이므로 조각 다의 $\frac{\square}{6}$입니다.

251029-0644

05 색칠한 부분과 색칠하지 않은 부분을 분수로 나타내 보세요.

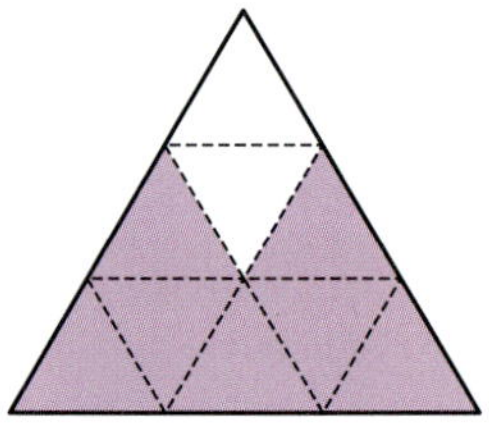

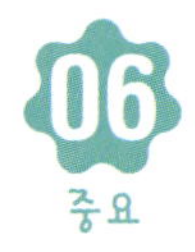

색칠한 부분: □

색칠하지 않은 부분: □

251029-0645

06 중요 오른쪽 도형이 전체를 똑같이 5로 나눈 것 중의 2일 때 전체에 알맞은 도형을 찾아 기호를 써 보세요.

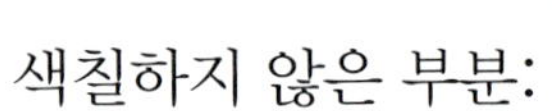

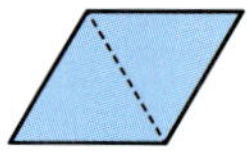

가
나
다

(　　　　　　　　　　　　)

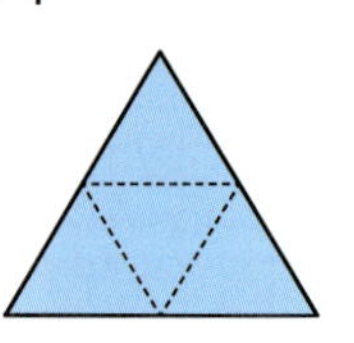

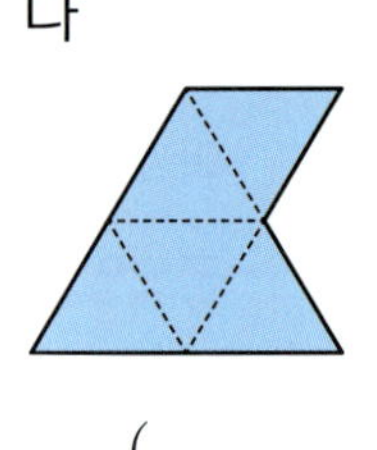

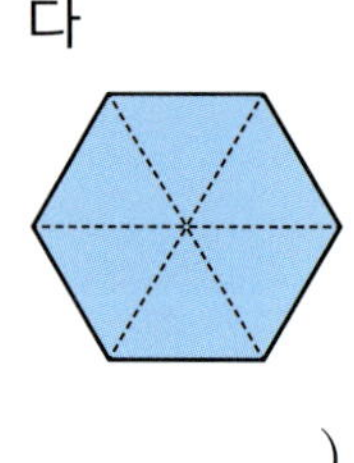

07 251029-0646

색칠한 부분이 전체의 $\frac{1}{4}$이 되게 하려고 합니다. 몇 칸을 더 색칠해야 할까요?

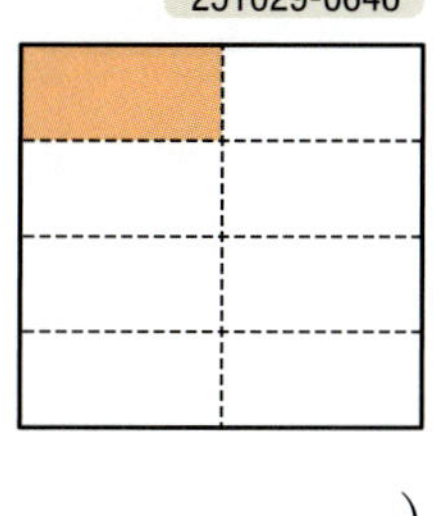

( )

08 251029-0647

주어진 분수만큼 색칠하고, 크기를 비교하여 ○ 안에 >, =, <를 알맞게 써넣으세요.

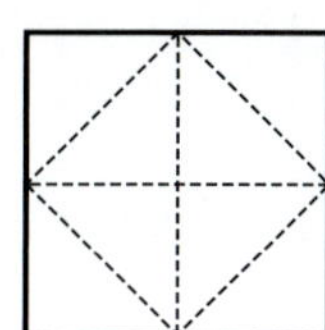 $\frac{5}{8}$ ○ $\frac{7}{8}$ 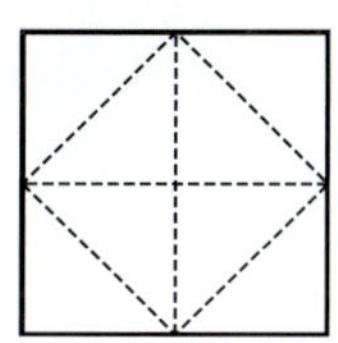

09 251029-0648

□ 안에 알맞은 수를 써넣으세요.

- $\frac{2}{4}$는 $\frac{1}{4}$이 □ 개입니다.
- $\frac{3}{4}$은 $\frac{1}{4}$이 □ 개입니다.
- $\frac{2}{4}$와 $\frac{3}{4}$ 중 더 큰 수는 □ 입니다.

10 251029-0649

큰 수부터 순서대로 써 보세요.

$$\frac{8}{13} \qquad \frac{5}{13} \qquad \frac{11}{13} \qquad \frac{7}{13}$$

( )

11 251029-0650

작은 수부터 순서대로 써 보세요.

$$\frac{1}{9} \qquad \frac{1}{8} \qquad \frac{1}{4} \qquad \frac{1}{11}$$

( )

12 251029-0651

조건을 만족하는 분수를 모두 써 보세요.

- 단위분수입니다.
- $\frac{1}{11}$보다 크고 $\frac{1}{6}$보다 작은 분수입니다.

( )

13 251029-0652

□ 안에 알맞은 분수나 소수를 써넣으세요.

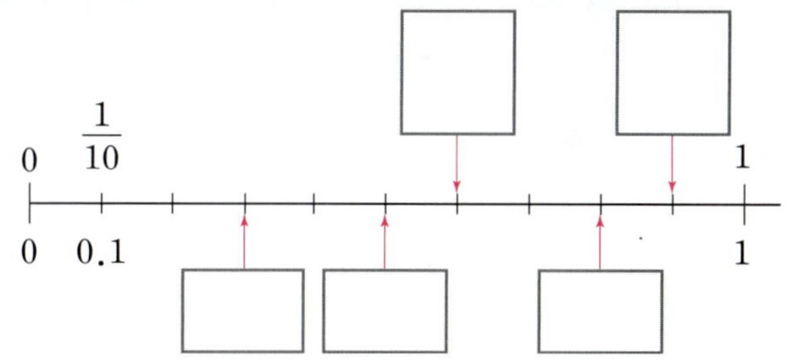

14 251029-0653

피자 한 판의 크기를 **1**이라 할 때 피자는 모두 몇 판인지 소수로 나타내 보세요.

( )

15 도윤이네 모둠은 텃밭에서 줄기에 달려 있는 오이의 길이를 재었습니다. 가장 긴 오이의 길이를 잰 사람은 누구일까요?

251029-0654

도윤	진우	주하
1.7 cm	2.6 cm	2.2 cm

(   )

16 중요

251029-0655

0.1이 8개인 수보다 크고 $\dfrac{1}{10}$이 23개인 수보다 작은 수를 모두 찾아 써 보세요.

| 0.5 | 2.1 | 3.5 | $\dfrac{9}{10}$ | 1.7 |

(   )

17

251029-0656

조건을 모두 만족하는 소수 □.□를 구해 보세요.

- 0.1과 0.9 사이의 수입니다.
- $\dfrac{5}{10}$보다 큰 수입니다.
- 0.7보다 작은 수입니다.

(   )

18 도전

251029-0657

4장의 수 카드 중에서 2장을 골라 한 번씩만 사용하여 소수 □.□를 만들려고 합니다. 만들 수 있는 소수 중에서 둘째로 작은 소수를 구해 보세요.

 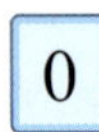

| 3 | 7 | 0 | 8 |

(   )

19

251029-0658

재준이네 반은 체육시간에 멀리뛰기를 하였습니다. 재준이는 1.4 m, 윤서는 $\dfrac{9}{10}$ m, 지수는 1.6 m를 뛰었습니다. 가장 멀리 뛴 학생은 누구인지 풀이 과정을 쓰고 답을 구해 보세요.

풀이

답

20

251029-0659

해나와 해든이는 같은 책을 사서 읽었습니다. 해나는 전체의 $\dfrac{4}{5}$만큼을 읽었고, 해든이는 전체의 $\dfrac{7}{8}$만큼을 읽었습니다. 앞으로 읽어야 할 부분이 더 많이 남은 사람은 누구인지 풀이 과정을 쓰고 답을 구해 보세요.

풀이

답

BOOK 1
본책

BOOK 1 본책으로 **교과서 속 학습 개념과**
기본+응용 문제를 확실히 공부했나요?

BOOK 2
복습책

BOOK 2 복습책으로 BOOK 1에서
배운 **기본 문제와 응용 문제를 복습**해 보세요.

EBS

EBS 초등
인터넷·모바일·TV
무료 강의 제공

초｜등｜부｜터 EBS
새 교육과정 반영

만점왕
수학 플러스
교과서 기본과 응용 문제를 한 번에 잡는 교과서 기본+응용

BOOK 2
복습책
3-1

만점왕 수학 플러스

교과서 기본과 응용 문제를 한 번에 잡는 **교과서 기본+응용**

BOOK 2
복습책

3-1

251029-0660

01 수 모형을 보고 계산해 보세요.

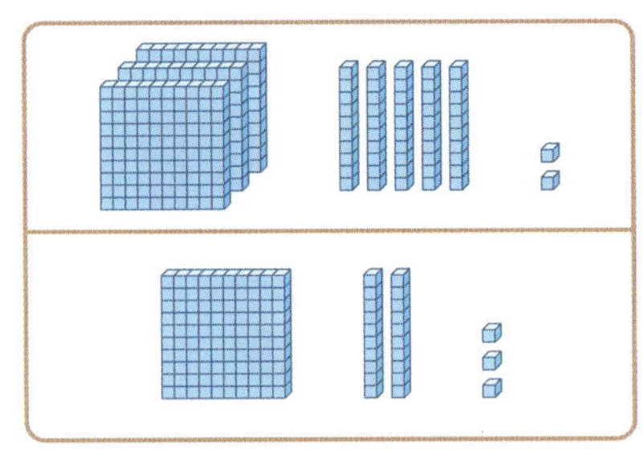

$$352 + 123 = \boxed{}$$

251029-0661

02 계산해 보세요.

(1)
$$\begin{array}{r} 5\ 7\ 1 \\ +\ 2\ 2\ 2 \\ \hline \end{array}$$

(2)
$$\begin{array}{r} 7\ 5\ 3 \\ +\ 1\ 0\ 7 \\ \hline \end{array}$$

251029-0662

03 빈칸에 알맞은 수를 써넣으세요.

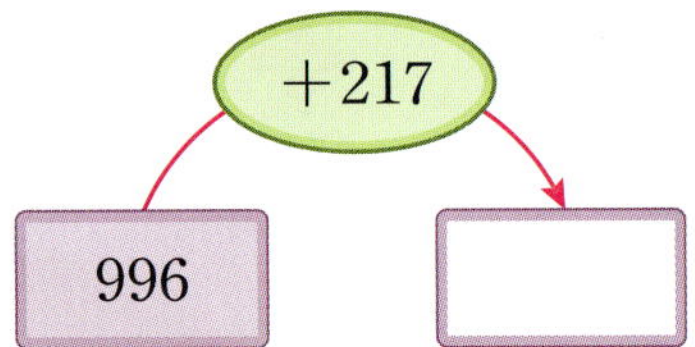

251029-0663

04 등산로 입구에서 약수터까지의 거리는 **635 m** 이고, 약수터에서 정상까지의 거리는 **428 m**입니다. 등산로 입구에서 약수터를 지나 정상까지의 거리는 몇 **m**일까요?

( )

251029-0664

05 빈칸에 알맞은 수를 써넣으세요.

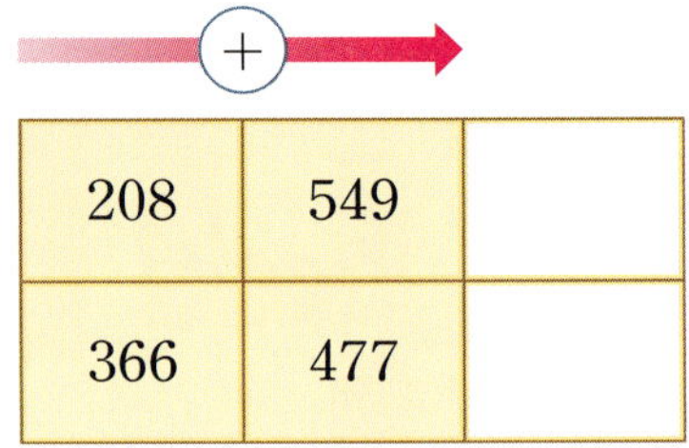

208	549	
366	477	

251029-0665

06 그림을 보고 □ 안에 알맞은 수를 써넣으세요.

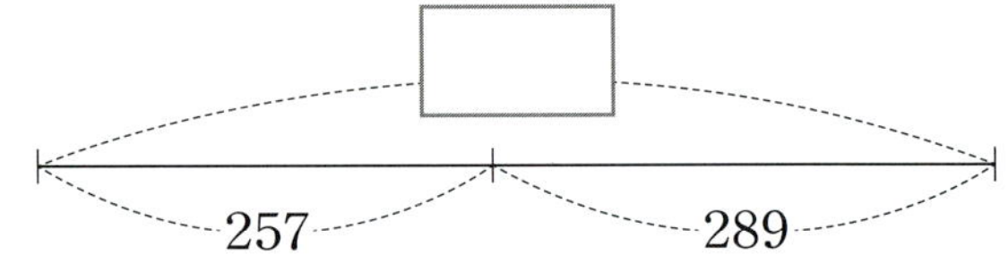

251029-0666

07 어림셈으로 계산하였을 때 **700**보다 작은 것을 찾아 기호를 써 보세요.

ㄱ 385＋412
ㄴ 471＋295
ㄷ 341＋318

( )

08 계산해 보세요.   251029-0667

(1)
$$\begin{array}{r} 7\ 6\ 2 \\ -\ 3\ 6\ 1 \\ \hline \end{array}$$

(2)
$$\begin{array}{r} 4\ 5\ 1 \\ -\ 2\ 4\ 3 \\ \hline \end{array}$$

09 잘못 계산한 곳을 찾아 바르게 계산해 보세요.   251029-0668

$$\begin{array}{r} 5\ 7\ 6 \\ -\ 2\ 3\ 7 \\ \hline 3\ 4\ 9 \end{array}$$ ➡

$$\begin{array}{r} 5\ 7\ 6 \\ -\ 2\ 3\ 7 \\ \hline \end{array}$$

10 두 수를 골라 뺄셈식을 만들려고 합니다. ☐ 안에 알맞은 수를 써넣으세요.   251029-0669

| 587 | 219 | 965 |

☐ − ☐ = 378

11 다음이 나타내는 수보다 **378**만큼 더 작은 수를 구해 보세요.   251029-0670

100이 8개, 10이 16개, 1이 4개인 수

(   )

12 어떤 수에 **328**을 더했더니 **706**이 되었습니다. 어떤 수는 얼마인지 구해 보세요.   251029-0671

(   )

13 수 카드 3장을 한 번씩만 사용하여 만들 수 있는 가장 큰 세 자리 수와 252의 차를 구해 보세요.   251029-0672

| 7 | 1 | 5 |

(   )

유형 1   수 카드로 세 자리 수를 만들어 합과 차 구하기

251029-0673

01 수 카드 3장을 한 번씩만 사용하여 만들 수 있는 세 자리 수 중에서 가장 큰 수와 가장 작은 수의 합을 구해 보세요.

| 6 | 8 | 3 |

( )

> **비법** 수 카드에 적힌 숫자가 ■, ▲, ●일 때 ■>▲>●이면 가장 큰 세 자리 수는 ■▲●이고, 가장 작은 세 자리 수는 ●▲■입니다.

251029-0674

02 수 카드 3장을 한 번씩만 사용하여 만들 수 있는 세 자리 수 중에서 가장 큰 수와 가장 작은 수의 차를 구해 보세요.

| 5 | 7 | 2 |

( )

251029-0675

03 수 카드 3장을 한 번씩만 사용하여 만들 수 있는 세 자리 수 중에서 가장 큰 수와 가장 작은 수의 합과 차를 구해 보세요.

| 1 | 9 | 4 |

합 ( )

차 ( )

유형 2   □ 안에 알맞은 수 구하기

251029-0676

04 □ 안에 알맞은 수를 써넣으세요.

$$
\begin{array}{ccc}
\square & \square & 5 \\
+ \quad 4 & 4 & \square \\
\hline
8 & 1 & 4 \\
\end{array}
$$

> **비법** 각 자리 수의 합이 더해지는 수(더하는 수)보다 작으면 받아올림이 있는 것입니다.

251029-0677

05 □ 안에 알맞은 수를 써넣으세요.

$$
\begin{array}{ccc}
8 & \square & 1 \\
- \quad 5 & 9 & 6 \\
\hline
\square & 4 & 5 \\
\end{array}
$$

251029-0678

06 다음 두 수는 세 자리 수입니다. 두 수의 합이 **974**일 때 두 수를 구해 보세요.

| 3□9 | | □7□ |

(,)

유형 **3** 이어 붙인 색 테이프의 길이 구하기

07 251029-0679

그림과 같이 빨간색 테이프와 파란색 테이프를 겹쳐지게 이어 붙였습니다. 겹쳐진 부분의 길이는 몇 **cm**인지 구해 보세요.

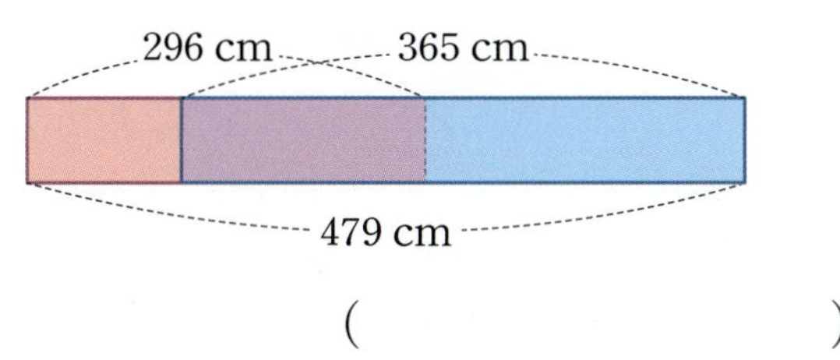

(   )

비법 겹쳐진 부분의 길이는 두 색 테이프의 길이의 합에서 이어 붙인 색 테이프의 전체 길이를 뺍니다.

08 251029-0680

길이가 352 **cm**인 색 테이프 두 장을 겹쳐진 부분이 176 **cm**가 되도록 이어 붙였습니다. 이어 붙인 색 테이프의 전체 길이는 몇 **cm**인지 구해 보세요.

(   )

09 251029-0681

그림과 같이 길이가 314 **cm**인 색 테이프 3장을 겹쳐지게 한 줄로 이어 붙였습니다. 이어 붙인 색 테이프의 전체 길이는 몇 **cm**인지 구해 보세요.

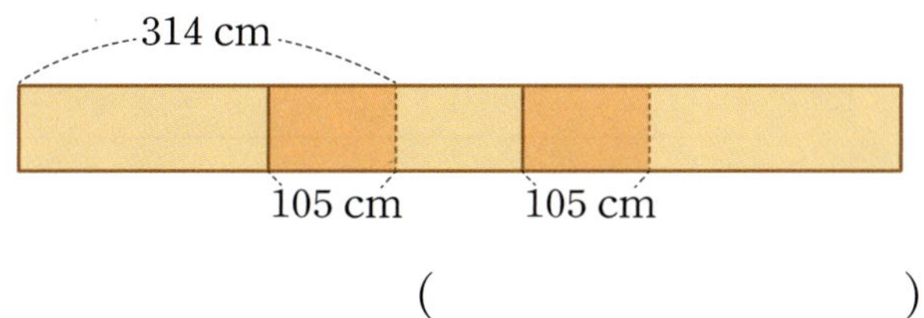

(   )

유형 **4** 조건에 알맞은 수 구하기

10 251029-0682

0부터 9까지의 수 중 □ 안에 들어갈 수 있는 수는 모두 몇 개인지 구해 보세요.

$$3\square4+179<543$$

(   )

비법 $3\square4+179=543$이라고 생각하고 뺄셈식으로 구해 봅니다.

11 251029-0683

0부터 9까지의 수 중 □ 안에 들어갈 수 있는 수는 모두 몇 개인지 구해 보세요.

$$826-4\square9<367$$

(   )

12 251029-0684

백의 자리 수가 6이고 일의 자리 수가 4인 세 자리 수 중 □ 안에 들어갈 수 있는 수를 모두 구해 보세요.

$$287+\square>951$$

(   )

251029-0685

01 <u>잘못</u> 계산한 곳을 찾아 이유를 쓰고, 바르게 계산해 보세요.

$$
\begin{array}{r}
4\ 5\ 6 \\
+\ 2\ 7\ 2 \\
\hline
6\ 2\ 8
\end{array}
\quad\Rightarrow\quad
\begin{array}{r}
4\ 5\ 6 \\
+\ 2\ 7\ 2 \\
\hline

\end{array}
$$

이유

____

____

251029-0686

02 가장 큰 수와 가장 작은 수의 합에서 나머지 한 수를 뺀 값은 얼마인지 풀이 과정을 쓰고 답을 구해 보세요.

| 273 | 659 | 486 |

풀이

____

____

답 _______________________

251029-0687

03 $674-321$을 두 가지 방법으로 계산해 보세요.

방법 1

____

____

방법 2

____

____

251029-0688

04 어떤 두 수의 합은 422이고, 차는 156입니다. 두 수는 무엇인지 풀이 과정을 쓰고 답을 구해 보세요.

풀이

____

____

____

답 _______________________

251029-0689

05 세 자리 수가 적힌 수 카드 중 한 장이 찢어졌습니다. 두 수의 합이 671일 때 두 수의 차는 얼마인지 풀이 과정을 쓰고 답을 구해 보세요.

| 267 |  4 |

풀이

____

____

____

답 _______________________

251029-0690

06 ■＋▲＋●＝16일 때, ♥에 알맞은 숫자는 무엇인지 풀이 과정을 쓰고 답을 구해 보세요.

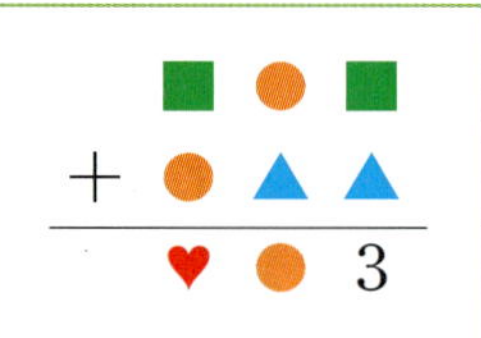

풀이

____

____

답 _______________________

07 251029-0691

집에서 학교까지 가는 길을 나타낸 것입니다. 집에서 편의점을 거쳐 가는 길과 병원을 거쳐 가는 길 중 어느 곳을 거쳐 가는 길이 얼마나 더 가까운지 풀이 과정을 쓰고 답을 구해 보세요.

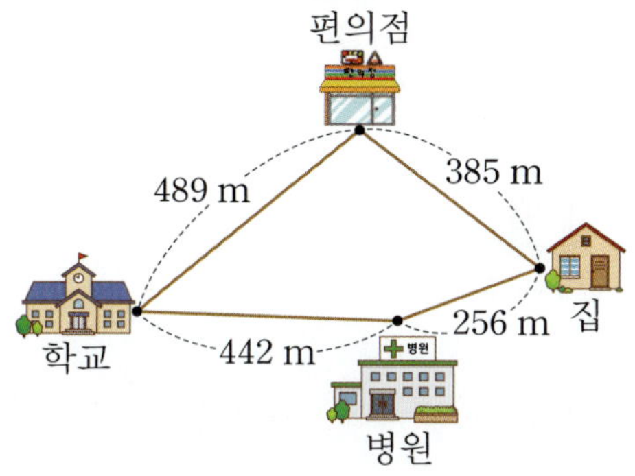

풀이

____

____

____

답 ________________ ,

08 251029-0692

글을 읽고, 🔒의 비밀번호와 🔒의 비밀번호의 차는 얼마인지 풀이 과정을 쓰고 답을 구해 보세요.

- 🔒의 비밀번호는 358입니다.
- 🔒과 🔒의 비밀번호의 합은 925입니다.
- 🔒과 🔒의 비밀번호의 차는 257입니다.
- 🔒의 비밀번호에서 백의 자리 숫자는 8입니다.

풀이

____

____

____

답 ________________

09 251029-0693

공장에서 어제 빨간색 공을 351개, 파란색 공을 449개 만들었고, 오늘은 빨간색 공을 268개, 파란색 공을 485개 만들었습니다. 이 공장에서 어제와 오늘 만든 빨간색 공과 파란색 공 중 어느 것이 몇 개 더 많은지 풀이 과정을 쓰고 답을 구해 보세요.

풀이

____

____

____

답 ________________ ,

10 251029-0694

식이 적혀 있는 종이의 일부가 지워져서 수가 보이지 않습니다. 지워진 부분에 들어갈 수 있는 수 중에서 가장 큰 세 자리 수는 얼마인지 풀이 과정을 쓰고 답을 구해 보세요.

$$397 + \blacksquare < 941 - 257$$

풀이

____

____

____

답 ________________

01 계산해 보세요.   251029-0695

(1)
$$357 + 421$$

(2)
$$568 + 279$$

02 계산 결과를 찾아 이어 보세요.   251029-0696

542+107	649
649+234	794
415+379	883

03 수 모형이 나타내는 수보다 888만큼 더 큰 수를 구해 보세요.   251029-0697

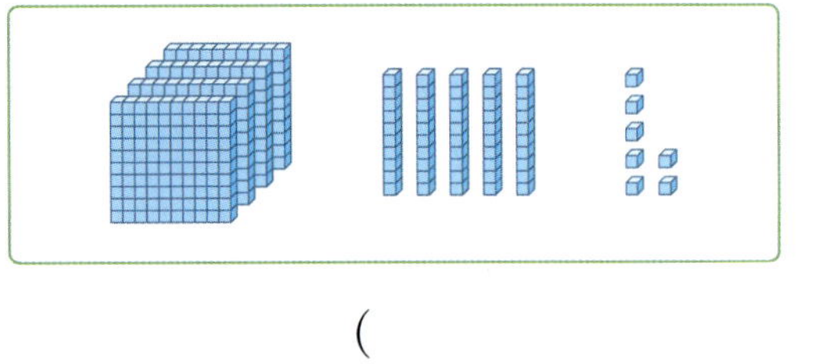

( )

04 잘못 계산한 부분을 찾아 바르게 계산해 보세요.   251029-0698

$$\begin{array}{r} 645 \\ +265 \\ \hline 800 \end{array} \Rightarrow \begin{array}{r} 645 \\ +265 \\ \hline \end{array}$$

05 민수는 학교에서 출발하여 서점을 지나서 집으로 가려고 합니다. 민수가 가야 하는 거리는 몇 **m**일까요?   251029-0699

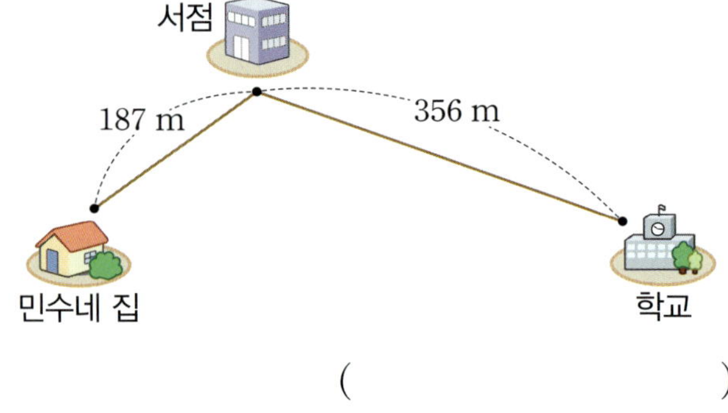

( )

06 다음이 나타내는 수보다 **259**만큼 더 큰 수는 얼마인지 풀이 과정을 쓰고 답을 구해 보세요.   251029-0700

 서술형

> 100이 5개, 10이 6개, 1이 1개인 수

풀이

____

____

____

답 ______________

07 두 수를 더해 빈칸에 알맞은 수를 써넣으세요.   251029-0701

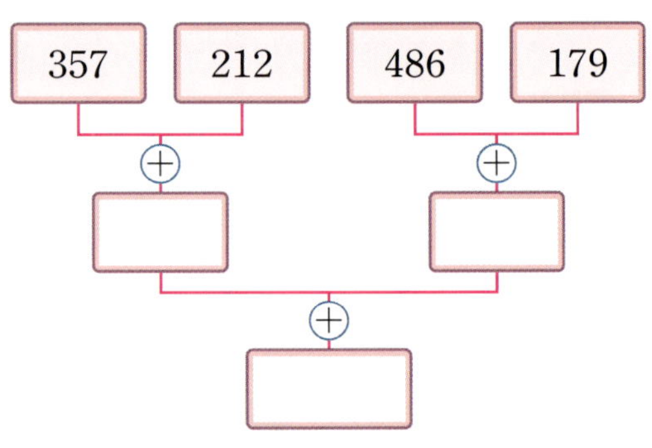

08 251029-0702

㉠과 ㉡에 알맞은 수를 각각 구해 보세요.

$$
\begin{array}{cccc}
 & 4 & 5 & \boxed{㉠} \\
+ & 8 & \boxed{㉡} & 7 \\
\hline
1 & 3 & 3 & 5
\end{array}
$$

㉠ (   ), ㉡ (   )

09 251029-0703

놀이터 화단에 꽃을 어제는 541송이를 심었고, 오늘은 278송이를 심었습니다. 어제와 오늘 심은 꽃송이의 차를 가장 가깝게 어림한 사람의 이름을 써 보세요.

> 영이: 어제는 500송이쯤, 오늘은 200송이쯤 심었으니 차는 $500-200=300$(송이)야.
>
> 경수: 어제는 540송이쯤, 오늘은 270송이쯤 심었으니 차는 $540-270=270$(송이)야.
>
> 하은: 어제는 540송이쯤, 오늘은 280송이쯤 심었으니 차는 $540-280=260$(송이)야.

(   )

10 251029-0704

빈칸에 알맞은 수를 써넣으세요.

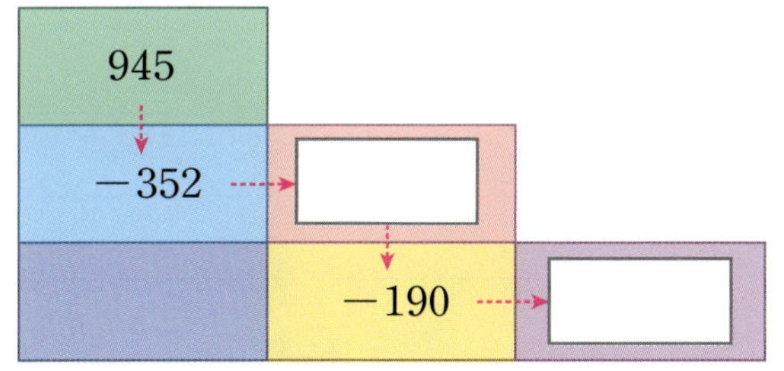

11 251029-0705

수 카드 3장을 한 번씩만 사용하여 만들 수 있는 세 자리 수 중에서 가장 큰 수는 963보다 얼마나 더 작은지 구해 보세요.

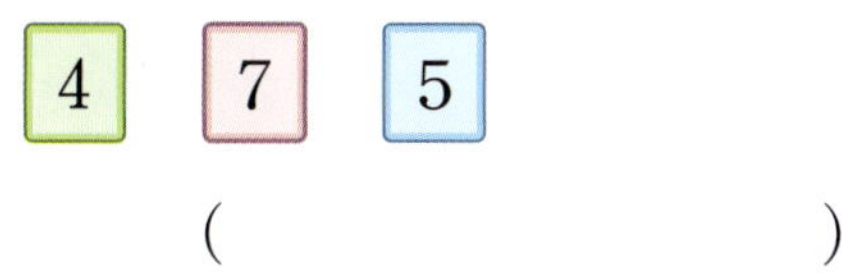

(   )

12 251029-0706

계산 결과가 작은 것부터 순서대로 기호를 써 보세요.

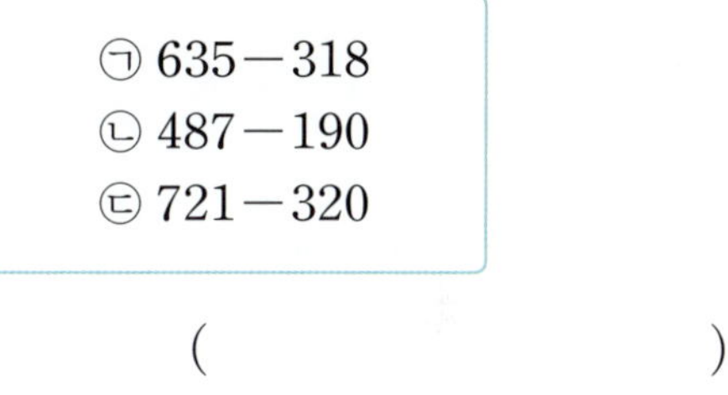

(   )

13 251029-0707

사각형 안에 있는 수의 차를 구해 보세요.

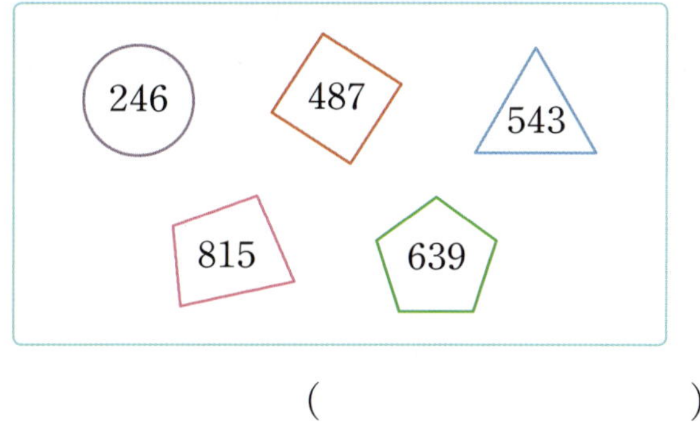

(   )

14 251029-0708

보기 와 같이 계산하여 빈칸에 알맞은 수를 써넣으세요.

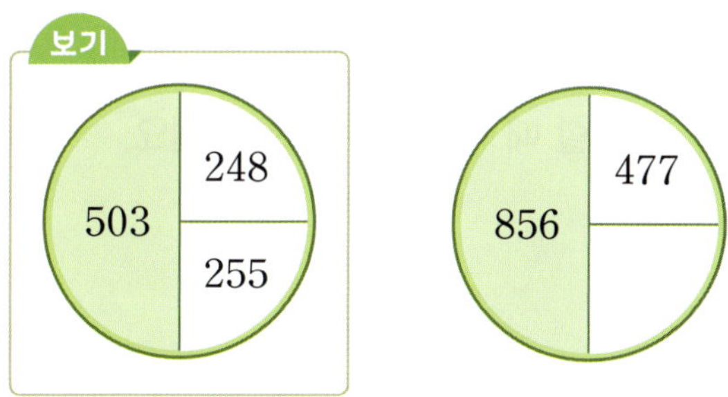

15 민정이네 제과점에서는 오늘 단팥빵 **365**개와 크림빵 **475**개를 만들었습니다. 이 중 **686**개를 팔았다면 남은 빵은 몇 개인지 구해 보세요.

251029-0709

(   )

16 그림과 같이 빨간색 테이프와 파란색 테이프를 겹쳐지게 이어 붙였습니다. 겹쳐진 부분의 길이는 몇 **cm**인지 구해 보세요.

251029-0710

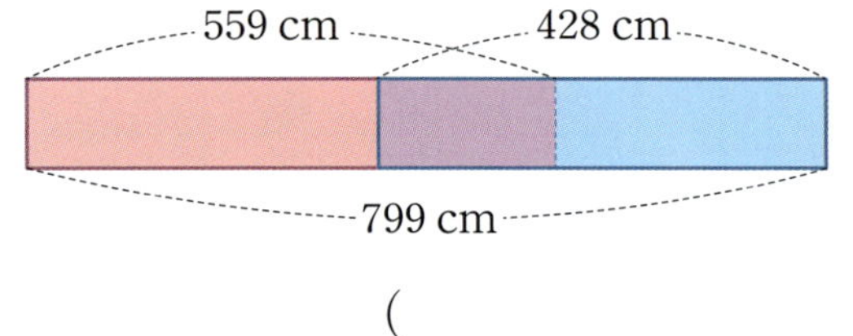

(   )

17 기호 ◆에 대하여 ㉮◆㉯=㉮－㉯－**285**라고 약속할 때 다음을 계산해 보세요.

251029-0711

$$472 ◆ 128$$

(   )

18 어떤 수에서 **274**를 빼야 하는데 잘못하여 더했더니 **721**이 되었습니다. 바르게 계산한 값은 얼마인지 구해 보세요.

251029-0712

(   )

19 다음은 지난 주말 박물관의 관람객 수를 나타낸 표입니다. 일요일의 관람객 수는 토요일의 관람객 수보다 몇 명 더 많은지 구해 보세요.

251029-0713

지난 주말 박물관의 관람객 수

	토요일	일요일
남자	426명	422명
여자	366명	498명

(   )

20 서술형 **1**부터 **9**까지의 수 중에서 ㉠과 ㉡에 공통으로 들어갈 수 있는 수를 모두 구하려고 합니다. 풀이 과정을 쓰고 답을 구해 보세요.

251029-0714

$$329＋222 < ㉠ 65$$
$$831－167 > ㉡ 06$$

풀이

____

____

____

답 _______________________

01 도형의 이름이 맞으면 ◯표, 틀리면 ×표를 하세요.

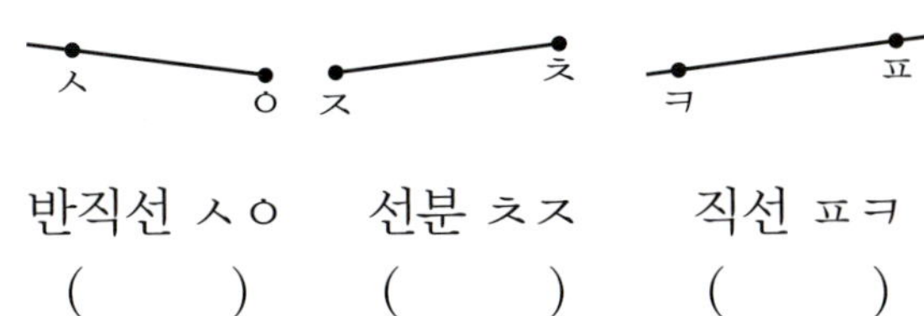

반직선 ㅅㅇ   선분 ㅊㅈ   직선 ㅍㅋ
(   )   (   )   (   )

251029-0716

02 직선 ㄴㄷ을 그어 보세요.

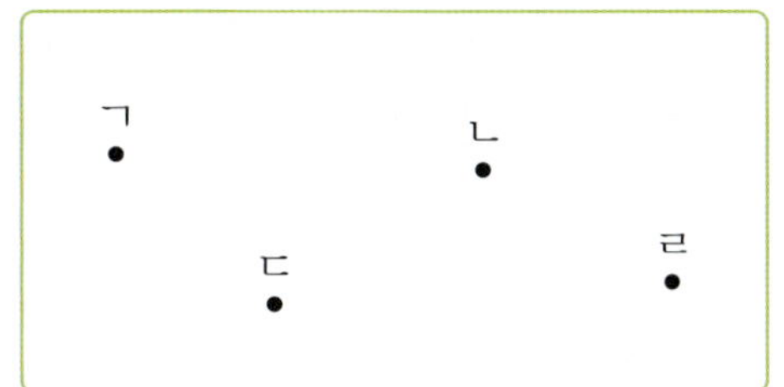

251029-0717

03 왼쪽의 각을 바르게 읽은 것을 모두 찾아 기호를 써 보세요.

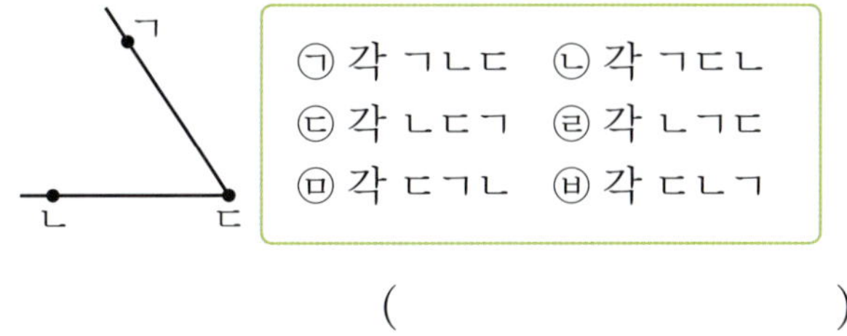

(   )

251029-0718

04 세 점을 이용하여 꼭짓점이 서로 다른 각을 그려 보세요.

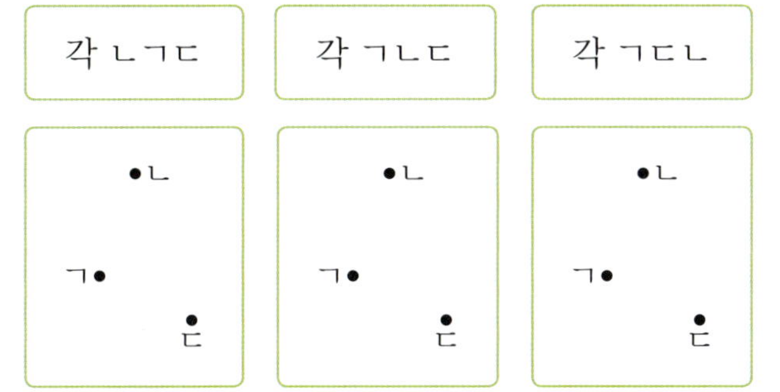

251029-0719

05 직각은 모두 몇 개일까요?

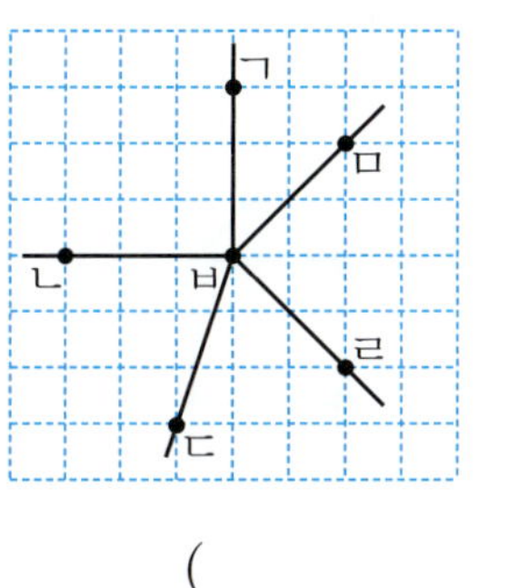

(   )

251029-0720

06 삼각자를 사용하여 점 ㄱ을 꼭짓점으로 하는 직각을 그려 보세요.

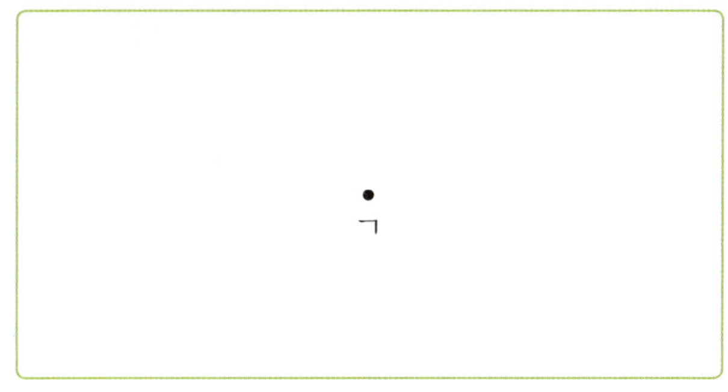

251029-0721

07 직각삼각형에 대한 설명으로 잘못된 것을 모두 찾아 기호를 써 보세요.

㉠ 꼭짓점이 1개 있습니다.
㉡ 세 개의 변이 있습니다.
㉢ 세 개의 각이 있습니다.
㉣ 세 각이 모두 직각입니다.

(   )

08 그림에서 찾을 수 있는 크고 작은 직각삼각형은 모두 몇 개인지 구해 보세요.

251029-0722

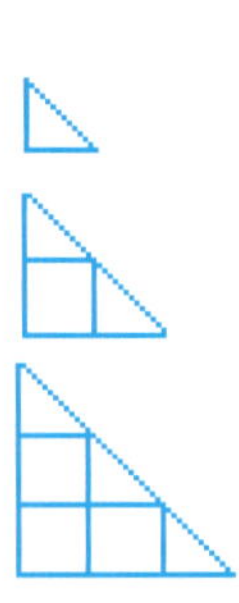
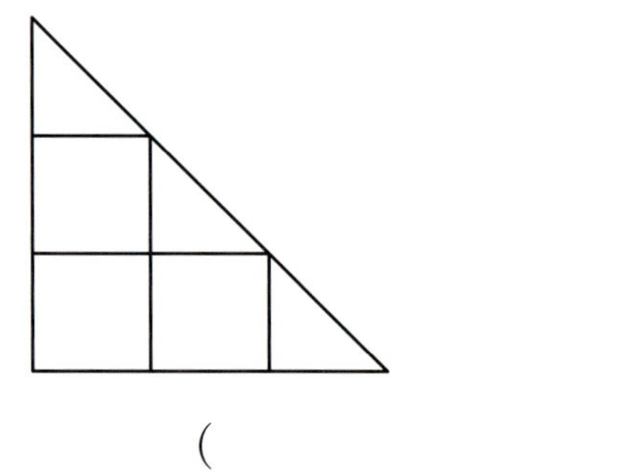

(   )

09 직사각형을 찾아 기호를 써 보세요.

251029-0723

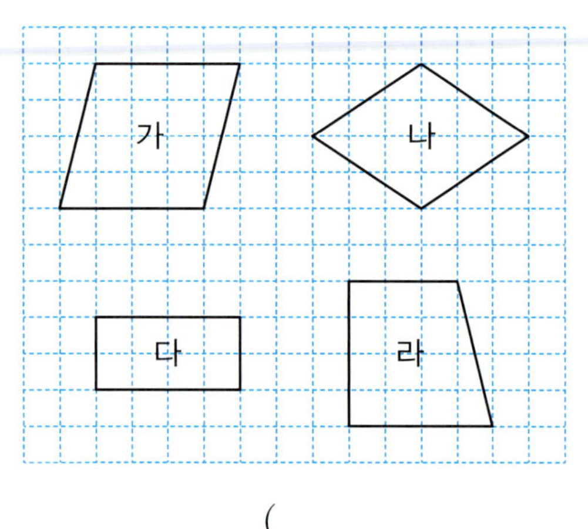

(   )

10 명수는 가지고 있던 철사 50 cm로 다음과 같은 직사각형을 만들었습니다. 직사각형을 만들고 남은 철사는 몇 cm인지 구해 보세요.

251029-0724

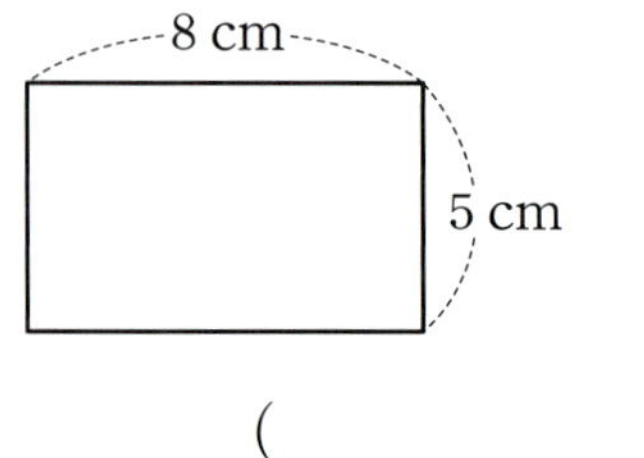

(   )

11 다음 그림에서 찾을 수 있는 크고 작은 직사각형은 모두 몇 개인지 구해 보세요.

251029-0725

(   )

12 정사각형을 모두 찾아 기호를 써 보세요.

251029-0726

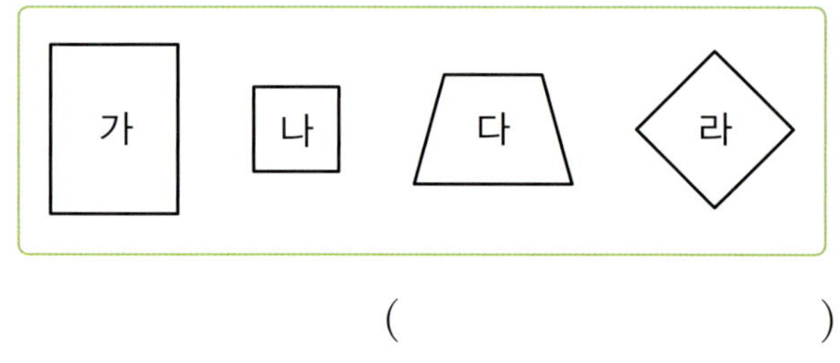

(   )

13 다음 도형은 정사각형입니다. 네 변의 길이의 합은 몇 cm인지 구해 보세요.

251029-0727

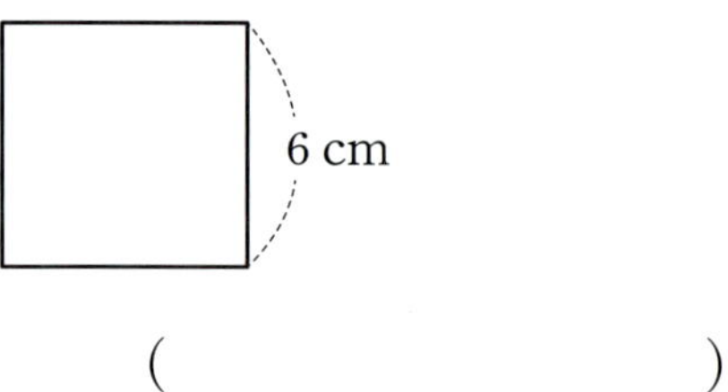

(   )

유형 1 점을 이어 그릴 수 있는 각의 수 구하기

251029-0728

01 3개의 점을 이어 그릴 수 있는 서로 다른 각은 모두 몇 개인지 구해 보세요.

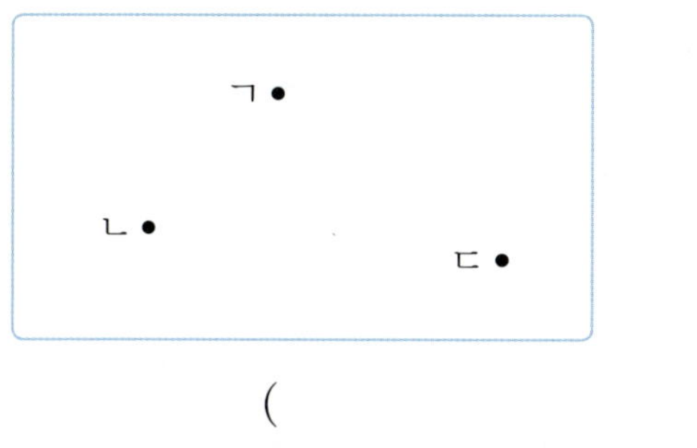

(   )

비법 각 점을 각의 꼭짓점으로 하는 각을 그려 봅니다.

251029-0729

02 4개의 점 중에서 3개의 점을 이어 그릴 수 있는 서로 다른 각은 모두 몇 개인지 구해 보세요.

(   )

251029-0730

03 4개의 점 중에서 3개의 점을 이어 그릴 수 있는 서로 다른 각 중에서 직각은 모두 몇 개인지 구해 보세요.

(   )

유형 2 점을 옮겨 도형 완성하기

251029-0731

04 삼각형 ㄱㄴㄷ에서 꼭짓점 ㄷ을 어느 곳으로 옮겨야 직각삼각형이 되는지 기호를 써 보세요.

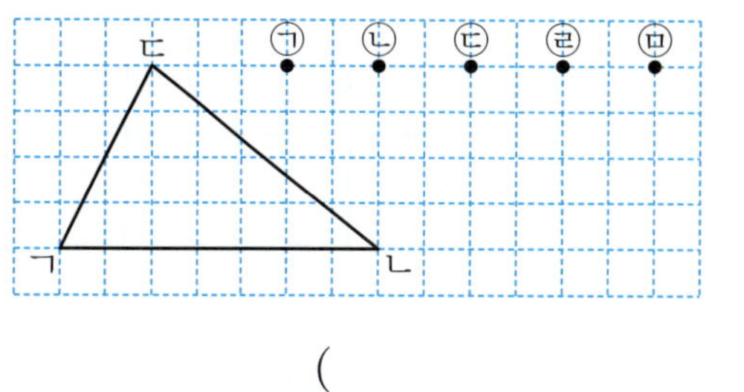

(   )

비법 각 ㄱㄴㄷ이 직각이 되는 곳을 찾아 봅니다.

251029-0732

05 사각형에서 꼭짓점 가를 어느 곳으로 옮겨야 직사각형이 되는지 번호를 써 보세요.

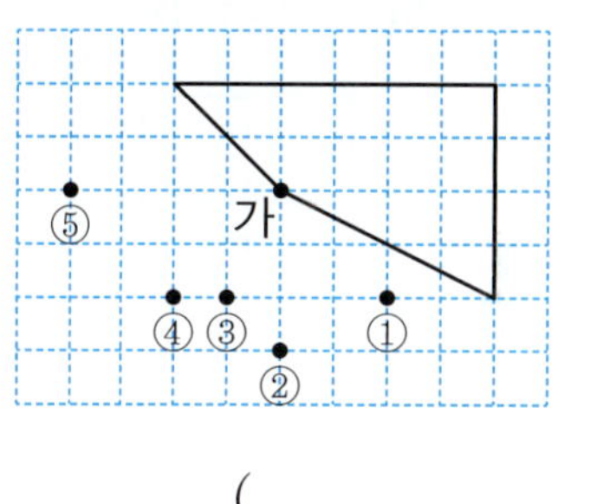

(   )

251029-0733

06 사각형에서 꼭짓점 ㄱ을 어느 곳으로 옮겨야 정사각형이 되는지 기호를 써 보세요.

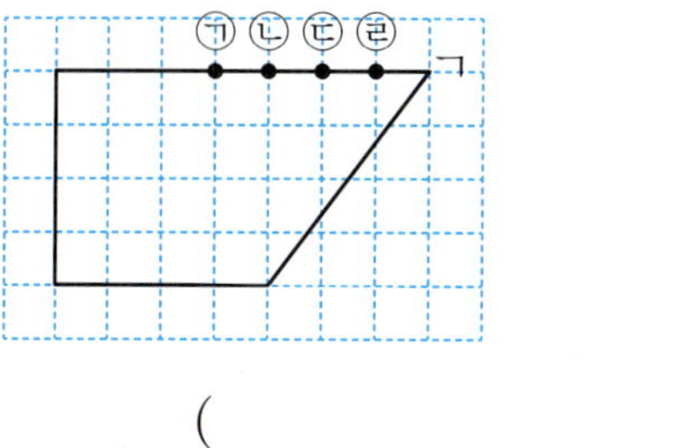

(   )

유형 3   찾을 수 있는 도형의 수 구하기

251029-0734

07 그림에서 찾을 수 있는 크고 작은 정사각형은 모두 몇 개인지 구해 보세요.

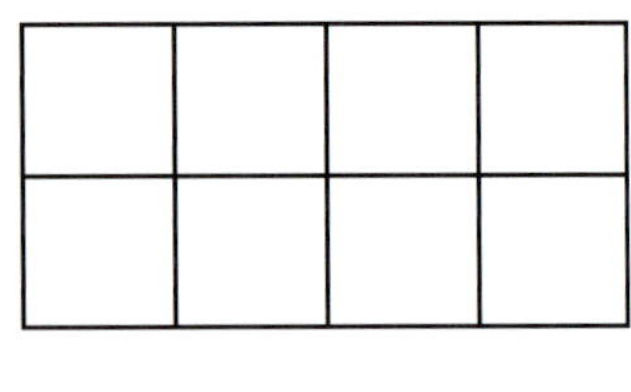

(   )

비법 ▶ □, ⊞ 로 이루어진 정사각형은 각각 몇 개씩인지 찾아 봅니다.

251029-0735

08 그림에서 찾을 수 있는 크고 작은 정사각형은 모두 몇 개인지 구해 보세요.

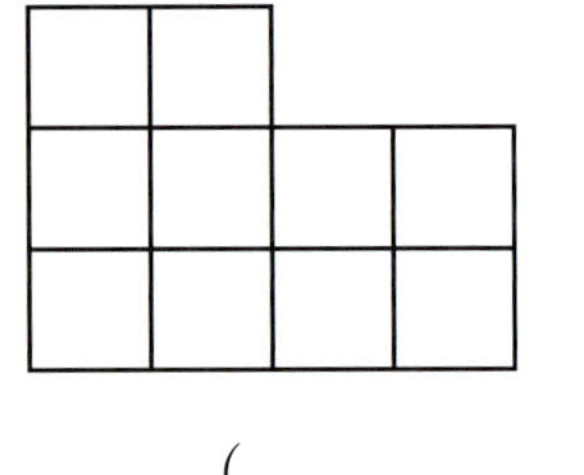

(   )

251029-0736

09 다음 도형에서 찾을 수 있는 크고 작은 직각삼각형의 수와 크고 작은 직사각형의 수의 차는 몇 개인지 구해 보세요.

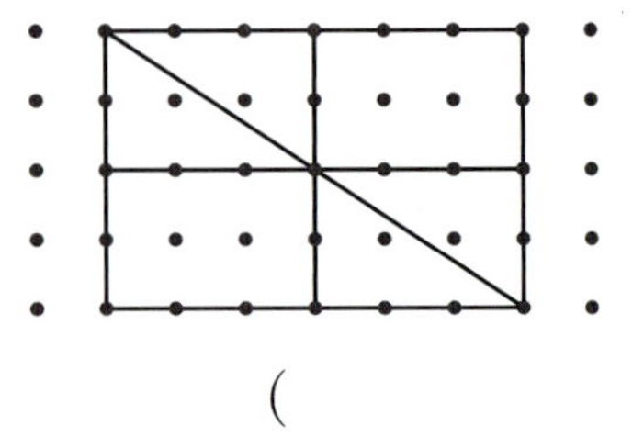

(   )

유형 4   둘레의 길이 구하기

251029-0737

10 오른쪽은 한 변의 길이가 3 cm인 정사각형 3개를 겹치지 않게 이어 붙인 도형입니다. 초록색 선의 길이는 몇 cm인지 구해 보세요.

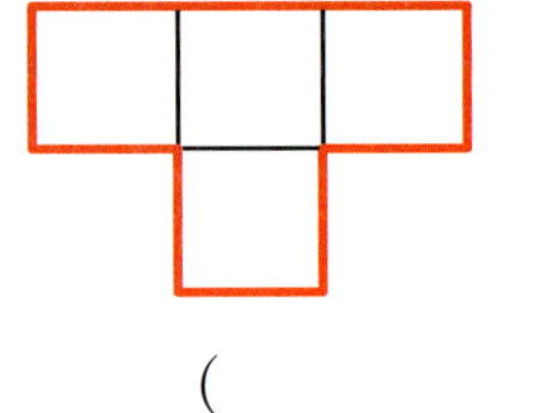

(   )

비법 ▶ 초록색 선은 정사각형의 한 변이 몇 개인지 세어 봅니다.

251029-0738

11 한 변의 길이가 4 cm인 정사각형 4개를 겹치지 않게 이어 붙인 도형입니다. 주황색 선의 길이는 몇 cm인지 구해 보세요.

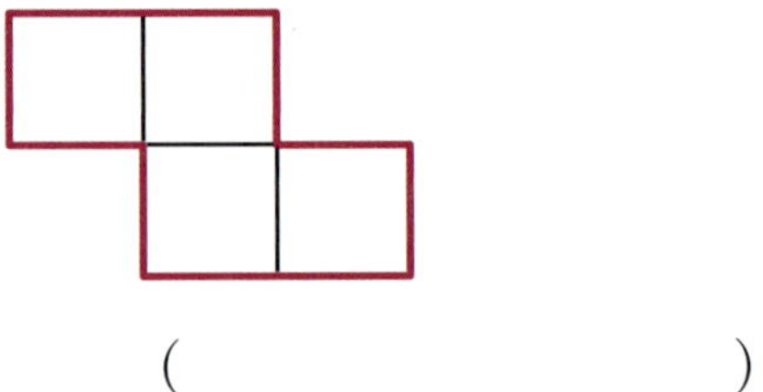

(   )

251029-0739

12 정사각형 4개를 겹치지 않게 이어 붙인 도형입니다. 보라색 선의 길이가 20 cm일 때, 정사각형의 한 변의 길이는 몇 cm인지 구해 보세요.

(   )

01 251029-0740

직선 가 위의 한 점과 직선 나 위의 한 점을 이용하여 그을 수 있는 반직선은 모두 몇 개인지 풀이 과정을 쓰고 답을 구해 보세요.

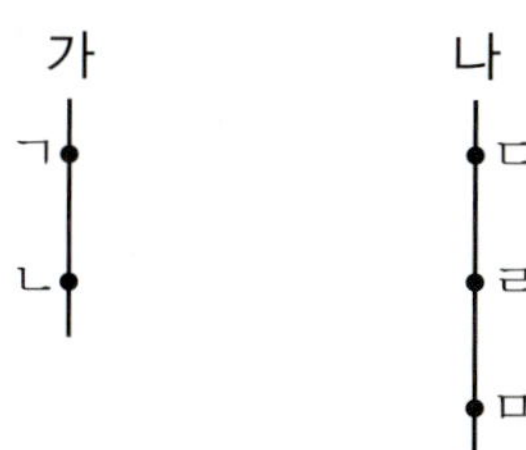

풀이

답

02 251029-0741

직각이 많은 도형부터 순서대로 기호를 쓰려고 합니다. 풀이 과정을 쓰고 답을 구해 보세요.

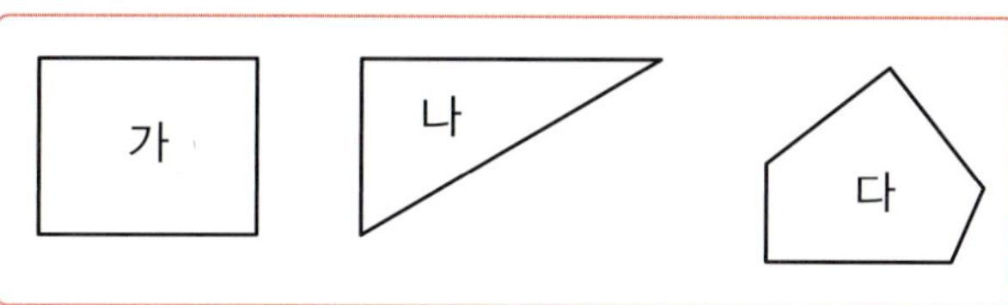

풀이

답

03 251029-0742

두 도형의 같은 점과 다른 점을 각각 1가지씩 써 보세요.

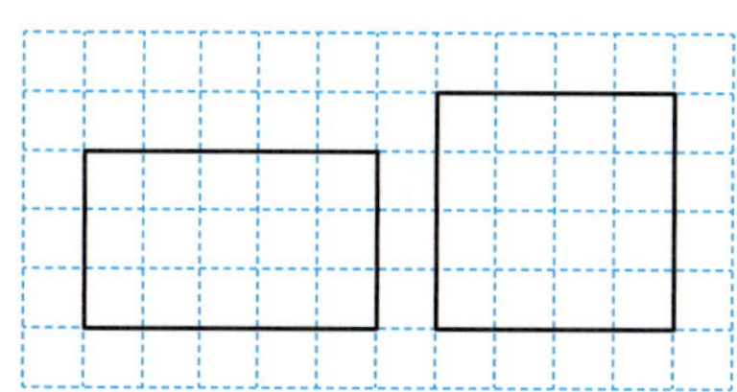

같은 점

다른 점

04 251029-0743

크기가 다른 정사각형 2개를 겹치지 않게 붙여서 만든 도형입니다. 선분 ㄴㄹ의 길이는 몇 **cm**인지 풀이 과정을 쓰고 답을 구해 보세요.

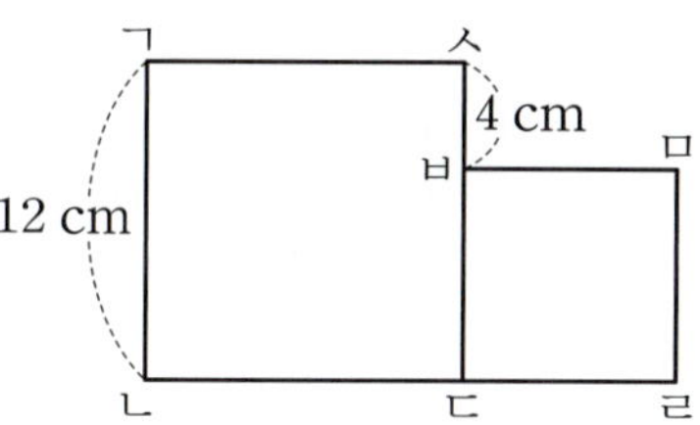

풀이

답

05 직사각형과 정사각형의 네 변의 길이의 합이 같습니다. 정사각형의 한 변의 길이는 몇 **cm**인지 풀이 과정을 쓰고 답을 구해 보세요.

251029-0744

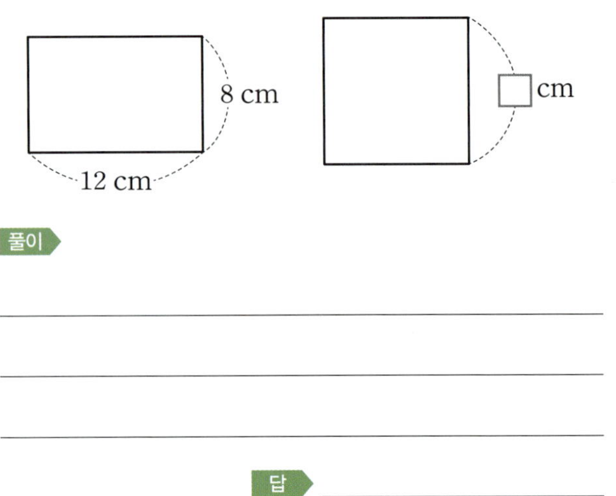

풀이

답

07 그림에서 찾을 수 있는 크고 작은 직각삼각형은 모두 몇 개인지 풀이 과정을 쓰고 답을 구해 보세요.

251029-0746

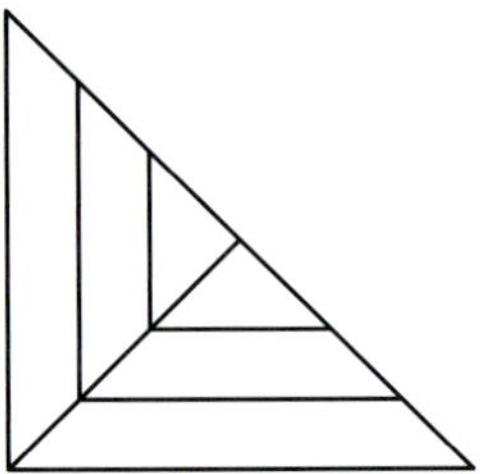

풀이

답

06 준호와 민준이는 다음에서 설명하는 시각에 만나기로 했습니다. 준호와 민준이가 만나기로 한 시각은 몇 시인지 풀이 과정을 쓰고 답을 구해 보세요.

251029-0745

- 6시와 11시 사이의 시각입니다.
- 긴바늘이 12를 가리킵니다.
- 긴바늘과 짧은바늘이 이루는 각은 직각입니다.

풀이

답

08 그림과 같이 직각삼각형과 정사각형 2개를 겹치지 않게 이어 붙였습니다. 직각삼각형의 세 변의 길이의 합이 **12 cm**일 때 파란색 선의 길이는 몇 **cm**인지 풀이 과정을 쓰고 답을 구해 보세요.

251029-0747

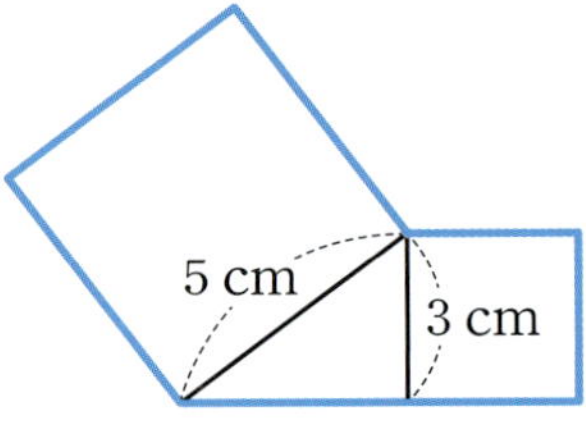

풀이

답

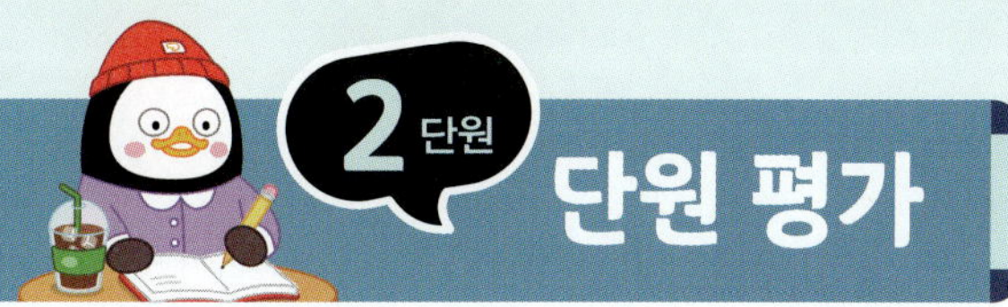

01 251029-0748

점을 이용하여 선분 ㄱㄴ을 그어 보세요.

ㄱ •   • ㄴ

02 251029-0749

직선을 모두 찾아 기호를 써 보세요.

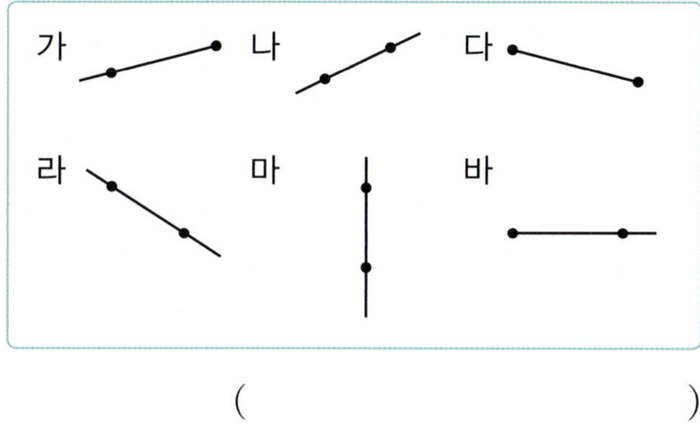

(   )

03 251029-0750

반직선 ㄷㄹ을 찾아 기호를 써 보세요.

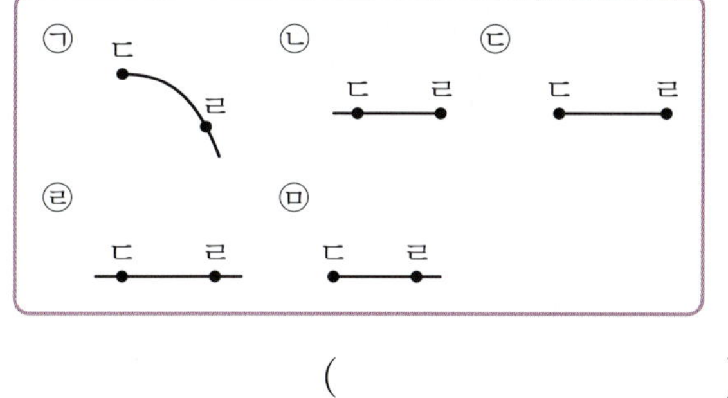

(   )

04 251029-0751

주어진 도형이 각이 <u>아닌</u> 이유를 써 보세요.

이유
____
____

05 251029-0752

각 ㄴㅁㄹ을 그려 보세요.

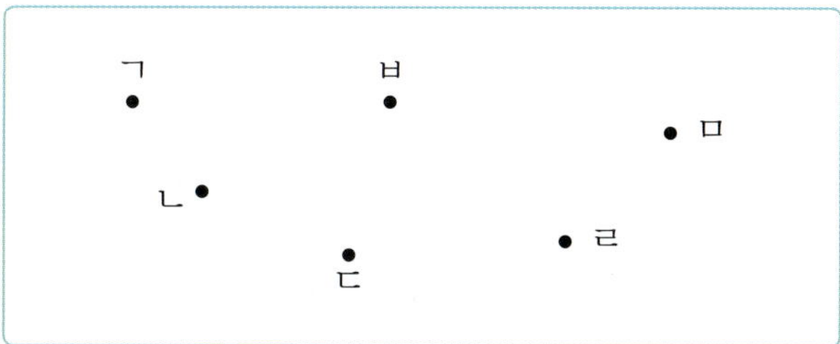

06 251029-0753

서술형

그림에서 찾을 수 있는 크고 작은 각은 모두 몇 개인지 풀이 과정을 쓰고 답을 구해 보세요.

풀이
____
____
____

답 ▶ _______________________________________

07 251029-0754

시계의 긴바늘과 짧은바늘이 이루는 작은 쪽의 각이 직각인 것을 모두 찾아 기호를 써 보세요.

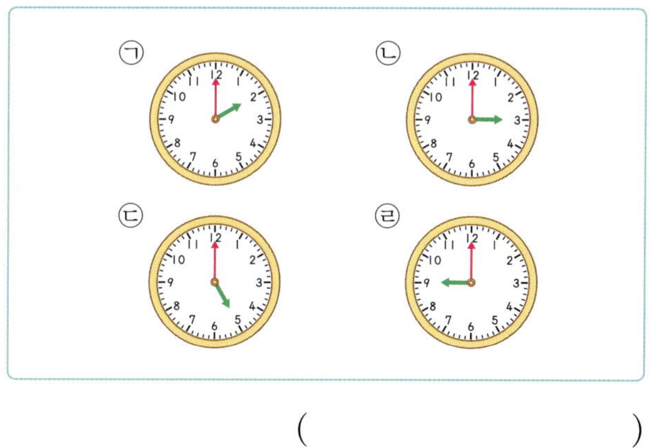

(   )

08 251029-0755

각 ㅁㅂㅅ을 직각으로 만들려고 합니다. 점 ㅅ으로 알맞은 점을 찾아 기호를 써 보세요.

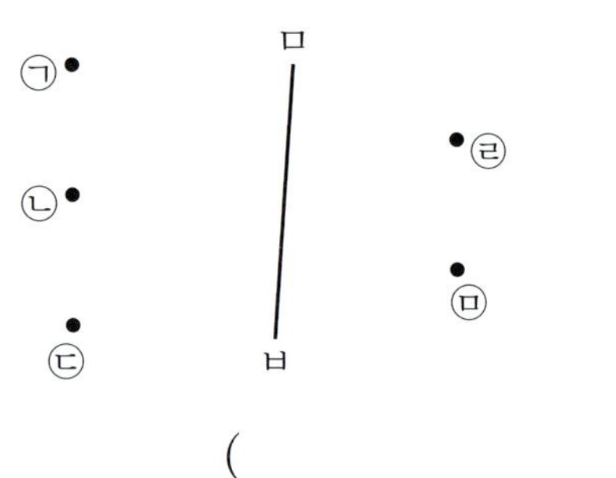

( )

09 251029-0756

직각삼각형 3개, 직사각형 2개, 정사각형 4개를 서로 겹치지 않게 그렸습니다. 직각은 모두 몇 개 있는지 구해 보세요.

( )

10 251029-0757

조각 천으로 직사각형을 만들었습니다. 조각 천 중에서 직각삼각형을 모두 찾아 기호를 써 보세요.

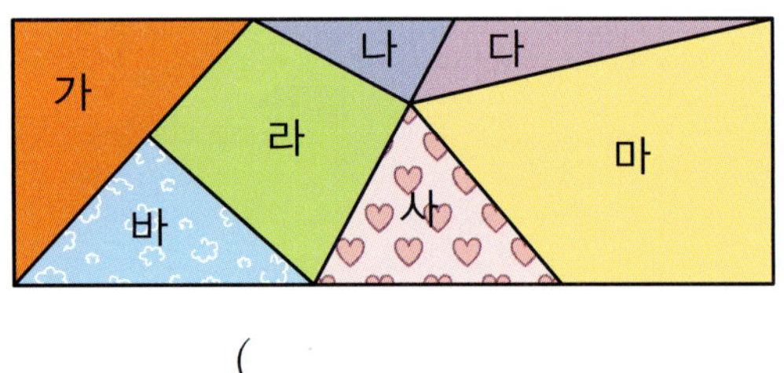

( )

11 251029-0758

점 종이에 서로 다른 모양의 직각삼각형을 2개 그려 보세요.

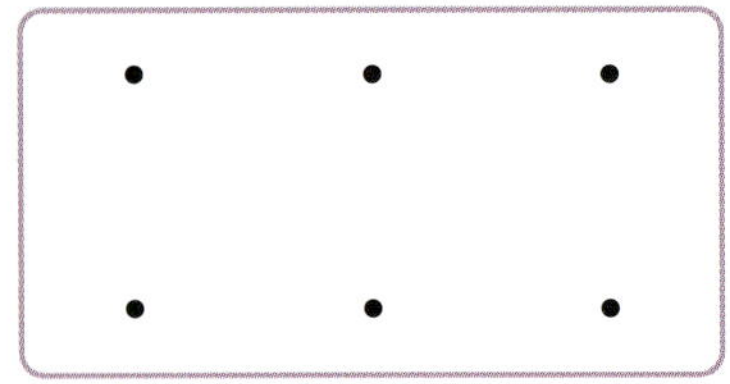

12 251029-0759

직사각형을 모두 찾아 기호를 써 보세요.

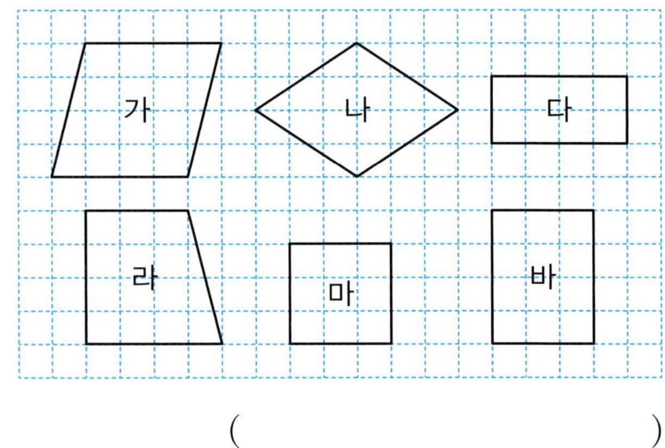

( )

13 251029-0760

직사각형에 대한 설명으로 <u>틀린</u> 것을 찾아 기호를 써 보세요.

㉠ 네 변의 길이가 모두 같습니다.
㉡ 네 각이 모두 직각입니다.
㉢ 네 개의 선분으로 둘러싸여 있습니다.
㉣ 꼭짓점이 4개 있습니다.

( )

14 251029-0761

직사각형은 정사각형보다 몇 개 더 많을까요?

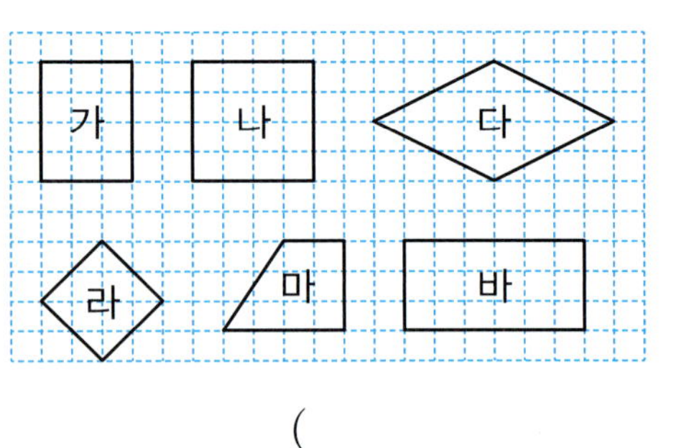

( )

15 그림과 같은 직사각형 모양의 종이를 잘라서 가장 큰 정사각형을 만들려고 합니다. 만들 수 있는 가장 큰 정사각형의 네 변의 길이의 합은 몇 **cm**인지 구해 보세요.

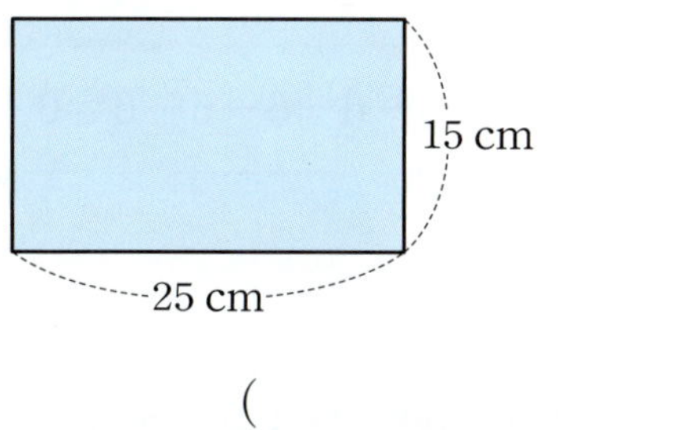

( )

16 직사각형 모양의 종이를 그림과 같이 접고 자른 후 펼쳐서 사각형을 만들었습니다. 만든 도형에는 길이가 같은 변이 모두 몇 개 있을까요?

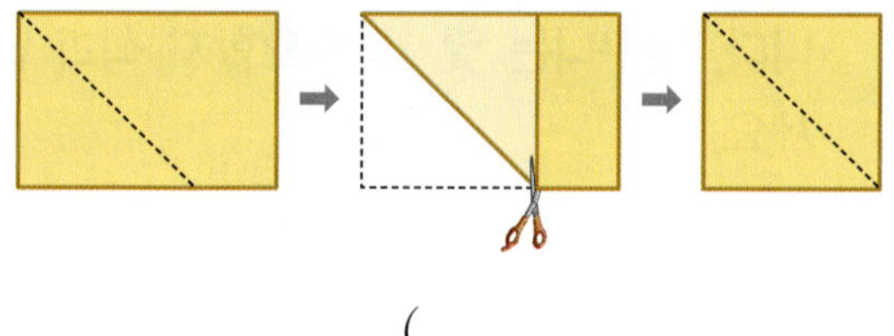

( )

17 다음 도형은 정사각형이 아닙니다. 그 이유를 써 보세요.

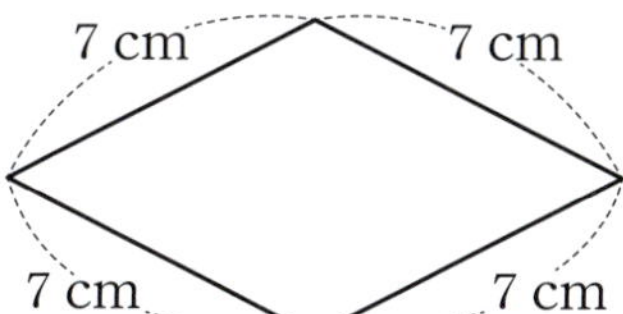

이유

____

____

18 모눈종이에 주어진 선분을 한 변으로 하는 정사각형을 그려 보세요.

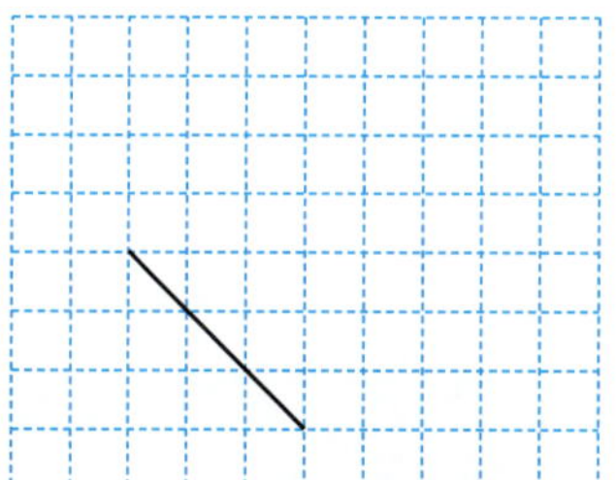

19 크기가 같은 정사각형 4개를 겹치지 않게 이어 붙여 만든 직사각형입니다. 만든 직사각형의 네 변의 길이의 합은 몇 **cm**인지 구해 보세요.

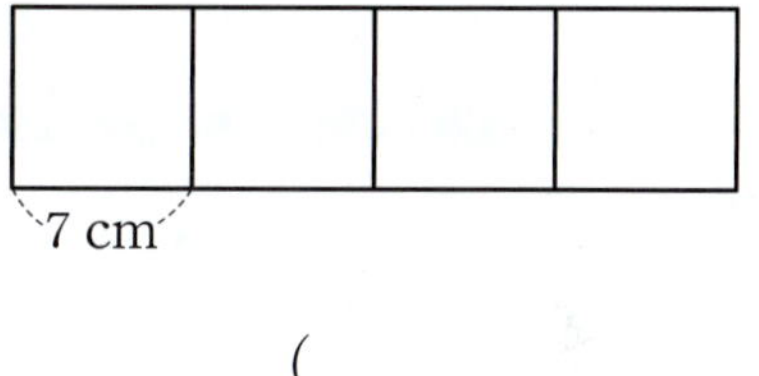

( )

20 직사각형 모양의 종이를 다음과 같이 접고 나머지 부분에 색칠하였습니다. 색칠한 사각형의 네 변의 길이의 합은 몇 **cm**인지 구해 보세요.

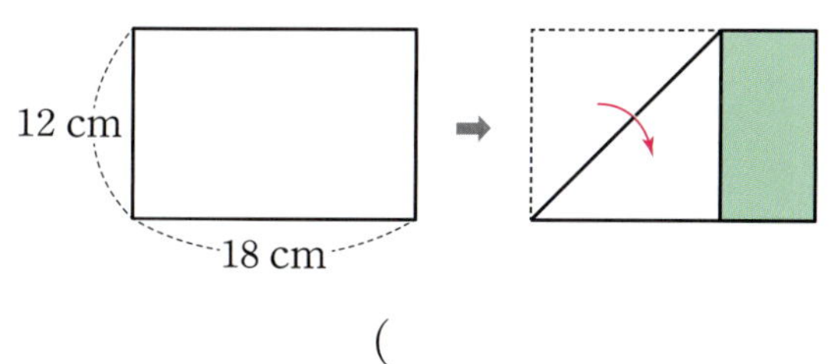

( )

251029-0768

01 사과 8개를 바구니 2개에 똑같이 나누어 담으려고 합니다. 바구니 한 개에 사과를 몇 개씩 담을 수 있는지 바구니에 ○를 그리고, □ 안에 알맞은 수를 써넣으세요.

바구니 한 개에 사과를 □ 개씩 담을 수 있습니다.

251029-0769

02 그림을 보고 나눗셈식으로 나타내 보세요.

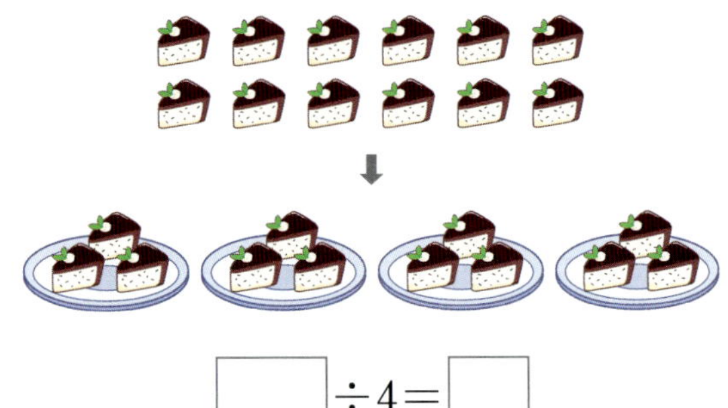

$$\boxed{} \div 4 = \boxed{}$$

251029-0770

03 나눗셈식을 보고 □ 안에 알맞은 수를 써넣으세요.

$$24 \div 4 = 6$$

(1) 24 나누기 □ 은/는 □ 와/과 같습니다.

(2) □ 은/는 24를 □ (으)로 나눈 몫입니다.

251029-0771

04 $30 \div 6 = 5$를 뺄셈식으로 바르게 나타낸 것에 ○표 하세요.

$$30 - 5 - 5 - 5 - 5 - 5 - 5 = 0 \qquad (\qquad)$$

$$30 - 6 - 6 - 6 - 6 - 6 = 0 \qquad (\qquad)$$

251029-0772

05 꿀떡 28개를 한 사람에게 4개씩 나누어 주려고 합니다. 꿀떡을 몇 명에게 나누어 줄 수 있을까요?

$$(\qquad\qquad\qquad)$$

251029-0773

06 야구공 32개를 한 바구니에 8개씩 담으려고 합니다. 바구니는 몇 개 필요할지 식과 답을 써 보세요.

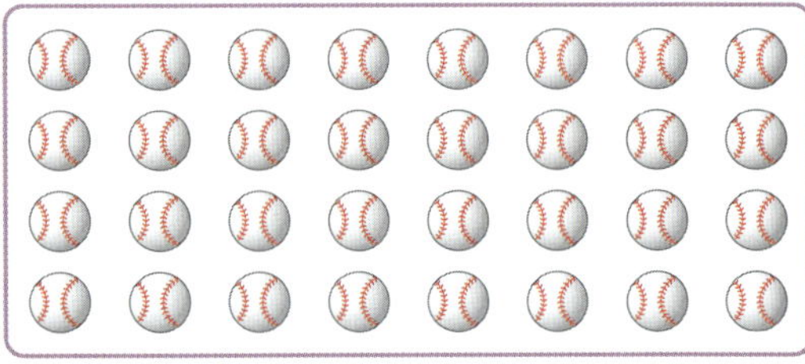

식 ▶ ___________________

답 ▶ ___________________

251029-0774

07 곱셈식을 나눗셈식 2개로 나타내 보세요.

$$8 \times 7 = 56$$

나눗셈식 ___________________

08 251029-0775

□ 안에 알맞은 수를 써넣고, 도넛 36개를 9상자에 똑같이 나누어 담으면 한 상자에 몇 개씩 담을 수 있는지 구해 보세요.

$$36 \div \boxed{} = \boxed{}$$

$$9 \times \boxed{} = 36$$

(   )

09 251029-0776

나눗셈식을 곱셈식 2개로 나타내 보세요.

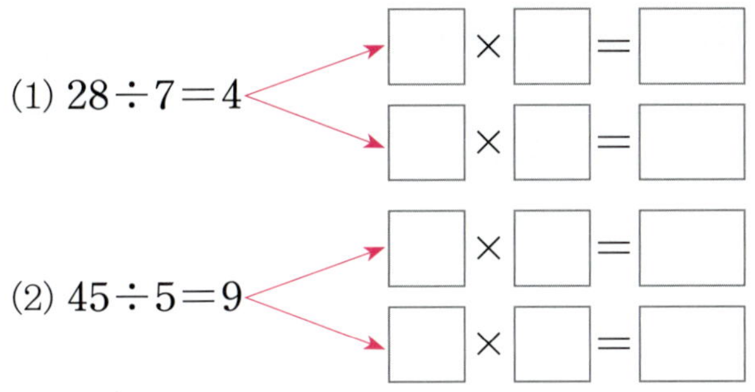

(1) $28 \div 7 = 4$

$$\boxed{} \times \boxed{} = \boxed{}$$
$$\boxed{} \times \boxed{} = \boxed{}$$

(2) $45 \div 5 = 9$

$$\boxed{} \times \boxed{} = \boxed{}$$
$$\boxed{} \times \boxed{} = \boxed{}$$

[10~13] 곱셈표를 보고 물음에 답하세요.

×	3	4	5	6	7	8	9
3	9	12	15	18	21	24	27
4	12	16	20	24	28	32	36
5	15	20	25	30	35	40	45
6	18	24	30	36	42	48	54
7	21	28	35	42	49	56	63
8	24	32	40	48	56	64	72
9	27	36	45	54	63	72	81

10 251029-0777

몫이 같은 것끼리 이어 보세요.

$28 \div 4$	•		•	$9 \div 3$
$15 \div 5$	•		•	$48 \div 6$
$64 \div 8$	•		•	$49 \div 7$

11 251029-0778

몫의 크기를 비교하여 ○ 안에 >, =, <를 알맞게 써넣으세요.

$$35 \div 7 \quad \bigcirc \quad 36 \div 9$$

12 251029-0779

나눗셈의 몫이 다른 하나를 찾아 ○표 하세요.

| $27 \div 3$ | $30 \div 5$ | $42 \div 7$ |

(   )   (   )   (   )

13 251029-0780

학생 72명을 똑같이 나누어 9모둠으로 만들려고 합니다. 한 모둠을 몇 명으로 만들어야 할까요?

(   )

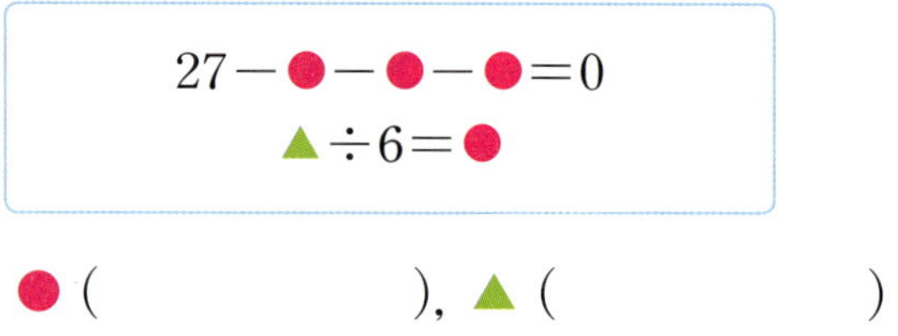

유형 1 기호로 나타내는 수 구하기

251029-0781

01 같은 모양은 같은 수를 나타냅니다. ●와 ▲에 알맞은 수를 각각 구해 보세요.

$$27 - ● - ● - ● = 0$$
$$▲ \div 6 = ●$$

● (　　　　　), ▲ (　　　　　)

> **비법** 뺄셈식을 나눗셈식으로 나타낸 후 곱셈과 나눗셈의 관계를 이용하여 구합니다.

251029-0782

02 같은 모양은 같은 수를 나타냅니다. ■와 ●에 알맞은 수를 각각 구해 보세요.

$$32 - ■ - ■ - ■ - ■ = 0$$
$$● \div 7 = ■$$

■ (　　　　　), ● (　　　　　)

251029-0783

03 같은 모양은 같은 수를 나타냅니다. ▲와 ★의 합을 구해 보세요.

$$48 - ▲ - ▲ - ▲ - ▲ - ▲ - ▲ = 0$$
$$★ \div 3 = ▲$$

(　　　　　)

유형 2 남은 수를 똑같이 나누기

251029-0784

04 준우는 과자 58개 중 4개를 먹고 남은 과자를 9개의 봉투에 똑같이 나누어 포장했습니다. 한 봉투에 과자를 몇 개씩 포장했는지 구해 보세요.

(　　　　　)

> **비법** 먹고 남은 과자의 수를 포장한 봉투의 수로 나누어 줍니다.

251029-0785

05 진우는 65쪽짜리 동화책을 읽으려고 합니다. 오늘 9쪽을 읽고, 이후 일주일 동안 매일 똑같은 쪽수씩 읽으려고 합니다. 책을 모두 읽으려면 일주일 동안 몇 쪽씩 읽어야 하는지 구해 보세요.

(　　　　　)

251029-0786

06 지영이는 색종이 70장 중 5장으로 비행기를 만들고, 11장으로는 종이배를 만들었습니다. 비행기와 종이배를 만들고 남은 색종이를 한 봉지에 6장씩 담으려면 몇 봉지가 필요한지 구해 보세요.

(　　　　　)

<table>
<tr><td>유형 **3**</td><td>**어떤 수 구한 후 몫 구하기**</td></tr>
</table>

251029-0787

07 어떤 수를 5로 나눈 몫을 다시 4로 나누었더니 몫이 2가 되었습니다. 어떤 수를 구해 보세요.

( )

> **비법** 어떤 수를 5로 나눈 몫을 □라고 하면 □÷4＝2이고, 어떤 수를 ○라고 하면 ○÷5＝□입니다.

251029-0788

08 어떤 수를 6으로 나누었더니 몫이 4가 되었습니다. 어떤 수를 8로 나눈 몫은 얼마인지 구해 보세요.

( )

251029-0789

09 어떤 수를 6으로 나누어야 하는데 잘못 계산하여 9로 나누었더니 몫이 4가 되었습니다. 바르게 계산한 몫을 구해 보세요.

( )

<table>
<tr><td>유형 **4**</td><td>**일정한 간격으로 놓인 물체의 수 구하기**</td></tr>
</table>

251029-0790

10 길이가 45 m인 도로의 한쪽에 처음부터 끝까지 9 m 간격으로 나무를 심으려고 합니다. 나무는 모두 몇 그루 필요한지 구해 보세요. (단, 나무의 두께는 생각하지 않습니다.)

( )

> **비법** (나무의 수)＝(나무 사이의 간격 수)＋1입니다.

251029-0791

11 길이가 56 m인 도로의 한쪽에 처음부터 끝까지 7 m간격으로 화분을 놓으려고 합니다. 화분은 모두 몇 개 필요한지 구해 보세요. (단, 화분의 두께는 생각하지 않습니다.)

( )

251029-0792

12 길이가 48 m인 도로의 양쪽에 처음부터 끝까지 8 m 간격으로 깃발을 꽂으려고 합니다. 깃발은 모두 몇 개 필요한지 구해 보세요. (단, 깃발의 두께는 생각하지 않습니다.)

( )

3
단원

3단원

01 $32 \div 8$의 몫을 8×4를 이용하여 구하는 방법을 설명해 보세요.

설명

02 색종이 48장을 6바구니에 똑같이 나누어 담으려고 합니다. 한 바구니에 색종이를 몇 장씩 담을 수 있는지 풀이 과정을 쓰고 답을 구해 보세요

풀이

답

03 길이가 24 cm 끈으로 가장 큰 정사각형을 만들려고 합니다. 정사각형의 한 변의 길이를 몇 cm로 해야 하는지 풀이 과정을 쓰고 답을 구해 보세요.

풀이

답

04 어떤 수를 7로 나누었더니 몫이 9가 되었습니다. 어떤 수는 얼마인지 풀이 과정을 쓰고 답을 구해 보세요.

풀이

답

05 승호는 72쪽짜리 책을 어제까지 18쪽 읽었습니다. 남은 쪽수를 오늘부터 하루에 9쪽씩 매일 읽으려고 합니다. 이 책을 모두 읽으려면 오늘부터 며칠이 걸릴지 풀이 과정을 쓰고 답을 구해 보세요.

풀이

답

06 1부터 9까지의 수 중에서 □ 안에 들어갈 수 있는 수는 모두 몇 개인지 풀이 과정을 쓰고 답을 구해 보세요.

$$16 \div 4 > \square$$

풀이

답

07 251029-0799

한 봉지에 8개씩 있는 들어 있는 풍선이 3봉지 있습니다. 이 풍선을 한 명에게 4개씩 나누어 주면 모두 몇 명에게 나누어 줄 수 있을지 풀이 과정을 쓰고 답을 구해 보세요.

풀이 ▶

____

____

____

답 ▶ _______________________________

08 251029-0800

같은 모양은 같은 수를 나타냅니다. ★과 ■에 알맞은 수의 합은 얼마인지 풀이 과정을 쓰고 답을 구해 보세요.

$$63 \div ★ = 7 \qquad ■ \div ★ = 3$$

풀이 ▶

____

____

____

답 ▶ _______________________________

09 251029-0801

장난감 공장에서 1시간에 비행기는 6개를 만들고 로봇은 5개씩 만듭니다. 이 공장에서 비행기 42개를 만드는 동안 로봇은 몇 개를 만들 수 있는지 풀이 과정을 쓰고 답을 구해 보세요.

풀이 ▶

____

____

____

답 ▶ _______________________________

10 251029-0802

공장에서 상품 4개를 포장하는 데 36분이 걸립니다. 이 공장에서 같은 빠르기로 상품 7개를 포장하는 데 걸리는 시간은 몇 시간 몇 분인지 풀이 과정을 쓰고 답을 구해 보세요. (단, 상품은 여러 개를 동시에 포장하지 않습니다.)

풀이 ▶

____

____

____

답 ▶ _______________________________

01 251029-0803

빵 14개를 2명이 똑같이 나누어 가지려고 합니다. 한 명이 빵을 몇 개씩 가질 수 있는지 나눗셈식으로 나타내고 구해 보세요.

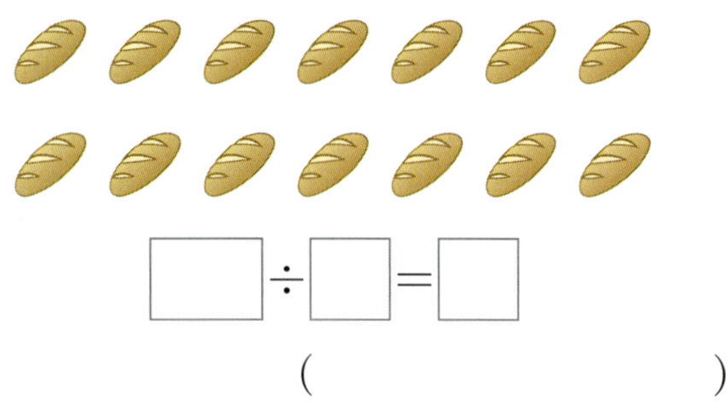

$$\square \div \square = \square$$

(   )

02 251029-0804

나눗셈 식을 읽어 보세요.

$$27 \div 3 = 9$$

____

03 251029-0805

공책 21권이 있습니다. 이 공책을 청군 선수 5명과 백군 선수 2명에게 똑같이 나누어 주려고 합니다. 선수 한 명에게 공책을 몇 권씩 줄 수 있을까요?

(   )

04 251029-0806

다음 뺄셈식을 나눗셈식으로 나타내고 ■에 알맞은 수를 구해 보세요.

$$30 - \blacksquare - \blacksquare - \blacksquare - \blacksquare - \blacksquare = 0$$

나눗셈식 ___________________________________

(   )

05 251029-0807

뺄셈식을 나눗셈식으로 나타내었을 때 몫이 더 큰 것을 찾아 기호를 써 보세요.

㉠ $35 - 7 - 7 - 7 - 7 - 7 = 0$
㉡ $28 - 4 - 4 - 4 - 4 - 4 - 4 - 4 = 0$

(   )

06 251029-0808

곱셈식을 나눗셈식으로 나타내려고 합니다. $\square$ 안에 알맞은 수를 써넣으세요.

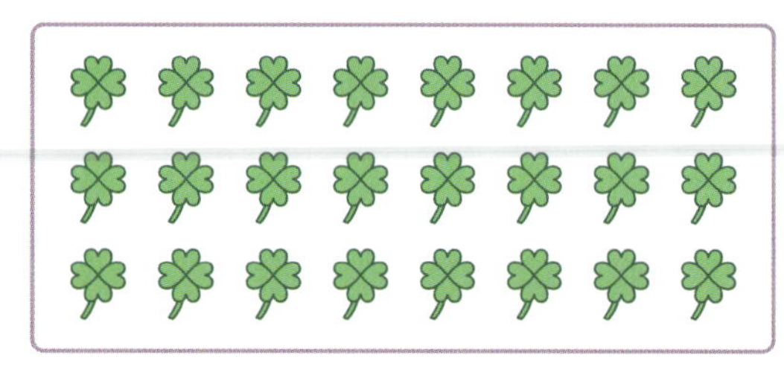

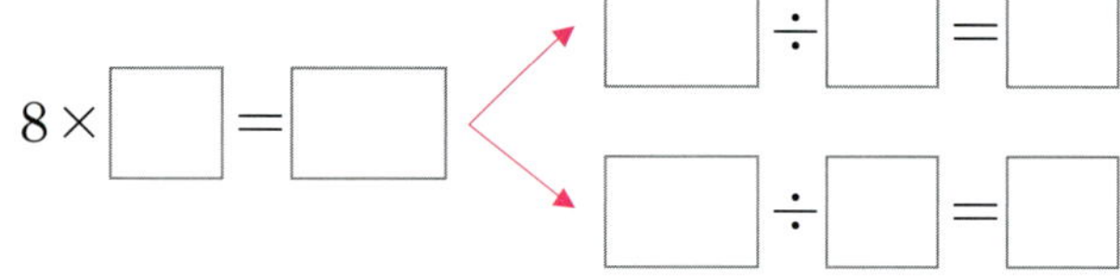

$$8 \times \square = \square$$

$$\square \div \square = \square$$
$$\square \div \square = \square$$

07 251029-0809

그림을 보고 곱셈식과 나눗셈식으로 나타내 보세요.

곱셈식 ___________________________________

나눗셈식 ___________________________________

251029-0810

08 곱셈식을 이용하여 나눗셈의 몫을 구해 보세요.

(1) $4 \times 7 = 28$ ➡ $28 \div 4 = \boxed{}$

(2) $9 \times 6 = 54$ ➡ $54 \div 9 = \boxed{}$

251029-0811

09 $63 \div 7$의 몫을 구하려고 합니다. 필요한 곱셈식을 써 보세요.

곱셈식 _______________________________

251029-0812

10 몫이 같은 것끼리 이어 보세요.

$6 \div 2$ ·

$8 \div 2$ ·

· $18 \div 6$

· $36 \div 9$

· $45 \div 5$

251029-0813

11 나눗셈의 몫이 가장 큰 것을 찾아 ◯표 하세요.

$36 \div 9$ ( )

$36 \div 6$ ( )

$36 \div 4$ ( )

251029-0814

12 빈칸에 알맞은 수를 써넣으세요.

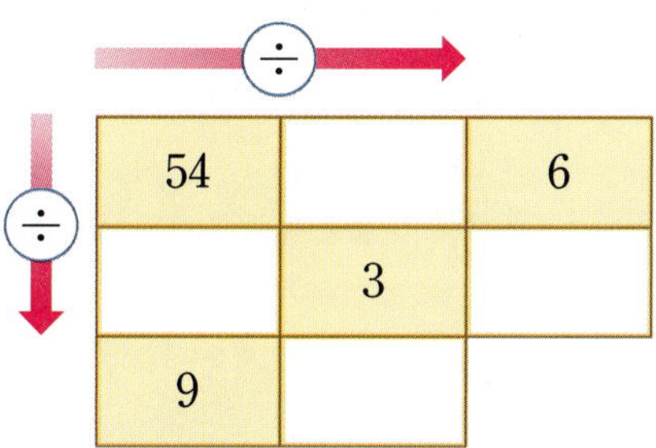

54		6
	3	
9		

251029-0815

13 서술형 수 카드 중 2장을 골라 한 번씩만 사용하여 만들 수 있는 두 자리 수 중에서 가장 작은 수를 나머지 수로 나눈 몫을 구하는 풀이 과정을 쓰고 답을 구해 보세요.

4   9   5

풀이 ______________________________

____

____

답 ➡ ______________________________

251029-0816

14 ☐ 안에 알맞은 수를 구해 보세요.

$$56 \div \square = 8$$

( )

251029-0817

15 몫의 크기를 비교하여 ○ 안에 >, =, <를 알맞게 써넣으세요.

| $28 \div 4$ | ○ | $42 \div 7$ |

251029-0818

16 다음 (두 자리 수)÷(한 자리 수)의 나눗셈식에서 몫이 될 수 있는 자연수를 구해 보세요.

$2\square \div 8$

( )

251029-0819

17 색종이가 42장 있습니다. 꽃 모양을 한 개 접는데 색종이가 3장씩 필요합니다. 꽃 모양을 6개 접고, 남은 색종이를 한 봉지에 6장씩 담아 두려면 몇 봉지가 필요할까요?

( )

251029-0820

18 서우네 농장에 있는 돼지와 오리의 다리 수를 세어 보았더니 40개였습니다. 서우네 농장에 오리가 4마리 있다면 돼지는 몇 마리 있을까요?

( )

251029-0821

19 1부터 9까지의 수 중에서 □ 안에 공통으로 들어갈 수 있는 가장 큰 수를 구해 보세요.

㉠ $24 \div 6 < \square$
㉡ $48 \div 6 > \square$

( )

251029-0822

20 서술형 지수는 가지고 있던 연필 4타와 7자루를 친구 6명에게 똑같이 나누어 주었더니 한 자루가 남았습니다. 한 명에게 준 연필은 몇 자루인지 풀이 과정을 쓰고 답을 구해 보세요. (단, 연필 한 타는 12자루입니다.)

풀이 ▷

____

____

____

답 ▶ ______________________________

01 그림을 보고 □ 안에 알맞은 수를 써넣으세요.

251029-0823

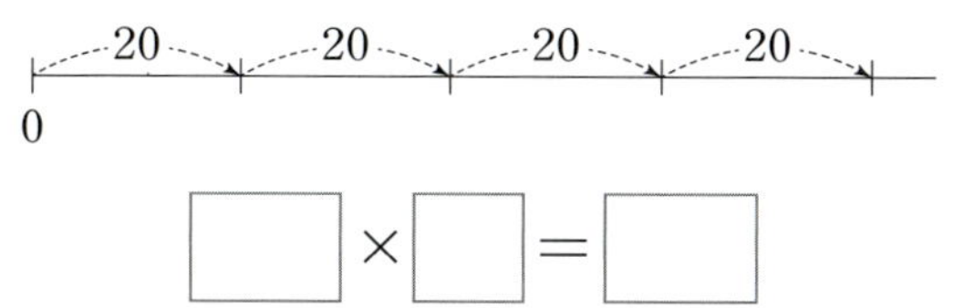

$$\boxed{} \times \boxed{} = \boxed{}$$

02 □ 안에 알맞은 수를 써넣으세요.

251029-0824

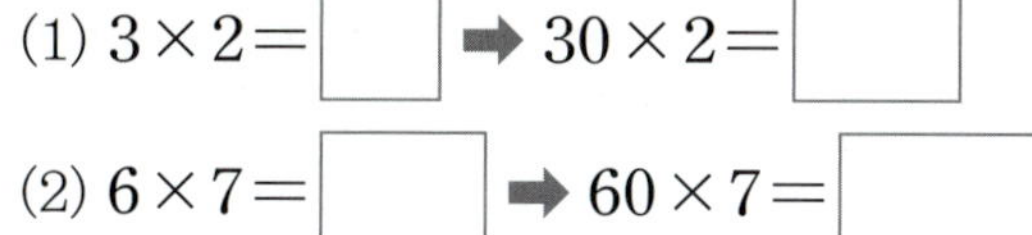

(1) $3 \times 2 = \boxed{}$ ➡ $30 \times 2 = \boxed{}$

(2) $6 \times 7 = \boxed{}$ ➡ $60 \times 7 = \boxed{}$

03 수 모형을 보고 □ 안에 알맞은 수를 써넣으세요.

251029-0825

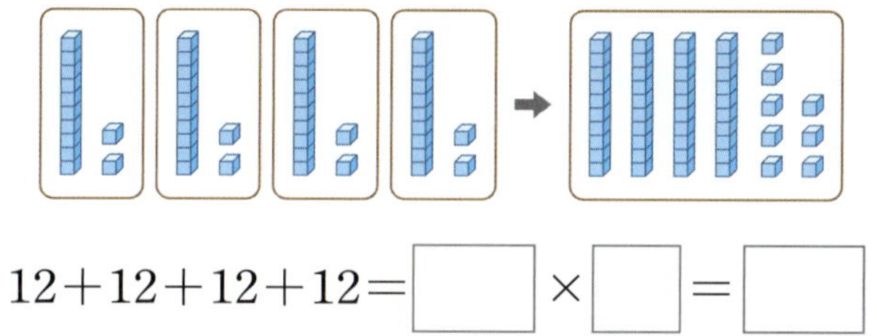

$$12 + 12 + 12 + 12 = \boxed{} \times \boxed{} = \boxed{}$$

04 □ 안에 알맞은 수를 써넣으세요.

251029-0826

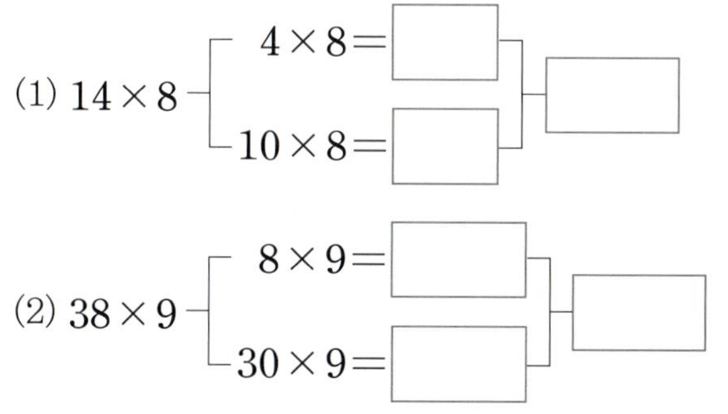

05 수 모형을 곱셈식으로 나타낸 것입니다. <u>잘못</u> 설명한 사람은 누구일까요?

251029-0827

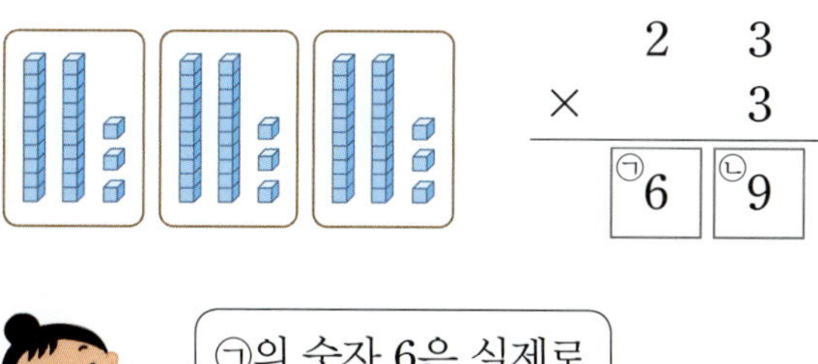

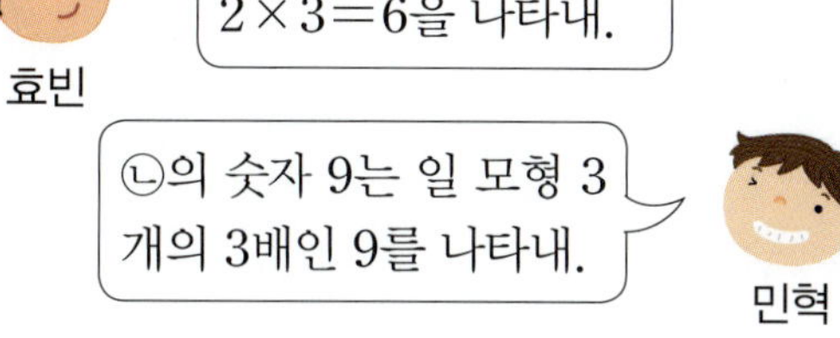

(   )

06 계산 결과의 크기를 비교하여 ○ 안에 >, =, <를 알맞게 써넣으세요.

251029-0828

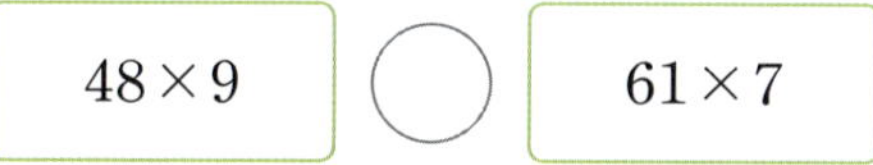

$$\boxed{48 \times 9} \quad \bigcirc \quad \boxed{61 \times 7}$$

07 □ 안에 알맞은 수를 써넣으세요.

251029-0829

251029-0830

08 금잔화 한 송이의 꽃잎은 13장입니다. 금잔화가 8송이 있으면 꽃잎은 몇 장일까요?

( )

251029-0833

11 계산 결과가 같은 것끼리 이어 보세요.

45×2	•		•	13×6
16×4	•		•	30×3
26×3	•		•	32×2

251029-0831

09 잘못 계산한 곳을 찾아 바르게 계산해 보세요.

$$\begin{array}{r} 6\ 1 \\ \times\quad 5 \\ \hline 3\ 5 \end{array} \Rightarrow \begin{array}{r} 6\ 1 \\ \times\quad 5 \\ \hline \end{array}$$

251029-0834

12 □ 안에 들어갈 수 있는 가장 작은 두 자리 수를 구해 보세요.

$$\square > 37 \times 2$$

( )

251029-0832

10 빈칸에 알맞은 수를 써넣으세요.

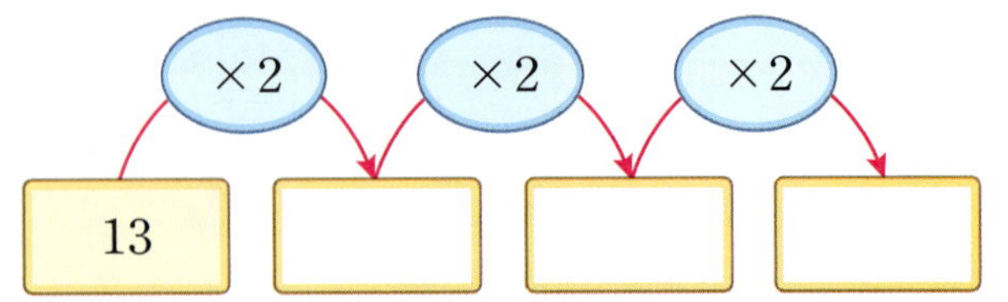

251029-0835

13 어떤 사람의 심장이 1분 동안 87번 정도 뜁니다. 이 사람의 심장은 6분 동안 몇 번 정도 뛰는지 구해 보세요.

( )

유형 1 곱한 규칙을 찾아 수 구하기

251029-0836

01 같은 수를 곱하는 규칙으로 수를 쓴 것입니다. □ 안에 알맞은 수를 구해 보세요.

> 4, 12, 36, □ ……

(   )

> **비법** 오른쪽에 있는 수가 왼쪽에 있는 수의 몇 배인지 알아봅니다.

251029-0837

02 같은 수를 곱하는 규칙으로 수를 쓴 것입니다. □ 안에 알맞은 수를 구해 보세요.

> 3, 15, 75, □ ……

(   )

251029-0838

03 색종이를 한 번 접었다가 펼쳤더니 사각형이 2개 생겼고, 색종이를 두 번 접었다가 펼쳤더니 사각형이 4개 생겼습니다. 이처럼 색종이를 한 번 접을 때마다 사각형의 수가 2배로 늘어난다면 색종이를 다섯 번 접었다가 펼치면 사각형이 몇 개 생길까요? (단, 가장 작은 사각형의 개수만 셉니다.)

(   )

유형 2 잘못된 부분 찾아 바르게 계산하기

251029-0839

04 잘못 계산한 곳을 찾아 바르게 계산하세요.

$$
\begin{array}{r} 4\ 8 \\ \times\quad 2 \\ \hline 8\ 1\ 6 \end{array}
\quad\Rightarrow\quad
\begin{array}{r} 4\ 8 \\ \times\quad 2 \\ \hline \end{array}
$$

> **비법** 일의 자리 계산과 십의 자리 계산을 할 때 자리값에 맞추어 계산하고, 계산을 한 후 어림셈으로 계산한 값이 맞는지 확인합니다.

251029-0840

05 잘못 계산한 곳을 찾아 바르게 계산하세요.

$$
\begin{array}{r} 3\ 9 \\ \times\quad 2 \\ \hline 1\ 8 \\ 6\quad \\ \hline 2\ 4 \end{array}
\quad\Rightarrow\quad
\begin{array}{r} 3\ 9 \\ \times\quad 2 \\ \hline \end{array}
$$

251029-0841

06 잘못 계산한 곳을 찾아 바르게 계산하세요.

$$
\begin{array}{r} 6\ 4 \\ \times\quad 9 \\ \hline 5\ 4\ 6 \end{array}
\quad\Rightarrow\quad
\begin{array}{r} 6\ 4 \\ \times\quad 9 \\ \hline \end{array}
$$

유형 3 　□ 안에 들어갈 수 있는 수 구하기

251029-0842

07 1부터 9까지의 수 중에서 □ 안에 들어갈 수 있는 수를 모두 써 보세요.

$$41 \times 3 \quad < \quad 20 \times □$$

(　　　　　　　　　)

> **비법** 　20 × □의 계산 결과가 41 × 3에 가장 가까운 경우를 찾아 봅니다.

251029-0843

08 1부터 9까지의 수 중에서 □ 안에 들어갈 수 있는 수를 모두 써 보세요.

$$26 \times 8 \quad > \quad 52 \times □$$

(　　　　　　　　　)

251029-0844

09 곱이 400에 가장 가까울 때 □ 안에 알맞은 수를 구해 보세요.

$$79 \times □$$

(　　　　　　　　　)

유형 4 　어떤 수 구하여 곱셈하기

251029-0845

10 어떤 수를 8로 나누었더니 5가 되었습니다. 어떤 수에 6을 곱한 값을 구해 보세요.

(　　　　　　　　　)

> **비법** 　먼저 어떤 수를 □라고 하여 나눗셈식을 만들어 봅니다.

251029-0846

11 어떤 수를 7로 나누었더니 4가 되었습니다. 어떤 수에 9를 곱한 값을 구해 보세요.

(　　　　　　　　　)

251029-0847

12 어떤 수에 8을 곱해야 할 것을 잘못하여 8로 나누었더니 6이 되었습니다. 바르게 계산한 값을 구해 보세요.

(　　　　　　　　　)

251029-0848

01 어머니의 연세는 수현이 나이의 4배이고 할머니의 연세는 어머니 연세의 2배입니다. 수현이가 10살일 때 할머니는 몇 살인지 풀이 과정을 쓰고 답을 구해 보세요.

풀이

답

251029-0849

02 민이는 줄넘기를 43회 했고 누나는 민이의 2배만큼 줄넘기를 했습니다. 누나는 줄넘기를 몇 회 했는지 풀이 과정을 쓰고 답을 구해 보세요.

풀이

답

251029-0850

03 잘못 계산한 곳을 찾아 이유를 쓰고, 바르게 계산해 보세요.

$$\begin{array}{r} 3\ 5 \\ \times\quad 2 \\ \hline 6\ 0 \end{array} \Rightarrow \begin{array}{r} 3\ 5 \\ \times\quad 2 \\ \hline \end{array}$$

이유

251029-0851

04 3학년은 학생 수가 24명인 반이 세 반 있고, 25명인 반이 두 반 있습니다. 3학년 전체 학생 수는 몇 명인지 풀이 과정을 쓰고 답을 구해 보세요.

풀이

답

251029-0852

05 필리핀 동전 1페소는 우리나라 돈 25원으로 바꿀 수 있다고 합니다. 망고 1개가 9페소라면 우리나라 돈으로 얼마인지 풀이 과정을 쓰고 답을 구해 보세요.

풀이

답

251029-0853

06 한 장의 길이가 40 cm인 종이테이프 6장을 8 cm씩 겹쳐서 이어 붙였습니다. 이어 붙인 종이테이프 전체의 길이는 몇 cm인지 구해 보세요.

풀이

답

251029-0854

07 한 상자에 88장씩 들어 있는 색종이가 4상자 있습니다. 4상자에 들어 있는 색종이는 약 몇 장인지 어림셈으로 구하는 풀이 과정을 쓰고 답을 구해 보세요.

풀이 ▶

____

____

____

답 ▶ 약 _______________

251029-0856

09 18에 어떤 수를 곱하여 100에 가장 가까운 곱을 만들려고 합니다. 100에 가장 가까운 곱은 얼마인지 풀이 과정을 쓰고 답을 구해 보세요.

풀이 ▶

____

____

____

답 ▶ _______________

251029-0855

08 다음 곱셈의 계산 결과가 세 자리 수일 때 ●에 들어갈 수 있는 가장 작은 수는 무엇인지 풀이 과정을 쓰고 답을 구해 보세요.

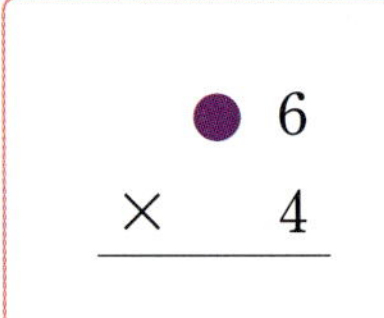

풀이 ▶

____

____

____

답 ▶ _______________

251029-0857

10 수 카드 2 , 5 , 8 을 한 번씩만 모두 사용하여 곱이 가장 큰 (몇십몇)×(몇)의 곱셈식을 만들었을 때의 곱을 구하려고 합니다. 풀이 과정을 쓰고 답을 구해 보세요.

풀이 ▶

____

____

____

답 ▶ _______________

4단원

01
251029-0858

그림을 보고 □ 안에 알맞은 수를 써넣으세요.

$30+30+30+30 ⇒ 30 \times \boxed{} = \boxed{}$

02
251029-0859

다음 중 나머지와 다른 하나를 찾아 기호를 써 보세요.

㉠ 20씩 3묶음　　　㉡ 20의 3배
㉢ 20과 3의 곱　　　㉣ 20 더하기 3

(　　　　　　　)

03
251029-0860

다음과 같이 곱셈식으로 나타내 보세요.

13의 3배 ⇒ $13 \times 3 = 39$

12의 4배 ⇒ ________________

04
251029-0861

사다리를 타고 내려간 곳에 계산 결과를 써넣으세요.

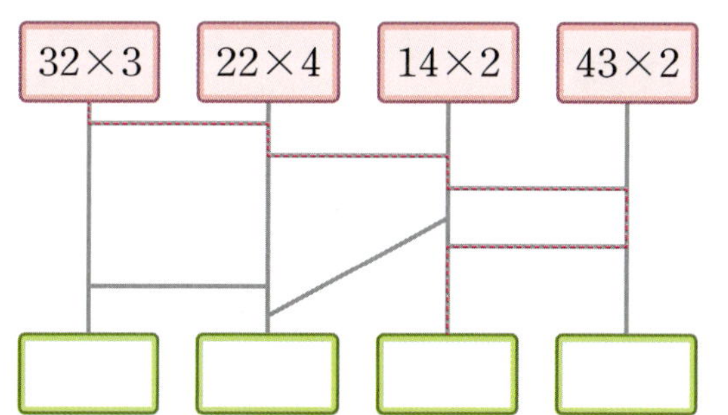

05
251029-0862

곱셈식에서 8 이 실제로 나타내는 값을 찾아 문장을 완성하세요.

$$\begin{array}{ccc} & 4 & 3 \\ \times & & 2 \\ \hline & \boxed{8} & 6 \end{array}$$

숫자 8은 □ 을 나타냅니다.

06
251029-0863

73×2를 나타낸 그림을 보고 □ 안에 알맞은 수를 써넣으세요.

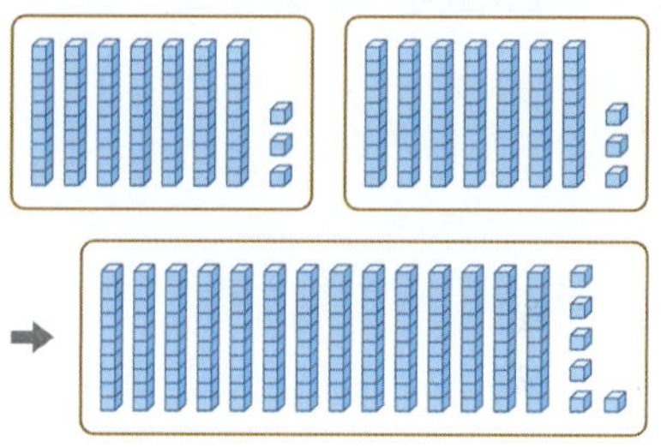

일 모형의 개수는 □ $\times 2 =$ □ (개)입니다.

십 모형의 개수는 □ $\times 2 =$ □ (개)입니다.

따라서 $73 \times 2 =$ □ 입니다.

07
251029-0864

자전거로 30분에 8 km씩 2시간을 달렸습니다. 자전거로 달린 거리는 모두 몇 km일까요?

(　　　　　　　)

08 빈칸에 알맞은 수를 써넣으세요.

251029-0865

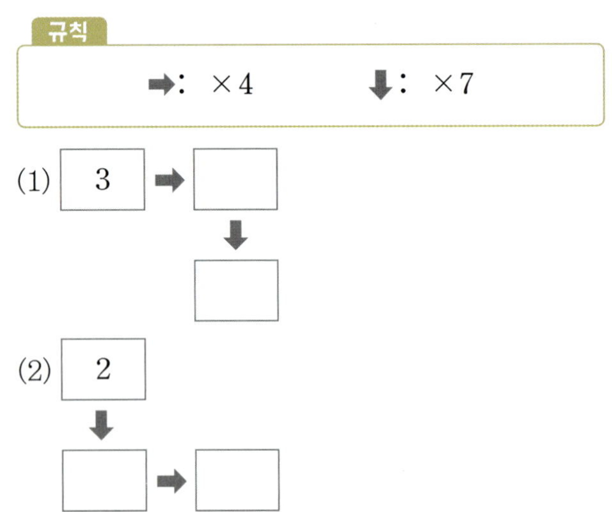

09 삼촌은 배추를 한 줄에 **19**포기씩 **7**줄 심었습니다. 삼촌이 심은 배추는 모두 몇 포기일까요?

251029-0866

(   )

10 1부터 **9**까지의 자연수 중에서 □ 안에 들어갈 수 있는 수를 모두 써 보세요.

251029-0867

$$29 \times 6 > 51 \times \square$$

(   )

11 규칙에 따라 계산하여 □ 안에 알맞은 수를 써넣으세요.

251029-0868

규칙
➡: ×4   ⬇: ×7

(1) 3 ➡ [ ]

[ ]

(2) 2

[ ] ➡ [ ]

12 곱셈의 계산 결과를 어림한 값이 **300**보다 큰 것을 모두 찾아 ○표 하세요.

251029-0869

$$52 \times 6 \qquad 39 \times 7 \qquad 41 \times 8 \qquad 63 \times 4$$

13 곱셈식에서 ●이 나타내는 수는 모두 같습니다. ●에 알맞은 수를 구해 보세요.

251029-0870

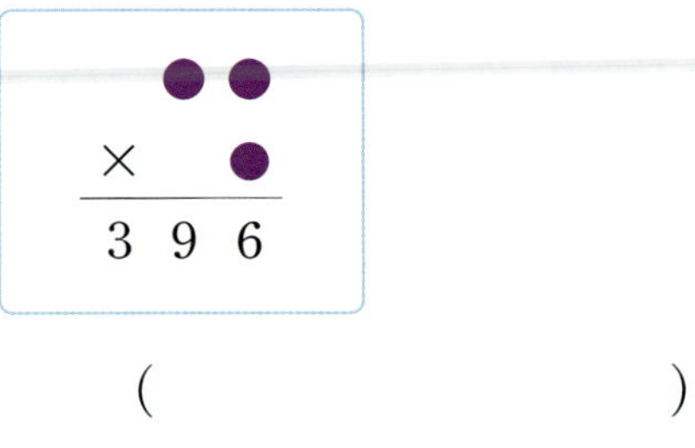

(   )

14 □ 안에 들어갈 수 있는 자연수를 모두 구하려고 합니다. 풀이 과정을 쓰고 답을 구해 보세요.

251029-0871

$$18 \times 4 < \square < 25 \times 3$$

풀이 ▶

____

____

____

답 ▶ _______________________________

15 251029-0872

계산 결과의 크기를 비교하여 ○ 안에 >, =, <를 알맞게 써넣으세요.

$$42 \times 9 \qquad \bigcirc \qquad 59 \times 7$$

16 251029-0873

잘못 계산한 곳을 찾아 바르게 계산하세요.

$$\begin{array}{r} 2\ 8 \\ \times \quad 4 \\ \hline 8\ 3\ 2 \end{array} \quad \Rightarrow \quad \begin{array}{r} 2\ 8 \\ \times \quad 4 \\ \hline \end{array}$$

17 251029-0874

일정한 규칙으로 수가 나옵니다. 56을 넣으면 어떤 수가 나올까요?

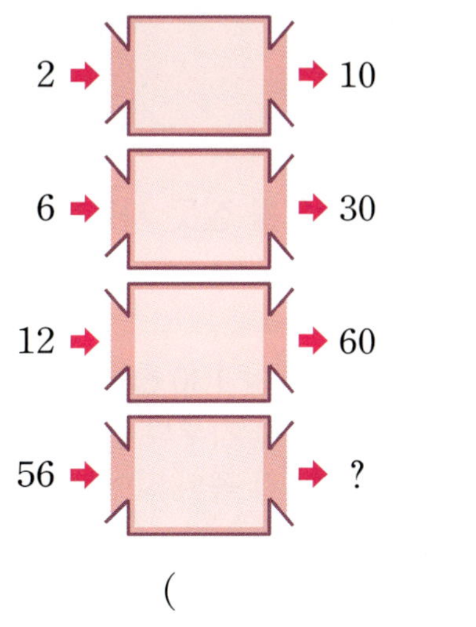

( )

18 251029-0875

급식 시간에 3학년 학생들에게 딸기를 3개씩 나누어 주고 25개가 남았습니다. 3학년 학생들이 전체 86명이라면 급식 시간에 준비한 딸기는 모두 몇 개일까요?

( )

19 251029-0876

㉠과 ㉡에 알맞은 수를 구해 보세요.

$$\begin{array}{r} 4\ ㉠ \\ \times \quad ㉠ \\ \hline 3\ ㉡\ 9 \end{array}$$

㉠ ( )

㉡ ( )

20  251029-0877

도로의 양쪽에 처음부터 끝까지 **14 m**의 간격으로 나무를 **16**그루를 심었습니다. 도로의 길이는 몇 **m**인지 구해 보세요. (단, 나무의 두께는 생각하지 않습니다.)

풀이

____

____

____

답 _______________________________________

01 □ 안에 알맞은 수를 써넣으세요.

251029-0878

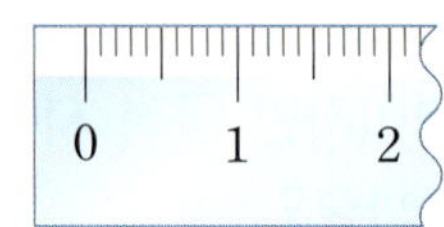

$2 \text{ cm} = \boxed{} \text{ mm}$

02 연필의 길이는 몇 **cm** 몇 **mm**일까요?

251029-0879

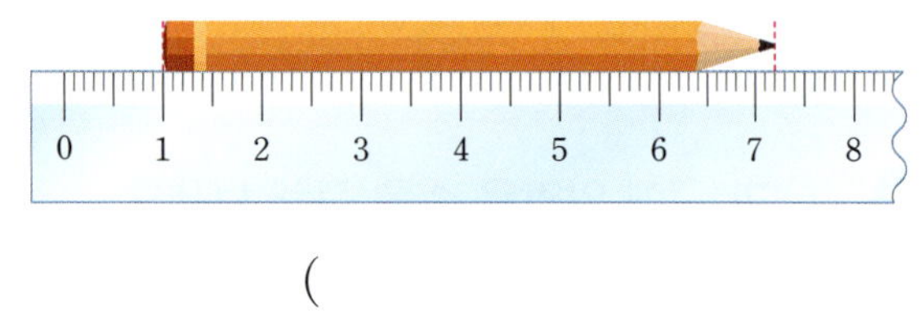

(　　　　　　　　)

03 □ 안에 알맞은 수를 써넣으세요.

251029-0880

(1) $76 \text{ mm} = \boxed{} \text{ cm} \boxed{} \text{ mm}$

(2) $4 \text{ cm } 2 \text{ mm} = \boxed{} \text{ mm}$

(3) $5 \text{ cm} = \boxed{} \text{ mm}$

04 수직선에 ↓ 표시된 곳의 길이에 대한 설명으로 <u>잘못된</u> 것을 찾아 기호를 써 보세요.

251029-0881

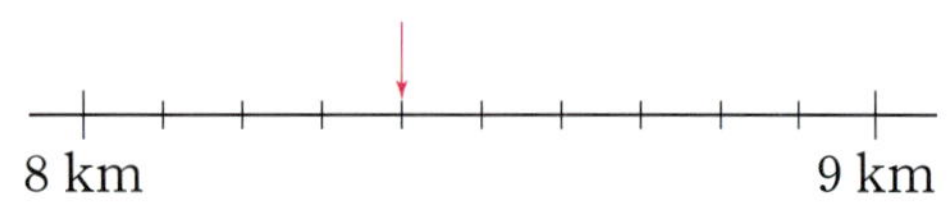

○ㄱ 8 km 400 m입니다.
○ㄴ 840 m입니다.
○ㄷ 8 km보다 400 m 더 긴 길이입니다.

(　　　　　　　　)

05 수직선을 보고 □ 안에 알맞은 수를 써넣으세요.

251029-0882

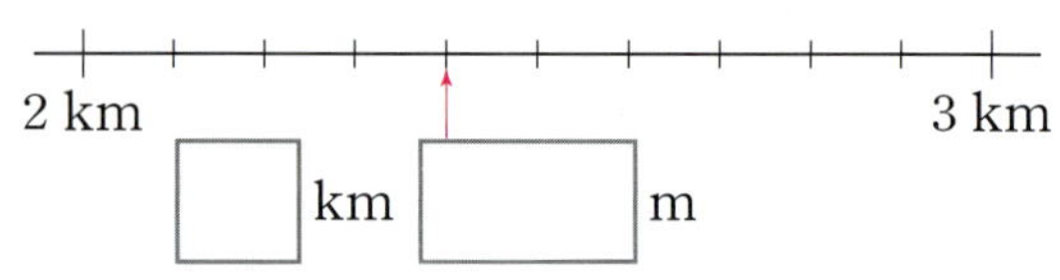

06 도서관에서 우체국까지의 거리는 몇 **m**인지 써 보세요.

251029-0883

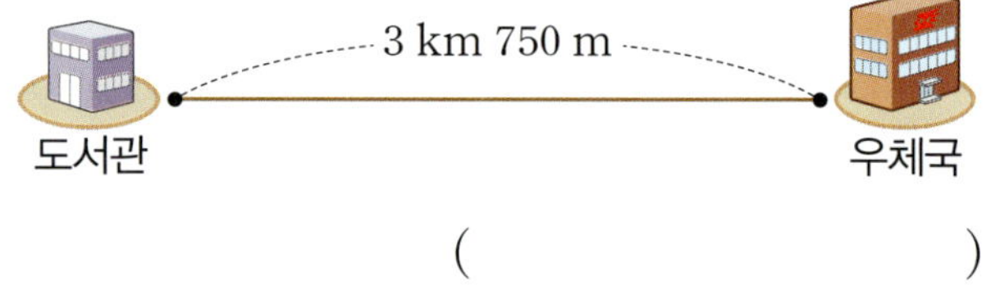

(　　　　　　　　)

07 길이의 단위를 <u>잘못</u> 사용한 것을 찾아 기호를 써 보세요.

251029-0884

○ㄱ 내 키는 약 130 cm입니다.
○ㄴ 색연필 한 자루의 길이는 약 15 cm입니다.
○ㄷ 식판의 긴 쪽의 길이는 약 40 mm입니다.

(　　　　　　　　)

251029-0885

08 준우는 183초 동안 양치질을 했습니다. 준우는 양치질을 몇 분 몇 초 동안 했는지 구해 보세요.

(   )

251029-0886

09 다음 시각에서 초바늘이 시계를 3바퀴 돌았을 때의 시각은 몇 시 몇 분인지 구해 보세요.

(   )

251029-0887

10 시각에 맞게 초바늘을 그려 넣으세요.

9시 23분 34초

251029-0888

11 □ 안에 알맞은 수를 써넣으세요.

(1)
	25	분	15	초
+	□	분	35	초
	50	분	□	초

(2)
	50	분	□	초
−	33	분	26	초
	□	분	10	초

251029-0889

12 희수는 피아노를 5시 40분에 치기 시작하여 50분 동안 쳤습니다. 희수가 피아노 치기를 끝낸 시각은 몇 시 몇 분인지 구해 보세요.

(   )

251029-0890

13 오래달리기 대회에 출전한 선수들의 기록입니다. 1등과 3등의 기록 차이는 몇 분 몇 초일까요?

등수	기록
1등	9분 42초
2등	10분 4초
3등	10분 55초

(   )

유형 1 · 길이의 단위 바꾸기

251029-0891

01 작년 민정이의 키는 **126 cm**였습니다. 1년 동안 키가 **40 mm** 더 자랐다면 올해 민정이의 키는 몇 **cm**일까요?

( )

> **비법** 1 cm＝10 mm임을 이용하여 40 mm를 cm 단위로 나타냅니다.

251029-0892

02 은호가 주말 동안 달리기 연습을 한 거리를 나타낸 것입니다. 은호가 주말 동안 달리기 연습을 한 거리는 모두 몇 **km** 몇 **m**인지 구해 보세요.

	토요일	일요일
거리	1 km 700 m	900 m

( )

251029-0893

03 강원도와 경기도에 어제와 오늘 눈이 다음과 같이 내렸습니다. 이틀 동안 어느 지역에 눈이 몇 **mm** 더 많이 내렸는지 구해 보세요.

지역	어제	오늘
강원도	9 mm	4 cm
경기도	3 cm	20 mm

( ), ( )

유형 2 · 거리 어림하기

251029-0894

04 그림을 보고 수진이네 집에서 약 **1 km** 떨어진 장소를 써 보세요.

( )

> **비법** 기준이 되는 거리의 몇 배가 되는지 세어 봅니다.

251029-0895

05 그림을 보고 경서네 집에서 약 **900 m** 떨어진 장소를 써 보세요.

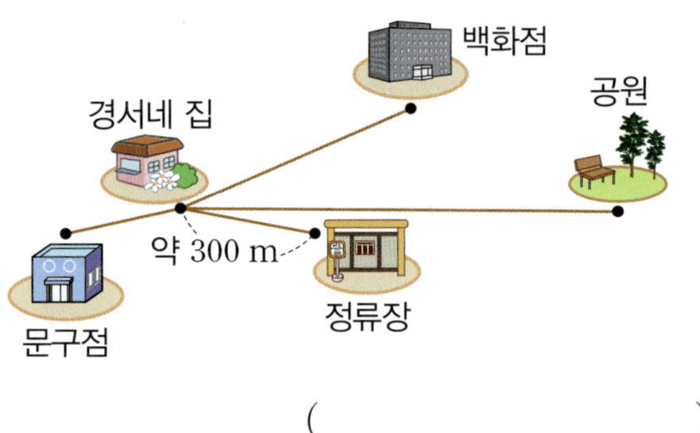

( )

251029-0896

06 그림을 보고 도서관에서 약 **2 km** 떨어진 장소를 모두 써 보세요.

( )

유형 **3** 고장 난 시계의 시각 구하기

07 하루에 30초씩 빨라지는 시계가 있습니다. 오늘 오전 9시에 이 시계를 정확히 맞추어 놓았다면 5일 후 오전 9시에는 오전 몇 시 몇 분 몇 초를 가리키게 되는지 구해 보세요.

251029-0897

오전 (   )

> **비법** 하루에 30초씩 빨라지므로 2일에 1분씩 빨라집니다.

08 한 시간에 1분 20초씩 빨라지는 시계가 있습니다. 오후 3시에 이 시계를 정확히 맞추어 놓았다면 그날 오후 7시에는 몇 시 몇 분 몇 초를 가리키게 되는지 구해 보세요.

251029-0898

오후 (   )

09 민이의 시계는 하루에 5분씩 빠르게 가고, 진이의 시계는 하루에 2분 30초씩 느리게 갑니다. 두 시계를 오늘 정확한 시각에 맞췄다면 3일 후에 두 시계의 시간 차이는 몇 분 몇 초일까요?

251029-0899

(   )

유형 **4** 걸린 시간 구하기

10 예서네 가족이 집에서 오전 11시 50분에 출발하여 캠핑장에 오후 1시 25분에 도착하였습니다. 집에서 출발하여 캠핑장까지 가는 데 걸린 시간은 몇 시간 몇 분인지 구해 보세요.

251029-0900

(   )

> **비법** • 걸린 시간은 끝난 시각에서 시작한 시각을 뺍니다.
> • 오후 1시는 13시입니다.

11 축구 경기 시간을 나타낸 표입니다. 축구 경기가 7시 30분에 시작되면 몇 시 몇 분에 끝날까요?

251029-0901

경기 시간표

전반전	45분
쉬는 시간	20분
후반전	45분

(   )

12 가 도시의 어느 날 해가 뜬 시각은 오전 5시 53분 16초였고, 해가 진 시각은 오후 7시 34분 52초였습니다. 가 도시에서 이날 낮의 길이는 몇 시간 몇 분 몇 초였는지 구해 보세요.

251029-0902

(   )

01 ㉠에서 ㉡까지의 거리는 몇 **km** 몇 **m**인지 풀이 과정을 쓰고 답을 구해 보세요.

251029-0903

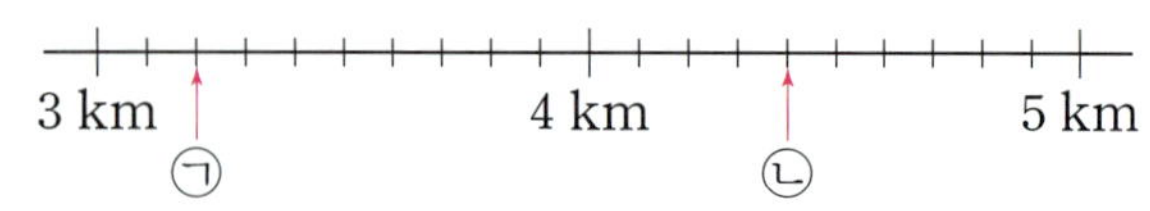

풀이

답

02 높은 산부터 순서대로 쓰려고 합니다. 풀이 과정을 쓰고 답을 구해 보세요.

251029-0904

	설악산	태백산	한라산
높이	1 km 708 m	1567 m	1 km 950 m

풀이

답

03 이솔이는 훌라후프를 192초 동안 돌렸습니다. 192초는 몇 분 몇 초인지 풀이 과정을 쓰고 답을 구해 보세요.

251029-0905

풀이

답

04 **800 m** 달리기를 한 후 나타낸 기록입니다. 가장 빠른 사람이 누구인지 풀이 과정을 쓰고 답을 구해 보세요.

251029-0906

경민	주연	해준	서연
253초	4분 11초	270초	4분 15초

풀이

답

05 계산이 잘못된 곳을 찾아 이유를 쓰고, 바르게 계산해 보세요.

251029-0907

$$\begin{array}{r} 5 \text{ 시 } 30 \text{ 분} \\ + \ 3 \text{ 분 } 20 \text{ 초} \\ \hline 8 \text{ 시 } 50 \text{ 분} \end{array}$$ 

이유

06 정현이네 집에서 편의점까지의 거리는 **610 m**이고 편의점에서 약국까지의 거리는 **570 m**입니다. 정현이네 집에서 편의점을 지나 약국에 들른 후 다시 편의점을 지나 정현이네 집으로 돌아오는 거리는 몇 **km** 몇 **m**인지 풀이 과정을 쓰고 답을 구해 보세요.

251029-0908

풀이

답

07 251029-0909

다음 시각에서 150분 전은 몇 시 몇 분인지 풀이 과정을 쓰고 답을 구해 보세요.

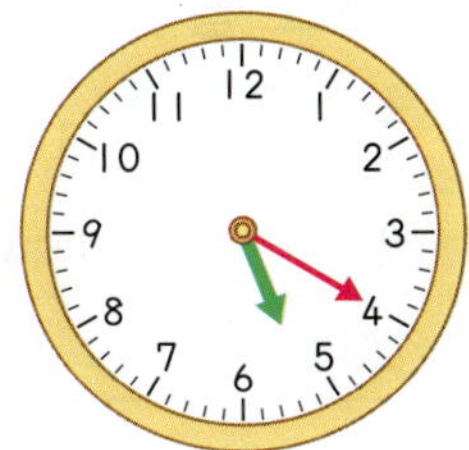

풀이

답

08 251029-0910

도훈이는 미술 시간에 길이가 35 cm인 파란색 종이띠와 길이가 12 cm인 흰색 종이띠를 잘라서 도로를 만들었습니다. 도로를 만들고 남은 종이띠의 길이는 파란색이 6 cm 5 mm이고 흰색은 모두 사용하였습니다. 도로를 만드는 데 사용한 종이띠의 길이는 모두 몇 cm 몇 mm인지 풀이 과정을 쓰고 답을 구해 보세요.

풀이

답

09 251029-0911

민수와 정현이가 공부를 시작한 시각과 끝낸 시각입니다. 공부를 더 오랫동안 한 사람은 누구인지 풀이 과정을 쓰고 답을 구해 보세요.

이름	시작한 시각	끝낸 시각
민수	오후 1시 5분 10초	오후 2시 52분 25초
정현	오후 2시 12분 30초	오후 3시 15분 40초

풀이

답

10 251029-0912

철인 3종 경기(수영, 자전거, 달리기)에 참여한 어떤 선수의 기록을 나타낸 것입니다. 수영 기록은 몇 분 몇 초인지 풀이 과정을 쓰고 답을 구해 보세요.

경기	기록
수영	
자전거	1시간 5분 16초
달리기	55분 34초
총 걸린 시간	2시간 42분 20초

풀이

답

01 □ 안에 알맞은 수를 써넣으세요. 251029-0913

(1) 1 cm 7 mm = □ mm

(2) 2 km 360 m = □ m

02 사탕의 길이는 몇 cm 몇 mm일까요? 251029-0914

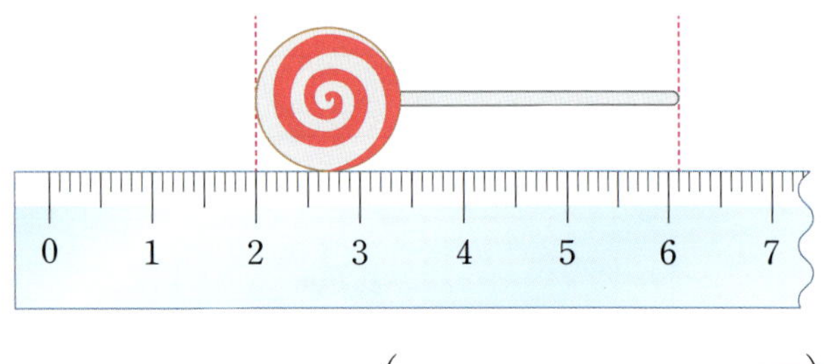

( )

03 보기 에서 알맞은 단위를 골라 □ 안에 써넣으세요. 251029-0915

보기
| km | m | cm | mm |

(1) 한라산의 높이는 약 2 □ 입니다.

(2) 놀이터에 있는 미끄럼틀의 높이는 약 2 □ 입니다.

04 옳은 문장을 찾아 ◯표 하세요. 251029-0916

(1) 클립 긴 쪽의 길이는 약 3 mm입니다. ( )

(2) 수학책 긴 쪽의 길이는 약 258 cm입니다. ( )

(3) 220 mm는 22 cm입니다. ( )

05 세 사람이 가지고 있는 색연필의 길이입니다. 가장 짧은 색연필을 가지고 있는 사람은 누구인지 풀이 과정을 쓰고 답을 구해 보세요. 251029-0917

진수	107 mm
연수	10 cm 5 mm
성희	11 cm 4 mm

풀이

____

____

____

답 _______________________________

06 수직선을 보고 □ 안에 알맞은 수를 써넣으세요. 251029-0918

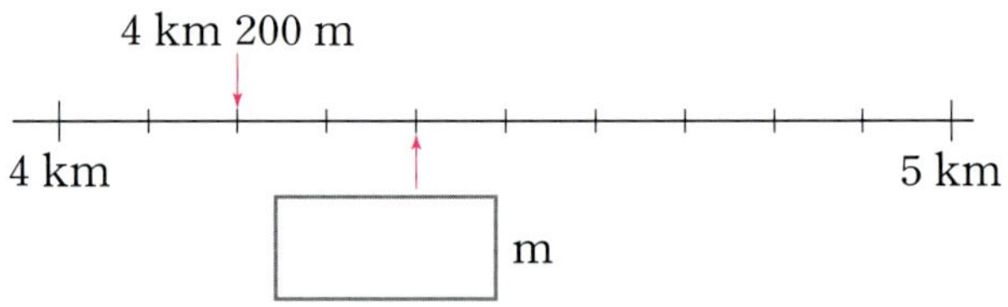

07 놀이터에서 가까운 곳부터 순서대로 써 보세요. 251029-0919

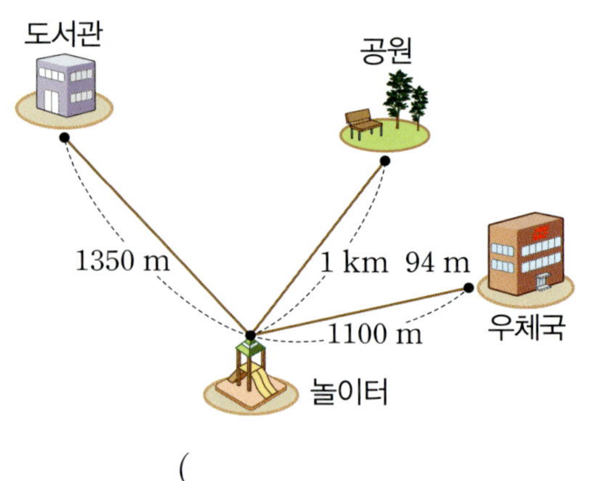

( )

08 같은 것끼리 이어 보세요.   251029-0920

50 cm 4 mm		• 54 mm
5 cm 4 mm		• 540 mm
		• 504 mm

09 민지와 희경이는 둘레가 **1 km**인 공원의 같은 지점에서 동시에 출발하여 서로 반대 방향으로 걸었습니다. 민지가 **700 m**를 걸었을 때 희경이를 만났다면 희경이가 걸은 거리는 몇 **m**일까요?   251029-0921

(   )

10 ㉠에서 ㉡까지의 거리는 ㉡에서 ㉢까지의 거리보다 몇 **m** 더 멀까요?   251029-0922

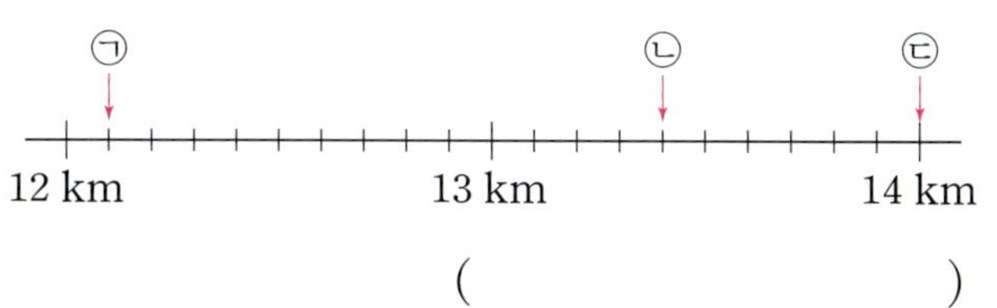

(   )

11 다음 시각에서 초바늘이 **5**바퀴 돌면 몇 시 몇 분 몇 초가 되는지 써 보세요.   251029-0923

(   )

12 시계가 나타내는 시각에서 **27분 15초** 후의 시각은 몇 시 몇 분 몇 초일까요?   251029-0924

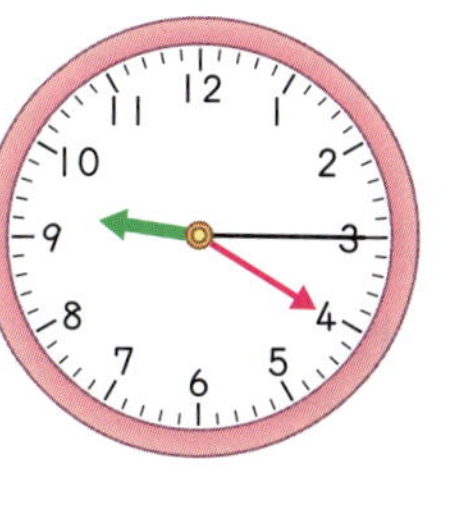

(   )

13 다음 시각에서 **25초** 전에 초바늘이 가리키는 숫자를 써 보세요.   251029-0925

(   )

251029-0926

14 시간이 긴 것부터 순서대로 기호를 써 보세요.

> ㉠ 5분 31초　　㉡ 340초
> ㉢ 295초　　㉣ 6분 3초

(　　　　　　　　)

251029-0927

15 세 사람이 운동장을 한 바퀴 도는 데 걸린 시간을 나타낸 것입니다. 운동장을 가장 빨리 돈 사람은 누구일까요?

수영	현서	건우
2분 10초	117초	140초

(　　　　　　　　)

251029-0928

16 연서가 빵을 만들기 시작한 시각은 오전 11시 20분 15초이고 빵을 완성한 시각은 오후 12시 32분 40초입니다. 연서가 빵을 만드는 데 걸린 시간은 몇 시간 몇 분 몇 초인지 구해 보세요.

(　　　　　　　　)

251029-0929

17 어느 도시의 낮의 길이는 12시간 27분 42초였습니다. 이날 밤의 길이는 몇 시간 몇 분 몇 초인지 구해 보세요.

(　　　　　　　　)

251029-0930

18 현재 시각은 4시 50분입니다. 상현이가 1시간 10분 동안 낮잠을 자기 위해서 알람을 맞추려면 알람을 몇 시로 맞추어야 할까요?

(　　　　　　　　)

251029-0931

19 소연이는 10분에 500 m를 가는 빠르기로 걷기 운동을 합니다. 오전 10시 20분부터 오전 10시 50분까지 걷기 운동을 했다면 소연이가 걸은 거리는 모두 몇 km 몇 m일까요?

(　　　　　　　　)

251029-0932

20 서술형 민지는 영화관에서 영화를 보았습니다. 영화 상영이 시작된 시각과 끝난 시각이 다음과 같습니다. 영화 상영 시간은 몇 시간 몇 분 몇 초인지 풀이 과정을 쓰고 답을 구해 보세요.

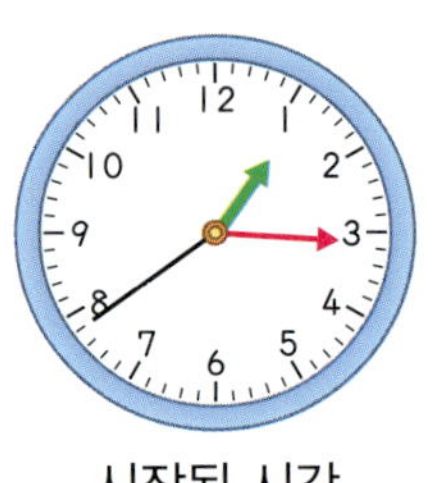　

시작된 시각　　　　끝난 시각

풀이 ▶

____

____

____

답 ▶ ___________________________

01 도형을 똑같이 셋으로 나누어 보세요.

251029-0933

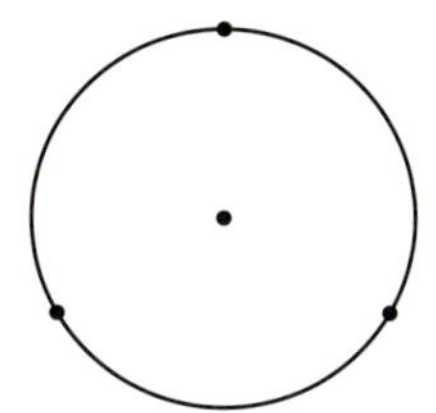

02 □ 안에 알맞게 써넣으세요.

251029-0934

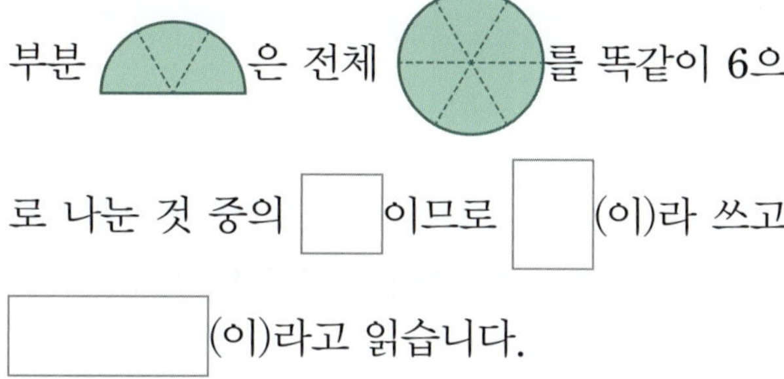

부분 ◠ 은 전체 ◉ 를 똑같이 6으로 나눈 것 중의 □ 이므로 □ (이)라 쓰고

□ (이)라고 읽습니다.

03 빈칸에 알맞게 써넣으세요.

251029-0935

분수	쓰기	읽기
	$\dfrac{3}{10}$	
		9분의 5

04 꽃밭 전체의 $\dfrac{5}{8}$에 봉선화를 심었습니다. 봉선화를 심고 남은 꽃밭의 넓이는 전체의 얼마인지 분수로 나타내 보세요.

251029-0936

(   )

05 색칠한 부분을 분수로 나타내고, 분수의 크기를 비교하여 ○ 안에 >, =, <를 알맞게 써넣으세요.

251029-0937

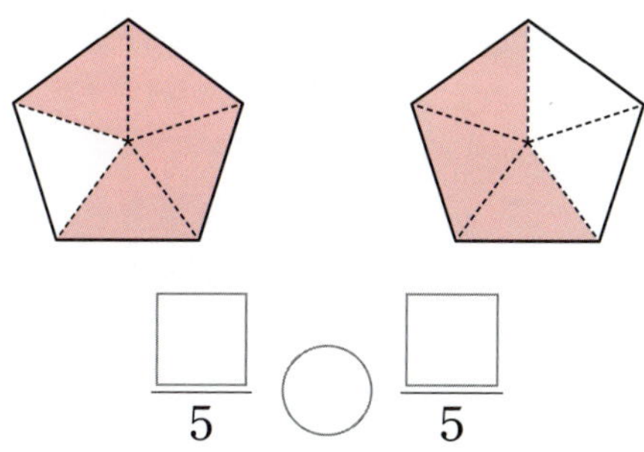

□/5 ○ □/5

06 주어진 분수만큼 수직선에 ━로 나타내고 ○ 안에 >, =, <를 알맞게 써넣으세요.

251029-0938

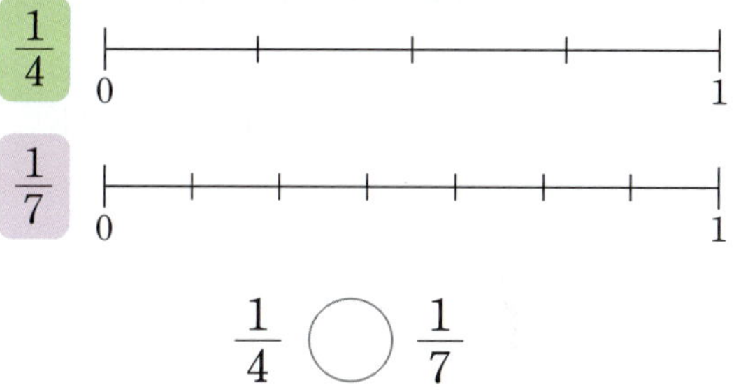

$\dfrac{1}{4}$ ○ $\dfrac{1}{7}$

07 7개의 조각으로 만든 정사각형을 전체로 할 때 ㉠ 조각은 전체의 얼마인지 분수로 나타내 보세요.

251029-0939

(   )

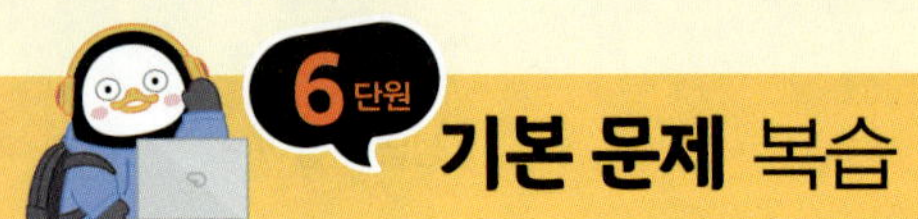

08 색칠한 부분을 소수로 쓰고 읽어 보세요.

251029-0940

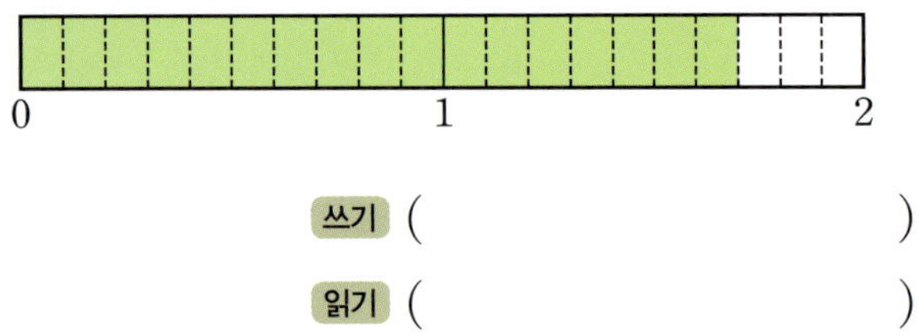

쓰기 ( )

읽기 ( )

09 다음 중 틀린 것을 찾아 기호를 써 보세요.

251029-0941

> ㉠ 0.8은 0.1이 8개입니다.
> ㉡ 0.1이 12개이면 1.2입니다.
> ㉢ 6.3은 0.1이 630개입니다.

( )

10 관계있는 것끼리 이어 보세요.

251029-0942

| 4 mm | • | • | 4.1 cm |

| 14 mm | • | • | 1.4 cm |

| 4 cm 1 mm | • | • | 0.4 cm |

11 소수를 바르게 나타낸 것을 모두 찾아 기호를 써 보세요.

251029-0943

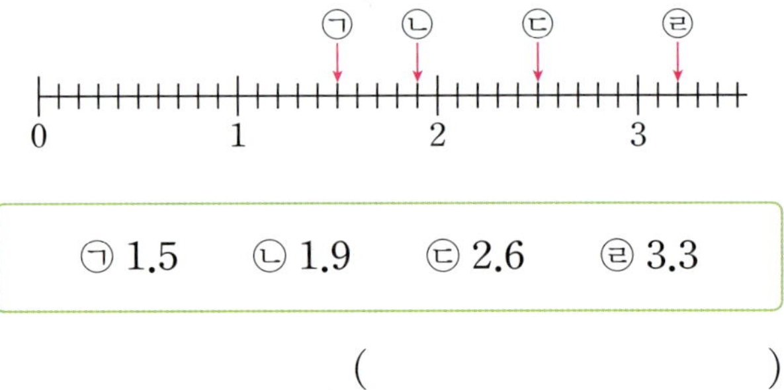

> ㉠ 1.5   ㉡ 1.9   ㉢ 2.6   ㉣ 3.3

( )

12 큰 수부터 순서대로 기호를 써 보세요.

251029-0944

> ㉠ 0.1이 67개인 수   ㉡ 3.9
> ㉢ 9와 0.2만큼의 수   ㉣ 칠 점 일

( )

13 길이가 2 m인 줄자로 길이를 한 번에 잴 수 없는 끈은 어느 것인지 써 보세요.

251029-0945

> 파란색 끈: 1.8 m
> 노란색 끈: 0.8 m
> 분홍색 끈: 2.1 m
> 빨간색 끈: 1.6 m

( )

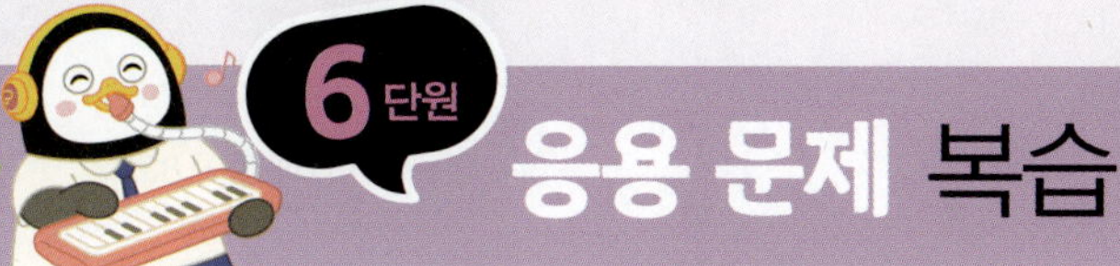

유형 1 수 카드로 단위분수 만들기

251029-0946

01 4장의 수 카드 중 2장을 골라 한 번씩만 사용하여 단위분수를 만들려고 합니다. 만들 수 있는 가장 큰 단위분수를 구해 보세요.

8 4 5 1

(   )

> **비법** 단위분수는 분자가 1인 분수입니다. ➡ $\dfrac{1}{\square}$
>
> 단위분수는 분모가 작을수록 더 큰 분수입니다.

251029-0947

02 4장의 수 카드 중 2장을 골라 한 번씩만 사용하여 단위분수를 만들려고 합니다. 만들 수 있는 단위분수 중 가장 작은 수를 구해 보세요.

3 1 5 7

(   )

251029-0948

03 5장의 수 카드 중 2장을 골라 한 번씩만 사용하여 단위분수를 만들려고 합니다. 만들 수 있는 단위분수 중 $\dfrac{1}{7}$보다 크고 $\dfrac{1}{2}$보다 작은 수를 모두 구해 보세요.

2 6 1 5 8

(   )

유형 2 조건을 만족하는 분수 구하기

251029-0949

04 조건을 만족하는 분수를 모두 구해 보세요.

> • 분모가 15인 분수입니다.
> • $\dfrac{8}{15}$보다 크고 $\dfrac{11}{15}$보다 작습니다.

(   )

> **비법** 분모가 같은 분수는 분자가 클수록 더 큰 분수입니다.

251029-0950

05 조건을 만족하는 분수를 구해 보세요.

> • 단위분수입니다.
> • 분모는 7보다 작습니다.
> • $\dfrac{1}{5}$보다 작은 분수입니다.

(   )

251029-0951

06 조건을 만족하는 분수는 모두 몇 개일까요?

> • 분모가 10인 분수입니다.
> • 0.1이 2개인 수보다 큽니다.
> • $\dfrac{1}{10}$이 8개인 수보다 작습니다.

(   )

| 유형 **3** | □ 안에 들어갈 수 있는 수 구하기 |

251029-0952

07 1부터 9까지의 자연수 중에서 □ 안에 들어갈 수 있는 수를 모두 구해 보세요.

$$2.5 < 2.\square$$

(   )

비법 두 소수의 크기 비교에서 자연수 부분이 같을 때는 소수 부분의 크기를 비교합니다.

251029-0953

08 1부터 9까지의 자연수 중에서 □ 안에 들어갈 수 있는 수를 모두 구해 보세요.

$$3.4 < 3.\square < 3.8$$

(   )

251029-0954

09 1부터 9까지의 자연수 중에서 다음 조건을 모두 만족하는 소수 7.□(이)가 되도록 □ 안에 들어갈 수 있는 수를 모두 구해 보세요.

- 7과 0.2만큼의 수보다 큰 수입니다.
- 0.1이 78개인 수보다 작은 수입니다.

(   )

| 유형 **4** | 남은 부분을 소수로 나타내기 |

251029-0955

10 영서는 과자를 만드는 데 우유 한 컵의 **0.6**만큼을 사용하였습니다. 남은 우유의 양은 전체의 얼마인지 소수로 나타내 보세요.

(   )

비법 전체를 똑같이 10으로 나눈 것 중 몇 개가 남았는지 세어 0.1의 개수를 확인합니다.

251029-0956

11 상민이는 매일 초콜릿을 전체의 **0.1**만큼씩 먹습니다. 초콜릿을 7일 동안 먹었을 때 남은 초콜릿의 양은 전체의 얼마인지 소수로 나타내 보세요.

(   )

251029-0957

12 도화지 한 장에 도현이는 **0.4**만큼, 수진이는 **0.2**만큼 색칠을 하였습니다. 도현이와 수진이가 색칠하고 남은 부분은 전체의 얼마인지 소수로 나타내 보세요.

(   )

251029-0958

01 $\dfrac{3}{5}$을 잘못 색칠한 사람의 이름을 쓰고 그 이유를 설명해 보세요.

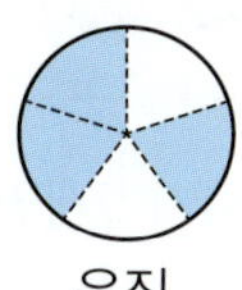
우진

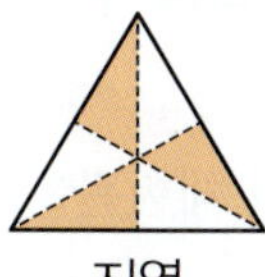
지영

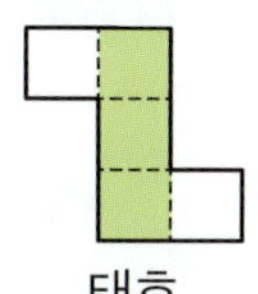
태호

이름 ＿＿＿＿＿＿＿＿＿＿＿＿

이유

＿＿＿＿＿＿＿＿＿＿＿＿＿＿＿＿＿＿＿＿

＿＿＿＿＿＿＿＿＿＿＿＿＿＿＿＿＿＿＿＿

251029-0959

02 종이끈으로 바구니를 만드는 데 전체 종이끈의 $\dfrac{9}{16}$만큼을 사용하였습니다. 사용하고 남은 종이끈의 양을 분수로 나타내려고 합니다. 풀이 과정을 쓰고 답을 구해 보세요.

풀이

＿＿＿＿＿＿＿＿＿＿＿＿＿＿＿＿＿＿＿＿

＿＿＿＿＿＿＿＿＿＿＿＿＿＿＿＿＿＿＿＿

답 ＿＿＿＿＿＿＿＿＿＿＿＿

251029-0960

03 다음 중 $\dfrac{3}{12}$보다 크고 $\dfrac{9}{12}$보다 작은 분수는 모두 몇 개인지 풀이 과정을 쓰고 답을 구해 보세요.

$$\frac{5}{12} \quad \frac{2}{12} \quad \frac{10}{12} \quad \frac{8}{12} \quad \frac{11}{12}$$

풀이

＿＿＿＿＿＿＿＿＿＿＿＿＿＿＿＿＿＿＿＿

＿＿＿＿＿＿＿＿＿＿＿＿＿＿＿＿＿＿＿＿

답 ＿＿＿＿＿＿＿＿＿＿＿＿

251029-0961

04 두 분수의 크기를 잘못 비교한 사람의 이름을 쓰고 그 이유를 설명해 보세요.

> 우주: 분모가 같은 두 분수 $\dfrac{5}{7}$와 $\dfrac{3}{7}$의 크기를 비교하면 $5>3$이므로 $\dfrac{5}{7}>\dfrac{3}{7}$이야.
>
> 예린: 분자가 같은 두 분수 $\dfrac{1}{5}$과 $\dfrac{1}{3}$의 크기를 비교하면 $5>3$이므로 $\dfrac{1}{5}>\dfrac{1}{3}$이야.

이름 ＿＿＿＿＿＿＿＿＿＿＿＿

이유

＿＿＿＿＿＿＿＿＿＿＿＿＿＿＿＿＿＿＿＿

＿＿＿＿＿＿＿＿＿＿＿＿＿＿＿＿＿＿＿＿

251029-0962

05 5 cm 3 mm는 몇 cm인지 소수로 나타내려고 합니다. 풀이 과정을 쓰고 답을 구해 보세요.

풀이

＿＿＿＿＿＿＿＿＿＿＿＿＿＿＿＿＿＿＿＿

＿＿＿＿＿＿＿＿＿＿＿＿＿＿＿＿＿＿＿＿

답 ＿＿＿＿＿＿＿＿＿＿＿＿

251029-0963

06 ㉠＋㉡은 얼마인지 풀이 과정을 쓰고 답을 구해 보세요.

> • 7.2는 0.1이 ㉠개입니다.
> • ㉡과 0.6만큼의 수는 0.1이 36개인 수와 같습니다.

풀이

＿＿＿＿＿＿＿＿＿＿＿＿＿＿＿＿＿＿＿＿

＿＿＿＿＿＿＿＿＿＿＿＿＿＿＿＿＿＿＿＿

답 ＿＿＿＿＿＿＿＿＿＿＿＿

07 251029-0964

소연이네 모둠이 동물의 몸길이를 조사하여 나타낸 것입니다. 셋째로 몸길이가 긴 동물은 무엇인지 풀이 과정을 쓰고 답을 구해 보세요.

동물	길이(m)
코끼리	3.2
호랑이	1.4
코알라	0.8
하마	3.9
캥거루	1.5
대왕고래	27.6

풀이

답

08 251029-0965

2부터 9까지의 수 중에서 □ 안에 공통으로 들어갈 수 있는 수는 얼마인지 풀이 과정을 쓰고 답을 구해 보세요.

$$\frac{\square}{10} < \frac{7}{10} \qquad \frac{1}{5} > \frac{1}{\square}$$

풀이

답

09 251029-0966

생태공원 입구에서 각 장소까지의 거리입니다. 생태공원 입구에서 가장 먼 곳은 어디인지 풀이 과정을 쓰고 답을 구해 보세요.

- 반딧불이 체험관: $\frac{1}{10}$ km가 9개인 거리
- 별자리 체험관: 0.1 km가 13개인 거리
- 노을 책방: 1 km와 0.1 km만큼인 거리

풀이

답

10 251029-0967

컵에 가득 담긴 주스를 아름이가 전체의 **0.3**만큼 마시고, 이어서 언니가 마시고 나니 주스가 전체의 **0.2**만큼 남았습니다. 언니가 마신 주스의 양은 전체의 얼마인지 소수로 나타내려고 합니다. 풀이 과정을 쓰고 답을 구해 보세요.

풀이

답

01 와플을 똑같이 6조각으로 나눈 것을 찾아 ○표 하세요.

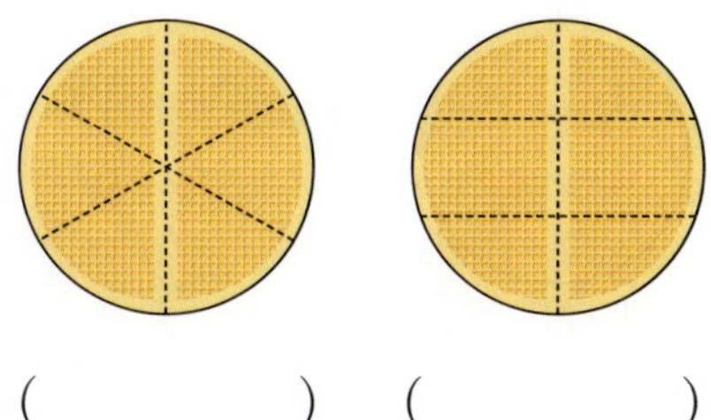

(　　　)　(　　　)

02 □ 안에 알맞은 수를 써넣으세요.

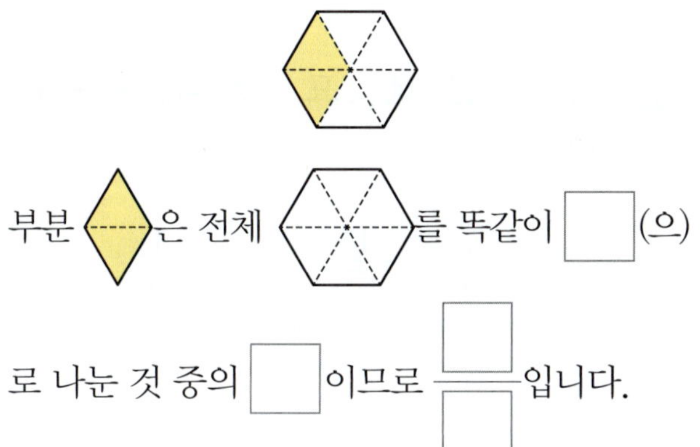

부분 ----- 은 전체 ----- 를 똑같이 □ (으)로 나눈 것 중의 □ 이므로 □/□ 입니다.

03 색칠한 부분은 전체의 얼마인지 분수로 쓰고 읽어 보세요.

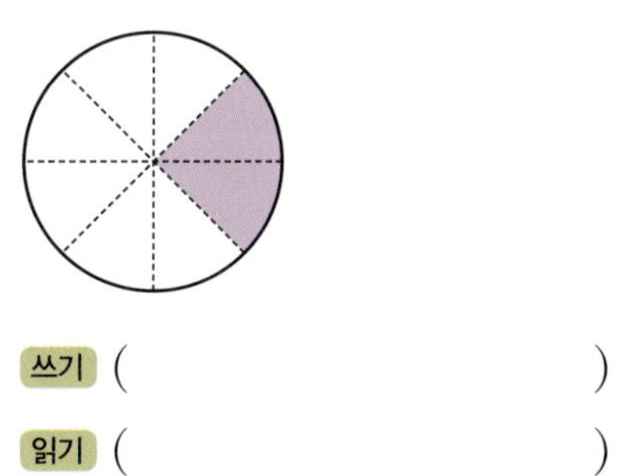

쓰기 (　　　　　　)

읽기 (　　　　　　)

04 색칠하지 않은 부분을 분수로 나타내고 읽어 보세요.

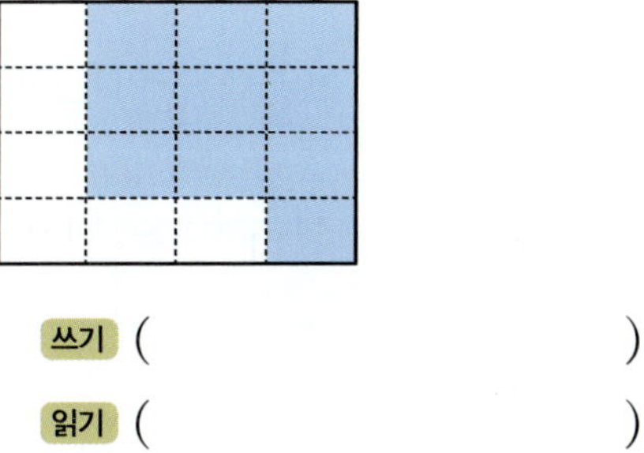

쓰기 (　　　　　　)

읽기 (　　　　　　)

05 상현이는 점토 한 개를 똑같이 7조각으로 나누어 그중 3조각을 사용하였습니다. 사용하고 남은 점토는 전체의 몇 분의 몇인지 구해 보세요.

(　　　　　　)

06 색칠한 부분이 나타내는 분수가 다른 하나를 찾아 ○표 하세요.

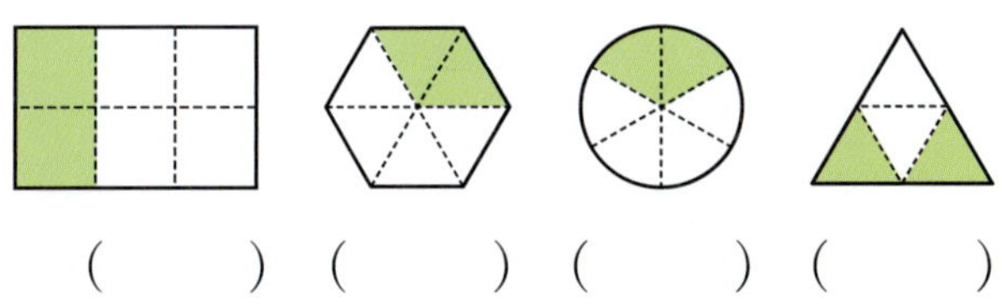

(　　) (　　) (　　) (　　)

07 주어진 분수만큼 색칠하고, ○ 안에 >, =, < 를 알맞게 써넣으세요.

$\dfrac{4}{9}$

$\dfrac{5}{9}$

$\dfrac{4}{9}$ ○ $\dfrac{5}{9}$

---

08 _{서술형} □ 안에 알맞은 수의 합은 얼마인지 풀이 과정을 쓰고 답을 구해 보세요.

251029-0975

> - $\dfrac{8}{9}$은 $\dfrac{1}{9}$이 □개입니다.
> - $\dfrac{5}{11}$는 $\dfrac{1}{□}$이 5개입니다.

풀이 ▶

____

____

____

답 ▶ ___________________________________

---

09 ^{보기}는 전체를 똑같이 5로 나눈 것 중의 3입니다. 전체에 알맞은 도형에 ○표 하세요.

251029-0976

보기

(　　　)　　　(　　　)　　　(　　　)

---

10 큰 분수부터 순서대로 써 보세요.

251029-0977

$$\dfrac{14}{15} \qquad \dfrac{8}{15} \qquad \dfrac{11}{15}$$

(　　　　　　　　　　　　　　　)

---

11 도형을 똑같이 나누어 주어진 분수만큼 색칠하고, ○ 안에 >, =, <를 알맞게 써넣으세요.

251029-0978

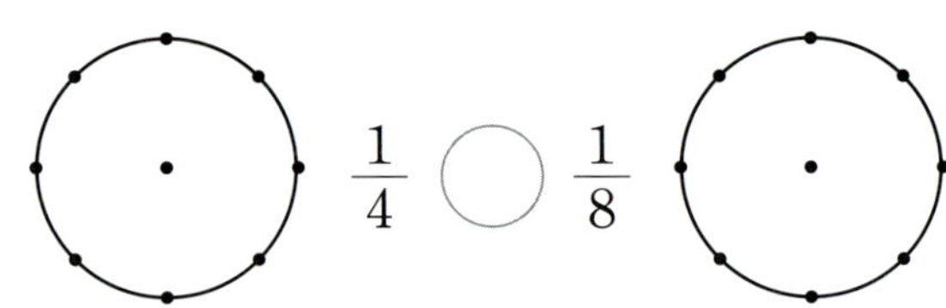

$$\dfrac{1}{4} \quad \bigcirc \quad \dfrac{1}{8}$$

---

12 가장 큰 분수에 ○표, 가장 작은 분수에 △표 하세요.

251029-0979

$$\dfrac{1}{9} \qquad \dfrac{1}{15} \qquad \dfrac{1}{7} \qquad \dfrac{1}{3} \qquad \dfrac{1}{11}$$

---

13 빈칸에 알맞게 써넣으세요.

251029-0980

분수	소수	
	쓰기	읽기
	0.4	
$\dfrac{1}{10}$		
		영 점 팔

---

14 251029-0981
두 소수의 크기를 비교하여 ○ 안에 >, =, < 를 알맞게 써넣으세요.

(1) 1.5 ◯ 2.1

(2) 3.7 ◯ 3.4

15 251029-0982
지선이가 가지고 있는 연필의 길이를 재어 보았더니 **5 cm 7 mm**입니다. 다음 중 연필의 길이보다 더 긴 것은 어느 것일까요? (　　)

① 8 mm　　② 5 cm
③ 5.4 cm　　④ 5.9 cm
⑤ 51 mm

16 251029-0983
다음 수를 수직선에 화살표(↑)로 나타내고 작은 수부터 순서대로 써 보세요.

$$0.9 \quad 0.2 \quad \frac{7}{10}$$

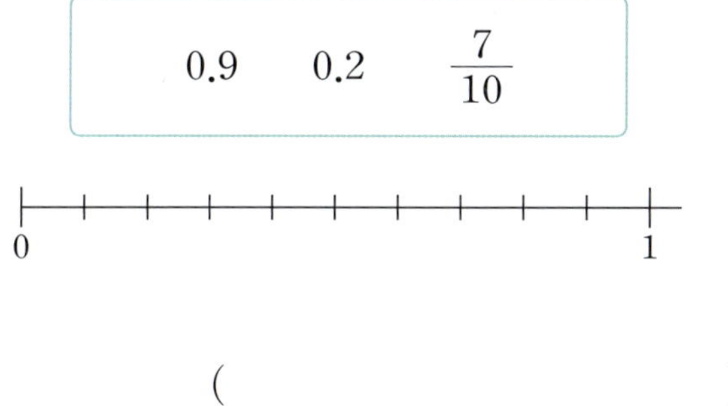

(　　　　　　　　)

17 251029-0984
다음 중 3.2보다 큰 수는 모두 몇 개일까요?

3.7　　2.9　　5.2　　1.7　　0.8

(　　　　　　　　)

18 251029-0985
다음 조건에 알맞은 소수를 모두 구해 보세요.

- 0.■인 소수입니다. (■는 한 자리 수입니다.)
- $\frac{3}{10}$보다 큰 수입니다.
- 0.6보다 작은 수입니다.

(　　　　　　　　)

19 251029-0986
서술형
민지네 집에서 학교, 놀이터, 병원, 은행까지의 거리를 나타낸 것입니다. 민지네 집에서 가까운 장소부터 순서대로 쓰려고 합니다. 풀이 과정을 쓰고 답을 구해 보세요.

학교	놀이터	병원	은행
$\frac{9}{10}$ km	$\frac{4}{10}$ km	0.6 km	1.4 km

풀이

답

20 251029-0987
5장의 수 카드 중 2장을 골라 한 번씩만 사용하여 소수 □.□를 만들려고 합니다. 만들 수 있는 가장 큰 소수와 가장 작은 소수를 구해 보세요.

2　5　3　0　7

가장 큰 소수 (　　　　　　　　)
가장 작은 소수 (　　　　　　　　)

memo

EBS

만점왕
수학 플러스

3-1

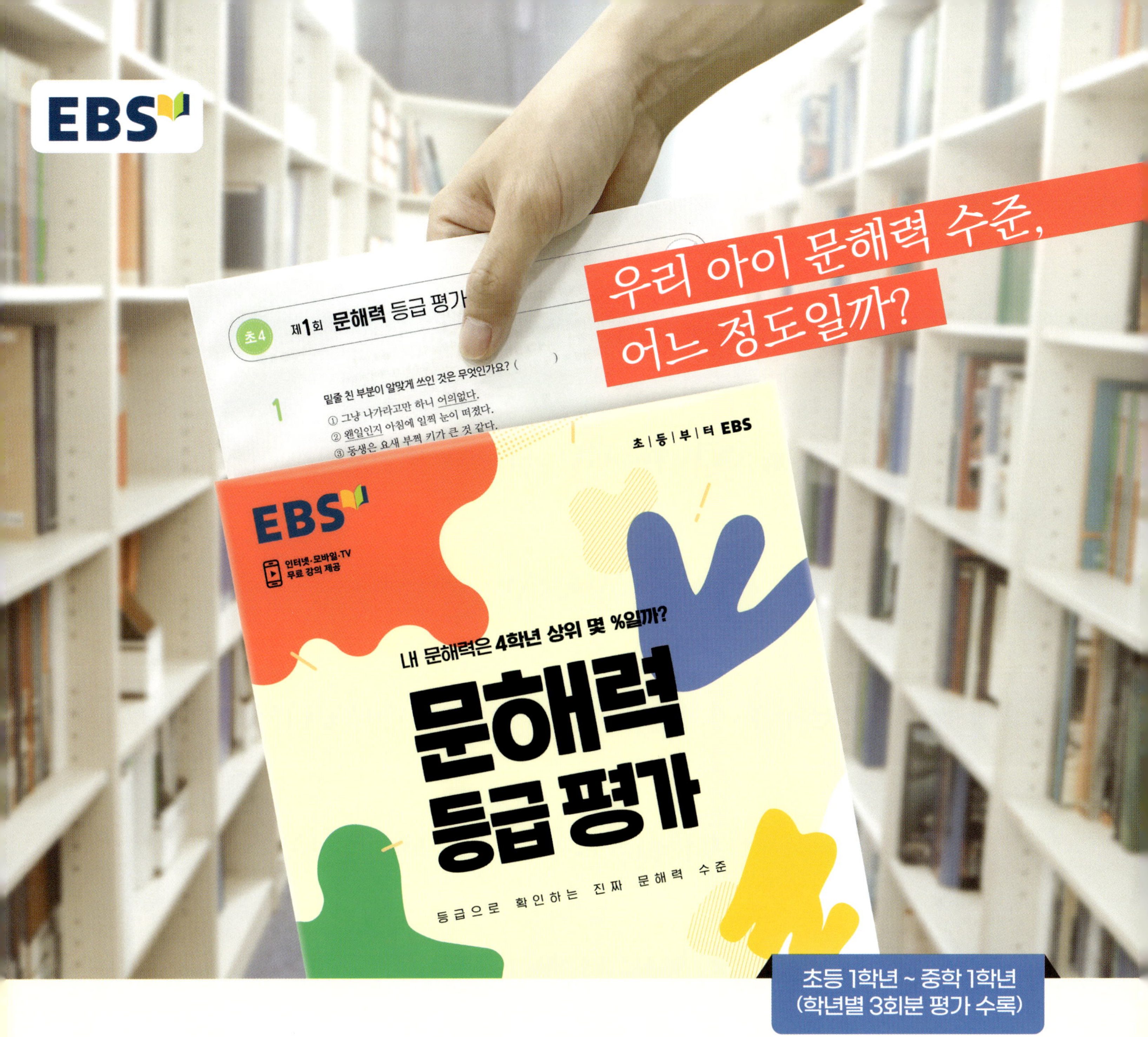

《 문해력 등급 평가 》

문해력 전 영역 수록

어휘, 쓰기, 독해부터
디지털독해까지 종합 평가

정확한 수준 확인

문해력 수준을 수능과
동일한 9등급제로 확인

평가 결과표 양식 제공

부족한 부분은 스스로 진단하고
친절한 해설로 보충 학습

문해력 본학습 전에 수준을 진단하거나 본학습 후에 평가하는 용도로 활용해 보세요.

초등 국어 어휘 베스트셀러

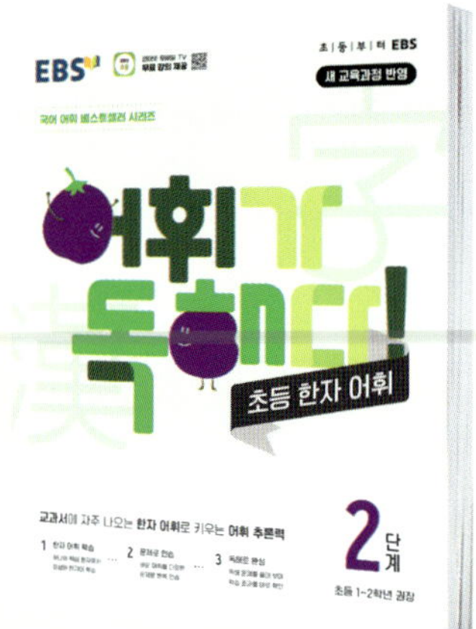

초등 국어 어휘
—— 1~6단계 ——

초등 한자 어휘
—— 1~4단계 ——

그 중요성이 이미 입증된 어휘력, 이제 확장하고 추가해서 **학습 기본기를 더 탄탄하게!**

전체 영역

새 교육과정/교과서 반영으로
더 앞서가도록

'초등 국어 어휘' 영역

1~6단계로 확장 개편해서
더 빈틈없도록

NEW

'초등 한자 어휘' 영역

한자 어휘 영역도 추가해서
더 풍부하도록

'초등 국어 어휘'는 학년별 새 교육과정 적용 시기에 따라 순차 발간

BOOK 3

풀이책

BOOK 3 풀이책으로 채점해 보고,
틀린 문제의 풀이도 확인해 보세요.

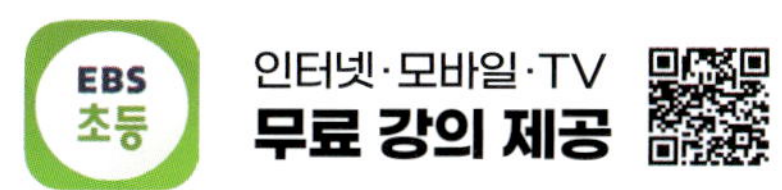

EBS
EBS 초등
인터넷·모바일·TV
무료 강의 제공
초｜등｜부｜터 EBS
새 교육과정 반영

만점왕
수학 플러스
교과서 기본과 응용 문제를 한 번에 잡는 교과서 기본＋응용

BOOK 3
풀이책
'한눈에 보는 정답' 보기
＆ 풀이책 내려받기
3-1

만점왕 수학 플러스

교과서 기본과 응용 문제를 한 번에 잡는 **교과서 기본＋응용**

BOOK 3
풀이책

3-1

BOOK 1

1단원 덧셈과 뺄셈

교과서 개념 다지기   8~11쪽

01 (1) 379 (2) 688

02 (1) 698 (2) 887 (3) 988 (4) 779

03 (1) 583 (2) 677

04 (1) 574 (2) 792 (3) 970 (4) 692

05 727   **06** (1) 732 (2) 1633

07 500, 100, 13, 613   **08** 1324

09 (위에서부터) (1) 1, 1 / 1241 (2) 1, 1 / 1013

10 1200, 144, 1344

교과서 넘어 보기   12~14쪽

01 690   **02** (계산 순서대로) 356, 779   **03** <

04 예 백의 자리부터 더하는 방법이 있습니다. 500＋200, 30＋40, 2＋7을 계산하여 모두 더하면 779입니다. / 예 일의 자리부터 더하는 방법이 있습니다. 2＋7, 30＋40, 500＋200을 계산하여 모두 더하면 779입니다.

05 646   **06** 684 m   **07** 878   **08** 809

09 ⓒ   **10** 993명

11 (위에서부터) (1) 1, 1 / 826 (2) 1, 1 / 1453

12 ✕   **13** 703

14 (위에서부터) 669, 734, 1403

15 789, 423, 1212 (또는 423, 789, 1212)

16 (위에서부터) 8, 5   **17** (위에서부터) 5, 2, 8

18 (위에서부터) 4, 6, 5   **19** □－152＝543, 695

20 771   **21** 1751

교과서 개념 다지기   15~17쪽

01 (1) 215 (2) 624

02 (1) 614 (2) 236 (3) 121 (4) 321

03 315

04 (위에서부터) (1) 4, 10 / 237 (2) 5, 10 / 116 (3) 7, 10 / 323

05 157

06 (위에서부터) (1) 3, 16, 10 / 197 (2) 6, 14, 10 / 556 (3) 8, 11, 10 / 247

교과서 넘어 보기   18~20쪽

01 ✕   **02** 665, 213

03 예 백의 자리부터 빼는 방법이 있습니다. 400－300, 60－50, 7－2를 계산하여 모두 더하면 115입니다. / 예 일의 자리부터 빼는 방법이 있습니다. 7－2, 60－50, 400－300을 계산하여 모두 더하면 115입니다.

04 421   **05** 114회   **06** ②   **07** ⓒ

08 523, 118   **09** 4에 ○표, 353

10 (1) 189 (2) 355   **11** 354

12 ✕   **13** 453, 269, 184   **14** 594

15 소나무, 전나무   **16** (위에서부터) 7, 2

17 (위에서부터) 7, 4   **18** (위에서부터) 5, 7, 2

19 235   **20** 602   **21** 136

응용력 높이기   21~25쪽

대표 응용 1 488, 244, 593 / 593, 244

1-1 590, 323   **1-2** 549, 412

대표 응용 2 204, 204, 203   **2-1** 256   **2-2** 253

대표 응용 3 265, 811, 970   **3-1** 556   **3-2** 264

대표 응용 4 743, 304, 743, 304, 1047

4-1 1281   **4-2** 1179, 765

대표 응용 5 920, 920, 920, 920, 525, 525

5-1 258장   **5-2** 370권

단원 평가 LEVEL ❶   26~28쪽

01 700, 50, 9, 759   **02** (1) 785 (2) 959

03 789   **04** 100   **05** (계산 순서대로) 732, 1030

06 ⓒ   **07** ( ) (○) ( )

08 1585   **09** 1302   **10** 406   **11** 373

12 462, 143   **13** 지호   **14** 153개

15 (위에서부터) 4, 4, 1   **16** >   **17** 159 m

18 953, 462, 491   **19** 풀이 참조, 632 cm

20 풀이 참조, 575명

01 985   **02** (위에서부터) 1, 1, 944

03 1362   **04** 883회

05 (위에서부터) 1349, 911 / 999, 1261

06 749, 487   **7** ㉢, ㉠, ㉣, ㉡   **08** 546, 578   **09** 383

10 정우, 167 m   **11** 309명   **12** 757

13 293   **14** 150   **15** ㉣   **16** 27쪽

17 299   **18** 지우   **19** 풀이 참조

20 풀이 참조, 328

2단원 평면도형

01 (○) (△)   **02** 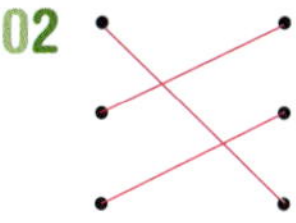
(△) (○)

03 (   ) (○)
(○) (   )

04 (1) 점 ㄴ (2) 각 ㄱㄴㄷ (또는 각 ㄷㄴㄱ) (3) 변 ㄴㄱ, 변 ㄴㄷ

01 나, 사   **02** 라, 마   **03** (1) 직선 (2) 반직선

04 ㉠, ㉢   **05** 3개

06 예 직선은 선분을 양쪽으로 끝없이 늘인 곧은 선인데 주어진 도
형은 한 점에서 시작하여 한쪽으로 끝없이 늘인 곧은 선이기 때
문입니다.

07 (   )   **08** (1) × (2) ○
(○)
(   )

09~11 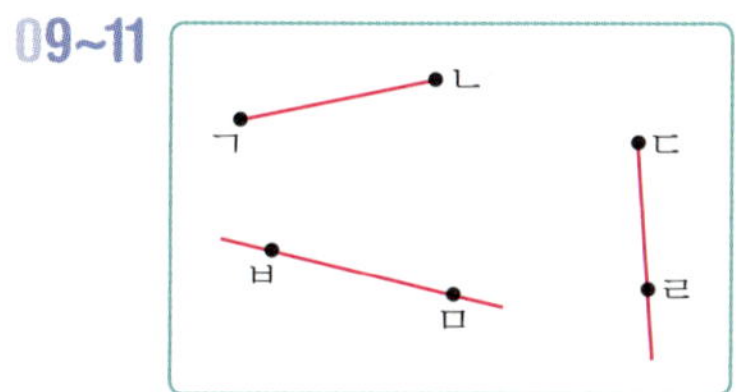

12 12개   **13** ㉢   **14** ㉠, ㉢

15 각 ㄹㅁㅂ(또는 각 ㅂㅁㄹ) / 변 ㅁㄹ, 변 ㅁㅂ / 점 ㅁ

16 12개

17 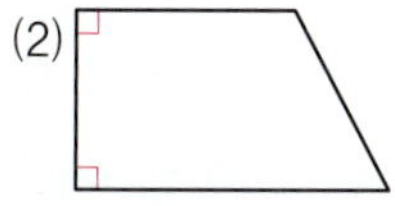

18 각 ㄱㄴㄹ(또는 각 ㄹㄴㄱ), 각 ㄹㄴㄷ(또는 각 ㄷㄴㄹ),
    각 ㄱㄴㄷ(또는 각 ㄷㄴㄱ)

19 6개   **20** 10개   **21** 15개

01 직각   **02** (   ) (   ) (○)

03 (1) 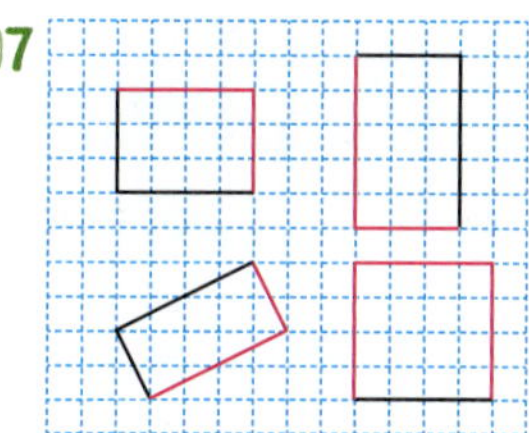 (2)

04 (1) 직각 (2) 3 (3) 직각삼각형

05 (   ) (○) (   )

06 (1)

직각의 수	0개	1개	2개	4개
기호	가	마	나, 바	다, 라

(2) 직사각형

07 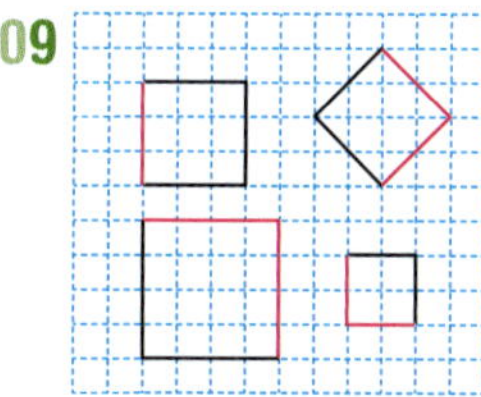

08 (1) 나, 라 (2) 정사각형

09 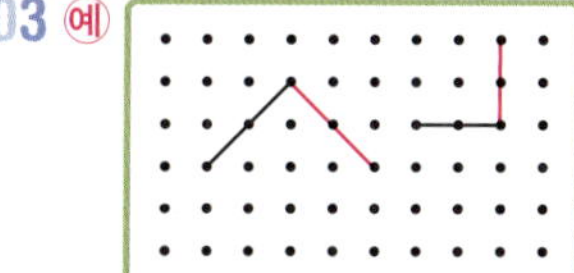

01 직각   **02** 3개

03 예 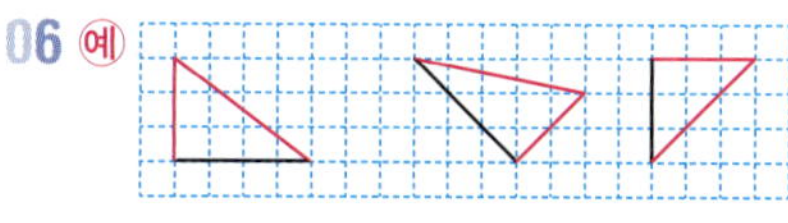

04 3시   **05** 직각삼각형, 3, 1

06 예

07 ㉠   **08** 3개   **09** 가, 라, 마   **10** ㉡

11 5개　　　**12** 네에 ○표, 같은에 ○표, 정사각형

13 ㉠　　　**14** 8개　　　**15** 20 cm　　　**16** 16

17 16 cm　　　**18** 7개　　　**19** 6개, 6개

응용력 높이기
46~49쪽

대표 응용 1 ㄱㄴ(또는 ㄴㄱ), ㄴㄷ(또는 ㄷㄴ), ㄱㄷ(또는 ㄷㄱ), 3

1-1 6개　　　**1-2** 6개

대표 응용 2 6, 6, 6, 36, 36　　**2-1** 49개　　**2-2** 12개

대표 응용 3 8 / ③, ⑥, ⑦ / ④, ⑦, ⑧, 3 / 8, 3, 11

3-1 14개　　　**3-2** 12개

대표 응용 4 6, 8, 6　　　**4-1** 6개　　　**4-2** 12개

단원 평가 LEVEL ❶
50~52쪽

01 ㉢　　　**02** 직선　　　**03** 12개　　　**04** ㉡

05 (1) 각 (2) 꼭짓점, 변　　　**06** 13개　　　**07** 라

08 ②　　　**09** 다, 라, 마　　　**10** 6개　　　**11** 8개

12 9　　　**13** ㉣　　　**14** 6개　　　**15** 42 cm

16 ㉡　　　**17** 17개　　　**18** 64개　　　**19** 풀이 참조

20 풀이 참조, 36 cm

단원 평가 LEVEL ❷
53~55쪽

01 가, 다, 마　　　**02** 10개

03 채영　　　**04** 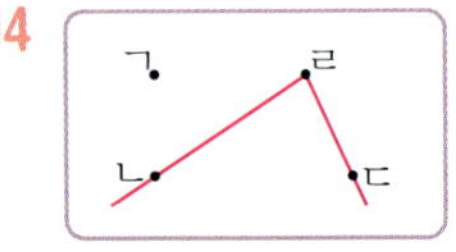

05 ㉠, ㉡　　　**06** 각 ㄴㅂㄹ(또는 각 ㄹㅂㄴ)

07 (　) (○)　　　**08** 9개
　　　(　) (○)

09 예 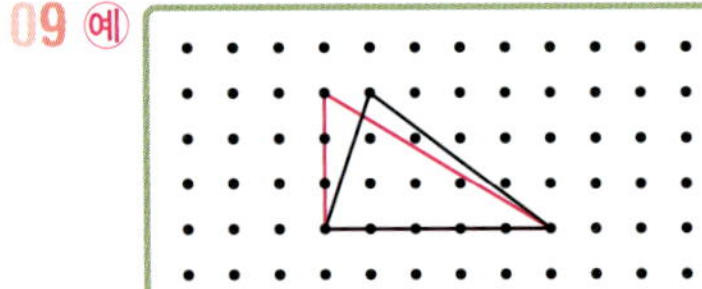

10 다, 라, 사　　**11** 7개　　**12** ⑤　　**13** 8 cm

14 가　　　**15** 9 cm　　　**16** 정사각형(또는 직사각형)

17 12개　　　**18** 64 cm　　　**19** ㉡, 풀이 참조

20 풀이 참조, 16개

3 단원　나눗셈

교과서 개념 다지기
58~59쪽

01 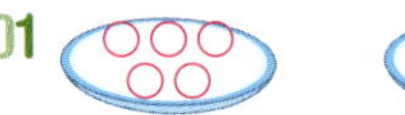

02 5개　　　**03** 2, 5

04 예 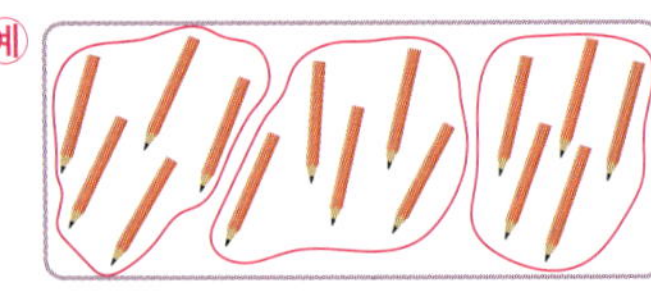

05 5, 5, 5, 0　　　**06** 5, 3

교과서 넘어 보기
60~61쪽

01 (1) 6, 4　(2) 4, 6

02  / 3

03 4, 3　　　　　　　**04** 우진

05 $42 \div 7 = 6$, 6권

06 (1) $24 - 4 - 4 - 4 - 4 - 4 - 4 = 0$, 6번　(2) $24 \div 4 = 6$

07 (○) (　)　　　　**08** $48 \div 6 = 8$, 8일

09 뺄셈식 $32 - 4 - 4 - 4 - 4 - 4 - 4 - 4 - 4 = 0$
　　나눗셈식 $32 \div 4 = 8$, 8명

10 $12 - 3 - 3 - 3 - 3 = 0$, $12 \div 3 = 4$, 4

11 $48 - 8 - 8 - 8 - 8 - 8 - 8 = 0$, $48 \div 8 = 6$, 6

12 ㉢

교과서 개념 다지기
62~64쪽

01 (1) 5, 20　(2) 20, 5　(3) 20, 4

02 21, 7 / 21, 3　　　**03** 8, 48 / 6, 48

04 4　　　**05** 9　　　**06** 4　　　**07** 3

08 $7 \times 8 = 56$　　　**09** 8

10 3, 8, 24 / 8, 3, 24 / 24, 3, 8 / 24, 8, 3

교과서 넘어 보기
65~68쪽

01 $8 \times 5 = 40$, 40개　　　**02** $40 \div 5 = 8$, 8개

03 $40 \div 8 = 5$, 5상자　　　**04** 9, 3, 27 / 3, 9, 27

05 27, 9, 3　　　　　　　**06** 27, 3, 9

07 $5 \times 3 = 15$(또는 $3 \times 5 = 15$) / $15 \div 5 = 3$(또는 $15 \div 3 = 5$)

08 (1) 4 / 24, 4　(2) 4 / 24, 4

09 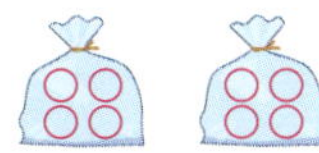

10 $21 \div 3 = 7$, 7명   **11** 24, 4, 6 / 6 / 6개

12 (1)

(2) 3, 4 / 3, 4, 12 / 4, 3, 12 (3) 4개

13 예 $9 \times 8 = 72$이므로 $72 \div 9$의 몫은 8입니다.

14 20, 5 / 5장   **15** <

16 (1) 5 (2) $40 \div 8 = 5$, 5줄

17 (1) $36 \div 4 = 9$, 9개 (2) $36 \div 6 = 6$, 6개

18 $12 \div 3 = 4$ / $3 \times 4 = 12$ / 4권

19 $24 \div 8 = 3$ / $8 \times 3 = 24$ / 3개

20 $36 \div 4 = 9$ / $4 \times 9 = 36$ / 9권

21 5   **22** 6   **23** 30

응용력 높이기

대표 응용 1 6, 7, 42 / 7, 6, 42 / 42, 6, 7 / 42, 7, 6

1-1 45, 5, 9 / 45, 9, 5   **1-2** 5

대표 응용 2 7, 7, 8, 9   **2-1** 1, 2, 3, 4   **2-2** 7

대표 응용 3 4, 2

3-1 5, 3   **3-2** (시계 방향으로) 5, 4, 8, 7

대표 응용 4 16, 15, 14, 1 / 16, 2 / 16, 2 또는 2, 16

4-1 12, 4   **4-2** 12

대표 응용 5 8, 8, 8   **5-1** 9대   **5-2** 7마리

단원 평가 LEVEL ❶

01 ○○ ○○ ○○ / ○○ ○○ ○○ , 4

02 12, 3, 4   **03** 4, 2   **04** ㉠   **05** (○) (   )

06 8, 4   **07** 3, 27 / 27, 3, 9 / 27, 9, 3

08 ②   **09** $28 \div 7 = 4$, 4개

10 5, 15 / 15, 3, 5 / 15, 5, 3

11 (   ) (○) (   )   **12** 8   **13** 6

14 $48 \div 6 = 8$, 8묶음   **15** <

16 $4 \times 7 = 28$, $7 \times 4 = 28$ / $28 \div 4 = 7$, $28 \div 7 = 4$

17 1, 2, 3, 4   **18** 11

19 풀이 참조, 56   **20** 풀이 참조, 12

단원 평가 LEVEL ❷

01 18, 9, 2 / 2개   **02** (1) 5, 6 (2) 5, 못

03 $27 \div 3 = 9$, 9개

04 (1) $15 - 3 - 3 - 3 - 3 - 3 = 0$

(2) $42 - 7 - 7 - 7 - 7 - 7 - 7 = 0$

05 (시계 방향으로) 4, 6, 9   **06** (1) 8봉지 (2) 6봉지

07 $63 \div 9 = 7$, 7일   **08** $4 \times 6 = 24$ / $24 \div 4 = 6$

09 ㉠, ㉢, ㉡   **10** 6, 3, 18 / 6

11 $6 \times 7 = 42$, 7   **12** ㉢

13 (1) 6, 6봉지 (2) 6, 6개   **14** 71

15 7마리   **16** 3개   **17** 4   **18** 18그루

19 풀이 참조, 6개   **20** 풀이 참조, 1시간 4분

---

4 단원 곱셈

교과서 개념 다지기

01 2, 4 / 40 / 40   **02** (1) 3 (2) 8

03 (1) 60 (2) 60 (3) 60

04 8, 60 / 68   **05** 4, 2 / 20, 2 / 4, 8

06 (1) 9 / 69 (2) 60 / 69

교과서 넘어 보기

01 (1) 3, 6 (2) 60 (3) 3, 60

02 6, 60   **03** (1) 70 (2) 80

04   **05** 60번

06 40쪽, 80쪽   **07** 제니

08 (1) 4, 4 (2) 4, 8 (3) 4, 84

09 예 40 / 48   **10** (1) 28 (2) 96

11 (1) < (2) >   **12** 나연

13 44살, 39살   **14** 93

15 ㉢, $43 \times 2 = 86$ **16** 80

17 69회   **18** 39개

19 36포기

| 교과서 개념 다지기 | 87~89쪽 |

01 (1) 6, 120 / 126 (2) 8, 140 / 148
02 (1) 4, 2, 7 (2) 2, 0, 8
03 18, 60 / 78
04 (위에서부터) (1) 2 / 6, 8 (2) 1 / 7, 2
05 32, 120 / 152
06 (위에서부터) (1) 5 / 2, 1, 6 (2) 2 / 3, 4, 4

| 교과서 넘어 보기 | 90~92쪽 |

01 (1) 4, 4 (2) 4, 12 (3) 124   **02** 4, 128
03 (위에서부터) (1) 6, 120, 126 (2) 8, 140, 148
04 ㉡   **05** 62, 186
06 126개   **07** 2, 16 / 2, 2 / 36
08 (위에서부터) (1) 2 / 8, 4 (2) 1 / 7, 8
09 (위에서부터) 52, 78
10   **11** 84쪽

12 (1) 168 (2) 342   **13**

$$\begin{array}{r} 4\ 9 \\ \times\qquad 3 \\ \hline 2\ 7 \\ 1\ 2\ 0 \\ \hline 1\ 4\ 7 \end{array}$$

14 (1) 27×5=135, 135명 (2) 29×4=116, 116명
15 ㉡   **16** 7, 8, 9
17 ③
18 (위에서부터) 예 80개 / 104개
19 (위에서부터) 예 120개 / 126개
20 (위에서부터) 예 280개 / 272개

| 응용력 높이기 | 93~97쪽 |

| 대표 응용 1 | 3, 240 / 2 / 2, 24 / 240, 24, 216
1-1 240 cm   **1-2** 185 cm
| 대표 응용 2 | 28, 4
2-1 3, 2   **2-2** 2, 4 / 7, 6
| 대표 응용 3 | 2, 8 / 8, 7 / 22, 7, 154
3-1 72 m   **3-2** 216 m
| 대표 응용 4 | 5 / 6 / 5, 3 / 5, 3, 6, 318

4-1 8, 4, 9, 756   **4-2** 4, 7, 2, 94
| 대표 응용 5 | 11, 11, 11, 11, 11 / 5 / 11, 5, 55
5-1 19, 9, 171   **5-2** 51, 5, 255

| 단원 평가  LEVEL ❶ | 98~100쪽 |

01 2, 60   **02**
03 8 / 60 / 68   **04** 22+22=44, 22×2=44
05 32×3, 41×2에 ○표   **06** 정섭
07 33장   **08** 2, 4 / 60, 4 / 2, 4, 8
09 155   **10** 8   **11** 5, 95   **12** 42, 84
13 84, 126, 201   **14** ㉠
15 72숟가락   **16** 196개
17 312 cm   **18** 24×7=168, 168시간
19 풀이 참조, 빵, 16개   **20** 풀이 참조

| 단원 평가 LEVEL ❷ | 101~103쪽 |

01 80   **02** 20, 3, 60
03 46, 184   **04**
05 윤우
06 / 13, 39
07 243   **08** >   **09** 7개   **10** ㉢
11 371   **12**

$$\begin{array}{r} 4\ 8 \\ \times\qquad 7 \\ \hline 5\ 6 \\ 2\ 8 \\ \hline 3\ 3\ 6 \end{array}$$

13 406 m   **14** 245   **15** 288   **16** 5
17 120 cm   **18** 8
19 풀이 참조, 146 cm   **20** 풀이 참조, 584

5단원 길이와 시간

| 교과서 개념 다지기 | 106~108쪽 |

01 (1) 8 (2) 4, 3
02 (1) 5 밀리미터 (2) 6 센티미터 3 밀리미터

03 (1) 6, 5 (2) 46　　　　**04** 1, 1000

05 (1) 5 킬로미터 (2) 2 킬로미터 400 미터

06 (1) 3 (2) 5000 (3) 2900 (4) 6, 400

07 (○) (　)
　　(　) (○)

08 (1) mm (2) cm　　　　**09** (1) m (2) km

10 약 6 cm에 ◯표　　　　**11** ㉢

01 10

02 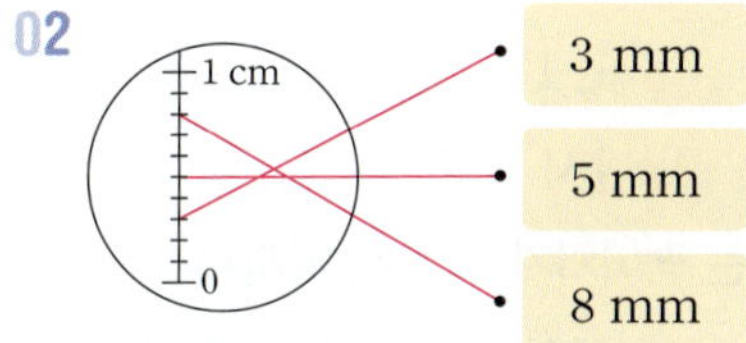

3 mm

5 mm

8 mm

03 3, 4, 2

04 3 센티미터 5 밀리미터,

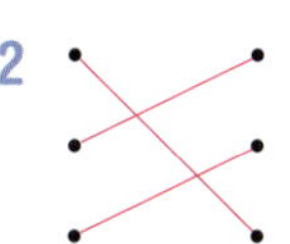

05 (1) 70 (2) 23 (3) 15 (4) 8, 6

06 4, 7　　　　　　　　　**07** 7 cm 5 mm

08 (위에서부터) 2, 1000　　**09** (1) 6, 30 (2) 9, 400

10 (1) 2000 (2) 3500 (3) 8, 600 (4) 4, 70

11 서점　　　　　　　　　**12**

13 (위에서부터) 2, 300 / 2, 600

14 (1) m (2) mm (3) cm (4) km

15 ㉢, 학교 운동장 한 바퀴의 길이는 약 250 m입니다.

16 병원, 은행　　　　　　　**17** 수영장

18 (1) 10 cm 4 mm (2) 4 km 100 m

19 (1) 2 cm 8 mm (2) 2 km 600 m

20 4 cm

01 (1) 60 (2) 1, 60

02 (시계 방향으로) 15, 20, 30, 35, 45, 55

03 (○) (　)
　　(○) (　)

04 (1) 3, 4, 3 (2) 4, 14 (3) 25 (4) 3, 14, 25

05 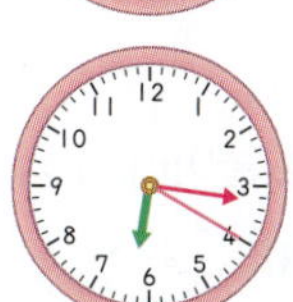　　　　　**06** (1) 90 (2) 1, 50

07 (1) 19, 53 (2) 6, 45, 39 (3) 5, 26, 20

08 　　／ 6, 16

　　／ 6, 16, 20

09 (1) 9, 20 (2) 5, 30 (3) 4, 15, 5

10 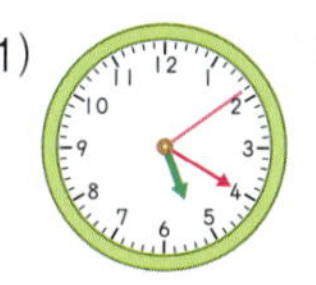　　／ 4, 　　　／ 3, 50

01 (1) 1 (2) 60　　　　　　**02** 8

03 (1)　　　　　(2)

04 (1) 9, 43, 15 (2) 7, 15, 19

05

06 (1) 60, 80 (2) 180, 220 (3) 60, 1, 30 (4) 240, 4, 10

07 (1) 분 (2) 초 (3) 시간　　　**08** 윤우

09 (1) 2, 20, 10 (2) 1, 16, 20

10 4, 17, 35

11 (1) 5시 36분 35초 (2) 5시간 12분 14초

12　　　2시　10분
　　＋　　　3분　30초
　　─────────────
　　　　2시　13분　30초

13 2, 20, 20

14  / 8, 46 **15** / 4, 50

16 4시간 36분 30초

17 모자 만들기, 상자 만들기, 꽃 만들기

18 11시 20분 **19** 7시 20분

20 3시 20분

응용력 높이기
119~123쪽

대표 응용 1 150, 200, 170, 115 / ㉯, ㉰, ㉮, ㉱

1-1 윤서, 유나, 지민, 현수 **1-2** 학교, 서점, 놀이터, 수영장

대표 응용 2 1400, 1600, 1400, 1600, 은행, 200

2-1 축구장, 300 m **2-2** 서점, 200 m

대표 응용 3 더합니다에 ○표, 1 / 3, 5, 30

3-1 46분 5초 **3-2** 2시간 20분 30초

대표 응용 4 7, 15, 45 / 7, 30, 55 / 가락에 ○표, 10

4-1 가 열차 **4-2** 6시 23분

대표 응용 5 뺍니다에 ○표 / ─ / 10, 18, 5 / 10, 18, 5

5-1 8시 55분 10초 **5-2** 3시 6분 15초

단원 평가 LEVEL ❶
124~126쪽

01 (1) 3, 1 (2) 72 (3) 15 **02** 175 mm

03 (1) > (2) < **04** 도연

05

07 892 m **08** cm에 ○표

09 ②

10 ㉰, [예] 교실 앞문의 높이는 약 2 m입니다.

11 1, 1, 60 **12** 10, 15, 40

13 (1) 120, 160 (2) 40, 5, 40

14 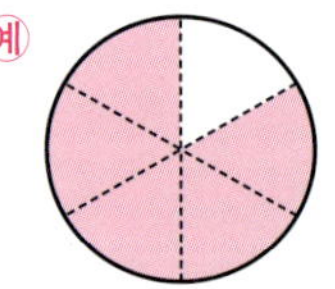 **15** 1, 40, 30

16 8시 25분 **17** 2시간 53분 4초

18 13시간 47분 15초 **19** 풀이 참조, 은행

20 풀이 참조, 경민, 5분 29초

단원 평가 LEVEL ❷
127~129쪽

01 5, 2 / 5 센티미터 2 밀리미터

02 ㉰ **03** 20 cm 3 mm

04 ㉢ **05** 4 / 4, 600

06 7, 500 / 7500 **07** ㉡, ㉢, ㉠

08 공원, 문구점, 도서관, 영화관

09 (1) 3 km (2) 학교, 박물관, 은행

10 33 cm 6 mm **11** (1) 170 (2) 1, 35

12 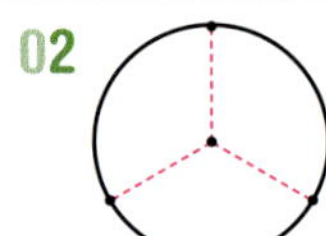

14 6, 40, 7 **15** 1, 13

16 오후 5시 14분 **17** 4시 10분

18 윷놀이, 팽이치기, 널뛰기 또는 팽이치기, 널뛰기, 딱지치기

19 풀이 참조, ㉢, ㉠, ㉡, ㉣ **20** 풀이 참조, 9시 17분 10초

6단원 분수와 소수

교과서 개념 다지기
132~135쪽

01 ( ) ( ) (○) **02**

03 (1) (○) (×) (×)

(2) (○) (×) (○)

(3) (×) (○) (○)

04 4, 3 **05** $\frac{3}{7}$, 7, 3 **06** 2 **07** 7, 2

08 4, 1 **09** 3, 3 **10** $\frac{3}{4}$, $\frac{1}{4}$ **11** $\frac{2}{3}$, $\frac{1}{3}$

12 [예] **13** [예] 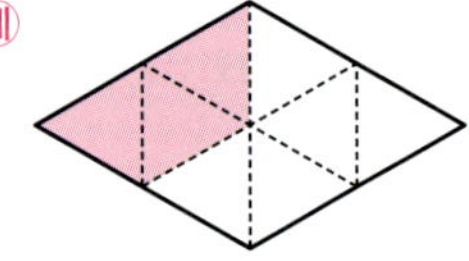

교과서 넘어 보기
136~138쪽

01 ( ) ( ) (○) **02** ㉡, ㉣

03 우크라이나, 모나코 **04** 네덜란드, 헝가리, 독일

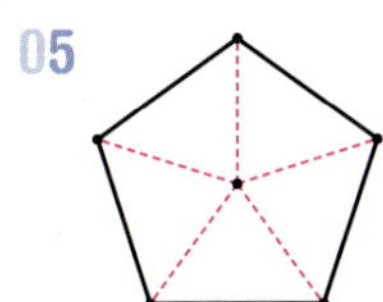

05

06 $8, 3, \dfrac{3}{8}$　　　　**07** $\dfrac{1}{6}$

08 (○) (　) (○)　　**09** $\dfrac{5}{6}$, 6분의 5

10 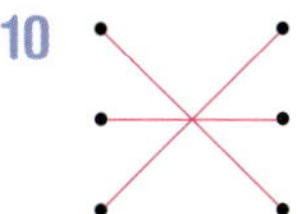

11 예 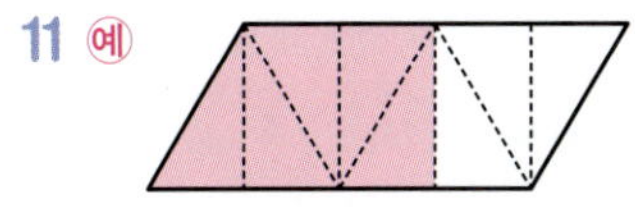

12 $\dfrac{5}{9}$　　**13** $\dfrac{6}{9}, \dfrac{3}{9}$　　**14** $\dfrac{4}{12}, \dfrac{8}{12}$

15 예 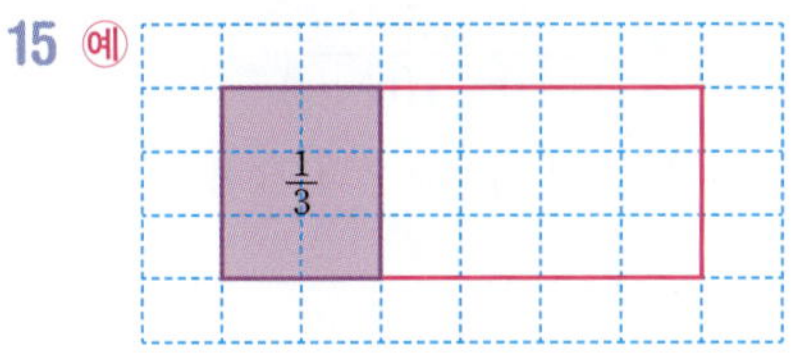

16 나, 다　　**17** 2칸　　**18** $\dfrac{1}{16}$

19 예 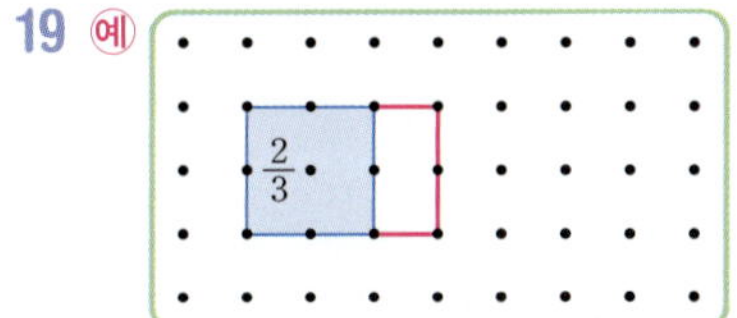

20 예 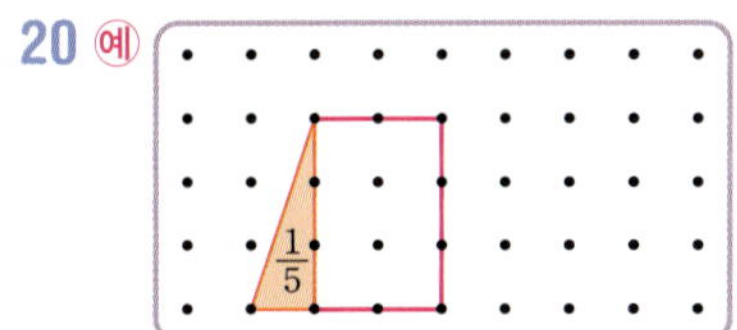

21 예 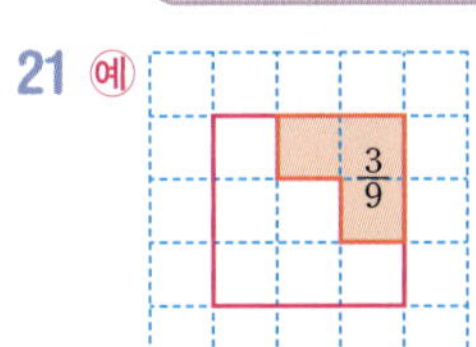

01 (1) ＞　(2) ＜

02 예 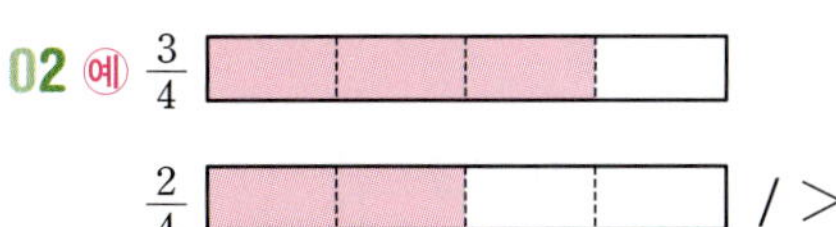 / ＞

03 1, 단위분수

04
$\dfrac{1}{4}$	$\dfrac{3}{5}$	$\dfrac{1}{12}$
$\dfrac{5}{6}$	$\dfrac{1}{9}$	$\dfrac{2}{7}$

05 (1) 예 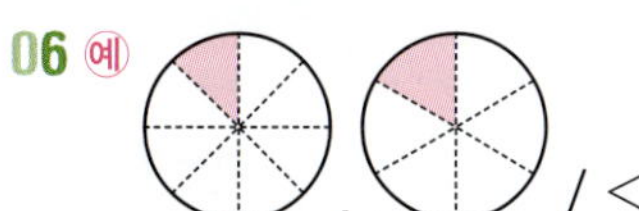

(2) 넓습니다에 ○표　(3) ＞

06 예  , / ＜

07 예 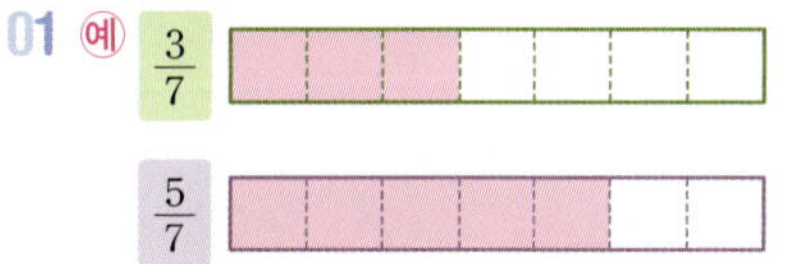 / ＜

08 (위에서부터) $\dfrac{1}{2}, \dfrac{1}{3}, \dfrac{1}{4}$ / $\dfrac{1}{4}$에 ○표

01 예

/ 3, 5, 작습니다에 ○표

02 4, ＞, 3

03 예

/ ＞

04 효준　　　　**05** (1) ＞　(2) ＜

06 3, 1, 아윤　　**07** $\dfrac{4}{8}, \dfrac{6}{8}$에 ○표

08 $\dfrac{9}{11}$에 ○표, $\dfrac{2}{11}$에 △표

09 $\dfrac{2}{12}, \dfrac{5}{12}, \dfrac{3}{12}$ / 대호, 수정, 지연

10 15

11 (1) 예 , ＞,

(2) 예 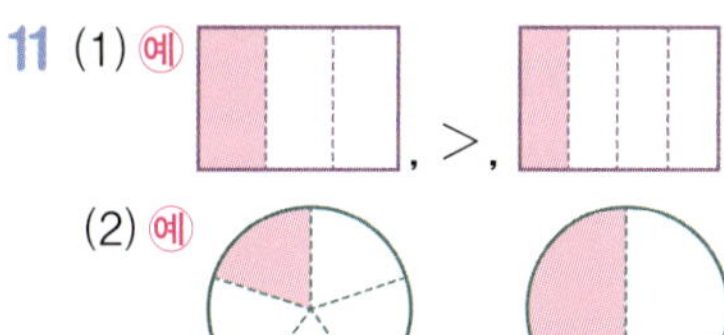 , ＜,

12 $\dfrac{1}{13}$　　　　**13** 서윤

14 $\dfrac{1}{64}$　　**15** (위에서부터) $\dfrac{1}{9}, \dfrac{1}{5}, \dfrac{1}{9}$

16 (위에서부터) $\frac{1}{2}$, $\frac{1}{4}$, $\frac{1}{5}$, $\frac{1}{3}$ / $\frac{1}{4}$, $<$, $\frac{1}{3}$

17 희찬　　　　　　　**18** 희정

19 민수

---

15 0.5, 0.9, 1.6, 2.1　　　**16** 7에 ○표

17 도서관, 미술관, 체육공원, 주민센터

18 7월, 26.4 cm　　　**19** 수지

20 ㉯, ㉮, ㉰　　　　　**21** 지우

교과서 개념 다지기　　　　　145~148쪽

01 (1) 1, 0.1　(2) 4, 4　(3) 4, 0.4

02 (1) 9, 9　(2) 0.9, 영 점 구

03 1.7, 일 점 칠　　　**04** 28, 2.8

05 2, 0.1, 0.2, 5.2

06 (1) 예 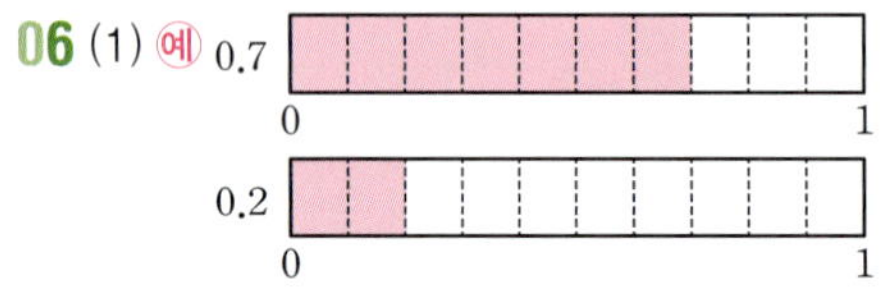

(2) 7, 2, 0.7　(3) $>$

07 (1) 예 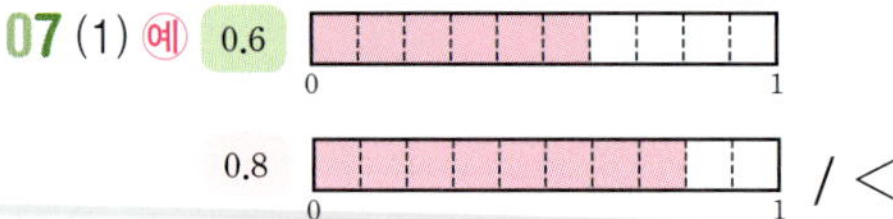 / $<$

(2) 예 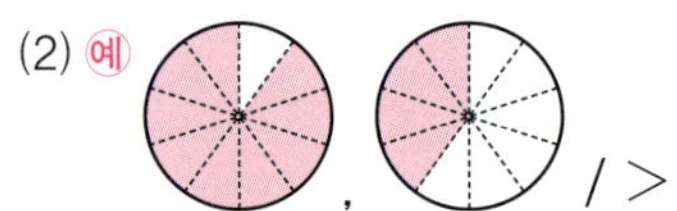 / $>$

08 $>$, $>$

09 (1) 16, 13, 1.6　(2) 1, 큽니다에 ○표, 1.6, 1.3

교과서 넘어 보기　　　　　149~151쪽

01 $\frac{7}{10}$ / 0.7, 영 점 칠

02 (위에서부터) $\frac{4}{10}$, $\frac{7}{10}$, $\frac{9}{10}$ / 0.2, 0.6

03 (1) $\frac{3}{10}$, 0.3　(2) $\frac{8}{10}$, 0.8

04 8, 0.3, 영 점 삼　　**05** 0.4 m, 0.6 m

06 0.3　　　　　　　**07** 1.6, 일 점 육

08 (1) 0.7　(2) 1　(3) 1.6　**09** (1) 1.3　(2) 2.9

10 2.4컵　　　　　　**11** ㉣, 2.3 km

12 $>$

13 1.5 ⌒ / 1.9 ⌒ / $<$

14 0.1이 42개인 수에 ○표, $\frac{1}{10}$이 11개인 수에 △표

응용력 높이기　　　　　152~154쪽

대표 응용 1　3, 5 / 3, 5 / 3, 5 / 5

1-1 $\frac{1}{4}$　　　　　　**1-2** 8.3

대표 응용 2　2, 3, 4, 5, 6 / 3, 4, 5, 6 / 4

2-1 4개　　　　　**2-2** $\frac{4}{10}$, $\frac{5}{10}$, $\frac{6}{10}$

대표 응용 3　3, 4, 5, 6, 7, 8, 9 / 1, 2, 3, 4, 5, 6 / 3, 4, 5, 6

3-1 3, 4, 5　　　　**3-2** 7, 8

단원 평가 LEVEL ❶　　　155~157쪽

01 2, 8　　　　　　**02** (　) (　) / (×) (　)

03 예 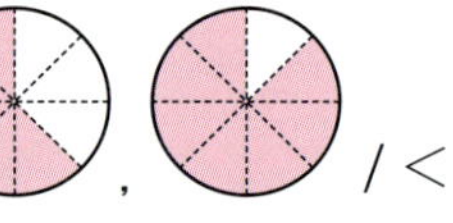 , $\frac{2}{5}$　　**04** $\frac{1}{3}$

05 나　　**06** $\frac{5}{12}$　　**07** 3칸　　**08** $\frac{1}{6}$

09 예 , / $<$

10 식물원　**11** 1, 2　**12** $\frac{1}{5}$, $<$, $\frac{1}{4}$　**13** $\frac{1}{6}$, $\frac{1}{8}$

14 　　　　　　　**15** (1) 0.7　(2) 3.5

16 ㉢　　　　　　**17** ⑤

18 수요일　　　　　**19** 풀이 참조, $\frac{5}{10}$

20 풀이 참조, 0.3 m

01 ④　　　　　　**02** 모리셔스

03
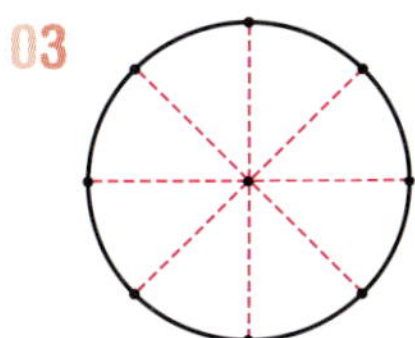

04 (1) 3, 2, 2　(2) 6, 3, 3

05 $\dfrac{7}{9}$, $\dfrac{2}{9}$　　　**06** 나

07 1칸

08 〈예〉
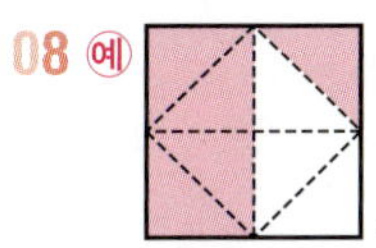 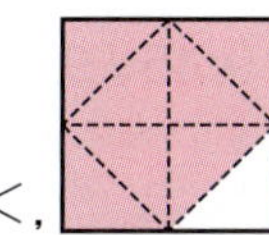 , <,

09 2, 3, $\dfrac{3}{4}$　　**10** $\dfrac{11}{13}$, $\dfrac{8}{13}$, $\dfrac{7}{13}$, $\dfrac{5}{13}$

11 $\dfrac{1}{11}$, $\dfrac{1}{9}$, $\dfrac{1}{8}$, $\dfrac{1}{4}$　　**12** $\dfrac{1}{7}$, $\dfrac{1}{8}$, $\dfrac{1}{9}$, $\dfrac{1}{10}$

13 (위에서부터) $\dfrac{6}{10}$, $\dfrac{9}{10}$ / 0.3, 0.5, 0.8

14 3.7판　　　**15** 진우

16 2.1, $\dfrac{9}{10}$, 1.7　　**17** 0.6

18 0.7　　　**19** 풀이 참조, 지수

20 풀이 참조, 해나

BOOK 2

1단원　덧셈과 뺄셈

기본 문제 복습　　　2~3쪽

01 475　　**02** (1) 793　(2) 860　　**03** 1213

04 1063 m　　**05** 757, 843　　**06** 546　　**07** ㉢

08 (1) 401　(2) 208　　**09** 339　　**10** 965, 587

11 586　　**12** 378　　**13** 499

응용 문제 복습　　　4~5쪽

01 1231　　**02** 495　　**03** 1090, 792

04 (위에서부터) 3, 6, 9　　**05** (위에서부터) 4, 2

06 399, 575　　**07** 182 cm　　**08** 528 cm　　**09** 732 cm

10 6개　　**11** 4개　　**12** 674, 684, 694

서술형 수행 평가　　　6~7쪽

01 풀이 참조　　**02** 풀이 참조, 446　　**03** 풀이 참조

04 풀이 참조, 289, 133　　**05** 풀이 참조, 137

06 풀이 참조, 8　　**07** 풀이 참조, 병원, 176 m

08 풀이 참조, 466　　**09** 풀이 참조, 파란색 공, 315개

10 풀이 참조, 286

단원 평가　　　8~10쪽

01 (1) 778　(2) 847　　**02**　　**03** 1345

04 910　　**05** 543 m　　**06** 풀이 참조, 820

07 (위에서부터) 569, 665, 1234　　**08** 8, 7

09 하은　　**10** (위에서부터) 593, 403

11 209　　**12** ㉡, ㉠, ㉢　　**13** 328　　**14** 379

15 154개　　**16** 188 cm　　**17** 59　　**18** 173

19 128명　　**20** 풀이 참조, 5, 6

2단원　평면도형

기본 문제 복습　　　11~12쪽

01 (×) (○) (○)

02
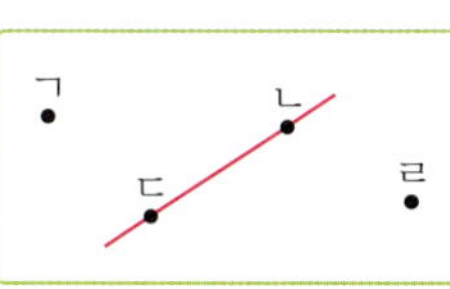

03 ㉡, ㉢

04
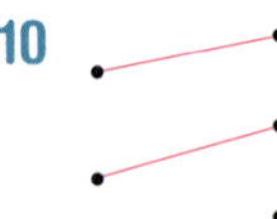

05 2개

06 (예)

07 ㉠, ㉣   **08** 6개   **09** 다   **10** 24 cm

11 6개   **12** 나, 라   **13** 24 cm

응용 문제 복습
13~14쪽

01 3개   **02** 12개   **03** 4개   **04** ㉡

05 ④   **06** ㉡   **07** 11개   **08** 14개

09 3개   **10** 24 cm   **11** 40 cm   **12** 2 cm

서술형 수행 평가
15~16쪽

01 풀이 참조, 12개   **02** 풀이 참조, 가, 다, 나

03 풀이 참조   **04** 풀이 참조, 20 cm

05 풀이 참조, 10 cm   **06** 풀이 참조, 9시

07 풀이 참조, 9개   **08** 풀이 참조, 28 cm

단원 평가
17~19쪽

01 ㄱ——ㄴ

02 나, 라, 마   **03** ㉢

04 (예) 한 점에서 그은 두 반직선으로 이루어진 도형이 아닙니다.

05

06 풀이 참조, 10개   **07** ㉡, ㉣

08 ㉢   **09** 27개   **10** 가, 나, 바

11 (예)

12 다, 마, 바   **13** ㉠   **14** 2개   **15** 60 cm

16 4개   **17** 풀이 참조

18

19 70 cm

20 36 cm

3단원 나눗셈

기본 문제 복습
20~21쪽

01 / 4

02 12, 3   **03** (1) 4, 6 (2) 6, 4

04 (   )
    (○)

05 7명   **06** 32÷8＝4, 4개

07 56÷8＝7, 56÷7＝8   **08** 9, 4 / 4 / 4개

09 (1) 7, 4, 28 / 4, 7, 28 (2) 5, 9, 45 / 9, 5, 45

10

11 >   **12** (○)(   )(   )

13 8명

응용 문제 복습
22~23쪽

01 9, 54   **02** 8, 56   **03** 32   **04** 6개

05 8쪽   **06** 9봉지   **07** 40   **08** 3

09 6   **10** 6그루   **11** 9개   **12** 14개

서술형 수행 평가
24~25쪽

01 풀이 참조   **02** 풀이 참조, 8장

03 풀이 참조, 6 cm   **04** 풀이 참조, 63

05 풀이 참조, 6일   **06** 풀이 참조 , 3개

07 풀이 참조, 6명   **08** 풀이 참조, 36

09 풀이 참조, 35개   **10** 풀이 참조, 1시간 3분

단원 평가
26~28쪽

01 14, 2, 7 / 7개   **02** 27 나누기 3은 9와 같습니다.

03 3권   **04** 30÷■＝5 / 6

05 ㉡   **06** 3, 24 / 24, 3, 8 / 24, 8, 3

07 6×4＝24(또는 4×6＝24) / 24÷4＝6(또는 24÷6＝4)

08 (1) 7 (2) 6   **09** 7×9＝63

10

11 (　)
　　(　)
　　(○)

12 (위에서부터) 9, 6, 2, 3　　**13** 풀이 참조, 5

14 7　　**15** >　　**16** 3　　**17** 4봉지

18 8마리　　**19** 7　　**20** 풀이 참조, 9자루

4단원 곱셈

기본 문제 복습　　29~30쪽

01 20, 4, 80

02 (1) 6, 60　(2) 42, 420　　**03** 12, 4, 48

04 (왼쪽에서부터) (1) 32, 80, 112　(2) 72, 270, 342

05 효빈　　**06** >

07 (위에서부터) 2 / 90, 4 / 3, 6, 8

08 104장　　**09** 305

10 26, 52, 104

11 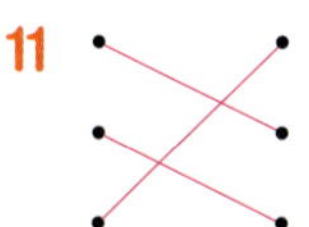

12 75　　**13** 522번

응용 문제 복습　　31~32쪽

01 108　　**02** 375　　**03** 32개　　**04** 풀이 참조

05 풀이 참조　　**06** 풀이 참조　　**07** 7, 8, 9　　**08** 1, 2, 3

09 5　　**10** 240　　**11** 252　　**12** 384

서술형 수행 평가　　33~34쪽

01 풀이 참조, 80살　　**02** 풀이 참조, 86회

03 풀이 참조　　**04** 풀이 참조, 122명

05 풀이 참조, 225원　　**06** 풀이 참조, 200 cm

07 풀이 참조, 360장　　**08** 풀이 참조, 2

09 풀이 참조, 108　　**10** 풀이 참조, 416

단원 평가　　35~37쪽

01 4, 120　　**02** ㉣　　**03** $12 \times 4 = 48$

04 28, 86, 96, 88　　**05** 80

06 3, 6 / 7, 14 / 146　　**07** 32 km

---

08 (왼쪽에서부터) 126, 168　　**09** 133포기

10 1, 2, 3　　**11** (1) 12, 84 (2) 14, 56

12

| 52×6 | 39×7 | 41×8 | 63×4 |

13 6　　**14** 풀이 참조, 73, 74　　**15** <

16 풀이 참조　　**17** 280　　**18** 283개　　**19** 7, 2

20 풀이 참조, 98 m

5단원 길이와 시간

기본 문제 복습　　38~39쪽

01 20　　**02** 6 cm 2 mm

03 (1) 7, 6　(2) 42　(3) 50

04 ㉡　　**05** 2, 400

06 3750 m　　**07** ㉢

08 3분 3초　　**09** 7시 13분

10

11 (위에서부터) (1) 25, 50　(2) 36, 17

12 6시 30분　　**13** 1분 13초

응용 문제 복습　　40~41쪽

01 130 cm　　**02** 2 km 600 m　　**03** 경기도, 1 mm

04 미술관　　**05** 공원　　**06** 공원, 수영장

07 9시 2분 30초　　**08** 7시 5분 20초　　**09** 22분 30초

10 1시간 35분　　**11** 9시 20분

12 13시간 41분 36초

서술형 수행 평가　　42~43쪽

01 풀이 참조, 1 km 200 m

02 풀이 참조, 한라산, 설악산, 태백산

03 풀이 참조, 3분 12초　　**04** 풀이 참조, 주연

05 풀이 참조　　**06** 풀이 참조, 2 km 360 m

07 풀이 참조, 2시 50분　　**08** 풀이 참조, 40 cm 5 mm

09 풀이 참조, 민수　　**10** 풀이 참조, 41분 30초

01 (1) 17 (2) 2360 **02** 4 cm 1 mm

03 (1) km (2) m **04** (3) ○

05 풀이 참조, 연수 **06** 4400

07 공원, 우체국, 도서관

08
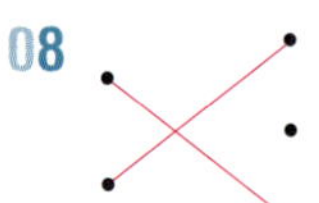

09 300 m **10** 700 m

11 9시 15분 30초 **12** 5시 39분 35초

13 10 **14** ㉣, ㉡, ㉠, ㉢

15 현서 **16** 1시간 12분 25초

17 11시간 32분 18초 **18** 6시

19 1 km 500 m **20** 풀이 참조, 1시간 51분 3초

6단원 분수와 소수

기본 문제 복습 47〜48쪽

01 예

02 3, $\dfrac{3}{6}$, 6분의 3 **03** (위에서부터) 10분의 3 / $\dfrac{5}{9}$

04 $\dfrac{3}{8}$ **05** 4, >, 3

06 예
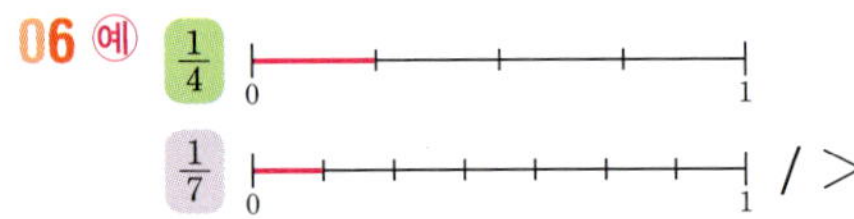 / >

07 $\dfrac{1}{16}$ **08** 1.7, 일 점 칠 **09** ㉢

10
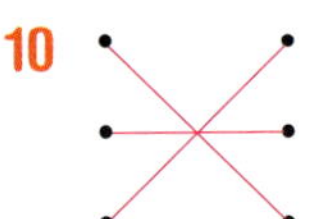

11 ㉠, ㉡ **12** ㉢, ㉣, ㉠, ㉡ **13** 분홍색 끈

응용 문제 복습 49〜50쪽

01 $\dfrac{1}{4}$ **02** $\dfrac{1}{7}$ **03** $\dfrac{1}{5}$, $\dfrac{1}{6}$ **04** $\dfrac{9}{15}$, $\dfrac{10}{15}$

05 $\dfrac{1}{6}$ **06** 5개 **07** 6, 7, 8, 9 **08** 5, 6, 7

09 3, 4, 5, 6, 7 **10** 0.4 **11** 0.3

12 0.4

01 지영, 풀이 참조 **02** 풀이 참조, $\dfrac{7}{16}$

03 풀이 참조, 2개 **04** 예린, 풀이 참조

05 풀이 참조, 5.3 cm **06** 풀이 참조, 75

07 풀이 참조, 코끼리 **08** 풀이 참조, 6

09 풀이 참조, 별자리 체험관

10 풀이 참조, 0.5

01 (○)( ) **02** 6, 2, $\dfrac{2}{6}$

03 $\dfrac{2}{8}$, 8분의 2 **04** $\dfrac{6}{16}$, 16분의 6

05 $\dfrac{4}{7}$

06 ( )( )( )(○)

07 예
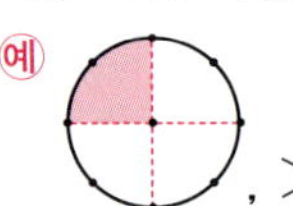 / <

08 풀이 참조, 19

09 ( )(○)( )

10 $\dfrac{14}{15}$, $\dfrac{11}{15}$, $\dfrac{8}{15}$

11 예 , >,

12 $\dfrac{1}{3}$에 ○표, $\dfrac{1}{15}$에 △표

13 (위에서부터) $\dfrac{4}{10}$, 영 점 사 / 0.1, 영 점 일 / $\dfrac{8}{10}$, 0.8

14 (1) < (2) > **15** ④

16 / 0.2, $\dfrac{7}{10}$, 0.9

17 2개 **18** 0.4, 0.5

19 풀이 참조, 놀이터, 병원, 학교, 은행

20 7.5, 0.2

1단원 덧셈과 뺄셈

교과서 개념 다지기
8~11쪽

개념 1

01 (1) 379 (2) 688

02 (1) 698 (2) 887 (3) 988 (4) 779

개념 2

03 (1) 583 (2) 677

04 (1) 574 (2) 792 (3) 970 (4) 692

개념 3

05 727 **06** (1) 732 (2) 1633

07 500, 100, 13, 613 **08** 1324

09 (위에서부터) (1) 1, 1 / 1241 (2) 1, 1 / 1013

10 1200, 144, 1344

교과서 넘어 보기
12~14쪽

01 690 **02** (계산 순서대로) 356, 779

03 <

04 예 백의 자리부터 더하는 방법이 있습니다. 500＋200, 30＋40, 2＋7을 계산하여 모두 더하면 779입니다. / 예 일의 자리부터 더하는 방법이 있습니다. 2＋7, 30＋40, 500＋200을 계산하여 모두 더하면 779입니다.

05 646 **06** 684 m

07 878 **08** 809

09 ㉢ **10** 993명

11 (위에서부터) (1) 1, 1 / 826 (2) 1, 1 / 1453

12 ✕

13 703

14 (위에서부터) 669, 734, 1403

15 789, 423, 1212 (또는 423, 789, 1212)

교과서 속 응용 문제

16 (위에서부터) 8, 5

17 (위에서부터) 5, 2, 8

18 (위에서부터) 4, 6, 5

19 □－152＝543, 695

20 771 **21** 1751

01 $440＋250＝690$

02 $132＋224＝356,\ 356＋423＝779$

03 $273＋314＝587,\ 152＋441＝593$
➡ $587＜593$

05 수 카드의 수의 크기를 비교하면 5＞2＞1입니다.
만들 수 있는 가장 큰 수는 521이고, 가장 작은 수는 125입니다.
따라서 두 수의 합은 $521＋125＝646$입니다.

06 (유리네 집에서 은행까지의 거리)
＋(은행에서 도서관까지의 거리)
＝$246＋438＝684$(m)

07 수 모형이 나타내는 수는 649입니다. 649보다 229만큼 더 큰 수는 $649＋229＝878$입니다.

08
$$\begin{array}{r} \overset{1}{}4\ 4\ 1 \\ +\ 3\ 6\ 8 \\ \hline 8\ 0\ 9 \end{array}$$

백의 자리로 받아올림하지 않고 백의 자리 수를 계산했으므로 잘못 계산한 것입니다.

09 ㉠ $127＋546＝673$ ㉡ $355＋308＝663$
㉢ $414＋269＝683$
따라서 계산 결과가 가장 큰 것은 ㉢입니다.

10 (어제 미술관에 온 사람 수)
＋(오늘 미술관에 온 사람 수)
＝$546＋447＝993$(명)

12 $756+594=1350,\ 682+648=1330$
$861+459=1320,\ 650+670=1320$
$890+440=1330,\ 730+620=1350$

13 $188+515=703$

14 $186+483=669,\ 275+459=734$
$669+734=1403$

15 두 수의 합이 가장 크려면 가장 큰 수와 두 번째로 큰
수를 더해야 합니다.
$789>423>355>167$이므로 가장 큰 수는 789이
고, 두 번째로 큰 수는 423입니다.
➡ $789+423=1212$

16 • 일의 자리 계산: $\square+4=12$ ➡ $\square=8$
• 십의 자리 계산: $1+7+\square=13,\ 8+\square=13$
➡ $\square=5$

17 • 일의 자리 계산: $7+\square=15$ ➡ $\square=8$
• 십의 자리 계산: $1+5+\square=8,\ 6+\square=8$
➡ $\square=2$
• 백의 자리 계산: $\square+3=8$ ➡ $\square=5$

18 • 일의 자리 계산: $\square+9=13$ ➡ $\square=4$
• 십의 자리 계산: $1+8+\square=14,\ 9+\square=14$
➡ $\square=5$
• 백의 자리 계산: $1+5+\square=12,\ 6+\square=12$
➡ $\square=6$

19 어떤 수를 $\square$라고 하여 뺄셈식을 만들면
$\square-152=543$입니다. 덧셈식으로 나타내면
$543+152=\square$이므로 $\square=695$입니다.

20 어떤 수를 $\square$라고 하여 뺄셈식을 만들면
$\square-584=187$입니다. 덧셈식으로 나타내면
$187+584=\square$이므로 $\square=771$입니다.

21 어떤 수를 $\square$라고 하여 뺄셈식을 만들면
$\square-466=487$입니다. 덧셈식으로 나타내면
$487+466=\square$이므로 $\square=953$입니다.

따라서 어떤 수는 953이므로 어떤 수에 798을 더한
값은 $953+798=1751$이 됩니다.

개념 4

01 (1) 215   (2) 624

02 (1) 614   (2) 236   (3) 121   (4) 321

개념 5

03 315

04 (위에서부터) (1) 4, 10 / 237   (2) 5, 10 / 116
(3) 7, 10 / 323

개념 6

05 157

06 (위에서부터) (1) 3, 16, 10 / 197   (2) 6, 14, 10 / 556
(3) 8, 11, 10 / 247

01 ✕

02 665, 213

03 예 백의 자리부터 빼는 방법이 있습니다. $400-300$,
$60-50,\ 7-2$를 계산하여 모두 더하면 115입니다. /
예 일의 자리부터 빼는 방법이 있습니다. $7-2,\ 60-50$,
$400-300$을 계산하여 모두 더하면 115입니다.

04 421

05 114회

06 ②

07 ㉡

08 523, 118

09 4에 ○표, 353

10 (1) 189   (2) 355

11 354

12 ✕

13 453, 269, 184

14 594

15 소나무, 전나무

교과서 속 응용 문제

16 (위에서부터) 7, 2

17 (위에서부터) 7, 4

18 (위에서부터) 5, 7, 2

19 235

20 602

21 136

01 $975-513=462$, $768-326=442$

02 $899-234=665$, $665-452=213$

04 ㉠ 100이 7개, 10이 6개, 1이 8개인 수는 768이고,
㉡ 100이 3개, 10이 4개, 1이 7개인 수는 347입니다.
따라서 ㉠과 ㉡의 차는 $768-347=421$입니다.

05 $567-453=114$(회)

06 651을 몇백몇십으로 어림하면 650이고,
372를 몇백몇십으로 어림하면 370입니다.
따라서 $651-372$의 계산에서 각 수를 몇백몇십으로
어림하여 계산하면 $650-370=280$입니다.

07 ㉠ $558-249=309$, ㉡ $453-161=292$
㉢ $797-459=338$
따라서 계산 결과가 가장 작은 것은 ㉡입니다.

08 $523-115=408$ ($\times$)
$523-118=405$ ($\bigcirc$)

참고 차가 405이므로 빼어지는 수는 405보다 큰 수인
523이 됩니다.

09 십의 자리를 계산할 때 백의 자리 계산에서 받아내림한
것을 잊고 잘못 계산했습니다.

```
    5 14 10
    6  5  1
 -  2  9  8
 ─────────
    3  5  3
```

10 (1)
```
    6 10 10
    7  1  3
 -  5  2  4
 ─────────
    1  8  9
```
(2)
```
    5  9 10
    6  0  1
 -  2  4  6
 ─────────
    3  5  5
```

11 $621-267=354$

12 $735-386=349$, $576-199=377$
$913-598=315$

13 $751-298=453$, $640-371=269$
$453-269=184$

14 $9>8>3$이므로 만들 수 있는 세 자리 수 중 가장 큰
수는 983이고, 가장 작은 수는 389입니다.

따라서 두 수의 차는 $983-389=594$입니다.

15 소나무와 전나무의 높이의 차:
$604-325=279$(cm)
소나무와 단풍나무의 높이의 차:
$604-149=455$(cm)
전나무와 단풍나무의 높이의 차:
$325-149=176$(cm)
따라서 높이의 차가 300 cm에 가장 가까운 두 나무는
소나무와 전나무입니다.

16 • 일의 자리 계산: $10+2-\square=5$, $12-\square=5$
　　　➡ $\square=7$
• 십의 자리 계산: $5-1-2=\square$ ➡ $\square=2$

17 • 십의 자리 계산: $10+3-1-8=\square$ ➡ $\square=4$
• 백의 자리 계산: $\square-1-2=4$, $\square-3=4$
　　　➡ $\square=7$

18 • 일의 자리 계산: $10+6-\square=9$, $16-\square=9$
　　　➡ $\square=7$
• 십의 자리 계산: $10+1-1-\square=5$, $10-\square=5$
　　　➡ $\square=5$
• 백의 자리 계산: $8-1-5=\square$ ➡ $\square=2$

19 어떤 수를 □로 하여 잘못된 계산식을 쓰면
$\square+202=639$이고 $639-202=437$이므로 어떤
수는 437입니다.
따라서 바르게 계산하면 $437-202=235$입니다.

20 어떤 수를 □로 하여 잘못된 계산식을 쓰면
$\square+151=904$이고 $904-151=753$이므로 어떤
수는 753입니다.
따라서 바르게 계산하면 $753-151=602$입니다.

21 어떤 수를 □로 하여 잘못된 계산식을 쓰면
$\square+288=712$이고 $712-288=424$이므로 어떤
수는 424입니다.
따라서 바르게 계산하면 $424-288=136$입니다.

1-1 어떤 두 수를 ㉠, ㉡이라 생각하고 ㉠을 큰 수, ㉡을 작은 수라고 하면 ㉠=㉡+267입니다.

㉠+㉡=㉡+㉡+267=913이고

㉡+㉡=913−267=646입니다.

이때, 323+323=646이므로

㉡=323, ㉠=323+267=590

따라서 어떤 수는 590과 323입니다.

1-2 어떤 두 수를 ㉠, ㉡이라 생각하고 ㉠을 큰 수, ㉡을 작은 수라고 하면 ㉠=㉡+137입니다.

㉠+㉡=㉡+㉡+137=961이고

㉡+㉡=961−137=824입니다.

이때, 412+412=824이므로

㉡=412, ㉠=412+137=549

따라서 어떤 수는 549와 412입니다.

2-1 468+□=725라고 하면 725−468=□,

□=257입니다.

468+□<725이어야 하므로 □ 안에 들어갈 수 있는 수는 257보다 작아야 합니다.

따라서 □ 안에 들어갈 수 있는 가장 큰 세 자리 수는 256입니다.

2-2 578+□=357+473이라고 하면 578+□=830,

830−578=□, □=252입니다.

578+□>357+473이어야 하므로 □ 안에 들어갈 수 있는 수는 252보다 커야 합니다.

따라서 □ 안에 들어갈 수 있는 가장 작은 세 자리 수는 253입니다.

3-1 ㉮▣㉯=㉮−㉯−241이므로 932▣135는 ㉮ 대신에 932를, ㉯ 대신에 135를 넣습니다.

$$932▣135 = 932 - 135 - 241$$
$$= 797 - 241$$
$$= 556$$

참고 세 수의 뺄셈은 앞에서부터 두 수씩 차례로 계산합니다.

3-2 ㉮◎㉯=㉮−㉯−㉯이므로 692◎214는 ㉮ 대신에 692를, ㉯ 대신에 214를 넣습니다.

$$692◎214 = 692 - 214 - 214$$
$$= 478 - 214$$
$$= 264$$

4-1 8>7>4>0이므로 만들 수 있는 세 자리 수 중에서 가장 큰 수는 874이고 가장 작은 수는 407입니다.

따라서 두 수의 합은 874+407=1281입니다.

4-2 9>7>5>2>0이므로 만들 수 있는 세 자리 수 중에서 가장 큰 수는 975이고 두 번째로 큰 수는 972입니다.

만들 수 있는 세 자리 수 중에서 가장 작은 수는 205이고 두 번째로 작은 수는 207입니다.

따라서 두 수의 합은 972+207=1179, 두 수의 차는 972−207=765입니다.

5-1 사용한 전체 파란색 색종이의 수는

285+367=652(장)입니다.

따라서 종이학을 접는 데 사용한 빨간색 색종이는

652−394=258(장)입니다.

5-2 3학년과 4학년의 권장 역사책의 수는

460+470=930(권)이고 동화책의 수는

930−165=765(권)입니다.

395+□=765이므로 4학년의 권장 동화책의 수는

765−395=370(권)입니다.

단원 평가 LEVEL ❶

01 700, 50, 9, 759   **02** (1) 785 (2) 959

03 789   **04** 100

05 (계산 순서대로) 732, 1030

06 ㉢   **07** ( ) (○) ( )

08 1585   **09** 1302

10 406   **11** 373

12 462, 143   **13** 지호

14 153개   **15** (위에서부터) 4, 4, 1

16 >   **17** 159 m

18 953, 462, 491   **19** 풀이 참조, 632 cm

20 풀이 참조, 575명

02 (1) $612+173=785$ (2) $353+606=959$

03 $553+236=789$

04 □ 안에 들어갈 수는 십의 자리 계산 $1+8+9=18$에서 1을 백의 자리로 받아올림한 것입니다. 따라서 실제로 100을 나타냅니다.

05 $256+476=732$, $732+298=1030$

06 ㉠ $341+456=797$, ㉡ $135+626=761$
㉢ $239+594=833$
➡ $833>797>761$이므로 계산 결과가 가장 큰 것은 ㉢입니다.

07 836은 840쯤으로 어림하고, 759는 760쯤으로 어림하여 입장한 사람의 수를 구하면
$840+760=1600$(명)쯤입니다.

08 10이 95개이면 950이고, 1이 17개이면 17이므로 $950+17=967$입니다. 또, 10이 59개이면 590이고, 1이 28개이면 28이므로 $590+28=618$입니다. 따라서 $967+618=1585$입니다.

09 $368★467=368+467+467$입니다.
$368+467=835$이고, $835+467=1302$입니다.

10 사각형 안에 있는 수는 355와 761입니다.

따라서 두 수의 차는 $761-355=406$입니다.

11 어떤 수를 □로 하여 잘못된 계산식을 쓰면
$□+275=923$입니다. $□=923-275=648$이므로 어떤 수는 648입니다.
따라서 바르게 계산한 값은 $648-275=373$입니다.

12 $734-462=272$ (×), $734-143=591$ (×)
$462-143=319$ (○)

13 민경: $750-242=508$, 지호: $671-195=476$
$508>476$이므로 계산 결과가 더 작은 사람은 지호입니다.

14 오빠가 접은 종이학 수는 $535-108=427$(개)입니다. 따라서 예빈이가 접은 종이학 수와 오빠가 접은 종이학 수의 차는 $427-274=153$(개)입니다.

15 • 일의 자리 계산: $10+3-□=9$, $13-□=9$
➡ $□=4$
• 십의 자리 계산: $10+□-1-6=7$,
$□+3=7$ ➡ $□=4$
• 백의 자리 계산: $6-1-4=□$ ➡ $□=1$

16 $758-269=489$, $964-487=477$

17 ㉯ 길의 거리는 $590+354=944$(m)이므로 ㉮ 길의 거리는 ㉯ 길의 거리보다 $944-785=159$(m) 더 가깝습니다.

18 차가 500에 가까운 두 수를 예상해 보면 462와 953, 841과 299입니다.
$953-462=491$이고 $841-299=542$입니다.
$500-491=9$이고 $542-500=42$이므로
두 수의 차가 500에 가장 가까운 뺄셈식은
$953-462=491$입니다.
참고 462를 460으로, 953을 950으로, 841을 840으로, 299를 300으로 어림하여 어림한 값의 차가 500에 가까운 두 수를 찾아봅니다.

19 예 가장 긴 변의 길이는 395 cm이고, 가장 짧은 변의 길이는 237 cm입니다. … 40 %

따라서 두 변의 길이의 합은 $395+237=632$(cm)
입니다. … $\boxed{60\,\%}$

20 📒 라면을 좋아하는 학생 수는 $475+385=860$(명)
입니다. … $\boxed{50\,\%}$
떡볶이를 좋아하는 남학생 수를 □라 하면 떡볶이를 좋
아하는 학생 수는 $285+□=860$(명)이므로 떡볶이
를 좋아하는 남학생 수는 $860-285=575$(명)입니
다. … $\boxed{50\,\%}$

단원 평가 LEVEL ❷　　　　　29~31쪽

01 985　　　**02** (위에서부터) 1, 1, 944

03 1362　　　**04** 883회

05 (위에서부터) 1349, 911 / 999, 1261

06 749, 487　　　**7** ㉢, ㉠, ㉣, ㉡

08 546, 578　　　**09** 383

10 정우, 167 m　　　**11** 309명

12 757　　　**13** 293

14 150　　　**15** ㉣

16 27쪽　　　**17** 299

18 지우　　　**19** 풀이 참조

20 풀이 참조, 328

01 $463+522=985$

03 $768+594=1362$

04 (성준이가 오후에 넘은 줄넘기 횟수)
　＝(오전에 넘은 줄넘기 횟수)$+165$
　$=359+165=524$(회)
따라서 성준이가 오늘 넘은 줄넘기 횟수는
$359+524=883$(회)입니다.

05 $786+563=1349$, $213+698=911$
$786+213=999$, $563+698=1261$

06 $749+487=1236$

07 ㉠ $566+577=1143$　㉡ $376+725=1101$
㉢ $884+298=1182$　㉣ $479+639=1118$
따라서 계산 결과가 큰 것부터 순서대로 기호를 쓰면
㉢, ㉠, ㉣, ㉡입니다.

08
$$\begin{array}{cccc} & \overset{1}{} & \overset{1}{} & \\ & 5 & ㉠ & 6 \\ + & ㉡ & 7 & 8 \\ \hline 1 & 1 & 2 & 4 \end{array}$$
• 십의 자리 계산: $1+㉠+7=12$, $8+㉠=12$
　　　　　➡ $㉠=4$
• 백의 자리 계산: $1+5+㉡=11$, $6+㉡=11$
　　　　　➡ $㉡=5$
따라서 두 수는 546과 578입니다.

09 $452+□=836$이라고 하면 $836-452=□$,
$□=384$입니다.
$452+□<836$이므로 □ 안에 들어갈 수 있는 수는
384보다 작아야 합니다.
따라서 □ 안에 들어갈 수 있는 수 중에서 가장 큰 세
자리 수는 383입니다.

10 $754>587$이고, $754-587=167$이므로 놀이터에
서 정우네 집이 167 m 더 멉니다.

11 $856-547=309$(명)

12 그림을 식으로 나타내 보면 $219+□=624+352$이
고 $219+□=976$, $976-219=□$이므로
$□=757$입니다.

13 찢어진 종이에 적힌 세 자리 수를 $6□□$라고 하면
$325+6□□=943$이므로
$943-325=6□□$, $6□□=618$입니다.
따라서 두 수는 325와 618이므로 두 수의 차는
$618-325=293$입니다.

14 $600-450=150$(cm)

15 ㉠ $634-257=377$, ㉡ $945-568=377$
㉢ $792-415=377$, ㉣ $532-123=409$
따라서 계산 결과가 다른 하나는 ㉣입니다.

16 ・은호가 지난주와 이번 주에 읽은 책의 쪽수:

$251+346=597$(쪽)

・단후가 지난주와 이번 주에 읽은 책의 쪽수:

$195+429=624$(쪽)

따라서 단후가 은호보다 책을 $624-597=27$(쪽) 더 많이 읽었습니다.

17 ・$589-134=$▲, ▲$=455$

・▲$+\square=754$, $455+\square=754$

➡ $754-455=\square$, $\square=299$

18 지우가 넘은 줄넘기 횟수는

$258+108=366$(회)이므로 하린이와 지우가 넘은 줄넘기 횟수를 더하면 $258+366=624$(회)입니다.

따라서 수진이가 넘은 줄넘기 횟수는

$940-624=316$(회)이고, $366>316>258$이므로 줄넘기를 가장 많이 넘은 사람은 지우입니다.

19 ㉠ 백의 자리 수를 계산할 때 십의 자리에서 받아올림한 수를 더하지 않고 계산했습니다. … 50 %

$$\begin{array}{r} 1\ 1 \\ 7\ 8\ 5 \\ +\ 2\ 4\ 9 \\ \hline 1\ 0\ 3\ 4 \end{array}$$ … 50 %

20 ㉠ $7>6>4>3$이므로 만들 수 있는 세 자리 수 중에서 가장 큰 수는 764이고, 십의 자리 숫자가 3인 세 자리 수 중에서 가장 작은 수는 436입니다. … 50 %

따라서 두 수의 차는 $764-436=328$입니다.

… 50 %

2단원 평면도형

교과서 **개념** 다지기 34~35쪽

개념 1

01 (○) (△)

(△) (○)

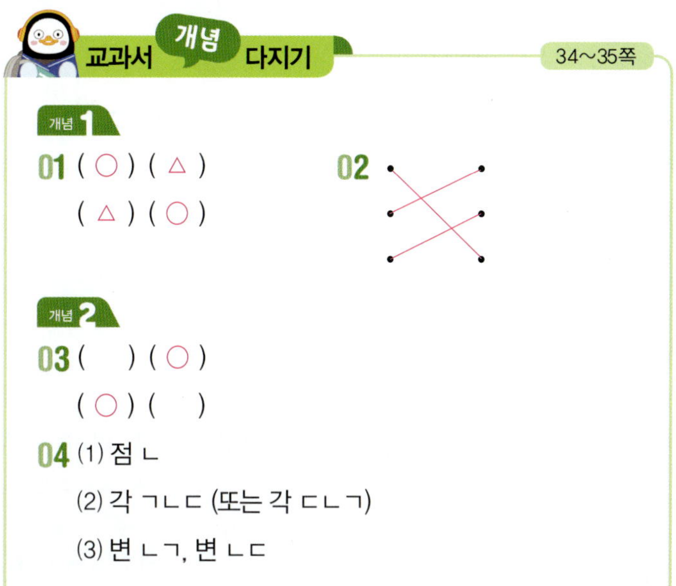

02

개념 2

03 (   ) (○)

(○) (   )

04 (1) 점 ㄴ

(2) 각 ㄱㄴㄷ (또는 각 ㄷㄴㄱ)

(3) 변 ㄴㄱ, 변 ㄴㄷ

교과서 **넘어** 보기 36~38쪽

01 나, 사   **02** 라, 마

03 (1) 직선 (2) 반직선

04 ㉠, ㉢   **05** 3개

06 ㉠ 직선은 선분을 양쪽으로 끝없이 늘인 곧은 선인데 주어진 도형은 한 점에서 시작하여 한쪽으로 끝없이 늘인 곧은 선이기 때문입니다.

07 (   )   **08** (1) × (2) ○

(○)

(   )

09~11

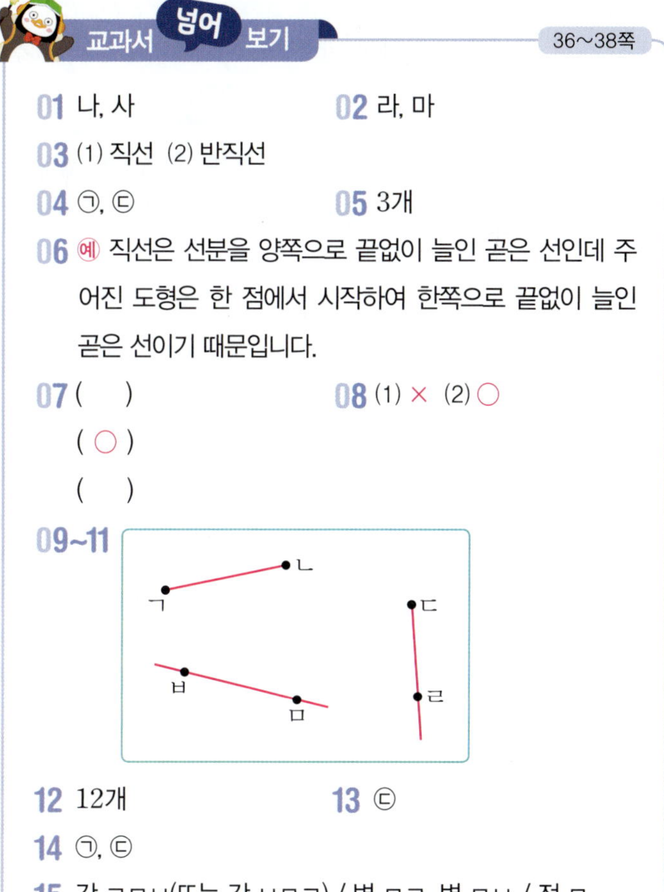

12 12개   **13** ㉢

14 ㉠, ㉢

15 각 ㄹㅁㅂ(또는 각 ㅂㅁㄹ) / 변 ㅁㄹ, 변 ㅁㅂ / 점 ㅁ

16 12개

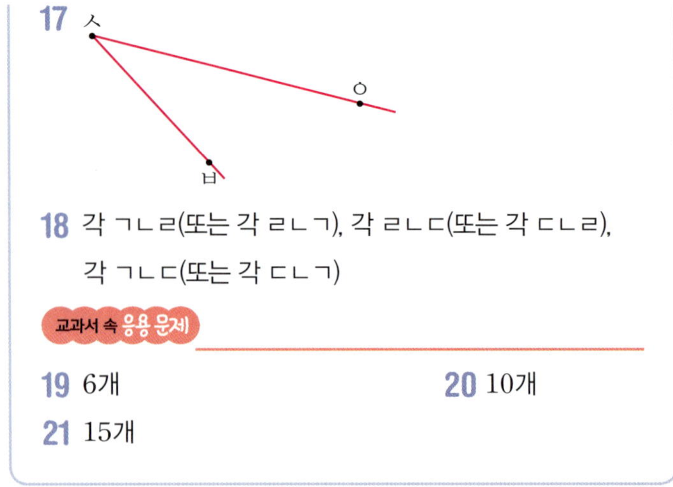

17

18 각 ㄱㄴㄹ(또는 각 ㄹㄴㄱ), 각 ㄹㄴㄷ(또는 각 ㄷㄴㄹ),
각 ㄱㄴㄷ(또는 각 ㄷㄴㄱ)

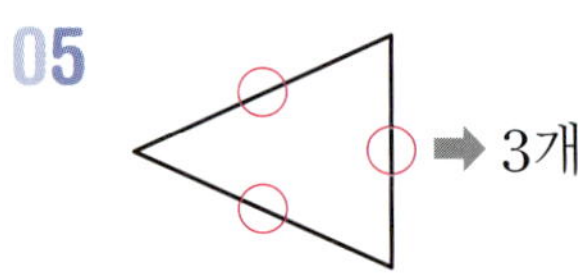

19 6개 **20** 10개
21 15개

01 두 점을 곧게 이은 선을 선분이라고 합니다. 따라서 선분은 나와 사입니다.

02 선분을 양쪽으로 끝없이 늘인 곧은 선을 직선이라고 합니다. 따라서 직선은 라와 마입니다.

03 (1) 선분 ㄱㄴ을 양쪽으로 끝없이 늘인 곧은 선이므로 직선입니다.
(2) 한 점에서 시작하여 한쪽으로 끝없이 늘인 곧은 선이므로 반직선입니다.

04 ㉡ 반직선 ㄱㄴ은 점 ㄱ에서 시작하여 한쪽으로 끝없이 늘인 곧은 선이고, 반직선 ㄴㄱ은 점 ㄴ에서 시작하여 한쪽으로 끝없이 늘인 곧은 선이므로 반직선 ㄱㄴ은 반직선 ㄴㄱ이라고 할 수 없습니다.

05

07 점 ㄹ에서 시작하여 점 ㄷ을 지나는 반직선을 반직선 ㄹㄷ이라고 합니다.

08 (1) 선분과 반직선은 모두 곧은 선입니다.

09 점 ㄱ과 점 ㄴ을 곧게 이어 선분 ㄱㄴ을 긋습니다.

10 점 ㄷ에서 시작하여 점 ㄹ을 지나는 곧은 선을 그어 반직선 ㄷㄹ을 긋습니다.

11 점 ㅁ과 점 ㅂ을 지나는 곧은 선을 그어 직선 ㅁㅂ을 긋습니다.

12 ㉠은 3개, ㉡은 5개, ㉢은 4개이므로 선분의 개수를 모두 더하면 $3+5+4=12$(개)입니다.

13 ㉠ 직선은 양쪽으로 끝없이 늘인 곧은 선이므로 양쪽 끝이 정해져 있지 않습니다.
㉡ 직선 ㄱㄴ과 직선 ㄴㄱ은 같습니다.

14 한 점에서 그은 두 반직선으로 이루어진 도형을 각이라고 합니다. 따라서 각은 ㉠, ㉢입니다.

15 • 각의 이름을 쓸 때에는 각의 꼭짓점이 가운데 오도록 씁니다.
• 각을 이루는 변은 반직선 ㅁㄹ과 반직선 ㅁㅂ이므로 변 ㅁㄹ과 변 ㅁㅂ입니다.
• 각의 꼭짓점은 점 ㅁ입니다.

16 가는 3개, 나는 5개, 다는 4개이므로 각의 개수를 모두 더하면 $3+5+4=12$(개)입니다.

17 각 ㅂㅅㅇ의 꼭짓점은 점 ㅅ입니다. 따라서 점 ㅅ에서 점 ㅂ, 점 ㅇ으로 각각 반직선을 긋습니다.

18

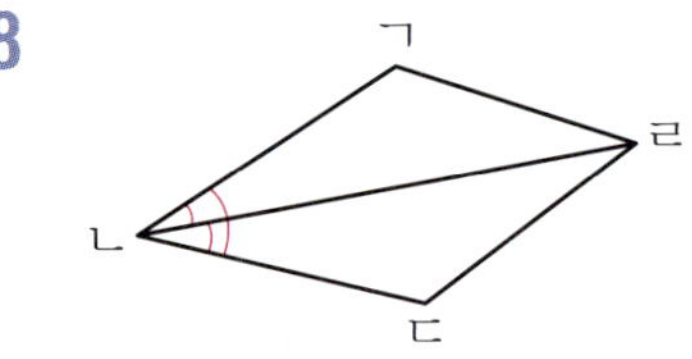

각 ㄱㄴㄹ(또는 각 ㄹㄴㄱ),
각 ㄹㄴㄷ(또는 각 ㄷㄴㄹ),
각 ㄱㄴㄷ(또는 각 ㄷㄴㄱ)

19 • 작은 각 1개로 이루어진 각: 3개
• 작은 각 2개로 이루어진 각: 2개
• 작은 각 3개로 이루어진 각: 1개
➡ (크고 작은 각의 수)$=3+2+1=6$(개)

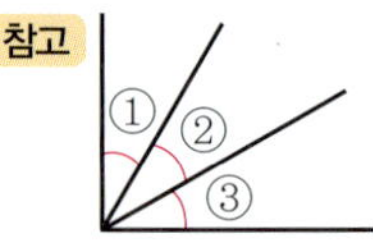

• 작은 각 1개로 이루어진 각: ①, ②, ③ ➡ 3개
• 작은 각 2개로 이루어진 각: ①+②, ②+③ ➡ 2개
• 작은 각 3개로 이루어진 각: ①+②+③ ➡ 1개

20 • 작은 각 1개로 이루어진 각: 4개

- 작은 각 2개로 이루어진 각: 3개
- 작은 각 3개로 이루어진 각: 2개
- 작은 각 4개로 이루어진 각: 1개
➡ (크고 작은 각의 수)＝4＋3＋2＋1＝10(개)

21
- 작은 각 1개로 이루어진 각: 5개
- 작은 각 2개로 이루어진 각: 4개
- 작은 각 3개로 이루어진 각: 3개
- 작은 각 4개로 이루어진 각: 2개
- 작은 각 5개로 이루어진 각: 1개
➡ (크고 작은 각의 수)＝5＋4＋3＋2＋1＝15(개)

교과서 개념 다지기

39~42쪽

개념 3

01 직각

02 ( ) ( ) (○)

03 (1) 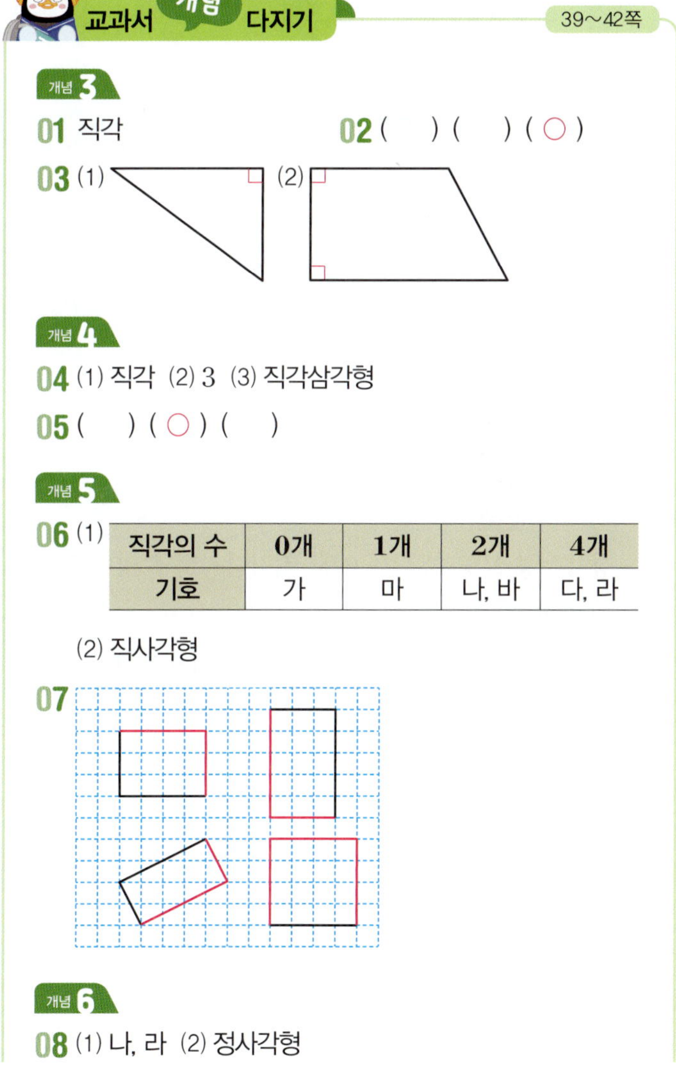 (2)

개념 4

04 (1) 직각 (2) 3 (3) 직각삼각형

05 ( ) (○) ( )

개념 5

06 (1)

직각의 수	0개	1개	2개	4개
기호	가	마	나, 바	다, 라

(2) 직사각형

07

개념 6

08 (1) 나, 라 (2) 정사각형

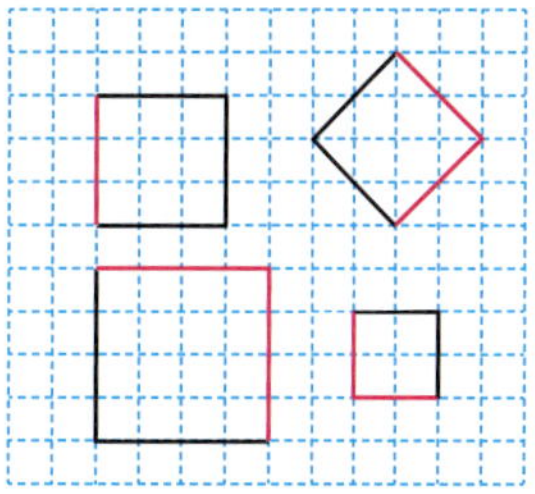

교과서 넘어 보기

43~45쪽

01 직각

02 3개

03 예
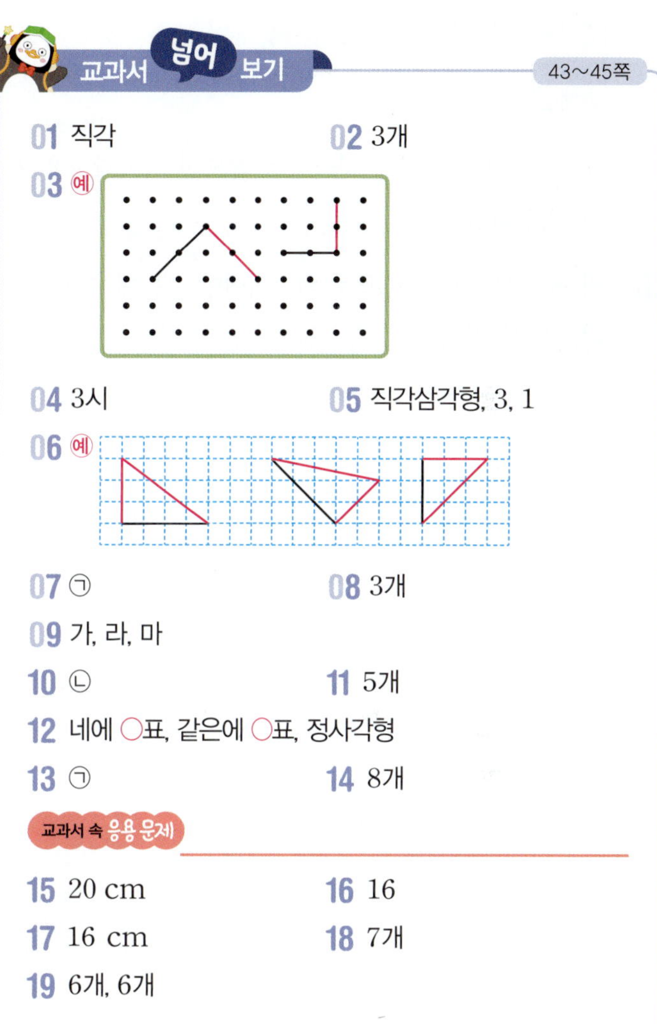

04 3시

05 직각삼각형, 3, 1

06 예

07 ㉠

08 3개

09 가, 라, 마

10 ㉡

11 5개

12 네에 ○표, 같은에 ○표, 정사각형

13 ㉠

14 8개

교과서 속 응용 문제

15 20 cm

16 16

17 16 cm

18 7개

19 6개, 6개

02 직각은 각 ㄱㅂㄷ, 각 ㄴㅂㄹ, 각 ㄷㅂㅁ으로 모두 3개
입니다.

03 아래와 같이 반듯하게 두 번 접은 종이나 삼각자의 직
각 부분을 이용하여 직각을 완성합니다.

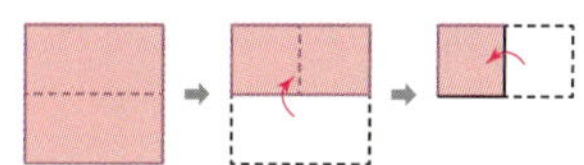 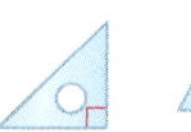 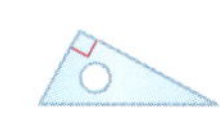

04 2시와 8시 사이의 시각 중에서 긴바늘이 12를 가리킬

때 긴바늘과 짧은바늘이 이루는 각이 직각인 시각은 3시입니다.

05 한 각이 직각인 삼각형을 직각삼각형이라고 합니다.

07 직각삼각형은 한 각이 직각이어야 합니다. 그런데 주어진 삼각형은 직각이 없으므로 직각삼각형이 아닙니다.

08 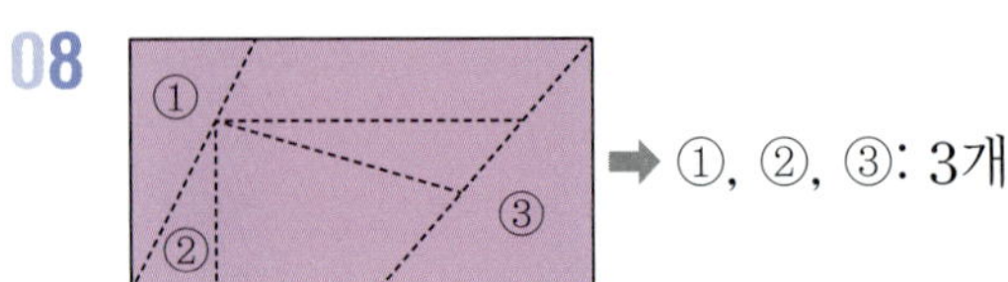
➡ ①, ②, ③: 3개

09 네 각이 모두 직각인 사각형을 찾으면 직사각형은 가, 라, 마입니다.

10 직사각형은 네 각이 모두 직각이어야 하는데 주어진 사각형은 네 각이 모두 직각인 사각형이 아닙니다.

11 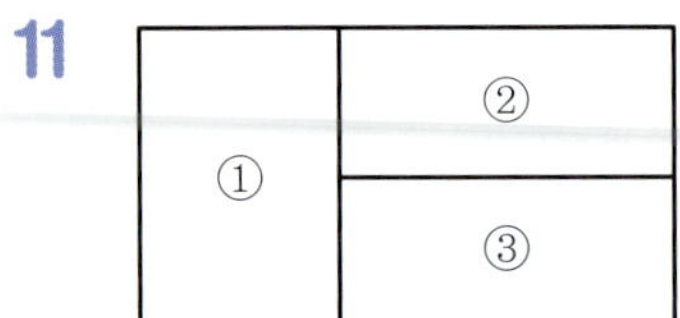

- 직사각형 1개로 이루어진 직사각형:
  ①, ②, ③ → 3개
- 직사각형 2개로 이루어진 직사각형:
  ②+③ → 1개
- 직사각형 3개로 이루어진 직사각형:
  ①+②+③ → 1개
➡ 3+1+1=5(개)

12 네 각이 모두 직각이고 네 변의 길이가 모두 같은 사각형을 정사각형이라고 합니다.

13 정사각형은 네 변의 길이가 모두 같고 네 각이 모두 직각인 사각형입니다.
주어진 사각형은 네 변의 길이가 모두 같지는 않습니다.

14
- 작은 정사각형 1개짜리: 6개
- 작은 정사각형 4개짜리: 2개
➡ 6+2=8(개)

15 정사각형은 네 변의 길이가 모두 같습니다.

따라서 □+□+□+□=80이고
20+20+20+20=80이므로 만든 정사각형의 한 변의 길이는 20 cm입니다.

16 직사각형은 마주 보는 두 변의 길이가 같으므로 네 변의 길이의 합은 20+20+12+12=64(cm)입니다.
또, 정사각형은 네 변의 길이가 모두 같습니다.
따라서 □+□+□+□=64이고
16+16+16+16=64이므로 정사각형의 한 변의 길이는 16 cm입니다.

17 ㉮, ㉯, ㉰는 모두 정사각형이므로 네 변의 길이가 각각 같습니다. 따라서 ㉠의 길이는 16 cm입니다.

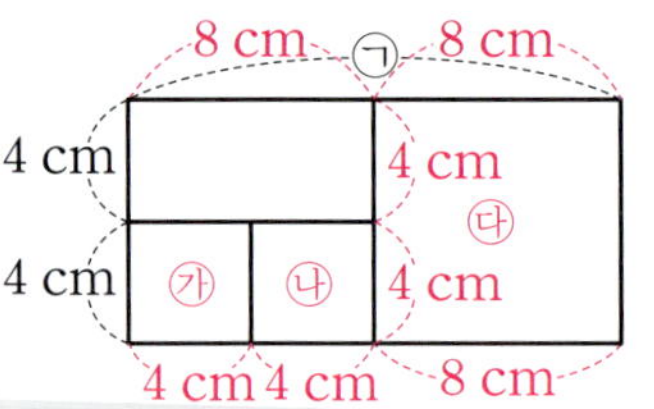

18
직사각형 모양 조각을 7개 사용했습니다.

19
정사각형 모양 조각을 6개, 직각삼각형 모양 조각을 6개 사용했습니다.

참고 조각을 될 수 있는 대로 적게 사용하려면 크기가 더 큰 정사각형을 최대한 많이 사용해야 합니다.

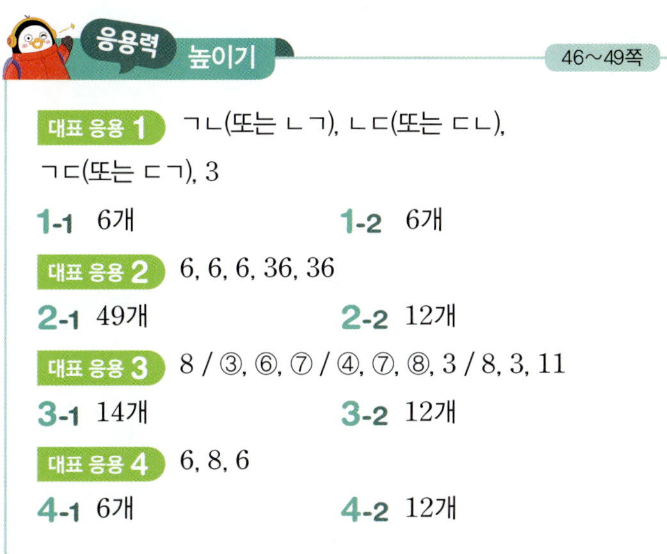

대표 응용 1	ㄱㄴ(또는 ㄴㄱ), ㄴㄷ(또는 ㄷㄴ), ㄱㄷ(또는 ㄷㄱ), 3
1-1　6개	1-2　6개
대표 응용 2	6, 6, 6, 36, 36
2-1　49개	2-2　12개
대표 응용 3	8 / ③, ⑥, ⑦ / ④, ⑦, ⑧, 3 / 8, 3, 11
3-1　14개	3-2　12개
대표 응용 4	6, 8, 6
4-1　6개	4-2　12개

1-1 • 점 ㄱ을 시작점으로 하는 반직선:

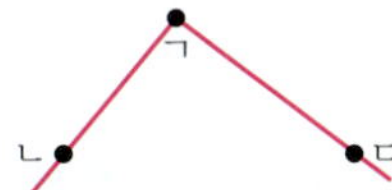

반직선 ㄱㄴ, 반직선 ㄱㄷ ➡ 2개

• 점 ㄴ을 시작점으로 하는 반직선:

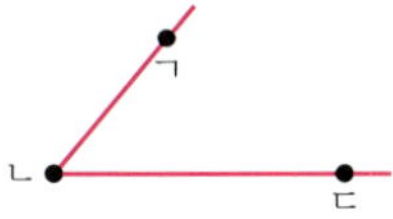

반직선 ㄴㄱ, 반직선 ㄴㄷ ➡ 2개

• 점 ㄷ을 시작점으로 하는 반직선:

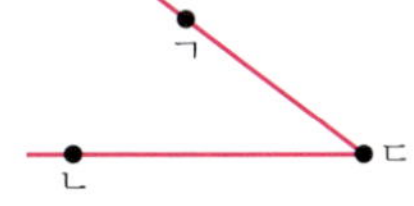

반직선 ㄷㄱ, 반직선 ㄷㄴ ➡ 2개

따라서 3개의 점 중에서 2개의 점을 이어 그을 수 있는 서로 다른 반직선은 모두 2+2+2=6(개)입니다.

1-2

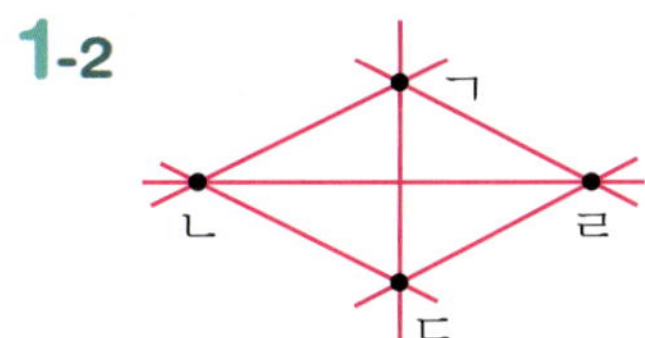

4개의 점 중에서 2개의 점을 이어 그을 수 있는 서로 다른 직선은 직선 ㄱㄴ, 직선 ㄱㄷ, 직선 ㄱㄹ, 직선 ㄴㄷ, 직선 ㄴㄹ, 직선 ㄷㄹ로 모두 6개입니다.

주의 • 점 ㄱ을 지나는 직선: 3개

• 점 ㄴ을 지나는 직선: 3개

• 점 ㄷ을 지나는 직선: 3개

• 점 ㄹ을 지나는 직선: 3개

그을 수 있는 서로 다른 직선을 3+3+3+3=12(개)라고 하지 않도록 주의합니다. 직선 ㄱㄴ과 직선 ㄴㄱ은 같으므로 중복되는 직선을 빼면 그을 수 있는 서로 다른 직선은 6개입니다.

2-1 정사각형의 한 변의 길이는 56 cm입니다.

→와 ↓로 각각 8 cm씩 자르면

8+8+8+8+8+8+8=56이므로 모두 7번씩 자를 수 있습니다. 따라서 7×7=49이므로 정사각형을 모두 49개까지 만들 수 있습니다.

2-2 직사각형의 짧은 변을 5 cm씩 자르면

5+5+5=15이므로 3번까지 자를 수 있습니다.

또, 직사각형의 긴 변을 5 cm씩 자르면

5+5+5+5=20이므로 4번까지 자를 수 있습니다.

따라서 3×4=12이므로 정사각형을 모두 12개까지 만들 수 있습니다.

3-1

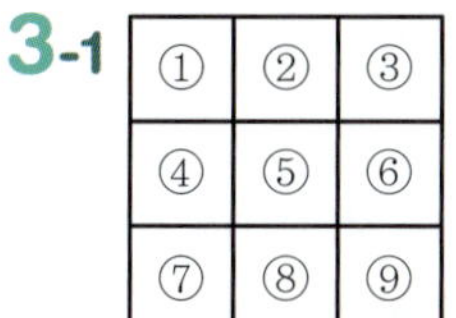

• 작은 정사각형 1개로 이루어진 정사각형:

①, ②, ③, ④, ⑤, ⑥, ⑦, ⑧, ⑨ ➡ 9개

• 작은 정사각형 4개로 이루어진 정사각형:

①+②+④+⑤, ②+③+⑤+⑥, ④+⑤+⑦+⑧, ⑤+⑥+⑧+⑨ ➡ 4개

• 작은 정사각형 9개로 이루어진 정사각형:

①+②+③+④+⑤+⑥+⑦+⑧+⑨ ➡ 1개

따라서 찾을 수 있는 크고 작은 정사각형은 모두 9+4+1=14(개)입니다.

3-2

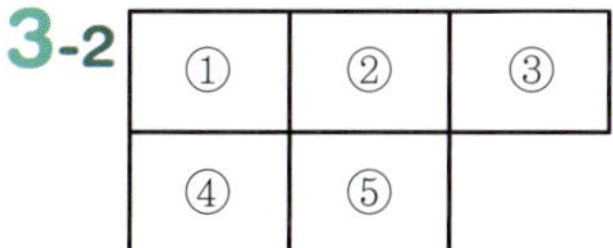

- 작은 직사각형 1개로 이루어진 직사각형:
    ①, ②, ③, ④, ⑤ ➡ 5개
- 작은 직사각형 2개로 이루어진 직사각형:
    ①+②, ②+③, ④+⑤, ①+④, ②+⑤ ➡ 5개
- 작은 직사각형 3개로 이루어진 직사각형:
    ①+②+③ ➡ 1개
- 작은 직사각형 4개로 이루어진 직사각형:
    ①+②+④+⑤ ➡ 1개

따라서 찾을 수 있는 크고 작은 직사각형은 모두
$5+5+1+1=12$(개)입니다.

4-1 직각삼각형 2개로 만든 직사각형의 네 변의 길이의 합은 $6\times4=24$(cm)이고, 직각삼각형 6개로 만든 직사각형의 네 변의 길이의 합은 $6\times8=48$(cm)이므로 필요한 직각삼각형의 개수는 6개입니다.

4-2 직각삼각형으로 만든 직사각형의 네 변의 길이의 합을 각각 구합니다.

⬭: 2개
➡ $3+5+5+3=16$(cm)

⬭: 4개
➡ $3+5+5+5+5+3=26$(cm)

⬭: 6개
➡ $3+5+5+5+5+5+5+3=36$(cm)

직각삼각형의 개수가 2개씩 늘어날 때마다 네 변의 길이의 합은 10 cm씩 늘어납니다.

따라서 직각삼각형의 개수가 8개이면 46 cm, 10개이면 56 cm, 12개이면 66 cm이므로 필요한 직각삼각형의 개수는 12개입니다.

---

01 ⓒ	**02** 직선
03 12개	**04** ⓒ
05 (1) 각 (2) 꼭짓점, 변	**06** 13개
07 라	**08** ②
09 다, 라, 마	**10** 6개
11 8개	**12** 9
13 ㉣	**14** 6개
15 42 cm	**16** ⓒ
17 17개	**18** 64개
19 풀이 참조	**20** 풀이 참조, 36 cm

01 선분은 두 점을 곧게 이은 선입니다.

03 네 점 ㄱ, ㄴ, ㄷ, ㄹ에서 각각 3개씩의 반직선을 그을 수 있으므로 $4\times3=12$(개)의 반직선을 그을 수 있습니다.

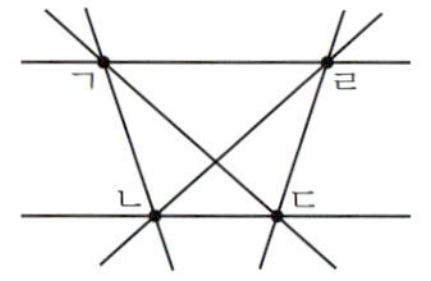

04 ⓒ 반직선 ㄱㄴ과 반직선 ㄴㄱ은 시작점이 다르므로 서로 다른 반직선입니다.

05 (1) 한 점에서 그은 두 반직선으로 이루어진 도형을 각이라고 합니다.
(2) 각에서 점 ㄴ을 각의 꼭짓점이라 하고, 반직선 ㄴㄱ과 반직선 ㄴㄷ을 각의 변이라고 합니다.

06 가에는 4개, 나에는 3개, 다에는 6개의 각이 있습니다. 따라서 모두 더하면 $4+3+6=13$(개)입니다.

07 직각의 수를 각각 세어 봅니다.

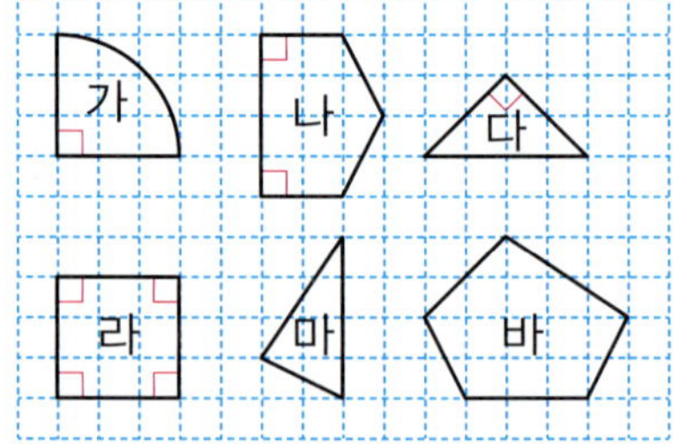

가: 1개, 나: 2개, 다: 1개,

라: 4개, 마: 0개, 바: 0개입니다.

따라서 직각이 가장 많은 도형은 라입니다.

08 점 ㄱ과 이어 직각을 이루려면 점 ②와 곧은 선으로 이어야 합니다.

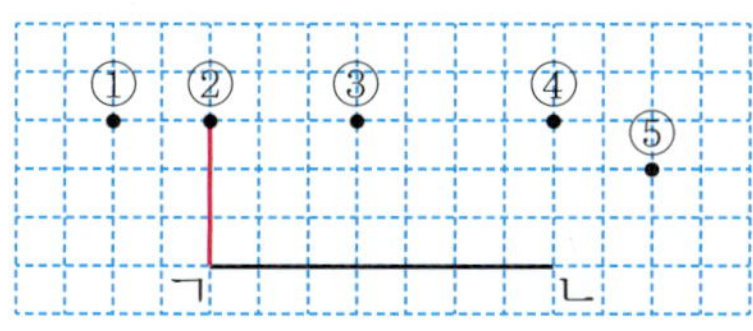

09

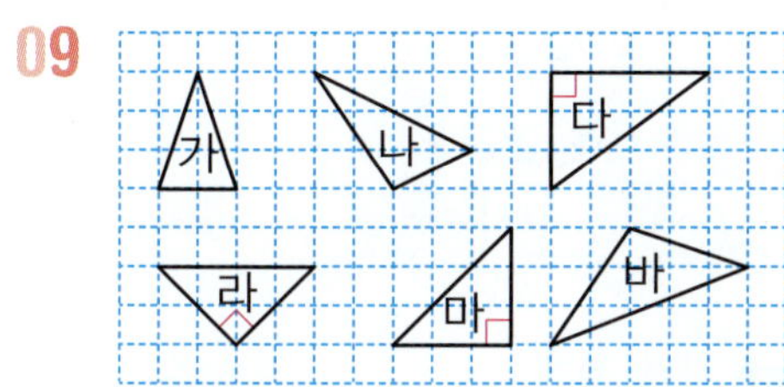

직각삼각형은 한 각이 직각인 삼각형이므로 다, 라, 마입니다.

10

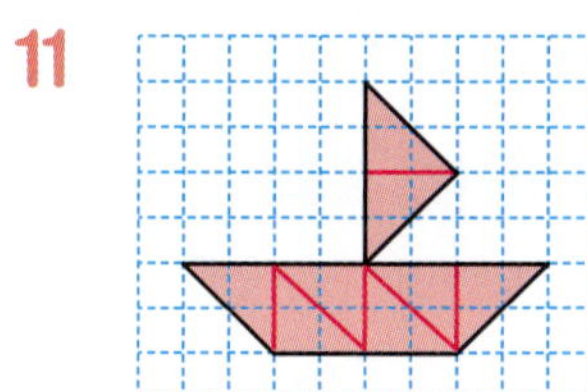

직각삼각형 1개짜리: ①, ②, ③, ④ → 4개

직각삼각형 2개짜리: ②+③ → 1개

직각삼각형 3개짜리: ②+③+④ → 1개

➡ (크고 작은 직각삼각형의 수)

$$=4+1+1=6(개)$$

11

보기의 직각삼각형 모양 조각을 8개 사용하였습니다.

12 직각삼각형에서 직각은 1개입니다.

직사각형에서 변은 4개입니다.

정사각형에서 직각은 4개입니다.

따라서 ♥, ♣, ◆에 알맞은 수를 모두 더하면

$1+4+4=9$입니다.

13 ㉣ 정사각형은 네 변의 길이가 모두 같습니다. 하지만 직사각형은 마주 보는 두 변의 길이가 같은 사각형이므로 정사각형이라고 할 수 없습니다.

14

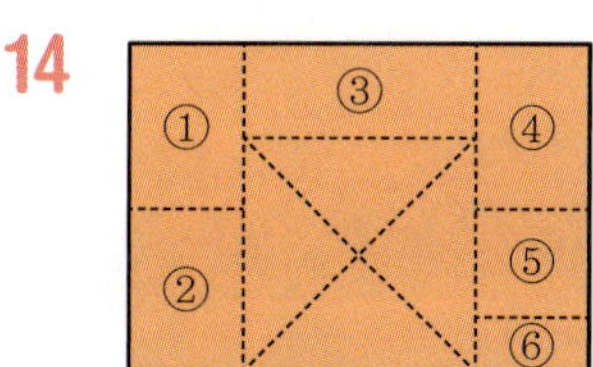

점선을 따라 자르면 직사각형이 6개 생깁니다.

15 초록색 직사각형의 긴 변은 작은 직사각형의 긴 변 3개로 이루어져 있고, 짧은 변은 작은 직사각형의 짧은 변 1개로 이루어져 있습니다.

(초록색 직사각형의 긴 변의 길이)$=6+6+6$

$$=18(cm)$$

(초록색 직사각형의 짧은 변의 길이)$=3\ cm$

(초록색 선의 길이)$=18+3+18+3$

$$=42(cm)$$

16 네 각이 모두 직각이고 네 변의 길이가 모두 같게 만드는 점을 찾아봅니다.

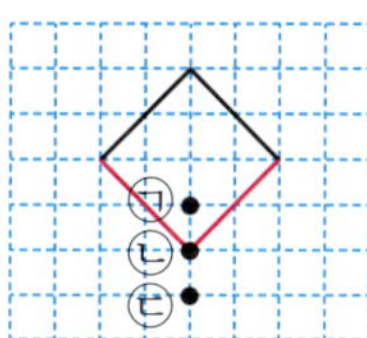

17 • 작은 정사각형 1개짜리 ➡ 11개

• 작은 정사각형 4개짜리 ➡ 5개

• 작은 정사각형 9개짜리 ➡ 1개

따라서 찾을 수 있는 크고 작은 정사각형은 모두

$11+5+1=17(개)$입니다.

18 정사각형의 한 변의 길이는 48 cm입니다.

→와 ↓로 각각 6 cm씩 자르면

$6+6+6+6+6+6+6+6=48$이므로 모두 8번씩 자를 수 있습니다. 따라서 $8×8=64$이므로 정사각형을 모두 64개까지 만들 수 있습니다.

19 예 반직선 2개로 그려야 하는데 반직선 1개와 굽은 선 1개로 그렸습니다. … 100 %

20 **예** 정사각형은 네 변의 길이가 모두 같습니다. … 40 %
따라서 한 변의 길이가 9 cm인 정사각형의 네 변의
길이의 합은 9＋9＋9＋9＝36(cm)입니다.
… 60 %

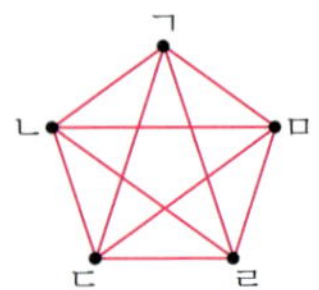 **단원 평가** LEVEL ❷   53~55쪽

01 가, 다, 마   **02** 10개

03 채영   **04**

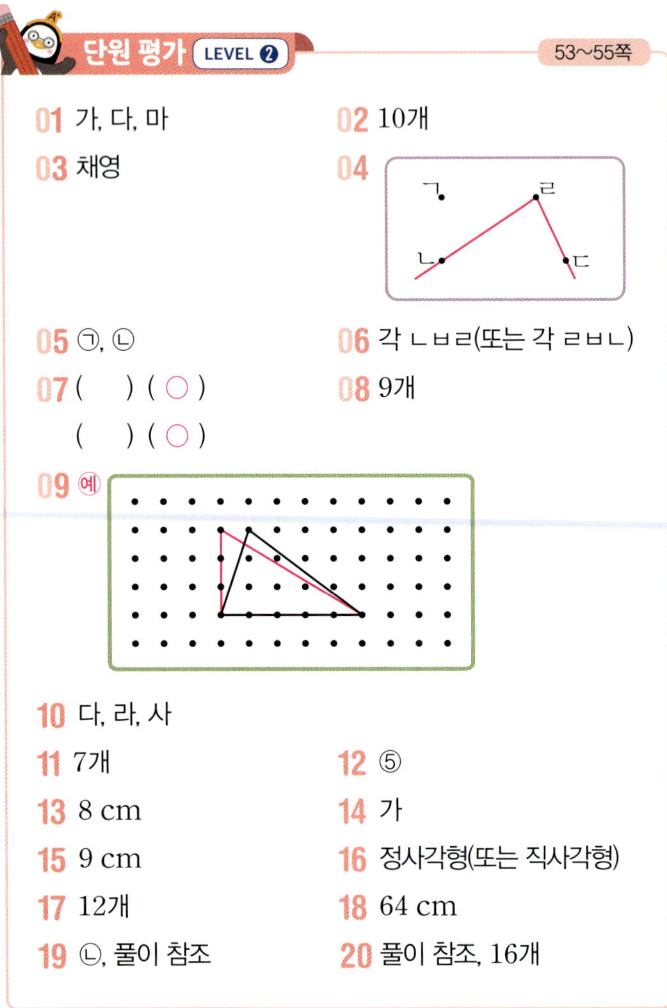

05 ㉠, ㉡   **06** 각 ㄴㅂㄹ(또는 각 ㄹㅂㄴ)

07 (   ) (○)
    (   ) (○)   **08** 9개

09 **예**

10 다, 라, 사

11 7개   **12** ⑤

13 8 cm   **14** 가

15 9 cm   **16** 정사각형(또는 직사각형)

17 12개   **18** 64 cm

19 ㉡, 풀이 참조   **20** 풀이 참조, 16개

01 한 점에서 시작하여 한쪽으로 끝없이 늘인 곧은 선을 반
직선이라고 합니다. 따라서 반직선은 가, 다, 마입니다.

02 5개의 점 중에서 2개의 점을 이어 그을 수 있는 서로
다른 선분은 모두 10개입니다.

03 반직선은 한쪽에만 끝이 있는 선입니다. 직선은 시작점
이 없습니다.

04 한 점에서 그은 두 반직선으로 이루어진 도형을 각이라
고 합니다. 따라서 각 ㄴㄹㄷ은 점 ㄹ에서 점 ㄴ, 점 ㄷ으
로 반직선을 그어 줍니다.

05 ㉢ 각 ㅅㅇㅈ 또는 각 ㅈㅇㅅ이라고 읽습니다.
㉣ 각의 꼭짓점은 점 ㅇ으로 1개입니다.

06 삼각자의 직각 부분을 대어 꼭 맞게 겹쳐지는 각을 찾
아 확인해 봅니다.
찾을 수 있는 직각은 각 ㄴㅂㄹ(또는 각 ㄹㅂㄴ)입니다.

07 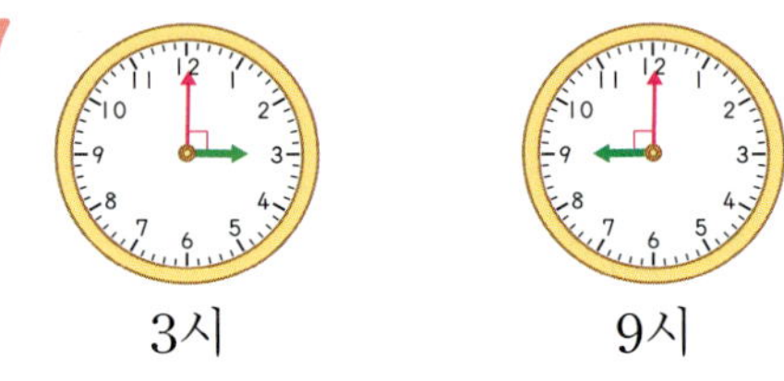
3시   9시

08 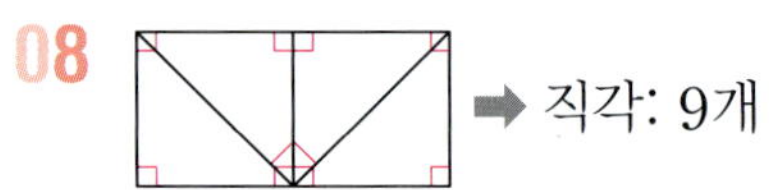 ➡ 직각: 9개

09 한 각이 직각이 되도록 꼭짓점 한 개를 옮겨서 직각삼
각형을 만들어 봅니다.

10 삼각형 나, 다, 라, 바, 사 중에서 직각이 있는 삼각형은
다, 라, 사입니다.

11 • 1조각으로 이루어진 직각삼각형: 5개
• 3조각으로 이루어진 직각삼각형: 1개
• 4조각으로 이루어진 직각삼각형: 1개
따라서 나무 모양에서 찾을 수 있는 크고 작은 직각삼
각형은 모두 5＋1＋1＝7(개)입니다.

12 ⑤ 직사각형은 네 변의 길이가 항상 같은 것은 아닙니다.

13 직사각형은 마주 보는 두 변의 길이가 같으므로 직사각
형의 긴 변의 길이를 □ cm라고 하면
□＋6＋□＋6＝28, □＋□＋12＝28,
□＋□＝16이고 8＋8＝16이므로 □＝8입니다.
따라서 직사각형의 긴 변의 길이는 8 cm입니다.

14 네 각이 모두 직각이고 네 변의 길이가 모두 같은 사각
형은 가입니다.

15 직사각형의 네 변의 길이의 합은
8＋8＋10＋10＝36(cm)입니다.

정사각형의 네 변의 길이는 모두 같으므로
$9+9+9+9=36$에서 정사각형의 한 변의 길이는
9 cm입니다.

16 그림과 같이 잘랐을 때 만들어지는 도형은 네 각이 모두 직각이므로 직사각형입니다. 또, 네 변의 길이도 모두 같으므로 정사각형입니다.

17 직사각형의 긴 변을 3 cm씩 6번, 짧은 변을 3 cm씩 2번 자를 수 있으므로 $6\times2=12$(개)까지 만들 수 있습니다.

18 $8+8+8+8=32$(cm)이므로 정사각형의 한 변은 8 cm입니다. 직사각형의 긴 변은
$8+8+8=24$(cm)이고, 짧은 변은 8 cm입니다.
따라서 직사각형의 네 변의 길이의 합은
$24+8+24+8=64$(cm)입니다.

19 ㉡ … 50 %

⑩ 직각삼각형은 한 각이 직각이어야 하는데 ㉡의 삼각형은 직각인 각이 없기 때문입니다. … 50 %

20 ⑩ • 가장 작은 정사각형 1개로 이루어진 정사각형:
　　11개 … 30 %

• 가장 작은 정사각형 4개로 이루어진 정사각형:
　　4개 … 30 %

• 가장 작은 정사각형 9개로 이루어진 정사각형:
　　1개 … 30 %

따라서 찾을 수 있는 크고 작은 정사각형은 모두
$11+4+1=16$(개)입니다. … 10 %

참고

	①	②	③	
④	⑤	⑥	⑦	⑧
	⑨	⑩	⑪	

• 가장 작은 정사각형 1개로 이루어진 정사각형:
　①, ②, ③, ④, ⑤, ⑥, ⑦, ⑧, ⑨, ⑩, ⑪

• 가장 작은 정사각형 4개로 이루어진 정사각형:
　①+②+⑤+⑥, ②+③+⑥+⑦,
　⑤+⑥+⑨+⑩, ⑥+⑦+⑩+⑪

• 가장 작은 정사각형 9개로 이루어진 정사각형:
　①+②+③+⑤+⑥+⑦+⑨+⑩+⑪

교과서 개념 다지기　58~59쪽

개념 **1**

01 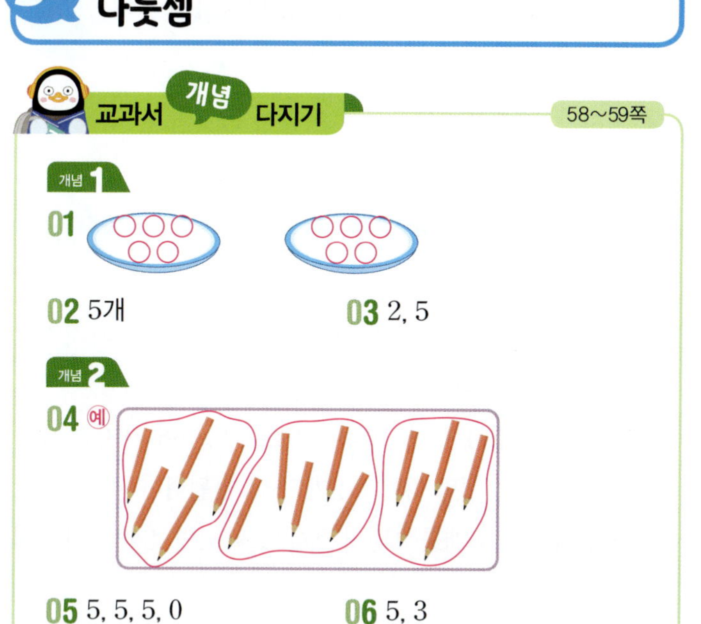

02 5개　　　　**03** 2, 5

개념 **2**

04 ⑩

05 5, 5, 5, 0　　　**06** 5, 3

교과서 넘어 보기　60~61쪽

01 (1) 6, 4　(2) 4, 6

02 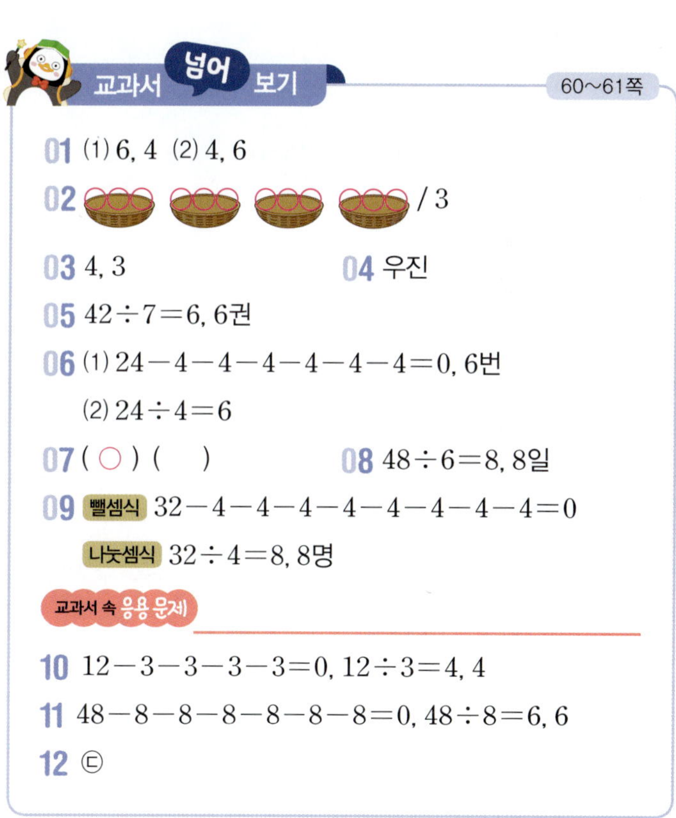 / 3

03 4, 3　　　　　**04** 우진

05 $42\div7=6$, 6권

06 (1) $24-4-4-4-4-4-4=0$, 6번
　　(2) $24\div4=6$

07 (○) (　)　　　**08** $48\div6=8$, 8일

09 뺄셈식 $32-4-4-4-4-4-4-4-4=0$
　　나눗셈식 $32\div4=8$, 8명

교과서 속 응용 문제

10 $12-3-3-3-3=0$, $12\div3=4$, 4

11 $48-8-8-8-8-8-8=0$, $48\div8=6$, 6

12 ㉢

01 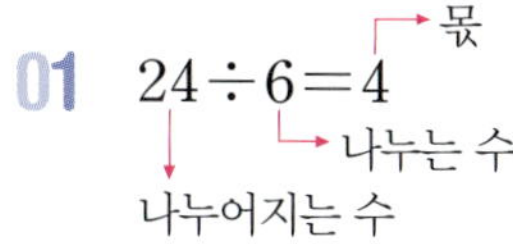

02 바구니에 감자의 수만큼 ○를 번갈아 가면서 그리면 바구니 4개에 ○가 3개씩입니다. 따라서 바구니 한 개에 감자를 3개씩 담아야 합니다.

03 • 사과 12개를 3묶음으로 똑같이 묶으면 한 묶음에 사과 4개입니다.
 • 사과 12개를 4묶음으로 똑같이 묶으면 한 묶음에 사과 3개입니다.

04 • 선호: 색종이 10장을 3명이 똑같이 나누어 가지면 3장씩 나누고 1장이 남게 됩니다.
 • 정현: 사탕 12개를 5명이 똑같이 나누어 가지면 사탕을 2개씩 나누고 2개가 남게 됩니다.
 • 우진: 귤 16개를 4명이 똑같이 나누면 4개씩 가지게 됩니다.
 따라서 남김없이 똑같이 나누어 가질 수 있는 경우를 말한 친구는 우진이입니다.

05 공책 42권을 7명에게 똑같이 나누어 주면 한 명에게 6권씩 나누어 줄 수 있습니다.
 ➡ $42 \div 7 = 6$

06 $24 - 4 - 4 - 4 - 4 - 4 - 4 = 0$
 6번
 ➡ $24 \div 4 = 6$

07 20에서 5씩 4번 빼면 0이 되므로 나눗셈식으로 나타내면 $20 \div 5 = 4$입니다.

08 $48 - 6 - 6 - 6 - 6 - 6 - 6 - 6 - 6 = 0$
 8번
 ➡ $48 \div 6 = 8$

09 클립 32개를 4개씩 묶으면 8묶음으로 묶을 수 있습니다. 이것을 뺄셈식으로 나타내면
 $32 - 4 - 4 - 4 - 4 - 4 - 4 - 4 - 4 = 0$입니다.
 또 이것을 나눗셈식으로 나타내면 $32 \div 4 = 8$입니다.

10 $12 - 3 - 3 - 3 - 3 = 0$
 ➡ $12 \div 3 = 4$, 몫은 4입니다.

11 $48 - 8 - 8 - 8 - 8 - 8 - 8 = 0$
 ➡ $48 \div 8 = 6$, 몫은 6입니다.

12 ㉠ $42 - 7 - 7 - 7 - 7 - 7 - 7 = 0$
 ➡ $42 \div 7 = 6$, 몫은 6입니다.
 ㉡ $45 - 9 - 9 - 9 - 9 - 9 = 0$
 ➡ $45 \div 9 = 5$, 몫은 5입니다.
 ㉢ $48 - 6 - 6 - 6 - 6 - 6 - 6 - 6 - 6 = 0$
 ➡ $48 \div 6 = 8$, 몫은 8입니다.
 따라서 몫이 가장 큰 것은 ㉢입니다.

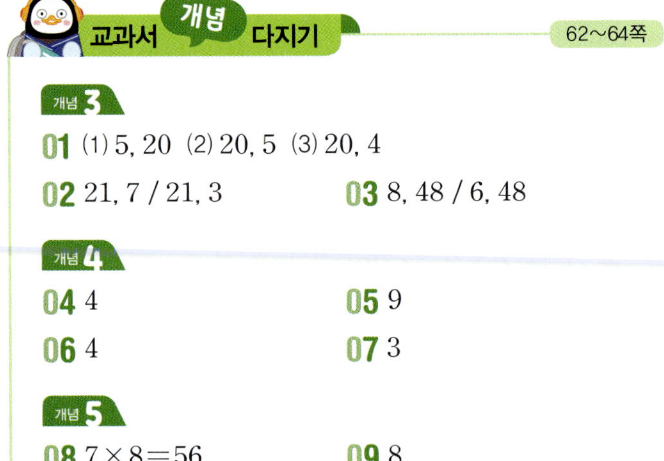

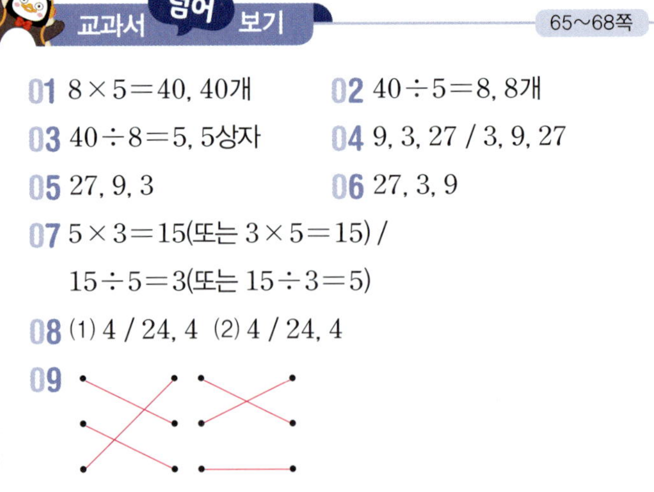

10 $21 \div 3 = 7$, 7명　　**11** 24, 4, 6 / 6 / 6개

12 (1)

(2) 3, 4 / 3, 4, 12 / 4, 3, 12　(3) 4개

13 예 $9 \times 8 = 72$이므로 $72 \div 9$의 몫은 8입니다.

14 20, 5 / 5장　　　　**15** <

16 (1) 5　(2) $40 \div 8 = 5$, 5줄

17 (1) $36 \div 4 = 9$, 9개　(2) $36 \div 6 = 6$, 6개

18 $12 \div 3 = 4$ / $3 \times 4 = 12$ / 4권

19 $24 \div 8 = 3$ / $8 \times 3 = 24$ / 3개

20 $36 \div 4 = 9$ / $4 \times 9 = 36$ / 9권

21 5　　　　　　　　**22** 6

23 30

01 인형이 8개씩 5줄로 놓여 있으므로 모두
$8 \times 5 = 40$(개)입니다.

02 인형 40개를 5상자에 똑같이 나누어 담으려면 한 상자에 $40 \div 5 = 8$(개)씩 담을 수 있습니다.

03 인형 40개를 한 상자에 8개씩 담는 데 필요한 상자 수는 $40 \div 8 = 5$(상자)입니다.

04 자두가 9개씩 3줄 있으므로 자두의 개수를 나타내는 곱셈식은 $9 \times 3 = 27$, $3 \times 9 = 27$입니다.

05 자두 27개를 9명이 똑같이 나누어 먹으려면
$27 \div 9 = 3$이므로 한 명이 3개씩 먹을 수 있습니다.

06 자두 27개를 한 명이 3개씩 먹으면 $27 \div 3 = 9$이므로
9명이 먹을 수 있습니다.

07 참치 캔이 5개씩 3줄입니다. 곱셈식은 $5 \times 3 = 15$,
$3 \times 5 = 15$이고 나눗셈식은 $15 \div 5 = 3$, $15 \div 3 = 5$
입니다.

08 (1) 얼음 24개를 6컵에 똑같이 나누어 담으면 한 컵에
4개씩 담을 수 있습니다. ➡ $24 \div 6 = 4$

(2) 얼음 24개를 4개씩 담으면 6컵에 나누어 담을 수
있습니다. ➡ $24 \div 4 = 6$

09 $35 \div 5 = \square$

➡ $5 \times 7 = 35$이므로 $35 \div 5$의 몫 $\square$는 7입니다.

$32 \div 4 = \square$

➡ $4 \times 8 = 32$이므로 $32 \div 4$의 몫 $\square$는 8입니다.

$36 \div 9 = \square$

➡ $9 \times 4 = 36$이므로 $36 \div 9$의 몫 $\square$는 4입니다.

10 $3 \times 7 = 21$이므로 $21 \div 3 = 7$(명)입니다.

11 귤 24개를 4명에게 똑같이 나누어 주면 한 사람에게
6개씩 줄 수 있습니다. ➡ $24 \div 4 = 6$

12 (1) $12 \div 3 = 4$ ➡ 사과 12개를 봉지 3개에 똑같이 나
누어 담으려면 봉지 1개에 사과를 4개씩 넣어야 합
니다. 따라서 한 봉지에 ○를 4개씩 그려 줍니다.

(2) 사과 12개를 봉지 3개에 똑같이 나누어 담으려면
봉지 1개에 넣을 수 있는 사과의 수는 나눗셈식으
로 $12 \div 3 = 4$이고, 곱셈식은 $3 \times 4 = 12$,
$4 \times 3 = 12$입니다.

(3) 사과 12개를 봉지 3개에 똑같이 나누어 넣으려면
봉지 1개에 4개씩 넣어야 합니다.

13 $72 \div 9$의 몫은 $9 \times 8 = 72$이므로 이것을 이용하여
$72 \div 9$의 몫을 구하면 8입니다.

14 색종이 한 장으로 종이별 4개를 만들 수 있으므로 종이
별 20개를 만들려면 필요한 색종이의 수는
$20 \div 4 = 5$(장)입니다.

15 $18 \div 6 = 3$이고, $8 \div 2 = 4$이므로 몫의 크기를 비교하
면 $8 \div 2$의 몫이 더 큽니다.

16 (1) 의자 40개가 한 줄에 8개씩 놓여 있습니다. 8단 곱
셈구구에서 곱이 40이 되는 곱셈식을 찾으면
$8 \times 5 = 40$입니다.

(2) $8 \times 5 = 40$이므로 $40 \div 8 = 5$(줄)입니다.

17 (1) 4단 곱셈구구에서 곱이 36이 되는 곱셈식을 찾으면
$4 \times 9 = 36$이므로 $36 \div 4 = 9$입니다.

(2) 6단 곱셈구구에서 곱이 36이 되는 곱셈식을 찾으면
$6 \times 6 = 36$이므로 $36 \div 6 = 6$입니다.

18 공책 12권을 3명에게 똑같이 나누어 주었을 때, 한 명에게 4권씩 줄 수 있습니다.

➡ $12 \div 3 = 4$ ➡ $3 \times 4 = 12$

19 학생 24명이 긴 의자 한 개에 8명씩 앉으려면 긴 의자 3개가 필요합니다.

➡ $24 \div 8 = 3$ ➡ $8 \times 3 = 24$

20 동화책 36권을 4상자에 똑같이 나누어 포장하려면 한 상자에 넣을 동화책은 9권입니다.

➡ $36 \div 4 = 9$ ➡ $4 \times 9 = 36$

21 두 나눗셈의 몫이 같고 $16 \div 2 = 8$이므로 $40 \div \square = 8$입니다. 곱셈식으로 나타내면 $\square \times 8 = 40$이고, $5 \times 8 = 40$이므로 $\square = 5$입니다.

22 두 나눗셈의 몫이 같고 $28 \div 4 = 7$이므로 $42 \div \square = 7$입니다. 곱셈식으로 나타내면 $\square \times 7 = 42$이고, $6 \times 7 = 42$이므로 $\square = 6$입니다.

23 $45 \div \bigcirc = 9$이므로 곱셈식으로 나타내면 $\bigcirc \times 9 = 45$이고, $5 \times 9 = 45$이므로 $\bigcirc = 5$입니다.
$\bigcirc \div 3 = 2$이므로 곱셈식으로 나타내면 $\bigcirc = 3 \times 2$에서 $\bigcirc = 6$입니다.
따라서 $\bigcirc$과 $\bigcirc$의 곱은 $5 \times 6 = 30$입니다.

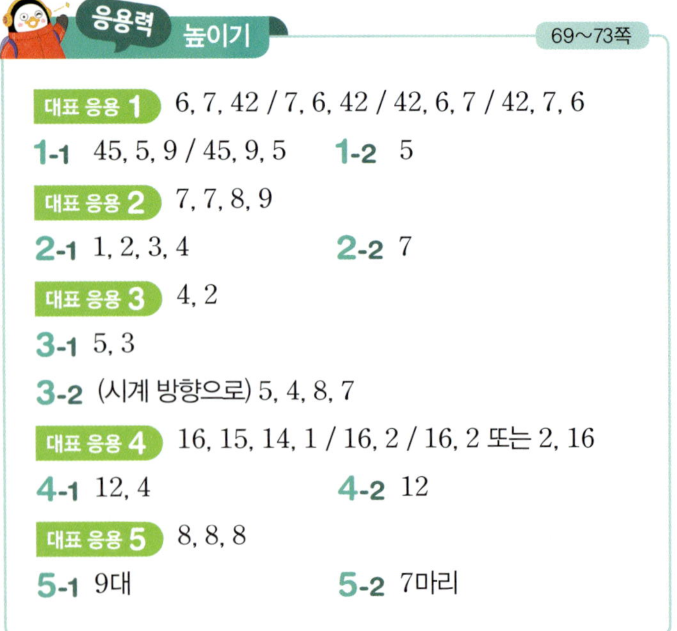

1-1 가장 큰 수인 45는 두 수 5와 9의 곱이므로 곱셈식으로 나타내면 $5 \times 9 = 45$ 또는 $9 \times 5 = 45$입니다.
곱셈식을 나눗셈식으로 나타내면 $45 \div 5 = 9$ 또는 $45 \div 9 = 5$입니다.

1-2 수 카드로 만들 수 있는 두 자리 수 중에서 가장 작은 수는 35입니다. 35를 나머지 수인 7로 나누면 $35 \div 7 = 5$입니다.

2-1 $35 \div 7 = 5$이므로 $5 > \square$입니다. 따라서 $\square$ 안에 들어갈 수 있는 수는 5보다 작은 수이므로 1, 2, 3, 4입니다.

2-2 $\bigcirc$ $40 \div 8 = 5$이므로 $5 < \square$입니다. $\square$ 안에 들어갈 수 있는 수는 5보다 큰 수이므로 6, 7, 8, 9입니다.
$\bigcirc$ $72 \div 9 = 8$이므로 $8 > \square$입니다. $\square$ 안에 들어갈 수 있는 수는 8보다 작은 수이므로 1, 2, 3, 4, 5, 6, 7입니다.
따라서 $\square$ 안에 공통으로 들어갈 수 있는 수는 6, 7이고 이 중 가장 큰 수는 7입니다.

3-1 세 수인 63, 7, 9 사이에는 $63 \div 7 = 9$라는 규칙이 있습니다. 따라서 $\bigcirc = 35 \div 7 = 5$, $\bigcirc = 21 \div 7 = 3$입니다.

3-2 세 수인 24, 3, 8 사이에는 $24 \div 8 = 3$이라는 규칙이 있습니다. 따라서 $\square = 40 \div 8 = 5$, $\square = 32 \div 8 = 4$, $\square = 64 \div 8 = 8$, $\square = 56 \div 8 = 7$입니다.

4-1 합이 16인 두 수를 짝 지으면 $(1, 15)$, $(2, 14)$, $(3, 13)$, $(4, 12)$, …, $(15, 1)$입니다.
이 중에서 $12 \div 4 = 3$이므로 큰 수를 작은 수로 나누었을 때 몫이 3인 두 수는 12와 4입니다.

4-2 합이 18인 두 수를 짝 지으면 $(1, 17)$, $(2, 16)$, $(3, 15)$, $(4, 14)$, …, $(17, 1)$입니다.
이 중에서 $15 \div 3 = 5$이므로 큰 수를 작은 수로 나누었을 때 몫이 5인 두 수는 15와 3입니다.
따라서 두 수의 차는 $15 - 3 = 12$입니다.

5-1 $3 \times 9 = 27$이므로 $27 \div 3 = 9$입니다. 따라서 공장에서 만든 세발자전거의 수는 9대입니다.

5-2 기린 한 마리의 다리는 4개, 타조 한 마리의 다리는 2개입니다. 타조 6마리의 다리는 $2\times6=12$(개)입니다. 기린의 다리는 모두 $40-12=28$(개)입니다. 따라서 동물원에 있는 기린은 $28\div4=7$(마리)입니다.

가지게 되고 2장이 남습니다.

05 $32\div4$의 몫은 4단 곱셈구구를 이용하여 $4\times8=32$로 구할 수 있습니다.
$42\div6$의 몫은 6단 곱셈구구를 이용하여 $6\times7=42$로 구할 수 있습니다.

06 $32-8-8-8-8=0$ ➡ $32\div8=4$

07 컵케이크가 9개씩 3줄 있으므로 곱셈식은 $9\times3=27$이고, 나눗셈식은 $27\div9=3$, $27\div3=9$입니다.

08 $15\div5$의 몫을 구할 수 있는 곱셈식은 $5\times3=15$입니다.

09 배구공 28개를 한 바구니에 7개씩 나누어 담으려면 바구니 4개가 필요합니다.
➡ $28\div7=4$

10 수직선은 3씩 5번 뛰어서 15가 되므로 곱셈식으로는 $3\times5=15$이고, 나눗셈식은 $15\div3=5$, $15\div5=3$입니다.

11 $20\div5=4$이므로 몫은 4이고, $24\div8=3$이므로 몫은 3이고, $36\div9=4$이므로 몫은 4입니다.

12 7단 곱셈구구에서 곱이 56이 되는 곱셈식은 $7\times8=56$이므로 $56\div7$의 몫은 8입니다.

13 9단 곱셈구구에서 곱이 54가 되는 곱셈식은 $9\times6=54$이므로 $54\div6=9$입니다.

14 $6\times8=48$이므로 사과 48개는 6개씩 8묶음이 있습니다.

15 $63\div9$의 몫은 7이고, $32\div4$의 몫은 8이므로 $32\div4$의 몫이 더 큽니다.

16 수 카드 4, 28, 7을 한 번씩만 사용하여 곱셈식을 만들면 $4\times7=28$, $7\times4=28$이고, 나눗셈식은 $28\div4=7$, $28\div7=4$입니다.

17 $30\div6=5$이고, $30\div6>\square$이므로 $\square<5$입니다. 따라서 1부터 9까지의 수 중에서 5보다 작은 수는 1, 2, 3, 4입니다.

---

01 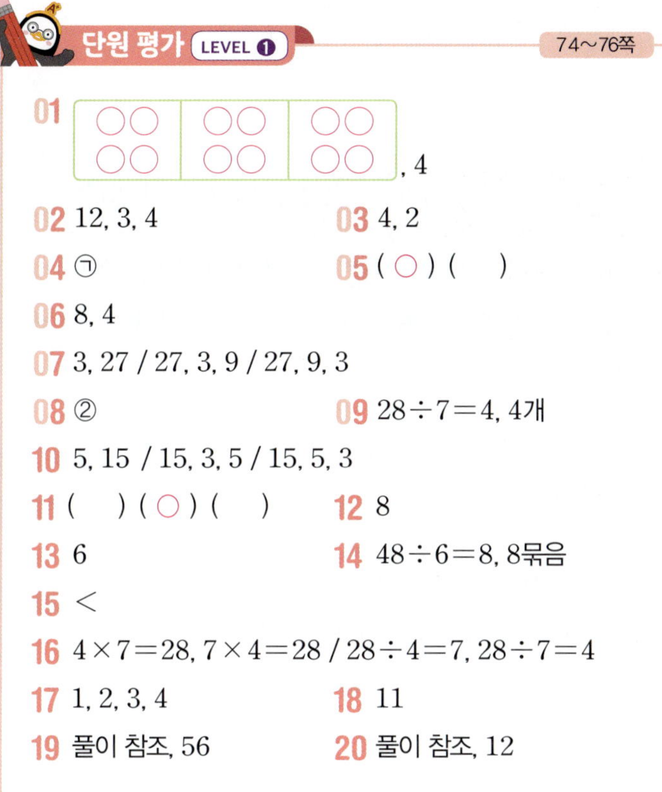 , 4

02 12, 3, 4　　　**03** 4, 2

04 ㉠　　　**05** (○) (　　)

06 8, 4

07 3, 27 / 27, 3, 9 / 27, 9, 3

08 ②　　　**09** $28\div7=4$, 4개

10 5, 15 / 15, 3, 5 / 15, 5, 3

11 (　　) (○) (　　)　　　**12** 8

13 6　　　**14** $48\div6=8$, 8묶음

15 <

16 $4\times7=28$, $7\times4=28$ / $28\div4=7$, $28\div7=4$

17 1, 2, 3, 4　　　**18** 11

19 풀이 참조, 56　　　**20** 풀이 참조, 12

---

01 도넛 12개를 3상자에 똑같이 나누어 담으면 한 상자에 4개씩 담을 수 있습니다. 따라서 빈칸에 ○를 4개씩 그려 넣습니다.

02 도넛 12개를 3상자에 똑같이 나누어 담으면 한 상자에 4개씩 담을 수 있습니다.
➡ $12\div3=4$

03 세 수인 16, 2, 8 사이에는 $16\div8=2$라는 규칙이 있습니다. 따라서 ㉠$=16\div4=4$, ㉡$=8\div4=2$입니다.

04 ㉡ 도화지 18장을 4명이 똑같이 나누면 한 명이 4장씩

18 어떤 수를 □라고 하면 □÷4＝6입니다. 4×6＝24 이므로 □＝24입니다.

24÷3＝8, 24÷8＝3이므로 각각의 몫을 더하면 8＋3＝11입니다.

19 ⑲ 21÷3＝7, □÷8＝7 ··· 50 %

➡ 8×7＝□이므로 □＝56입니다. ··· 50 %

20 ⑳ 합이 20인 두 수를 짝 지으면 (1, 19), (2, 18), (3, 17), (4, 16), ···, (19, 1)입니다. ··· 40 %

이 중에서 16÷4＝4이므로 큰 수를 작은 수로 나누었을 때 몫이 4인 두 수는 16과 4입니다. ··· 40 %

따라서 두 수의 차는 16－4＝12입니다. ··· 20 %

단원 평가 LEVEL ❷

77~79쪽

01 18, 9, 2 / 2개　　**02** ⑴ 5, 6 ⑵ 5, 몫

03 27÷3＝9, 9개

04 ⑴ 15－3－3－3－3－3＝0
　　⑵ 42－7－7－7－7－7－7＝0

05 (시계 방향으로) 4, 6, 9　　**06** ⑴ 8봉지 ⑵ 6봉지

07 63÷9＝7, 7일　　**08** 4×6＝24 / 24÷4＝6

09 ㉠, ㉢, ㉡　　**10** 6, 3, 18 / 6

11 6×7＝42, 7　　**12** ㉢

13 ⑴ 6, 6봉지 ⑵ 6, 6개　　**14** 71

15 7마리　　**16** 3개

17 4　　**18** 18그루

19 풀이 참조, 6개　　**20** 풀이 참조, 1시간 4분

---

01 지우개 18개를 9명에게 똑같이 나누어 주면 한 명에게 2개씩 줄 수 있습니다.

➡ 18÷9＝2

02 30÷5＝6 ➡ 30 나누기 5는 6과 같습니다.

➡ 6은 30을 5로 나눈 몫입니다.

---

03 복숭아 27개를 접시 3개에 똑같이 나누어 담으면 9개씩 담을 수 있습니다.

➡ 27÷3＝9

04 ⑴ 15÷3＝5 ➡ 15－3－3－3－3－3＝0
　　⑵ 42÷7＝6 ➡ 42－7－7－7－7－7－7＝0

05 세 수인 14, 2, 7 사이에는 14÷7＝2라는 규칙이 있습니다. 따라서 28÷7＝4, 42÷7＝6, 63÷7＝9입니다.

06 붕어빵 24개를 한 봉지에 3개씩 담으려면 필요한 봉지의 수는 24÷3＝8(봉지)이고, 한 봉지에 4개씩 담으려면 필요한 봉지의 수는 24÷4＝6(봉지)입니다.

07 63쪽짜리 동화책을 하루에 9쪽씩 매일 읽을 때, 이 책을 모두 읽으려면 63÷9＝7(일)이 걸립니다.

08 야구공이 4개씩 6묶음 있으므로 곱셈식으로 나타내면 4×6＝24이고, 나눗셈식으로 나타내면 24÷4＝6 입니다.

09 ㉠은 36÷4＝9, 몫이 9입니다.

㉡은 42÷7＝6, 몫이 6입니다.

㉢은 56÷8＝7, 몫이 7입니다.

따라서 몫이 큰 것부터 순서대로 기호를 쓰면, ㉠, ㉢, ㉡입니다.

10 귤 18개가 한 접시에 3개씩 6접시 있습니다.

➡ 18÷3＝6

➡ 3×6＝18

11 42÷6의 몫을 구하는 데 곱셈식 6×7＝42를 이용하면 42÷6＝7, 몫은 7입니다.

12 ㉠ 18÷□＝6, 6×3＝18 ➡ □＝3

㉡ □÷3＝5, 5×3＝□ ➡ □＝15

㉢ □÷4＝7, 7×4＝□ ➡ □＝28

㉣ 8÷□＝2, 2×4＝8 ➡ □＝4

따라서 □ 안에 알맞은 수가 가장 큰 것은 ㉢입니다.

13 (1) 밤 54개를 한 봉지에 9개씩 똑같이 나누어 담으면
$54 \div 9 = 6$이고 몫 6이 나타내는 것은 밤을 나누어
담는 데 필요한 봉지의 개수입니다.

(2) 밤 54개를 9봉지에 똑같이 나누어 담으면
$54 \div 9 = 6$이고 몫 6이 나타내는 것은 한 봉지에
담을 밤의 개수입니다.

14 $48 \div ㉠ = 6$, $6 \times 8 = 48$ ➡ $㉠ = 8$
$㉡ \div 7 = 9$, $㉡ = 9 \times 7 = 63$ ➡ $㉡ = 63$
따라서 $㉠ + ㉡ = 8 + 63 = 71$입니다.

15 비둘기는 7마리이므로 비둘기 다리 수는
$7 \times 2 = 14$(개)입니다. 공원에 있는 개와 비둘기의 다
리 수가 42개이므로 개의 다리 수는 $42 - 14 = 28$(개)
입니다. 따라서 개는 $28 \div 4 = 7$(마리)입니다.

16 ㉠에서 $48 \div 6 = 8$이므로 $8 > \square$입니다. 1부터 9까지
의 수 중에서 $\square$ 안에 들어갈 수 있는 수는 1, 2, 3, 4,
5, 6, 7입니다.
㉡에서 $32 \div 8 = 4$이므로 $4 < \square$입니다. 1부터 9까지
의 수 중에서 $\square$ 안에 들어갈 수 있는 수는 5, 6, 7, 8,
9입니다.
따라서 ㉠과 ㉡에 공통으로 들어갈 수 있는 수는 5, 6,
7로 모두 3개입니다.

17 수 카드 2 , 6 , 4 를 한 번씩만 사용하여 만들 수
있는 가장 작은 두 자리 수는 24이고 나머지 수로 나눈
몫은 $24 \div 6 = 4$입니다.

18 길이가 48 m인 길의 양쪽에 6 m 간격으로 나무를 심
으려면 (길의 한쪽에 심은 나무의 수) $\times 2$를 합니다. 길
이가 48 m인 길의 양쪽에 6 m 간격으로 심은 나무의
수는 $48 \div 6 = 8$(그루)이고, 길의 처음과 끝에도 나무
를 심으므로 $8 + 1 = 9$(그루)입니다.
따라서 길의 양쪽에 심는 데 필요한 나무의 수는
$9 \times 2 = 18$(그루)입니다.

19 예 한 상자에 초콜릿이 8개씩 6상자 있으므로
$8 \times 6 = 48$(개)입니다. 그리고 낱개로 6개가 더 있으

므로 전체 초콜릿의 개수는 $48 + 6 = 54$(개)입니다.
··· 60 %

전체 초콜릿 54개를 9명에게 똑같이 나누어 줄 때 한
사람에게 나누어 줄 수 있는 초콜릿의 개수는
$54 \div 9 = 6$(개)입니다. ··· 40 %

20 예 피자를 5판 만드는 데 40분 걸렸으므로 피자 1판을
만드는 데 걸리는 시간은 $40 \div 5 = 8$(분)입니다.
··· 40 %

같은 빠르기로 쉬지 않고 피자를 8판 만드는 데 걸리는
시간은 $8 \times 8 = 64$(분)입니다. ··· 40 %
64분 = 1시간 4분입니다. ··· 20 %

4단원 곱셈

교과서 개념 다지기 82~83쪽

개념 1

01 2, 4 / 40 / 40   **02** (1) 3 (2) 8

03 (1) 60 (2) 60 (3) 60

개념 2

04 8, 60 / 68   **05** 4, 2 / 20, 2 / 4, 8

06 (1) 9 / 69 (2) 60 / 69

교과서 넘어 보기 84~86쪽

01 (1) 3, 6 (2) 60 (3) 3, 60

02 6, 60   **03** (1) 70 (2) 80

04 (그림: 선 잇기)

05 60번

06 40쪽, 80쪽   **07** 제니

08 (1) 4, 4 (2) 4, 8 (3) 4, 84

09 예 40 / 48   **10** (1) 28 (2) 96

11 (1) < (2) >   **12** 나연

13 44살, 39살   **14** 93

15 ㉢, 43×2=86   **16** 80

교과서 속 응용 문제

17 69회   **18** 39개

19 36포기

02 $10 \times 6 = 60$

03 (1) $10 \times 7 = 70$ (2) $20 \times 4 = 80$

04 $20 \times 4 = 80$, $10 \times 6 = 60$, $30 \times 3 = 90$
  $10 \times 9 = 90$, $30 \times 2 = 60$, $40 \times 2 = 80$

05 10번의 6배는 $10 \times 6 = 60$(번)입니다.

---

06 · (수현이가 읽은 쪽수)=(지수가 읽은 쪽수)$\times 2$
  $= 20 \times 2 = 40$(쪽)
· (민호가 읽은 쪽수)=(수현이가 읽은 쪽수)$\times 2$
  $= 40 \times 2 = 80$(쪽)

07 십 모형 3개와 일 모형 3개를 더한 것은 $30+3=33$ 입니다.

09 예 · 12×4에서 12를 어림하면 약 10입니다. 따라서 어림한 값은 $10 \times 4 = 40$으로 약 40입니다.
· $12 \times 4 = 48$이므로 계산한 값은 48입니다.

10 (1)
$$\begin{array}{r} 1\ 4 \\ \times\ \ \ \ 2 \\ \hline 2\ 8 \end{array}$$
(2)
$$\begin{array}{r} 3\ 2 \\ \times\ \ \ \ 3 \\ \hline 9\ 6 \end{array}$$

11 (1) $11 \times 7 = 77$, $22 \times 4 = 88$ ➡ $77 < 88$
(2) $32 \times 2 = 64$, $21 \times 3 = 63$ ➡ $64 > 63$

12 $21 \times 2 = 42$(개)이므로 정민이가 가지고 있는 딱지 수의 2배만큼 딱지를 가지고 있는 사람은 나연이입니다.

13 (준명이의 나이)=11살
(누나의 나이)=$11+2=13$(살)
(아버지의 연세)=$11 \times 4 = 44$(살)
(어머니의 연세)=$13 \times 3 = 39$(살)

14 $31 \times 3 = 93$

15 ㉢
$$\begin{array}{r} 4\ 3 \\ \times\ \ \ \ 2 \\ \hline 6 \cdots 3 \times 2 \\ 8\ 0 \cdots 40 \times 2 \\ \hline 8\ 6 \end{array}$$

16
$$\begin{array}{r} 2\ 1 \\ \times\ \ \ \ 4 \\ \hline 4 \\ 8\ 0 \\ \hline 8\ 4 \end{array}$$

17 $23 \times 3 = 69$(회)

18 $13 \times 3 = 39$(개)

19 $12 \times 3 = 36$(포기)

개념 3

01 (1) 6, 120 / 126   (2) 8, 140 / 148

02 (1) 4, 2, 7   (2) 2, 0, 8

개념 4

03 18, 60 / 78

04 (위에서부터) (1) 2 / 6, 8   (2) 1 / 7, 2

개념 5

05 32, 120 / 152

06 (위에서부터) (1) 5 / 2, 1, 6   (2) 2 / 3, 4, 4

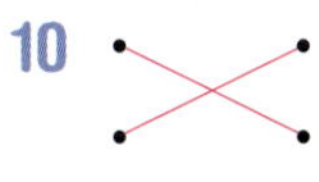 교과서 넘어 보기   90~92쪽

01 (1) 4, 4   (2) 4, 12   (3) 124

02 4, 128

03 (위에서부터) (1) 6, 120, 126   (2) 8, 140, 148

04 ㉡   **05** 62, 186

06 126개   **07** 2, 16 / 2, 2 / 36

08 (위에서부터) (1) 2 / 8, 4   (2) 1 / 7, 8

09 (위에서부터) 52, 78

10   **11** 84쪽

12 (1) 168   (2) 342   **13**

$$\begin{array}{r} 4\ 9 \\ \times \quad 3 \\ \hline 2\ 7 \\ 1\ 2\ 0 \\ \hline 1\ 4\ 7 \end{array}$$

14 (1) $27 \times 5 = 135$, 135명   (2) $29 \times 4 = 116$, 116명

15 ㉡   **16** 7, 8, 9

17 ③

---

18 (위에서부터) 예 80개 / 104개

19 (위에서부터) 예 120개 / 126개

20 (위에서부터) 예 280개 / 272개

02 $32 \times 4 = 128$

03 (1)

$$\begin{array}{r} 2\ 1 \\ \times \quad 6 \\ \hline 6 \\ 1\ 2\ 0 \\ \hline 1\ 2\ 6 \end{array}$$

  (2)

$$\begin{array}{r} 7\ 4 \\ \times \quad 2 \\ \hline 8 \\ 1\ 4\ 0 \\ \hline 1\ 4\ 8 \end{array}$$

04 ㉠ $32 \times 4 = 128$, ㉡ $41 \times 5 = 205$,
㉢ $52 \times 3 = 156$

05 $31 \times 2 = 62$, $62 \times 3 = 186$

06 $21 \times 6 = 126$(개)

08 (1) 2

$$\begin{array}{r} 1\ 4 \\ \times \quad 6 \\ \hline 8\ 4 \end{array}$$

  (2) 1

$$\begin{array}{r} 3\ 9 \\ \times \quad 2 \\ \hline 7\ 8 \end{array}$$

09 $26 \times 2 = 52$
$26 \times 3 = 78$

10 $23 \times 4 = 92$, $14 \times 6 = 84$, $49 \times 2 = 98$
$12 \times 7 = 84$, $46 \times 2 = 92$, $14 \times 7 = 98$

11 (지우가 일주일 동안 읽은 동화책 쪽수)
$= 12 \times 7 = 84$(쪽)
(언니가 일주일 동안 읽은 동화책 쪽수)
$= 24 \times 7 = 168$(쪽)
따라서 언니가 지우보다 $168 - 84 = 84$(쪽) 더 많이
읽었습니다.

12 (1) $21 \times 8 = 168$ (2) $57 \times 6 = 342$

13 십의 자리 계산에서 자릿값의 위치가 틀렸습니다.

15 ㉠ $35 \times 8 = 280$
㉡ $53 \times 8 = 424$

ⓒ $83 \times 5 = 415$

따라서 곱이 가장 큰 것은 ⓛ입니다.

참고 ●< ▲< ■일 때 곱이 가장 큰 (몇십몇)×(몇)은 ▲●×■입니다.

16 $38 \times 9 = 342$이므로 $52 \times \square > 342$이어야 합니다.
$52 \times 6 = 312$, $52 \times 7 = 364$이므로 □ 안에는 7, 8, 9가 들어갈 수 있습니다.

17 ① 21×5에서 21을 어림하면 약 20이므로 21×5의 어림값은 약 100입니다.
② 19×9에서 19를 어림하면 약 20이므로 19×9의 어림값은 약 180입니다.
③ 12×8에서 12를 어림하면 약 10이므로 12×8의 어림값은 약 80입니다.
④ 28×4에서 28을 어림하면 약 30이므로 28×4의 어림값은 약 120입니다.
⑤ 32×6에서 32를 어림하면 약 30이므로 32×6의 어림값은 약 180입니다.

18 13×8을 어림하여 계산하면 13은 약 10이므로 10×8의 어림값은 약 80입니다.
13×8을 계산한 값은 104입니다.

19 21×6을 어림하여 계산하면 21은 약 20이므로 20×6의 어림값은 약 120입니다.
21×6을 계산한 값은 126입니다.

20 68×4를 어림하여 계산하면 68은 약 70이므로 70×4의 어림값은 약 280입니다.
68×4를 계산한 값은 272입니다.

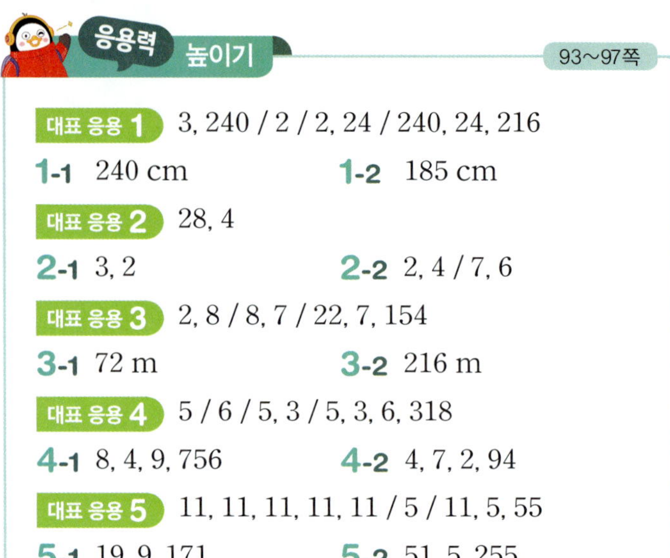

1-1 종이테이프 6장의 길이의 합은 $50 \times 6 = 300$(cm)입니다.
겹쳐진 부분은 $6 - 1 = 5$(군데)이므로 겹쳐진 부분의 길이의 합은 $12 \times 5 = 60$(cm)입니다.
따라서 이어 붙인 종이테이프 전체의 길이는 $300 - 60 = 240$(cm)입니다.

1-2 (종이테이프 5장의 길이의 합)$= 45 \times 5 = 225$(cm)
겹쳐진 부분은 $5 - 1 = 4$(군데)이고
(겹쳐진 부분의 길이의 합)$= 10 \times 4 = 40$(cm)
➡ (이어 붙인 종이테이프 전체의 길이)
$= 225 - 40 = 185$(cm)

2-1 ⓛ×6의 계산 결과에서 일의 자리 수가 2이므로 6과의 곱에서 곱의 일의 자리가 2가 되는 경우는
ⓛ×6=12, ⓛ×6=42가 있습니다.
ⓛ×6=12이면 ⓛ=2이고, ⓛ×6=42이면 ⓛ=7입니다.
ⓛ=2이면 ㉠ $2 \times 6 = 192$이므로 ㉠=3입니다.
ⓛ=7이면 ㉠ $7 \times 6 = 192$이므로 일의 자리에서 올림한 수 4를 빼면 ㉠×6=15가 되어야 하는데 6과의 곱에서 15가 되는 수인 ㉠은 없으므로 ⓛ은 7이 될 수 없습니다.
따라서 ㉠=3이고, ⓛ=2입니다.

2-2 ㉠×4의 계산 결과에서 일의 자리 수가 8이므로 4와 의 곱에서 곱의 일의 자리가 8이 되는 경우는 ㉠ ×4＝8, ㉠×4＝28이 있습니다.

㉠×4＝8이면 ㉠＝2이고, ㉠×4＝28이면 ㉠＝7 입니다.

㉠＝2이면 62×4＝248이므로 ㉡＝4입니다.

㉠＝7이면 67×4＝268이므로 ㉡＝6입니다.

따라서 ㉠과 ㉡에 알맞은 수는 두 가지 경우가 있습니다. ㉠＝2이면 ㉡＝4이고, ㉠＝7이면 ㉡＝6입니다.

3-1 도로 한쪽에 심은 나무는 14÷2＝7(그루)입니다. 나무 사이의 간격의 수는 7－1＝6(군데)이므로 도로의 길이는 12×6＝72(m)입니다.

3-2 연못의 둘레에 일정한 간격으로 나무를 심었을 때 나무 사이의 간격 수와 나무의 수는 같습니다.

따라서 연못 둘레의 길이는 24×9＝216(m)입니다.

4-1 수 카드의 수의 크기를 비교하면 4<8<9입니다.

두 번 곱해지는 한 자리 수에 가장 큰 수인 9를 놓고 나머지 수로 가장 큰 두 자리 수를 만들면 84입니다.

따라서 곱이 가장 큰 곱셈식은 84×9＝756입니다.

4-2 수 카드의 수의 크기를 비교하면 2<4<7<9입니다.

곱을 가장 작게 하기 위해 두 번 곱해지는 한 자리 수에 가장 작은 수인 2를 놓고 나머지 수로 가장 작은 두 자리 수를 만들면 47입니다.

따라서 곱이 가장 작은 곱셈식은 47×2＝94입니다.

5-1 1＋2＋3＋4＋5＋6＋7＋8＋9＋10＋11＋12＋13＋14＋15＋16＋17＋18

합이 같도록 두 수씩 짝을 지으면 짝 지은 두 수의 합은 19이고 짝 지은 수는 9쌍입니다. ➡ 19×9＝171

5-2 21＋22＋23＋24＋25＋26＋27＋28＋29＋30

합이 같도록 두 수씩 짝을 지으면 짝 지은 두 수의 합은 51이고 짝 지은 수는 5쌍입니다. ➡ 51×5＝255

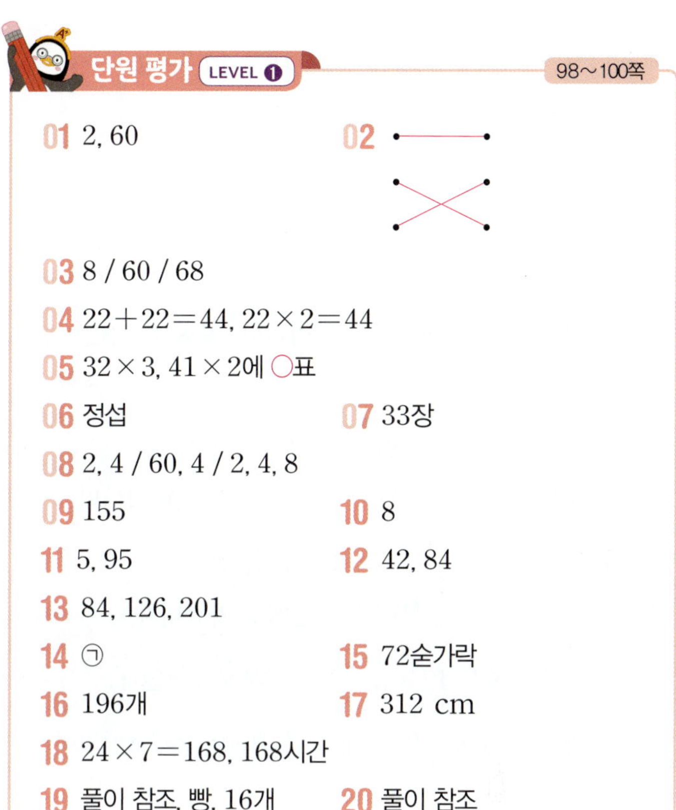

98~100쪽

01 2, 60

02

03 8 / 60 / 68

04 22＋22＝44, 22×2＝44

05 32×3, 41×2에 ◯표

06 정섭

07 33장

08 2, 4 / 60, 4 / 2, 4, 8

09 155

10 8

11 5, 95

12 42, 84

13 84, 126, 201

14 ㉠

15 72숟가락

16 196개

17 312 cm

18 24×7＝168, 168시간

19 풀이 참조, 빵, 16개

20 풀이 참조

02 30×3＝10×9＝90, 20×2＝10×4＝40, 40×2＝10×8＝80

03 34×2는 4×2와 30×2로 나누어 계산할 수 있습니다. 4×2＝8이고, 30×2＝60입니다.

따라서 34×2＝68입니다.

05 •11×5에서 11을 어림하면 약 10이므로 11×5의 어림값은 약 10×5＝50입니다.

•32×3에서 32를 어림하면 약 30이므로 32×3의 어림값은 약 30×3＝90입니다.

•41×2에서 41을 어림하면 약 40이므로 41×2의 어림값은 약 40×2＝80입니다.

•19×3에서 19를 어림하면 약 20이므로 19×3의 어림값은 약 20×3＝60입니다.

06 영진: 14씩 2묶음 ➡ 14×2＝28

지훈: 11＋11＋11＝11×3＝33

유민: 21＋21＝21×2＝42

07 14장씩 2명에게 나누어 주고 5장이 남았으므로 14×2＝28, 28＋5＝33(장)입니다.

09 $11+12+13+14+15+16+17+18+19+20$

합이 같도록 두 수씩 짝을 지으면 짝 지은 두 수의 합은
31이고 짝 지은 수는 5쌍입니다. ➡ $31 \times 5 = 155$

10 일의 자리 계산에서 올림한 수가 없으므로 지워진 수를
□라고 하면 □$\times 4 = 32$입니다. $8 \times 4 = 32$이므로
□$= 8$입니다.

11 수직선에서 19씩 5번 뛰어 세었으므로
$19+19+19+19+19 = 19 \times 5 = 95$입니다.

12 $14 \times 3 = 42$이고 $14 \times 6 = 84$입니다.
곱하는 수를 2배 하면 곱도 2배로 커집니다.

13 $28 \times 3 = 84$, $42 \times 3 = 126$, $67 \times 3 = 201$

14 ⓒ과 ⓒ의 숫자 4는 실제로 나타내는 수가 4이지만
㉠의 숫자 4가 실제로 나타내는 수는 40입니다.

15 $12 \times 6 = 72$(숟가락)

16 $28 \times 7 = 196$(개)

17 $78+78+78+78 = 78 \times 4 = 312$(cm)입니다.

18 하루는 24시간이고, 일주일은 7일입니다.
따라서 일주일은 $24 \times 7 = 168$(시간)입니다.

19 예 음료수는 $24 \times 4 = 96$(개)가 있고, 빵은
$16 \times 7 = 112$(개)가 있습니다. ⋯ 50 %
따라서 빵이 $112 - 96 = 16$(개) 더 많습니다.
⋯ 50 %

20

$$\begin{array}{r} \overset{6}{}8\ 9 \\ \times\ 7 \\ \hline 6\ 2\ 3 \end{array}$$ ⋯ 40 %

예 89×7의 일의 자리 계산에서 올림한 수를 십의 자
리 계산 결과에 더하지 않았습니다. ⋯ 60 %

---

01 80

02 20, 3, 60

03 46, 184

04 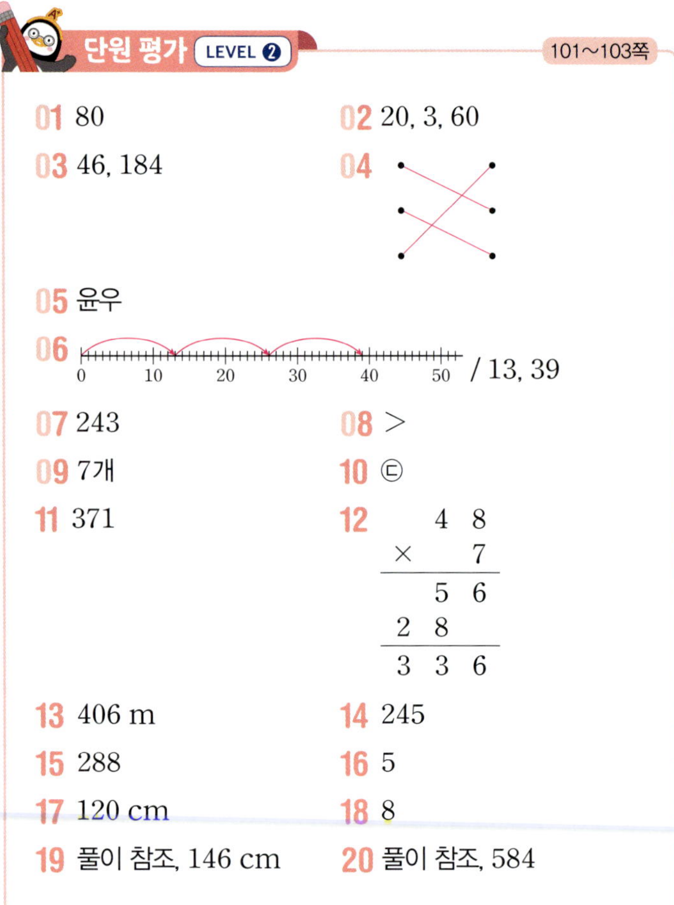

05 윤우

06 / 13, 39

07 243

08 >

09 7개

10 ⓒ

11 371

12
$$\begin{array}{r} 4\ 8 \\ \times\ 7 \\ \hline 5\ 6 \\ 2\ 8 \\ \hline 3\ 3\ 6 \end{array}$$

13 406 m

14 245

15 288

16 5

17 120 cm

18 8

19 풀이 참조, 146 cm

20 풀이 참조, 584

---

01 십 모형의 수가 $4 \times 2 = 8$이므로 $40 \times 2 = 80$입니다.

02 한 상자에 참외가 20개씩 3상자 있으므로
$20 \times 3 = 60$입니다.

03 $23 \times 2 = 46$, $46 \times 4 = 184$

04 $10 \times 7 = 70 \times 1 = 70$
$20 \times 3 = 30 \times 2 = 60$
$2 \times 40 = 20 \times 4 = 80$

05 윤우: $\boxed{4}$ 는 $20 \times 2 = 40$을 나타냅니다.

06 13씩 3번 뛰어 세었으므로
$13+13+13 = 13 \times 3 = 39$입니다.

07 1, 3, 9, 27, 81에서 오른쪽에 있는 수는 왼쪽에 있는
수에 3을 곱한 수입니다.
따라서 81 다음에 오는 수는 $81 \times 3 = 243$입니다.

08 $51 \times 8 = 408$, $82 \times 4 = 328$
➡ $408 > 328$

09 $13 \times 4 = 52$, $15 \times 4 = 60$

52와 60 사이의 두 자리 수는 53, 54, 55, 56, 57, 58, 59로 모두 7개입니다.

10 ㉠ 38×5에서 38을 어림하면 약 40이므로 38×5의 어림값은 약 200입니다.

㉡ 42×4에서 42를 어림하면 약 40이므로 42×4의 어림값은 약 160입니다.

㉢ 31×7에서 31을 어림하면 약 30이므로 31×7의 어림값은 약 210입니다.

11 28, 7, 9, 53 중에서 가장 큰 수는 53이고 가장 작은 수는 7이므로 곱은 $53 \times 7 = 371$입니다.

12 십의 자리 계산의 자릿값을 바르게 맞추어 계산합니다.

13 호수의 둘레에 일정한 간격으로 나무를 심었을 때 나무 사이의 간격 수와 나무의 수는 같습니다.

따라서 호수 둘레의 길이는 $58 \times 7 = 406 (\text{m})$입니다.

14 $20 + 21 + 22 + 23 + 24 + 25 + 26 + 27 + 28 + 29$

합이 같도록 두 수씩 짝을 지으면 짝 지은 두 수의 합은 49이고 짝 지은 수는 5쌍입니다. ➡ $49 \times 5 = 245$

15 어떤 수를 □라고 하면 $□ \div 6 = 8$이므로 $6 \times 8 = □$, $□ = 48$입니다. 바르게 계산하면 어떤 수인 48에 6을 곱해야 하므로 $48 \times 6 = 288$입니다.

16 $59 \times ㉠$에서 59를 약 60으로 어림했을 때 60과 ㉠의 곱이 300에 가장 가까우려면 ㉠에 5를 넣어야 합니다.

17 파란색 선의 길이의 합은 15 cm씩 8개이므로 $15 \times 8 = 120 (\text{cm})$입니다.

18 2와 지워진 수를 곱해서 일의 자리 수가 8이 나오는 경우는 지워진 수가 4이거나 9인 경우입니다.

$32 \times 4 = 128$, $32 \times 9 = 288$이므로 지워진 수는 9이고 ㉠은 8입니다.

19 예 종이테이프 3장의 길이의 합은

$50 \times 3 = 150 (\text{cm})$입니다. ⋯ 20 %

겹쳐진 부분은 $3 - 1 = 2 (\text{군데})$이므로 겹쳐진 부분의 길이의 합은 $2 \times 2 = 4 (\text{cm})$입니다. ⋯ 40 %

따라서 이어 붙인 종이테이프 전체의 길이는 $150 - 4 = 146 (\text{cm})$입니다. ⋯ 40 %

20 예 수 카드의 수의 크기를 비교하면 $3 < 7 < 8$입니다. ⋯ 20 %

두 번 곱해지는 한 자리 수에 가장 큰 수인 8을 놓고 나머지 수로 가장 큰 두 자리 수를 만들면 73입니다. ⋯ 50 %

따라서 곱이 가장 큰 곱셈식은 $73 \times 8 = 584$입니다. ⋯ 30 %

5 단원 길이와 시간

개념 1

01 (1) 8 (2) 4, 3

02 (1) 5 밀리미터 (2) 6 센티미터 3 밀리미터

03 (1) 6, 5 (2) 46

개념 2

04 1, 1000

05 (1) 5 킬로미터 (2) 2 킬로미터 400 미터

06 (1) 3 (2) 5000 (3) 2900 (4) 6, 400

07 (○) ( )
    ( ) (○)

개념 3

08 (1) mm (2) cm   **09** (1) m (2) km

10 약 6 cm에 ○표   **11** ㉢

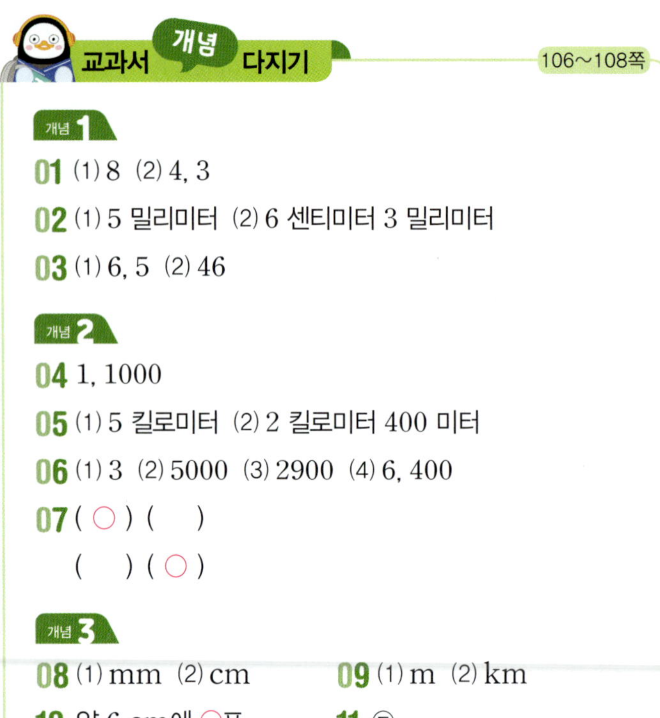

01 10

02

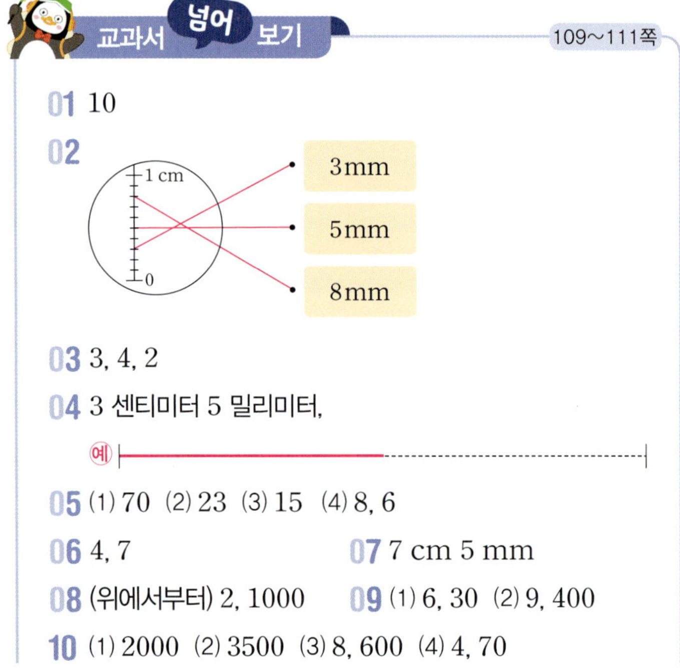

03 3, 4, 2

04 3 센티미터 5 밀리미터,
예)

05 (1) 70 (2) 23 (3) 15 (4) 8, 6

06 4, 7   **07** 7 cm 5 mm

08 (위에서부터) 2, 1000   **09** (1) 6, 30 (2) 9, 400

10 (1) 2000 (2) 3500 (3) 8, 600 (4) 4, 70

11 서점

12 

13 (위에서부터) 2, 300 / 2, 600

14 (1) m (2) mm (3) cm (4) km

15 ㉢, 학교 운동장 한 바퀴의 길이는 약 250 m입니다.

16 병원, 은행   **17** 수영장

교과서 속 응용 문제

18 (1) 10 cm 4 mm (2) 4 km 100 m

19 (1) 2 cm 8 mm (2) 2 km 600 m

20 4 cm

---

01 1 cm를 10칸으로 똑같이 나누었을 때 작은 눈금 한 칸의 길이가 1 mm이므로 1 cm＝10 mm입니다.

02 1 cm를 10칸으로 똑같이 나누었을 때 작은 눈금 한 칸의 길이는 1 mm입니다.
3 mm는 0에서 셋째 눈금까지의 길이입니다.
5 mm는 0에서 다섯째 눈금까지의 길이입니다.
8 mm는 0에서 여덟째 눈금까지의 길이입니다.

03 6 cm보다 3 mm 더 긴 길이는 6 cm에서 작은 눈금 3칸을 더 간 곳이므로 6 cm 3 mm입니다.
4 cm보다 2 mm 더 긴 길이는 4 cm에서 작은 눈금 2칸을 더 간 곳이므로 4 cm 2 mm입니다.

04 3 cm 5 mm는 3 센티미터 5 밀리미터라고 읽습니다.

05 1 cm＝10 mm입니다.

06 4 cm에서 작은 눈금 7칸을 더 간 곳입니다. 작은 눈금 한 칸의 길이가 1 mm이므로 화살표가 가리키는 곳은 4 cm 7 mm입니다.

07 7 cm에서 작은 눈금 5칸을 더 간 곳이므로 7 cm 5 mm입니다.

08 눈금 한 칸이 500 m이므로 눈금 두 칸은 1000 m입니다. 1 km＝1000 m이므로 2 km＝2000 m입니다.

09 (1) 6 km보다 30 m 더 먼 거리는 6 km 30 m입니다.

    (2) 9 km보다 400 m 더 먼 거리는 9 km 400 m입니다.

10 1 km=1000 m입니다.

    (1) 2 km=1 km+1 km=1000 m+1000 m
         =2000 m

    (2) 3 km 500 m=3000 m+500 m=3500 m

    (3) 8600 m=8000 m+600 m=8 km 600 m

    (4) 4070 m=4000 m+70 m=4 km 70 m

11 1 km 76 m=1076 m이므로 1540>1076입니다. 따라서 연우네 집에서 서점이 더 가깝습니다.

12 9 km=9000 m

    9 km 230 m=9000 m+230 m=9230 m

    9 km 23 m=9000 m+23 m=9023 m

13 작은 눈금 한 칸의 길이는 100 m입니다.

    • 2 km에서 작은 눈금 3칸을 더 간 곳은
      2 km 300 m입니다.

    • 2 km에서 작은 눈금 6칸을 더 간 곳은
      2 km 600 m입니다.

15 ⓒ 학교 운동장 한 바퀴의 길이는 약 250 m입니다.

16 학교에서 도서관까지의 거리는 2 km입니다.
학교에서 2 km만큼 떨어진 곳은 병원, 은행입니다.

17 민주네 학교에서 병원까지의 거리는 약 500 m입니다. 민주네 학교에서 이 거리의 2배 거리인 약 1 km 떨어진 곳은 수영장입니다.

18 (1)
```
      1
    6 cm   9 mm
 +  3 cm   5 mm
 ──────────────
   10 cm   4 mm
```
    (2)
```
      1
    2 km  300 m
 +  1 km  800 m
 ──────────────
    4 km  100 m
```

19 (1)
```
    3    10
    4̸ cm   3 mm
 -  1 cm   5 mm
 ──────────────
    2 cm   8 mm
```
    (2)
```
    4    1000
    5̸ km  200 m
 -  2 km  600 m
 ──────────────
    2 km  600 m
```

20
```
       1
    1 cm   3 mm
 +  2 cm   7 mm
 ──────────────
    4 cm
```
다른 풀이   1 cm 3 mm+2 cm 7 mm
          =13 mm+27 mm=40 mm=4 cm

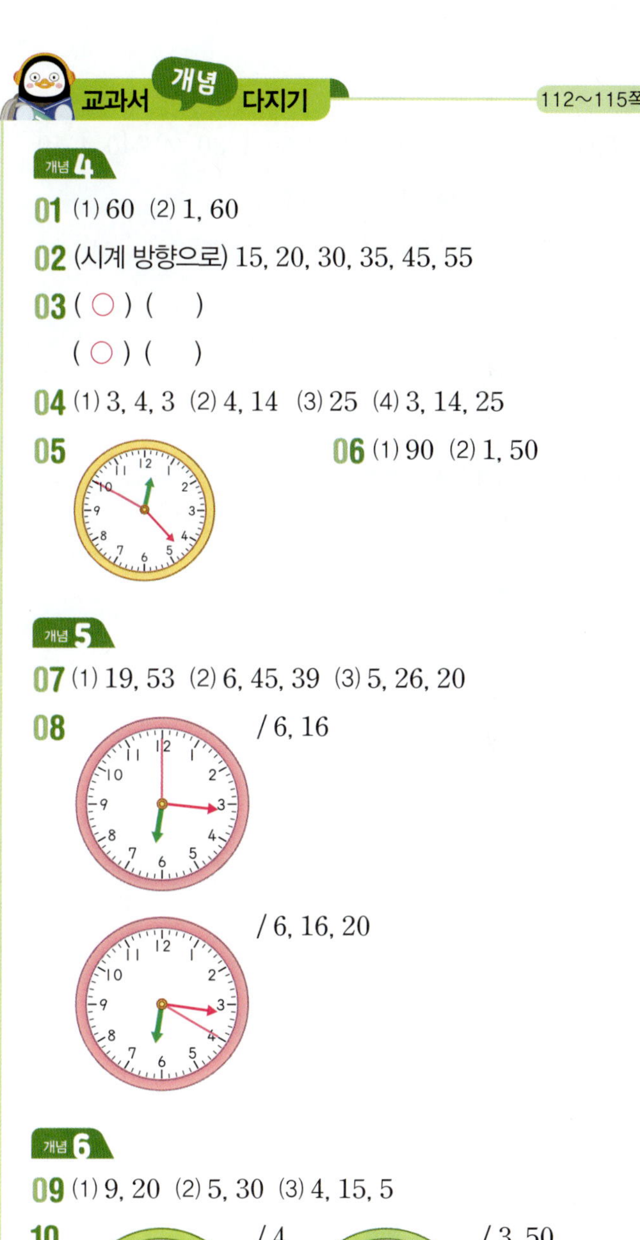

교과서 개념 다지기   112~115쪽

개념 4

01 (1) 60 (2) 1, 60

02 (시계 방향으로) 15, 20, 30, 35, 45, 55

03 (◯) (   )
    (◯) (   )

04 (1) 3, 4, 3 (2) 4, 14 (3) 25 (4) 3, 14, 25

05

06 (1) 90 (2) 1, 50

개념 5

07 (1) 19, 53 (2) 6, 45, 39 (3) 5, 26, 20

08 / 6, 16

    / 6, 16, 20

개념 6

09 (1) 9, 20 (2) 5, 30 (3) 4, 15, 5

10 / 4,   / 3, 50

01 (1) 1　(2) 60　　　**02** 8

03 (1)　(2)

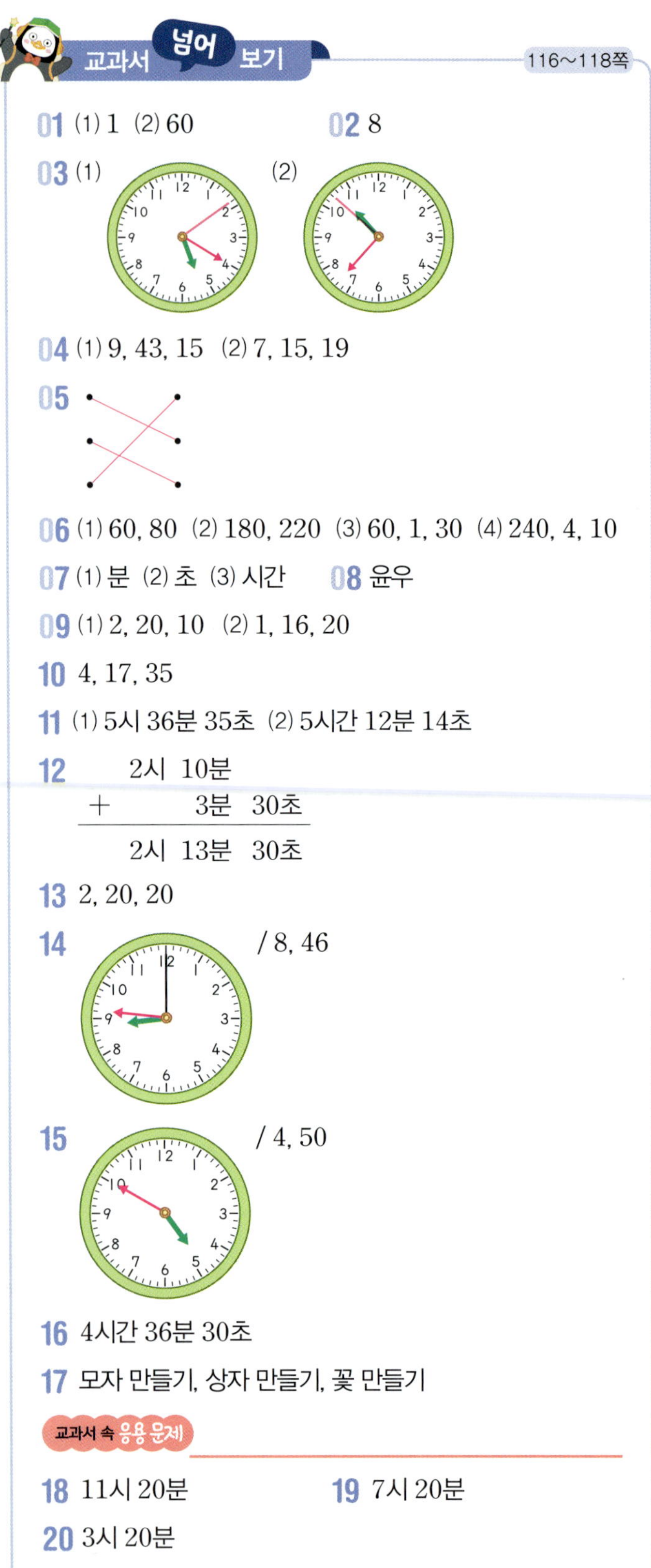

04 (1) 9, 43, 15　(2) 7, 15, 19

05

06 (1) 60, 80　(2) 180, 220　(3) 60, 1, 30　(4) 240, 4, 10

07 (1) 분　(2) 초　(3) 시간　　**08** 윤우

09 (1) 2, 20, 10　(2) 1, 16, 20

10 4, 17, 35

11 (1) 5시 36분 35초　(2) 5시간 12분 14초

12
```
     2시  10분
 +       3분  30초
────────────────
     2시  13분  30초
```

13 2, 20, 20

14 / 8, 46

15 / 4, 50

16 4시간 36분 30초

17 모자 만들기, 상자 만들기, 꽃 만들기

18 11시 20분　　　**19** 7시 20분

20 3시 20분

---

01 초바늘이 작은 눈금 한 칸을 가는 동안 걸리는 시간은 1초이고 초바늘이 시계를 한 바퀴 도는 데 걸리는 시간은 60초입니다.

02 초바늘이 작은 눈금 한 칸을 이동하는 데 걸리는 시간은 1초입니다. 초바늘이 작은 눈금 8칸을 이동하였으므로 걸린 시간은 8초입니다.

03 (1) 9초는 초바늘이 숫자 1에서 작은 눈금 4칸을 더 간 곳입니다.

(2) 52초는 초바늘이 숫자 10에서 작은 눈금 2칸을 더 간 곳입니다.

04 (1) 짧은바늘: 숫자 9와 10 사이 ➡ 9시
긴바늘: 숫자 8에서 작은 눈금 3칸 더 간 곳
　　　　➡ 43분
초바늘: 숫자 3 ➡ 15초
따라서 9시 43분 15초입니다.

(2) 짧은바늘: 숫자 7과 8 사이 ➡ 7시
긴바늘: 숫자 3 ➡ 15분
초바늘: 숫자 3에서 작은 눈금 4칸 더 간 곳
　　　　➡ 19초
따라서 7시 15분 19초입니다.

06 1분＝60초
2분＝1분＋1분＝60초＋60초＝120초
3분＝1분＋1분＋1분＝60초＋60초＋60초
　　＝180초
4분＝1분＋1분＋1분＋1분
　　＝60초＋60초＋60초＋60초＝240초
(1) 1분 20초＝60초＋20초＝80초
(2) 3분 40초＝180초＋40초＝220초
(3) 90초＝60초＋30초＝1분 30초
(4) 250초＝240초＋10초＝4분 10초

08 7분 35초＝420초＋35초＝455초입니다.
따라서 455＞445이므로 책상 위를 더 오랫동안 정리한 사람은 윤우입니다.

09 (1)
```
        1
     2시  17분  20초
 +        2분  50초
────────────────────
     2시  20분  10초
```
(2)
```
     1시  30분  40초
 −       14분  20초
────────────────────
     1시  16분  20초
```

10 4시 2분 10초＋15분 25초＝4시 17분 35초

11

(1)
```
      4시   11분   15초
 +  1시간   25분   20초
─────────────────────
      5시   36분   35초
```

(2)
```
      7시   42분   34초
 −    2시   30분   20초
─────────────────────
    5시간   12분   14초
```

12 시는 시끼리, 분은 분끼리, 초는 초끼리 계산해야 합니다.

13
```
      4시   50분   30초
 −    2시   30분   10초
─────────────────────
    2시간   20분   20초
```

14 60초＝1분이므로 8시 45분 60초는 8시 46분입니다.

15 5시 10분에서 10분 전 시각은 5시입니다.

5시에서 10분 전 시각은 4시 50분입니다.

16 (걸린 시간)＝(대전 도착 시각)－(부산 출발 시각)

$$=7시\ 41분\ 50초-3시\ 5분\ 20초$$
$$=4시간\ 36분\ 30초$$

17 1시간＝60분 동안 할 수 있는 3가지 활동을 고르려면 먼저 시간이 가장 많이 걸리는 가방 만들기를 제외하고 알아봅니다.

(모자 만들기)＋(상자 만들기)＋(꽃 만들기)

$$=22분+18분\ 30초+15분\ 20초$$
$$=40분\ 30초+15분\ 20초=55분\ 50초$$

18 (도착 시각)＝(출발 시각)＋(걸린 시간)

$$=10시\ 55분+25분$$
$$=10시\ 80분=11시\ 20분$$

19 (수영을 마친 시각)

$$=(수영을\ 시작한\ 시각)+(수영을\ 한\ 시간)$$
$$=5시\ 40분+1시간\ 40분$$
$$=6시\ 80분=7시\ 20분$$

20 210분＝180분＋30분＝3시간 30분입니다.

(시작 시각)＝(끝난 시각)－(경기 시간)

$$=6시\ 50분-3시간\ 30분$$
$$=3시\ 20분$$

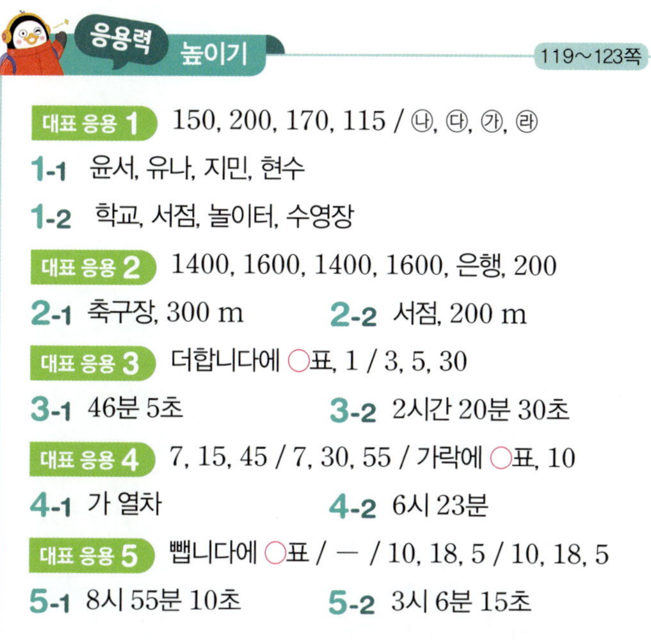

1-1 1 m＝100 cm이고 10 mm＝1 cm입니다.

학생들의 키를 cm 단위로 나타내면 다음과 같습니다.

지민	현수	유나	윤서
115 cm	110 cm	120 cm	132 cm

따라서 윤서, 유나, 지민, 현수의 순서대로 키가 큽니다.

1-2 희민이네 집에서 서점까지의 거리는

1 km 60 m＝1060 m이고, 희민이네 집에서 수영장까지의 거리는 2 km 100 m＝2100 m입니다.

따라서 2100＞1950＞1060＞570이므로 희민이네 집에서 학교, 서점, 놀이터, 수영장 순서대로 가깝습니다.

2-1 해나네 집에서 야구장까지의 거리는

1 km 900 m＝1900 m이고, 해나네 집에서 축구장까지의 거리는 1600 m입니다.

따라서 1900＞1600이므로 해나네 집에서 축구장까지의 거리가 해나네 집에서 야구장까지의 거리보다 1900 m－1600 m＝300 m 더 가깝습니다.

2-2 (서점을 지나서 가는 거리)

$$=1\ km\ 800\ m+1\ km$$
$$=2\ km\ 800\ m$$

(문구점을 지나서 가는 거리)

$=1\ \text{km}+2\ \text{km}=3\ \text{km}$

$2\ \text{km}\ 800\ \text{m}<3\ \text{km}$이므로

집에서 학교까지 가는데 서점을 지나서 가는 거리가

$3\ \text{km}-2\ \text{km}\ 800\ \text{m}=200\ \text{m}$ 더 가깝습니다.

3-1

```
      1
    30분   15초
 +  15분   50초
 ─────────────
    46분    5초
```

3-2

```
    2      60
    3시간  10분  30초
 ─         50분
 ─────────────────
    2시간  20분  30초
```

4-1 가 열차로 가는 데 걸리는 시간:

```
    11시   55분
 ─   8시   45분
 ─────────────
     3시간  10분
```

나 열차로 가는 데 걸리는 시간:

```
    11    60
    12시   15분
 ─   9시   20분
 ─────────────
     2시간  55분
```

4-2 (체험활동의 체험 시간의 합)

　　=(수족관 관람 시간)+(승마 체험 시간)

　　　+(전망대 관람 시간)

　　=1시간 20분+2시간 12분+37분

　　=3시간 32분+37분

　　=3시간 69분=4시간 9분

➡ (전망대 관람을 마친 시각)

　　=2시 14분+4시간 9분

　　=6시 23분

5-1

```
    8      60
    9시        25초
 ─         5분  15초
 ─────────────────
    8시   55분  10초
```

5-2 오전 10시부터 오후 3시까지 5시간이 걸리므로 혜민
이 시계가 5시간 동안 빠르게 간 시간을 구합니다.

혜민이의 시계는 1시간에 1분 15초씩 빠르게 가므로

2시간에 1분 15초+1분 15초=2분 30초,

3시간에 2분 30초+1분 15초=3분 45초,

4시간에 3분 45초+1분 15초=4분 60초=5분,

5시간에 5분+1분 15초=6분 15초 더 빠르게 갑니다.

따라서 오후 3시에 혜민이의 시계는 오후 3시 6분 15초
를 가리킵니다.

단원 평가 LEVEL ❶

124~126쪽

01 (1) 3, 1　(2) 72　(3) 15　　**02** 175 mm

03 (1) >　(2) <　　**04** 도연

05

06 1500 m

07 892 m　　**08** cm에 ○표

09 ②

10 ㉡, (예) 교실 앞문의 높이는 약 2 m입니다.

11 1, 1, 60　　**12** 10, 15, 40

13 (1) 120, 160　(2) 40, 5, 40

14 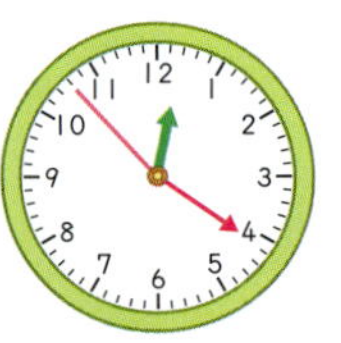　　**15** 1, 40, 30

16 8시 25분　　**17** 2시간 53분 4초

18 13시간 47분 15초　　**19** 풀이 참조, 은행

20 풀이 참조, 경민, 5분 29초

01 1 cm=10 mm입니다.

(1) 31 mm=30 mm+1 mm=3 cm 1 mm

(2) 7 cm 2 mm=70 mm+2 mm=72 mm

(3) 150 mm=15 cm

02 17 cm보다 5 mm 더 긴 것은 17 cm 5 mm입니다.

17 cm 5 mm＝170 mm＋5 mm＝175 mm

03 (1) 9 cm＝90 mm

➡ 95 mm＞90 mm

(2) 2 cm 7 mm＝27 mm

➡ 27 mm＜207 mm

04 10 cm와 15 cm 사이의 길이 중 12 cm보다 긴 길이를 말한 사람을 찾습니다.

수지: 10 cm 5 mm

도연: 136 mm＝130 mm＋6 mm

＝13 cm 6 mm

성희: 120 mm＝12 cm

따라서 조건을 모두 만족하는 길이를 말한 사람은 도연입니다.

05 ・6060 m＝6000 m＋60 m

＝6 km 60 m

・6 km 600 m＝6000 m＋600 m

＝6600 m

・6 km＝6000 m

06 (걸은 거리)＝6 km 700 m

－(자전거를 타고 간 거리)

＝6 km 700 m－5 km 200 m

＝1 km 500 m＝1500 m

07 단위를 m로 나타내어 비교합니다.

지리산: 1 km 915 m＝1915 m

한라산: 1950 m

속리산: 1058 m

월악산: 1 km 94 m＝1094 m

1950＞1915＞1094＞1058이므로 가장 높은 산은 한라산이고, 가장 낮은 산은 속리산입니다.

따라서 1 km 950 m－1 km 58 m＝892 m입니다.

09 집에서부터 학교까지의 거리는 약 300 m의 2배 정도

됩니다. 따라서 300＋300＝600이므로 약 600 m입니다.

12 짧은바늘은 10과 11 사이에 있으므로 10시, 긴바늘은 3을 지나고 있으므로 15분, 초바늘은 8을 가리키므로 40초입니다.

따라서 시계가 나타내는 시각은 10시 15분 40초입니다.

13 (1) 2분 40초＝120초＋40초＝160초

(2) 340초＝300초＋40초＝5분 40초

14 53초이므로 초바늘은 숫자 10에서 작은 눈금 3칸 더 간 곳을 가리키도록 그립니다.

15

	4	60
5시	10분	40초
－ 3시	30분	10초
1시간	40분	30초

16 (피아노 연습을 마친 시각)

＝(피아노 연습을 시작한 시각)

＋(피아노 연습을 한 시간)

＝6시 55분＋1시간 30분

＝7시 85분

＝8시 25분

다른 풀이 6시 55분에서 5분 후의 시각은 7시입니다.

7시에서 1시간 25분 후의 시각은 8시 25분입니다.

17

		1
1시간	35분	22초
＋ 1시간	17분	42초
2시간	53분	4초

18 (낮의 길이)

＝(해가 진 시각)－(해가 뜬 시각)

＝19시 25분 45초－5시 38분 30초

＝18시 85분 45초－5시 38분 30초

＝13시간 47분 15초

19 예 지희네 집에서 은행까지의 거리는

2 km 600 m＝2600 m입니다. … 40 %

따라서 2600 m＜3580 m이므로 지희네 집에서 더 가까운 곳은 은행입니다. ··· 60 %

20 예 서우: 5분 26초

경민: 329초＝300초＋29초＝5분 29초

지현: 4분 55초

현우: 297초＝240초＋57초＝4분 57초 ··· 60 %

5분 29초＞5분 26초＞4분 57초＞4분 55초이므로 경민이가 5분 29초로 가장 줄넘기를 오래 했습니다.
··· 40 %

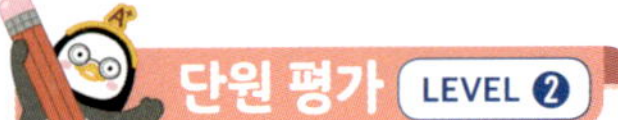
단원 평가 LEVEL ❷

127~129쪽

01 5, 2 / 5 센티미터 2 밀리미터

02 ㉣

03 20 cm 3 mm

04 ㉢

05 4 / 4, 600

06 7, 500 / 7500

07 ㉡, ㉢, ㉠

08 공원, 문구점, 도서관, 영화관

09 (1) 3 km (2) 학교, 박물관, 은행

10 33 cm 6 mm

11 (1) 170 (2) 1, 35

12 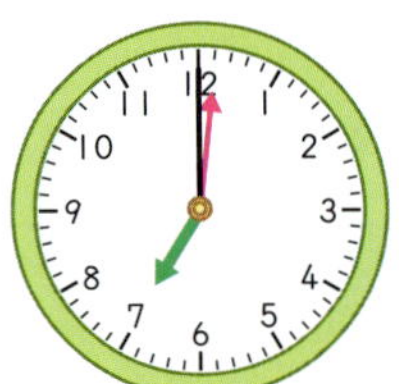

13 39분 20초

14 6, 40, 7

15 1, 13

16 오후 5시 14분

17 4시 10분

18 윷놀이, 팽이치기, 널뛰기 또는 팽이치기, 널뛰기, 딱지치기

19 풀이 참조, ㉣, ㉠, ㉡, ㉢

20 풀이 참조, 9시 17분 10초

01 나뭇잎의 길이는 5 cm에서 작은 눈금 2칸을 더 간 곳이므로 5 cm 2 mm입니다. 5 cm 2 mm는 5 센티미터 2 밀리미터라고 읽습니다.

02 ㉣ 90 cm＝900 mm

03 자에서 작은 눈금 한 칸은 1 mm입니다.

발 길이가 20 cm보다 작은 눈금 3칸만큼 더 간 곳이므로 발 길이는 20 cm 3 mm입니다.

04 ㉢ 수학책의 두께는 8 mm입니다.

05 4600 m＝4000 m＋600 m＝4 km 600 m

06 작은 눈금 한 칸이 100 m이므로 7 km에서 작은 눈금 5칸을 더 간 곳은 7 km 500 m입니다.

1 km＝1000 m이므로 7 km 500 m＝7500 m입니다.

07 • 5000 m＝5 km ➡ ㉠＝5

• 1500 m＝1 km 500 m ➡ ㉡＝500

• 5050 m＝5 km 50 m ➡ ㉢＝50

500＞50＞5이므로 □ 안에 알맞은 수가 큰 것부터 순서대로 기호를 쓰면 ㉡, ㉢, ㉠입니다.

08 단위를 m 단위로 통일하여 비교합니다.

(지하철역에서 도서관까지의 거리)

＝1 km 80 m

＝1080 m

(지하철역에서 문구점까지의 거리)

＝1 km 420 m

＝1420 m

1800＞1420＞1080＞1040이므로 지하철역에서 먼 장소부터 순서대로 쓰면 공원, 문구점, 도서관, 영화관입니다.

09 (1) 학교에서 놀이터까지의 거리가 약 1 km이므로 학교에서 소방서까지의 거리는 1 km의 3배인 약 3 km입니다.

(2) 2 km는 1 km의 2배입니다.

공원에서 약 2 km인 곳을 찾으면 학교, 박물관, 은행입니다.

10 직사각형은 긴 변이 2개이므로 긴 변의 길이는

10 cm 5 mm＋10 cm 5 mm

＝20 cm 10 mm＝21 cm입니다.

짧은 변도 2개이므로 짧은 변의 길이는

63 mm＋63 mm＝126 mm

＝120 mm＋6 mm＝12 cm 6 mm입니다.

따라서 직사각형 모양을 만드는 데 필요한 철사의 길이는

21 cm＋12 cm 6 mm＝33 cm 6 mm입니다.

11 ⑴ 2분 50초＝120초＋50초＝170초

⑵ 95초＝60초＋35초＝1분 35초

12 7시 45초에서 15초 후의 시각은 7시 1분입니다.

13 짧은바늘: 숫자 2와 3 사이 ➡ 2시

긴바늘: 숫자 4 ➡ 20분

초바늘: 숫자 8 ➡ 40초

현재 시각은 2시 20분 40초입니다.

따라서 3시까지 남은 시간은

3시－2시 20분 40초

＝2시 59분 60초－2시 20분 40초＝39분 20초입니다.

14

$$\begin{array}{r} \overset{6}{\cancel{7}}\text{시} \quad \overset{60}{20}\text{분} \quad 12\text{초} \\ -\qquad 40\text{분} \quad 5\text{초} \\ \hline 6\text{시} \quad 40\text{분} \quad 7\text{초} \end{array}$$

15

$$\begin{array}{r} 10\text{시} \quad 58\text{분} \\ -\quad 9\text{시} \quad 45\text{분} \\ \hline 1\text{시간} \quad 13\text{분} \end{array}$$

16

$$\begin{array}{r} \overset{1}{} \\ 1\text{시} \quad 34\text{분} \\ +\ 3\text{시간} \quad 40\text{분} \\ \hline 5\text{시} \quad 14\text{분} \end{array}$$

17 (집에 돌아온 시각)

＝(출발한 시각)＋(집에서 편의점까지 간 시간)

　　＋(물건을 산 시간)

　　＋(편의점에서 집으로 돌아온 시간)

＝3시 35분＋15분＋5분＋15분

＝3시 50분＋5분＋15분

＝3시 55분＋15분

＝3시 70분

＝4시 10분

18 팽이치기: 900초＝15분

널뛰기: 600초＝10분

1시간＝60분이므로 60분을 넘지 않게 하는

민속놀이 3가지를 고르면

30분＋15분＋10분＝55분이므로

윷놀이, 팽이치기, 널뛰기를 고를 수 있습니다.

또는 15분＋10분＋25분＝50분이므로

팽이치기, 널뛰기, 딱지치기를 고를 수 있습니다.

19 예 단위를 m로 나타내어 비교하면

㉠ 2 km＝2000 m, ㉢ 1 km 90 m＝1090 m입니다. … 50 %

따라서 2021＞2000＞1830＞1090이므로 길이가 긴 것부터 순서대로 기호를 쓰면 ㉣, ㉠, ㉡, ㉢입니다. … 50 %

20 예 (상민이의 시계가 2일 동안 늦어진 시간)

＝10×2＝20(초) … 40 %

(상민이의 시계가 가리키는 시각)

＝(현재의 시각)－(2일 동안 늦어진 시간)

＝9시 17분 30초－20초

＝9시 17분 10초 … 60 %

분수와 소수

교과서 개념 다지기 132~135쪽

개념 1

01 ( ) ( ) (○)

02 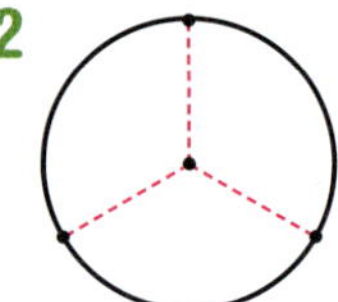

03 (1) (○) (×) (×)
　　(2) (○) (×) (○)
　　(3) (×) (○) (○)

개념 2

04 4, 3

05 $\frac{3}{7}$, 7, 3

개념 3

06 2

07 7, 2

08 4, 1

09 3, 3

10 $\frac{3}{4}$, $\frac{1}{4}$

11 $\frac{2}{3}$, $\frac{1}{3}$

12 (예) 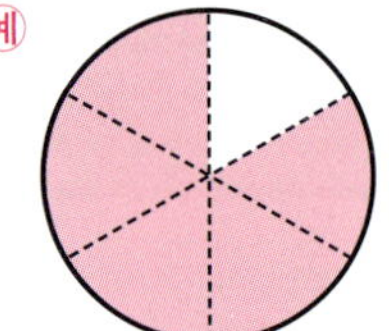

13 (예) 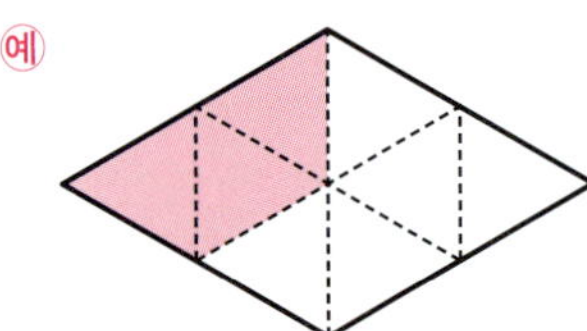

05 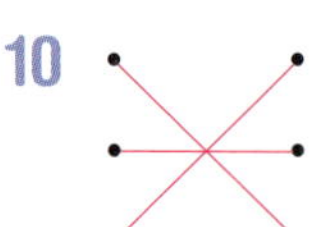

06 8, 3, $\frac{3}{8}$

07 $\frac{1}{6}$

08 (○) ( ) (○)

09 $\frac{5}{6}$, 6분의 5

10 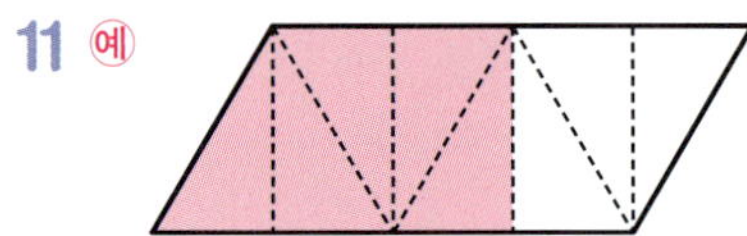

11 (예) 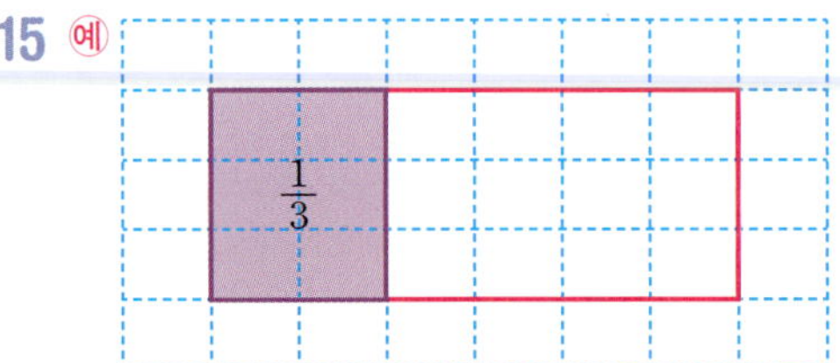

12 $\frac{5}{9}$

13 $\frac{6}{9}$, $\frac{3}{9}$

14 $\frac{4}{12}$, $\frac{8}{12}$

15 (예)
$\frac{1}{3}$

16 나, 다

17 2칸

18 $\frac{1}{16}$

교과서 속 응용 문제

19 (예) 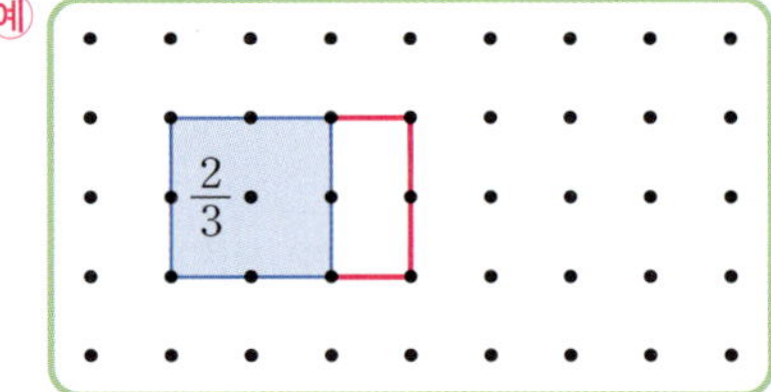

20 (예) 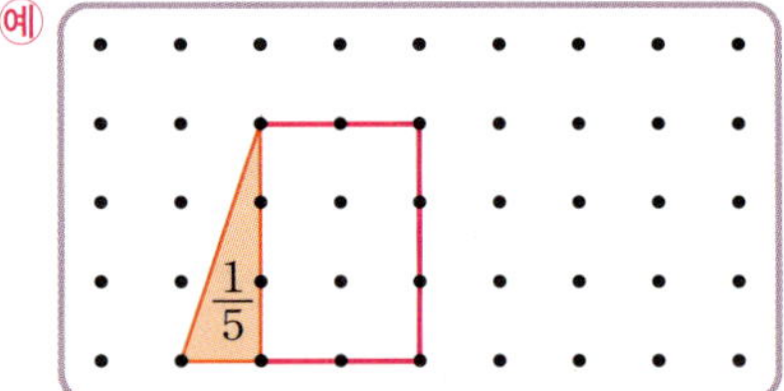

21 (예)
$\frac{3}{9}$

교과서 넘어 보기 136~138쪽

01 ( ) ( ) (○)

02 ㉡, ㉣

03 우크라이나, 모나코

04 네덜란드, 헝가리, 독일

01 똑같이 나누어진 조각은 크기와 모양이 같아야 합니다.

02 나누어진 세 부분의 크기와 모양이 같은 것을 찾아봅니다.

05 조각의 크기와 모양이 같도록 똑같이 나눕니다.

06 주어진 부분은 전체를 똑같이 8로 나눈 것 중의 3이므로 $\frac{3}{8}$입니다.

07 빨간색 부분은 전체를 똑같이 6으로 나눈 것 중의 1이므로 $\frac{1}{6}$입니다.

08 전체를 똑같이 5로 나눈 것 중 4만큼 색칠한 것을 찾아봅니다.

09 전체를 똑같이 6으로 나눈 것 중의 5를 색칠하였으므로 $\frac{5}{6}$입니다. $\frac{5}{6}$는 6분의 5라고 읽습니다.

10 • 전체를 똑같이 5로 나눈 것 중의 2는 $\frac{2}{5}$입니다.

• 전체를 똑같이 4로 나눈 것 중의 2는 $\frac{2}{4}$입니다.

• 전체를 똑같이 6으로 나눈 것 중의 2는 $\frac{2}{6}$입니다.

11 전체를 똑같이 8칸으로 나눈 것 중의 5칸을 색칠합니다.

12 오이를 심은 부분은 전체를 똑같이 9로 나눈 것 중의 4이므로 토마토를 심은 부분은 전체를 똑같이 9로 나눈 것 중의 5입니다. 따라서 토마토를 심은 부분을 분수로 나타내면 $\frac{5}{9}$입니다.

13 전체를 똑같이 9로 나눈 것 중의 6만큼 색칠하였으므로 색칠한 부분은 $\frac{6}{9}$이고, 색칠하지 않은 부분은 전체를 똑같이 9로 나눈 것 중의 3만큼이므로 $\frac{3}{9}$입니다.

14 전체를 똑같이 12로 나눈 것 중의 4만큼 색칠하였으므로 색칠한 부분은 $\frac{4}{12}$이고, 색칠하지 않은 부분은 전체를 똑같이 12로 나눈 것 중의 8만큼이므로 $\frac{8}{12}$입니다.

15 주어진 부분이 전체의 $\frac{1}{3}$이므로 전체는 주어진 부분이 3개가 되도록 그려야 합니다. 따라서 주어진 $\frac{1}{3}$만큼을 2개 더 그립니다.

16 작은 정사각형 4개가 전체를 똑같이 6으로 나눈 것 중의 4이므로 전체는 6개의 정사각형으로 이루어진 나, 다입니다.

17 전체를 똑같이 5칸으로 나눈 것 중의 3칸을 색칠해야 하는데 1칸이 색칠되어 있으므로 $3-1=2$(칸)을 더 색칠해야 합니다.

18 조각 가는 전체를 똑같이 16으로 나눈 것 중의 1이므로 전체의 $\frac{1}{16}$입니다.

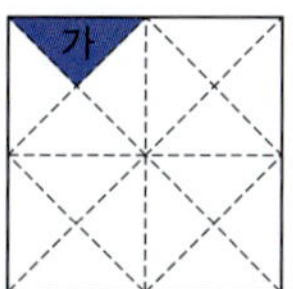

19 주어진 부분은 전체의 $\frac{2}{3}$이므로 전체를 3조각으로 나눈 것 중 2조각입니다. 따라서 1조각을 더 그려 주면 전체가 됩니다.

20 주어진 부분이 전체의 $\frac{1}{5}$이므로 전체는 주어진 부분이 5개가 되도록 그려야 합니다. 따라서 주어진 $\frac{1}{5}$만큼을 4개 더 그립니다.

21 주어진 부분은 전체의 $\frac{3}{9}$이므로 전체를 9조각으로 나눈 것 중 3조각입니다. 따라서 6조각을 더 그려 주면 전체가 됩니다.

교과서 개념 다지기

개념 4

01 (1) > (2) <

02 예 $\frac{3}{4}$

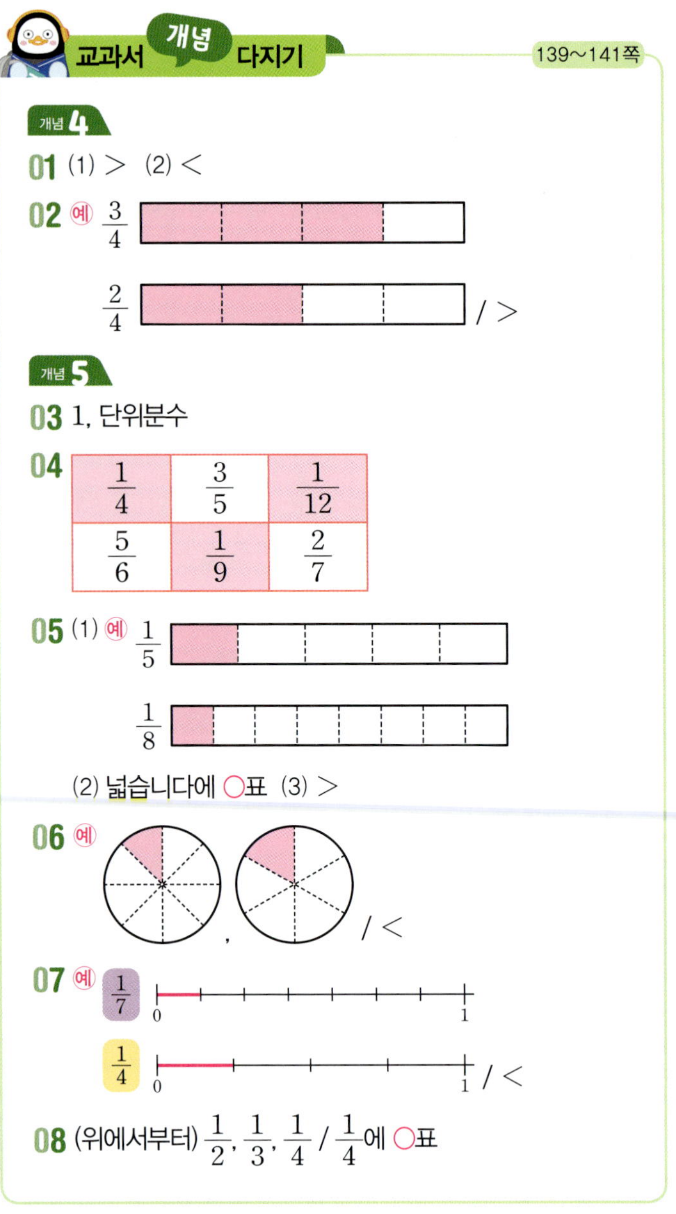

$\frac{2}{4}$ / >

개념 5

03 1, 단위분수

04

$\frac{1}{4}$	$\frac{3}{5}$	$\frac{1}{12}$
$\frac{5}{6}$	$\frac{1}{9}$	$\frac{2}{7}$

05 (1) 예 $\frac{1}{5}$

$\frac{1}{8}$

(2) 넓습니다에 ○표 (3) >

06 예 , / <

07 예 $\frac{1}{7}$

$\frac{1}{4}$ / <

08 (위에서부터) $\frac{1}{2}$, $\frac{1}{3}$, $\frac{1}{4}$ / $\frac{1}{4}$에 ○표

교과서 넘어 보기

142~144쪽

01 예 $\frac{3}{7}$

$\frac{5}{7}$

/ 3, 5, 작습니다에 ○표

02 4, >, 3

03 예 $\frac{7}{9}$

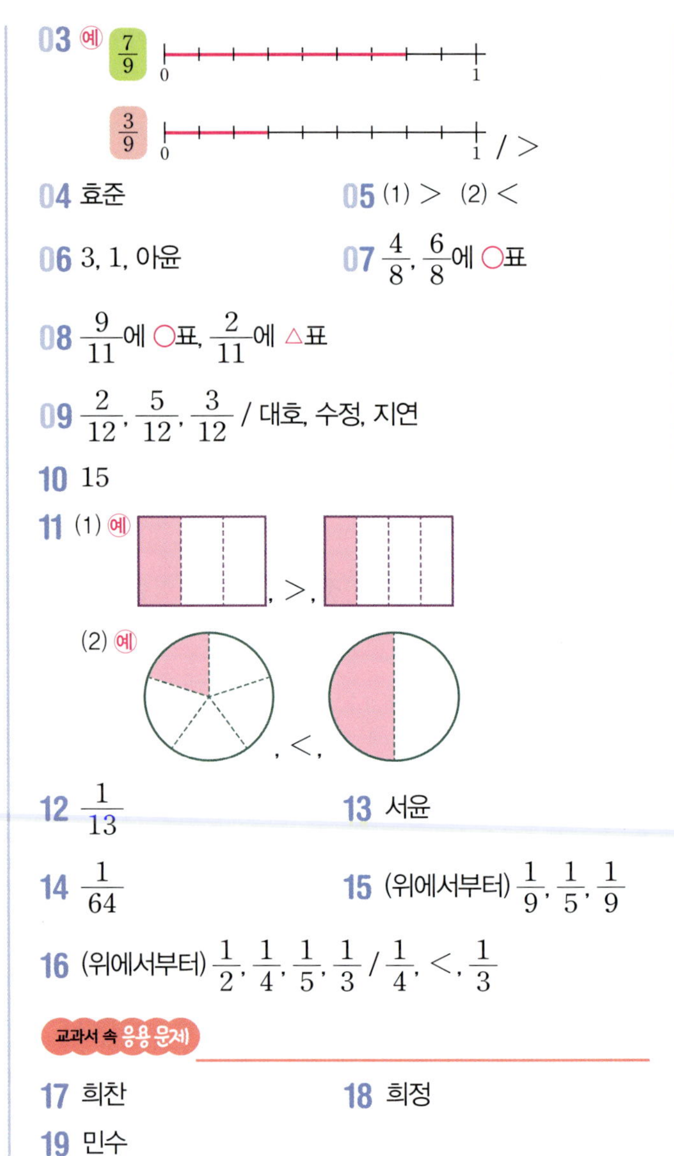

$\frac{3}{9}$ / >

04 효준

05 (1) > (2) <

06 3, 1, 아윤

07 $\frac{4}{8}$, $\frac{6}{8}$에 ○표

08 $\frac{9}{11}$에 ○표, $\frac{2}{11}$에 △표

09 $\frac{2}{12}$, $\frac{5}{12}$, $\frac{3}{12}$ / 대호, 수정, 지연

10 15

11 (1) 예 , >,

(2) 예 , <,

12 $\frac{1}{13}$

13 서윤

14 $\frac{1}{64}$

15 (위에서부터) $\frac{1}{9}$, $\frac{1}{5}$, $\frac{1}{9}$

16 (위에서부터) $\frac{1}{2}$, $\frac{1}{4}$, $\frac{1}{5}$, $\frac{1}{3}$ / $\frac{1}{4}$, <, $\frac{1}{3}$

교과서 속 응용 문제

17 희찬

18 희정

19 민수

02 왼쪽 그림에서 색칠한 부분은 전체를 똑같이 6칸으로 나눈 것 중의 4칸이므로 $\frac{4}{6}$이고, 오른쪽 그림에서 색칠한 부분은 전체를 똑같이 6칸으로 나눈 것 중의 3칸이므로 $\frac{3}{6}$입니다. 왼쪽 그림에 색칠된 부분이 더 넓으므로 $\frac{4}{6} > \frac{3}{6}$입니다.

03 수직선에 ▬ 을 $\frac{7}{9}$은 7칸, $\frac{3}{9}$은 3칸까지 나타내므로 $\frac{7}{9}$이 $\frac{3}{9}$보다 수직선에 나타낸 ▬ 의 길이가 더 깁니다. 따라서 $\frac{7}{9} > \frac{3}{9}$입니다.

04 소민이는 $\frac{1}{15}$이 5개인 수이므로 $\frac{5}{15}$를, 준하는 $\frac{1}{15}$이 7개인 수이므로 $\frac{7}{15}$을, 효준이는 $\frac{1}{15}$이 9개인 수이므로 $\frac{9}{15}$를 말했습니다. 분모가 같은 분수는 분자가 클수록 더 큰 수이므로 $\frac{9}{15} > \frac{7}{15} > \frac{5}{15}$입니다.

따라서 가장 큰 분수를 말한 사람은 효준입니다.

05 분모가 같은 분수는 분자가 클수록 더 큰 수입니다.

(1) $3 > 1$이므로 $\frac{3}{4} > \frac{1}{4}$입니다.

(2) $5 < 8$이므로 $\frac{5}{9} < \frac{8}{9}$입니다.

06 아윤이가 남긴 주스는 전체를 똑같이 5칸으로 나눈 것 중의 2칸만큼이므로 전체의 $\frac{3}{5}$을, 정민이가 남긴 주스는 전체를 똑같이 5칸으로 나눈 것 중의 4칸이므로 전체의 $\frac{1}{5}$을 마셨습니다. 따라서 주스를 더 많이 마신 사람은 아윤입니다.

07 분모가 8인 분수 중에서 $\frac{3}{8}$보다 크고 $\frac{7}{8}$보다 작으려면 분자가 3보다 크고 7보다 작아야 합니다.

따라서 $\frac{3}{8}$보다 크고 $\frac{7}{8}$보다 작은 분수는 $\frac{4}{8}$, $\frac{6}{8}$입니다.

08 분모가 같은 분수는 분자가 클수록 더 큰 수이므로 가장 큰 분수는 $\frac{9}{11}$, 가장 작은 분수는 $\frac{2}{11}$입니다.

09 전체를 똑같이 12로 나눈 것 중의 먹은 부분은 전체의 얼마인지 알아봅니다.

지연: $\frac{2}{12}$, 대호: $\frac{5}{12}$, 수정: $\frac{3}{12}$

$\frac{5}{12} > \frac{3}{12} > \frac{2}{12}$이므로 많이 먹은 사람부터 순서대로 쓰면 대호, 수정, 지연입니다.

10 단위분수는 분모가 작을수록 더 큰 수입니다. 따라서 1부터 9까지의 수 중에서 □ 안에 들어갈 수 있는 수는 4, 5, 6이므로 합은 $4 + 5 + 6 = 15$입니다.

11 (1) 색칠한 부분은 $\frac{1}{3}$이 $\frac{1}{4}$보다 더 넓으므로 $\frac{1}{3} > \frac{1}{4}$입니다.

(2) 색칠한 부분은 $\frac{1}{5}$이 $\frac{1}{2}$보다 더 좁으므로 $\frac{1}{5} < \frac{1}{2}$입니다.

12 $\frac{1}{12}$보다 작은 단위분수는 분모가 12보다 큰 수입니다. 따라서 $\frac{1}{13}$입니다.

13 똑같이 나누어 오린 한 조각의 크기는 보경이가 $\frac{1}{8}$, 민경이가 $\frac{1}{6}$, 서윤이가 $\frac{1}{4}$입니다. 단위분수는 분모가 작을수록 더 큰 수이므로 $\frac{1}{8} < \frac{1}{6} < \frac{1}{4}$입니다. 따라서 오린 한 조각의 크기가 가장 큰 사람은 서윤입니다.

14 단위분수는 분모가 클수록 분수의 크기가 작으므로 주어진 분수 중 분모가 가장 큰 $\frac{1}{64}$이 가장 작습니다.

15 분모가 같을 경우 분자가 작을수록 더 작은 분수이므로 $\frac{4}{5}$와 $\frac{1}{5}$ 중 더 작은 분수는 $\frac{1}{5}$이고, $\frac{6}{9}$과 $\frac{1}{9}$ 중 더 작은 분수는 $\frac{1}{9}$입니다. 단위분수는 분모가 클수록 더 작은 분수이므로 $\frac{1}{5}$과 $\frac{1}{9}$ 중 더 작은 분수는 $\frac{1}{9}$입니다.

16 나 자동차가 간 거리는 전체를 똑같이 4칸으로 나눈 것 중의 1칸이므로 분수로 나타내면 $\frac{1}{4}$, 라 자동차가 간 거리는 전체를 똑같이 3칸으로 나눈 것 중의 1칸이므로 분수로 나타내면 $\frac{1}{3}$입니다. 단위분수는 분모가 작을수록 더 큰 분수이므로 $\frac{1}{4} < \frac{1}{3}$입니다.

17 단위분수는 분모가 작을수록 더 큰 분수이므로 $\frac{1}{6} < \frac{1}{4}$입니다. 따라서 케이크를 더 많이 먹은 사람은 희찬입니다.

18 희정이는 전체를 똑같이 16조각으로 나눈 것 중의 9조

각을 먹었으므로 소연이는 16조각에서 9조각을 제외한 7조각을 먹은 것입니다. 따라서 초콜릿을 더 많이 먹은 사람은 희정입니다.

19 단위분수의 분모의 크기를 비교하면 $4<8<9$이므로 $\dfrac{1}{4}>\dfrac{1}{8}>\dfrac{1}{9}$입니다.
따라서 색 테이프를 가장 적게 사용한 사람은 민수입니다.

교과서 개념 다지기 145~148쪽

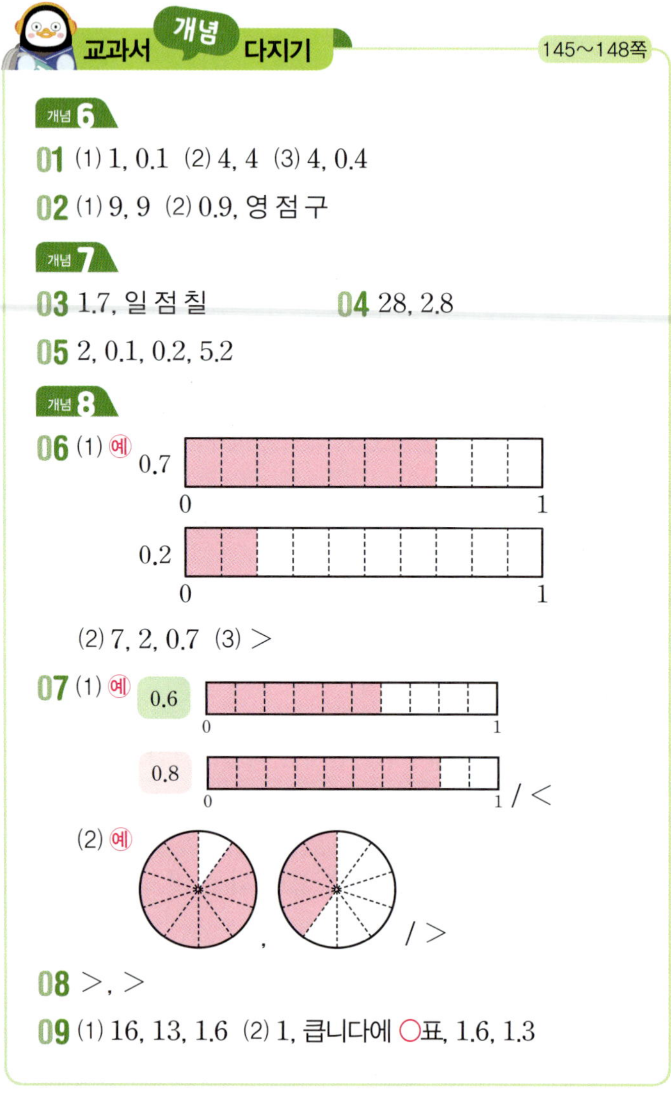

개념 6

01 (1) 1, 0.1　(2) 4, 4　(3) 4, 0.4

02 (1) 9, 9　(2) 0.9, 영 점 구

개념 7

03 1.7, 일 점 칠　　**04** 28, 2.8

05 2, 0.1, 0.2, 5.2

개념 8

06 (1) 예
　0.7
　0.2
(2) 7, 2, 0.7　(3) >

07 (1) 예　0.6　0.8　/ <
(2) 예 　, 　/ >

08 >, >

09 (1) 16, 13, 1.6　(2) 1, 큽니다에 ○표, 1.6, 1.3

교과서 넘어 보기 149~151쪽

01 $\dfrac{7}{10}$ / 0.7, 영 점 칠

---

02 (위에서부터) $\dfrac{4}{10}$, $\dfrac{7}{10}$, $\dfrac{9}{10}$ / 0.2, 0.6

03 (1) $\dfrac{3}{10}$, 0.3　(2) $\dfrac{8}{10}$, 0.8

04 8, 0.3, 영 점 삼　　**05** 0.4 m, 0.6 m

06 0.3　　**07** 1.6, 일 점 육

08 (1) 0.7　(2) 1　(3) 1.6　　**09** (1) 1.3　(2) 2.9

10 2.4컵　　**11** ㉣, 2.3 km

12 >

13 1.5　　1.9 / <

14 0.1이 42개인 수에 ○표, $\dfrac{1}{10}$이 11개인 수에 △표

15 0.5, 0.9, 1.6, 2.1　　**16** 7에 ○표

17 도서관, 미술관, 체육공원, 주민센터

18 7월, 26.4 cm

교과서 속 응용 문제

19 수지　　**20** ㉮, ㉠, ㉱　　**21** 지우

---

01 10칸 중에 7칸이 색칠되어 있으므로 색칠한 부분을 분수로 나타내면 $\dfrac{7}{10}$입니다. 소수로 나타내면 0.1이 7개 있으므로 0.7입니다. 0.7은 영 점 칠이라고 읽습니다.

02

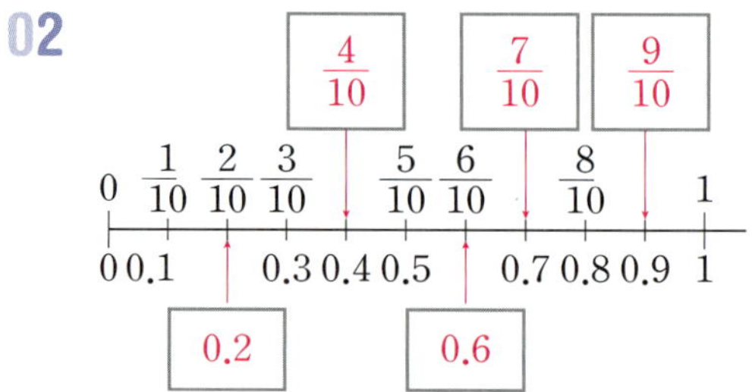

03 (1) 색칠한 부분은 10칸 중 3칸이므로 분수로 나타내면 $\dfrac{3}{10}$입니다. 소수로 나타내면 0.1이 3개 있으므로 0.3입니다.
(2) 색칠한 부분은 10칸 중 8칸이므로 분수로 나타내면 $\dfrac{8}{10}$입니다. 소수로 나타내면 0.1이 8개 있으므로 0.8입니다.

05 색 테이프 한 조각은 $\dfrac{1}{10}$ m$=0.1$ m입니다.

정연이가 사용한 색 테이프는 0.1 m가 4개이므로 0.4 m, 지섭이가 사용한 색 테이프는 0.1 m가 6개이므로 0.6 m입니다.

06 도윤이와 예린이가 먹은 파이는 똑같이 10조각으로 나눈 것 중 $2+5=7$(조각)입니다.
남은 조각은 $10-7=3$(조각)이므로 수민이가 먹은 파이는 전체의 $\dfrac{3}{10}=0.3$입니다.

07 ㉠은 1에서 작은 눈금으로 6칸 더 간 수입니다.
작은 눈금 한 칸의 크기는 0.1입니다.
따라서 1과 0.6은 1.6이고 일 점 육이라고 읽습니다.

08 $\dfrac{1}{10}=0.1$입니다.

09 1 mm$=0.1$ cm입니다.

10 2컵과 0.4컵이므로 2.4컵입니다.

11 2 km와 0.3 km는 2 km에서 0.3 km만큼 더 간 거리입니다.
작은 눈금 한 칸이 0.1 km이므로 시현이가 달린 거리는 ㉣이고 소수로 나타내면 2.3 km입니다.

12 0.9는 0.1이 9개이고, 0.3은 0.1이 3개입니다. 0.9가 색칠한 부분이 더 넓으므로 $0.9>0.3$입니다.

13 1.5는 1에서 작은 눈금 5칸만큼 더 갔고, 1.9는 1에서 작은 눈금 9칸만큼 더 갔으므로 1.9가 1.5보다 더 큽니다.

14 0.1이 39개인 수: 3.9, 0.1이 42개인 수: 4.2, $\dfrac{1}{10}$이 11개인 수: 1.1, $\dfrac{1}{10}$이 25개인 수: 2.5
➡ 가장 큰 수는 4.2이고 가장 작은 수는 1.1입니다.

15 자연수 부분의 크기를 먼저 비교하고, 자연수 부분이 같으면 소수 부분을 비교합니다.
따라서 $0.5<0.9<1.6<2.1$입니다.

16 6.8보다 작은 수이면서 자연수 부분이 6인 수는 6.1, 6.2, 6.3, 6.4, 6.5, 6.6, 6.7입니다.
이 중 가장 큰 수는 6.7이므로 ☐ 안에 들어갈 수 있는 가장 큰 수는 7입니다.

17 자연수 부분의 크기를 먼저 비교하고, 자연수 부분이 같으면 소수 부분을 비교합니다.
따라서 $3.4>2.3>1.2>0.9$이므로 지하철역에서 도서관, 미술관, 체육공원, 주민센터 순으로 가깝습니다.

18 강수량이 가장 많은 달은 7월로 264 mm입니다.
1 mm$=0.1$ cm이므로 264 mm$=26.4$ cm입니다.

19 $\dfrac{8}{10}=0.8$이므로 $0.8<1.2$입니다.
따라서 우유를 더 많이 마신 사람은 수지입니다.

20 33 mm$=3.3$ cm이고, $\dfrac{8}{10}$ cm$=0.8$ cm이므로 $3.3>2.5>0.8$입니다. 따라서 두꺼운 책부터 순서대로 기호를 쓰면 ㉯, ㉮, ㉰입니다.

21 $\dfrac{4}{10}=0.4$이므로 현서는 도화지를 전체의 0.4만큼 사용했습니다. 지우는 사용하고 0.3만큼을 남겼으므로 사용한 양은 전체의 0.7만큼입니다.
따라서 $0.7>0.6>0.4$이므로 도화지를 가장 많이 사용한 사람은 지우입니다.

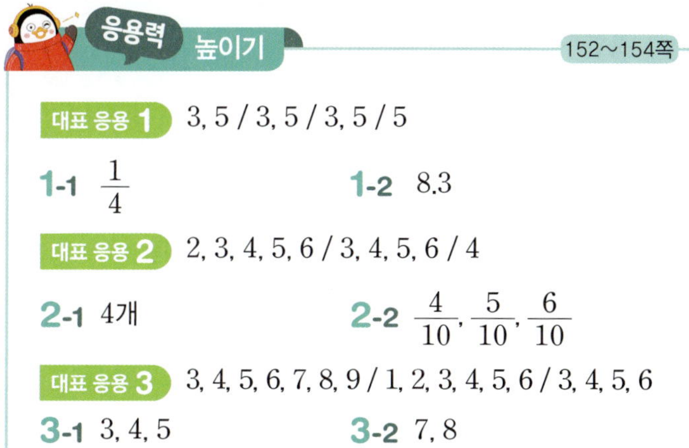

1-1 단위분수는 분자가 1인 분수입니다. 단위분수는 분모가 작을수록 더 큰 수입니다. 따라서 4<9이므로 만들 수 있는 가장 큰 분수는 $\dfrac{1}{4}$입니다.

1-2 8>7>3>2이므로 가장 큰 소수는 8.7입니다. 7 다음으로 큰 수는 3이므로 둘째로 큰 소수는 8.3입니다.

2-1 분모가 2보다 크고 9보다 작은 단위분수는 $\dfrac{1}{3}$, $\dfrac{1}{4}$, $\dfrac{1}{5}$, $\dfrac{1}{6}$, $\dfrac{1}{7}$, $\dfrac{1}{8}$입니다. 단위분수는 분모가 클수록 더 작은 분수이므로 $\dfrac{1}{4}$보다 작은 단위분수는 $\dfrac{1}{5}$, $\dfrac{1}{6}$, $\dfrac{1}{7}$, $\dfrac{1}{8}$입니다. 따라서 조건을 만족하는 단위분수는 모두 4개입니다.

2-2 0.1이 7개인 수는 0.7입니다.

$0.7=\dfrac{7}{10}$이므로 분모가 10인 분수 중 $\dfrac{3}{10}$보다 크고 $\dfrac{7}{10}$보다 작은 분수는 $\dfrac{4}{10}$, $\dfrac{5}{10}$, $\dfrac{6}{10}$입니다.

3-1 단위분수는 분모가 작을수록 더 큰 수이므로 $\dfrac{1}{\square}>\dfrac{1}{6}$에서 □ 안에 들어갈 수 있는 수는 2, 3, 4, 5입니다. 분모가 같은 분수는 분자가 클수록 더 큰 수이므로 $\dfrac{2}{7}<\dfrac{\square}{7}$에서 □ 안에 들어갈 수 있는 수는 3, 4, 5, 6, 7, 8, 9입니다. 따라서 □ 안에 공통으로 들어갈 수 있는 수는 3, 4, 5입니다.

3-2 0.□<0.9에서 □ 안에 들어갈 수는 1부터 8까지의 자연수입니다.

$\dfrac{1}{10}=0.1$이므로 $\dfrac{6}{10}=0.6$입니다. 0.□>0.6이므로 □ 안에 들어갈 수 있는 수는 7, 8, 9입니다. 따라서 □ 안에 공통으로 들어갈 수 있는 수는 7, 8입니다.

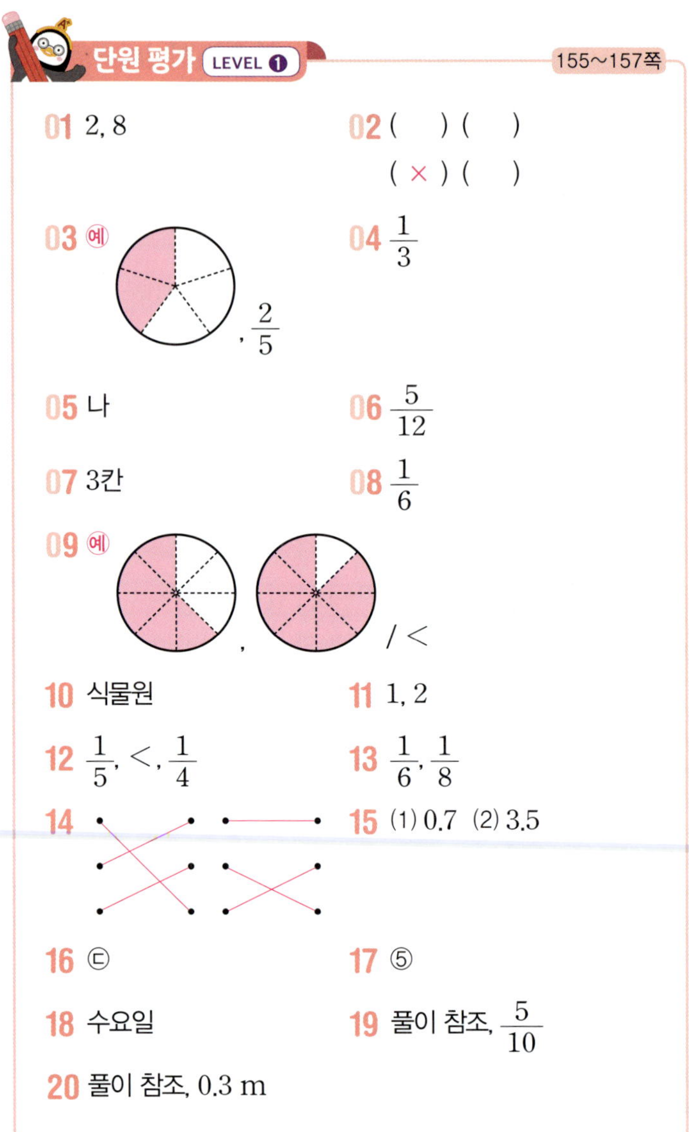

01 똑같이 몇 조각으로 나누었는지 세어 봅니다. 왼쪽 그림은 똑같이 2조각으로 나누었고, 오른쪽 그림은 똑같이 8조각으로 나누었습니다.

03 전체를 똑같이 5조각으로 나누고 2조각을 색칠합니다. 색칠한 부분을 분수로 나타내면 $\dfrac{2}{5}$입니다.

04 노란색 부분은 전체를 똑같이 3으로 나눈 것 중의 1이므로 $\dfrac{1}{3}$입니다.

05 전체를 똑같이 몇으로 나누었는지, 그중 몇을 색칠했는지 살펴봅니다.

가: $\dfrac{3}{5}$, 나: $\dfrac{4}{6}$, 다: $\dfrac{4}{8}$

06 식빵을 먹고 남은 조각의 수는 $12-7=5$(조각)이므로 남은 부분을 분수로 나타내면 $\dfrac{5}{12}$입니다.

07 $\dfrac{5}{8}$는 전체를 똑같이 8로 나눈 것 중의 5입니다.

5칸을 색칠해야 하는데 2칸이 색칠되어 있으므로 $5-2=3$(칸)을 더 색칠해야 합니다.

08 모양 조각 가는 모양 조각 나를 6으로 나눈 것 중의 1이므로 $\dfrac{1}{6}$입니다.

09 왼쪽 그림에서 $\dfrac{5}{8}$는 전체를 똑같이 8로 나눈 것 중의 5이므로 5칸을 색칠합니다.

오른쪽 그림에서 $\dfrac{7}{8}$은 전체를 똑같이 8로 나눈 것 중의 7이므로 7칸을 색칠합니다. 색칠한 부분이 $\dfrac{7}{8}$이 더 넓으므로 $\dfrac{5}{8}<\dfrac{7}{8}$입니다.

10 $\dfrac{3}{10}<\dfrac{6}{10}$이므로 공원 입구에서 더 가까운 곳은 식물원입니다.

11 분수의 크기 비교에서 분모가 같은 경우 분자의 크기를 비교합니다.

$\square<3$이므로 $\square$ 안에 들어갈 수 있는 수는 1, 2입니다.

13 $\dfrac{1}{5}$보다 작은 단위분수가 되기 위해서는 분모가 5보다 커야 합니다.

따라서 $\dfrac{1}{6}$과 $\dfrac{1}{8}$이 $\dfrac{1}{5}$보다 작은 단위분수입니다.

15 $10\text{ mm}=1\text{ cm}$이므로 $1\text{ mm}=0.1\text{ cm}$입니다.

⑴ $7\text{ mm}=0.7\text{ cm}$

⑵ $3\text{ cm }5\text{ mm}=35\text{ mm}=3.5\text{ cm}$

16 $\dfrac{1}{10}=0.1$입니다.

㉠ $\dfrac{1}{10}$이 16개인 수는 0.1이 16개인 수와 같으므로 1.6입니다.

㉡ 1.9

㉢ 0.1이 21개인 수는 2.1입니다.

세 소수의 크기를 비교하려면 자연수 부분의 크기를 비교하고, 자연수 부분의 크기가 같다면 소수 부분을 비교합니다. 따라서 $2.1>1.9>1.6$이므로 가장 큰 수는 2.1입니다.

17 ⑤ $4>3.2$

18 $\dfrac{9}{10}\text{ km}=0.9\text{ km}$, $\dfrac{8}{10}\text{ km}=0.8\text{ km}$이므로 $2.1>1.7>1.3>0.9>0.8$입니다.

따라서 가장 많이 걸은 요일은 수요일입니다.

19 예 0.1이 6개인 수는 0.6이므로 $0.6=\dfrac{6}{10}$입니다. $\cdots$ 50 %

분모가 10인 분수 중에서 $\dfrac{4}{10}$보다 크고 $\dfrac{6}{10}$보다 작은 분수는 $\dfrac{5}{10}$입니다. $\cdots$ 50 %

20 예 승민이와 정서가 사용한 색 테이프의 조각은 $3+4=7$(조각)이므로 남은 조각은 $10-7=3$(조각)입니다. $\cdots$ 50 %

10조각 중 1조각의 길이는 $\dfrac{1}{10}(=0.1)\text{ m}$입니다.

따라서 연아가 사용한 색 테이프의 길이는 0.1 m가 3조각이므로 0.3 m입니다. $\cdots$ 50 %

01 ④

02 모리셔스

03
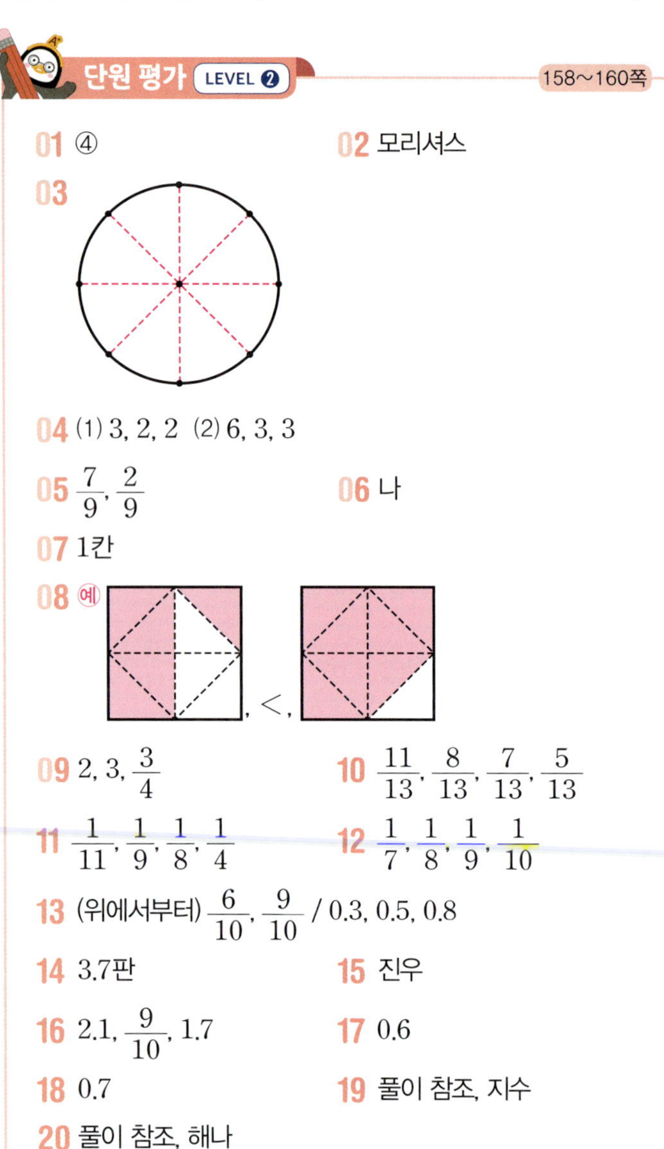

04 (1) 3, 2, 2 (2) 6, 3, 3

05 $\dfrac{7}{9}$, $\dfrac{2}{9}$

06 나

07 1칸

08 예
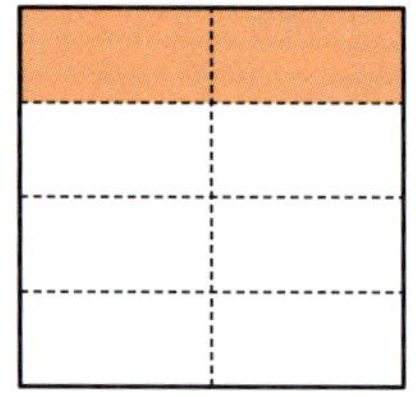
, <,

09 2, 3, $\dfrac{3}{4}$

10 $\dfrac{11}{13}$, $\dfrac{8}{13}$, $\dfrac{7}{13}$, $\dfrac{5}{13}$

11 $\dfrac{1}{11}$, $\dfrac{1}{9}$, $\dfrac{1}{8}$, $\dfrac{1}{4}$

12 $\dfrac{1}{7}$, $\dfrac{1}{8}$, $\dfrac{1}{9}$, $\dfrac{1}{10}$

13 (위에서부터) $\dfrac{6}{10}$, $\dfrac{9}{10}$ / 0.3, 0.5, 0.8

14 3.7판

15 진우

16 2.1, $\dfrac{9}{10}$, 1.7

17 0.6

18 0.7

19 풀이 참조, 지수

20 풀이 참조, 해나

01 똑같이 나누면 나누어진 조각의 크기와 모양이 같습니다.

02 아랍에미리트 국기는 넷으로 나누어져 있으나 똑같이 나누어지지 않았습니다.

04 (1) 조각 가는 조각 나를 똑같이 3으로 나눈 것 중의 2 이므로 조각 나의 $\dfrac{2}{3}$입니다.

(2) 조각 나는 조각 다를 똑같이 6으로 나눈 것 중의 3 이므로 조각 다의 $\dfrac{3}{6}$입니다.

05 색칠한 부분은 전체를 똑같이 9로 나눈 것 중의 7이므로 $\dfrac{7}{9}$입니다.

색칠하지 않은 부분은 전체를 똑같이 9로 나눈 것 중의 2이므로 $\dfrac{2}{9}$입니다.

06 주어진 도형은 작은 삼각형 2개로 이루어져 있으므로 작은 삼각형 1개는 전체의 $\dfrac{1}{5}$입니다.

전체를 똑같이 5로 나눈 것 중의 1이 작은 삼각형이 되려면 전체는 작은 삼각형 5개이어야 합니다.
따라서 전체에 알맞은 도형은 나입니다.

07 전체의 $\dfrac{1}{4}$은 색칠한 부분이 2칸이어야 합니다.

따라서 1칸을 더 색칠해야 합니다.

08 왼쪽 그림에서 $\dfrac{5}{8}$는 전체를 똑같이 8칸으로 나눈 것 중 5칸을 색칠합니다. 오른쪽 그림에서 $\dfrac{7}{8}$은 전체를 똑같이 8칸으로 나눈 것 중의 7칸을 색칠합니다. $\dfrac{5}{8}$는 $\dfrac{1}{8}$이 5개이고, $\dfrac{7}{8}$은 $\dfrac{1}{8}$이 7개이므로 $\dfrac{5}{8} < \dfrac{7}{8}$입니다.

10 분모가 같은 분수는 분자가 클수록 더 큽니다.
분모가 모두 13이므로 분자의 크기를 비교하면
$11>8>7>5$입니다.

따라서 큰 수부터 순서대로 쓰면 $\dfrac{11}{13}$, $\dfrac{8}{13}$, $\dfrac{7}{13}$, $\dfrac{5}{13}$입니다.

11 분자가 1인 단위분수는 분모가 클수록 더 작습니다.
모두 단위분수이므로 분모의 크기를 비교하면
$11>9>8>4$입니다.

따라서 작은 수부터 순서대로 쓰면 $\dfrac{1}{11}$, $\dfrac{1}{9}$, $\dfrac{1}{8}$, $\dfrac{1}{4}$입니다.

12 단위분수는 분자가 1인 분수입니다. $\dfrac{1}{11}$보다 크고 $\dfrac{1}{6}$

보다 작은 단위분수가 되려면 분모가 6보다 크고 11보다 작아야 합니다. 따라서 조건에 알맞은 단위분수는 $\dfrac{1}{7}$, $\dfrac{1}{8}$, $\dfrac{1}{9}$, $\dfrac{1}{10}$입니다.

14 피자 ◯는 1판을 10조각으로 나눈 것 중의 7조각이므로 소수로 나타내면 0.7입니다. 따라서 피자 3판과 0.7판을 소수로 나타내면 3.7판입니다.

15 1.7, 2.6, 2.2의 세 소수를 비교하기 위해 먼저 자연수 부분을 비교하면 $1<2$이므로 1.7이 가장 작습니다.
2.6과 2.2는 자연수 부분이 같으므로 소수 부분을 비교하면 $6>2$이므로 $2.6>2.2$입니다.
따라서 $1.7<2.2<2.6$이므로 가장 긴 오이의 길이를 잰 사람은 진우입니다.

16 0.1이 8개인 수는 0.8입니다.
$\dfrac{1}{10}$이 23개인 수는 2.3입니다.
$\dfrac{9}{10}=0.9$이므로 주어진 수 중에서 0.8보다 크고 2.3보다 작은 수는 2.1, $\dfrac{9}{10}$, 1.7입니다.

17 · 0.1과 0.9 사이의 수는 0.2, 0.3, 0.4, 0.5, 0.6, 0.7, 0.8입니다.
· 이 중에서 $\dfrac{5}{10}=0.5$보다 큰 수는 0.6, 0.7, 0.8이고 0.7보다 작은 수는 0.6입니다.

18 수 카드에 적힌 수의 크기를 비교하면 $0<3<7<8$이므로 가장 작은 소수를 만들려면 자연수 부분을 0으로 합니다. 따라서 만들 수 있는 가장 작은 소수는 0.3이므로 둘째로 작은 소수는 0.7입니다.

19 예 $\dfrac{9}{10}=0.9$입니다. 소수 1.4, 0.9, 1.6을 비교하기 위해 먼저 자연수 부분을 비교하면 $0<1$이므로 0.9가 가장 작습니다. ··· 50 %
1.4와 1.6은 자연수 부분이 같으므로 소수 부분을 비교하면 $4<6$이므로 $1.4<1.6$입니다. 따라서 가장 멀리 뛴 학생은 지수입니다. ··· 50 %

20 예 해나는 전체의 $\dfrac{4}{5}$만큼 읽었으므로 남은 부분은 전체의 $\dfrac{1}{5}$입니다. 해든이는 전체의 $\dfrac{7}{8}$만큼 읽었으므로 남은 부분은 전체의 $\dfrac{1}{8}$입니다. ··· 60 %
$\dfrac{1}{5}>\dfrac{1}{8}$이므로 앞으로 읽어야 할 부분이 더 많이 남은 사람은 해나입니다. ··· 40 %

1단원 덧셈과 뺄셈

1단원 기본 문제 복습 (2~3쪽)

01 475
02 (1) 793 (2) 860
03 1213
04 1063 m
05 757, 843
06 546
07 ㉢
08 (1) 401 (2) 208
09 339
10 965, 587
11 586
12 378
13 499

01 백 모형 4개, 십 모형 7개, 일 모형 5개이므로 475입니다.

02
(1)
$$\begin{array}{r} 5\ 7\ 1 \\ +\ 2\ 2\ 2 \\ \hline 7\ 9\ 3 \end{array}$$
(2)
$$\begin{array}{r} 7\ 5\ 3 \\ +\ 1\ 0\ 7 \\ \hline 8\ 6\ 0 \end{array}$$

03 $996+217=1213$

04 (등산로의 입구에서 약수터를 지나 정상까지의 거리)
　＝(등산로의 입구에서 약수터까지의 거리)
　　＋(약수터에서 정상까지의 거리)
　＝$635+428=1063$(m)

05 $208+549=757$, $366+477=843$

06 $257+289=546$

07 ㉠ 385는 300보다 크고 412는 400보다 크므로 합도 700보다 큽니다.
　㉡ 471을 470으로, 295를 300으로 어림하여 계산하면 $470+300=770$이므로 합은 700보다 큽니다.
　㉢ 341을 350으로, 318을 320으로 어림하여 계산하여도 $350+320=670$이므로 합은 700보다 작습니다.

08
(1)
$$\begin{array}{r} 7\ 6\ 2 \\ -\ 3\ 6\ 1 \\ \hline 4\ 0\ 1 \end{array}$$
(2)
$$\begin{array}{r} 4\!\!\!/\ 5\ 1 \\ -\ 2\ 4\ 3 \\ \hline 2\ 0\ 8 \end{array}$$

09 일의 자리로 받아내림하지 않고 십의 자리를 계산했으므로 잘못 계산한 것입니다.
$$\begin{array}{r} 5\ 7\!\!\!/\ 6 \\ -\ 2\ 3\ 7 \\ \hline 3\ 3\ 9 \end{array}$$

10 $965-587=378$

11 100이 8개이면 800, 10이 16개이면 160, 1이 4개이면 4이므로 나타내는 수는 964입니다. 따라서 964보다 378만큼 더 작은 수는 $964-378=586$입니다.

12 (어떤 수)$+328=706$이므로
(어떤 수)$=706-328=378$입니다.

13 수 카드의 수의 크기를 비교하면 $7>5>1$입니다. 만들 수 있는 가장 큰 세 자리 수는 751입니다. 따라서 751과 252의 차는 $751-252=499$입니다.

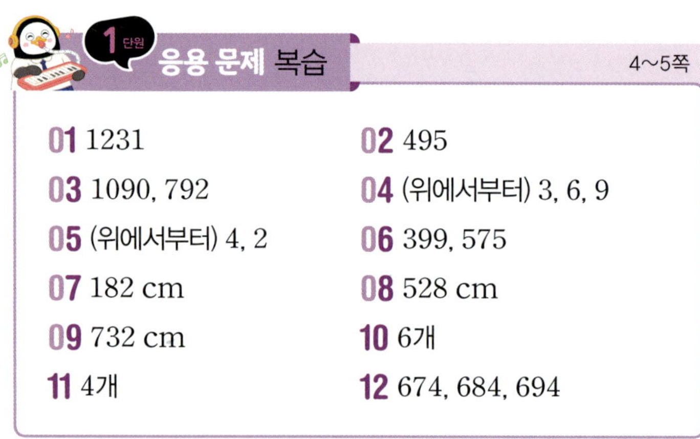

1단원 응용 문제 복습 (4~5쪽)

01 1231
02 495
03 1090, 792
04 (위에서부터) 3, 6, 9
05 (위에서부터) 4, 2
06 399, 575
07 182 cm
08 528 cm
09 732 cm
10 6개
11 4개
12 674, 684, 694

01 $8>6>3$이므로 가장 큰 세 자리 수는 863이고, 가장 작은 세 자리 수는 368입니다. 따라서 $863+368=1231$입니다.

02 $7>5>2$이므로 가장 큰 세 자리 수는 752이고, 가장 작은 세 자리 수는 257입니다.

따라서 $752-257=495$입니다.

03 $9>4>1$이므로 가장 큰 세 자리 수는 941이고, 가장 작은 세 자리 수는 149입니다.
따라서 두 수의 합은 $941+149=1090$이고,
차는 $941-149=792$입니다.

04
$$\begin{array}{ccc} & ㉢ & ㉡ & 5 \\ + & 4 & 4 & ㉠ \\ \hline & 8 & 1 & 4 \end{array}$$
• 일의 자리 계산: $5+㉠=14 \Rightarrow ㉠=9$
• 십의 자리 계산: $1+㉡+4=11$, $5+㉡=11$
$\Rightarrow ㉡=6$
• 백의 자리 계산: $1+㉢+4=8$, $5+㉢=8$
$\Rightarrow ㉢=3$

05
$$\begin{array}{ccc} & 8 & ㉠ & 1 \\ - & 5 & 9 & 6 \\ \hline & ㉡ & 4 & 5 \end{array}$$
• 십의 자리 계산: $10+㉠-1-9=4 \Rightarrow ㉠=4$
• 백의 자리 계산: $8-1-5=㉡ \Rightarrow ㉡=2$

06 $3\square9+\square7\square=974$
$$\begin{array}{ccc} & 3 & ㉡ & 9 \\ + & ㉢ & 7 & ㉠ \\ \hline & 9 & 7 & 4 \end{array}$$
• 일의 자리 계산: $9+㉠=14 \Rightarrow ㉠=5$
• 십의 자리 계산: $1+㉡+7=17$, $8+㉡=17$
$\Rightarrow ㉡=9$
• 백의 자리 계산: $1+3+㉢=9$, $4+㉢=9$
$\Rightarrow ㉢=5$

07 (빨간색 테이프와 파란색 테이프의 길이의 합)
$=296+365=661(cm)$
(겹쳐진 부분의 길이)
$=$(빨간색 테이프와 파란색 테이프의 길이의 합)
$-$(이어 붙인 색 테이프의 전체 길이)
$=661-479=182(cm)$

08 (색 테이프 두 장의 길이의 합)
$=352+352=704(cm)$

(이어 붙인 색 테이프의 전체 길이)
$=$(색 테이프 두 장의 길이의 합)
$-$(겹쳐진 부분의 길이)$=704-176=528(cm)$

09 (색 테이프 3장의 길이의 합)
$=314+314+314$
$=628+314=942(cm)$
(겹쳐진 부분의 길이의 합)$=105+105=210(cm)$
(이어 붙인 색 테이프의 전체 길이)
$=$(색 테이프 3장의 길이의 합)
$-$(겹쳐진 부분의 길이의 합)
$=942-210=732(cm)$

10 $3\square4+179=543$이라 하고 뺄셈식으로 나타내면
$543-179=364$이므로 $3\square4=364$입니다.
$3\square4+179$가 543보다 작으려면 $\square$는 6보다 작아야 합니다. 따라서 $\square$ 안에 들어갈 수 있는 수는 0, 1, 2, 3, 4, 5로 모두 6개입니다.

다른 풀이 $\square$ 안에 0부터 9까지의 수를 차례로 넣어서 확인해 봅니다.
$\square$가 5일 때 $354+179=533$
$\square$가 6일 때 $364+179=543$
$\square$가 7일 때 $374+179=553$
$\vdots$
$3\square4+179$가 543보다 작아야 하므로 $\square$는 6보다 작아야 합니다. $\Rightarrow \square=0, 1, 2, 3, 4, 5(6$개$)$

11 $826-4\square9=367$이라 하고 뺄셈식으로 나타내면
$826-367=459$이므로 $4\square9=459$입니다.
$826-4\square9$가 367보다 작으려면 $\square$는 5보다 커야 합니다.
따라서 $\square$ 안에 들어갈 수 있는 수는 6, 7, 8, 9로 모두 4개입니다.

12 $287+\square=951$이라 하고 뺄셈식으로 나타내면
$951-287=664$이므로 $\square=664$입니다.
$287+\square$가 951보다 크려면 $\square$는 664보다 커야 합니다.
따라서 백의 자리 수가 6이고 일의 자리 수가 4인 수 중 664보다 큰 수는 674, 684, 694입니다.

BOOK **2** 복습책

01 풀이 참조	**02** 풀이 참조, 446
03 풀이 참조	**04** 풀이 참조, 289, 133
05 풀이 참조, 137	**06** 풀이 참조, 8
07 풀이 참조, 병원, 176 m	**08** 풀이 참조, 466
09 풀이 참조, 파란색 공, 315개	
10 풀이 참조, 286	

01 예 백의 자리 계산에서 십의 자리에서 받아올림한 수를 더하지 않고 계산했습니다. … 50 %

$$\begin{array}{r} 1 \\ 4\ 5\ 6 \\ +\ 2\ 7\ 2 \\ \hline 7\ 2\ 8 \end{array}$$ … 50 %

02 예 659 > 486 > 273이므로 가장 큰 수는 659이고 가장 작은 수는 273입니다.
따라서 가장 큰 수와 가장 작은 수의 합은
659 + 273 = 932입니다. … 50 %
또, 가장 큰 수와 가장 작은 수의 합에서 나머지 한 수를 뺀 값은 932 − 486 = 446입니다. … 50 %

03 방법 1 예 백의 자리부터 빼는 방법이 있습니다.
600 − 300, 70 − 20, 4 − 1을 계산하여 모두 더하면
300 + 50 + 3 = 353입니다. … 50 %
방법 2 예 일의 자리부터 빼는 방법이 있습니다.
4 − 1, 70 − 20, 600 − 300을 계산하여 모두 더하면
3 + 50 + 300 = 353입니다. … 50 %

04 예 모르는 두 수를 ㉠, ㉡이라고 생각하고 ㉠을 큰 수, ㉡을 작은 수라고 하면 ㉠은 ㉡ + 156입니다.
따라서 ㉠ + ㉡ = ㉡ + ㉡ + 156 = 422이고
㉡ + ㉡ = 422 − 156 = 266입니다.
이때, 133 + 133 = 266이므로 ㉡ = 133입니다.
… 60 %

㉡이 133일 때, ㉠은 ㉡ + 156이므로
㉠ = 133 + 156 = 289입니다. … 40 %

05 예 찢어진 종이에 적힌 세 자리 수를 □라고 하면
267 + □ = 671이므로 671 − 267 = □, □ = 404입니다. … 60 %
따라서 두 수는 267과 404이므로 차는
404 − 267 = 137입니다. … 40 %

06 예

$$\begin{array}{r} \blacksquare\ \bullet\ \blacksquare \\ +\ \bullet\ \blacktriangle\ \blacktriangle \\ \hline \heartsuit\ \bullet\ 3 \end{array}$$

$\blacksquare + \blacktriangle + \bullet = 16$이고,
$\blacksquare + \blacktriangle = 13$이므로
$\bullet = 16 − 13 = 3$입니다.
… 30 %

$$\begin{array}{r} \blacksquare\ 3\ \blacksquare \\ +\ 3\ \blacktriangle\ \blacktriangle \\ \hline \heartsuit\ 3\ 3 \end{array}$$

$\blacksquare + \blacktriangle = 13$에서 십의 자리로 받아올림한 1과 3과 $\blacktriangle$를 더했을 때 13이 되어야 하므로 $\blacktriangle$는 9입니다. … 30 %

$$\begin{array}{r} 4\ 3\ 4 \\ +\ 3\ 9\ 9 \\ \hline \heartsuit\ 3\ 3 \end{array}$$

$\blacksquare + 9 = 13$이므로 $\blacksquare$는 4이고
434 + 399 = 833이므로 $\heartsuit$는 8입니다. … 40 %

07 예 집에서 편의점을 거쳐 학교로 가는 길은
385 + 489 = 874(m)입니다. … 30 %
집에서 병원을 거쳐 학교로 가는 길은
256 + 442 = 698(m)입니다. … 30 %
따라서 집에서 병원을 거쳐 학교로 가는 길이
874 − 698 = 176(m) 더 가깝습니다. … 40 %

08 예 🔒과 🔒의 비밀번호의 합은 925이므로 🔒의 비밀번호는 925 − 358 = 567입니다. … 30 %
🔒과 🔒의 비밀번호의 차는 257이고
8□□ − 567 = 257이므로 🔒의 비밀번호는
257 + 567 = 824입니다. … 30 %
따라서 🔒의 비밀번호와 🔒의 비밀번호의 차는
824 − 358 = 466입니다. … 40 %

09 예 (어제와 오늘 만든 빨간색 공의 수)
= 351 + 268 = 619(개) … 30 %
(어제와 오늘 만든 파란색 공의 수)
= 449 + 485 = 934(개) … 30 %

619<934이므로 파란색 공이 934−619=315(개)
더 많습니다. … 40 %

10 예 941−257=684 … 20 %
지워진 부분에 들어갈 수를 □라고 하면
397+□<684입니다. 397+□=684라고 하면
684−397=□, □=287입니다. … 50 %
397+□<684이어야 하므로 □ 안에 들어갈 수 있는
수는 287보다 작아야 합니다.
따라서 지워진 부분에 들어갈 수 있는 가장 큰 세 자리
수는 286입니다. … 30 %

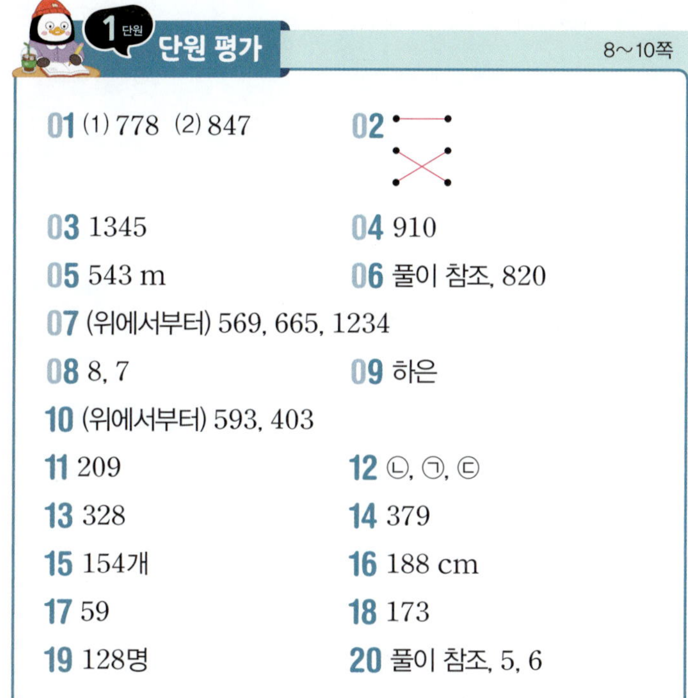

01 (1)
```
  3 5 7
+ 4 2 1
-------
  7 7 8
```
(2)
```
  5 6 8
+ 2 7 9
-------
  8 4 7
```

02 542+107=649, 649+234=883,
415+379=794

03 백 모형이 4개이면 400이고, 십 모형이 5개이면 50,
일 모형이 7개이면 7이므로 수 모형이 나타내는 수는
457입니다. 따라서 457+888=1345입니다.

04 십의 자리와 백의 자리로 각각 받아올림하지 않고 십의
자리와 백의 자리를 계산했습니다.

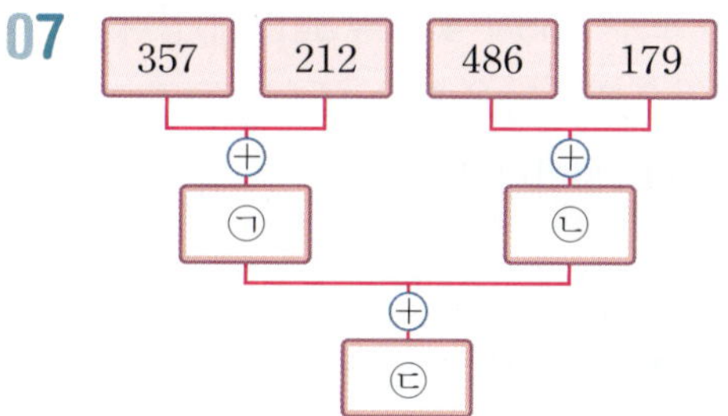
```
    1 1
    6 4 5
  + 2 6 5
  -------
    9 1 0
```

05 (민수가 가야 하는 거리)
=(학교에서 서점까지의 거리)
  +(서점에서 민수네 집까지의 거리)
=356+187=543(m)

06 예 100이 5개, 10이 6개, 1이 1개인 수는 561입니다.
… 30 %
561보다 259만큼 더 큰 수는 561+259=820입니
다. … 70 %

07
```
357  212    486  179
  └─┬─┘        └─┬─┘
    ㉠            ㉡
    └──────┬──────┘
           ㉢
```
㉠=357+212=569
㉡=486+179=665
㉢=569+665=1234

08
```
    4 5 ㉠
  + 8 ㉡ 7
  -------
  1 3 3 5
```
• 일의 자리 계산: ㉠+7=15 ➡ ㉠=8
• 십의 자리 계산: 1+5+㉡=13, 6+㉡=13
           ➡ ㉡=7

참고 일의 자리, 십의 자리, 백의 자리에서 받아올림이
있으므로 각 자리 계산에서 받아올림한 수를 빠뜨리지
않게 식을 세웁니다.

09 541−278=263이므로 260송이쯤으로 어림한 하은
이가 어제와 오늘 심은 꽃송이의 차를 가장 가깝게 어
림하였습니다.

10 위에서부터 계산합니다.
$945-352=593,\ 593-190=403$

11 $7>5>4$이므로 수 카드 3장을 한 번씩만 사용하여 만들 수 있는 세 자리 수 중에서 가장 큰 수는 754입니다.
따라서 $963-754=209$입니다.

12 ㉠ $635-318=317$, ㉡ $487-190=297$
㉢ $721-320=401$
$297<317<401$이므로 계산 결과가 작은 것부터 순서대로 기호를 쓰면 ㉡, ㉠, ㉢입니다.

13 $815-487=328$

14 보기 에서 $503-248=255$이므로
$856-477=379$입니다.

15 오늘 만든 빵은 모두 $365+475=840$(개)입니다. 이 중 686개를 팔았으므로 남은 빵은
$840-686=154$(개)입니다.

16 (빨간색 테이프와 파란색 테이프의 길이의 합)
$=559+428=987$(cm)
(겹쳐진 부분의 길이)
$=$(빨간색 테이프와 파란색 테이프의 길이의 합)
$\quad-$(이어 붙인 색 테이프의 전체 길이)
$=987-799=188$(cm)

17 ㉮◆㉯$=$㉮$-$㉯-285이므로 472◆128은 ㉮ 대신에 472를, ㉯ 대신에 128을 넣어 식을 세웁니다.
$472◆128=472-128-285$
$\qquad\qquad\ \ =344-285$
$\qquad\qquad\ \ =59$

18 어떤 수를 □라고 하면,
□$+274=721,$ □$=721-274=447$입니다.
따라서 바르게 계산한 값은
$447-274=173$입니다.

19 일요일의 관람객 수는 $422+498=920$(명)이고,
토요일의 관람객 수는 $426+366=792$(명)입니다.

따라서 일요일의 관람객 수는 토요일의 관람객 수보다
$920-792=128$(명) 더 많습니다.

20 예 $329+222<$㉠65에서 $329+222=551$,
$551<$㉠65이므로 ㉠에 들어갈 수 있는 수는 5, 6, 7, 8, 9입니다. $\cdots$ 40 %
$831-167>$㉡06에서 $831-167=664$,
$664>$㉡06이므로 ㉡에 들어갈 수 있는 수는 1, 2, 3, 4, 5, 6입니다. $\cdots$ 40 %
따라서 ㉠과 ㉡에 공통으로 들어갈 수 있는 수는 5, 6입니다. $\cdots$ 20 %

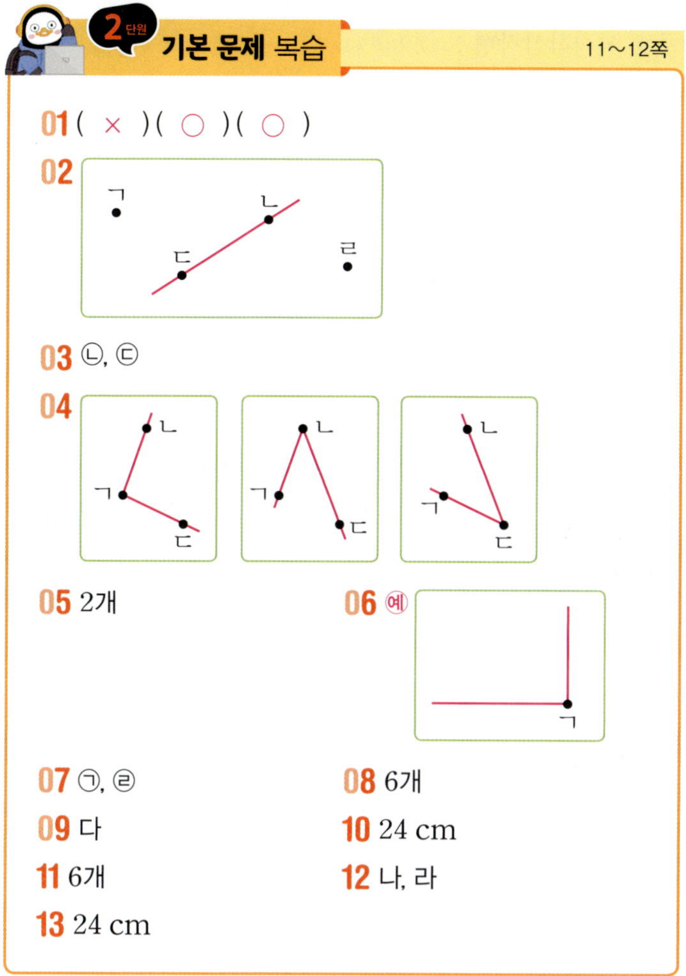

2단원 평면도형

2단원 기본 문제 복습

11~12쪽

01 (×) (○) (○)

02

03 ㉡, ㉢

04

05 2개

06 (예)

07 ㉠, ㉣

08 6개

09 다

10 24 cm

11 6개

12 나, 라

13 24 cm

01 점 ㅇ에서 시작하여 점 ㅅ쪽으로 그었으므로 반직선 ㅇㅅ입니다.

02 점 ㄴ과 점 ㄷ을 지나는 곧은 선을 긋습니다.

03 각의 꼭짓점이 가운데 오도록 읽습니다. 따라서 각의 꼭짓점은 점 ㄷ이므로 각 ㄱㄷㄴ 또는 각 ㄴㄷㄱ이라고 읽습니다.

04 각의 꼭짓점이 각 ㄴㄱㄷ은 점 ㄱ, 각 ㄱㄴㄷ은 점 ㄴ, 각 ㄱㄷㄴ은 점 ㄷ이 되도록 각을 그려 봅니다.

> **참고** 주어진 각을 그릴 때 각의 꼭짓점에서 시작하는 반직선을 2개 긋습니다.

05 삼각자의 직각인 부분을 대었을 때 꼭 맞게 겹쳐지는 각은 각 ㄱㅂㄴ(또는 각 ㄴㅂㄱ), 각 ㅁㅂㄹ(또는 각 ㄹㅂㅁ)으로 직각은 모두 2개입니다.

06 (예)

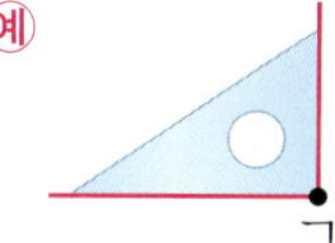

삼각자를 사용하여 한 변을 그리고 삼각자의 직각 부분이 점 ㄱ에 오도록 하여 나머지 한 변을 그려 봅니다.

07 ㉠ 꼭짓점이 3개 있습니다.
㉣ 한 각이 직각입니다.

08

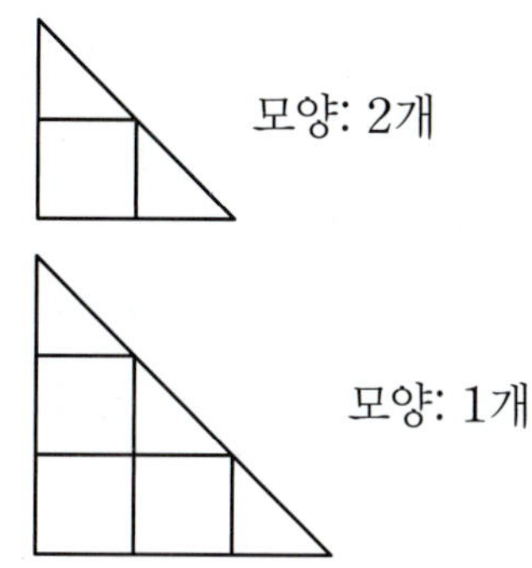

모양: 3개

모양: 2개

모양: 1개

따라서 찾을 수 있는 크고 작은 직각삼각형은 모두 $3+2+1=6$(개)입니다.

09 네 각이 모두 직각인 사각형은 다입니다.

10 직사각형은 마주 보는 두 변의 길이가 같으므로 직사각형을 만드는 데 사용한 철사의 길이는 $8+8+5+5=26$(cm)입니다.
따라서 남은 철사의 길이는 $50-26=24$(cm)입니다.

11 정사각형 1개로 이루어진 직사각형: 3개
정사각형 2개로 이루어진 직사각형: 2개
정사각형 3개로 이루어진 직사각형: 1개
따라서 크고 작은 직사각형은 모두 $3+2+1=6$(개)입니다.

12 정사각형은 네 각이 모두 직각이고 네 변의 길이가 모두 같은 사각형입니다.
따라서 정사각형은 나와 라입니다.

13 정사각형은 네 변의 길이가 모두 같습니다.
한 변의 길이가 6 cm인 정사각형의 네 변의 길이의 합은 $6+6+6+6=24$(cm)입니다.

01 3개	**02** 12개
03 4개	**04** ㉡
05 ④	**06** ㉡
07 11개	**08** 14개
09 3개	**10** 24 cm
11 40 cm	**12** 2 cm

01 • 점 ㄱ을 꼭짓점으로 하는 각: 각 ㄴㄱㄷ
  • 점 ㄴ을 꼭짓점으로 하는 각: 각 ㄱㄴㄷ
  • 점 ㄷ을 꼭짓점으로 하는 각: 각 ㄱㄷㄴ
  따라서 3개의 점을 이어 그릴 수 있는 서로 다른 각은 모두 3개입니다.

02 • 점 ㄱ을 꼭짓점으로 하는 각:
    각 ㄴㄱㄷ, 각 ㄷㄱㄹ, 각 ㄴㄱㄹ ➡ 3개
  마찬가지로 점 ㄴ, 점 ㄷ, 점 ㄹ을 꼭짓점으로 하는 각도 각각 3개씩입니다.
  따라서 그릴 수 있는 서로 다른 각은 모두
  $3+3+3+3=12$(개)입니다.

03 3개의 점을 이어 그릴 수 있는 각 중에서 직각은
  각 ㄹㄱㄴ, 각 ㄱㄴㄷ, 각 ㄴㄷㄹ, 각 ㄷㄹㄱ으로 모두 4개입니다.

04 ㉡으로 옮긴 후 삼각자의 직각 부분을 대어 확인해 보면 각 ㄱㄴㄷ이 직각인 직각삼각형이 됩니다.

05 ④로 옮기면 네 각이 모두 직각인 직사각형이 됩니다.

06 ㉡으로 옮기면 네 각이 모두 직각이고 네 변의 길이가 모두 같은 정사각형이 됩니다.

07 • 작은 정사각형 1개짜리: 8개
  • 작은 정사각형 4개짜리: 3개
  ➡ $8+3=11$(개)

08 • 작은 정사각형 1개짜리: 10개
  • 작은 정사각형 4개짜리: 4개
  ➡ $10+4=14$(개)

09 
  • 직각삼각형 : ①, ②, ④, ⑤,
    ②+③+④, ①+⑥+⑤ → 6개
  • 직사각형 : ③, ⑥, ①+②, ④+⑤,
    ①+②+③, ④+⑤+⑥, ①+②+⑥,
    ③+④+⑤, ①+②+③+④+⑤+⑥ → 9개
  따라서 개수의 차는 $9-6=3$(개)입니다.

10 초록색 선의 길이는 3 cm인 변이 8개 있으므로
  $3+3+3+3+3+3+3+3=24$(cm)입니다.

11 주황색 선의 길이는 4 cm인 변이 10개 있으므로
  $4+4+4+4+4+4+4+4+4+4=40$(cm)입니다.

12 보라색 선의 길이에는 정사각형의 한 변이 10개 있습니다.
  $20=2+2+2+2+2+2+2+2+2+2$이므로 정사각형의 한 변의 길이는 2 cm입니다.

01 풀이 참조, 12개	**02** 풀이 참조, 가, 다, 나
03 풀이 참조	**04** 풀이 참조, 20 cm
05 풀이 참조, 10 cm	**06** 풀이 참조, 9시
07 풀이 참조, 9개	**08** 풀이 참조, 28 cm

01 예 • 점 ㄱ과 점 ㄴ에서 직선 나 위의 세 점에 각각 반직선을 1개씩 그을 수 있으므로
    $2\times3=6$(개)의 반직선을 그을 수 있습니다. … 40 %
  • 점 ㄷ, 점 ㄹ, 점 ㅁ에서 직선 가 위의 두 점에 각각 반직선을 1개씩 그을 수 있으므로

$3 \times 2 = 6$(개)의 반직선을 그을 수 있습니다. … 40 %
따라서 그을 수 있는 반직선은 모두
$6 + 6 = 12$(개)입니다. … 20 %

02  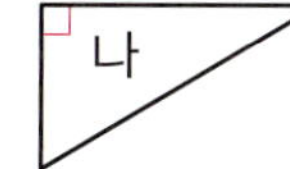 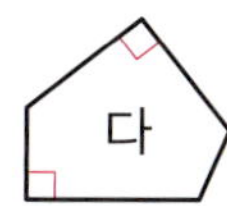

예 가 도형에는 직각이 4개, 나 도형에는 직각이 1개,
다 도형에는 직각이 2개 있습니다. … 70 %
따라서 직각이 많은 도형부터 차례대로 기호를 쓰면
가, 다, 나입니다. … 30 %

03 예 같은 점: 네 각이 모두 직각입니다. … 50 %
다른 점: 네 변의 길이가 모두 같지 않습니다.
… 50 %

04 예 정사각형은 네 변의 길이가 모두 같으므로
(선분 ㄴㄷ)=(선분 ㄱㄴ)=12 cm … 30 %
(선분 ㅂㄷ)=12−4=8(cm)입니다. … 30 %
정사각형은 네 변의 길이가 모두 같으므로
(선분 ㄷㄹ)=(선분 ㅂㄷ)=8 cm … 30 %
따라서 (선분 ㄴㄹ)=(선분 ㄴㄷ)+(선분 ㄷㄹ)
=12+8=20(cm)입니다. … 10 %

05 예 직사각형의 네 변의 길이의 합은
12+8+12+8=40(cm)입니다. … 50 %
정사각형의 네 변의 길이의 합은 직사각형의 네 변의
길이의 합과 같으므로 정사각형의 한 변의 길이를
□ cm라고 하면 □+□+□+□=40입니다.
10+10+10+10=40이므로 □=10입니다.
따라서 정사각형의 한 변의 길이는 10 cm입니다.
… 50 %

다른 풀이 직사각형에서 서로 다른 두 변의 길이의 합과
정사각형에서 두 변의 길이의 합은 같으므로
12+8=□+□, □+□=20입니다.
10+10=20이므로 □=10입니다.

06 예 6시와 11시 사이의 시각 중에서 긴바늘이 12를 가
리키는 시각은 7시, 8시, 9시, 10시입니다. … 40 %
이 중에서 긴바늘과 짧은바늘이 직각을 이루는 시각은

9시이므로 준호와 민준이가 만나기로 한 시각은 9시입
니다. … 60 %

참고 시계에서 두 바늘 사이가 숫자 3칸이면 두 바늘은
직각을 이룹니다.

07 예 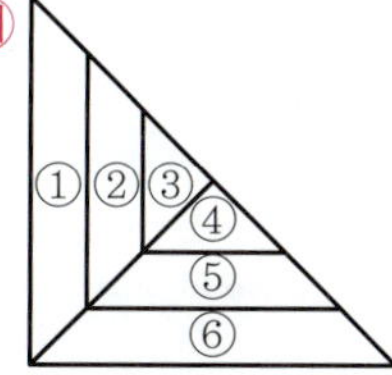

- 조각 1개로 이루어진 직각삼각형:
  ③, ④ ➡ 2개 … 10 %
- 조각 2개로 이루어진 직각삼각형:
  ②+③, ④+⑤, ③+④ ➡ 3개 … 20 %
- 조각 3개로 이루어진 직각삼각형:
  ①+②+③, ④+⑤+⑥ ➡ 2개 … 20 %
- 조각 4개로 이루어진 직각삼각형:
  ②+③+④+⑤ ➡ 1개 … 20 %
- 조각 6개로 이루어진 직각삼각형:
  ①+②+③+④+⑤+⑥ ➡ 1개 … 20 %

따라서 그림에서 찾을 수 있는 크고 작은 직각삼각형은
모두 2+3+2+1+1=9(개)입니다. … 10 %

08 예 직각삼각형의 나머지 한 변의 길이는
12−5−3=4(cm)입니다. … 30 %
파란색 선의 길이는 큰 정사각형의 세 변의 길이와 작은
정사각형의 세 변의 길이에 직각삼각형의 나머지 한 변
의 길이를 더한 길이입니다.
따라서 파란색 선의 길이는
5+5+5+3+3+3+4=28(cm)입니다.
… 70 %

01 ㄱ ———————— ㄴ

02 나, 라, 마

03 ㉢

04 예 한 점에서 그은 두 반직선으로 이루어진 도형이 아닙니다.

05 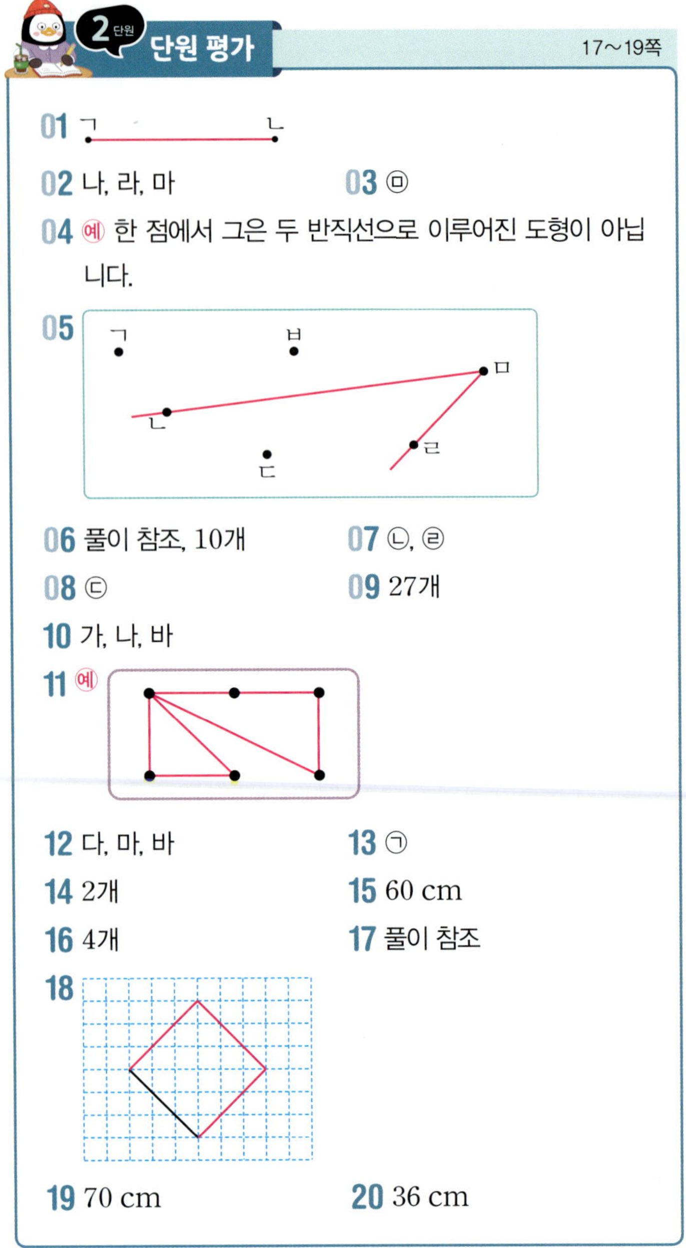

06 풀이 참조, 10개

07 ㉡, ㉣

08 ㉢

09 27개

10 가, 나, 바

11 예

12 다, 마, 바

13 ㉠

14 2개

15 60 cm

16 4개

17 풀이 참조

18

19 70 cm

20 36 cm

06 예 각 1개로 이루어진 각: 4개 … 20 %
각 2개로 이루어진 각: 3개 … 20 %
각 3개로 이루어진 각: 2개 … 20 %
각 4개로 이루어진 각: 1개 … 20 %
따라서 그림에서 찾을 수 있는 크고 작은 각은 모두
$4+3+2+1=10$(개)입니다. … 20 %

07 삼각자의 직각 부분을 이용하여 확인해 보면 시계의 긴 바늘과 짧은바늘이 이루는 작은 쪽의 각이 직각인 것은 ㉡, ㉣입니다.

08 점 ㅂ과 각각의 점들을 이은 후 삼각자의 직각 부분을 이용하여 확인해 보면 ㉢과 이었을 때 각 ㅁㅂㅅ은 직각이 됩니다.

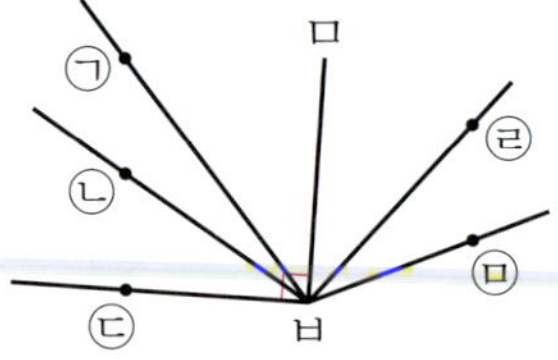

09 직각삼각형에는 직각이 1개 있으므로
$3×1=3$(개), 직사각형에는 직각이 4개 있으므로
$2×4=8$(개), 정사각형에는 직각이 4개 있으므로
$4×4=16$(개)입니다.
따라서 직각은 모두 $3+8+16=27$(개)입니다.

10 

조각 천 중에서 삼각형은 가, 나, 다, 바, 사이고 이 중에서 한 각이 직각인 직각삼각형은 가, 나, 바입니다.

12 직사각형은 네 각이 모두 직각인 사각형입니다.
따라서 직사각형은 다, 마, 바입니다.

13 ㉠ 직사각형은 네 변의 길이가 항상 같은 것은 아닙니다.

14 직사각형은 가, 나, 라, 바이고, 정사각형은 나, 라입니다. 따라서 직사각형은 정사각형보다 2개 더 많습니다.

01 두 점 ㄱ, ㄴ을 곧게 이은 선을 그어 줍니다.

02 직선은 선분을 양쪽으로 끝없이 늘인 곧은 선이므로 나, 라, 마입니다.

03 ㉠ 곧은 선이 아닙니다. ㉡ 반직선 ㄹㄷ, ㉢ 선분 ㄷㄹ (또는 선분 ㄹㄷ), ㉣ 직선 ㄷㄹ(또는 직선 ㄹㄷ)

05 각 ㄴㅁㄹ에서 각의 꼭짓점은 점 ㅁ이므로 점 ㅁ에서 반직선 ㅁㄴ, 반직선 ㅁㄹ을 그어 각 ㄴㅁㄹ을 그립니다.

15 만들 수 있는 가장 큰 정사각형의 한 변의 길이는
15 cm이므로 네 변의 길이의 합은
$15+15+15+15=60$(cm)입니다.

16 직사각형 모양의 종이를 주어진 그림과 같이 자른 후
펼치면 정사각형이 만들어집니다. 정사각형은 네 변의
길이가 모두 같으므로 만든 도형에는 길이가 같은 변이
모두 4개 있습니다.

17 예 네 변의 길이는 모두 같지만 네 각이 모두 직각이 아
니기 때문입니다. ··· 100 %
참고 정사각형은 네 각이 모두 직각이고, 네 변의 길이
가 모두 같은 사각형입니다.

18 삼각자의 직각 부분을 사용하여 네 각이 모두 직각이
되고, 네 변의 길이가 모두 같은 사각형을 그립니다.

19 만든 직사각형의 네 변의 길이는 7 cm인 변 10개의
길이와 같으므로 7 cm를 10번 더하면 70 cm입니
다.

20

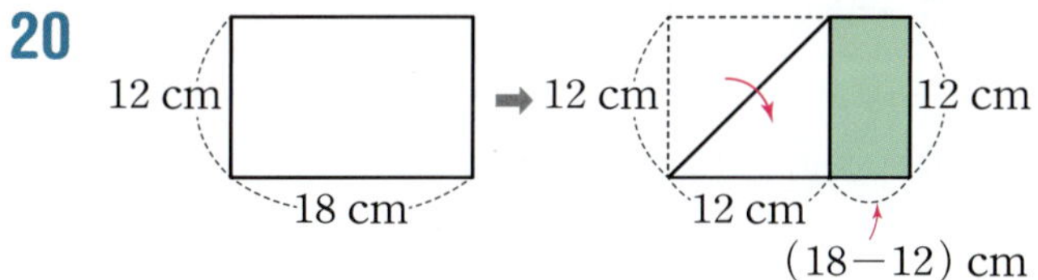

색칠한 직사각형의 짧은 변의 길이는
$18-12=6$(cm)이고 긴 변의 길이는 12 cm입니다.
따라서 색칠한 직사각형의 네 변의 길이의 합은
$6+12+6+12=36$(cm)입니다.
참고 직사각형은 마주 보는 두 변의 길이가 같습니다.

3 단원 기본 문제 복습　　　　20~21쪽

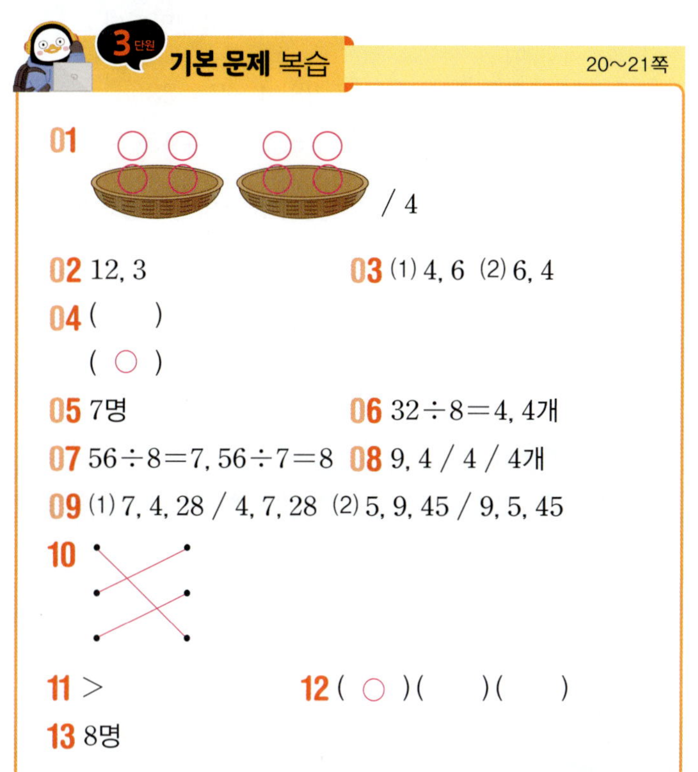

01 / 4

02 12, 3　　　　**03** (1) 4, 6　(2) 6, 4

04 (　　)
　　(◯)

05 7명　　　　**06** $32÷8=4$, 4개

07 $56÷8=7$, $56÷7=8$　**08** 9, 4 / 4 / 4개

09 (1) 7, 4, 28 / 4, 7, 28　(2) 5, 9, 45 / 9, 5, 45

10

11 >　　　　**12** (◯)(　　)(　　)

13 8명

01 사과 8개를 바구니 2개에 똑같이 나누어 담으려면
$8÷2=4$(개)씩 담습니다. 따라서 바구니 한 개에 사
과를 4개씩 담을 수 있으므로 ◯를 4개씩 그립니다.

02 조각 케이크가 12개 있고, 접시가 4개 있으므로 한 접
시에 조각 케이크를 3개씩 담을 수 있습니다.
➡ $12÷4=3$

03 (1) $24÷4=6$은 '24 나누기 4는 6과 같습니다'라고
읽습니다.
(2) $24÷4=6$에서 6은 24를 4로 나눈 몫입니다.

04 $30÷6=5$ ➡ $30-6-6-6-6-6=0$

05 꿀떡 28개를 한 사람에게 4개씩 나누어 주면 7명에게
나누어 줄 수 있습니다. ➡ $28÷4=7$

06 야구공 32개를 한 바구니에 8개씩 담으면 바구니 4개
가 필요합니다. ➡ $32÷8=4$

07 $8×7=56$ ➡ $56÷8=7$, $56÷7=8$

08 $36 \div 9 = 4$ ➡ $9 \times 4 = 36$

➡ 도넛 36개를 9상자에 똑같이 나누어 담을 때 한 상자에 담을 수 있는 도넛의 개수는 4개입니다.

09 ⑴ $28 \div 7 = 4$ ➡ $7 \times 4 = 28$, $4 \times 7 = 28$

⑵ $45 \div 5 = 9$ ➡ $5 \times 9 = 45$, $9 \times 5 = 45$

10 $28 \div 4 = 7$, $49 \div 7 = 7$, $15 \div 5 = 3$, $9 \div 3 = 3$, $64 \div 8 = 8$, $48 \div 6 = 8$

11 $35 \div 7 = 5$, $36 \div 9 = 4$ ➡ $5 > 4$

12 $27 \div 3 = 9$, $30 \div 5 = 6$, $42 \div 7 = 6$

13 $72 \div 9 = 8$

➡ 학생 72명을 9모둠으로 만들 때 한 모둠은 8명입니다.

3단원 응용 문제 복습 22~23쪽

01 9, 54	**02** 8, 56
03 32	**04** 6개
05 8쪽	**06** 9봉지
07 40	**08** 3
09 6	**10** 6그루
11 9개	**12** 14개

01 $27 - ● - ● - ● = 0$ ➡ $27 \div ● = 3$, $● \times 3 = 27$ 이므로 $9 \times 3 = 27$에서 $● = 9$입니다.

$▲ \div 6 = 9$, $6 \times 9 = ▲$ ➡ $▲ = 54$입니다.

02 $32 - ■ - ■ - ■ - ■ = 0$ ➡ $32 \div ■ = 4$, $■ \times 4 = 32$이므로 $8 \times 4 = 32$에서 $■ = 8$입니다.

$● \div 7 = 8$ ➡ $7 \times 8 = ●$, $● = 56$입니다.

03 $48 - ▲ - ▲ - ▲ - ▲ - ▲ - ▲ = 0$

➡ $48 \div ▲ = 6$, $▲ \times 6 = 48$이므로 $8 \times 6 = 48$에서 $▲ = 8$입니다.

★ $\div 3 = 8$ ➡ $3 \times 8 = ★$, $★ = 24$입니다. 따라서 $8 + 24 = 32$입니다.

04 (준우가 먹고 남은 과자의 수)$= 58 - 4 = 54$(개)

(한 봉투에 포장한 과자의 수)$= 54 \div 9 = 6$(개)

05 (진우가 오늘 읽으면 남을 책의 쪽수)

$= 65 - 9 = 56$(쪽)

(진우가 매일 읽어야 하는 책의 쪽수)

$= 56 \div 7 = 8$(쪽)

06 (지영이가 사용한 색종이의 수)$=$(비행기를 만드는 데 사용한 색종이의 수)$+$(종이배를 만드는 데 사용한 색종이의 수)$= 5 + 11 = 16$(장)

(지영이가 사용하고 남은 색종이의 수)

$= 70 - 16 = 54$(장)

(필요한 봉지의 수)$= 54 \div 6 = 9$(봉지)

07 어떤 수를 5로 나눈 몫을 □라고 하면 $□ \div 4 = 2$, $4 \times 2 = □$, $□ = 8$입니다.

어떤 수를 ○라고 하면 $○ \div 5 = 8$, $5 \times 8 = ○$, $○ = 40$

따라서 어떤 수는 40입니다.

08 어떤 수를 □라고 하면 $□ \div 6 = 4$

➡ $6 \times 4 = □$, $□ = 24$

따라서 어떤 수 24를 8로 나누면 $24 \div 8 = 3$입니다.

09 어떤 수를 □라고 하면 9로 나누었더니 몫이 4이므로 $□ \div 9 = 4$, $□ = 9 \times 4 = 36$

어떤 수를 6으로 바르게 나누어 계산한 몫은 $36 \div 6 = 6$입니다.

10 (나무 사이의 간격 수)$= 45 \div 9 = 5$(군데)

(필요한 나무의 수)$= 5 + 1 = 6$(그루)

11 (화분 사이의 간격 수)$= 56 \div 7 = 8$(군데)

(필요한 화분의 수)$= 8 + 1 = 9$(개)

12 (깃발 사이의 간격 수)$= 48 \div 8 = 6$(군데)

(한쪽에 필요한 깃발의 수)$= 6 + 1 = 7$(개)

(양쪽에 필요한 깃발의 수)$= 7 \times 2 = 14$(개)

01 풀이 참조	**02** 풀이 참조, 8장
03 풀이 참조, 6 cm	**04** 풀이 참조, 63
05 풀이 참조, 6일	**06** 풀이 참조 , 3개
07 풀이 참조, 6명	**08** 풀이 참조, 36
09 풀이 참조, 35개	**10** 풀이 참조, 1시간 3분

01 예 $8 \times 4 = 32$이므로 $32 \div 8$의 몫은 4입니다.
… 100 %

02 예 (한 바구니에 담을 수 있는 색종이의 수)$= 48 \div 6$
… 40 %

$48 \div 6 = 8$이므로 한 바구니에 8장씩 담을 수 있습니다. … 60 %

03 예 정사각형은 네 변의 길이가 모두 같고 정사각형의 네 변의 길이의 합은 24 cm입니다. … 40 %
따라서 정사각형의 한 변의 길이는 $24 \div 4 = 6$(cm)로 해야 합니다. … 60 %

04 예 어떤 수를 □라고 하면 $□ \div 7 = 9$입니다.
… 50 %

따라서 나눗셈식을 곱셈식으로 나타내면 $7 \times 9 = □$, $□ = 63$입니다. … 50 %

05 예 (어제까지 읽고 남은 쪽수)$= 72 - 18 = 54$(쪽)
… 50 %

54쪽을 하루에 9쪽씩 매일 읽으면 이 책을 모두 읽는 데 $54 \div 9 = 6$(일)이 걸립니다. … 50 %

06 예 왼쪽 나눗셈의 몫을 구하면 $16 \div 4 = 4$입니다.
… 50 %

$4 > □$이므로 1부터 9까지의 수 중에서 □ 안에 들어 갈 수 있는 수는 1, 2, 3으로 모두 3개입니다.
… 50 %

07 예 (3봉지에 들어 있는 풍선의 개수)$= 8 \times 3 = 24$(개)
… 50 %

풍선 24개를 한 명에게 4개씩 나누어 주면 모두 $24 \div 4 = 6$(명)에게 나누어 줄 수 있습니다. … 50 %

08 예 $63 \div ★ = 7$을 곱셈식으로 나타내면 $★ \times 7 = 63$, $9 \times 7 = 63$이므로 $★ = 9$입니다. … 40 %
$■ \div ★ = 3$을 곱셈식으로 나타내면 $★ \times 3 = ■$, $9 \times 3 = ■$, $■ = 27$입니다. … 40 %
따라서 ★과 ■에 알맞은 수의 합은 $9 + 27 = 36$입니다. … 20 %

09 예 장난감 공장에서 장난감 비행기 42개를 만드는 데 걸리는 시간은 $42 \div 6 = 7$(시간)입니다. … 50 %
로봇은 1시간에 5개씩 만들므로 7시간 동안 만들 수 있는 로봇은 $5 \times 7 = 35$(개)입니다. … 50 %

10 예 (공장에서 상품 1개를 포장하는 데 걸리는 시간)
$= 36 \div 4 = 9$(분) … 40 %
(상품 7개를 포장하는 데 걸리는 시간)
$= 9 \times 7 = 63$(분) … 40 %
63분$=$1시간 3분이므로 상품 7개를 포장하는 데 걸리는 시간은 1시간 3분입니다. … 20 %

01 14, 2, 7 / 7개

02 27 나누기 3은 9와 같습니다.

03 3권   **04** $30 \div ■ = 5$ / 6

05 ㉡

06 3, 24 / 24, 3, 8 / 24, 8, 3

07 $6 \times 4 = 24$(또는 $4 \times 6 = 24$) /
$24 \div 4 = 6$(또는 $24 \div 6 = 4$)

08 (1) 7 (2) 6   **09** $7 \times 9 = 63$

10 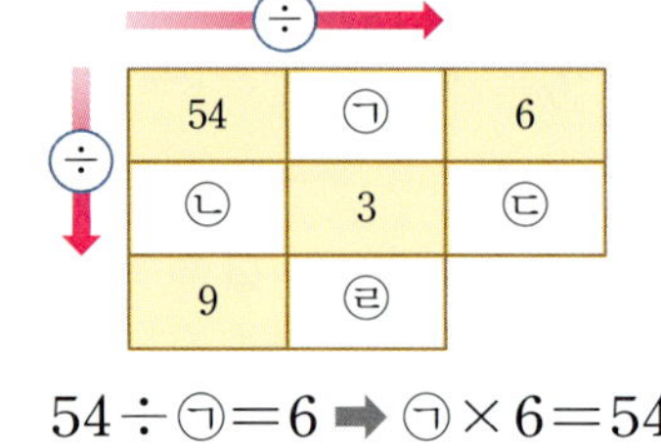

11 ( )
( )
(◯)

12 (위에서부터) 9, 6, 2, 3

13 풀이 참조, 5 **14** 7

15 > **16** 3

17 4봉지 **18** 8마리

19 7 **20** 풀이 참조, 9자루

---

01 (한 명이 가질 수 있는 빵의 수)
$=$(전체 빵의 수)$\div$(사람 수)
$=14\div2=7$(개)

02 $27\div3=9$ ➡ 27 나누기 3은 9와 같습니다.

03 (나누어 줄 전체 선수 수)$=5+2=7$(명)
➡ (한 선수에게 줄 공책의 수)$=21\div7=3$(권)

04 30에서 ■를 5번 빼면 0이 되므로
$30-■-■-■-■-■=0$
➡ $30\div■=5$ ➡ $■\times5=30$, $■=6$

05 ㉠ $35-7-7-7-7-7=0$ ➡ $35\div7=5$
㉡ $28-4-4-4-4-4-4-4=0$
➡ $28\div4=7$
따라서 몫이 더 큰 것은 ㉡입니다.

06 네잎 클로버가 8개씩 3줄 있으므로 곱셈식으로 나타내면 $8\times3=24$입니다.
$8\times3=24$를 나눗셈식으로 나타내면 $24\div8=3$ 또는 $24\div3=8$입니다.

07 사과가 6개씩 4묶음이므로 곱셈식으로 나타내면
$6\times4=24$ 또는 $4\times6=24$입니다. 곱셈식을 나눗셈식으로 나타내면 $24\div6=4$ 또는 $24\div4=6$입니다.

08 (1) $4\times7=28$　　(2) $9\times6=54$
$28\div4=7$　　$54\div9=6$

09 $63\div7$의 몫을 구하기 위해서 7단 곱셈구구에서 곱이 63이 되는 곱셈식을 찾으면 $7\times9=63$입니다.

10 $6\div2=3$, $8\div2=4$,
$18\div6=3$, $36\div9=4$, $45\div5=9$

11 나누어지는 수가 같을 때는 나누는 수가 작아질수록 몫이 커지므로 $36\div4$의 몫이 가장 큽니다.

12

÷		
54	㉠	6
㉡	3	㉢
9	㉣	

$54\div㉠=6$ ➡ $㉠\times6=54$, $㉠=9$
$54\div㉡=9$ ➡ $㉡\times9=54$, $㉡=6$
$6\div3=㉢$, $㉢=2$
$9\div3=㉣$, $㉣=3$

13 예) 수 카드를 한 번씩만 사용하여 만들 수 있는 가장 작은 두 자리 수는 45입니다. ⋯ 50 %
따라서 $45\div9=5$이므로 몫은 5입니다. ⋯ 50 %

14 $56\div\square=8$을 곱셈식으로 나타내면 $8\times\square=56$입니다.
8단 곱셈구구에서 곱이 56이 되는 곱셈식을 찾으면 $8\times7=56$이므로 $\square=7$입니다.

15 $28\div4=7$, $42\div7=6$ ➡ $7>6$

16 $2\square\div8$의 몫을 ▲라고 하면 $2\square\div8=$▲입니다.
곱셈식으로 나타내면 $8\times$▲$=2\square$이므로 8단 곱셈구구에서 곱의 십의 자리 숫자가 2인 곱셈식을 찾으면 $8\times3=24$입니다.
따라서 $2\square$가 될 수 있는 수는 24이므로 몫이 될 수 있는 수는 $24\div8=3$입니다.

17 (꽃 모양 6개를 만드는 데 사용한 색종이의 수)
$=3\times6=18$(장)

(사용하고 남은 색종이의 수)＝42－18＝24(장)

➡ (필요한 봉지의 수)＝24÷6＝4(봉지)

18 돼지 한 마리의 다리는 4개이고, 오리 한 마리의 다리
는 2개입니다.

(오리 4마리의 다리 수)＝4×2＝8(개)

(돼지의 다리 수)

＝(오리와 돼지의 다리 수)－(오리의 다리 수)

＝40－8＝32(개)

따라서 돼지의 수는 32÷4＝8(마리)입니다.

19 ㉠ 24÷6＝4이고 4＜□이므로 1부터 9까지의 수 중
에서 □ 안에 들어갈 수 있는 수는 5, 6, 7, 8, 9입
니다.

㉡ 48÷6＞□이고 8＞□이므로 1부터 9까지의 수
중에서 □ 안에 들어갈 수 있는 수는 1, 2, 3, 4, 5,
6, 7입니다.

따라서 □ 안에 공통으로 들어갈 수 있는 수는 5, 6, 7
이고 이 중 가장 큰 수는 7입니다.

20 예 지수가 가지고 있는 연필의 수는 4×12＝48,
48＋7＝55(자루)입니다. … 40 %

친구들에게 나누어 주고 1자루가 남았으므로
55－1＝54(자루)를 나누어 준 것입니다. … 20 %

따라서 한 명에게 준 연필은 54÷6＝9(자루)입니다.

… 40 %

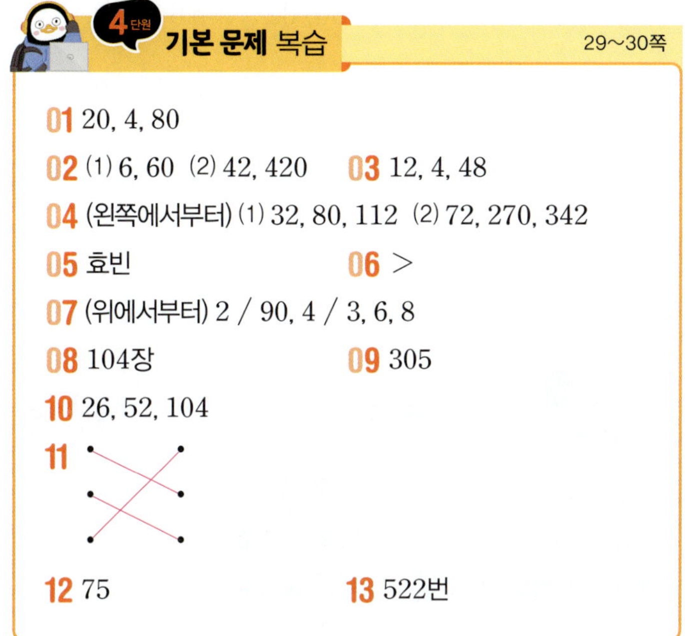

4단원 **기본 문제 복습** 29~30쪽

01 20, 4, 80

02 ⑴ 6, 60 ⑵ 42, 420   **03** 12, 4, 48

04 (왼쪽에서부터) ⑴ 32, 80, 112 ⑵ 72, 270, 342

05 효빈   **06** ＞

07 (위에서부터) 2 / 90, 4 / 3, 6, 8

08 104장   **09** 305

10 26, 52, 104

11

12 75   **13** 522번

02 곱해지는 수가 10배가 되면 계산 결과도 10배가 됩니
다.

⑴ 3×2＝6 ➡ 30×2＝60

⑵ 6×7＝42 ➡ 60×7＝420

03 12＋12＋12＋12＝12×4＝48

04 ⑴ 14×8은 4×8과 10×8로 나누어 계산할 수 있습
니다. 4×8＝32이고, 10×8＝80입니다.
따라서 14×8＝32＋80＝112입니다.

⑵ 38×9는 8×9와 30×9로 나누어 계산할 수 있습
니다. 8×9＝72이고, 30×9＝270입니다.
따라서 38×9＝72＋270＝342입니다.

05 ㉠의 숫자 6은 20과 3의 곱인 60을 나타냅니다.

06 48×9＝432, 61×7＝427

➡ 432＞427

08 금잔화 8송이의 꽃잎의 수는 13×8＝104(장)입니
다.

09 십의 자리 계산은 60×5＝300이므로 백의 자리에
3을, 십의 자리에 0을 써야 합니다.

10 $13 \times 2 = 26$, $26 \times 2 = 52$, $52 \times 2 = 104$

11 $45 \times 2 = 90$, $16 \times 4 = 64$, $26 \times 3 = 78$,
$13 \times 6 = 78$, $30 \times 3 = 90$, $32 \times 2 = 64$

12 $37 \times 2 = 74$이고, $\square > 74$이므로 $\square$ 안에 들어갈 수 있는 가장 작은 두 자리 수는 75입니다.

13 $87 \times 6 = 522$(번)

01 108	**02** 375
03 32개	**04** 풀이 참조
05 풀이 참조	**06** 풀이 참조
07 7, 8, 9	**08** 1, 2, 3
09 5	**10** 240
11 252	**12** 384

01 오른쪽에 있는 수는 왼쪽에 있는 수에 3을 곱한 수입니다. 따라서 36 다음에 오는 수는 $36 \times 3 = 108$입니다.

02 오른쪽에 있는 수는 왼쪽에 있는 수에 5를 곱한 수입니다. 따라서 75 다음에 오는 수는 $75 \times 5 = 375$입니다.

03 색종이를 접었다가 펼쳤을 때 생기는 사각형의 수를 알아봅니다.
색종이를 한 번 접었을 때: 2개
색종이를 두 번 접었을 때: $2 \times 2 = 4$(개)
색종이를 세 번 접었을 때: $4 \times 2 = 8$(개)
색종이를 네 번 접었을 때: $8 \times 2 = 16$(개)
즉, 색종이를 한 번 더 접었을 때 생기는 사각형의 수는 바로 전에 접었을 때에 생기는 사각형의 수에 2를 곱한 것입니다. 따라서 색종이를 5번 접었을 때 생기는 사각형의 수는 $16 \times 2 = 32$(개)입니다.

04 일의 자리 계산에서 올림한 수를 십의 자리의 계산 결과에 더한 것이 아니라 일의 자리 계산과 십의 자리 계산 결과를 나란히 잘못 썼습니다.

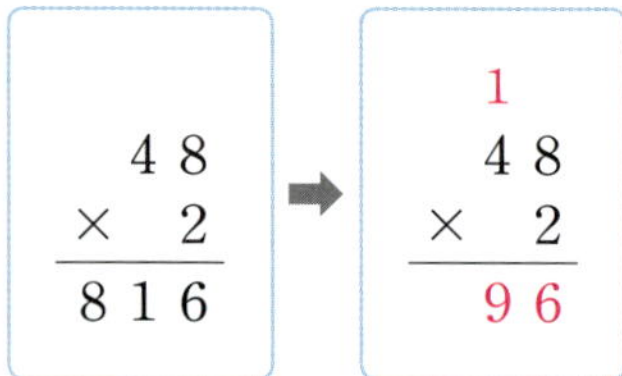

05 십의 자리 계산인 $3 \times 2 = 6$에서 6의 자릿값을 십의 자리에 쓰지 않고 일의 자리에 썼습니다.

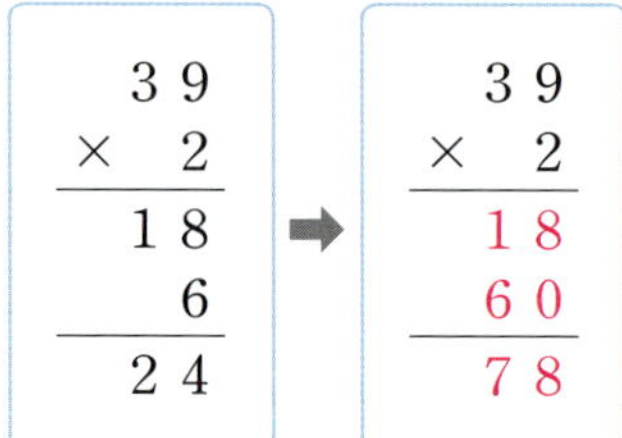

06 일의 자리 계산인 $4 \times 9 = 36$에서 3을 십의 자리 계산에 더하지 않았습니다.

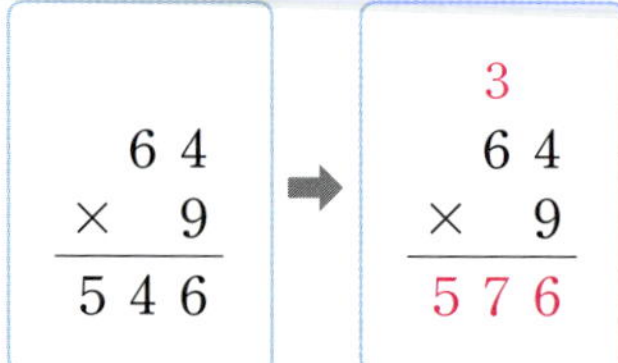

07 $41 \times 3 = 123$이고 $20 \times 6 = 120$, $20 \times 7 = 140$이므로 $\square$는 6보다 큰 수입니다.
따라서 $\square$ 안에 들어갈 수 있는 수는 7, 8, 9입니다.

08 $26 \times 8 = 208$이므로 $52 \times \square < 208$입니다.
52와 어떤 수의 곱은 208보다 작아야 하므로 $\square$ 안에 들어갈 수 있는 수는 1, 2, 3입니다.

09 $79 \times \square$에서 79를 어림하면 약 80이므로 80과 $\square$의 곱이 400에 가장 가까워야 합니다.
$80 \times 4 = 320$, $80 \times 5 = 400$, $80 \times 6 = 480$이므로 $79 \times \square$가 400에 가장 가까운 값이 되기 위해 $\square$ 안에 알맞은 수는 5입니다.

10 어떤 수를 $\square$라고 하면 $\square \div 8 = 5$
$\Rightarrow \square = 8 \times 5 = 40$
어떤 수가 40이므로 어떤 수에 6을 곱한 값은
$40 \times 6 = 240$

11 어떤 수를 □라고 하면 □÷7＝4

➡ □＝7×4＝28

어떤 수가 28이므로 어떤 수에 9를 곱한 값은

28×9＝252입니다.

12 어떤 수를 □라고 하면 □÷8＝6

➡ □＝8×6＝48

따라서 바르게 계산한 값은 48×8＝384입니다.

4단원 서술형 수행 평가 33~34쪽

01 풀이 참조, 80살 **02** 풀이 참조, 86회
03 풀이 참조 **04** 풀이 참조, 122명
05 풀이 참조, 225원 **06** 풀이 참조, 200 cm
07 풀이 참조, 360장 **08** 풀이 참조, 2
09 풀이 참조, 108 **10** 풀이 참조, 416

01 예 (어머니의 연세)＝10×4＝40(살) … 50 %
(할머니의 연세)＝40×2＝80(살) … 50 %

02 예 (누나가 줄넘기한 횟수)＝(민이가 줄넘기한 횟수)
×2 … 50 %
따라서 누나는 줄넘기를 43×2＝86(회) 했습니다.
… 50 %

03 예 일의 자리 계산 5×2＝10에서 올림한 수 1을 십의
자리 계산에 더하지 않았습니다. … 50 %

$$\begin{array}{r}\overset{1}{}\ 3\ 5 \\ \times\quad\ 2 \\ \hline 7\ 0 \end{array}$$ … 50 %

04 예 (학생 수가 24명인 세 반의 학생 수)
＝24×3＝72(명) … 30 %
(학생 수가 25명인 두 반의 학생 수)
＝25×2＝50(명) … 30 %
따라서 3학년 전체 학생 수＝72＋50＝122(명)입니
다. … 40 %

05 예 1페소가 25원이므로 9페소는 25원의 9배입니다.
… 40 %
따라서 9페소는 우리나라 돈으로
25×9＝225(원)입니다. … 60 %

06 예 종이테이프 6장의 길이의 합은
40×6＝240(cm)입니다. … 40 %
겹쳐진 부분은 6－1＝5(군데)이므로 겹쳐진 부분의
길이의 합은 8×5＝40(cm)입니다. … 40 %
따라서 이어 붙인 종이테이프 전체의 길이는
240－40＝200(cm)입니다. … 20 %

07 예 88장씩 4상자에 들어 있는 색종이의 수를 구하는
곱셈식은 88×4입니다. … 40 %
88을 어림하면 약 90이므로 88×4를 어림하여 계산
하면 약 90×4＝360입니다.
따라서 4상자에 들어 있는 색종이는 약 360장입니다.
… 60 %

08 예 6×4＝24이므로 십의 자리로 2를 올림합니다.
… 20 %

곱이 세 자리 수가 되려면 ●×4에 2를 더한 값이 10
이거나 10보다 커야 합니다.
이때 ●가 가장 작은 수가 되려면 ●×4에 2를 더한
값이 10이 되어야 합니다. … 40 %
따라서 ●×4＝8, ●＝2입니다. … 40 %

09 예 18×5＝90, 18×6＝108 … 50 %
90과 108 중에서 100에 더 가까운 어떤 수는 108입
니다. … 50 %

10 예 수 카드의 수의 크기를 비교하면 2<5<8입니다.
… 10 %
곱이 가장 크려면 두 번 곱해지는 한 자리 수에 가장 큰
수인 8을 놓고 나머지 수로 가장 큰 두 자리 수인 52를
만듭니다. … 60 %
따라서 곱이 가장 큰 곱셈식의 곱은 52×8＝416입니
다. … 30 %

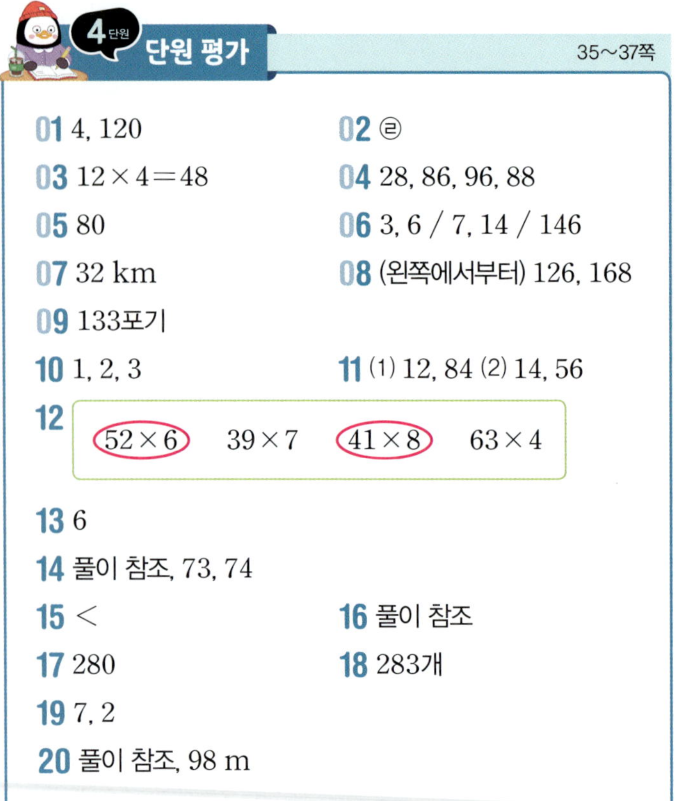

01 4, 120

02 ㉣

03 $12 \times 4 = 48$

04 28, 86, 96, 88

05 80

06 3, 6 / 7, 14 / 146

07 32 km

08 (왼쪽에서부터) 126, 168

09 133포기

10 1, 2, 3

11 (1) 12, 84 (2) 14, 56

12 52×6 39×7 41×8 63×4

13 6

14 풀이 참조, 73, 74

15 <

16 풀이 참조

17 280

18 283개

19 7, 2

20 풀이 참조, 98 m

---

02 ㉠ 20씩 3묶음 ➡ 20×3
㉡ 20의 3배 ➡ 20×3
㉢ 20과 3의 곱 ➡ 20×3
㉣ 20 더하기 3 ➡ $20 + 3$

03 $12 \times 4 = 48$

04 $32 \times 3 = 96$, $22 \times 4 = 88$, $14 \times 2 = 28$,
$43 \times 2 = 86$

05 곱셈식에서 8이 실제로 나타내는 값은 $40 \times 2 = 80$
이므로 80을 나타냅니다.

07 자전거로 30분에 8 km를 달렸으므로 1시간에는
16 km를 달렸습니다.
2시간 동안 자전거로 달린 거리는 모두
$16 \times 2 = 32$(km)입니다.

08 $42 \times 3 = 126$, $42 \times 4 = 168$

09 배추를 한 줄에 19포기씩 7줄을 심었으므로 삼촌이 심
은 배추는 모두 $19 \times 7 = 133$(포기)입니다.

---

10 $29 \times 6 = 174$이므로 $51 \times \square < 174$입니다.
$51 \times 3 = 153$, $51 \times 4 = 204$이므로 1부터 9까지의
자연수 중에서 $\square$ 안에 들어갈 수 있는 수는 1, 2, 3입
니다.

11 (1) $3 \times 4 = 12$, $12 \times 7 = 84$
(2) $2 \times 7 = 14$, $14 \times 4 = 56$

12 • 52×6에서 52를 어림하면 약 50이므로 52×6의
어림값은 약 $50 \times 6 = 300$입니다.
• 39×7에서 39를 어림하면 약 40이므로 39×7의
어림값은 약 $40 \times 7 = 280$입니다.
• 41×8에서 41을 어림하면 약 40이므로 41×8의
어림값은 약 $40 \times 8 = 320$입니다.
• 63×4에서 63을 어림하면 약 60이므로 63×4의
어림값은 약 $60 \times 4 = 240$입니다.

13 ●×●의 일의 자리 숫자가 6인 경우는
●=4 또는 ●=6일 때입니다.
• ●=4일 때: $44 \times 4 = 176$ ($\times$)
• ●=6일 때: $66 \times 6 = 396$ ($\bigcirc$)

14 예 $18 \times 4 = 72$ … 40 %
$25 \times 3 = 75$ … 40 %
따라서 $\square$ 안에 들어갈 수 있는 자연수는 72와 75 사
이에 있는 자연수이므로 73, 74입니다. … 20 %

15 $42 \times 9 = 378$, $59 \times 7 = 413$ ➡ $378 < 413$

16 일의 자리 계산에서 올림한 수를 십의 자리의 계산 결
과에 더하지 않았습니다.

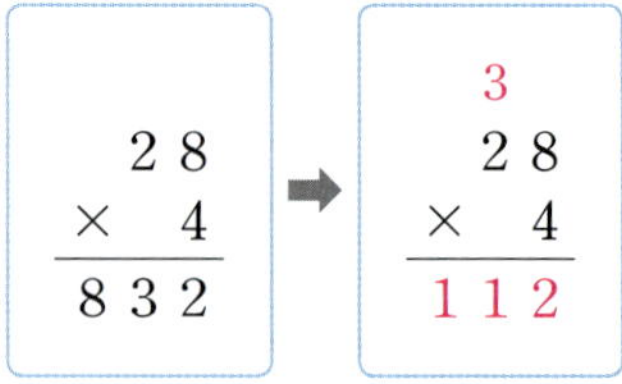

17 $2 \times 5 = 10$, $6 \times 5 = 30$, $12 \times 5 = 60$이므로 어떤 수
의 5배가 나오는 규칙이 있습니다.
따라서 $56 \times 5 = 280$입니다.

18 (3학년 학생들에게 나누어 준 딸기의 개수)

$=86 \times 3 = 258$(개)

(급식 시간에 준비한 딸기의 개수)

$=258 + 25 = 283$(개)

19 같은 수를 곱해서 일의 자리 숫자가 9가 되는 수는 3 또는 7입니다.

$43 \times 3 = 129$, $47 \times 7 = 329$이므로

㉠$=7$, ㉡$=2$입니다.

20 예 도로 한쪽에 심은 나무의 수는 $16 \div 2 = 8$(그루)입니다. ⋯ 30 %

나무 사이의 간격의 수는 $8 - 1 = 7$(군데)입니다. ⋯ 30 %

따라서 도로의 길이는 $14 \times 7 = 98$(m)입니다. ⋯ 40 %

5단원 길이와 시간

5단원 기본 문제 복습

01 20

02 6 cm 2 mm

03 (1) 7, 6 (2) 42 (3) 50

04 ㉡

05 2, 400

06 3750 m

07 ㉢

08 3분 3초

09 7시 13분

10

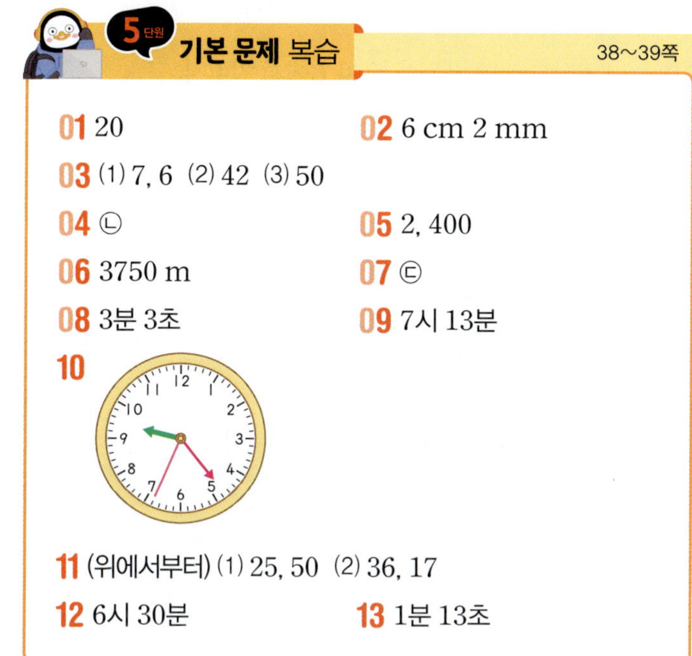

11 (위에서부터) (1) 25, 50 (2) 36, 17

12 6시 30분

13 1분 13초

01 1 cm를 10칸으로 똑같이 나누었을 때 작은 눈금 한 칸의 길이가 1 mm이므로 1 cm$=$10 mm입니다. 따라서 2 cm$=$20 mm입니다.

02 1 cm짜리 큰 눈금 6칸과 1 mm짜리 작은 눈금 2칸 이므로 연필의 길이는 6 cm 2 mm입니다.

03 1 cm$=$10 mm

(1) 76 mm$=$70 mm$+$6 mm$=$7 cm 6 mm

(2) 4 cm 2 mm$=$40 mm$+$2 mm$=$42 mm

(3) 5 cm$=$50 mm

04 ㉡ 8 km 400 m$=$8400 m

05 2 km에서 작은 눈금 4칸을 더 간 곳입니다. 작은 눈 금 한 칸의 길이는 100 m이므로 화살표가 가리키는 곳은 2 km 400 m입니다.

06 1 km$=$1000 m이므로 3 km$=$3000 m입니다. 따라서 3 km 750 m$=$3750 m입니다.

07 ㉢ 식판의 긴 쪽의 길이는 약 40 cm입니다.

08 183초$=$180초$+$3초$=$3분 3초

09 초바늘이 시계를 3바퀴 도는 데 걸리는 시간은 3분입니다. 시계가 7시 10분을 가리키므로
7시 10분＋3분＝7시 13분입니다.

10 34초이므로 초바늘이 숫자 6에서 작은 눈금 4칸 더 간 곳을 가리키게 그립니다.

11 (1) 초끼리 더하면 15＋35＝50입니다.
분끼리 더하면 25＋□＝50이므로 □ 안에 알맞은 수는 50－25＝25입니다.
(2) 초끼리 빼면 □－26＝10이므로 □ 안에 알맞은 수는 10＋26＝36입니다.
분끼리 빼면 50－33＝17입니다.

12
$$\begin{array}{r} \overset{1}{5}\text{시} \quad 40\text{분} \\ +\qquad 50\text{분} \\ \hline 6\text{시} \quad 30\text{분} \end{array}$$

13 (3등의 기록)－(1등의 기록)
＝10분 55초－9분 42초＝1분 13초

01 40 mm＝4 cm
➡ 126 cm＋4 cm＝130 cm

02
$$\begin{array}{r} \overset{1}{1}\text{ km} \quad 700\text{ m} \\ +\qquad\quad 900\text{ m} \\ \hline 2\text{ km} \quad 600\text{ m} \end{array}$$

03 강원도에 어제와 오늘 쌓인 눈의 양은 4 cm 9 mm입니다.
경기도에 어제와 오늘 쌓인 눈의 양은
3 cm＋2 cm＝5 cm입니다.
5 cm는 4 cm 9 mm보다 1 mm 더 긴 길이이므로 경기도에 눈이 1 mm 더 많이 내렸습니다.

04 현지네 집에서 수진이네 집까지의 거리는 약 500 m이므로 수진이네 집에서 약 1 km 떨어진 곳은 현지네 집에서 수진이네 집까지 거리의 2배가 되는 곳입니다.
따라서 수진이네 집에서 약 1 km 떨어진 장소는 미술관입니다.

05 경서네 집에서 정류장까지의 거리는 약 300 m입니다. 경서네 집에서 약 900 m 떨어진 곳은 경서네 집에서 정류장까지 거리의 약 3배가 되는 곳입니다.
따라서 경서네 집에서 약 900 m 떨어진 장소는 공원입니다.

06 학교에서 도서관까지의 거리는 약 1 km이므로 도서관에서 약 2 km 떨어진 곳은 학교에서 도서관까지의 거리의 2배가 되는 곳입니다. ➡ 공원, 수영장

07 하루에 30초씩 빨라지므로 2일에 1분씩 빨라집니다. 5일 후면 2분 30초가 빨라지는 것입니다.
따라서 5일 후 오전 9시에 시계는 9시 2분 30초를 가리키게 됩니다.

08 오후 3시부터 오후 7시까지 4시간이 걸리므로 시계가 4시간 동안 빠르게 간 시간을 구합니다.
1시간에 1분 20초씩 빠르게 가므로
2시간에 1분 20초＋1분 20초＝2분 40초,
3시간에 2분 40초＋1분 20초＝3분 60초＝4분,
4시간에 4분＋1분 20초＝5분 20초 빠르게 갑니다.
따라서 오후 7시에 7시 5분 20초를 가리킵니다.

09 두 시계는 하루에 5분＋2분 30초＝7분 30초의 차이가 납니다.
따라서 3일 후에는 7분 30초＋7분 30초＋7분 30초
＝21분 90초＝22분 30초의 차이가 납니다.

10 오후 1시는 13시로 나타내어 계산합니다.

$$
\begin{array}{r}
\overset{12}{\cancel{13}}시 \quad \overset{60}{25}분 \\
-\ 11시 \quad 50분 \\
\hline
1시간 \quad 35분
\end{array}
$$

11 (전반전 시간)＋(쉬는 시간)＋(후반전 시간)

＝45분＋20분＋45분

＝110분＝1시간 50분

따라서 축구 경기가 끝나는 시각은

7시 30분＋1시간 50분

＝8시 80분＝9시 20분입니다.

12 오후 7시를 19시로 나타내어 계산합니다.

$$
\begin{array}{r}
\overset{18}{\cancel{19}}시 \quad \overset{60}{34}분 \quad 52초 \\
-\ 5시 \quad 53분 \quad 16초 \\
\hline
13시간 \quad 41분 \quad 36초
\end{array}
$$

01 풀이 참조, 1 km 200 m

02 풀이 참조, 한라산, 설악산, 태백산

03 풀이 참조, 3분 12초

04 풀이 참조, 주연

05 풀이 참조

06 풀이 참조, 2 km 360 m

07 풀이 참조, 2시 50분

08 풀이 참조, 40 cm 5 mm

09 풀이 참조, 민수

10 풀이 참조, 41분 30초

01 예 수직선의 작은 눈금 한 칸은 100 m입니다. ㉠에서 ㉡까지의 거리는 작은 눈금 12칸이므로 1200 m입니다. … 60 %

따라서 1000 m＝1 km이므로

1200 m＝1 km 200 m입니다. … 40 %

02 예 1 km＝1000 m이므로

설악산: 1 km 708 m＝1708 m,

태백산: 1567 m,

한라산: 1 km 950 m＝1950 m입니다. … 50 %

1950＞1708＞1567이므로

높은 산부터 순서대로 쓰면

한라산, 설악산, 태백산입니다. … 50 %

03 예 60초＝1분 … 30 %

192초＝180초＋12초＝3분 12초 … 70 %

04 예 경민: 253초＝240초＋13초＝4분 13초

해준: 270초＝240초＋30초＝4분 30초 … 50 %

따라서 4분 30초＞4분 15초＞4분 13초＞4분 11초

이므로 가장 빠른 사람은 주연입니다. … 50 %

05 예 시는 시끼리, 분은 분끼리, 초는 초끼리 계산하지 않았기 때문입니다. … 50 %

$$
\begin{array}{r}
5시 \quad 30분 \\
+\ \quad 3분 \quad 20초 \\
\hline
5시 \quad 33분 \quad 20초
\end{array}
$$
… 50 %

06 예 정현이네 집에서 편의점을 지나 약국까지의 거리는 610 m＋570 m＝1180 m＝1 km 180 m입니다. 약국에서 다시 편의점을 지나 집으로 돌아오는 거리도 1 km 180 m입니다. … 50 %

따라서 정현이네 집에서 편의점을 지나 약국에 들른 후 다시 집으로 돌아오는 거리는

1 km 180 m＋1 km 180 m＝2 km 360 m입니다. … 50 %

07 예 시계가 가리키고 있는 시각은 5시 20분입니다.

… 30 %

150분＝2시간 30분입니다. … 30 %

➡ 5시 20분－2시간 30분

＝4시 80분－2시간 30분＝2시 50분 … 40 %

BOOK 2 복습책

08 예 사용한 파란색 종이띠의 길이는

35 cm−6 cm 5 mm=34 cm 10 mm−6 cm

5 mm=28 cm 5 mm입니다. ··· 50 %

따라서 흰색 종이띠는 모두 사용하였으므로 도로를 만

드는 데 사용한 종이띠의 길이는 모두

28 cm 5 mm+12 cm=40 cm 5 mm입니다.

··· 50 %

09 예 (민수가 공부한 시간)

=2시 52분 25초−1시 5분 10초

=1시간 47분 15초 ··· 40 %

(정현이가 공부한 시간)

=3시 15분 40초−2시 12분 30초

=1시간 3분 10초 ··· 40 %

1시간 47분 15초＞1시간 3분 10초

따라서 공부를 더 오랫동안 한 사람은 민수입니다.

··· 20 %

10 예 수영 기록은 총 걸린 시간에서 자전거 기록과 달리

기 기록의 합을 빼줍니다.

(자전거 기록)+(달리기 기록)

=1시간 5분 16초+55분 34초=2시간 50초

··· 50 %

총 걸린 시간에서 두 기록의 합을 빼면

2시간 42분 20초−2시간 50초=41분 30초입니다.

··· 50 %

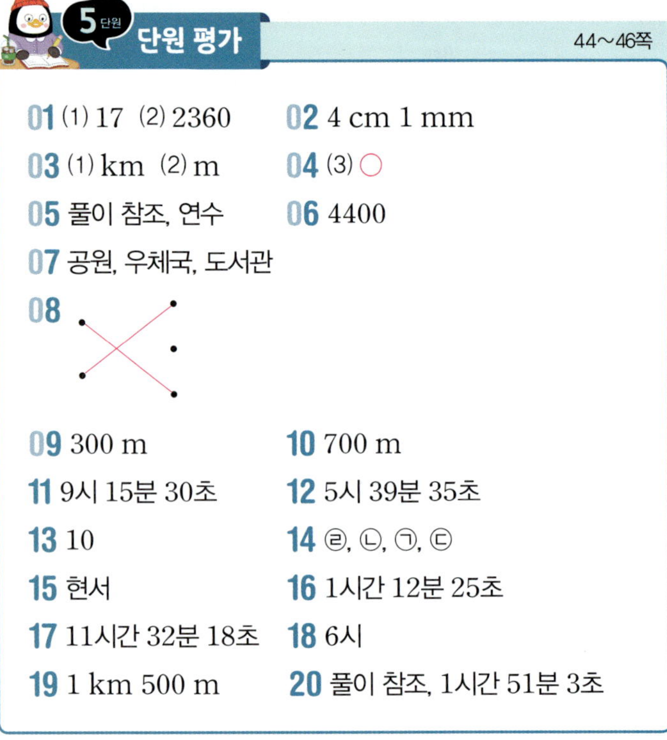

01 (1) 17 (2) 2360　　**02** 4 cm 1 mm

03 (1) km (2) m　　**04** (3) ○

05 풀이 참조, 연수　　**06** 4400

07 공원, 우체국, 도서관

08

09 300 m　　**10** 700 m

11 9시 15분 30초　　**12** 5시 39분 35초

13 10　　**14** ㉣, ㉡, ㉠, ㉢

15 현서　　**16** 1시간 12분 25초

17 11시간 32분 18초　　**18** 6시

19 1 km 500 m　　**20** 풀이 참조, 1시간 51분 3초

01 (1) 1 cm=10 mm

1 cm 7 mm=10 mm+7 mm=17 mm

(2) 1 km=1000 m

2 km 360 m=2000 m+360 m=2360 m

02 1 cm짜리 큰 눈금 4칸과 1 mm짜리 작은 눈금 1칸

이므로 사탕의 길이는 4 cm 1 mm입니다.

04 (1) 클립 긴 쪽의 길이는 약 3 cm입니다.

(2) 수학책 긴 쪽의 길이는 약 258 mm입니다.

05 예 색연필의 길이를 몇 mm로 나타내면

진수: 107 mm,

연수: 10 cm 5 mm=105 mm,

성희: 11 cm 4 mm=114 mm입니다. ··· 60 %

따라서 105＜107＜114이므로

연수의 색연필이 가장 짧습니다. ··· 40 %

06 작은 눈금 한 칸의 길이는 100 m입니다.

4 km 200 m에서 작은 눈금 2칸 더 갔으므로

4 km 400 m=4400 m입니다.

07 1 km 94 m=1000 m+94 m=1094 m입니다.

따라서 1350>1100>1094이므로 놀이터에서 가까운 곳부터 순서대로 쓰면 공원, 우체국, 도서관입니다.

08 50 cm 4 mm=500 mm+4 mm=504 mm
5 cm 4 mm=50 mm+4 mm=54 mm

09 1 km=1000 m이므로 700 m에서 300 m를 더 가면 1 km입니다.
따라서 희경이가 걸은 거리는 300 m입니다.

10 수직선의 작은 눈금 한 칸은 100 m입니다.
㉠에서 ㉡까지는 작은 눈금 13칸이고 ㉡에서 ㉢까지는 작은 눈금 6칸입니다.
따라서 ㉠에서 ㉡까지의 거리는 ㉡에서 ㉢까지의 거리보다 작은 눈금 13−6=7(칸)만큼인 700 m 더 멉니다.

11 시계가 가리키는 시각은 9시 10분 30초입니다.
초바늘이 1바퀴 도는 데 걸리는 시간이 1분이므로 초바늘이 5바퀴 도는 데 걸리는 시간은 5분입니다.
따라서 초바늘이 5바퀴 돈 후의 시각은
9시 10분 30초+5분=9시 15분 30초입니다.

12

	5시	12분	20초
+		27분	15초
	5시	39분	35초

13 초바늘이 숫자 한 칸을 지나는 데 걸리는 시간은 5초입니다.
25초 전은 초바늘이 숫자 5칸 전으로 돌아가야 합니다.
현재 시각에서 초바늘이 숫자 3을 가리키므로 25초 전은 숫자 10을 가리킵니다.

14 ㉠ 5분 31초=300초 31초=331초
㉣ 6분 3초=360초 3초=363초
따라서 363>340>331>295이므로 시간이 긴 것부터 순서대로 기호를 쓰면 ㉣, ㉡, ㉠, ㉢입니다.

15 현서: 117초=60초+57초=1분 57초
건우: 140초=120초+20초=2분 20초
따라서 1분 57초<2분 10초<2분 20초이므로 운동장을 가장 빨리 돈 사람은 현서입니다.

다른 풀이 2분 10초=120초+10초=130초
117<130<140이므로 운동장을 가장 빨리 돈 사람은 현서입니다.

16 (걸린 시간)=(완성한 시각)−(시작 시각)

	12시	32분	40초
− 11시		20분	15초
	1시간	12분	25초

따라서 연서가 빵을 만드는 데 걸린 시간은
1시간 12분 25초입니다.

17 하루는 24시간입니다.
(밤의 길이)=24시간−(낮의 길이)

		59	
23	60	60
24시간			
− 12시간		27분	42초
11시간		32분	18초

따라서 밤의 길이는 11시간 32분 18초입니다.

18 (알람을 맞추어야 하는 시각)
=(현재 시각)+(낮잠을 자는 시간)
=4시 50분+1시간 10분
=5시 60분
=6시

19 (걸은 시간)=10시 50분−10시 20분=30분
30분=10분+10분+10분
➡ (30분 동안 걸은 거리)
=500 m+500 m+500 m
=1500 m
=1 km 500 m

20 예 영화 상영이 시작된 시각은 1시 15분 39초이고, 끝난 시각은 3시 6분 42초입니다. ⋯ 40 %
따라서 영화 상영 시간은
(상영 시간)=(끝난 시각)−(시작된 시각)
=3시 6분 42초−1시 15분 39초
=1시간 51분 3초 ⋯ 30 %

 **6단원 기본 문제 복습** 47~48쪽

01 예 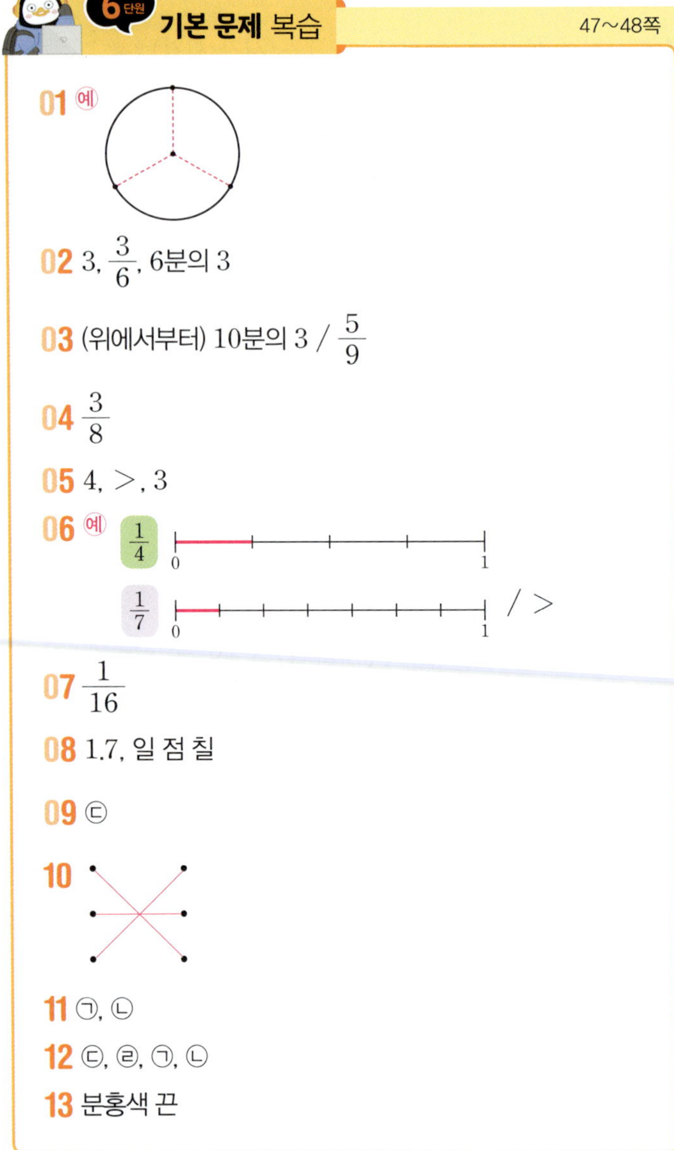

02 3, $\dfrac{3}{6}$, 6분의 3

03 (위에서부터) 10분의 3 / $\dfrac{5}{9}$

04 $\dfrac{3}{8}$

05 4, >, 3

06 예 $\boxed{\dfrac{1}{4}}$

$\boxed{\dfrac{1}{7}}$ / >

07 $\dfrac{1}{16}$

08 1.7, 일 점 칠

09 ㉢

10

11 ㉠, ㉡

12 ㉢, ㉣, ㉠, ㉡

13 분홍색 끈

04 봉선화를 심은 부분은 꽃밭 전체를 똑같이 8개로 나눈 것 중 5개이므로 남은 부분은 8개 중 3개입니다. 따라서 남은 꽃밭의 넓이는 전체의 $\dfrac{3}{8}$입니다.

05 색칠한 부분을 분수로 나타내면

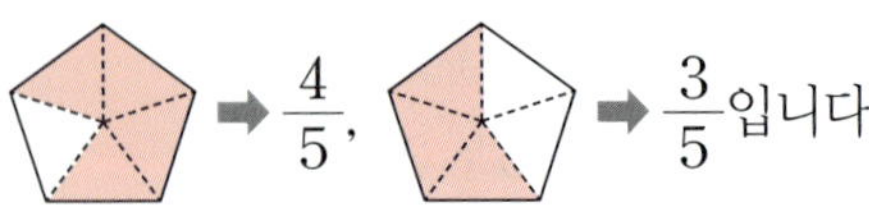

➡ $\dfrac{4}{5}$, ➡ $\dfrac{3}{5}$입니다.

$\dfrac{4}{5}$는 $\dfrac{1}{5}$이 4개이고 $\dfrac{3}{5}$은 $\dfrac{1}{5}$이 3개이므로 $\dfrac{4}{5}$가 더 큽니다.

07 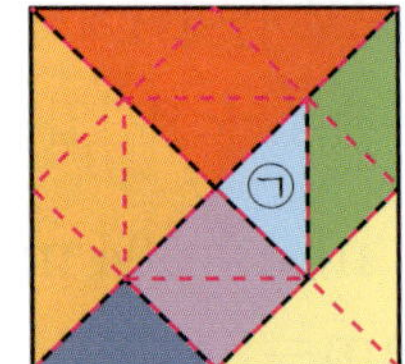

전체를 ㉠ 조각과 같은 작은 삼각형 모양으로 나눕니다. ㉠ 조각은 전체를 똑같이 16으로 나눈 것 중의 1이므로 $\dfrac{1}{16}$입니다.

08 1을 똑같이 10으로 나눈 것 중의 7은 0.7입니다. 색칠한 부분은 1과 0.7만큼이므로 '1.7'이라고 쓰고, '일 점 칠'이라고 읽습니다.

09 ㉢ 6.3은 0.1이 63개입니다.

10 $1\,\text{mm}=\dfrac{1}{10}\,\text{cm}=0.1\,\text{cm}$
- $4\,\text{mm}=0.4\,\text{cm}$
- $14\,\text{mm}=1.4\,\text{cm}$
- $4\,\text{cm}\ 1\,\text{mm}=41\,\text{mm}=4.1\,\text{cm}$

11 ㉠은 1에서 0.5만큼이므로 1.5입니다.
㉡은 1에서 0.9만큼이므로 1.9입니다.
㉢은 2에서 0.5만큼이므로 2.5입니다.
㉣은 3에서 0.2만큼이므로 3.2입니다.
따라서 소수를 바르게 나타낸 것은 ㉠, ㉡입니다.

12 ㉠ 0.1이 67개인 수는 6.7입니다.
㉡ 3.9
㉢ 9와 0.2만큼의 수는 9.2입니다.
㉣ 7.1
따라서 9.2>7.1>6.7>3.9이므로 큰 수부터 순서대로 기호를 쓰면 ㉢, ㉣, ㉠, ㉡입니다.

13 수의 크기를 비교해 봅니다.
0.8<1.6<1.8<2<2.1
길이가 2 m인 줄자로 길이를 한 번에 잴 수 없는 것은 2 m보다 긴 분홍색 끈입니다.

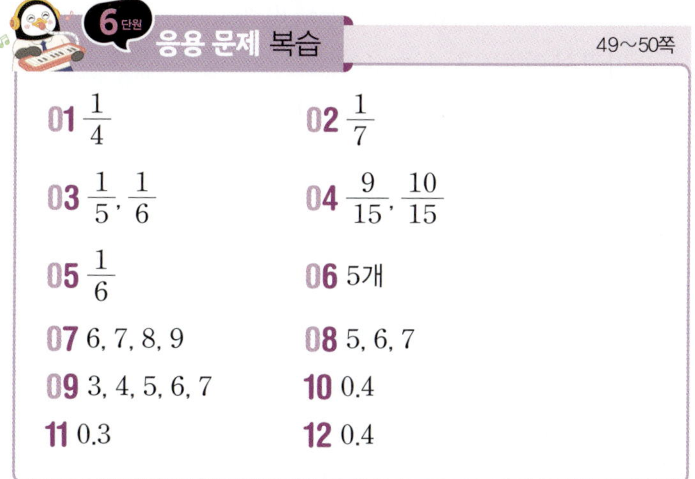

01 $\dfrac{1}{4}$　　**02** $\dfrac{1}{7}$

03 $\dfrac{1}{5}$, $\dfrac{1}{6}$　　**04** $\dfrac{9}{15}$, $\dfrac{10}{15}$

05 $\dfrac{1}{6}$　　**06** 5개

07 6, 7, 8, 9　　**08** 5, 6, 7

09 3, 4, 5, 6, 7　　**10** 0.4

11 0.3　　**12** 0.4

01 단위분수는 분자가 1인 분수입니다.

만들 수 있는 단위분수는 $\dfrac{1}{8}$, $\dfrac{1}{4}$, $\dfrac{1}{5}$입니다.

$\dfrac{1}{4}>\dfrac{1}{5}>\dfrac{1}{8}$이므로 가장 큰 단위분수는 $\dfrac{1}{4}$입니다.

02 만들 수 있는 단위분수는 $\dfrac{1}{3}$, $\dfrac{1}{5}$, $\dfrac{1}{7}$입니다.

$\dfrac{1}{3}>\dfrac{1}{5}>\dfrac{1}{7}$이므로 가장 작은 단위분수는 $\dfrac{1}{7}$입니다.

03 만들 수 있는 단위분수는 $\dfrac{1}{2}$, $\dfrac{1}{5}$, $\dfrac{1}{6}$, $\dfrac{1}{8}$입니다.

$\dfrac{1}{2}>\dfrac{1}{5}>\dfrac{1}{6}>\dfrac{1}{8}$이고, $\dfrac{1}{7}$은 $\dfrac{1}{6}>\dfrac{1}{7}>\dfrac{1}{8}$입니다.

따라서 $\dfrac{1}{2}>\dfrac{1}{5}>\dfrac{1}{6}>\dfrac{1}{7}>\dfrac{1}{8}$이므로 $\dfrac{1}{7}$보다 크고 $\dfrac{1}{2}$보다 작은 단위분수는 $\dfrac{1}{5}$, $\dfrac{1}{6}$입니다.

04 분모가 15이므로 분자는 8보다 크고 11보다 작아야 합니다. 따라서 조건을 만족하는 분수는 $\dfrac{9}{15}$, $\dfrac{10}{15}$입니다.

05 단위분수이므로 분자는 1입니다. 분모는 7보다 작으므로 $\dfrac{1}{2}$, $\dfrac{1}{3}$, $\dfrac{1}{4}$, $\dfrac{1}{5}$, $\dfrac{1}{6}$입니다.

$\dfrac{1}{2}>\dfrac{1}{3}>\dfrac{1}{4}>\dfrac{1}{5}>\dfrac{1}{6}$이므로 이중 $\dfrac{1}{5}$보다 작은 분수는 $\dfrac{1}{6}$입니다.

06 0.1이 2개인 수는 0.2이고 이를 분수로 나타내면 $\dfrac{2}{10}$입니다.

$\dfrac{1}{10}$이 8개인 수는 $\dfrac{8}{10}$입니다.

분모가 10인 분수 중에서 $\dfrac{2}{10}$보다 크고 $\dfrac{8}{10}$보다 작은 수는 $\dfrac{3}{10}$, $\dfrac{4}{10}$, $\dfrac{5}{10}$, $\dfrac{6}{10}$, $\dfrac{7}{10}$로 모두 5개입니다.

07 자연수 부분이 2로 같으므로 소수 부분의 크기를 비교하면 $5<\square$이어야 합니다.

따라서 $\square$ 안에 들어갈 수 있는 수는 6, 7, 8, 9입니다.

08 자연수 부분이 3으로 같으므로 소수 부분의 크기를 비교하면 $4<\square<8$이어야 합니다. 따라서 $\square$ 안에 들어갈 수 있는 수는 5, 6, 7입니다.

09 7과 0.2만큼의 수는 7.2입니다. 0.1이 78개인 수는 7.8입니다. $7.2<7.\square<7.8$이면 자연수 부분은 7로 같으므로 소수 부분의 크기를 비교하면 $2<\square<8$입니다.

따라서 $\square$ 안에 들어갈 수 있는 수는 3, 4, 5, 6, 7입니다.

10 우유 한 컵을 똑같이 10으로 나눈 것 중의 6만큼의 우유를 사용한 것이므로 남은 양은 전체를 똑같이 10으로 나눈 것 중의 $10-6=4$입니다. 따라서 남은 우유의 양은 전체의 0.4입니다.

11 상민이가 7일 동안 먹은 초콜릿의 양은 초콜릿 전체를 똑같이 10으로 나눈 것 중의 7입니다.

남은 양은 전체를 똑같이 10으로 나눈 것 중의 $10-7=3$입니다.

따라서 남은 초콜릿의 양은 전체의 0.3입니다.

12 도화지 한 장을 똑같이 10으로 나눈 것 중 도현이는 4를, 수진이는 2를 색칠하였으므로 색칠하고 남은 부분은 전체를 똑같이 10으로 나눈 것 중의 $10-4-2=4$입니다.

따라서 색칠하고 남은 도화지의 부분은 전체의 0.4입니다.

---

01 지영, 풀이 참조 **02** 풀이 참조, $\dfrac{7}{16}$

03 풀이 참조, 2개 **04** 예린, 풀이 참조

05 풀이 참조, 5.3 cm **06** 풀이 참조, 75

07 풀이 참조, 코끼리 **08** 풀이 참조, 6

09 풀이 참조, 별자리 체험관

10 풀이 참조, 0.5

---

01 지영 … 30 %

예 지영이는 전체를 똑같이 6으로 나눈 것 중 3을 색칠 하였으므로 분수로 나타내면 $\dfrac{3}{6}$이기 때문입니다.

… 70 %

02 예 종이끈 전체를 똑같이 16으로 나눈 것 중의 9개를 사용하였으므로 남은 종이끈의 양은 16−9＝7입니 다. … 50 %

따라서 사용하고 남은 종이끈의 양을 분수로 나타내면 $\dfrac{7}{16}$입니다. … 50 %

03 예 분모가 모두 12로 같으므로 주어진 분수 중에서 분 자가 3보다 크고 9보다 작은 분수를 찾으면 $\dfrac{5}{12}$, $\dfrac{8}{12}$ 입니다. … 70 %

따라서 모두 2개입니다. … 30 %

04 예린 … 40 %

예 단위분수는 분모가 작을수록 더 큽니다. … 30 %

분모를 비교하면 5＞3이므로 $\dfrac{1}{5}<\dfrac{1}{3}$이기 때문입니 다. … 30 %

05 예 1 mm＝0.1 cm입니다. … 30 %

5 cm 3 mm＝53 mm이므로 0.1이 53개이면 5.3 입니다. 따라서 5.3 cm입니다. … 70 %

06 예 7.2는 0.1이 72개이므로 ㉠＝72입니다. … 40 %

㉡과 0.6만큼인 수는 ㉡.6이고 0.1이 36개인 수는

3.6이므로 ㉡＝3입니다. … 40 %

따라서 ㉠＝72, ㉡＝3이므로

㉠＋㉡＝72＋3＝75입니다. … 20 %

07 예 자연수 부분이 큰 순서대로 소수의 크기를 비교합니 다. … 30 %

가장 큰 수는 27.6이고 다음으로 큰 수는 자연수 부분 이 3인 소수입니다. 3.9, 3.2 중에서 더 큰 수는 3.9이 므로 셋째로 몸길이가 긴 동물은 길이가 3.2 m인 코 끼리입니다. … 70 %

08 예 $\dfrac{\square}{10}<\dfrac{7}{10}$ ➡ $\square<7$이므로 $\square$ 안에 들어갈 수 있 는 수는 2, 3, 4, 5, 6입니다. … 30 %

$\dfrac{1}{5}>\dfrac{1}{\square}$ ➡ $5<\square$이므로 $\square$ 안에 들어갈 수 있는 수 는 6, 7, 8, 9입니다. … 40 %

따라서 $\square$ 안에 공통으로 들어갈 수 있는 수는 6입니 다. … 30 %

09 예 생태공원 입구에서 각 장소까지의 거리를 소수로 나 타내면 반딧불이 체험관까지는 0.9 km, 별자리 체험 관까지는 1.3 km, 노을 책방까지의 거리는 1.1 km 입니다. … 50 %

0.9＜1.1＜1.3이므로 생태공원 입구에서 가장 먼 곳 은 별자리 체험관입니다. … 50 %

10 예 아름이와 언니가 마시고 남은 주스의 양은 전체를 똑같이 10으로 나눈 것 중의 2입니다. … 30 %

아름이와 언니가 마신 주스의 양은 전체를 똑같이 10 으로 나눈 것 중의 10−2＝8이므로 0.8입니다.

… 30 %

그중 아름이가 0.3만큼 마셨기 때문에 언니가 마신 주 스의 양은 전체를 똑같이 10으로 나눈 것 중의 5인 0.5입니다. … 40 %

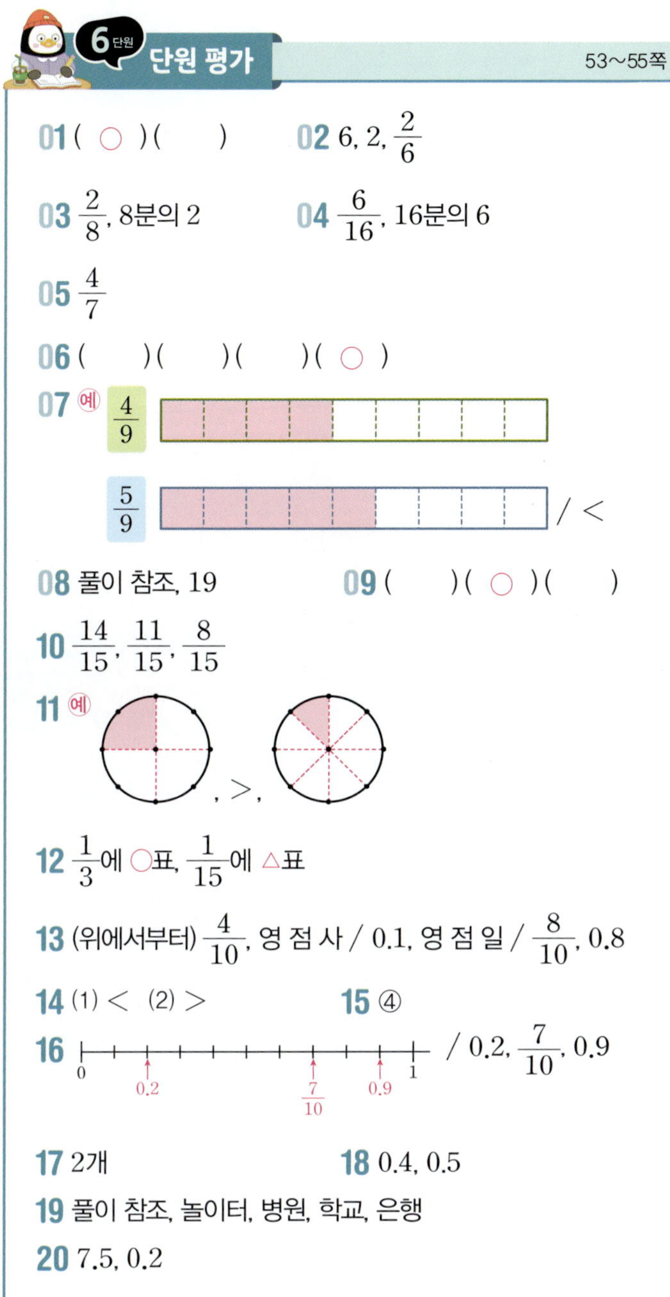

01 (○) ( ) **02** $6, 2, \dfrac{2}{6}$

03 $\dfrac{2}{8}$, 8분의 2 **04** $\dfrac{6}{16}$, 16분의 6

05 $\dfrac{4}{7}$

06 ( ) ( ) ( ) (○)

07 예 $\dfrac{4}{9}$ / $\dfrac{5}{9}$ / <

08 풀이 참조, 19 **09** ( ) (○) ( )

10 $\dfrac{14}{15}, \dfrac{11}{15}, \dfrac{8}{15}$

11 예 , >,

12 $\dfrac{1}{3}$에 ○표, $\dfrac{1}{15}$에 △표

13 (위에서부터) $\dfrac{4}{10}$, 영 점 사 / 0.1, 영 점 일 / $\dfrac{8}{10}$, 0.8

14 (1) < (2) > **15** ④

16 / 0.2, $\dfrac{7}{10}$, 0.9

17 2개 **18** 0.4, 0.5

19 풀이 참조, 놀이터, 병원, 학교, 은행

20 7.5, 0.2

---

01 모양과 크기가 같게 6조각으로 나눈 것은 첫째 그림입니다.

03 전체를 똑같이 8로 나눈 것 중의 2만큼 색칠했으므로 '$\dfrac{2}{8}$'라 쓰고 '8분의 2'라고 읽습니다.

04 색칠한 부분은 전체를 똑같이 16으로 나눈 것 중의 10이고 색칠하지 않은 부분은 $16-10=6$이므로 분수로 나타내면 $\dfrac{6}{16}$입니다.

---

05 상현이가 사용하고 남은 점토는 전체를 똑같이 7조각으로 나눈 것 중의 $7-3=4$(조각)입니다.

따라서 사용하고 남은 점토의 양을 분수로 나타내면 $\dfrac{4}{7}$입니다.

06 색칠한 부분을 분수로 나타내면 다음과 같습니다.

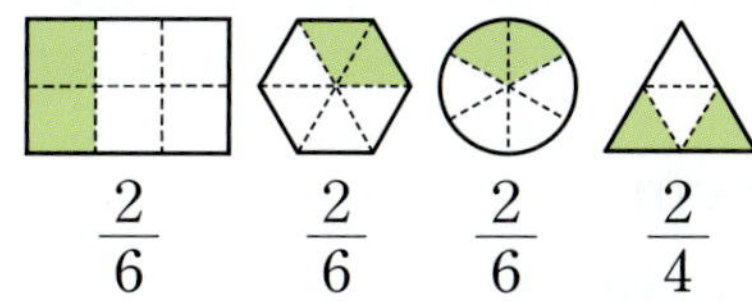

$\dfrac{2}{6}$ $\dfrac{2}{6}$ $\dfrac{2}{6}$ $\dfrac{2}{4}$

셋째 그림까지 색칠한 부분은 전체를 6으로 나눈 것 중의 2이고, 넷째 그림은 전체를 4로 나눈 것 중의 2입니다.

08 예 $\dfrac{8}{9}$은 $\dfrac{1}{9}$이 8개입니다. … 40 %

$\dfrac{5}{11}$는 $\dfrac{1}{11}$이 5개입니다. … 40 %

따라서 □ 안에 알맞은 수의 합은 $8+11=19$입니다. … 20 %

09 보기 는 전체를 똑같이 5로 나눈 것 중의 3이므로 전체가 5인 것을 찾으면 둘째 그림입니다.

부분	전체

10 분모가 같은 분수는 분자가 클수록 더 큰 분수입니다.

$14>11>8 \Rightarrow \dfrac{14}{15} > \dfrac{11}{15} > \dfrac{8}{15}$

11 그림에서 $\dfrac{1}{4}$은 똑같이 4로 나눈 것 중 1을 색칠하고, $\dfrac{1}{8}$은 똑같이 8로 나눈 것 중의 1을 색칠합니다.

$\dfrac{1}{4}$을 색칠한 부분이 더 넓으므로 $\dfrac{1}{4} > \dfrac{1}{8}$입니다.

12 단위분수는 분모가 작을수록 더 큽니다.

분모는 $3<7<9<11<15$이므로

$\dfrac{1}{3} > \dfrac{1}{7} > \dfrac{1}{9} > \dfrac{1}{11} > \dfrac{1}{15}$입니다.

따라서 $\dfrac{1}{3}$에 ○표, $\dfrac{1}{15}$에 △표 합니다.

14 ⑴ 자연수 부분을 비교하면 1<2이므로 1.5<2.1입니다.

⑵ 자연수 부분이 3으로 같으므로 소수 부분을 비교하면 3.7>3.4입니다.

15 1 mm=0.1 cm

연필의 길이는 5 cm 7 mm=57 mm=5.7 cm입니다.

① 8 mm=0.8 cm

⑤ 51 mm=5.1 cm

따라서 5.7 cm보다 긴 길이는 ④ 5.9 cm입니다.

16 수직선에서 0부터 1까지 10으로 나눈 것 중 0.2는 둘째 눈금, $\dfrac{7}{10}$은 일곱째 눈금, 0.9는 아홉째 눈금 아래에 화살표를 표시합니다.

따라서 작은 수부터 순서대로 나타내면 0.2, $\dfrac{7}{10}$, 0.9입니다.

17 3.2보다 큰 소수는 자연수 부분이 3으로 같고, 소수 부분이 더 큰 3.7과 자연수 부분이 더 큰 5.2입니다.

18 $\dfrac{3}{10}$=0.3보다 큰 소수이면서 0.6보다 작은 소수는 0.4, 0.5입니다.

19 예 거리를 모두 소수로 나타내어 비교해 봅니다.

$\dfrac{9}{10}$=0.9이고, $\dfrac{4}{10}$=0.4입니다. … 40 %

➡ 0.4<0.6<0.9<1.4

따라서 민지네 집에서 가까운 장소부터 순서대로 쓰면 놀이터, 병원, 학교, 은행입니다. … 60 %

20 수 카드의 수 중에서 가장 큰 수는 7이고, 소수 부분에 올 수 있는 수는 나머지 수 중에서 가장 큰 수인 5이므로 만들 수 있는 가장 큰 소수는 7.5입니다.

수 카드의 수 중에서 가장 작은 수는 0이고, 소수 부분에 올 수 있는 수는 나머지 수 중에서 가장 작은 수인 2이므로 만들 수 있는 가장 작은 소수는 0.2입니다.

memo

memo

EBS

만점왕
수학 플러스

3-1

EBS와 함께하는 자기주도 학습 초등·중학 교재 로드맵

		예비 초등	1학년	2학년	3학년	4학년	5학년	6학년

전 과목 기본서/평가

만점왕 국어/수학/사회/과학 — 교과서 중심 초등 기본서
만점왕 통합본 3~6학년 학기별(8책) HOT — 바쁜 초등학생을 위한 국어·사회·과학 압축본
만점왕 단원평가 3~6학년 학기별(8책) — 한 권으로 학교 단원평가 대비
기초학력 진단평가 초2~중2 HOT — 초2부터 중2까지 기초학력 진단평가 대비

국어

어휘 — 어휘가 독해다! 초등 국어 어휘 1~6단계 — 어휘로 시작해서 독해로 완성하는 초등 필수 어휘 학습

독해 — 4주 완성 독해력 1~6단계 — 학년군별 교과 연계 단기 독해 학습

문학

문법 — 헷갈리지 않는 만능 맞춤법+받아쓰기 — 평생 만점 받는 능력, 맞춤법 실력 다지기

한자 — 참 쉬운 급수 한자 8급/7급 II/7급 — 한자능력검정시험 대비 급수별 학습 / 어휘가 독해다! 초등 한자 어휘 1~4단계 — 교과서에 자주 나오는 한자 어휘로 키우는 어휘 추론력

문해력 — 어휘/쓰기/ERI독해/배경지식/디지털독해가 문해력이다 — 평생을 살아가는 힘, 문해력을 키우는 학기별·단계별 종합 학습 / 문해력 등급 평가 초1~중1 — 내 문해력 수준을 확인하는 등급 평가

영어

EBS ELT 시리즈 | 권장 학년 : 유아 ~ 중1

EBS Big Cat — Collins BIG CAT — 다양한 스토리를 통한 영어 리딩 실력 향상

EBS Big Cat — Shinoy and the Chaos Crew — 흥미롭고 몰입감 있는 스토리를 통한 풍부한 영어 독서

EBS easy learning — easy learning — 저연령 학습자를 위한 기초 영어 프로그램

문법
- 만점왕 영어 따라 쓰는 영문법 1~3 — 따라 쓰며 배우는 쉬운 영문법 학습
- EBS랑 홈스쿨 초등 영문법 1~2 — 다양한 부가 자료가 있는 단계별 영문법 학습
- 기초 영문법 1~2 HOT — 중학 영어 내신 만점을 위한 첫 영문법

독해
- EBS랑 홈스쿨 초등 영독해 LEVEL 1~3 — 다양한 부가 자료가 있는 단계별 영독해 학습
- Step by Step 초등 영문법/영구문, 독해의 힘! 영문법 LEVEL 1~4 / 영구문 LEVEL 1~3 — 기초 문장 학습으로 문법/구문과 독해를 한 번에 학습
- 기초 영독해 — 중학 영어 내신 만점을 위한 첫 영독해

어휘 — EBS랑 홈스쿨 초등 필수 영단어 LEVEL 1~2 HOT — 다양한 부가 자료가 있는 단계별 영단어 테마 연상 종합 학습

듣기 — 초등 영어듣기평가 완벽대비 3~6학년 학기별(8책) — 듣기 + 받아쓰기 + 말하기 All in One 학습서

수학

연산 — 만점왕 연산 Pre 1~2단계, 1~12단계 — 과학적 연산 방법을 통한 계산력 훈련 / 실수하지 않는 만능 구구단 — 평생 만점 받는 능력, 구구단 실력 다지기

개념

응용 — 만점왕 수학 플러스 1~6학년 학기별(12책) — 교과서 중심 기본 + 응용 문제

심화

특화 — 초등 수해력 영역별 P단계, 1~6단계(14책) — 다음 학년 수학이 쉬워지는 영역별 초등 수학 특화 학습서

사회

사회/역사 — 초등학생을 위한 多담은 한국사 연표 — 연표로 흐름을 잡는 한국사 학습 / 매일 쉬운 스토리 한국사 1~2 / 스토리 한국사 1~2 — 하루 한 주제를 이야기로 배우는 한국사 / 고학년 사회 학습 입문서

과학

과학

기타

창체 — 여름·겨울 방학생활 1~4학년 학기별(8책) — 재미와 공부를 동시에 잡는 완벽한 방학생활 / 창의체험 탐구생활 1~12권 — 창의력을 키우는 창의체험활동·탐구

AI — 쉽게 배우는 초등 AI 1(1~2학년) — 초등 교과서 융합한 초등 1~2학년 인공지능 입문서 / 쉽게 배우는 초등 AI 2(3~4학년) — 초등 교과와 융합한 초등 3~4학년 인공지능 입문서 / 쉽게 배우는 초등 AI 3(5~6학년) — 초등 교과와 융합한 초등 5~6학년 인공지능 입문서